Druck von R. Oldenbourg, München und Berlin

DEM ANDENKEN

AN GEORG KLINGENBERG

GEWIDMET

Vorwort.

Mit meiner Kraftwirtschaft lege ich meinen Lesern das vorläufige Schlußwerk meiner Bücherreihe zur Beurteilung vor. Meine früher erschienenen Werke »Die Kondensatwirtschaft«, »Die Abwärmetechnik«, Band I bis III, »Die Organisation der Wärmeüberwachung« und »Die neuzeitliche Speisewasseraufbereitung« behandelten sehr wesentliche Sondergebiete, welche im Rahmen des vorliegenden Werkes einen zu großen Raum eingenommen hätten. Ich habe sie daher in der Kraftwirtschaft nur kurz gestreift bzw. ergänzt, so weit es zur Erzielung eines in sich abgeschlossenen Bandes notwendig war.

Die Kraftwirtschaft zerfällt in zwei Bände. Der erste hier vorliegende Band behandelt in drei Teilen den technischen Aufbau von Dampf-, Verbrennungs- und Wasserkraftwerken aus den einzelnen Konstruktionselementen. Dieser Rahmen ist nur bei den Lokomobil- und bei den Verbrennungs-Kraftwerken bewußt insofern überschritten worden, als hier rein wirtschaftliche Erwägungen als Vergleichsmaterial für die ersten Abschnitte von Band II vorweg gebracht werden mußten. Der augenblicklichen Bedeutung — besonders für Deutschland — entsprechend, hat der die Dampfkraftwerke behandelnde Teil den weitaus überwiegenden Raum des Bandes beansprucht. Die neuzeitlichen Heizungs-Kraftmaschinen für hohe und höchste Drücke habe ich bereits in meiner Abwärmetechnik Band II eingehend behandelt, so daß ihre nochmalige Besprechung sich hier erübrigte.

Der zweite Band beschäftigt sich mit der günstigsten wirtschaftlichen Planung von Kraftwerksanlagen und mit der Organisation der Verteilung der elektrischen Energie. Den Abschluß bildet eine Abhandlung über die Energiewirtschaft im Lichte der Statistik.

Die Fachpresse und meinen Leserkreis bitte ich, das vorliegende Werk im Rahmen meiner gesamten Bücher zu beurteilen, denn sie bilden eine organisch verbundene Einheit. Auch bitte ich, anzuerkennen, daß es mir in dem zur Verfügung stehenden Raum naturgemäß nur möglich war, an Hand charakteristischer Einzelerzeugnisse der Industrie das Wesentliche des betreffenden Sondergebietes zu besprechen. Ich mußte z. B. auf die verschiedenen Kohlenstaubmühlen verzichten und bin auch auf bekannte Kesselsysteme nicht eingegangen, deren Beschreibung sich u. a. in der »Hütte« findet. (Steinmüller, Schmidt-Kassel usw.)

Den Herren Dipl.-Ing. N. Hilgers, H. Schult und F. Wiener von der AEG sowie Herrn J. C. Schlemenson und Herrn Kaschny spreche ich bei dieser Gelegenheit meinen Dank für die Unterstützung aus, die sie mir bei meiner Arbeit zuteil werden ließen. Mein Dank gebührt auch dem Mitteldeutschen Braunkohlen-Syndikat in Leipzig, das freundlicherweise die Überarbeitung des Kapitels »Feuerungsanlagen« übernommen hatte, und der Firma Borsig, die auf meine Bitte den Abschnitt über »Dampfkesselanlagen für Normal- und Hochdrücke« einer Durchsicht unterzog.

Ich schrieb meine Werke für die schaffende Technik, um ihr die behandelten Wissensgebiete in möglichst klarer Darstellung und in übersichtlicher Form zu vermitteln. Die verständnisvolle Mitarbeit, die ich hierbei von seiten der Indusrie fand, unterstützte mein Streben in starkem Maße.

Berlin-Westend, Pfingsten 1930.

Der Verfasser.

Inhaltsangabe.

Vorbemerkung.

Der Begriff „Kraftwirtschaft".

Um zu einer klaren und brauchbaren Kennzeichnung des Begriffes »Kraftwirtschaft« zu kommen, ist es notwendig, zunächst den Grundbegriff »Wirtschaft« zu klären.

Hier zeigt sich sofort die erste Schwierigkeit, weil nicht einmal die Wirtschaftswissenschaft (Nationalökonomie) eine eindeutige und allgemeingültige Antwort auf die Frage geben kann, was unter dem Begriff »Wirtschaft« zu verstehen ist.

Unter den Forschern unserer Zeit kennzeichnet Sombart[1]) »Wirtschaft« als »menschliche Unterhaltungsfürsorge«, nicht ohne die gemeinte Fürsorge auf die Deckung des Sachgüterbedarfes zu beschränken. Für Dietzel[2]) ist Wirtschaft »der Inbegriff der wirtschaftlichen Handlungen eines Subjektes«, wobei er absichtlich aus diesem Grundbegriffe das gesellschaftliche Element ausscheidet, indem er »wirtschaftliche Handlungen« als solche kennzeichnet, welche den Zweck verfolgen und denselben zu erreichen geeignet sind, einen begrenzten Teil des Stoffes der Willensherrschaft einer Person zu unterwerfen. Den weitestgefaßten Wirtschaftsbegriff bringt Spann[3]) mit der Definition: »Wirtschaft ist die Widmung von Mitteln für Ziele auf Grund des Abwägens der Mittel«. Cassel[4]) ist konkreter und sagt: »Wirtschaft ist die Gesamtheit der die

---

[1]) Der moderne Kapitalismus, 2. Aufl., S. 3 u. 13; Archiv f. Sozialw. Bd. 37, S. 3 u. 27 ff.; »Der Hochkapitalismus« 1927. Vgl. auch H. Halberstaedter, »Energiewirtschaft«, Handwörterbuch der Betriebswirtschaft (herausgegeben von Nicklisch).

[2]) Dietzel, Der Ausgangspunkt der Sozialwirtschaftslehre usw., Zeitschr. f. d. ges. Staatsw. 1883, S. 65.

[3]) Spann, Fundament der Volkswirtschaftslehre, 2. Aufl., S. 59 f, Jena 1921.

[4]) G. Cassel, Theoretische Sozialökonomie, 3. Aufl., S. 1 f, Leipzig 1923.

Bedürfnisbefriedigung ermöglichenden, aber nicht mit ihr zusammenfallenden Tätigkeit. Vor allem ist seiner Behauptung, die Wirtschaft sei vom »Prinzip der Knappheit« beherrscht, zuzustimmen. Die seit der klassischen Nationalökonomie übliche Einteilung der volkswirtschaftlichen Probleme in Produktion, Distribution und Konsumtion gilt für die Fassung des Wirtschaftsbegriffes jedenfalls in keiner Weise. Die Konsumtion ist eine rein physiologische oder technische Angelegenheit — die eigentliche Produktion Sache der jeweiligen »Technik«. Die Distribution ist ihrem Wesen nach noch aufzuspalten.

So taucht nunmehr die Frage auf, ob ein eindeutiger und allgemeingültiger Wirtschaftsbegriff überhaupt gewonnen werden kann, oder ob nicht die Vieldeutigkeit des Wortes Wirtschaft zu einer einschränkenden Begriffsbestimmung nötigt.

Dies ist tatsächlich der Fall! Von den vielen einschränkenden Begriffsbestimmungen erscheint die von Doevenspeck[1]) gegebene die geeignetste zu sein. Nach dieser ist unter Wirtschaft im engeren Sinne ein System von Distribution- und Dispositionsakten zu verstehen, gegenüber einer knappen Gütermenge, gerichtet auf Erreichung eines optimalen Wirtschaftsgrades dieser Akte. Unter Wirtschaft im weiteren Sinne ist die Ganzheit solcher Systemkomplexe zu verstehen.

Es verbleibt nunmehr die Kennzeichnung des Begriffes Kraft in Verbindung mit dem soeben gekennzeichneten Wirtschaftsbegriff. Er leitet sich aus der Kennzeichnung des Energiebegriffes[2]) ab; denn Energie ist alles, was Arbeit leisten kann und bezogen auf die Zeiteinheit Leistung. »Die eigentliche Ursache aller, Energieäußerungen und damit die allgemeine Grundform aller Energie, sind also Kräfte«[3]). Die Energien können in unmittelbare Animalische, Wind- und Wasserenergie und in mittelbare Wärmeenergie eingeteilt werden.

Energien sind also allgemein Arbeitsfähigkeiten. Die Energievorräte stecken in den Brennstoffen, der Sonnenstrah-

---

[1]) Doevenspeck, Energiewirtschaft, Brennstoff- und Wärmewirtschaft, Heft 5, 1929.

[2]) Unter Energie versteht die Physik eine aus allen Naturerscheinungen zu abstrahierende, nach Maß und Grad variable Größe, welche die Wirkungsfähigkeit der Naturobjekte bestimmt.

[3]) Springer, Berlin 1924 A. 207 f.

lung, in Ebbe und Flut, in den Wasser- und Windkräften und treten ferner als Abfall- und Überschußenergie auf.

Die deutschen Energievorräte betragen in Tonnen bzw. Kilowattstunden ausgedrückt[1]):

Steinkohle (bis 2000 m, die Hälfte davon bis 1000 m Teufe) rund	305	Milliarden t
Braunkohle rund	13,4	» t
Torf rund	0,85	» t
Wasserkraft (voller Ausbau) jährlich	1000 × 7,6	» kWh.

Unter Zugrundelegung der einleitend gegebenen Kennzeichnung des Wirtschaftsbegriffes von Spann und Cassel läßt sich nach den weiter gegebenen Ausführungen über das Wesen der Energie der Begriff »Kraftwirtschaft« dahingehend kennzeichnen, daß die Kraftwirtschaft die Widmung und Förderung von Mitteln und Zielen ist, um unter Wahrung des Prinzips der Knappheit die Energievorräte bzw. die Grundform aller Energie, nämlich die Kräfte, der Allgemeinheit in zweckmäßiger Form zur Durchführung von Produktionsvorgängen zuzuführen.

Die Mittler zur Ausschöpfung der Energievorräte und Umwandler dieser in geeignete und billige Produktionsmittel sind die Kraftwerke, welche zu diesem Zwecke bestens ausgebaut und bewirtschaftet werden müssen. Die grundlegenden Aufgaben der Kraftwirtschaft sind also der wirtschaftliche Ausbau und die planvolle Leitung der Kraftwerke und die Organisation der Verteilung der mit ihrer Hilfe aus den Energievorräten gewonnenen und für den Verbrauch in geeignetster Weise umgeformte Energie auf die Verbraucher.

»In einer Zeit, die aus dem Vollen wirtschaften durfte, welche nur die eine Aufgabe kannte: Ware schaffen! war es verzeihlich, wenn die Erzeuger auf Vorteile verzichteten, die eine wissenschaftliche Technik ihnen von Tag zu Tag bot: Überdies forderten diese Verbesserungen Anlagekosten. Bei

[1]) Aufstellung des Reichsschatzministeriums bei Klingenberg: Bau großer Elektrizitätswerke, S. 39—41, 2. Aufl. Springer, Berlin 1924.

der Zersplitterung der Erzeugung in willkürlich zerlegte Betriebe war das einzelne Werk nicht immer in der Lage, der Entwicklung zu folgen. Vergeudete es Arbeitskräfte und Material, so war diese Vergeudung zwar ein Schaden für das Erträgnis, jedoch im letzten Sinne Privatsache. Heute ist jeder Verlust, jede Verschwendung Sache der Gemeinschaft! Es hat niemand mehr, auch wenn er es bezahlen kann, das Recht, eine Auspuffmaschine zu betreiben, die z. B. das Fünffache der zulässigen Kohlenmenge frißt, so wenig wie jemand das Recht hat, Brot zu zertreten«[1]).

Berlin, den 1. November 1929.

Der Verfasser.

---

[1]) Rathenau, Die neue Wirtschaft, S. 40. Berlin 1921.

Einleitung.

Die Entwicklung der deutschen Energieversorgung.

Im Jahre 1866 erfand Werner Siemens seine dynamoelektrische Maschine, um elektrische Ströme von unbegrenzter Stärke auf wirtschaftlichem Wege zu erzeugen. Es war bei der Erzeugung elektrischer Ströme zunächst an die Lichterzeugung gedacht. Diesem Gedankengang entsprach auch die Ausbildung der ersten Maschinen und der Differentiallampe von Siemens & Halske. Jedoch handelte es sich hierbei zunächst nur um teilweise gelungene physikalische Versuche, bis Edison 1880 mit der Einführung der Glühlampe der elektrischen Ausrüstung ein vorläufiges Schlußglied gab. Es war nun der Bau von Beleuchtungsanlagen möglich, die Lichtquellen jeder Abstufung im Freien oder in geschlossenen Räumen ohne irgendwelche Belästigung bei einfacher Handhabung sicher zu speisen gestatteten und zudem den Forderungen der Gesundheit und Sicherheit genügten.

Der Kampf der elektrischen Beleuchtung gegen die Gasbeleuchtung hat jahrelang gedauert. Behörden und Publikum mußten überzeugt werden, daß es sich um mehr handle als um interessante physikalische Versuche größeren Stils und daß die neue Beleuchtungsart ungefährlicher und zuverlässiger sei als die damals auf einer hohen Stufe stehende Gasbeleuchtung. Emil Rathenau war es, der zuerst freie Bahn schuf, um ganze Stadtbezirke mit Strom zu versorgen. Die Berichte der Berliner Stadtverwaltung aus den Jahren 1882 bis 1888 über die Anträge Rathenaus zur Elektrizitätsversorgung sind in dieser Beziehung außerordentlich lehrreich; sie heben u. a. die Schädigung der städtischen Gaswirtschaft hervor und lehnen den Gedanken nachdrücklich ab, die für die Errichtung elektrischer Zentralstationen erforderlichen Kapitalien selbst aufzubringen und das Risiko zu tragen, denn in Berlin wurde wie anderwärts auch die Entwicklung der elektrischen Beleuchtung zunächst dem privaten Unternehmergeist überlassen. Dies ist auch die Ursache, warum beispielsweise die AEG in den nachfolgenden Jahren eine Betriebsgesellschaft nach der andern im In- und Auslande gründete, für die sie Kraftwerke baute, um ihre eigene Erzeugung zu steigern.

Von der Beleuchtung größerer Häuserblocks ausgehend, gewannen in diesen Jahren die Pläne Gestalt, ganze Städte von einem oder mehreren Punkten aus mit Strom zu versorgen. Der Elektromotor spielte dabei nur eine untergeordnete Rolle. So bauten 1885 Siemens & Halske ihre erste Zentrale in Berlin (Markgrafenstraße) nur im Hinblick auf die Versorgung eines Stadtteils mit Licht. Der Bauherr war die 1883 gegründete Deutsche Edison-Gesellschaft. Wie bei allen Zentralen der ersten Zeit wurde als Stromart der Gleichstrom gewählt, weil man mit ihm am meisten vertraut war und weil er sich für jede Verwendung unmittelbar eignete. Die erste Zentrale war mit 18 Dynamos mit Riemenantrieb von je 30—45 kW ausgestattet, auf sie war die Gesamtleistung gleichmäßig verteilt aus dem Wunsche heraus, für die jeweils erforderliche Leistung nur möglichst vollbelastete Maschinen zu bauen und weil größere Maschinen noch nicht durchgebildet waren. Aber schon im nächsten Jahre kam die neue Innenpol-Maschine mit unmittelbarer Kupplung an die Dampfmaschine auf den Markt, welche den Bau größerer Einheiten gestattete und die Verwendung von Akkumulatoren begünstigte. Schon bei den ersten Zentralen wurden Bleikabel für das Netz verwendet. Von der Dreileiterstromführung wurde bereits in den ersten Jahren Gebrauch gemacht. Dem damaligen Stande der Entwicklung entsprechend, wurde der Strom im Schwerpunkte der Verbrauchsstellen erzeugt.

Einen gewaltigen Auftrieb bekam die Elektrizitätswirtschaft durch die Einführung von Drehstrom-, Hochspannung und Dampfturbinen. Der Drehstrom öffnete der Elektrizität den Weg in die Industrie zur Licht- und Krafterzeugung, die Hochspannung bot das Mittel, große Kraftanlagen weit vom Verbraucher entfernt für ganze Gebiete zu schaffen, und die Dampfturbine erlaubte die Entwicklung immer größerer und wirtschaftlicherer Einheiten. Der Grund liegt in dem überlegenen Arbeitsverfahren der Dampfturbine. Die Arbeitsräume beider Dampfkraftmaschinenarten, nämlich die Zylinder der Kolbenmaschine und die Schaufelkanäle der Dampfturbine, müssen das Volumen des entspannten Dampfes fassen. Während aber der Dampf in der Kolbenmaschine bei 120 minutlichen Umdrehungen ¼ s braucht, um im Raume eines Zylinders seine Arbeit zu verrichten (bei vier hintereinandergeschalteten Zylindern also z. B. 1 s), durchströmt der Dampf die Stufen eines Turbinenläufers von z. B. 5 m Dampfweg mit einer axialen Geschwindigkeit in der Größenordnung von 150 m/s im 30. Teil einer Sekunde. Da man ohne Kurbelgetriebe viele Stufen verwenden kann, verarbeitet außerdem die Turbine den Dampf mit gutem Wirkungsgrad bis auf hohe Luftleere.

Eine Kolbenmaschine mit der Grenzleistung von etwa 12000 kW braucht annähernd die gleiche Grundfläche wie eine 80000-kW-Kondensationsturbine. An Stelle von 3 Turbinen, die 240000 kW leisten und hintereinander aufgestellt etwa die Breite des zugehörigen Kesselhauses einnehmen, wären 20 Maschinen aufzustellen, und der Maschinensaal würde fast 7mal größer. Es ist kaum anzunehmen, daß man einen solchen Maschinenpark zu Großkraftwerken zusammenfassen würde; damit entfiele aber auch der Vorteil der den Strompreis verbilligenden Zentralisierung. Ohne Dampfturbine hätte sich die Elektrizitätswirtschaft kaum zum heutigen Umfang, und die gesamte Industrie kaum so weitgehend zum mechanisierten Betrieb entwickelt.

Nicht die Menge, die sich an Produktionsmitteln herstellen läßt, sondern der Bedarf begrenzt die wirtschaftliche Entwicklung! Die ersten Großverbraucher elektrischer Energie waren die Städte. Es waren drei Momente, welche zum Emporschnellen des Strombedarfes innerhalb weniger Jahre geführt haben:

das elektrische Licht,
die Straßenbahnen und
der Elektromotor.

Das elektrische Licht, welches anfangs als Luxus betrachtet wurde, wuchs zur Nutzbeleuchtung aus, unterstützt von der zunehmenden Konzentration der Großstädte mit ihrem stetig steigenden Lichtbedarf. Die Straßenbahnen, welche damals zur Einführung gelangten, wurden zeitweilig zum größten Abnehmer der Zentralen. Der Elektromotor eroberte sich das Gebiet des Groß- und Kleingewerbes. Der Triumphzug der Elektrizität, der in den Großstädten begonnen hatte, griff bald auf die Steinkohlengebiete im Westen und im Osten Deutschlands über. Dort bildeten sich unmittelbar neben den Steinkohlengruben und Hochöfen ausgedehnte Industrien, welche Kohle und Eisen zum Werkstoff verarbeiteten und weiter verfeinerten. Hinzu kam der natürliche Drang zahlreicher wärme- und krafthungriger Industrien, sich möglichst in der Nähe großer Kohlenlager anzusiedeln. So wuchsen große Städte und Tausende von Werksanlagen am Rhein und an der Ruhr, in Oberschlesien und in Mitteldeutschland zu großen Städten zusammen. Es wurden gewaltige Hochburgen der Industrie geschaffen, die ihrerseits wieder ein ungeheures Menschenmeer heranzogen, auf einen engen Raum zusammendrängten und auf diese Weise ständig neuen Bedarf für die elektrische Energie schufen.

Die Elektrizitätswirtschaft verdankt ihren zunehmenden Umfang vor allem den Fortschritten im Großkraftwerkbau, welche es ermöglichten, den Strompreis abzusenken, so daß sich elektrische Energie für Kraft und Licht und für chemische Zwecke auf immer weiteren Gebieten wirtschaftlich anwenden ließ. Größere Kessel und Maschineneinheiten, besondere Maßnahmen zum Decken der Leistungsspitzen und die Kupplung von Kraft- und Wärmewirtschaft verbilligten weiter den Strompreis der Kraftwerke. Der Entwicklung eines billigen Strompreises besonders für Motoren steht heute noch hindernd im Wege, daß die Abnahme des Stromes tagsüber nicht gleichmäßig erfolgt, sondern daß sich charakteristische Leistungsspitzen herausbilden, welche bei der ständig zunehmenden Lichtreklame sich immer schärfer und schärfer ausprägen und zu besonderen Maßnahmen Veranlassung gaben, die Lichtspitzen in billiger Weise decken zu können. In den Großstädten bildeten sich im Laufe der Zeit Grundlast- und

Spitzenlastwerke heraus. Die Grundlastwerke werden mit möglichst wirtschaftlich arbeitenden Maschinenanlagen versehen, während bei den Spitzenlastwerken auf Kosten billigerer Anschaffung auf ein wirtschaftliches Arbeiten erst in zweiter Linie Rücksicht genommen wird. Der Gedanke, die Spitzenbelastung durch besondere Betriebsmittel zu decken, führte zur Aufstellung von Speichern nach verschiedenen Verfahren (Dampf- und Heißwasserspeicher und zur Einführung der Speicherturbine).

Einheiten großer Leistung, in zentralen Dampfkraftanlagen mit weitem Versorgungsgebiet zusammengefaßt (Großkraftwerke) kennzeichnen aber nur eine Richtung im Fortschritt der Elektrizitätswirtschaft. Alle Mittel, dem ungünstigen Ausnutzungsfaktor der Werke zu begegnen, können die Stromkosten nur auf den Betrag senken, der sich in voll ausgenutzten Anlagen erreichen läßt. Noch so verbesserte Arbeitsverfahren können den Vollast-Wärmeverbrauch für die Kilowattstunde, der gegenwärtig im besten Fall etwa 3400 kcal ist, nicht auf den Wert von etwa 1300 kcal senken, der entsteht, wenn die Abwärme der Maschinen in Fabrikbetrieben zu Heizzwecken dient. Diese Anlagen kann man auch bei kleinen Leistungen billig bauen, denn Kessel braucht der Betrieb ohnehin, es ist nur mit den Zusatzkosten für höheren Druck zu rechnen. Die Wärmeverbraucher ersetzen die Kondensationsanlagen, und die verarbeiteten Dampfmengen brauchen keinen Niederdruckteil, der bei den großen Dampfvolumen im niederen Druckgebiet ein teurer Bestandteil der Maschinen ist. In Dampfanlagen dieser Art läßt sich der Strom oft billiger herstellen als durch Wasserkraft; bei einigermaßen günstigen Verhältnissen billiger als in Groß-Elektrizitätswerken. Während man in anderen Ländern, vor allem in Amerika, bis vor kurzem ausschließlich danach strebte, in möglichst großen zentralisierten Kraftwerken mit immer besseren Betriebsmitteln die Stromkosten zu senken, wurde in Deutschland schon seit etwa 20 Jahren auch die zweite Richtung eingeschlagen, nämlich dezentralisiert an den Stellen des Wärmeverbrauchs Nutzdampf liefernde Kraftanlagen zu schaffen. Heute ist man sich darüber einig, daß oft eigene Kraftzentralen der Industrie auch bei kleineren Leistungen berechtigt sind, wenn größere Dampfmengen an den Fabrikbetrieb zu liefern sind oder wenn die Abwärme von Verbrennungskraftmaschinen verwertet werden kann.

Zum Schluß seien noch einige Zahlen gebracht, welche die Gesamtleistung der deutschen öffentlichen Elektrizitätswerke im letzten Vierteljahrhundert kennzeichnen. Die installierte Leistung ist von kaum ½ Millionen im Jahre 1904 auf über 11 Millionen kW im Jahre 1928 gestiegen. Zusammen mit den Kraftwerken der Industrie verfügt Deutschland heute über etwa 16 Millionen kW.

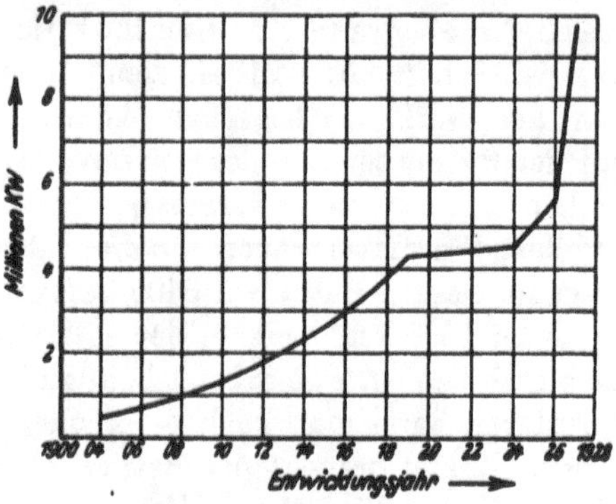

Abb. 1.
Steigerung der Gesamtleistung aller deutschen öffentlichen Elektrizitätswerke von 1904—1927.

Abb. 1 zeigt die Gesamtleistung aller deutschen öffentlichen Elektrizitätswerke vom Jahre 1904 bis zum Jahre 1927 und veranschaulicht den gewaltigen Aufschwung, den die Elektrizitätswirtschaft seit Beginn des Jahrhunderts genommen hat.

Die Stromerzeugung betrug 1927 im Deutschen Reich[1]) 25,1 Milliarden kWh gegen 21,2 Milliarden kWh im Jahre 1926 und 20,3 Milliarden kWh im Jahre 1925; sie hat sich also ständig stark vermehrt.

Da im Jahre 1927 die installierte Leistung 10 Millionen kW betrug, so haben alle Elektrizitätswerke mit einem durchschnittlichen Belastungsfaktor von 25% gearbeitet.

[1]) Wirtschaft und Statistik 1929. S. 74.

Die Erzeugung unter Verwendung fester Brennstoffe überwog 1927 sehr stark. Sie betrug 72% der Gesamterzeugung, wovon 36% auf Steinkohle, 34,2% auf Braunkohle, die restlichen Prozente auf andere feste Brennstoffe entfielen. Die Steigerung der installierten Maschinenleistung im Jahre 1927 um 600000 kW gegenüber 1926 entfiel hauptsächlich auf die öffentlichen Werke. Der Grad der Entwicklung der Energieerzeugung ist eine Frage des Energiepreises, dieser wiederum, wenn von der Heranziehung der Energie erzeugenden Werke zur Tragung kommunaler und staatlicher Auflagen und Steuern abgesehen wird, eine Frage der Erzeugungskosten. Die Erzeugungskosten ihrerseits sind wieder von mehreren Faktoren abhängig: z. B. von der Benutzungsdauer, den Löhnen, dem Kapitaldienst und schließlich den Kosten für Kohlen und Hilfsbetriebsstoffe bei den wärmetechnischen Kraftwerken und den letztgenannten allein bei Wasserkraftwerken.

Aus den vorstehenden Zahlen geht jedenfalls deutlich die starke Triebkraft der Elektrizität in der Wirtschaft des industriellen Zeitalters hervor.[1])

---

[1]) Eingehenderes Zahlenmaterial zu den hier kurz angeschnittenen Fragen bringt der Schlußabschnitt des Werkes »Die Energiewirtschaft im Lichte der Statistik«.

I. Der wärmetechnische Aufbau neuzeitiger Dampfkraftwerke.

1. Die 6 Kreisläufe eines Dampfkraftwerkes.

Die Grundbestandteile eines Dampfkraftwerkes — ganz gleich, ob es sich um ein Großkraft- oder um ein Industriekraftwerk handelt — sind die Kesseleinheit (Kesselhaus) und die Turboeinheit (Maschinenhaus). Sämtliche zum Wesen eines Dampfkraftwerkes gehörigen Vorgänge spielen sich im Kesselhaus und im Maschinenhaus ab. Die Erzeugung elektrischer Energie (Großkraftwerke) bzw. die Erzeugung von elektrischer Energie unter gleichzeitiger Bereitstellung von Wärme zu Heizzwecken (Industriekraftwerke) beruht auf den folgenden 4 Umsetzungen:

1. latente Energie der Kohle in Wärme,
2. Wärme in Dampfspannung,
3. Dampfspannung in mechanische Energie bzw. in mechanische Energie und Heizwärme,
4. mechanische Energie in Elektrizität.

Abb. 2 zeigt den wärmetechnischen Aufbau eines Dampfkraftwerkes, welcher gekennzeichnet wird durch folgende 6 Kreisläufe:

I. der Kohle-Asche-Kreislauf,
II. der Kreislauf der Verbrennungsluft,
III. der Speisewasser-Dampfkreislauf,
IV. der Kühlwasser-Kreislauf,
V. der elektrische Kreislauf,
VI. der Kreislauf der Generator- und Transformatorkühlluft.

Von diesen 6 Kreisläufen überschneiden sich die Kreisläufe 1, 2 und 3 im Kesselhaus, welches nach den einleitenden Darlegungen als die Kesseleinheit aufzufassen ist. Sie bewirken dabei die beiden ersten Umsetzungsvorgänge, nämlich:

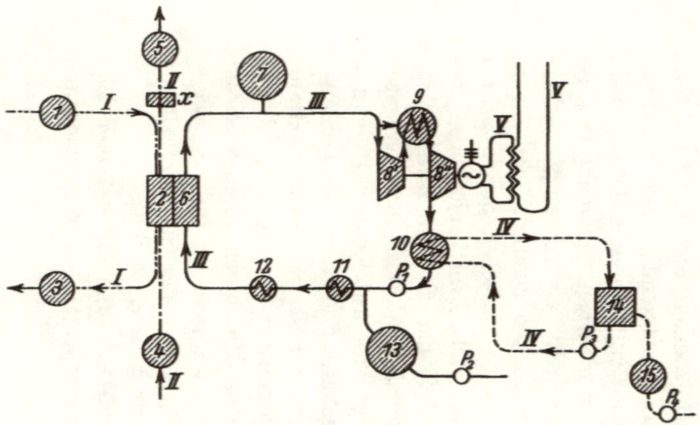

Abb. 2.
Schematische Darstellung des wärmetechnischen Aufbaues von Dampfkraftwerken.

Erklärung:

Kreislauf *I*.
Kohle-Asche-Kreislauf.

1 = Förderanlage
↓
2 = Feuerung
↓
3 = Entaschungsanlage.

Kreislauf *II*.
Kreislauf der Verbrennungsluft.

4 = Luftvorwärmer
↓
2 = Feuerung
↓
3 = Schornstein oder Saugzug
x = gegebenenfalls Entstaubungsanlage.

Kreislauf *III*.
Speisewasser-Dampf-Kreislauf.

6 = Dampfkessel
↓
7 = Speicher
↓
8 = Kraftmaschine
↓ ↑
9 = Zwischenüberhitzer (gegebenenfalls)
↓
10 = Kondensator
↓
P_1 = Pumpe
↓ ← *13* = Speisewasser-Aufbereitungsanlage ↑ P_2 = Pumpe
11 = } Stufenvorwärmer mit und ohne Economiser bzw.
12 = } Economiser allein
↓
6 = Dampfkessel.

Kreislauf *IV*.
Kühlwasser-Kreislauf.

10 = Kondensator
↓
14 = Kaminkühler
↓ ← *15* = Kühlwasser-Aufbereitungsanlage ↑ P_4 = Pumpe.
P_3 = Pumpe
↓
10 = Kondensator

Kreislauf *V*.
Elektrischer Kreislauf.

Kreislauf *VI*.
Kreislauf der Generatorkühlluft.

1. Die Umsetzung der latenten Energie der Kohle in Wärme in der Feuerung und
2. die Umsetzung der erzeugten Wärme in Dampfspannung im Dampfkessel.

Die Kreisläufe 3 bis 6 überschneiden sich im Maschinenhaus, welches die Turboeinheit darstellt, und bewirken dabei

3. die Umsetzung der Dampfspannung in mechanische Energie in der Turbine und
4. die Umsetzung der mechanischen Energie in Elektrizität im Generator.

Zu dem Kühlwasserkreislauf (IV) ist zu sagen, daß dieser nur dort einzurichten ist, wo der der Kraftmaschine zugeleitete Frischdampf bis auf höchstes Vakuum entspannt wird. Hierzu ist eine hochwertige Kondensationsanlage und damit die Ausbildung des Kühlwasserkreislaufes notwendig. Bei Industriekraftwerken kann dieser Kreislauf vollständig entfallen, wenn der Dampf bis zu einer gewissen niedrigen Spannung in einer Gegendruckmaschine entspannt und als Abdampf nachgeschalteten Abdampfverwertungsanlagen zu Heiz- und Kochzwecken zugeführt werden kann. Zwischen diesen beiden extremsten Ausbildungen sind noch Zwischenlösungen bekannter Art möglich, z. B. daß der in der Kesselanlage erzeugte Dampf parallel geschalteten Maschinenaggregaten zugeführt wird, von denen das eine auf Kondensation und das andere auf eine nachgeschaltete Abwärmeverwertungsanlage arbeitet. Es wird in diesem Falle eine Kondensations- bzw. Anzapf-Kondensationsmaschine und eine Gegendruckmaschine benötigt. Für das erste Maschinenaggregat ist der Kühlwasserkreislauf vorzusehen, während er für das zweite Aggregat durch den Wärmekreislauf in der nachgeschalteten Abwärmeverwertungsanlage ersetzt wird.

Die Charakteristik der Kreisläufe und die einzelnen Elemente, aus denen sie sich zusammensetzen, sollen im folgenden besprochen werden.

I. Der Kohle-Asche-Kreislauf.

Der aus einem Tagebau oder mit der Bahn herangeförderte Brennstoff, Braunkohle oder Steinkohle — neuerdings auch

Ferngas und Öle — werden entweder besonders aufbereitet (Kohlenstaubfeuerung) oder sie werden auf Rosten unter den Kesseln verfeuert. Der Brennstoff gleitet auf den Feuerungen, verbrennt und fällt als feinkörnige Asche in den Aschentrichter. Aus diesem Aschentrichter wird sie herausbefördert, und zwar auf mechanische Art und Weise mit Hilfe eines Kettenrostes (Bauart Kerner), durch das Schwemmverfahren (Bauart Rothstein) oder mit Hilfe von Druckwasser (Bauart der Firma Seiffert & Co.). Die Asche wird entweder gleich auf die Halde befördert oder auf eine Zwischenstation, von welcher aus sie mit besonders gebauten Wagen fortgebracht wird. Dieser erste Kreislauf ist also gekennzeichnet durch den Herantransport des Brennstoffes zum Kessel, durch die Verfeuerung des Brennstoffes unter dem Kessel und durch den Abtransport der Verbrennungsprodukte mit Hilfe einer Entaschungsanlage.

1. Förderanlagen für den Brennstoff zum Kessel.[1])

Bei dem hohen Kostenanteil der Brennstoff- und Lohnkosten an den Betriebskosten der Dampfkraftwerke ist es verständlich, daß das Bestreben dahin geht, die Beförderungskosten für die Einbringung der Kohle von Schiff und Bahn auf das Lager sowie von dort (oder unmittelbar) an die Verbrauchsstätten durch Ausschaltung der Handarbeit so gering als möglich zu halten. Der Kraftwerksbetrieb bringt mit sich, daß die Kohle vorübergehend gelagert werden muß. Jede Lagerung ist an sich schon mit Unkosten für Miete, Verzinsung und Unterhaltung des Lagerraumes wie für den Kapitaldienst und für die Pflege des gelagerten Gutes verbunden, wozu bei Kohle noch die Wertminderung durch das Lagern tritt. Hinzu kommt die Wiederaufnahme der Kohle vom Lager zur Verwendungsstelle. Die möglichste Einsparung der Transportkosten führte zu technisch hoch vollkommenen Anlagen, mit denen heute neuzeitliche Dampfkraftwerke für die Förderung der Kohle vom Ferntransportmittel auf Lager bzw. zum Kesselhaus ausgerüstet werden.

---

[1]) S. a. Przygosle, Kohlenumschlag in Gas- und Elektrizitätswerken. Wärme 1926, Nr. 18.

Liegt das Kraftwerk in der Nähe einer Kohlengrube, so stellt die Drahtseilbahn mit anschließender Schienenhängebahn ein vorzügliches Mittel sowohl zum Abtransport der Kohle nach dem Kraftwerk, als auch zur Beschickung des Lagerplatzes dar, wobei jegliche Umladung vermieden werden kann. Bei geeigneten Platzverhältnissen kann dieselbe Bahn auch noch zum Abtransport der Asche verwendet werden. Die Drahtseilbahn zeichnet sich durch hohe Selbsttätigkeit, geringen Kraftbedarf und Anspruchslosigkeit in bezug auf Wartung und Unterhaltung aus. Zur Beschickung des Lagerplatzes wird die letzte Strecke der Drahtseilbahn als Schienenhängebahn ausgebildet, wobei die Wagen über eine fahrbare Verladebrücke geführt werden, die den ganzen Lagerplatz beherrscht, so daß der Wageninhalt an jeder beliebigen Stelle des Platzes entleert werden kann. Zur Wiederaufnahme der Kohle läuft auf dem Obergurt des Brückenträgers ein Drehkran mit Greifer, der die Kohle in einen Fülltrichter schüttet, von dem aus sie wieder in die Hängebahnwagen abgezogen und zu den Kesselhausbunkern weiter befördert wird.

Erfolgt die Anfuhr der Kohle durch Schiffe oder durch die Bahn, so kommen für die Stapelung fahrbare Verladebrücken in Frage, die mit Spannweiten bis zu etwa 100 m zwischen den Stützen ausgeführt werden, und je nach Bedarf mit ein- oder beiderseitigem Ausleger ausgerüstet sind. Die Wiederaufnahme der Kohle erfolgt hierbei durch einen Drehkran mit Greifer, dessen Fahrbahn auf dem Obergurt der Brücke angeordnet ist, oder durch eine Greiferkatze mit angebautem Führerstand, die mit Ausleger (Auslegerlaufkatze) oder auch ohne Ausleger ausgestattet und auch drehbar (Drehlaufkatze) sein kann und zwischen den Brückenträgern fährt. Derartige Brücken eignen sich sowohl zur Entladung der Kohle aus Schiffen oder Eisenbahnwagen wie zur Wiederaufnahme vom Lagerplatz, um sie anderen Fördermitteln zur Weiterbeförderung nach dem Kesselhaus zuzuführen. Die Leistung dieser Brücken beträgt 50 bis 60 t/h. Die Krananlagen werden elektrisch betrieben, um jederzeit betriebsfertig zu sein. Die Auslegerlaufkatzen haben den Vorteil, daß die Länge der Brückenausleger mit Rücksicht auf die Takelage des Schiffes nur kurz bemessen zu sein braucht und eine Einrichtung zum Hochklappen des Auslegers überflüssig wird. Bei den mit Drehlaufkatzen oder Drehkranen ausgerüsteten Verladebrücken ist es durch die Drehbarkeit des Auslegers möglich, eine Fläche zu bedienen, deren Breite der doppelten Länge des Auslegers entspricht, so daß ein Verfahren der Brücke nur selten notwendig ist, also mehr Zeit für den eigentlichen Verladevorgang erübrigt wird. Für die genannten Spannweiten bis zu etwa 100 m eignen sich auch die Brückenkabelkrane, die vor den Verladebrücken den Vorteil leichter Ausführung und deshalb billigeren Preises haben. Auch sie können mit festen oder hochklappbaren Auslegern ausgerüstet werden.

Eine neuzeitliche Einrichtung zum Umschlag von Kohle aus Eisenbahnwagen sind die Kipperkatzen-Verladebrücken. Auf dem Untergurt der Verladebrücke fährt ein Windwerk »die Kipperkatze«, das zum Anheben, Fördern und Kippen einer flachen, an Seilzügen hängenden Bühne dient. Im Betriebe wird die Bühne auf das Gleis gesenkt, der beladene Eisenbahnwagen über Auflaufzungen auf die Bühne gezogen, mit dieser gehoben, über den Lagerplatz gefahren, gekippt, entleert und auf das Leergleis zurückgesetzt. Die Kipperkatzenanlagen müssen zur Wiederaufnahme der gestapelten Kohle mit einer Greifervorrichtung ausgerüstet werden. Bei größeren Leistungen sieht man einen (oder zwei) auf dem Obergurt der Brücke fahrenden Drehkran vor. Das Brückenfahrwerk wird von der Kipperkatze aus gesteuert. Die einzelnen Hebezeuge sind elektrisch blockiert, um Kurzschlüsse und Betriebsstörungen, die durch das gleichzeitige Steuern verschiedener Hebezeuge auftreten können, zu verhüten. Die zur Entleerung kommenden Eisenbahnwagen lassen sich verschiedenen Gleisen entnehmen, so daß eine Mischung mehrerer Kohlensorten mühelos möglich ist. Die Leistungen dieser Anlagen mit Drehkipperkatzen können je nach den örtlichen Verhältnissen bis zu 20 Wagen in der Stunde betragen.

Für Werke mit größerem Kohlenverbrauch, die auf Bahnanfuhr angewiesen sind, hat sich für die Entladung der Waggons der dreh- und fahrbare Wagenkipper aufs beste bewährt. Dieser Kipper wird auf das normale Eisenbahngleis aufgesetzt und entweder durch eigene Kraft oder mit einer Lokomotive verschoben. Die Kippbühne liegt in der Grundstellung wagerecht, ein besonderer Aufzugswagen zum Heraufziehen der Eisenbahnwagen auf den Kipper ist nicht erforderlich. Bei der Bewegung der Kippbühne entfernt sich der Schwerpunkt des Kippers mit aufstehendem beladenen Wagen nur wenig von der Mittelachse, so daß die Raddrücke klein und besondere Stützvorrichtungen zur Sicherung der Standfestigkeit nicht erforderlich sind. Beim Kippen werden die Wagen durch zwei an der Kippbühne gelagerten Haken festgehalten. Die drehbare Plattform ermöglicht die Entladung der Wagen ohne Rücksicht auf die Stellung des Bremserhauses. Besondere Drehscheiben im Gleise zum Umstellen der Wagen oder ein Umrangieren wird nicht erforderlich. Die entleerten Wagen werden auf der in der Verlängerung des Anfuhrgleises rückliegenden Gleisseite abgefahren, so daß ein ununterbrochenes Zurollen der beladenen Wagen erfolgen kann.

Bei Stundenleistungen von 100 t und mehr wird das Anfuhr- und zugleich Kippergleis an der Langseite des Lagers vorbeigeführt und die Kohle in eine zwischen Gleis und Lager eingebaute Grube entleert, die sich auf die ganze Lagerlänge erstreckt. Aus dieser Grube kann die Kohle mittels Verladebrücke mit Greiferdrehkran oder Führerstandsgreiferkatze entnommen werden, um sie auf ein geeignetes Fördermittel zum Weitertransport abzugeben.

Ein neuzeitliches, sehr einfaches und preiswertes Fördergerät, das in diesem Falle die teure Verladebrücke zu ersetzen vermag, ist der Kabelkranschaufler. Zwischen zwei Festpunkten an den Enden des Arbeitsbereiches wird ein Fördergefäß, »die Schaufel«, durch ein Seil hin- und hergezogen. Es schleppt das Fördergut auf dem Boden oder auf der durch die bereits geförderte Kohle geschaffenen Unterlage mit sich. Die Schaufel ist ein unten offener, zweckmäßig gestalteter Kübel, der zum leichteren Eindringen in das Fördergut mit Schneidezähnen oder Schneideblechen versehen und durch einen Bügel versteift wird. Die Schaufel kann leicht entsprechend der gewünschten Förderrichtung in den Seilzug eingehängt werden. Je nach Gestalt des Lagerplatzes werden an den beiden Seiten desselben ein oder mehrere Ankermaste vorgesehen, zwischen denen die Schaufel hin- und hergezogen wird. Die Kabelkranschaufler sind für Leistungen von wenigen t/h bis zu mehreren 100 t/h wirtschaftlich. Das Wiederaufnehmen der Kohle vom Lagerplatz geschieht dadurch, daß der Kabelkranschaufler die Kohle auf eine Schrägrampe hinaufzieht, von der aus sie über Zwischenbunker einem Bandförderer oder Becherwerk zum Weitertransport in das Kesselhaus zugeführt wird. Der Kabelkranschaufler stellt heute das einfachste und doch leistungsfähigste Fördermittel dar, das sowohl zum Stapeln als auch zur Wiederaufnahme des Lagergutes dient.

Der Vorteil der Kipperanlagen gegenüber den Verladebrücken mit Greiferbetrieb liegt in der Möglichkeit, bedeutend größere Leistungen zu erzielen. Die Greifer zur Waggonentladung können mit Rücksicht auf die Wagenbreite höchstens ein Fassungsvermögen von 2—2¼ m^3 haben und deshalb nur Stundenleistungen von höchstens 50 t Kohle erreichen, so daß im normalen Dauerbetrieb nur mit Stundenleistungen bis zu 40 t zu rechnen ist.

Eine Sonderkonstruktion der Kipper für Eisenbahnwagen stellt der kleine fahrbare Aumundsche Kipper von nur etwa 2 t Eigengewicht dar. Bei diesem Kipper fährt der Wagen auf eine als aufgeklappte Schere ausgebildete Bühne auf. Beide Scherenarme sind über das Drehgelenk durch Hubzylinder und Kolbenstange, die je an einem Arm drehbar befestigt sind, verbunden. Je nach der Stellung des Eisenbahnwagens auf der Bühne und der dadurch bedingten Belastung des einen oder des anderen Scherenarmes wird bei Druckgabe im Hubzylinder der eine oder andere Arm angehoben und der Wagen gekippt, wobei die Kohle entweder in der ganzen Breite des Wagens über das Gleis geschüttet oder durch ausschwingbare Führungsbleche zwischen die Schienen oder nach den Seiten des Gleises geleitet werden kann. Die Leistung des Kippers kann bis zu 20 Eisenbahnwagen in der Stunde betragen. Diese Kipper benötigen keine Drehscheiben zum Richten der Eisenbahnwagen und lassen sich in Verbindung mit Schüttgruben verwenden. Sie werden zur Erzeugung der Druckflüssigkeit mit einem Benzinmotor von 45 PS Leistung ausgestattet, von welchem auch das Fahrwerk und die Winde zum Hinaufziehen der Wagen auf die Bühne betätigt wird. Die Kipper können gleichzeitig als Verschiebelokomotive benutzt werden.

Eine andere Art der Waggonentladung stellt der Becherketten-Entlader dar. Ein in einer starren Leiter geführtes Becherwerk ist an seiner oberen Umführungsachse schwenkbar aufgehängt, so daß sein unteres Ende mit einem Windwerk gehoben und gesenkt werden kann. Der Antrieb des Becherwerkes erfolgt von der oberen Umführungsachse aus. Die Kohle wird den Bechern durch zwei Spiralen mit Rechts- bzw. Linksgewinde zugeführt, die auf den beiden Seiten der unteren Umführungsachse sitzen. Von einem verschiebbaren Gerüst

Abb. 3. Kabelkran für Schiffsentladung.

aus wird das Becherwerk mit seinen Spiralen auf den vollen Wagen aufgelegt. Die durch die Becher hochgeförderte Kohle wird dann durch eine beliebige Fördervorrichtung, wie Band, Hängebahn u. a. m. weitergeleitet.

Zur Bedienung sehr großer Lagerplätze mit einer Breite über 100 m bis zu etwa 500 m kommen neben dem Kabelkranschaufler einzig und allein die Kabelkrane in Frage, zumal wenn die Kohle mit Schiffen angefahren wird, so daß der Kabelkranschaufler zur unmittelbaren Beschickung des Lagerplatzes ausscheidet. Zwischen zwei Endtürmen sind ein oder zwei

Tragseile frei gespannt, auf denen eine Laufkatze mit heb- und senkbaren Lasthaken fährt. Die Fahrbewegung der Laufkatze sowie das Heben und Senken der Last werden von einer Winde, die fest auf einem der Türme angeordnet ist, gesteuert.

Man unterscheidet ortsfeste, schwenkbare und fahrbare Kabelkrane. Das Schwenken bzw. Verfahren der Türme erfolgt durch Hand- oder durch elektrischen Antrieb, wobei die Fahrbewegungen ebenfalls vom Führerhaus aus eingeschaltet werden. Eine Visiervorrichtung ermöglicht dem Kranführer

Abb. 4. Horizontales Pendelbecherwerk, Bauart »Bleichert«.

ein gleichmäßiges Verfahren der beiden Türme. Geringe Abweichungen von der Richtlinie sind jedoch bedeutungslos, da die Türme durch elastische Organe (Seile) miteinander verbunden sind. Kabelkrane für die Schiffsentladung erhalten wasserseitig einen Ausleger, auf dem der Greifer bis über den Schiffsrumpf fährt und aus diesem die Kohle unmittelbar aufnimmt (s. Abb. 3).

Zum Weitertransport der Kohle vom Lagerplatz bzw. Lagerplatzbunker ins Kesselhaus hat sich besonders das Pendelbecherwerk (auch Konveyor genannt, Abb. 4 und 5) wegen seiner geringen Unterhaltungskosten und gleichzeitigen Benutzung zur senkrechten und wagerechten Förderung eingeführt. Die auf- und absteigenden Becherstränge können in ein und derselben Ebene liegen (Plankonveyor), aber auch Kurven durchlaufen, deren Achsen in verschiedenen Kurven liegen (Verdrehungs- oder Spiralkonveyor, s. Abb. 6). Das Beladen der Becher erfolgt aus Füllmaschinen (z. B. Abb. 7). Durch Hintereinanderschaltung einer Anzahl von Füllmaschinen können die Becher mit verschiedenen Kohlensorten beschickt werden, so daß auch hier eine Mischung der Kohle leicht möglich ist. Becherwerke werden mit Leistungen von 10 bis 300 t/h und mit Hubhöhen bis zu 25 m und darüber ausgeführt.

Abb. 5. Vertikales Pendelbecherwerk.

Zum Transport der Kohle vom Lagerplatz zum Kesselhaus eignen sich auch (besonders bei größeren Leistungen) die Elektrohängebahnen. Bei diesen Anlagen ist man in der Greifergröße nicht mehr von den engen Raumverhältnissen eines Eisenbahnwagens abhängig. Die Leistung der Anlage kann bei hinreichend großer Geschwindigkeit bis auf 100—200 t/h gesteigert werden.

Die Elektrohängebahnen sind als Fördermittel in den letzten Jahren sehr vervollkommnet worden, so daß sie heute, mit einigen Beschränkungen, als durchaus betriebssicher bezeichnet werden können. Sie sind sowohl für Horizontal- wie Vertikaltransport benutzbar. Die nur für Horizontaltransport angelegten Elektrohängebahnen bestehen aus einem oder mehreren auf einer festen Schiene laufenden, durch einen kleinen Fahrmotor angetriebenen Wagen, an dem seitlich an der Unterstützungsschiene ein Gehänge angeordnet ist, das den Förderkübel trägt. Bei mehreren Wagen wird ein

Abb. 6. Spiralkonveyor, Bauart »Bleichert«.

Ringbetrieb eingerichtet, bei dem der ganze Ring in eine von dem gewünschten Wagenabstand abhängige Anzahl Blockstrecken unterteilt ist. Die Blockschalter der Strecken zur An- und Abstellung des Stromes werden durch den vorbeifahrenden Wagen betätigt.

Um die Wagen auch für die Vertikalbewegung (Heben und Senken) zu benutzen, hat man sie mit einem Hubwindwerk versehen und auch für Greiferbetrieb eingerichtet. Diese selbsttätigen Windwerkkatzen führten jedoch infolge des zunehmenden Gewichtes von Greifer und Nutzlast

Abb. 7. Konveyor-Füllmaschine, Bauart »Bleichert«.

zu Schwierigkeiten in mechanischer wie elektrischer Beziehung. Durch die Hängebahnkatzen mit Führerbegleitung hat sich heute ein Wechsel zu ihren Ungunsten vollzogen. Während bei den selbsttätigen Hängebahnkatzen mit Selbstgreifern die Gesamtlast höchstens 3—3,5 t betragen darf und die Höchstfahrgeschwindigkeit bei etwa 1 m/s liegt, kann bei den von einem Führer begleiteten und gesteuerten Hängebahnkatzen die Gesamtlast bis zu 6 t und die Fahrgeschwindigkeit aut den geraden Strecken bis zu 3 m/s gehen. So ist es unter bestimmten Betriebsverhältnissen möglich, daß bei mittelgroßen Strekken bis zu 100 oder 150 m die doppelte bis dreifache Leistung mit Führerstandskatze gegenüber der selbsttätig steuernden Greiferkatze erreicht wird. Auch sind die Herstellungskosten und infolge der geringeren Wagenzahl die Instandhaltungskosten geringer. Die Verwendung von Zweiseilgreifern, die mit entsprechender Vorrichtung im Windwerk einen leichten und sicheren Greiferbetrieb zulassen, ist ebenfalls möglich.

2. Feuerungsanlagen.

a) Brennstoffe.

Als Brennstoff für Dampfkesselanlagen dienen in erster Linie die festen Brennstoffe: Steinkohle, Rohbraunkohle und Braunkohlenbriketts. Daneben kommen jedoch je nach den örtlichen Verhältnissen auch Gase zur Verheizung, wie Hochofen-, Koksofen- und Generatorgas, seltener und nur unter besonderen Voraussetzungen kommen auch flüssige Brennstoffe zur Verwendung.

Bestimmend für die Wahl des Brennstoffes ist der Wärmepreis frei Kesselhaus, z. B. für 1 Million kcal/kg. Der Heizwert der verschiedenen Brennstoffe ist der Zahlentafel 1 zu entnehmen:

Zahlentafel 1.

Brennstofftafel.

(1 cbm bezogen auf 0°, 760 mm.)

Brennstoff	unterer Heizwert kcal/kg	theor. Luftbedarf in cbm	praktischer Luftüberschuß in cbm	praktischer Luftbedarf in cbm
Ruhr-Steinkohle	7400	~ 8,15	1,5—2,0	12,2—16,3
Oberschles. Steinkohle	6500	~ 7,20	1,5—2,0	10,8—14,4
Sächs. Steinkohle	6250	~ 7,00	1,5—2,0	10,5—14,0
Saar-Steinkohle	6950	~ 7,60	1,5—2,0	11,4—15,2
Braunkohlenbriketts	4900	5,40	1,3—1,5	7,0— 8,1
Rohbraunkohle der Sächs.-Thür. Rev.	2500	3,10	1,3—1,5	4,0— 4,7
Rohbraunkohle des Magdeburg-Helmstedter Reviers	2900	3,40	1,3—1,5	4,4— 5,1
Rhein. Rohbraunkohle	1980	2,50	1,3—1,5	3,2— 3,7

b) Feuerungen.

Je nach den zur Verwendung gelangenden Brennstoffen kommen folgende Feuerungen in Betracht:

1. Feuerungen für stückige Brennstoffe.
2. Feuerungen für staubförmige Brennstoffe.
3. Feuerungen für gasförmige Brennstoffe.
4. Feuerungen für flüssige Brennstoffe.

1. Feuerungen für stückige Brennstoffe.

Hier ist zunächst der Planrost zu nennen. Er eignet sich für die Verfeuerung von guten Steinkohlensorten und von Braunkohlenbriketts. Für kleinere Kessel und fast ausnahmslos für alle Flammrohrkessel wird er als einfacher, fester Planrost mit Handbeschickung ausgeführt; jedoch kann die Beschickung auch mechanisch durch Wurfapparate erfolgen, wodurch eine gleichmäßige Aufgabe des Brennstoffes erzielt wird. Bei Flammrohrkesseln wird der Planrost in der Regel als Innenfeuerung ausgeführt; er liegt innerhalb der Flammrohre und ist allseitig von wasserberührter Heizfläche umgeben. Es findet daher eine gute Wärmeübertragung statt.

Bei größeren Kesseln, für welche die Beschickungsleistung zu groß wird, tritt an Stelle des Planrostes der Wanderrost. Hierbei ergibt sich infolge der gleichmäßigen Aufgabe des Brennstoffes sowie infolge Fortfalles des bei Steinkohlenfeuerungen notwendigen, die Verbrennung störenden Abschlakkens neben einer Ersparnis an Bedienungskosten noch eine Erhöhung des Wirkungsgrades sowie der spezifischen Rostleistung. Es ist jedoch darauf zu achten, daß die Schütthöhe des Brennstoffes sowie der Vorschub des Rostes und die Zugstärke entsprechend der verwendeten Kohle und der jeweiligen Belastung in ein richtiges Verhältnis zueinander gesetzt werden. Bei kleineren, stückigen Brennstoffen, die der Verbrennungsluft größeren Widerstand bieten, muß die Schütthöhe erniedrigt werden.

Die Zugstärke richtet sich nach der Art des Brennstoffes sowie der Schütthöhe; sie muß dem Brennstoff so viel Luft zuführen, daß eine vollkommene Verbrennung ohne Auftreten von unverbrannten Gasen im Rauchgas stattfindet. Für Steinkohlen ist zur vollkommenen Verbrennung normalerweise ein 1,5- bis 2facher (50 bis 100 vH) Luftüberschuß erforderlich, wobei ersterer Wert im allgemeinen für die mechanische Beschickung, letzterer für die Handbeschickung gilt. Infolge der vollkommen gleichmäßigen Stückelung und des bedeutend höheren Gehaltes an flüchtigen Bestandteilen kann das Braunkohlenbrikett mit einem Luftüberschuß von nur 30—50 vH (1,3—1,5fach) verfeuert werden, ohne daß brennbare Gase im Rauchgas auftreten. Hieraus erklären sich auch die praktisch gleichen Flammen- und Feuerraumtemperaturen bei Verfeuerung der im Heizwert ungleichen Steinkohlen und Braunkohlenbriketts[1]).

Als günstigste Rostbelastung rechnet man je qm Rostfläche und Stunde bei natürlichem Zug mit

100 kg Steinkohle, bzw. mit
150 kg bei Braunkohlenbriketts.

Bei künstlichem Zug können diese Leistungen auf neuzeitlichen Wanderrosten auf das 3—4fache gesteigert werden.

Die Größe der Gesamtrostfläche ergibt sich überschlägig aus der stündlich zu verfeuernden Brennstoffmenge dividiert durch die Rostbelastung je qm und Stunde (spezifische Rostleistung). Genauer läßt sie sich nach der Formel[2])

$$R = \frac{B \cdot L}{4680 \cdot m \cdot v}$$

berechnen. Darin bedeutet:

B = die stündlich zu verbrennende Brennstoffmenge in kg,
L = die zur Verbrennung einschließlich des Luftüberschusses entwickelte Luftmenge in kg,
v = die Geschwindigkeit der durch die Roststäbe durchtretenden Verbrennungsluft (im Mittel $v = 1$ mm),
m = das Verhältnis der freien Rostfläche zur Gesamtrostfläche.

Die freie Rostfläche ist die Summe des Flächeninhaltes aller Rostspalten; ihre Größe ist wiederum von der Art des verwendeten Brennstoffes abhängig und beträgt für:

Steinkohle etwa 0,25—0,35 vH,
Braunkohlenbriketts etwa 0,35—0,45 vH der Gesamtrostfläche.

---

[1]) Siehe auch »Glückauf« 1925, S. 886.
[2]) »Hütte«, 25. Aufl., Bd. II, S. 328.

Für eine gute Verbrennung ist außer diesen Verhältnissen noch die Unterteilung der Gesamtrostfläche ausschlaggebend. Zweckmäßig ist es, die Roststäbe möglichst schmal zu wählen, damit eine gute Unterteilung durch die freie Rostfläche eintritt und somit der Brennstoff möglichst gleichmäßig von der Verbrennungsluft durchflutet werden kann. Ferner soll der Roststab möglichst hoch gewählt werden, um eine gute Kühlung des Stabes durch die hindurchstreichende Luft zu erzielen.

Für das nicht schlackende Braunkohlenbrikett ist jede Künstelei in Form und Material des Roststabes als überflüssig und verteuernd abzulehnen. Der einfache, glatte Roststab mit 10—12 mm Stegstärke bei unmittelbar an die Brennbahn ansetzender starker Verjüngung nach unten und rund 100 mm Stabhöhe eignet sich am besten; die Rostspalten sollen 7 bis 9 mm betragen.

Als Beispiel eines Wanderrostes sei die Bauart Petry-Dereux genannt, welche mit einer Reglung des Vorschubs je nach der Beanspruchung des Kessels und mit einer entsprechend der Eigenschaft des Brennstoffes einstellbaren Schütthöhe bei sachgemäßer Wartung gute Ergebnisse hinsichtlich dauernd gleichmäßiger Verbrennung ergibt. Die einzelnen Stäbe in den Ketten sind leicht und rasch auswechselbar.

Der Babcock-Wanderrost besteht aus Vorbau, Wagen, Trichter, Tür, Antrieb, Aschfall und Zündgewölbe; für Unterwindbetrieb aus einer zusätzlichen entsprechenden Einrichtung.

Der Vorbau besteht aus dem Mauerwerk, welches außen aus Normalziegelsteinen, gegen den Feuerraum zu aus Schamottesteinen gebildet wird, die zur Verankerung dienen. Die Vorderfront ist mit Blechplatten verschalt und mit der Trichterseitenwand verbunden, so daß ein fester Zusammenhalt zwischen Vorbau und Rostaußenteilen erzielt wird.

Der Wagen (Abb. 8) setzt sich im Vorderteil bis zum Mauerwerksvorbau aus gußeisernen Seitenschildern, im Hinterteil aus Winkeleisen zusammen, die mit Knotenblechen verschraubt und auf beweglichen Rollen gelagert sind, um der Ausdehnung nach hinten Rechnung zu tragen.

Der Rostbelag besteht aus gußeisernen Gliedern von besonderer Form, die jeweils der Eigenart der Kohle angepaßt werden können. Die den Kohlendurchfall begünstigenden Querspalten sind vermieden.

Die Rostglieder sind auf Querträger aufgeschoben, also leicht auswechselbar. Je zwei Träger bilden einen Tisch, der rechts und links auf der Rostkette befestigt ist. Die Rostkette besteht aus U-Eisen, Verbindungslaschen und gebüchsten Bolzen; sie wird von den Daumenrädern der vorderen Rostwelle in Bewegung gesetzt.

Abb. 8. Wanderrost, Bauart »Babcock«.

Seitlich sind an den Kettenbolzen gußeiserne Rollen aufgezogen, welche in Winkeleisenwangen laufen und jeden Tisch tragen. Eine andere Unterstützung als die rechts und links angebrachten Rollen erhalten die Tische nicht, so daß sowohl das obere als auch das untere Rostkettenband in seitlichen Führungen getragen wird und der Verbrennungsluft freier Zutritt gewährt ist.

An der hinteren Welle wird die Rostkette von Trommelrädern aufgenommen, die mit einem durchgehenden Trommelmantel zum Zwecke des Luftabschlusses verbunden sind. Die seitliche Rollenbahn der Tische ist an der vorderen und hinteren Umkehrstelle so ausgebildet, daß die sonst üblichen Überleitungsbrücken fortfallen.

Die als Schieber ausgebildete Kohlentür ist aus mehreren Segmenten zusammengesetzt, die gemeinsam an einem über die Rostbreite reichenden Gußeisenwinkel befestigt sind. Die

Tür ist durch einen Hebemechanismus beweglich und in der Höhe einstellbar; ihre Stellung kann an einem außenliegenden Zeigerblatt abgelesen werden. Soll während des Betriebes ein Segment oder ein Türstein ausgewechselt werden, so wird die Tür nach Abnahme der Dichtungsbleche bis oberhalb des Vorbaues hochgedreht und ist dann von rückwärts zugänglich.

Der Antrieb erfolgt durch einen mit dem Getriebe eines jeden Rostes direkt gekuppelten Motor. Der Einzelantrieb ist staubdicht geschlossen und steht mit dem Rost nur durch den Lagerflansch der vorderen Rostwelle in Verbindung. Das ganze Antriebsgehäuse ist mit Rücksicht auf die Notwendigkeit der vorderen Rostspannung fahrbar eingerichtet und trägt den Motor, welcher durch eine elastische Kupplung mit dem Schaltgetriebe verbunden ist. Die schnellaufenden Wellen des Antriebes ruhen in Kugellagern, die langsamlaufenden in langen, gutgeschmierten Buchsen. Die Schmierung erfolgt bei den ersteren selbsttätig, bei letzteren durch Staufferbuchsen.

Die Umdrehungszahl des Motors ist gleichbleibend; die Änderung des Rostvorschubes erfolgt durch ein Getriebe mit vier Geschwindigkeiten.

Der Aschfall schließt sich dem Rostende an. Der hintere Abschluß erfolgt entweder durch Abstreifer und Rundschieber oder durch Pendelstauer. Beide Einrichtungen sind gebräuchlich; ihre Anwendung richtet sich lediglich nach den Eigenschaften des zu verwendenden Brennstoffes.

Das Zündgewölbe wird als Bogengewölbe aus Schamottesteinen in verschiedener Form, Höhe und Länge ausgebildet, je nach den Zünd- und Verbrennungseigenschaften des zur Verfügung stehenden Brennstoffes. Seit einiger Zeit wird die aufgehängte horizontale Zünddecke bevorzugt, welche sich für gute und gleichmäßige Entzündung des Brennstoffes besser eignet. Eine Erneuerung ist leicht durchführbar. Die Vortrocknungszeit der Steine fällt fort; notwendig werdende Instandsetzungen bedingen daher nur kurze Betriebsunterbrechungen.

Für Unterwindbetrieb wird der normale Rost zwischen und unter dem Kettenband mit Blechen luftdicht verschlossen. Der Unterwind tritt in der ganzen Rostbreite ein. Zur Reglung des Unterwindes im hinteren Rostteil werden gußeiserne Flachklappen angebracht, die durch Hebel von der Rostseite aus bedient werden. Den Austritt von Schwelgasen aus dem Feuerraum in das Kesselhaus verhindert eine Rücksaugeeinrichtung, welche die Schwelgase durch einen Ventilator abführt. Durch einfaches Öffnen einiger Türen und Klappen kann der Unterwindrost auf Betrieb mit natürlichem Zug umgestellt werden.

Der Terrassenrost, Bauart »Evaporator« ermöglicht die Verfeuerung der verschiedensten Brennstoffe, wie Rohbraunkohle, Braunkohlenbriketts, Torf, Lohe, Holz, Steinkohle, Steinkohlenschlamm, Braun- und Steinkohlenstaub, Koks, Koksgrus, Lokomotivlösche mit einem Aschengehalt von 35 vH in wirtschaftlicher Weise. Bei dem Terrassenrost

Abb. 9. Terrassenrost, Bauart »Evaporator«.

wird die Verbrennungsluft von den Seiten her in horizontaler Richtung gegen die Rostmitte zu eingeblasen. Dies bewirkt nicht nur eine günstige Flammenbildung, sondern auch eine günstige Zuführung der erforderlichen Verbrennungsluft zu jedem einzelnen Brennstoffteilchen. Die dem Brennstoff durch die eingeblasene Verbrennungsluft erteilte geringe Bewegung trägt mit dazu bei, eine vollständige Verbrennung bei geringstem Luftüberschuß herbeizuführen, während anderseits die Bildung von Flugkoks oder Stichflammen selbst bei starker Anstrengung vermieden wird.

Die auf Querträgern ruhenden Roststäbe sind terrassenartig übereinander gelagert und bilden daher eine flache Mulde. Sie werden aus einem besonders geeigneten Sonderguß hergestellt und sind mit Kühlrippen versehen, so daß sie von der sie allseitig umspülenden Verbrennungsluft wirksam gekühlt werden (s. Abb. 9).

Infolge der terrassenförmigen Anordnung der übereinandergreifenden Roststäbe und der horizontal liegenden Luftspalten wird ein Aschenverlust infolge Durchfallens unverbrannter

Brennstoffteilchen in den Aschenraum vermieden. Die Verbrennung ist vollkommen und der Kohlensäuregehalt der Rauchgase hoch. Gegenüber Planrosten kann eine Steigerung der Dampfleistung von 20—30 vH erreicht werden. Es ist ein Vorteil des Terrassenrostes, daß er die Steigerung der Rostbelastung je nach dem Heizwert und Aschengehalt des verwendeten Brennstoffes bis zu 300 kg je m² Rostfläche zuläßt und damit

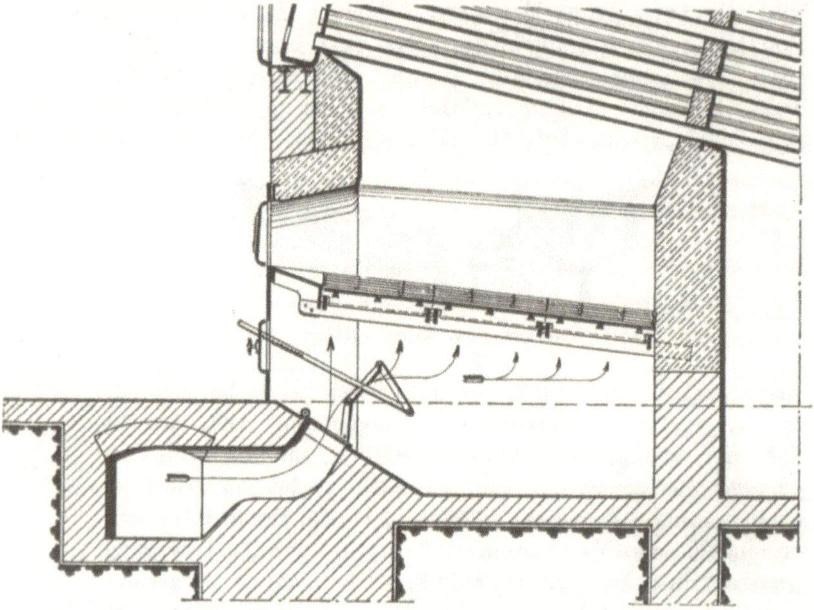

Abb. 10. Terrassenrost, Bauart »Evaporator«, als Unterfeuerung.

gestattet, sich den wechselnden Anforderungen des Betriebes anzupassen.

Die Bedienung des Rostes bietet keine Schwierigkeiten. Der Einbau des Terrassenrostes in alle vorhandenen Kesselsysteme ist einfach.

Abb. 10 zeigt den Längsschnitt durch einen Terrassenrost als Unterfeuerung.

In Amerika ist für Großkesselanlagen die Unterschubfeuerung entwickelt worden; in Deutschland hat sie bisher, abgesehen von einzelnen Fällen für kleine Kesseleinheiten, nur wenig Eingang gefunden.

Das Wesen der Unterschubfeuerung besteht darin, daß die frische Kohle nicht auf die glühende Schicht, sondern unter diese aufgebracht wird. Die Kohle steigt also von unten nach oben, bis sie in die glühende Schicht gelangt. Auf diesem Wege geht die Entgasung der Kohle vor sich. Die sich entwickelnden Gase eilen der Kohle gewissermaßen voraus und kommen in der glühenden Schicht, in der sie mit Luft gemischt werden, zur Verbrennung. In der Glühschicht geht auch die Vergasung der bereits entgasten Kohle vor sich, so daß also in der Brennschicht die Verbrennung der flüchtigen Bestandteile und des Koks gleichzeitig vor sich geht. Dadurch wird eine hohe Temperatur und eine kurze Verbrennungszeit und somit eine große Leistungsfähigkeit je Flächeneinheit erzielt. Der Verbrennungsvorgang setzt jedoch zu seiner Durchführung voraus, daß die Kohle einen bestimmten Gasgehalt hat, der empirisch mit etwa 14—15 vH festgestellt wurde.

Ferner muß die in der Unterschubfeuerung verfeuerte Kohle einen möglichst hohen Schlackenschmelzpunkt und einen nicht zu hohen Aschengehalt haben, da andernfalls die Gefahr besteht, daß bei der hohen im Feuerbett herrschenden Temperatur durch die im Feuerbett schmelzende Schlacke der Luftzutritt verhindert wird.

Ein hoher Feuchtigkeitsgehalt hat zur Folge, daß die Verbrennung im oberen Teil nicht sofort einsetzt. Hierdurch wird die Leistungsfähigkeit und der Wirkungsgrad der Unterschubfeuerung herabgesetzt.

Als Brennmaterial kommt für die Unterschubfeuerung nur ein Brennstoff in Betracht, der etwa folgenden Bedingungen entspricht:

1. Gehalt an flüchtigen Bestandteilen mindestens 14—15 vH.
2. Schlackenschmelzpunkt nicht unter 1250°; max. Aschengehalt etwa 20 vH; Aschenschmelzpunkt nicht unter 1250°.
3. Feuchtigkeit nicht über 10—15 vH; für höheren Gehalt an flüchtigen Bestandteilen sind die höheren Werte zulässig.
4. Förderkohle bzw. melierte Kohle muß vorher etwa auf Faustgröße gebrochen werden.

Die hohe Leistungsfähigkeit liegt in der Eigenart des Verbrennungsvorganges der Unterschubfeuerung begründet. Die gleichzeitige Verbrennung der flüchtigen Bestandteile und der entgasten Kohle unterstützen die Vorgänge wechselseitig, wodurch die Temperatur und die Brenngeschwindigkeit wesentlich erhöht wird. Die Rostleistungen betragen 300—350 kg/m² für Kohle mit hohem Gasgehalt. Bei niedrigem Gasgehalt sind die Leistungen geringer.

Die Baukosten der Unterschubfeuerung, wie sie in Amerika für Großkessel gebräuchlich ist, werden sehr erhöht durch den zum Ausbrand der Schlacke unbedingt erforderlichen Schlackenschacht.

Als Beispiel einer Unterschubfeuerung sei hier die Bauart »Riley-Stocker« besprochen: Eine Riley-Stocker-Anlage setzt sich aus mehreren gleichartigen Elementen zusammen, deren Anzahl von der Größe der Kessel bzw. von der verlangten Kesselleistung abhängig ist. Dadurch wird es möglich, ohne Schwierigkeiten Rostflächen jeder Breite herzustellen.

Die Hauptbestandteile eines Elementes sind:

die Beschickungsvorrichtung mit dem Antrieb,

die Mulde mit den beweglichen Muldenwangen und Brenndüsen,

der Schlackenrost und die Schlackenpendel.

Die in den Fülltrichter eingebrachte Kohle wird durch einen vor- und zurückgehenden Kolben in die Mulde gedrückt, der mittels Kreuzkopf und Pleuelstange seinen Antrieb von einer dem Stocker vorgelagerten Kurbelwelle erhält. Diese wird über ein Reduktionsgetriebe von einem regulierbaren Elektromotor angetrieben.

Der Kreuzkopf ist mit seitlichen Zapfen versehen, die die Zug- und Führungsstangen der Düsenwangen umgreifen und durch eine einfache Kupplung mit diesen gekuppelt werden, die gleichzeitig eine Hubveränderung ermöglicht.

Die Düsenwangen, auf denen die einzelnen Brenndüsen sitzen, machen eine hin- und hergehende Bewegung. An die beweglichen Muldenwangen schließt sich der Schlackenrost an, der ebenfalls die hin- und hergehende Bewegung mitmacht. Hinter dem Schlackenrost sind Schlackenpendel angeordnet, die zwar gleichfalls die hin- und hergehende Bewegung mitmachen, gleichzeitig aber auch eine drehende Bewegung ausführen, wodurch die Schlacke fortgeführt wird.

So einfach der Verbrennungsvorgang bei den Unterschubfeuerungen erscheint, so ergeben sich bei der praktischen Durchführung doch eine Reihe von Schwierigkeiten, die durch die besondere Konstruktion des Riley-Stockers überwunden werden. Der Transport der Kohle und der Schlacke erfolgt einerseits durch den Kohlennachschub, anderseits durch die gegenläufige Bewegung der Düsenwangen. Durch diese Bewegung wird gleichzeitig auch ein ständiges Aufbrechen der Kohlenschicht erzielt, so daß das Feuerbett ständig gasdurchlässig ist und dadurch leistungsfähig bleibt.

Die Kohle wandert langsam über die etwas schräg gelegte Mulde nach abwärts und gelangt nahezu ausgebrannt auf einen Schlackenrost, wo das vollständige Ausbrennen erfolgt. Die Schlacke wird sodann über Schlackenpendel in den Schlackenfall abgeführt.

Die Verbrennungsluft wird durch einen Ventilator regelbar unter die Mulden gedrückt, von wo sie durch die Brenndüsen in die Brennstoffschicht geblasen wird. Je nach der Länge der Roste ist der Unterwindraum in mehrere Kammern unterteilt. Die Luftzufuhr zum Schlackenrost kann mit einer Windklappe geregelt werden.

Die Verbrennung nach dem Unterschubprinzip ermöglicht es, mit geringem Luftüberschuß eine vollkommene Verbrennung zu erzielen. Dadurch, daß die flüchtigen Bestandteile der Kohle durch die brennende Schicht hindurchtreten müssen und hier mit der Verbrennungsluft in innige Berührung kommen, wird ein Ausscheiden von unverbranntem Kohlenstoff vermieden. Die Verbrennung erfolgt demnach auch bei gasreichster Kohle rauchfrei. Durch den geringen Luftüberschuß werden die Abgasverluste auf ein Mindestmaß herabgedrückt. Die hin- und hergehende Bewegung der Brenndüsen vermeidet ein Zusammenbacken der Schlacke.

Die Menge der aufzugebenden Kohle wird durch Veränderung der Hubzahl des Aufgabekolbens geregelt. Der Vorschub der Kohle wird durch Verstellung des Hubes der Düsenwangen erzielt. Je größer der Hub gewählt wird, desto niedriger wird bei gleichmäßiger Kohlenzufuhr die Höhe der Kohlenschicht und umgekehrt. Die Menge der aufzugebenden Kohle wird durch Veränderung der Hubzahl des Aufgabekolbens, der Vorschub der Kohle durch Verstellung des Hubes der Düsenwangen geregelt. Je größer der Hub gewählt wird, desto niedriger wird bei gleichmäßiger Kohlenzufuhr die Höhe der Kohlenschicht und umgekehrt.

Der Riley-Stocker erfordert keine Gewölbeeinbauten, wodurch sein Einbau einfach und billig wird. Die Instandhaltungskosten für das Mauerwerk sind gering. Die Montage des Rostes geht schnell vonstatten, weil alle Teile nach Schablone, auswechselbar, hergestellt werden. Das seitliche Mauerwerk wird durch gußeiserne Düsenwangen, die ein Anbacken der Schlacke an das Mauerwerk verhindern, geschützt.

Der Treppenrost kommt zuweilen für die Verfeuerung von Abfallsteinkohle, in erster Linie aber für die Verfeuerung der deutschen Rohbraunkohle in Frage. Dieser infolge seines Wassergehaltes heizwertärmere Brennstoff läßt sich auf dem Treppenrost und dem später beschriebenen Muldenrost mit gleich gutem Wirkungsgrad verfeuern wie die im Heizwert höher liegenden Brennstoffe (Braunkohlenbriketts und Steinkohle). Es ist daher nicht richtig, die Rohbraunkohle schlechtweg als minderwertig zu bezeichnen.

»Minderwertig im feuerungstechnischen Sinne sind nur Brennstoffe mit ungenügenden Rostleistungen, zunächst ganz ohne Rücksicht auf den Heizwert. Gasarme Brennstoffe mit hohem Heizwert können geringwertig sein, während wasserreiche Braunkohle oder Holz in entsprechenden Feuerungen selbst bei Schornsteinzug meist so erhebliche Rostleistungen aufweist, daß von Minderwertigkeit trotz des geringen Heizwertes keine Rede sein kann«[1]).

»Der hohe Wassergehalt allein ist kein ernstliches Hindernis, lassen sich doch Braunkohlen mit 60 vH Wassergehalt auf Treppenrosten sehr wirtschaftlich verfeuern. Auch die Verfeuerung feinkörniger Brennstoffe ist nicht mit sehr großen Schwierigkeiten verbunden. Dagegen bieten aschenhaltige

---

[1]) Dr. Berner, Zeitschrift des V. D. I., 1921.

Brennstoffe große Schwierigkeiten und um solche handelt es, sich meistens im Steinkohlenbergbau«[1]).

Die aus der Vorkriegszeit stammenden Treppenroste sind durchweg als veraltet anzusehen. Sie haben viel zu kleine Feuerräume, so daß gasreichen Braunkohlen keine Möglichkeit zum vollständigen Ausbrand gegeben ist. Die Folge hiervon ist das Mitreißen erheblicher Flugkoksmengen in die Züge, wo sie bei der sehr großen Reaktionsfähigkeit des Braunkohlenkokses weiter ausbrennen und zur Erhöhung der Abgastemperatur und damit zu hohen Abgasverlusten führen. Der neuzeitliche Treppenrost hat einen großen Verbrennungsraum, der einen guten Ausbrand der Rohbraunkohle und geringe Abgasverluste gewährleistet.

Abb. 11 zeigt die neuzeitliche Braunkohlen-Großraumfeuerung von Keilmann & Völcker im senkrechten Längsschnitt. Kennzeichnend ist der hohe Feuerraum und sein verhältnismäßig tief gehender Abschluß gegen den Kesselheizraum. Dadurch geht allerdings die Strahlwirkung der Brennschicht auf dem Roste gegen die unteren Kesselrohrreihen zum Teil verloren, gewolltermaßen, weil durch zu hohe Abstrahlung der Brennvorgang leidet. Wenn man weiterhin bedenkt, daß jeder neuzeitliche Großkessel durch eine Mehrzahl von nebeneinander liegenden Feuerungen beheizt wird, deren unter den Kesselrohren endende Trennwände von den mit 1200—1300° abziehenden Abgasen fast auf Weißglut erhitzt werden, so ist dadurch eine sehr wirksame Strahlfläche auf den Rost und auf die Kesselrohre gegeben.

Entsprechend dem hohen Feuerraum ist der Trockenschacht hoch ausgeführt. Er besteht nicht mehr aus einem geschlossenen Schacht. Die Trockensäule wird vielmehr durch wechselseitig schräg verlegte gemauerte Auflageflächen zickzackförmig gebrochen.

Der Vorteil dieser Anlage liegt in der stetigen Umwälzung des langsam nach unten ablaufenden Brennstoffes bei offenem Zutritt der Heizgase, die mit hoher Temperatur an die hier noch mit hohem Wassergehalt behaftete Rohbraunkohle herangeführt werden, in der Feuergastrocknung bei Gleichstrom, sowie in dem freien Abzug des Wrasens und der Destil-

[1]) Schulte, Zeitschrift des V. D. I., 1921, S. 366.

lationsgase im Zug der rückgeführten Gase, d. h. in der Richtung auf den Rost zu. Der Rost selbst ist ein Treppenrost mit Anschlußbogen an den Trockenschacht. Das Kohlenwehr

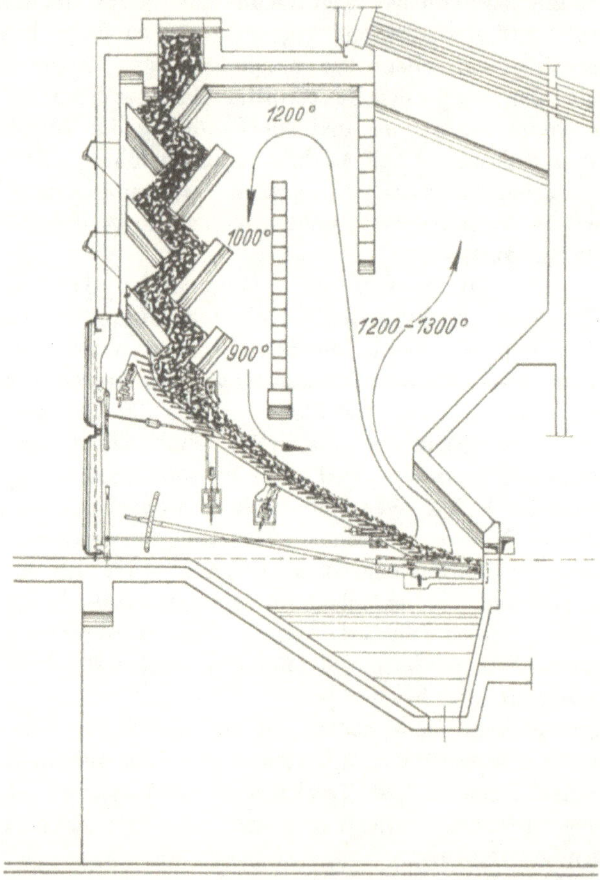

Abb. 11. Braunkohlen-Großraumfeuerung von Keilmann & Völcker.

zur Begrenzung der Schütthöhe auf dem Rost ist luftgekühlt, mit einer gebogenen Zusatzluftdüse ausgerüstet sowie von unten einstellbar. Der Rost wird mit festen Platten und Handschürung ausgeführt, mechanische Schürung kommt erst bei Kesseln über 600—700 m^2 bei einer Belastung von mehr als 40 kg Dampf je m^2 Heizfläche und Stunde in Frage.

Mit dieser Feuerung lassen sich bei annähernd gleichbleibendem Wirkungsgrad von 80 vH Dampfleistungen von 20—50 kg/m^2/h erzielen, wobei die Feuerraumbelastung in Grenzen von etwa 70000—170000 kcal/m^3/h liegt. Diese verhältnismäßig niedrige Belastung des Feuerraumes bietet die Möglichkeit, durch Zusatzfeuerung (Kohlenstaub), Spitzendampfleistungen zu erzielen, da eine vorübergehende Feuerraumbelastung von 300—350000 kcal/m^3/h als durchaus zulässig bekannt ist. Dadurch ist es möglich, von einer normalen Dampfleistung von etwa 40 und mehr kg/m^2/h ausgehend, Spitzenleistungen durch Zusatzfeuerungen von 60 und mehr kg/m^2/h zu erreichen, ohne den Feuerraum zu überlasten.

Bei den Halbgasfeuerungen wird in einer Schachtvorfeuerung der zugeführte Brennstoff teilweise vergast, teilweise verbrannt und alsdann unter Zuführung von Luft unter dem Kessel vollkommen verbrannt.

Als kennzeichnendes Beispiel sei an dieser Stelle die Babcock-Halbgas-Treppenrostfeuerung angeführt. Sie besteht aus dem Brennstofftrichter, aus dem oberen steilen Schwelrost, dem unteren flachen Verbrennungsrost mit Schür- und Regelungseinrichtung und dem Schlackenplanrost mit darunterliegenden vollwandigen Schlackenschiebern und davor sitzenden Luftschiebern (Abb. 12).

Der Trichterausgang ist durch einen Absperrschieber verschließbar, das Ende des Schwelraumes wird durch einen einstellbaren Schamotteschieber mit Öffnungen für den Durchlaß der Schwelgase begrenzt. Dieser Schieber bildet mit einer kurz dahinter hängenden Mauerzunge den Gasmischraum; dahinter liegt der Verbrennungsraum.

Nach außen ist die Feuerung vorn durch die Frontplatte mit Bedienungstüren, seitlich, oben und unten durch Mauerwerk eingeschlossen. Im Mauerwerk befinden sich die Kanäle für die Sekundär-Luftzuführung, wie Schau- und Bedienungslucken und im Boden Verschlüsse für die Schlacken- und Aschenabfuhr. Bei der Schürvorrichtung ist der untere Rostteil derart verstellbar eingerichtet, daß die Rostplatten beweglich mit nach unten zunehmendem Vorschub eingerichtet sind. Diese Einrichtung ermöglicht durch eine einfache Hebelbetätigung das Schüren und Lockern der gesamten Brennschicht, die Reinigung des unteren Rostes von Schlacke und Asche sowie im Bedarfsfalle die Einstellung einer veränderten Rostneigung. Sie bildet somit ein wichtiges Konstruktionselement dieser Feuerungsart.

Die Beschickung und Verbrennung erfolgt in der Weise, daß der frische Brennstoff aus dem Trichter in regelbarer Schicht in den Schwelraum gelangt. Dort wird er infolge der Einwirkung der Hitze teilweise getrocknet und entgast. Die abziehenden Schwelgase verbrennen im Misch- und Verbrennungsraum vollständig. Der Schwelrost beschickt nunmehr in einstellbarer Schicht den Verbrennungsrost mit vorgetrocknetem, schwach glühendem und gleichartigem Brennstoff. Während des Abwärtsgleitens in dieser Hauptfeuerzone brennt er fast vollständig aus, so daß der anschließende Schlackenrost in der Hauptsache ausgebrannte Asche empfängt; der Rest an Verbrennlichem hat Zeit, dort auszubrennen. Die Verbrennungsrückstände werden durch zeitweises Ziehen der Aschenschieber in den Aschenraum abgezogen.

Diese Halbgas-Treppenrostfeuerung eignet sich in erster Linie zur Verfeuerung von Rohbraunkohle beliebiger Stückigkeit, in Sonderausführung auch für Torf, Lohe, kleinere Holzabfälle und Sägemehl.

Bei der Babcock-Halbgas-Treppenrostfeuerung (Abb. 12) handelt es sich um einen mechanisch arbeitenden Braunkohlenrost, welcher allen Anforderungen entspricht unter Verwendung großer Rosteinheiten, so daß er auch für größte Kesseleinheiten geeignet ist.

Die Rohbraunkohle gelangt aus dem absperrbaren, gemauerten Trichter auf den vor dem Hauptkohlenwehr liegenden Rostteil und rutscht von dort selbsttätig in den Feuerraum. Die Schütthöhe wird durch einen Absperrschieber geregelt; die Einstellung erfolgt vom Heizerstand aus.

Die Rostbahn setzt sich aus Rostkörperreihen zusammen, die abwechselnd in einem beweglichen und einem festen Rahmen gelagert sind. Durch diese Bauart wird der Durchfall von Unverbranntem in den Aschenfall praktisch ausgeschaltet; auf den beiden Rostseiten wird dieser dadurch vermieden, daß die an die Rostkörperreihen anschließenden seitlichen Wannen elastisch gelagert und derart ausgebildet sind, daß ein dichter Abschluß gegen das Mauerwerk gewährleistet ist.

Die einzelnen Rostkörper werden mit genügend großen Luftdurchlaßspalten versehen, welche einen ungehinderten Zutritt der Verbrennungsluft zum Brennstoff sichern. Eine

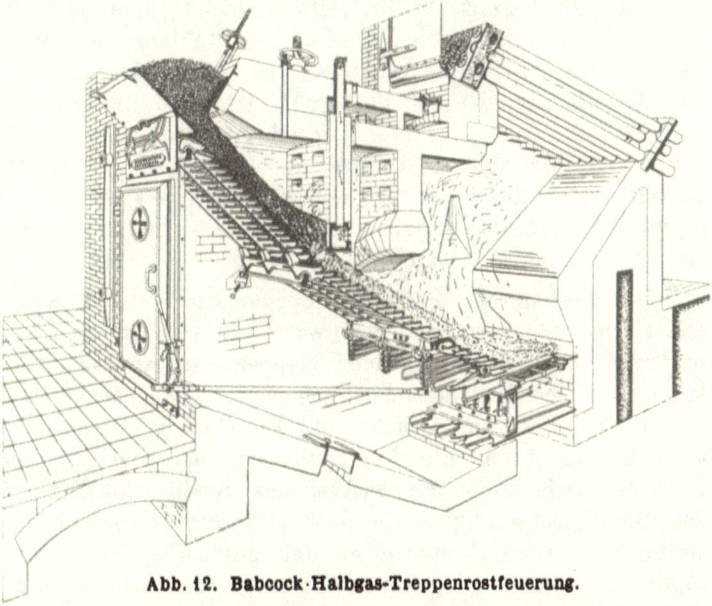

Abb. 12. Babcock-Halbgas-Treppenrostfeuerung.

Tür mit regelbaren Luftspalten, durch welche die Luftzufuhr den jeweiligen Betriebserfordernissen entsprechend eingestellt werden kann, schließt die Feuerungsfront ab. Die Feuerung kann auch für Unterwindbetrieb eingerichtet werden.

Die Betätigung des beweglichen Rahmens erfolgt von einem Geschwindigkeitsgetriebe aus mittels Exzenter und Exzenterstange auf den Haupthebel der Antriebsvorgelegewelle.

Die Hublänge der beweglichen Rostkörperreihen wird nach dem Rostende zu verlangsamt, wodurch ein dem Ausbrand der Braunkohle entsprechender Anstau und damit eine gleichmäßige Bedeckung der ganzen Rostfläche erreicht wird. Leere Roststellen, durch welche kalte Luft in den Feuerraum gelangt, können demnach nicht entstehen.

An den eigentlichen Treppenrost schließt sich ein Schlacken-Nachschubrost an, der den Zweck hat, die ankommenden Brennstoffrückstände kräftig aufzulockern und zum vollen Ausbrand zu bringen. Der Nachschubrost befördert hierauf die Rückstände auf einen anschließenden Kipprost, von wo sie in den Schlackenraum gelangen.

Die Schnelligkeit der Brennstoffbewegung kann je nach Erfordernis sowohl durch Änderung der Hublänge als auch der Hubzahl beliebig eingestellt werden. Die Feuerung kann also der Eigenart des zur Verfügung stehenden Brennstoffes angepaßt werden und verbrennt gleich gut stückige wie auch feinkörnige Braunkohle. Infolge der weitgehenden Einstellbarkeit ergibt die neue mechanische Babcock-Treppenrostfeuerung bei sehr gutem Wirkungsgrad eine leichte Anpassung an schwankende Belastungen.

Die mechanische Babcock-Treppenrostfeuerung arbeitet selbsttätig. Stochern und Schüren von Hand ist nicht erforderlich; das bei feststehenden Treppenrosten zuweilen vorkommende Zurückschlagen der Flammen infolge Überschüttens des Brennstoffes kommt nicht vor. Die ständige Brennstoffauflockerung durch die Vorschubbewegung jeder zweiten Rostkörperreihe und die weitgehende Reglungsmöglichkeit der Brenngeschwindigkeit je nach Art und Verhalten des Brennstoffes gewährleisten einen stets guten CO_2-Gehalt und somit einen gleichmäßig hohen Wirkungsgrad auch bei nach Art und Körnung wechselnder Braunkohle.

Die Entaschung des Rostes ist selbsttätig. Der Verschleiß auch der stärker beanspruchten Teile ist gering; alle Teile sind leicht auswechselbar.

Auch die Vorschub-Treppenrostfeuerung, Bauart »Ludwig« (Abb. 13), ist eine ausgesprochene Rohbraunkohlenfeuerung. Die Rohbraunkohle gelangt durch Schurren in den Vortrocknungs- und Umschichtungsschacht, der mit sattelförmigen, schachbrettartig versetzten gußeisernen Einbauten versehen ist, und aus diesem auf den eigentlichen Verbrennungsrost. Die Schütthöhe des Brennstoffes wird durch ein mehrteiliges Wehr der Kohlensortierung entsprechend geregelt.

Der Vortrocknungs- und Umschichtungsschacht wird von einem besonderen kleinen Vorrost beheizt.

Durch Anzapfen der Hauptkohlenschurre gelangt der Brennstoff in einen mit besonderer Kohlenabsperrvorrichtung versehenen Kohlenschacht und von hier auf den Vorrost. Die

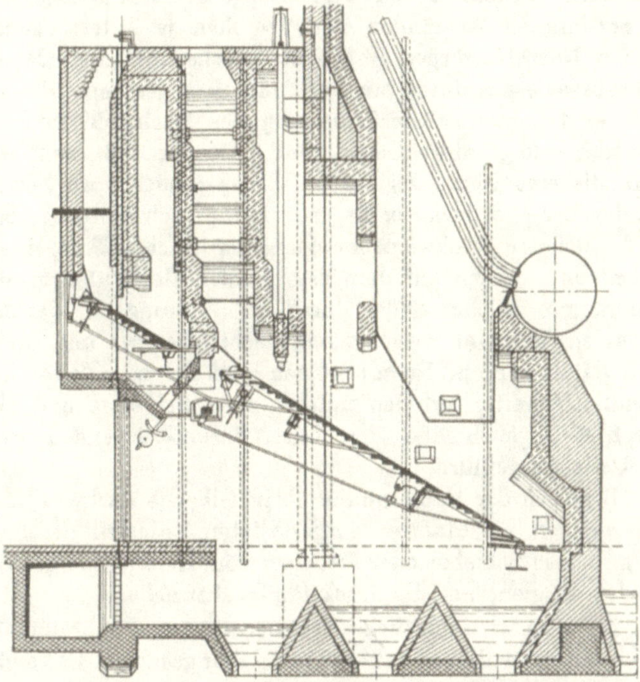

Abb. 13. Vorschub-Treppenrostfeuerung, Bauart »Ludwig«.

von diesem erzeugten Heizgase gelangen zunächst in die dem Trockenschacht vorgelagerte Sammelkammer, ziehen von hier aus unter den gußeisernen Einbauten hindurch und münden in die Mischkammer der Hauptfeuerung.

In dem Trocknungsschacht geben die Heizgase ihre Wärme zum Teil an die gußeisernen Einbauten, zum Teil an die darunterlagernde Kohlenschicht ab, wobei letztere stark erwärmt und vorgetrocknet wird. Die sich dabei entwickelnden Schwelgase und Wasserdämpfe gelangen mit den Heizgasen ebenfalls in die Mischkammer und von dort aus zu dem Hauptverbrennungsrost, wo dann die vollkommene Verbrennung dieser Gase stattfindet.

Der Hauptverbrennungsrost gleicht an sich im allgemeinen einem gewöhnlichen Treppenrost und kann auch als solcher behandelt werden. Je nach der Länge des Hauptrostes sind in bestimmten Abständen und zwischen je 2 festliegenden Stufen Nachstoßkörper eingebaut, welche von einer Hauptantriebswelle aus durch ein Zug- und Hebelgestänge hin- und herbewegt werden. Die Bewegung der Nachstoßkörper zueinander erfolgt abwechselnd, und zwar so, daß, wenn sich z. B. die eine Reihe der Nachstoßkörper nach vorn bewegt, die darüber und darunter liegende Reihe nach hinten gezogen wird. Bei der Rückwärtsbewegung der Nachstoßkörper entstehen unter ihnen auf den festliegenden Roststufen größere Hohlräume, welche wieder durch die Wirkung der darüberliegenden, langsam vorgehenden Nachstoßkörper mit Brennstoff gefüllt werden. Beim nächsten Vorschub wird dann dieser Brennstoff weiter auf den unteren Rost befördert und hierdurch stets gleichmäßig den weiter darunterliegenden festen Rostteilen zugeführt.

Die nach der Verbrennung übrigbleibende Asche sammelt sich auf dem als Planrost ausgestalteten Unterteil der Feuerung, dessen Schieber oder Einlagen vom Heizerstand geöffnet werden können, um die Rückstände abzuziehen.

Für eine wirtschaftliche Verfeuerung von Rohbraunkohle ist weiter die Muldenrostfeuerung sehr geeignet. Es handelt sich um eine Halbgasfeuerung mit Vortrocknung und Vorentgasung des Brennstoffes. Die Rohbraunkohle wird hierbei auf dem Deckenmauerwerk der Gaskammer vorgetrocknet und rutscht dann auf beiden Seiten selbsttätig auf die Rostmulde, deren Querschnitt treppenförmig ausgebildet ist. In der tiefsten, in der Mitte gelegenen Zone findet dann die Hauptverbrennung statt.

Der Mechanismus des Treppen- und des Muldenrostes ist seit der Kriegszeit weitgehend gefördert worden. Um die Braunkohle zwangsläufig voranzuschieben, können dem Rost drei verschiedene Bewegungen erteilt werden:

a) Die Hin- und Herbewegung nebeneinander liegender Rostbahnen,
b) die Hin- und Herbewegung übereinander liegender Rostplatten,
c) die wellenförmige Bewegung von Rostplattengruppen gegeneinander.

Die spezifischen Rostleistungen dieser Rohbraunkohlenroste sind recht hoch; sie schwanken bei natürlichem Zug zwischen 250 und 400 kg/m²/h.

2. Feuerungen für staubförmige Brennstoffe.

Die ersten Versuche, an Stelle der Verfeuerung von festen Brennstoffen die Kohlenstaubfeuerung zu setzen, reichen in Deutschland in das vorige Jahrhundert zurück. So hatte z. B. Wegener auf der großen Gewerbeausstellung Berlin 1896 eine solche Feuerung ausgestellt. Sie konnte sich in Deutschland aber nur im Drehrohrofenbetrieb der Zementfabriken durchsetzen, wo sie bereits vor dem Kriege ganz allgemein eingeführt war. Im übrigen Industrieofen- und Kesselbetrieb erfolgte besonders in der Kriegs- und Nachkriegszeit die weitere Entwicklung der Kohlenstaubfeuerung vorzugsweise in Amerika, von wo aus sie dann wieder nach Deutschland zurückgekommen ist und hier, in sachgemäßer Weise weiter entwickelt, eine gewisse Verbreitung gefunden hat.

Als Brennstoff für die Kohlenstaubfeuerung kommt sowohl Steinkohle als auch Braunkohle, sowohl Steinkohlenkoks als auch Braunkohlenkoks (Grudekoks) in Frage; sehr beliebt ist die Verwendung von Brikettabrieb. Die besonderen Vorteile der Kohlenstaubfeuerung liegen aber in der Verwendungsmöglichkeit beliebiger billiger und minderwertiger Brennstoffe, die auf Rostfeuerungen nicht mehr wirtschaftlich verfeuert werden können, wie z. B. Kohle mit hohem Aschengehalt und leicht schmelzbarer Schlacke, Feinkohle, Staubkohle, Koksgrus u. dgl.

Es sei hier auf ein Mißverständnis aufmerksam gemacht, dem man vielfach begegnet. Die Kohlenstaubfeuerung hat nichts zu tun mit der Verfeuerung der sog. Staubkohle, wie sie besonders in Oberschlesien gefördert und verkauft wird. Hier handelt es sich um eine feinkörnige Steinkohle, die ungemahlen auf dem

Rost verfeuert wird, während die für die Kohlenstaubfeuerung verwendete Steinkohle stets zuvor gemahlen werden muß.

Die Kohlenstaubfeuerung ist gegen häufigen Wechsel in der Güte des Brennstoffes unempfindlicher als die Rostfeuerung, wo dieser bekanntlich sehr störend wirkt. Da sie mit nahezu theoretischer Luftmenge (1 bis 1,2fachem Luftüberschuß) arbeiten kann, ermöglicht sie durch höhere Anfangs- und niedrige Endtemperaturen auch die Ausnutzung eines größeren Wärmegefälles, ein Umstand, welcher sich im Dampfkesselbetrieb in einer höheren Dampfleistung auswirkt. Es werden Kesselwirkungsgrade von über 85 vH erreicht. Hierbei dürfen aber niemals die den Kohlenstaub vielfach sehr wesentlich verteuernden Mahlkosten außeracht gelassen werden. Da die bei der Kohlenstaubfeuerung erreichbaren hohen Flammentemperaturen die Haltbarkeit des Ausmauerungsmaterials der Brennkammern gefährden, ist dazu übergegangen worden, die Wände der Brennkammern zur Schonung des Mauerwerkes mit Wasserrohren zu bewehren, deren Wasserumlauf in das Kesselsystem einbezogen ist, und die somit als Heizfläche anzusehen sind. Um das bei den hohen Flammentemperaturen eintretende Schmelzen der Asche unschädlich zu machen, wird die Brennkammer meistens unten ebenfalls durch Wasserrohre abgeschlossen, die ein Granulieren der Schlacke bewirken.

Wenn als weiterer Vorteil der Kohlenstaubfeuerung eine sehr leichte Reglungsmöglichkeit und die sofortige Anpassung der Wärmeerzeugung an den Wärmeverbrauch sowie eine Verringerung der Anheizverluste durch schnellste Betriebsbereitschaft nachgerühmt wird, so ist dieser Vorsprung vor den anderen Feuerungsarten in neuerer Zeit verlorengegangen, da es sich gezeigt hat, daß die gleichen Vorteile auch dem neuzeitlichen Wanderrost zuzusprechen sind.

Bei der Kohlenstaubfeuerung ist der gesamte Feuerungsbetrieb vollkommen mechanisiert; durch restlose Verbrennung wird die beste Ausnutzung der Brennstoffe gewährleistet und es werden erhebliche Ersparnisse an Bedienungspersonal und Arbeitskräften erzielt.

In den ersten Anfängen der Kohlenstaubfeuerungspraxis verwendete man nur Steinkohle mit geringem Wassergehalt, so daß eine Trocknung vor der Mahlung nicht in Frage kam.

Der Staub wurde in schnellaufenden Mühlen erzeugt und dann gemeinsam mit der Verbrennungsluft durch einen mit der Mühle gekuppelten Ventilator ohne Zwischenbunkerung in die Feuerung eingeblasen. Dem Vorteil der Einfachheit und Billigkeit dieses Verfahrens stehen jedoch schwere Nachteile gegenüber. Kraftbedarf und Verschleiß der Mühle sind groß bei geringer Mahlleistung. Überdies wird bei stark schwankender Belastung der Mangel eines Puffers in Form eines Kohlenstaubspeichers (Bunker) unangenehm empfunden. Da sich die Mühlen im Kesselbetrieb nach dem Staubbedarf des Kessels zu richten haben, können sie oft nicht wirtschaftlich betrieben werden; weil ferner ein Ausfallen der Mühle den Stillstand der Feuerungsanlage zur Folge hat, müssen Reservemühlen vorgesehen werden.

Mit der Erkenntnis der Zusammenhänge zwischen Leistung, Kraftbedarf, Feinheit und Feuchtigkeit wurde zur Verwendung auch von Kohle mit größerem Wassergehalt und zu deren Trocknung vor der Vermahlung übergegangen. Das Streben nach größter Betriebssicherheit und Wirtschaftlichkeit der Aufbereitung und Verfeuerung führte zur Zwischenbunkerung des Kohlenstaubes. Auf diese Weise entstanden die Aufbereitungsanlagen, in denen der Staub zeitlich unabhängig von seiner späteren Verwendung unter wirtschaftlichen Bedingungen aufbereitet wird. In der Erkenntnis, daß jede Kohlenstaubfeuerungsanlage mit der Wirtschaftlichkeit der Staubaufbereitung steht und fällt, wurde versucht, die Anlagen zu vereinfachen, indem der Mühle mäßig warme Abgase bzw. Heißluft zugeführt wurde, um die Kohle vorzutrocknen und dadurch den Mahlvorgang günstig zu beeinflussen. Der Preisunterschied zwischen diesem Verfahren — auch Mahltrocknungsverfahren genannt — und einer getrennten Trocknungs- und Mahlanlage ist nicht erheblich. Die Leistung einer Mahltrocknungsanlage ist geringer, der Kraftbedarf stets größer als bei einer derselben Kohlenstaubmenge entsprechenden reinen Mahlanlage, wenn diese genügend vorgetrocknetes Material erhält. Dadurch wachsen aber die Anlage- und Betriebskosten einer Mahltrocknungsanlage und es ist leicht denkbar, daß unter gewissen Umständen eine Mahltrocknungsanlage nicht wesentlich wirtschaftlicher als eine getrennte Trocknungs- und Mahlanlage arbeitet. Berücksichtigt man noch, daß der Betrieb einer Mahltrockenanlage unter Umständen verwickelter als der Betrieb einer getrennten Trocknung und Vermahlung ist, so dürfte einleuchten, daß sich das Bild unter Umständen zugunsten der getrennten Trocknung und Vermahlung verschieben wird.

Obschon die Entwicklung der Aufbereitungsanlagen heute noch nicht abgeschlossen ist, läßt sich doch sagen, daß sowohl das Zentralaufbereitungsverfahren mit getrennter Trocknung und Mahlung als auch die Mahltrocknungsverfahren ihren Platz im Kohlenstaubfeuerungsbetrieb behaupten werden.

Ob dabei eine Zwischenbunkerung vorgesehen werden soll oder nicht, hängt von den Betriebsbedingungen ab und muß von Fall zu Fall entschieden werden. Bei gleichmäßigem Betrieb wird man, falls Reservemühlen vorgesehen werden, ohne Zwischenbunkerung auskommen können. Sofern es sich aber um Werke mit stark schwankender Last handelt, sollte aus Rücksicht auf eine wirtschaftliche Aufbereitung und Verfeuerung eine Zwischenbunkerung vorgesehen werden. Hinzu kommt noch, daß die Verteuerung durch Zwischenbunkerung im Verhältnis zu den Gesamtanlagekosten meist gering ist und gegenüber den durch die Zwischenbunkerung bedingten Vorteilen wenig ins Gewicht fällt.

Mit der Entwicklung der Kohlenstaubfeuerung hat sich ein eigenes Verfahren für die Förderung von Staub herausgebildet. Staub in der für die Verfeuerung in Frage kommenden Feinheit hat die Eigenschaft, sich durch Zusatz geringer Luftmengen in eine fließende Masse zu verwandeln. Der Staub läßt sich in dieser Form leicht durch Rohrleitungen fördern und verteilen. Auf 1000 kg Kohlenstaub werden etwa 30 kg Luft zugesetzt. Geschwindigkeit und Kraftbedarf der Förderung sind gering. Die Preßluft kann einem besonderen Kompressor oder einem Druckluftnetz entnommen werden.

Diese Staubförderanlagen werden für stdl. Leistungen von 2—100 t Staub gebaut.

Einer der wichtigsten Teile einer Kohlenstaubfeuerung ist der Zuteiler. Er hat die Aufgabe, den jeweils erforderlichen Brennstoffbedarf gleichmäßig zuzumessen, Luft und Brennstoff zu mischen und das Gemisch auf der ganzen Breite des

Feuerraumes zu verteilen. Der Kohlenstaub darf einen bestimmten Feuchtigkeitsgehalt, bei Steinkohle 10 vH, bei Braunkohle 15 vH, nicht überschreiten, da er sonst zusammenballt und im Feuerraum schlecht ausbrennt. Bei dem AEG-Kohlenstaubzuteiler ist besonderer Wert auf eine feine Verteilung des Kohlenstaubes durch Zufuhr mit einer laufenden und nicht sehr schief geschnittenen Schnecke gelegt. Die mit jeder Umdrehung der Schnecke aus dem Zuteiler geförderten Mengen sind gering, so daß kein stoßweises Aufgeben in den Feuerraum erfolgt. Außerdem wird der Kohlenstaub beim Austritt aus der Zuteilerschnecke sofort vom Luftstrom und von dem auf dem Kegel angeordneten Flügelrad mit Luft gemischt.

Der Zuteiler erhält den Staub aus einem Bunker, gegen den er durch einen Schieber abgeschlossen werden kann. Der Staub wird von der Schnecke zugemessen, deren Fördermenge sich innerhalb bestimmter Grenzen mit der Umdrehungszahl ändert. Die Staubaufgabe wird in den meisten Fällen durch einen Antrieb mit regelbarer Drehzahl bewirkt. Auf einer Welle, mit der der Motor unmittelbar gekuppelt ist, wird zunächst der Antrieb mittels eines Hebels durch eine Rutschkupplung eingekuppelt, die Tourenzahl durch ein Stirnräderpaar im Verhältnis 8:1 reduziert und durch ein Kegelräderpaar auf die Förderschnecke übertragen. Die Konstruktion und Ausbildung des Antriebes ist den Anforderungen im Kesselhausbetrieb entsprechend kräftig gehalten. Durch Anordnung eines Gleichstrommotors oder eines Flüssigkeitsgetriebes kann eine weitgehende Tourenregelung durchgeführt werden, so daß die Kohlenstaubfeuerung jede gewünschte Dampfleistung erreichen kann.

Bei Einzelzuteilern läßt sich die Staubaufgabe durch mehrstufige Riemenscheiben regeln.

Die Verbrennungsluft wird von einem oder mehreren Gebläsen geliefert, deren Luftleistung und Pressung ebenfalls einstellbar sind. Auch hier wird gern Tourenregulierung benutzt oder durch eine Irisblende der Saugquerschnitt des Gebläses verändert.

Bei Großdampfkesseln, die große Leistungen bei kleiner Grundfläche aufweisen, ist die Feuerraumbreite verhältnismäßig gering, deshalb muß man die Zuteiler zu Gruppen zusammenfassen und an einer gemeinsamen Grundplatte am Bunkerrahmen befestigen.

Bei kleineren Kesseleinheiten kommt der Einzelbrenner zur Anwendung, der ein in sich geschlossenes und in seiner gedrängten Form handliches Aggregat bildet, er wird meist dann am Platze sein, wenn nicht mehr als 3 Zuteiler für eine Feuerung nötig sind.

Das Gebläse ist bei den Einzelzuteilern unter der Förderschnecke angebaut. Der Antrieb von Ventilator und Förderschnecke erfolgt durch einen gemeinsamen Motor. Bei Einzelbrennern werden gewöhnlich Stufenscheiben zur Veränderung der Förderleistung angeordnet.

Die Ausbildung der Brennkammer gehört zu den wichtigsten konstruktiven Aufgaben einer Kohlenstaubfeuerung. Die Flamme muß so geführt werden, daß die Staubteilchen, deren Feinheit mit Rücksicht auf die Wirtschaftlichkeit der Staubaufbereitung innerhalb einer bestimmten Grenze gehalten wird, vollkommen ausbrennen, ehe sie mit den Kesselrohren in Berührung kommen. Bei geringem Gasgehalt der Kohle muß für feinere Ausmahlung, gute Durchmischung des Brennstoffes mit der Luft, gleichmäßige und gut verteilte Zuführung des Brennstoffes gesorgt und danach die Form und Größe des Feuerraums bestimmt werden. Die Wärmebelastung des Feuerraumes in kcal/m^{3}h richtet sich nach der verlangten Dampfleistung und der Konstruktion des Feuerraumes. Für die Form des Feuerraumes ist die Einblasegeschwindigkeit und Länge der Flamme maßgebend. Bei der Ausgestaltung der Feuerräume muß eine gute Abstrahlung auf die Heizflächen beachtet und die Berührung der Flamme mit dem Mauerwerk vermieden werden.

Bei der Dimensionierung des Feuerraumes läßt man Temperaturen in der Brennkammer zu, die an der Vorderwand 1450°, vor den Kesselrohren 1250° nicht überschreiten. Der CO_2-Gehalt beträgt hierbei 14—15% im ersten Rohrbündel. Man erreicht diesen Gleichgewichtszustand zwischen freiwerdender Wärme und wirklicher Feuertemperatur durch die Auskleidung eines Teils der Brennkammer mit Kühlrohren und Freilegen eines gewissen Teils der Heizfläche nach dem Feuerraum zu.

Handelt es sich um Brennstoffe mit wenig flüchtigen Bestandteilen, so darf man die Auskleidung mit wassergekühlten Wänden nicht zu weit treiben, damit die Flamme bei geringer Belastung nicht vorzeitig erlischt und Verluste an Brennbarem durch Flugkoks eintreten. Nach einem besonderen, der AEG geschützten Verfahren können Teile der wassergekühlten Flächen durch späteres Aufhängen von Schamotteformsteinen der Bestrahlung wieder entzogen werden, so daß bei einem späteren Brennstoffwechsel keine schwierigen Abänderungen notwendig werden.

Das Brennkammergerüst wird aus kräftigen Profileisen konstruiert und an das Kesselgerüst angeschlossen.

Das Schamottematerial für die Brennkammern muß besonders sorgfältig ausgesucht werden. Die Wände der Brennkammern werden heute im allgemeinen senkrecht ausgeführt. Die Steine werden an dem Brennkammergerüst verankert, so daß die Brennkammer unter allen Umständen frei arbeiten kann. Die Wände werden, soweit in der Brennkammer keine Seitenwandkühlung vorgesehen ist, hohl ausgebildet und Sekundärluft durch diese Kanäle zur Kühlung der Wände geleitet. Die Sekundärluft tritt durch die Stirnwand in die Brennkammer ein. Das Mauerwerk muß mit Dehnungsfugen gesetzt werden, um bei den auftretenden Temperaturschwankungen genügende Elastizität zu besitzen. In der Vorderwand werden zuweilen noch Gas- oder Ölbrenner zum Anheizen des Kessels oder für Zusatzbetrieb vorgesehen. Die Feuerraumdecke wird aufgehängt. Jeder Stein der Decke kann einzeln ausgewechselt werden.

Die Mühle ist ein Schnelläufer von sehr einfacher Bauart, mit einer einzigen Mahlkammer und Windsichtung (Abb. 14). Die Rohkohle wird durch eine regelbare Aufgabevorrichtung aus dem Bunkerauslauf in die Mahlkammer gefördert. Eisenteile und andere nicht mahlbare Körper sammeln sich in einem besonderen Kasten unterhalb der Mahlkammer. Außerdem kann ein Magnetscheider in die Aufgabevorrichtung eingebaut werden. Das Schlagrad ist mit auswechselbaren Schlägern versehen und fliegend angeordnet; die Welle ist so kräftig, daß keine Schwingungen auftreten können. Die fliegende Anordnung des Schlagrades hat den Vorteil, daß das Schlagrad mit wenigen Handgriffen und in sehr kurzer Zeit ausgewechselt werden kann. Sind die Schläger abgenutzt, so wird das ganze Rad ausgebaut und durch ein neues ersetzt.

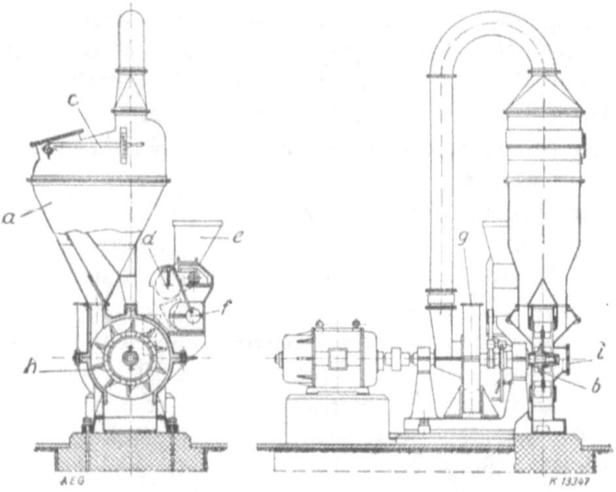

Abb. 14. AEG-Kohlenstaubmühle.

a = Windsichter,
b = Mahlkammer,
c = Hebel für Prallplatte,
d = Magnettrommel,
e = Speisetrichter,
f = Klinkantrieb der Aufgabe,
g = Mühlengebläse,
h = Schlagrad,
i = Heißluftstutzen in der Mahlkammertür.

Die Mahlbahn ist aus einzelnen Segmenten zusammengesetzt. Im Deckel der Mahlkammer sitzt ein Schieber, durch den die Sichterluft geregelt wird. Auf der gleichen Welle mit der Mühle sitzt ein Ventilator, welcher den feinen Staub durch die Saugleitung aus dem Staubabscheider zieht, der unmittelbar auf der Mühle sitzt. Das Gemisch von feinem und grobem Staub tritt unter einer Lippe in den Staubabscheider und wird gegen ein Prallblech geschleudert. Durch die Neigung des Prallblechs läßt sich die Feinheit des abgesaugten Staubes einstellen. Die Grieße fallen in die Mühle zurück. Die Luftmenge, die den brennfertigen Staub aus dem Sichter zum Ventilator fördert, läßt sich durch eine Drosselklappe regeln. Der Ventilator drückt den Staub, der genügend fein ausgemahlen ist, durch die Druckleitung der Feuerung zu.

Die Mühle verarbeitet Kohle mit 3% grober Feuchtigkeit ohne besondere Vorrichtung. Bei höherem Wassergehalt wird der Mühle Heißluft zugeführt, die nach einem besonderen Verfahren dem Feuerraum an einer Stelle entnommen wird, an der sie noch nicht mit inerten Gasen angereichert ist.

Die Vorteile der Mühle sind: geringer Kraftbedarf, leichtes und schnelles Auswechseln der abgenützten Teile, geringer Platzbedarf, leichte Fundamente, einwandfreie Vermahlung eines Mahlgutes mit hohem Feuchtigkeitsgehalt und äußerst einfache, kräftige Bauart. Die Mühle eignet sich besonders für das direkte Einblasen in die Feuerung ohne Zwischenbunkerung.

Für die Verteilung des Staubes auf mehrere Verbraucher hat die AEG Drei-, Vier- und Mehrwegeschieber ausgebildet, die von Hand oder elektrisch bedient werden können. Zur Überwachung des Füllvorganges sind besondere Strömungsanzeiger entwickelt worden. Die Strömungsanzeiger können mit elektrischer Fernanzeigevorrichtung versehen werden, um dem Pumpenwärter eine Kontrolle über das Arbeiten der Staubförderanlage zu ermöglichen. Der Füllungsgrad kann von Hand durch Abtasten mit einem Staubfühler festgestellt werden. Für größere Bunker und Fernübertragung der Anzeige kommen Staubstandsanzeiger in Frage, die in der Bunkerwand in verschiedenen Höhen eingebaut werden. Der Druck des Staubes auf die Bunkerwände betätigt Membrane und Kontakte, die Lampen an einer Schalttafel einschalten. Bei einer entsprechenden Anordnung der zu den Membranen gehörigen Lampen auf der Schalttafel wird der Füllungsgrad des Bunkers sichtbar gemacht.

Um ein Zusammenballen des Staubes bei langem Lagern zu verhindern, lassen sich Luftauflockerungsvorrichtungen vorsehen, die den Staub in angemessenen Zwischenräumen auflockern.

Abb. 15—20 zeigen die Elemente der Babcock-Kohlenstaubfeuerung, und zwar Abb. 15 den Trommeltrockner, Abb. 16 die Ringwalzenmühle, Abb. 17 eine Zuteilschnecke mit Motorantrieb, Abb. 18 die Brenndüse, Abb. 19 den Sekundärluftregler und Abb. 20 zuletzt eine Babcock-Kohlenstaubfeuerung für 2 Kessel von je 250 m² Heizfläche.

Abb. 15. Babcock-Trommeltrockner.

Das kennzeichnende Merkmal der indirekt geheizten Trockentrommel liegt darin, daß die Heizgase erst den Mantel der Trommel von außen umspülen und dann mit stark ver-

Abb. 16. Babcock-Ringwalzenmühle.

minderter Temperatur unmittelbar mit der zu trocknenden Kohle in Berührung kommen, so daß die flüchtigen Bestandteile der Kohle nicht ausgetrieben werden können. Eine Entzündung der Kohle ist hierbei nicht möglich, weil die Flamme nicht in Berührung mit dem Trockengut kommt. Der Kraftverbrauch der Trockentrommel ist gering, da sämtliche Lager in Rollen laufen und nur ein einziger Antrieb für das gesamte Trockenaggregat benötigt wird.

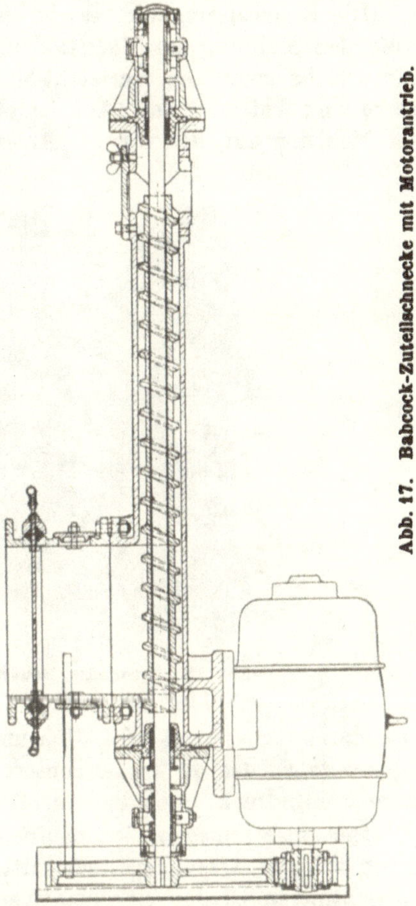

Abb. 17. Babcock-Zuteilschnecke mit Motorantrieb.

Die Herstellung des Brennstaubes erfolgt in einer Mühle, deren Bauart sich sowohl nach der Art des zu verwendenden Brennstoffes wie auch nach der geforderten Leistung richtet. Für weniger harte Kohle und für Mahlleistungen bis zu 5 t stündlich sieht Babcock einen Kohlenzerstäuber vor, welcher in sich Mahlgutaufgabe, Eisenabscheidung, Trocknung, Vorzerkleinerung, Feinmahlung, Staubsichtung und Staubförderung vereinigt und durch Kombination der Aufbereitungsanlage mit der eigentlichen Mühle und dem Förderventilator niedrige Gestehungskosten des Brennstaubes ermöglicht.

Für harte Brennstoffe, wie Durchfallkohle, Koks usw. sowie für Mahlleistungen von $2\frac{1}{2}$—20 t stündlich, kommt die in Abb. 16 dargestellte Ringwalzenmühle in Betracht, die sich sowohl als Einzelmahlanlage wie auch für eine zentrale Staubaufbereitung eignet. Sie arbeitet in Verbindung mit einem Exhaustor, der die Sichtung des fertigen Staubes vom Grieß und die Ausscheidung von Steinchen und Eisenteilen durch einen Luftstrom bewirkt.

Die Ringwalzenmühle besteht aus einem im Gehäuse umlaufenden Mahlring aus Hartstahl und aus drei gegen dessen Innenfläche gepreßten Hartstahl-Mahlwalzen, von denen die obere zum Antrieb dient. Auf der oberen Antriebswalze liegt der Mahlring auf, der von der Antriebswalze durch Reibung

Abb. 18. Brenndüse, Bauart »Babcock«.

in Umdrehung versetzt wird. Der umlaufende Mahlring treibt seinerseits wieder die beiden unteren Mahlwalzen an, deren Anpressungsdruck durch Federn regelbar ist.

Bei einer zentralen Staubaufbereitung muß der Kohlenstaub von der Erzeugungsstelle mittels geeigneter Transportvorrichtungen zu den einzelnen Verbrauchsstellen mit einer Staubpumpe befördert werden. Dieselbe arbeitet nach dem Emulsionsprinzip. Ihr besonderes Kennzeichen besteht in der Verwendung von Düsen mit verschieden großen Querschnitten, von denen jeweils eine Reihe von gleicher Größe eingeschaltet werden kann. Hierbei entsteht ein augenblicklicher Luftstromwechsel unter Beibehaltung des gleichen Luftdruckes. Die der

Mischdüse zugeführte Luft steht je nach der Förderlänge unter einem Überdruck von 1—3,5 at. Die erforderliche Luftmenge beträgt 15—20 m^3 je Tonne Staub.

Zur Vermeidung von Staubverlusten wird hinter dem Staubabscheider ein Filter eingeschaltet, welches den in der Abluft enthaltenen Staub restlos abscheidet.

Der Kohlenstaub wird der Brenndüse an den einzelnen Verbrauchsstellen durch Zuteilschnecken (Abb. 17) in genau regelbaren Mengen zugeführt, nachdem er mit einer bestimmten Menge vorgewärmter Verbrennungsluft vermischt wurde.

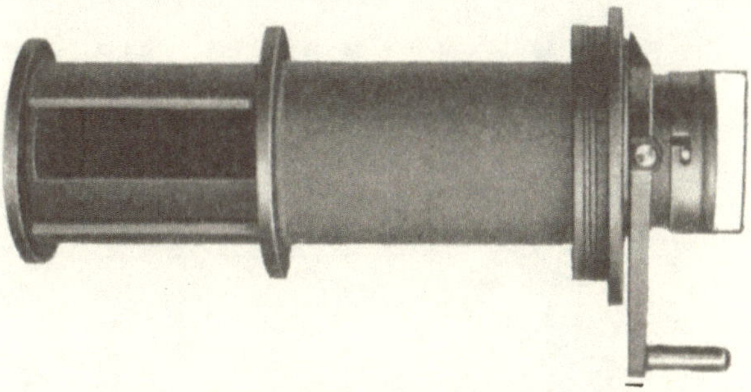

Abb. 19. Sekundärluftregler, Bauart »Babcock«.

Abb. 18 zeigt die Babcock-Brenndüse. Die restliche, zur vollkommenen Verbrennung erforderliche Luftmenge wird in vorgewärmtem Zustande mittels des in Abb. 19 dargestellten Sekundärluftreglers durch die Brennkammerwände eingeführt.

Die feuerfeste Ausmauerung der Brennkammer wird den Eigenschaften der anfallenden Schlacke angepaßt und entweder durch einen Luftstrom oder durch wasserführende Rohre gekühlt, die der feuerfesten Ausmauerung vorgelagert oder in ihr eingebettet werden. Die Bemessung der Kühlmittel erfolgt unter Berücksichtigung der Zündgeschwindigkeit des Brennstoffes.

Abb. 20 läßt die Ausbildung der Brennkammer erkennen.

Ein anderes Kühlmittel für die Brennkammer ist der Strahlungsüberhitzer, der aus einer Anzahl nahtloser gekrümmter Rohre von 30—50 mm l. Dmr. besteht, die frei vor der feuerfesten Ausmauerung der Brennkammer liegen und beiderseits in geschützt liegende Sammelkästen münden. Der durch den Strahlungsüberhitzer strömende Dampf kühlt das Rohrsystem bzw. die Brennkammer und wird dabei überhitzt. Die Vorteile des Strahlungsüberhitzers bestehen in der leichten Unterbringung der Überhitzerheizfläche, in der Schonung der Brennkammer-Ausmauerung und in der Vermeidung von Zugverlusten im Kessel.

Zuletzt sei die Lopulco-Kohlenstaubfeuerung beschrieben:

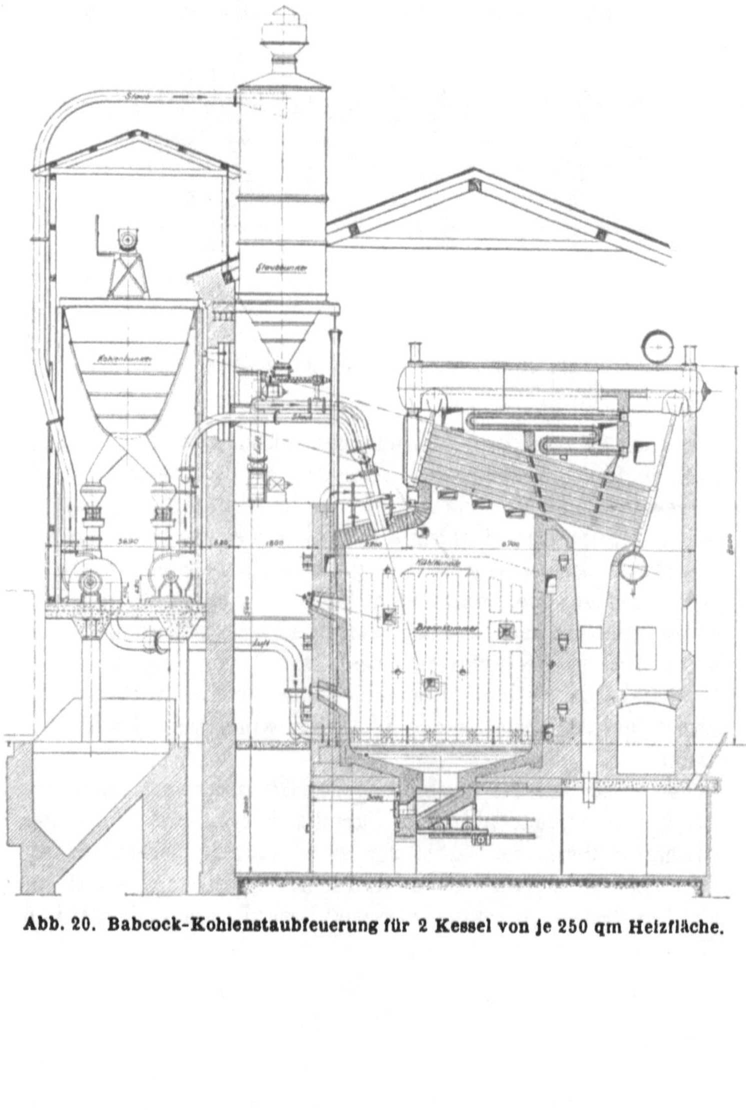

Abb. 20. Babcock-Kohlenstaubfeuerung für 2 Kessel von je 250 qm Heizfläche.

Der Kohlenstaub wird vertikal von oben in die entsprechend bemessene Verbrennungskammer eingeblasen, entzündet sich durch die strahlende Wärme der Kammerwände und brennt zunächst infolge der Strömungsenergie nach abwärts, bis der natürliche Auftrieb die Flamme nach oben umlenkt. Hierdurch wird der erforderliche lange Flammenweg erzielt, der zum vollkommenen Ausbrennen der Kohlenstaubteilchen wesentliche Voraussetzung ist.

Ein Teil der Luft wird primär mit dem Kohlenstaub, der Rest — etwa 85 vH der Gesamtluft — absatzweise — entsprechend dem allmählichen Fortschreiten der Verbrennung — durch Schlitze in der Stirnwand der Brennkammer zugesetzt. Diese Art der Luftzuführung, welche eine weitere Voraussetzung für eine restlose Verbrennung bei höchstem Wirkungsgrad ist, ermöglicht es, daß jedes Kohlenstaubteilchen zur richtigen Zeit die richtige Sauerstoffmenge erhält und daß eine Verbrennung mit geringstem Luftüberschuß erreicht wird. Die Wichtigkeit dieser Zuführung ist aus dem Vorgang ersichtlich, den jedes Staubteilchen bis zur restlosen Verbrennung durchlaufen muß: Der mit Primärluft gemischte Staub wird beim Eintritt in die Brennkammer durch Wärmestrahlung rasch so stark erwärmt, daß die flüchtigen Bestandteile der Kohle ausgetrieben werden. Sie verbrennen mit der Primärluft und erhitzen die schwebenden entgasten Staubteilchen, so daß diese sich entzünden und mit der stufenweise zugesetzten Sekundärluft verbrennen, die etwa den 14000fachen Raum eines Kohlenstaubteilchens aus reinem Kohlenstoff einnimmt.

Die Verbrennungsluft strömt durch die hohlen Wände des Feuerungsraumes. Diese werden dabei von der durchstreichenden Luft gekühlt, so daß die Verbrennung ständig mit geringstem Luftüberschuß und somit mit höchster Flammentemperatur durchgeführt werden kann, ohne daß eine schädliche Erhitzung des feuerfesten Mauerwerks eintritt. Hierbei wird die Verbrennungsluft gleichzeitig vorgewärmt, wodurch der Wirkungsgrad der Verbrennung weiter gesteigert wird.

Durch Ausführung der Brennkammerwände in zwei Schichten, von welchen die eine aus hochfeuerfester Schamotte, die andere aus Isoliermauerwerk besteht, wird neben der Kühlung erreicht, daß trotz der hohen Temperatur auf der Innenseite die Außenwand nur mäßig warm ist und nur geringe Strahlungsverluste entstehen. Die Hohlwände sind so durchgebildet und verankert, daß die Lopulco-Bauart die betriebssichere Ausführung dünner Wände mit günstiger Wärmeübertragung auch für große Feuerungsabmessungen erreicht.

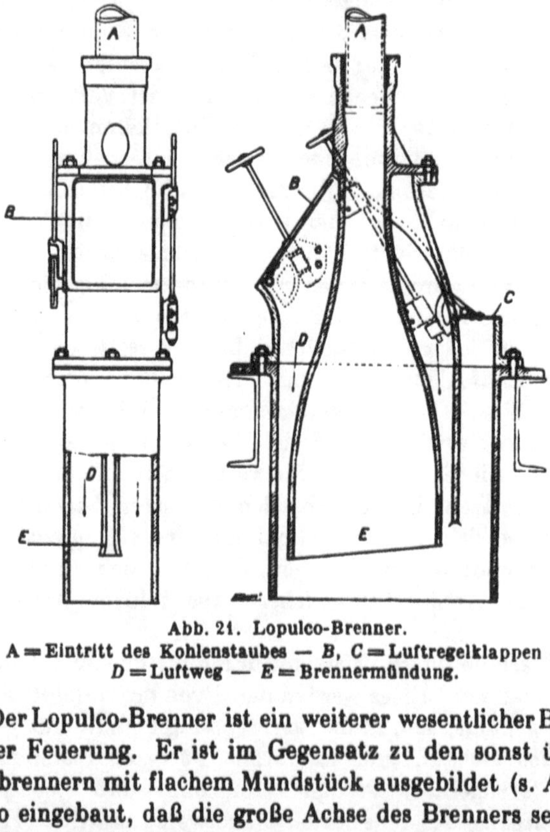

Abb. 21. Lopulco-Brenner.
A = Eintritt des Kohlenstaubes — B, C = Luftregelklappen — D = Luftweg — E = Brennermündung.

Der Lopulco-Brenner ist ein weiterer wesentlicher Bestandteil der Feuerung. Er ist im Gegensatz zu den sonst üblichen Rundbrennern mit flachem Mundstück ausgebildet (s. Abb. 21) und so eingebaut, daß die große Achse des Brenners senkrecht zur Stirnwand des Verbrennungsraumes steht. Bei dem flachen Kohlenstaubstrahl ist das Verhältnis der luftberührten Oberfläche zur Staubmasse günstiger als bei einem runden Staubkern, und durch die Art des Einbaues wird erreicht, daß die stufenweise eintretende Luft kammartig durch die Kohlenstaubstrahlen hindurchtritt und so fortlaufend eine gute Durchmischung von Luft und Kohlenstaub gewährleistet.

Der Wasserrohrrost besteht aus einer Reihe nebeneinanderliegender Rohre von 100 mm Dmr., die etwas oberhalb des Aschensacks quer durch die Verbrennungskammer hindurchgehen (Abb. 22). Die Rohre sind so

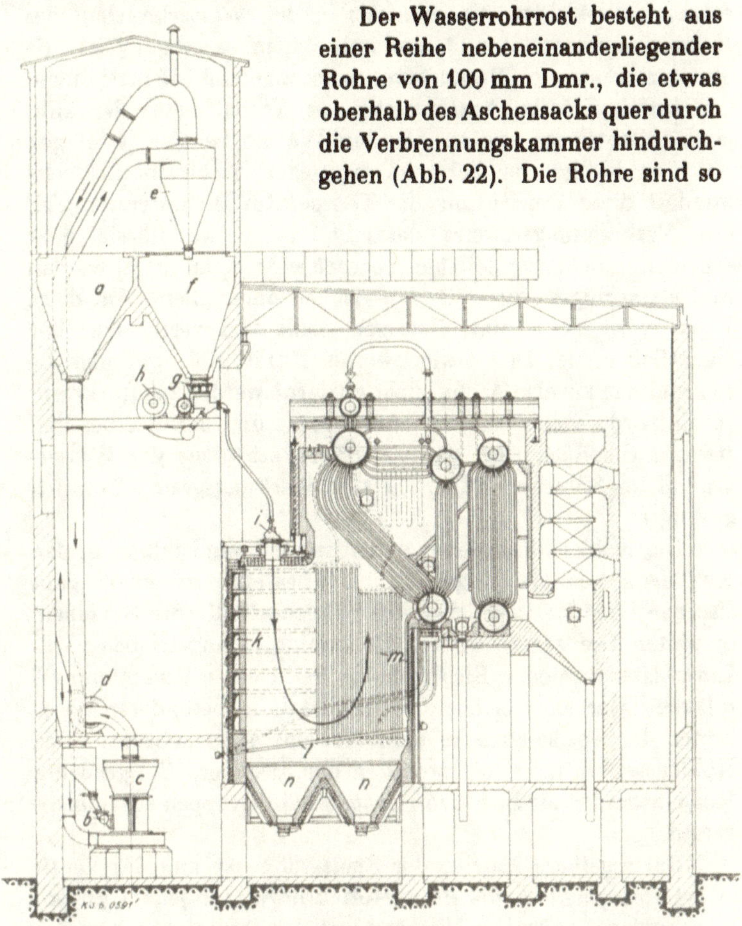

Abb. 22. Schnitt durch eine Kesselanlage mit Lopulco-Staubfeuerung und Mahlanlage.

an den Kessel angeschlossen, daß das durchströmende Wasser den Wasserumlauf unterstützt.

Bei größeren Feuerungen, deren Wände durch die Flammenstrahlung hoch beansprucht werden, und dort, wo verschiedene Brennstoffsorten mit teilweise niedrigem Aschenschmelzpunkt verwendet werden müssen, werden die Brennkammer-Rückwand und Teile der Seitenwände mit Flügelrohren ausgekleidet, die ebenfalls in den Wasserkreislauf des Kessels eingeschaltet sind, und mit denen es möglich ist, die Temperaturen im Brennraum wunschgemäß abzustimmen.

Durch richtige Abstimmung des Verhältnisses der kühlenden Rostfläche zur strahlenden Wärme bei der jeweiligen Art und Menge der Schlacke bzw. des Aschenanteiles vermindert diese Einrichtung die Temperatur im untersten Teil des Verbrennungsraumes derartig, daß etwa flüssig ausscheidende Schlackenteilchen abgeschreckt (granuliert) werden und als körniges Pulver in den Aschenraum fallen. Auf diese Weise wird der Anfall flüssiger Schlacken vermieden, der eigentlich immer zu Schwierigkeiten Anlaß gibt, während die so erhaltene körnige Asche leicht entfernt werden kann. Gleichzeitig wird durch diesen Wasserrost die unmittelbar bestrahlte Heizfläche des Kessels vergrößert sowie der Wasserumlauf im Kessel und damit dessen Wirkungsgrad wesentlich gesteigert.

Die Kohlenstaubspeisevorrichtung ist unmittelbar an den Kohlenstaubbunker eingebaut. Sie besteht aus einem gußeisernen Gehäuse, in welches eine Schnecke läuft, die von einem in weiten Grenzen regelbaren Elektromotor angetrieben wird. Ein zweiter regelbarer Elektromotor treibt einen Verbrennungsluftventilator an, welcher die Primärluft in besonderer Weise hinter der Speiseschnecke dem Kohlenstaub zumischt. Das Kohlenstaubluftgemisch strömt in den Brenner. Bei größeren Kesseln werden die Speisevorrichtungen in Gruppen zusammengefaßt.

Der regelbare Antrieb der Speiseschnecke und des Ventilators ermöglicht es, die Brennstoffzuführung in jedem Augenblick und mit sofortiger Wirksamkeit der Dampfentnahme des Kessels anzupassen und auch Spitzenbelastungen auszugleichen.

Vielfach wird die Kohlenstaubfeuerung nicht als selbständige, sondern als Zusatzfeuerung zu Rostfeuerungen angewendet. Die Kohlenstaubzusatzfeuerung ermöglicht eine wesentliche Erhöhung der Dampfkesselleistungen, besonders in Augenblicken von Spitzenbelastungen ohne Veränderung der Rostfeuerung oder des Feuerraumes. Sie eignet sich besonders für ältere Kesselanlagen mit genügend großen Feuerräumen zur Erhöhung der Leistung und Wirtschaftlichkeit. Abb. 23 zeigt die Bauart »Babcock« und Abb. 24 das Diagramm einer Kohlenstaubzusatzfeuerung.

Feuerungstechnisch hat der Braunkohlenstaub zweifellos eine Reihe von Eigenschaften, welche ihn für neuzeitliche Feuerungen besonders geeignet machen. Er hat den Vorteil,

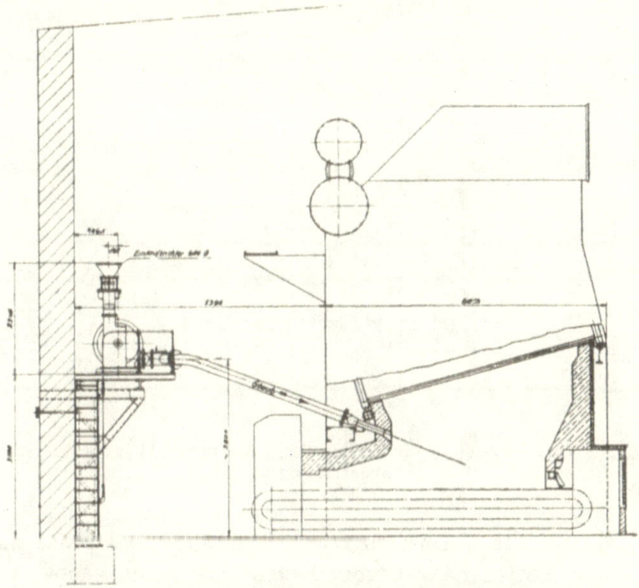

Abb. 23. Kohlenstaub-Zusatzfeuerung, Bauart »Babcock«.

daß er infolge seiner niedrigen Entzündungstemperatur sowie der großen Zünd- und Brenngeschwindigkeit der Braunkohle (eine Folge des hohen Gehaltes an flüchtigen Bestandteilen) leicht und sicher am Brennermund zündet und auf kürzestem Wege vollkommen ausbrennt. Diese günstigen feuerungstechnischen Eigenschaften ermöglichen besonders auch ein leichtes und schnelles Inbetriebsetzen von Kesseln. Da Stein- und Braunkohlenstaub mit gleich geringem Luftüberschuß verfeuert werden können, liegen die praktischen Feuerraumtemperaturen bei Braunkohlenstaub entsprechend der etwas geringeren theoretischen Flammentemperatur um etwa 100° tiefer als bei Steinkohlenstaub. Für letzteren kann man mit 1250—1400° C rechnen, für Braunkohlenstaub entsprechend mit 1150—1300° C. Da der Aschenschmelzpunkt der meisten Braunkohlen über 1300° liegt, bildet sich bei diesen Temperaturen noch keine flüssige Schlacke, woraus sich eine Schonung und lange Haltbarkeit des Brennkammermauerwerkes ergibt.

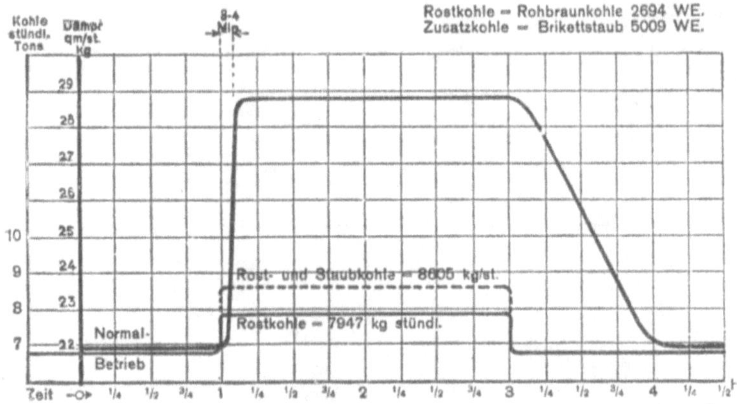

Abb. 24. Diagramm eines Spitzenlast-Versuches mit Babcock-Kohlenstaub-Zusatzfeuerung.

Die für die Vermahlung der Braunkohle zu Staub notwendigen Kosten hängen vom Feuchtigkeitsgehalt sowie vom geforderten Feinheitsgrad des Staubes ab, der infolge der bereits erwähnten großen Zünd- und Brenngeschwindigkeit nicht so groß zu sein braucht wie bei Steinkohle. Es hat sich ganz allgemein herausgestellt, daß für die Feinheit neben dem Rückstand auf dem 4900er Maschensieb, der gewöhnlich allein angegeben wird, der Rückstand auf dem 900er Sieb von ausschlaggebender Bedeutung ist. Vom feuerungstechnischen Standpunkt aus muß gefordert werden, daß bei einem Rückstand bei Steinkohle von rund 12 vH und bei Braunkohle von rund 15 vH auf dem 4900er Maschensieb kein Rückstand auf dem 900er Sieb bleibt, um eine gute Verbrennung des Staubes zu erzielen, da für den Rückstand auf letzterem Sieb der Brennweg des Staubkornes in der Staubfeuerung zu kurz ist, wozu noch die schwerere Entzündung des gröberen Kornes kommt.

Infolge der geringen Festigkeit der Braunkohle ist eine Vermahlung mit geringerem Kraftbedarf und somit auch mit geringeren Kosten möglich als bei Steinkohle. Auch der Verschleiß der Mühlen ist naturgemäß geringer.

3. Feuerungen für gasförmige Brennstoffe.

Gasfeuerungen kommen nur unter ganz besonderen Umständen in Frage.

Die Verheizung brennbarer Gase hat erst in der Kriegs- und Nachkriegszeit Bedeutung erhalten. Nicht nur die Verarmung unseres Volkes und die damit notwendig werdende Ausnutzung und Auswertung aller bis dahin vielleicht nur unvollkommen verwendeten Wärmequellen, z. B. der Hochofengase, sondern auch die Fortschritte auf dem Gebiete des Generatorbaues sowie die Erbohrung von Erdquellen gaben die Veranlassung, Gasbrennerkonstruktionen zu suchen, welche sich den jeweilig zur Verfügung stehenden Gasarten und Gasdrücken wie den besonderen Eigenarten der zu beheizenden Einrichtungen anpassen mußten.

Gasfeuerungen müssen folgenden Ansprüchen Rechnung tragen:

1. Die Anlagen sollen sich in ihrer Ausführung wie auch in ihren Größenverhältnissen den zu verbrennenden Gasarten und den Wärmebeanspruchungen der Kessel anpassen.
2. Die Gasfeuerungsanlagen sollen alle zugeführten Gasarten mit geringstem Luftüberschuß verbrennen, und zwar derart, daß in den Abgasen keine brennbaren Gase mehr enthalten sind.
3. Der Temperaturunterschied zwischen dem Ort der Verbrennung und demjenigen, an welchem die Abgase den zu beheizenden Kessel verlassen, soll so groß wie möglich sein, um Abwärmeverluste möglichst zu vermeiden.

Folgende Gasarten kommen für Feuerungsanlagen in Frage:

Hochofengas mit etwa	800— 900	kcal/m³
Generatorgas:		
aus Rohbraunkohle		
im Generator mit natürlichem Zug .	1170	»
im geblasenen Generator	1350	»
aus Steinkohle		
im Generator mit natürlichem Zug	1100	»
im geblasenen Generator	1370	»
aus Braunkohlenbriketts		
im Generator mit natürlichem Zug	1360	»
im geblasenen Generator	1600	»
Wassergas	2500—2700	»
Koksofengas	3500—4000	»
Schwelgas	5000—8000	»
Erdgas	8000—10000	»

Der Heizwert des Leuchtgases wird entsprechend den Vorkriegsverhältnissen heute noch vielfach mit 4500—5000 kcal/m³ angegeben. Es ist hierbei zunächst zu bemerken, daß diese Angabe sich auf den oberen Heizwert bezieht, während sonst alle übrigen Heizwertangaben sich auf den unteren Heizwert beziehen. Grundsätzlich ist hierzu zu sagen, daß das heutige Stadtgas ein Gemisch aus Leucht- und Wassergas darstellt, das ungefähr folgenden vom Deutschen Verein von Gas- und Wasserfachmännern in Krummhübel 1921 und Köln 1925 festgesetzten Bedingungen genügen soll:

»Das von den Gaswerken abzugebende Mischgas soll als normal bezeichnet werden, wenn es einen oberen Heizwert von 4000—4300 kcal/m³ bei 0° und 760 mm besitzt.«

Das entspricht einem unteren Heizwert von rund 3600 bis 3870 kcal/m³ bei 0°. Da das Gas an den Verbrauchsstellen aber nicht bei 0°, sondern im Durchschnitt bei etwa 15° C gemessen wird, erniedrigt sich der Heizwert des dem Verbraucher tatsächlich gelieferten Gases nochmals, und zwar auf rd. 3350—3600 kcal (3600 bzw. 3870:1,073).

Den Rechnungen kann man überschläglich zugrunde legen, daß zur vollkommenen Verbrennung der Heizstoffe je

1000 kcal annähernd 1 m^3 Luft benötigt wird. Genauere Zahlen lassen sich aber nur an Hand von Gasanalysen in jedem einzelnen Falle errechnen. Allgemein ergibt sich eine größere Abgasmenge bei Heizstoffen mit geringem Heizwert und eine kleinere bei hochwertigen Heizgasen. Demzufolge erhält man bei der Verbrennung von Hochofengas die geringsten (Feuer-) Temperaturen und größten Abgasmengen und bei der Verwendung von Erdgasen die höchsten Temperaturen bei geringsten Abgasmengen unter der Voraussetzung, daß den Gasen die zur vollkommenen Verbrennung notwendigen Luftmengen zugeführt werden.

Aus dieser Tatsache und aus den verschiedenen Beheizungsmöglichkeiten sowie Erfordernissen der zu beheizenden Kessel ergeben sich verschiedene Bauarten der Brenner, deren Einzelkonstruktionen großer Erfahrungen bedürfen[1]).

Gasfeuerungen sind einfach und widerstandsfähig zu bauen. Er dürfen keine beweglichen Teile zur Anwendung kommen, schon aus dem Grunde nicht, weil alle Gase mehr oder weniger Schmutzstoffe mit sich reißen, welche die gute Verbrennung der Heizgase beeinflussen müssen, wenn der Brenner nicht entsprechend konstruiert ist. Zuletzt aber muß bei jedem Brenner doch eine Verschmutzung eintreten. Es ist infolgedessen als weitere Konstruktionsbedingung eine leichte Reinigungsmöglichkeit derselben aufzustellen, d. h. die Brenner müssen so gebaut werden, daß ihr Inneres mit geringem Arbeits- und Zeitaufwand freigelegt und schnell von den abgelagerten Schmutzstoffen gereinigt werden kann. Es verbietet sich somit jede Feinfühligkeit des Brenners, da sonst Betriebsstörungen eintreten müssen. Vor allem muß aus diesem Grunde jede selbständige Einregulierung, z. B. die selbsttätige Zuschaltung der Luft zu den Gasen in Abhängigkeit vom jeweiligen Gasdruck, unterbleiben. Diese letzte Konstruktionsregel wird sehr oft nicht beachtet und bietet dann die Veranlassung zu erheblichen Betriebsstörungen und zuletzt zum Wiederausbau von Gasfeuerungen. Hinzu tritt bei selbsttätigen Einrichtungen noch die Gefahr von Explosionen. Dies ist leicht aus der Tatsache zu erklären, daß jeder

[1]) S. a. Verf. Abwärmetechnik Band II, 1928. Verlag R. Oldenbourg, München-Berlin.

selbsttätig betriebene Apparat schon infolge der Schmutzeinflüsse nur eine kleine Zeitspanne richtig arbeitet. Der Heizer kümmert sich nicht um die Anlage, weil sie »automatisch« arbeitet. Kommt dann die Anlage zum Stillstand, ohne daß der Fehler rechtzeitig gemerkt wird, so tritt der Gefahrenpunkt ein.

4. Feuerungen für flüssige Brennstoffe.

Amerika ist reich an Erdölen und beherrscht den Weltmarkt in dieser Ware, während Deutschlands Erdölgewinnung verschwindend klein ist. Amerikanisches Erdöl, das im Ursprungslande dank seines hohen Heizwertes mit anderen Brennstoffen wettbewerbsfähig ist, steht in Deutschland verhältnismäßig hoch im Preise und hält somit auch gewissermaßen den Preis für die heimischen Heizöle. Als solche kommen hauptsächlich künstliche in Frage, die bei der Aufschließung und Schwelung der heimischen Kohlen gewonnen werden. Die Bestrebungen, die vor einer Reihe von Jahren eingesetzt haben und die davon ausgingen, daß es eine volkswirtschaftliche Verschwendung sei, den wertvollen Rohstoff Kohle unter Verlust hochwertiger Produkte einfach als Brennstoff zur Erzeugung von Kraft und Wärme zu verbrennen, haben zu einer sehr beachtlichen Entwicklung der verschiedenen Verfahren zur Aufschließung der Brennstoffe geführt. Leitmotiv ist dabei, aus den Kohlen die wertvollen Stoffe in Form flüssiger Brennstoffe — Teer, Urteer, Schwelteer — zu gewinnen, die durch fraktionierte Destillation weiter aufbereitet werden und als Brennstoffe nur Rückstände der Schwelung — Koks, Halbkoks, Grudekoks und Gase — sowie die bei der Teerdestillation anfallenden Heizöle zu benutzen. Zurzeit sind große Anlagen im Rheinisch-Westfälischen Steinkohlenrevier im Bau mit dem Endziel der Ferngasversorgung großer Teile Deutschlands und der vermehrten Heizölgewinnung. Die zurzeit schon nicht unbedeutende Heizölgewinnung Deutschlands — das in Mitteldeutschland bei Merseburg gelegene Leunawerk lieferte im letzten Jahre etwa 100000 t aus Braunkohle gewonnene Heiz- und Treiböle — wird demnach in den nächsten Jahren um ein Vielfaches steigen.

3. Entaschungsanlagen zur Förderung der Asche vom Kessel zur Ablagerungsstelle.

Eine wirtschaftliche Aschenbeseitigung spielt im Haushalt des Kesselhauses eine große Rolle, weil es sich um unproduktive, laufende Ausgaben handelt, die soweit als möglich herabgedrückt werden müssen.

Die ursprüngliche Handentaschung ist in neuerer Zeit durch verschiedene Verfahren ersetzt worden. Es sind hier zu nennen: die mechanische Entaschungsanlage, Bauart »Kerner«, die Schwemm-Entaschungsanlage, Bauart »Rothstein« und schließlich die Einohr-Druckwasserentaschungsanlagen der Firma Franz Seiffert.

Wie wesentlich eine weitgetriebene mechanische Entaschung für den Kesselbetrieb ist, zeigt eine Gegenüberstellung der Hand und hydraulischen Entaschung:

Handentaschung.

1. Öffnen des Bunkerauslasses mit der Hand.
2. Tösendes Herabstürzen der Schlacke bzw. Asche in und neben die darunter gefahrene Lore unter Hitze und Staubentwicklung.
3. Schließen des Bunkerauslasses mit der Hand unter Lebensgefahr.
4. Hinausbefördern der beladenen Loren mittels Aufzuges, schiefer Ebene od. dgl. aus dem Aschekeller.
5. Kostspieliges Abfahren der Loren über längeren Schienenweg zur Aschenhalde.
6. Kippen der noch immer glühenden Rückstände auf die Halde unter Brandgefahr.

Nachteile.

1. Schmutz, Hitze, Brand- und Explosionsgefahr.
2. Große körperliche Anstrengung und viel Hilfskräfte.
3. Unhygienische und schmutzige Arbeit, daher mangelndes Arbeitsangebot.
4. Hohe Betriebskosten.

Hydraulische Entaschung.

1. Mechanische Einleitung der Ascheförderung und Sicherung der schnellen Bunkerentleerung.
2. Ablöschen und Ausstoßen dieser Verbrennungsrückstände durch die Spülapparate.
3. Staubfreie Förderung des Aschenbreies bis auf eine beliebig entfernt liegende Lagerstelle zumeist ohne zusätzlichen Aufwand anderer Fördereinrichtungen und Hilfskräfte.

Vorteile.

1. Sauberkeit ohne Hitzeentwicklung, keine Lebens- und Brandgefahr.
2. Fortfall jeder körperlichen Anstrengung und äußerste Beschränkung der Arbeiterzahl.
3. Hygienisch einwandfreie, saubere und leichte Arbeit, daher reichliches Arbeiterangebot.
4. Niedrige Betriebskosten.

Die Wasserbeschaffung wird in der Regel bei größeren Kraftwerken keine Schwierigkeiten bieten, da sie meist an einem Flußlauf oder Kanal gelegen sind. Ist dies ausnahmsweise nicht der Fall und liegt Wassermangel vor, so können die Abwässer oder das Kühlwasser der Kondensation benutzt werden. Nur selten werden Kläreinrichtungen zur Wiedergewinnung oder Reinigung des Wassers erforderlich.

Ein geeignetes Spülfeld wird in der Umgebung der Zentrale in vielen Fällen vorhanden sein. Man spült dann einfach das Gemisch z. B. auf das Werksgelände oder in einen alten Tagebau usw. und läßt das Wasser versickern; die Rohrleitung kann dem Gelände zumeist leicht angepaßt werden. Sind die Platzverhältnisse beschränkt, so daß nicht dauernd abgelagert werden kann, so ist es vorteilhaft, wenn die Rückstände staubfrei und mit geringen Kosten aus dem Kesselhaus hinaus und zunächst auf einen geeigneten Platz, ohne Staubbelästigung für die Umgebung gespült werden können. Dort liegt die Asche abgelöscht, ein kleines Volumen einnehmend, und kann in gewissen Zeitabständen ohne jede Staubentwicklung abtransportiert werden. Häufig wird dies von Bauunternehmern besorgt, die die eingeschlemmte Asche für Straßenbau oder andere Zwecke gern verwenden.

Eine gute Wirtschaftlichkeit wird mit Sicherheit dann erreicht, wenn die Asche in der Umgebung des Werkes dauernd oder vorübergehend angespült werden kann. Hier ist die hydraulische Entaschung jeder anderen Anlage weit überlegen.

Wenn die Asche nicht angespült werden kann, kommen die Verlade- und Transportkosten hinzu.

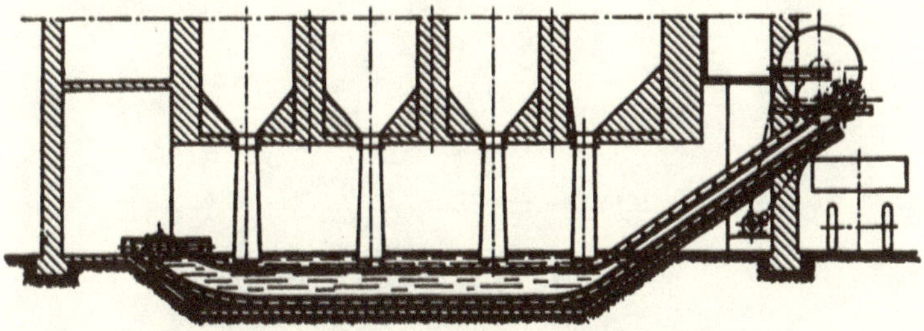

Abb. 25. Mechanische Entaschung, Bauart »Kerner«.

Bei der mechanischen Entaschung Bauart »Kerner« (Abb. 25) fallen die Verbrennungsrückstände aus den Kesselbunkern durch Aschefallrohre in größere, mit Wasser gefüllte Kanäle, in welchen sich unter den Rohren ein mit Kratzern ausgestattetes Förderband fortlaufend bewegt. Die Asche und Schlacke werden in dem Wasser abgelöscht oder granuliert. Die Aschefallrohre stehen, wie auf der Abbildung erkenntlich, unter Wasserverschluß. Die Verbrennungsrückstände werden auf dem motorangetriebenen Kratzerband aus dem Wasserbad herausgezogen und in Eisenbahnloren gestürzt.

Abb. 26 bis 29 verdeutlicht das Schwemmentaschungsverfahren der Firma Rothstein.

Der Grundgedanke, der bei dieser Bauart verfolgt wurde, war die Anwendung der Fäkalienspülung auf Asche. Nach jahrelangen Versuchen hat sich dann ein Apparat herausgebildet, der in Abb. 26 im Schnitt dargestellt ist und der sich dem eigenartigen Verhalten der Asche bei der Verspülung mit Wasser in einwandfreier Weise anpaßt. In der Abbildung bedeutet *c* einen Aschensammeltrichter unter der Feuerung, *a* ein Spülbecken, welches von der Asche wegen des trompetenförmigen Ansatzes niemals vollständig ausgefüllt werden kann. *e* einen Siphon (Wasserverschluß) zur Herstellung des Luftabschlusses, *b* und *f* Eintrittstellen des Spülwassers in den Apparat. Der Spülvorgang ist nun so, daß das durch den Stutzen *b* zugeführte Wasser den im Becken stehenden Aschenkegel um- und unterspült und so zum Abgleiten in das Fallrohr *d* bringt. Aus dem Sammeltrichter *c* erneuert sich der Aschenkegel immer wieder von neuem und wird fortlaufend abge-

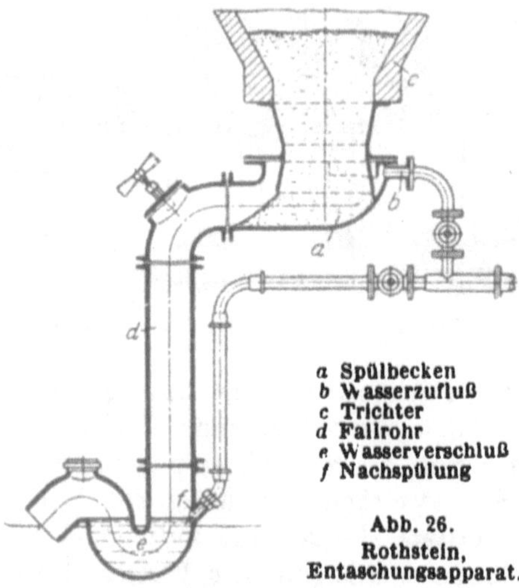

a Spülbecken
b Wasserzufluß
c Trichter
d Fallrohr
e Wasserverschluß
f Nachspülung

Abb. 26.
Rothstein,
Entaschungsapparat.

schwemmt bis der Sammeltrichter entleert ist. Während des Ganges des Apparates ist auch die Spülung *f* in Tätigkeit, durch deren Wirkung sämtliche Asche laufend und vollkommen staubfrei den Siphon verläßt. Der am Ausgang des Apparates erscheinende Ascheschlamm wird von offenen mit Gefälle versehenen Rinnen aufgenommen und aus dem Kesselhause abgeleitet. Dabei arbeitet die ganze Apparatur mit einem sehr niedrigen Wasserdruck.

Abb. 26 zeigt eine Rothstein-Entaschung im Schnitt, und zwar eine vollständig in sich geschlossene Anlage. Der Aufbau ist so durchgeführt, daß an die Ausläufe der einzelnen Aschen-Sammeltrichter des Kessels die vorher beschriebenen Entaschungsapparate luftdicht angeschlossen sind. Sie gießen die abgefüllte Asche in eine gemeinschaftliche, in der Kellersohle versenkt angeordnete Rinne aus. Am Ende der Rinne ist eine Bagger-Pumpe mit vorgeschaltetem Eisenfänger

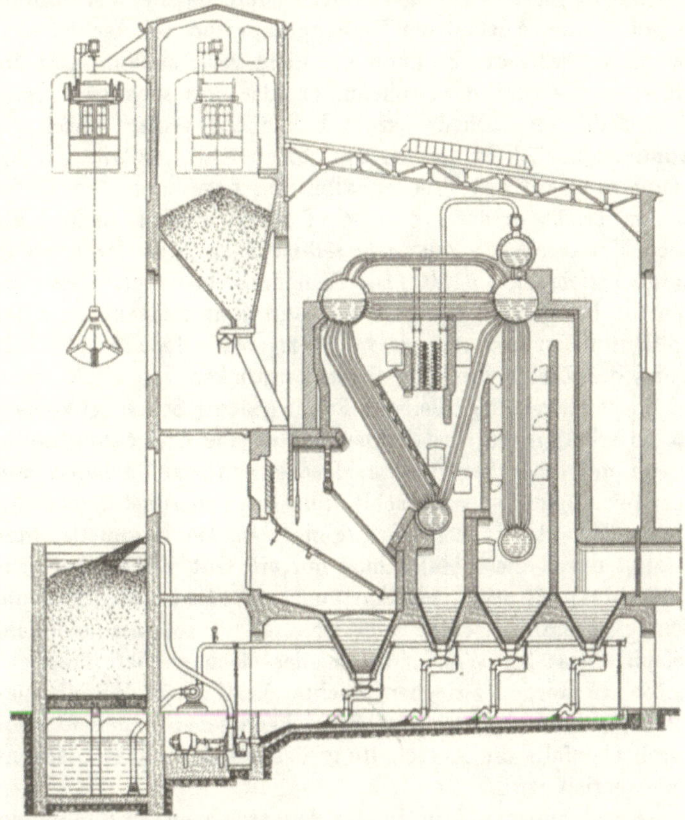

Abb. 27. Geschlossene Entaschungsanlage, Bauart »Rothstein«, Leipzig.

aufgestellt, welche das ganze Aschewassergemisch einschließlich der stückigen Rostasche aufnimmt und zu einem über Flur angeordneten Aschensammelbehälter drückt. Dieser Behälter besitzt einen durchlässigen Boden sowie einen seitlichen Überfall. Durch beide gelangt das während der Spülung überschießende Wasser in einen unter dem Aschenbunker vorgesehenen Sammelbehälter und wird durch eine Kreiselpumpe dem Spülapparaten wieder zugeführt. Es findet also ein vollständiger Kreislauf des Spülwassers statt. Die offene Rinne gestattet jederzeit einen Einblick in den Aschefluß; gleichzeitig besitzt sie den Vorteil, daß sie die Verbindung zwischen dem Auslauf der Spülapparate und der Aschedruckleitung unterbricht. Es kann also nicht vorkommen, daß beim plötzlichen Ausfall der Aschepumpe oder eines sonstigen Treibmittels das im Aschedruckrohr befindliche Wasser durch die Apparate zurück in die Aschensammeltrichter eintritt. Überhaupt muß auf das Trockenhalten der angesammelten Asche in den Trichtern der größte Wert gelegt werden, da nur die Asche im trockenen Zustande selbsttätig und restlos aus den Sammeltrichtern abläuft. Die Bedienung ist einfach. Es werden die Pumpen in Gang gesetzt und dann nacheinander der Spülzufluß zu den Apparaten freigegeben. Jede Stocharbeit und jedes Zerkleinern von Schlackenstücken von Hand kann im Aschenkeller unterbleiben. Fallen größere Schlackenkuchen an, so erhalten die Rostsammeltrichter eine Abdeckung durch Gitter mit einer bestimmten Maschenweite, auf denen schon der Heizer nach jeder Entschlackung der Feuerung die zurückbleibenden Stücke zerstoßen kann. In die Sammeltrichter gelangt durch diese Maßnahme nur ein Gut mit einer Korngröße, das sich ohne jede Anstände verspülen läßt. Sind die Schlackensammeltrichter vom Heizerstand aus unzugänglich, beispielsweise bei Wanderrosten oder mechanischen Treppenrosten, so werden zwischen Trichterausläufen und Spülapparaten mechanisch betriebene Schlackenbrecher eingebaut, wodurch ebenfalls die Ausschaltung der Handarbeit im Aschenkeller erzielt wird.

Entaschungsanlagen in der beschriebenen Durchbildung der Aschebunkerung und Wasserrückgewinnung sind überall dort angebracht, wo mit Betriebswasser gespart werden muß und die Asche nur durch Fahrzeuge zum endgültigen Lagerplatz geschafft werden kann oder für andere Zwecke Verwendung finden soll.

Durch die Verwendung der Asche-Bagger-Pumpe, die ihrem Zwecke entsprechend durchgebildet ist und eine vollständige Auskleidung durch Hartstahlpanzer erhält, ist jedoch die Möglichkeit gegeben, selbst Aschenablagerungsplätze, die sich 2—3 km vom Kesselhause entfernt befinden, in einem Zuge zu erreichen. Bei günstiger Höhenlage des Aschenkellers kann der Aschenschlamm auch mit natürlichem Gefälle entweder in Tiefbunker oder zu abgebauten Gruben ablaufen. Es ist also praktisch möglich, die Spülanlagen den verschiedenartigsten örtlichen Verhältnissen in gleich zweckmäßiger Weise

Abb. 28. Aschekeller mit Rothsteinapparaten und offenen Spülrinnen (s. a. Abb. 26).

anzupassen. Abb. 28 gibt noch einen Blick in einen Aschenkeller mit Rothsteinapparaten und offenen Spülrinnen wieder, während Abb. 29 veranschaulicht, wie in einem Sonderfall eine Aschenhalde in 600 m Entfernung vom Kesselhause aufgespült wurde.

Abb. 30 bis 32 zeigt schließlich das Einohr-Druckwasser-Entaschungsverfahren der Firma Seiffert, welches durch ein einziges gradliniges, von der Pumpe bis zur Halde geführtes Rohr gekennzeichnet ist.

Die Entaschung erfolgt durch Druckwasser in einem Kraftfluß vom Kessel bis zur Halde, wobei das Druckwasser aus einer Düse ausströmt.

Die Fortentwicklung der Strahlapparate mit feststehenden Düsen älterer Bauarten führte zu einem beweglichen Düseneinbau, um eine Hintereinanderschaltung der Vorrichtungen zu ermöglichen. Die gleichzeitige Ausnutzung ein- und derselben Leitung als Druckwasser- und Aschebreileitung setzt

Abb. 29. Aufspülung einer Aschenhalde in 600 m Entfernung vom Kellerhaus nach dem Rothstein-Verfahren.

voraus, daß die in der Leitung an den verschiedenen Abfallstellen vorzusehenden Düsen zeitweilig unter Freigabe des vollen Leitungsquerschnittes, und zwar auf schnellem Wege entfernt werden können.

Diese Aufgabe läßt sich auf verschiedene Weise lösen. Abb. 30 und 31 bringen z. B. gebräuchliche Bauarten.

Abb. 30 zeigt den Seiffert-Entaschungsapparat mit Klappdüse, bei welchem die Düse in eine um eine Achse drehbare Klappe eingebaut ist. Sie wird, wenn der Apparat aus der Förderstellung in die Durchgangsstellung übergeführt werden soll, in die mit einem Reinigungsdeckel fest verschlossene Aussparung gedreht, während der in geöffneter Stellung gezeichnete Ascheschieber in Abschlußstellung gebracht wird. Hierzu ist nur vor und nach der Bewegung je eine kleine Drehung des Hebels für die Abdrückschrauben erforderlich, worauf die Federanpressung mit Hilfe einer Dichtung den Abschluß bewirkt.

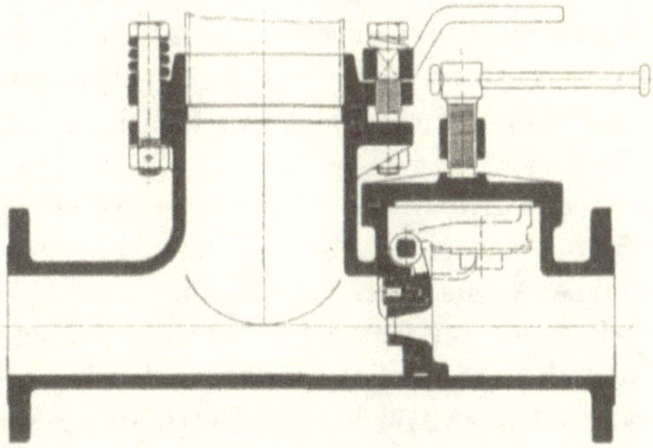

Abb. 30. Seiffert-Entaschungsapparat mit Klappdüse.

Seiffert baut ferner einen Entaschungsapparat mit Schiebedüse. Die in einem Düsenschieber untergebrachte Düse wird ebenso wie der Ascheschieber seitlich herausgezogen. Das Abdrücken und die Federanpressung erfolgen wie zuvor.

Abb. 31 zeigt ferner eine leicht bedienbare und sicher arbeitende Entaschungsvorrichtung mit verschiebbarem Strahlapparat. Bei ihr ist außer der Drehdüse auch eine Mischdüse in einem Gehäuse mit Hilfe eines Ritzels und einer Zahnstange verschiebbar angeordnet, so daß der Düsenteil aus der Achse der Entaschungsleitung, also aus der Förderstellung, bewegt werden kann, während ein ebenfalls im Gehäuse parallel

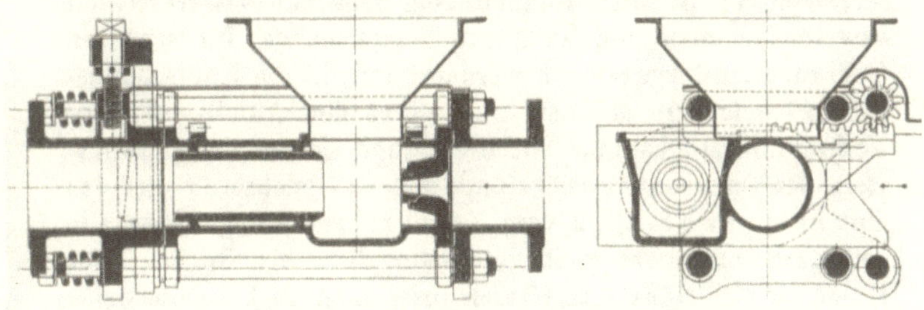

Abb. 31. Seiffert-Entaschungsapparat mit verschiebbarem Strahlapparat.

zum Düsenteil angeordnetes Rohrstück an seine Stelle bei der Schaltung in Durchgangsstellung tritt und den vollen Querschnitt freigibt. Die Federanpressung erfolgt in der gleichen Weise wie bei Abb. 30, jedoch sind naturgemäß die Bolzen, auf welche die Federn wirken, entsprechend länger. Die Abdrückvorrichtung wird hier durch einen mittels einer Schraube bewegten Bügel betätigt, der mit Keilflächen versehen ist, welche mit auf den Flansch gesetzten Keilflächen zusammenarbeiten.

Bei all diesen Apparaten genügt bereits ein Abdrücken um etwa 0,5 mm, um ein leichtes Verschieben des Gehäuses bzw. der Schieber vornehmen zu können.

Die Arbeitsweise der Entaschungsanlage geht aus Abb. 32 hervor. Rostasche (Schlacke), Asche und Flugasche in der möglichst während einer 24stündigen Betriebsdauer anfallenden Menge wird in Bunkern unter dem Kessel gesammelt und durch an die Bunkerausläufe angeschlossene Schurren, die mit geeigneten Absperrorganen besonderer Bauart für solche Rückstände ausgerüstet sind, einem Sammelbehälter zugeleitet. Hier werden durch oben oder seitlich angebrachte Türen bzw. Deckel größere Schlackenstücke oder andere Fremdkörper, wie Mauersteine usw. auf einem Rost zerkleinert oder falls das nicht möglich, entfernt, so daß in den unter den Sammelbehältern angeordneten eigentlichen Förderapparaten keine der Maschenweite des Rostes nicht entsprechende Verbrennungsrückstände gelangen. Je mehr Bunkerausfälle an einem Sammelbehälter bzw. einem Apparat angeschlossen werden können, um so einfacher und billiger wird die Anlage.

Bei der Anordnung nach Abb. 32 drückt eine Pumpe Wasser, welches z. B. einem Flußlauf oder dem Kühlwasserkreislauf usw. entnommen und auch bei Wassermangel für erneuten Gebrauch zurückgewonnen werden kann, in die Entaschungsleitung, welche in gerader Linie unter den Anfallstellen der Verbrennungsrückstände entlangführend an der Ablagerungsstelle der Verbrennungsrückstände endet. Gleichzeitig wird das Gut in einem Kraftfluß vom Kessel bis zur Ablagerungsstelle gefördert, und zwar gleichgültig ob diese als Bunker oder Halde in der Nähe des Kesselhauses oder in kilometerweite Entfernung, ob sie hoch über der Anfallstelle liegt oder ob

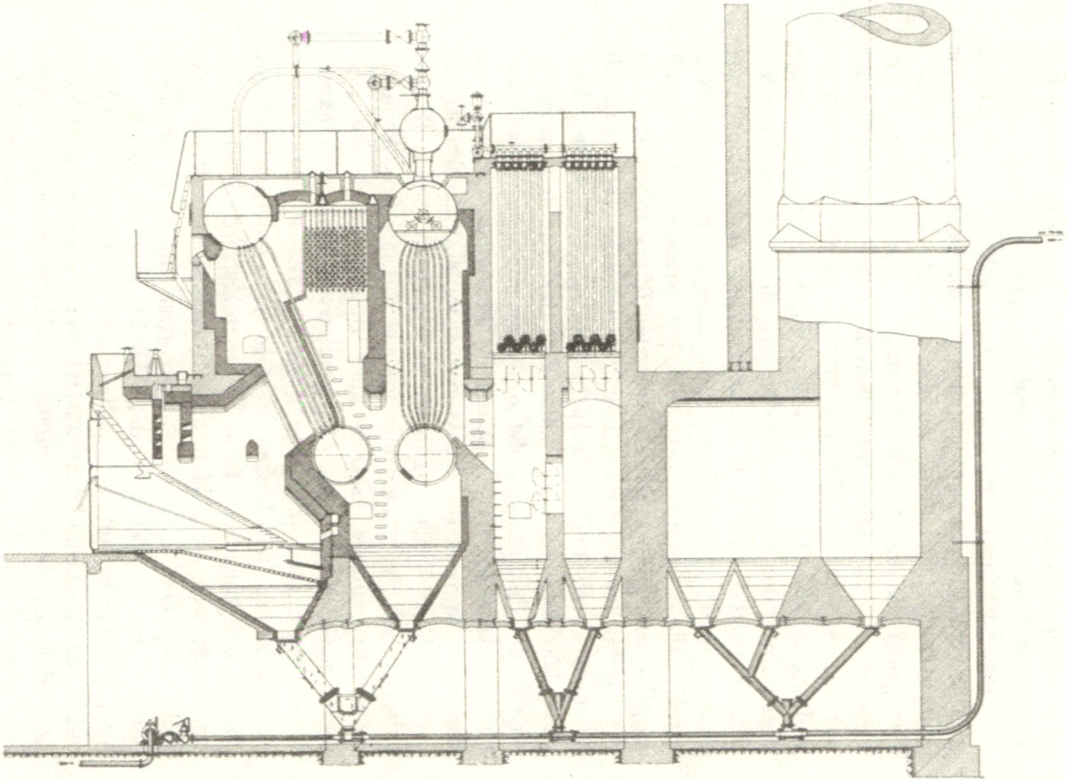

Abb. 32. Einrohr-Druckwasser-Entaschungsanlage, Bauart »Seiffert«, Berlin.

die Leitung mit Gefälle von dort aus verlegt werden kann. Die Förderung beim Einohr-Entaschungssystem geschieht in geschlossener Rohrleitung, staubfrei, ohne Explosionsgefahr und ohne Dampf- oder Schwadenbildung.

Das Entaschen kann in beliebiger Reihenfolge der Anfallstellen vorgenommen werden, erfolgt aber vorteilhaft von der Seite des Austritts der Entaschungsleitung aus dem Kesselhaus, im Falle der Abb. 32 also mit dem am weitesten rechts angeordneten Entaschungsapparat, der zuvor in Förderstellung gebracht wird, während alle anderen Apparate in Durchgangsstellung stehen. Das Druckwasser durchströmt das Absperrorgan hinter der Pumpe und den jetzt als Druckwasserleitung dienenden Teil der Entaschungsleitung einschließlich der Förderapparate. Der aus der Druckdüse austretende Wasserstrahl reißt die ihm nach Öffnen der zwischen den Schurren eingebauten Absperrorgane zufallenden Rückstände mit sich in die anschließende Außenleitung, zugleich eine stark saugende Wirkung ausübend, bis sämtliche zugehörigen Bunker geleert sind. Nachdem noch eine kurze Zeit nachgespült worden ist, werden die Pumpen und die Aschenschieber geschlossen und der in Betrieb gewesene Apparat in Durchgangsstellung sowie der zweite Apparat von rechts in Förderstellung gebracht. In gleicher Weise werden dann die zu diesem gehörigen Bunker geleert. Dieser Vorgang wiederholt sich, bis sämtliche Apparate die Verbrennungsrückstände aller Bunker durch die Entaschungsleitung bis zur Ablagerungsstelle gefördert haben, womit der Entaschungsvorgang beendet ist.

Machen es die örtlichen Verhältnisse erforderlich, daß mit der Außenleitung erhebliche Höhenunterschiede überwunden werden müssen, so finden anstatt der gebräuchlichen Entaschungsapparate die Entaschungsvorrichtungen mit verschiebbarem Strahlapparat nach der Abb. 31 Verwendung. In der bzw. in den eingebauten Mischdüsen wird der aus der Druckdüse mit hoher Geschwindigkeit austretende Wasserstrahl, welcher sich auf diesem Wege mit Schlacke oder Asche gesättigt hat, aufgefangen und seine kinetische Energie nahezu verlustlos wieder in Druck umgesetzt bzw. als Rohrströmung wiedergewonnen.

Bei sehr langen Außenleitungen, in denen größere Schlackenstücke oder schwerere Fremdkörper zu fördern sind und vor allem auch bei kaltem Klima (Rußland) ist noch zur Reinigung der Leitung von Ascheresten und anderen Fremdkörpern sowie zur Sicherung gegen Einfrieren ein mit Preßluft zu betreibender Ausbläser für die Außenleitung vorzusehen.

Wenn größere, schwerer zu zerkleinernde Schlackenkuchen oder andere Fremdkörper in verhältnismäßig zur Gesamtfördermenge erheblichem Maße anfallen, können zur Entlastung der Bedienungsleute fahrbare oder stationäre Schlackenbrecher zwischen den Kesselbunkern und dem Förderapparat eingebaut werden. Hierzu werden zweckmäßig elektrisch angetriebene Zweiwalzenbrecher verwendet.

Die Einohranlage stellt sich in der Anschaffung billig. Die Betriebskosten sind mäßig. Der Wasserverbrauch beträgt im normalen Fall etwa 1:3 bis 1:5, wobei zu beachten ist, daß bei Wassermangel die Rückgewinnung desselben bis zu einem hohen Prozentsatz möglich ist. Der Kraftbedarf ist eine Funktion der Entfernung und Höhenlage des Ablagerungsortes. Durch die nur einmalige Energiezuführung und durch die Vermeidung jeder Zwischenstation vom Kessel bis zur Halde erscheint eine Wirtschaftlichkeit gewährleistet.

II. Der Kreislauf der Verbrennungsluft.

Die der Feuerung zugeführte Luft wird in Luftvorwärmern verschiedener Bauart vorgewärmt und in diesem Zustande den Kesseln zugeführt. Sie bewirkt die Verbrennung. Der Rauch zieht durch den Schornstein in die Atmosphäre. Dieser Kreislauf ist gekennzeichnet durch die Atmosphäre — Vorwärmung — Feuerung — Entstaubung — Schornstein (Saugzug) — Atmosphäre.

1. Luftvorwärmer.

Die Vorwärmung der Verbrennungsluft bei Dampfkesseln mit Rost- oder Kohlenstaubfeuerung bezweckt große Wärmemengen aus den Abgasen zurückzugewinnen und im Kreislauf in den Kessel zurückzuführen, um die Wirtschaftlichkeit der betreffenden Kesselanlage wesentlich zu steigern.

Es ergeben sich aber ferner noch folgende günstige Begleitumstände, welche dazu beitragen, den Kesselwirkungsgrad zu erhöhen:

Zunächst wird durch das Einblasen vorgewärmter Verbrennungsluft die Temperatur in der Verbrennungszone der Kesselfeuerung erhöht und somit der Abgasverlust vermindert. Weiter ermöglicht vorgewärmte Verbrennungsluft eine schnellere Verbrennung des Brennstoffes mit geringerem Luftüberschuß als bei einem Kessel mit niedriger temperierter Heizfläche. Auch vermindern sich die Verluste durch Unverbranntes in den Herdrückständen sowie die Kohlenstoff- bzw. Rußverluste. Die Luftvorwärmung gewährleistet ferner eine einwandfreie sichere und schnelle Zündung, sie ermöglicht eine Verkürzung oder zuweilen sogar den Fortfall eines Zündgewölbes und hiermit eng verbunden eine Vergrößerung der direkt strahlenden Flächen; sie kann also eine vereinfachte Gestaltung des Feuerraumes bei möglichst kleinem Grundflächenbedarf mit sich bringen.

Die verstärkte Wärmeaufnahme der bestrahlten Kesselteile hat aber wieder eine Verbesserung der Bedingungen für einen einwandfreien Wasserumlauf zur Folge, und zwar ganz besonders bei hoher Belastung.

Außer der Erhöhung der Einstrahlung wird ferner auch die Wärmeübertragung durch Konvektion durch die größeren Gasvolumen und Gasgeschwindigkeiten und außerdem die Wärmeübertragung durch Gasstrahlung sehr wirksam gefördert.

Die Vorteile der Rauchgas-Brennluftvorwärmung lassen sich demnach wie folgt zusammenfassen:

1. Gesteigerter pyrometrischer Effekt und damit höhere Feuerraum-Temperaturen und eine wirtschaftlichere Verbrennung,
2. höhere spezifische Kesselleistung,
3. Herabsetzung der Temperatur der abziehenden Rauchgase.
4. Verminderung des Ascheverlustes der Schlacken- und Rußbildung,
5. vereinfachte Feuerraumgestaltung bei kleinstem Grundflächenbedarf,

6. besserer Wasserumlauf durch verstärkte Wärmeaufnahme,
7. Verbesserung der Wärmeübertragung durch hohe Kohlenersparnis,
8. Erhöhung des Nutzwirkungsgrades der Kesselanlage.

Der Lufterhitzer steigert, wie der Economiser die Kesselleistung, allerdings auf andere Weise. Ersterer verstärkt den Wärmedurchgang durch Erhöhung der Temperatur auf der Gasseite, letzterer vermindert den Wärmebedarf auf der Wasserseite durch Vorwärmung des zu verdampfenden Wassers.

Der Hauptvorteil des Luftvorwärmers gegenüber dem Speisewasservorwärmer liegt in der wesentlichen Verringerung der Heizfläche gegenüber der Economiser-Heizfläche, bezogen auf die gleiche Wärmeleistung, und zwar stellen sich die Kosten auf etwa die Hälfte derjenigen für die Economiser-Heizfläche. Während bei Economisern Abgastemperaturen unter 180—200° kaum mehr wirtschaftlich ausgenutzt werden können, kann man bei Luftvorwärmern mit der Abgastemperatur bis auf 150° heruntergehen. Die Grenze des Anwendungsgebietes für Luftvorwärmer gegenüber Speisewasservorwärmern wird dadurch gezogen, daß man bei gewissen Feuerungen und Kohlensorten die Luft nicht beliebig hoch vorwärmen kann[1]). Dasselbe gilt allerdings auch für das Speisewasser, zumal wenn die Rauchgasvorwärmung eingeschränkt wird. Bei hohen Drücken vergrößern sich die Schwierigkeiten und erhöhen sich die Anschaffungskosten für Rauchgas-Speisewasservorwärmer in einem Maße, daß man heute dazu übergeht, die Rauchgase lediglich zur Vorwärmung der Verbrennungsluft auszunutzen und das Speisewasser durch Anzapfdampf vorzuwärmen.

Abb. 33 zeigt den Verlauf der Temperaturen entlang der Gas- und Luftwege bei Brennlufterhitzung. Das kleinste Wärmegefälle herrscht an dem Heizflächenteil, der von den Gasen zuerst erreicht wird; auf dem Wege der Rauchgase steigt es und erreicht den größten Wert an der Austrittstelle der Gase. Da die mögliche Leistung durch das kleinste Temperatur-

[1]) So wird z. B. bei Kesselanlagen mit Rostfeuerung die Vorwärmung der Verbrennungsluft durch den Aschenschmelzpunkt begrenzt. Es wird deshalb in Braunkohlenkraftwerken nur selten mit einer höheren Temperatur der Verbrennungsluft als 200° gearbeitet.

gefälle gegeben ist, so sind die Temperaturverhältnisse maßgebend, welche sich auf der Gaseintrittseite einstellen.

Bei einem Economiser verlaufen die Temperaturen in der in Abb. 34 dargestellten Weise.

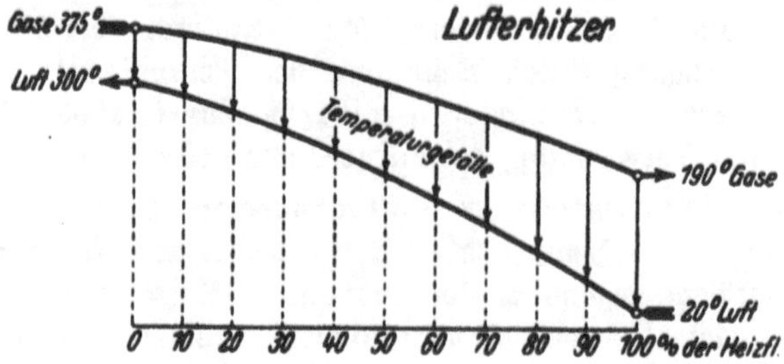

Abb. 33. Temperaturverlauf entlang der Gas- und Luftwege bei Brennlufterhitzern.

Wenn sich die verfügbare Abwärme nur zum Teil im Lufterhitzer unterbringen läßt, wie oft bei Rostfeuerungen, so muß zur Verwertung des Restes ein Economiser angegliedert werden.

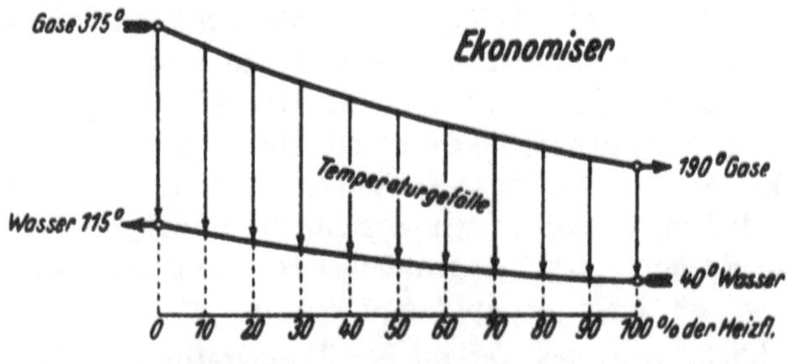

Abb. 34. Temperaturverlauf entlang der Gas- und Wasserwege bei Speisewasservorwärmern.

Dieser Economiser wird je nach den Umständen in der Rauchgasrichtung vor oder hinter den Lufterhitzer eingeschaltet, er gestaltet sich verhältnismäßig klein und kurz, da er nur den restlichen Teil der Abwärme auffangen bzw. verwerten soll (s. a. Abb. 35).

Die Schaltung der Gas- und Luftwege muß sich nach den beabsichtigten Temperaturverhältnissen richten. Einfacher

Kreuzstrom genügt, wenn die Gase nur mäßig abgekühlt und die Luft nur mäßig erwärmt werden soll. Gegenstrom ist für große Leistungen erforderlich. Gleichstrom im ganzen oder für den ersten Teil der Heizfläche kommt in besonderen Fällen in Frage. Rücksichten auf bauliche Umstände und auf den Zugwiderstand können die Schaltung mitbestimmen.

Mit steigenden Drücken erhöhen sich die Anschaffungskosten für Rauchgas-Speisewasservorwärmer in einem Maße, daß es sehr oft angebracht erscheint, lediglich die Rauchgase

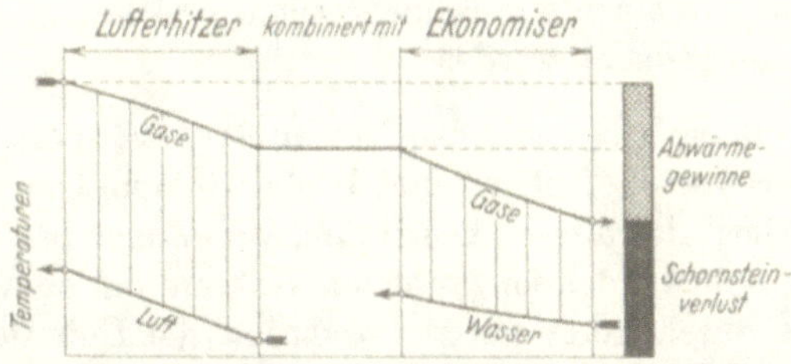

Abb. 35. Zusammenschaltung von Lufterhitzer und Economiser.

zur Vorwärmung der Verbrennungsluft auszunutzen und das Speisewasser durch Anzapfdampf vorzuwärmen, zumal der Luftvorwärmer von der Erhöhung der Dampfkesselbetriebsdrücke im Gegensatz zum Economiser konstruktiv völlig unberührt bleibt.

Für die Anwendung von Luftvorwärmern gegenüber Ekonomisern spricht des weiteren der bessere Wärmewirkungsgrad der Gesamtkraftanlage, wenn die Speisewasservorwärmung durch Turbinenanzapfdampf vorgenommen wird. Allerdings erhöht sich in diesem Falle die Dampfleistung der Kessel durch den gesteigerten Dampfverbrauch der Turbine. Die Mehrleistung kann aber durch den Einbau eines Lufterhitzers ohne Schwierigkeit aufgebracht werden. Die augenblickliche Entwicklung des Kesselbaues zeigt auch, daß das Anwendungsgebiet des Lufterhitzers für die Brennluftvorwärmung immer mehr zunimmt, z. B. haben sämtliche neueren Hochdruckanlagen Lufterhitzer vorgesehen.

Die Luftvorwärmer lassen sich — in bezug auf ihre Arbeitsweise — in zwei große Gruppen einteilen: in die Oberflächen- und in die Regenerativluftvorwärmer. Die Anwendung der Regenerativluftvorwärmer ist durch das nicht zu verhütende Eintreten von Rauch- bzw. Abgasen in den Luftstrom auf die Vorwärmung von Verbrennungsluft beschränkt. Bei den Oberflächenluftvorwärmern fällt — wegen der hier möglichen vollkommenen Trennung des Gas- und Luftstromes — diese Beschränkung des Anwendungsgebietes fort. Dieses kann z. B. auf die Abwärmeverwertung von Glüh- und Stoßöfen oder Brennkraftmaschinen zur Raumheizung, Trocknung und Entnebelung ausgedehnt werden.

Alle Bauarten von Oberflächenluftvorwärmern können in zwei Gruppen geteilt werden: in die Röhren- bzw. Platten- oder Taschenlufterhitzer. Die Röhrenvorwärmer bestehen aus zwischen Rohrwänden eingewalzten Rohren, die zumeist vom Rauchgas durchströmt werden, während die Luft das Rohrbündel umspült und mit Hilfe von Leitblechen so geführt wird, daß sie das Rohrbündel mehrmals im Kreuzstrom trifft. Diese Anordnung wird gewählt, weil es wichtig ist, die naturnotwendig eintretenden Verschmutzungen auf der gasdurchströmten Seite leicht entfernen zu können. Dieses ist bei Röhrenluftvorwärmern zweifellos am leichtesten möglich, anderseits aber beanspruchen die Röhrenluftvorwärmer auch den größten Raum und eine sehr erhebliche Bauhöhe.

Der Grundgedanke der Taschenlufterhitzer beruht darauf, daß der vorgeschaltete Zentrifugalventilator Kaltluft ansaugt und diese durch Taschenelemente drückt. Die Abgase des Dampfkessels durchströmen die Hohlräume zwischen den Taschenelementen. Die den Taschenelementen an dem einen Ende mittels des Ventilators zugeführte Kaltluft wird hierbei im Wärmeaustausch erwärmt und verläßt dann den Taschenlufterhitzer an dem anderen Ende. Die Verbindung der inneren Hohlräume des Taschenlufterhitzers mit dem Zentrifugalventilator einerseits und der Warmluftverteilungsleitung oder dem Warmluftkanal anderseits erfolgt durch Paßstücke. Durch weitgehende Unterteilung des Luft- und Abgasstromes in eine Anzahl Einzelströme von großer Geschwindigkeit wird eine gute Wärmeübertragung der heißen Abgase auf den Kaltluftstrom herbeigeführt.

Die Plattenluftvorwärmer (u. a. Taschenlufterhitzer) gebrauchen einen Raum, welcher ein Drittel bis zwei Drittel kleiner ist als derjenige für Röhrenluftvorwärmer. Somit sind auch die Anlagekosten geringer. Die Ausführung der verschiedenen Firmen unterscheiden sich durch die Art des Zusammenfügens der Bleche, der Eckverbindungen, Abdichtungen und Ausdehnungsmöglichkeiten sowie in der Aufteilung der Heizfläche in Gruppen und der Art und Weise der Gas- und Luftführung. Es hat sich gezeigt, daß genietete, gefalzte und zusammengepreßte Geräte zu erheblichen Umständen geführt haben, weil sie leicht undicht werden und sich werfen. Man geht deshalb heute allgemein zur Schweißung der Stoßstellen über, weil damit die einzige Möglichkeit gegeben ist, ein Undichtwerden des Apparates und ein Werfen der Bleche zu vermeiden.

Undichtheiten bringen neben CO_2-Verlusten — d. h. dem Abfall der Wärmeleistung — noch die Gefahr von Korrosionen mit sich. Unter Korrosionen versteht man Zerfallserscheinungen der Metalle, bei denen gleichzeitig anwesende Feuchtigkeit und Sauerstoff eine einflußreiche Rolle spielt; sie bestehen in der Auflösung eines oder mehrerer Bestandteile der Legierungen, aus denen das Rohr- bzw. das Wandungsmaterial der Luftvorwärmer hergestellt ist.

Die Gefahr der Korrosion ist abhängig von der Lage des Taupunktes, von der Temperatur der Bleche, von deren Oberfläche, von der Dauer der Einwirkung und von dem fortlaufenden Zutritt von atmosphärischen Gasen.

Auch die physikalischen Eigenschaften des Korrosionsproduktes, »des Rostes«, sind für den Fortschritt der Korrosion von Einfluß. Diese Eigenschaften hängen sehr wesentlich von den Bedingungen ab, unter denen der Angriff auf das Metall erfolgt. Zuweilen ist der Rost fest, trocken und fest haftend, zuweilen aber auch locker, feucht und leicht abzureiben. Die erste Art wirkt schützend, die zweite Art fördernd auf die Korrosion. Die Rostschicht neigt anderseits mit wachsender Dichte dazu, abzublättern oder abzuspringen. Durch das Abblättern wird immer wieder frisches Material dem unmittelbaren Korrosionsangriff ausgesetzt. Hieraus ergibt sich, daß derartige Rostschichten ebenfalls korrosionsfördernd wirken. Mag auch der Einzelprozeß in seiner Auswirkung noch so klein sein, so führt doch die fortlaufende Summe von Einzelprozessen namentlich bei fortlaufendem Luftübertritt durch undichte Stellen auf die Rauchgasseite schließlich zur vollkommenen Durchfressung des Materials, zumal sehr oft die Korrosion unter Wiedererstellung der Säure einen Kreisprozeß durchmacht.

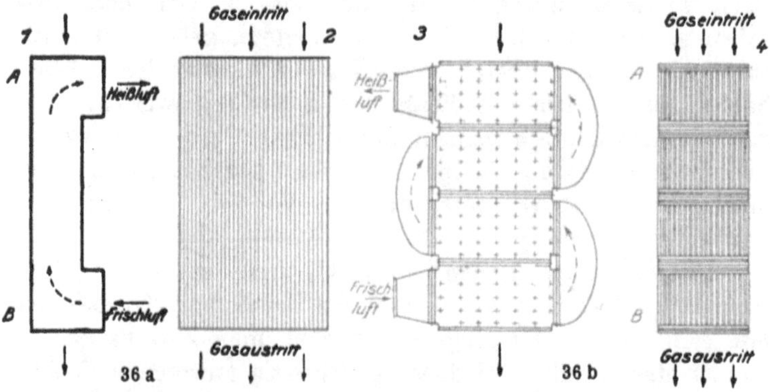

Abb. 36 a. Lufterhitzer mit senkrechter Unterteilung. Abb. 36 b. Lufterhitzer mit waagrechter Unterteilung. Korrosion oder Verbrennen kann nur am Gasein- oder -austritt auftreten, u. zw. an der ganzen Ein- oder Austrittsfläche, daher muß bei Abb. 36 a der ganze Lufterhitzer, bei Abb. 36 b nur das angegriffene Element ausgewechselt werden.

Schon aus diesem Grunde ist die vollständige Dichtheit des Lufterhitzers zu fordern. Um die durch Korrosionen gefährdeten Teile des Lufterhitzers, die entweder am Eintritt infolge zu hoher Rauchgastemperaturen oder am Austritt des Lufterhitzers infolge zu niedriger Temperatur der Rauchgase liegen können, schnell zu ersetzen, wird die Unterteilung des Lufterhitzers in besonders herausnehmbare senkrechte Einzeltaschen bei Konstruktionen vorgeschlagen, bei denen die Rauchgase von oben oder unten eintreten, während die Luft seitlich eingeführt wird. Abb. 36 a zeigt diese senkrechte Bauart in schematischer Darstellung. Die herausnehmbaren Taschen reichen vom Eintritt bis zum Austritt der Rauchgase, so daß bei Korrosionserscheinungen am Eintritt oder Austritt der Rauchgase der gesamte Lufterhitzer erneuert werden muß, da sich der gefährdete Teil über die ganze Eintritts- bzw. Austrittsfläche der Rauchgase erstreckt. Ein Vorteil der vertikalen Unterteilung ist also nicht ersichtlich. Abb. 36b zeigt eine

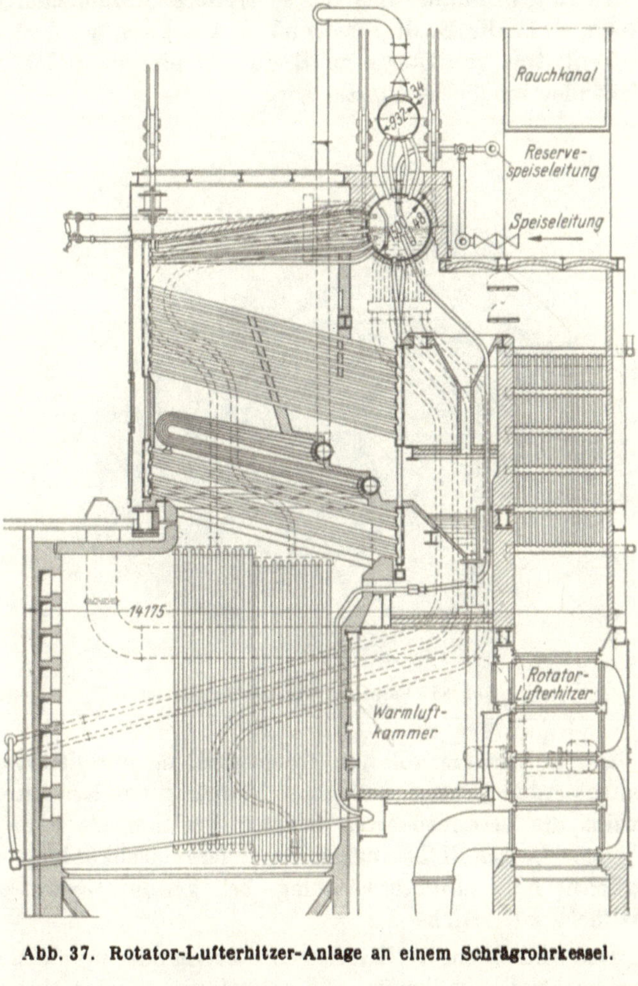

Abb. 37. Rotator-Lufterhitzer-Anlage an einem Schrägrohrkessel.

waagrechte Unterteilung. Hier braucht nur der jeweils gefährdete Teil ausgewechselt zu werden. Man sollte also einen Oberflächenluftvorwärmer nur mit waagrecht unterteilten Taschen nach Abb. 36b ausrüsten.

Die Ausbildung der Heizfläche muß zur Erzielung einer möglichst gesteigerten Wärmedurchgangszahl eine sehr feine Aufteilung des Gas- und Luftstromes ermöglichen. Die beiden Ströme sind in dünne, aber um so breitere Strombänder aufzulösen, d. h. die Spaltgröße muß so bemessen werden, daß das Verhältnis von Stärke zu Breite der einzelnen Gas- und Luftbänder möglichst günstig wird.

Abb. 38. Form der Rotator-Heizplatten.

Der Lufterhitzer soll aus einzelnen Elementen derart aufgebaut werden können, daß unter Wahrung des Kreuzstromprinzips die verschiedensten Schaltungen möglich sind, um in jedem Einzelfall bei möglichst tiefer Gasabkühlung eine möglichst hohe Luftvorwärmung bei geringst bemessener Heizfläche zu erreichen.

Das Abdichten der Heizelemente zueinander muß einfach, aber praktisch vollkommen durchgeführt werden können. Auch muß die Konstruktion die Möglichkeit geben, den Lufterhitzer durch nachträgliches Aufsetzen weiterer Elemente zu vergrößern, falls z. B. durch Umstellung des Betriebes vorhandene Economiser überflüssig werden. Diese letzte Frage tritt heute mit der vorwärtsschreitenden Vorwärmung des Speisewassers durch Anzapfdampf zwecks Verbesserung des thermischen Wirkungsgrades einer Kesselanlage zuweilen in den Vordergrund.

Abb. 39. Ausbildung der Eckverbindung bei den Rotator-Elementen.

Sodann muß die Konstruktion die Möglichkeit geben, daß der Lufterhitzer aus dem Rauchgasstrom ausgeschaltet werden kann, wenn die Gefahr vorliegt, daß die Austrittstemperatur aus dem Lufterhitzer zu niedrig wird. Bei einem wirtschaftlich arbeitenden Luftvorwärmer muß die Anordnung so getroffen werden, daß einzelne Heizelemente aus dem Luftstrom ausgeschaltet werden können, um verschiedene Heißlufttemperaturen zu erhalten. Es muß ein Teil der Luft durch den Lufterhitzer und die Restmenge unmittelbar zur Heißluftleitung geführt werden können, um auf diese Weise durch thermostatisch gesteuerte Luftklappen die Heißluft und Abgastemperatur selbsttätig regeln zu können.

Es muß in diesem Zusammenhange auf folgendes hingewiesen werden: Jede Wärmeübertragung erfordert ein gewisses

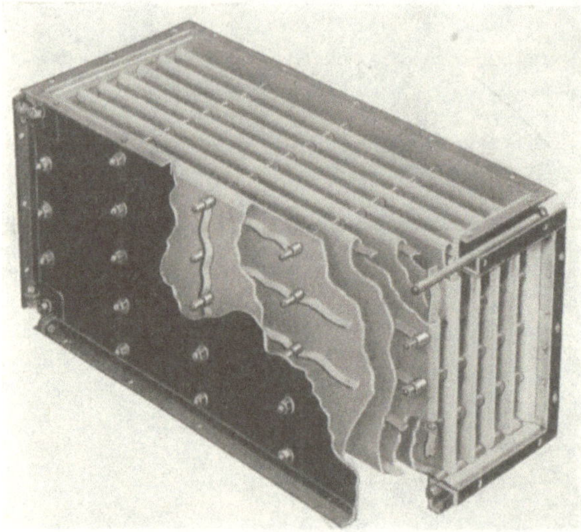

Abb. 40. Lufterhitzerelement mit aufgeschnittener Deckplatte.

Maß von Reibungswiderständen. Diese Widerstände entstehen aber auch an solchen Anlageteilen, die nicht unmittelbar zur Wärmeübertragung herangezogen werden, so daß man von einem nutzlosen Aufwand von Widerständen sprechen kann. Zu diesen Widerständen sind zu rechnen: Die Ein- und Austrittsverluste, Umleitungsverluste und die Reibungsverluste an Bolzen, Zwischenstücken und Einlagen usw.

Der nutzlose Aufwand an Widerständen muß durch zweckmäßige Konstruktionen weitgehendst eingeschränkt werden, z. B. durch sorgsam ausgebildete Luftumführungen und durch die Vermeidung toter Ecken. Diese bedingen nicht nur Wirbelbildungen und damit Zugverluste, sondern sie bilden auch Ablagerungsstellen für Staub und teerige Bestandteile aus den Rauchgasen und sind hierdurch die Ursache für das Auftreten

Abb. 41. Rotator-Lufterhitzer mit Umlaufstutzen, fertig eingebaut, jedoch ohne Verkleidung.

von Undichtigkeiten durch örtlich starke Überhitzungen. Wenn auch die Notwendigkeit einer Reinigung in erster Linie von der verfeuerten Kohle abhängt, so spielen doch weiterhin gleichmäßige Strömungsverhältnisse und eine hohe Geschwindigkeit innerhalb der Rauchgaswege eine Rolle. Diese beiden Gesichtspunkte müssen bei der Durchkonstruktion ebenfalls berücksichtigt werden.

Der Rußausblase-Apparat zur mechanischen Reinigung des Apparates muß so ausgebildet und angeordnet werden, daß er möglichst die ganzen Wärmeübertragungsflächen in wenigen Minuten vollkommen reinigt. Es muß also eine zweckmäßige Konstruktion des Lufterhitzers mit einer zweckentsprechenden Durchkonstruktion des Rußausblaseapparates verbunden werden.

Als Beispiel eines Oberflächenlufterhitzers sei hier der Rotatorluftvorwärmer gebracht, zumal dieser Apparat die vorstehenden Konstruktionsbedingungen erfüllt.

Der Rotatorlufterhitzer besteht aus einzelnen Elementen (s. Abb. 36b). In diese Elemente wird die Heizfläche in Form von Heizplatten eingebaut, deren senkrecht zueinander stehende Kanten nach oben bzw. nach unten abgebogen werden, nachdem vorher aus den Ecken Winkelstücke geschnitten sind (Abb. 38). Die konstruktive Ausbildung der Eckabdichtungen ist aus Abb. 39 zu ersehen. Nach dem Übereinanderschichten der Platten werden die zusammenstoßenden Kanten aneinander geschweißt, so daß Kanäle entstehen, deren Eintrittsöffnungen abwechselnd oben und unten liegen. Der konstruktive Aufbau eines Elementes ist aus Abb. 40 zu ersehen. Der eintretende Gas- und Luftstrom wird in Strahlen zerlegt, welche eine verhältnismäßig geringe Stärke, dafür aber eine um so größere Breite besitzen. Die erforderlichen günstigsten Spaltgrößen für Gas und Luft sind nach Erfahrungswerten festgelegt. Die Heizplatten werden in den verhältnismäßig engen Spalten oder Kanälen durch ein kombiniertes System von Wellblechzwischenlagen, Distanzstücken und Spannbolzen gesichert, um ein Verziehen oder Werfen der Platten unter Einwirkung der Wärme zu verhüten. Durch die Spannbolzen entsteht ein festes Gefüge des Körpers, aber anderseits ist das System so elastisch, daß der zusammengebaute Körper sich nach allen Seiten frei ausdehnen kann. Es soll durch diese Maßnahme ein Undichtwerden der Platten durch Erwärmung verhindert werden. Die Wellblechzwischenlagen und Distanzstücke sollen eine gewisse Wirbelung des Gasstromes hervorrufen, um auf diese Weise die Wärmeübertragung von den Rauchgasen auf die Heizfläche zu erhöhen. Die glatten Kanäle gestatten einen freien Durchgang für den Preßluftstrahl des Reinigers und damit eine entsprechend leichte Reinigung. Die offenen Kanalseiten werden von glatten Flanschen kastenartig umschlossen, so daß jeder einzelne Körper als selbständiger Wärmeaustauscher in einer Lufterhitzeranlage eingebaut werden bzw. an die vorhandenen Zu- und Ableitungen angeschlossen werden kann.

Für größere Anlagen können je nach dem vorhandenen Platz beliebige Gruppen solcher Körper (s. Abb. 37) zusammengebaut werden. Die Verbindung der einzelnen Elemente erfolgt durch kastenartige Flansche (s. a. Abb. 40). Dabei werden die einzelnen Elemente so angeordnet, daß stets ein Kreuzgegenstrom zwischen Rauchgasen und Luft vorhanden ist. Die Umlenkungskammern zwischen den einzelnen Elementen sind so durchgeführt, daß möglichst geringe Widerstandsverluste auftreten. Die Körper werden einbaufertig geliefert. Die planliegenden Schlußflanschen werden nach Einlegen von Asbestschnüren mit Schrauben zusammengezogen und dadurch abgedichtet.

Zum Ausreinigen des Lufterhitzers verwendet die Rotator G. m. b. H. einen Rußausblase-Apparat, welcher in etwa 3—5 min den Lufterhitzer vollständig reinigt. Es wird über jeden Rauchgasweg eine Dampfdüse angeordnet. Diese Düsen werden durch ein gemeinsames Zuführungsrohr gespeist, so daß durch ein einmaliges Hin- und Herbewegen der Düsen über die horizontale Länge der Taschen eine ausreichende Reinigung erzielt werden kann.

Es wäre zuletzt noch die Frage der Wirtschaftlichkeit von Oberflächenluftvorwärmern im Kesselbetrieb zu behandeln. Die Wirtschaftlichkeit einer Anlage steigt mit der Höhe der Abgastemperatur und der jährlichen Betriebsstunden. Das Diagramm Abb. 42 zeigt die Ersparnisse in Prozenten des jährlichen Kohlenverbrauchs, welche bei einer bestimmten Abkühlung der Rauchgase zu erzielen sind. Ferner sind die Anlagekosten in Prozenten des Kohlenverbrauchs ausgedrückt, um einen Überschlag über die Kosten und die Wirtschaftlichkeit einer zu planenden Anlage sofort zu ermitteln. In den meisten Fällen werden Ventilatoren zur Bewegung der Luft durch die Lufterhitzer bis zu den Verbrauchsstellen eingebaut, da andernfalls die erforderlichen Heizapparate und Luftleitungen zu groß ausfallen würden. Der Kraftbedarf dieser Ventilatoren beträgt 0,5 vH der jährlich verbrannten Kohlen menge. Für Wartung, Öl, Verschleiß usw. ist dieser Wert um

0,25 vH zu erhöhen. Wie aus dem Diagramm Abb. 42 ersichtlich, ist dieser Verbrauch so geringfügig, daß er im Vergleich mit den Ersparnissen nicht ins Gewicht fällt und infolge-

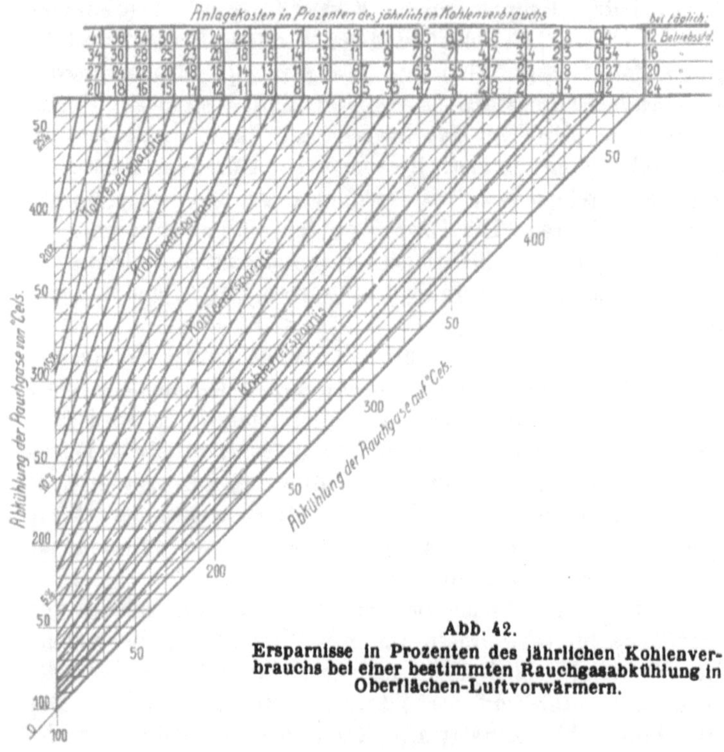

Abb. 42.
Ersparnisse in Prozenten des jährlichen Kohlenverbrauchs bei einer bestimmten Rauchgasabkühlung in Oberflächen-Luftvorwärmern.

dessen die Wirtschaftlichkeit der Anlage auch kaum ungünstig beeinflußt. Die beiden folgenden Beispiele erklären den Gebrauch des Diagramms:

1. Die Rauchgase einer Kesselanlage entweichen mit 350° C. Die Gase sollen unter Vorwärmung der Brennluft auf 200° C abgekühlt werden. Man findet im Diagramm Abb. 42 ein Kohlenersparnis von 11 vH und Anlagekosten von rd. 16 vH bei zwölfstündigem Betriebe. Die Belastung beträgt daher für Amortisation und Verzinsung:

25 vH von 16 vH	4 vH
Für Kraft, Wartung usw. sind zu veranschlagen	0,75 »
zusammen:	4,75 vH.

um welche sich die Kohlenersparnis von 11 vH vermindert. Diese beträgt demnach noch 6,25 vH.

Die Anlage würde sich dabei nicht nur in sehr kurzer Zeit bezahlt machen, sondern außerdem noch eine Reinersparnis von 6,25 vH des jährlichen Kohlenverbrauches ergeben.

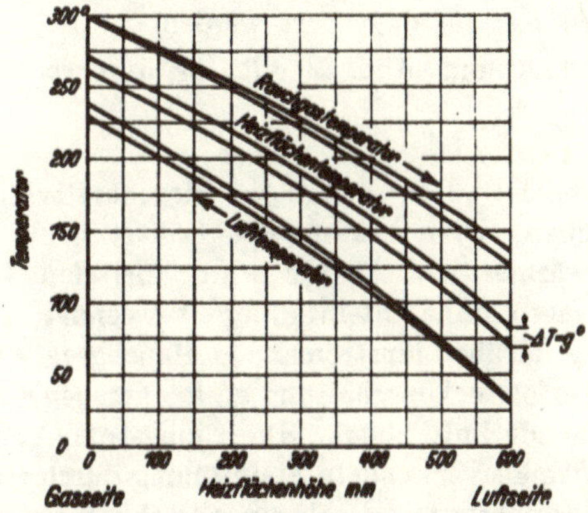

Abb. 43. Temperatur-Verlauf beim Ljungström-Luftvorwärmer.

2. Die Rauchgase einer Kesselanlage werden in einem hinter dem Kessel eingeschalteten Speisewasservorwärmer (Economiser) bis auf 200° C abgekühlt. Ist eine weitere Ausnützung noch zu empfehlen oder unwirtschaftlich? Bei einer Abkühlung von 200° auf 150° C ergibt sich aus dem Diagramm Abb. 42 für:

Anlagekosten bei 24stündigem Betrieb rd. . .	4,4 vH
Für Amortisation und Verzinsung sind einzusetzen 25 vH von 4,4 vH	1,1 »
Für Kraft, Wartung usw. sind zu veranschlagen	0,75 »
zusammen:	1,85 vH
Die Kohlenersparnis beträgt	3,5 vH
Es verbleiben daher noch	1,65 vH

Kohlenersparnis.

Die Reinersparnis ist jedoch in Wirklichkeit bedeutend höher, weil mit den 3,5 vH der aus den Rauchgasen entnommenen Wärmemenge bei durchschnittlichen Verhältnissen sämtliche Fabrik- oder Kontorräume geheizt und etwa vorhandenen Trockenanlagen mit Heißluft versehen werden können. Der Gesamtdampfverbrauch der Kessel geht somit um 3½ vH zurück, d. h. um dieselbe Wärmemenge, die man aus den Rauchgasen entnimmt und die sonst unausgenützt durch den Schornstein entweichen würden. Unter Umständen kann durch eine Lufterhitzeranlage die Aufstellung eines neuen Kessels eingespart werden.

Das Diagramm Abb. 42 gilt für durchschnittliche Verhältnisse[1]).

Schließlich wären noch die Regenerativluftvorwärmer zu besprechen, deren bekannteste Bauart heute der Ljungström-Vorwärmer ist. Früher wurde bei den Regenerativluftvorwärmern eine Steinfüllung verwendet, welche die Wärme der darüber hinströmenden Rauchgase aufnahm und diese nach erfolgter Umschaltung an in entgegengesetzter Richtung strömende Luft abgab. Der Ljungström-Vorwärmer ersetzt die ehemals verwendete Steinfüllung durch eine speicherfähigere Eisenmasse in Gestalt eines Drehkörpers.

Abb. 44 zeigt den Ljungström-Lufterhitzer im Schnitt. In einem zylindrischen, durch axiale Zwischenwände oben und unten in zwei Hälften getrennten Gehäuse dreht sich ein aus radialen Blechen mit aufgeschweißten Rippen zusammengesetzter Heizkörper. Auf der einen Seite des Gehäuses wird mit Hilfe eines Ventilators Frischluft durchgeblasen; die andere Seite durchstreichen die Rauchgase, und zwar in entgegengesetzter Richtung wie die Frischluft. Die Wärmeübertragung wird durch den umlaufenden Heizkörper vermittelt, welcher von der Ventilatorwelle aus angetrieben wird.

Der Ljungström-Vorwärmer arbeitet nun in der Weise, daß eine ständig umlaufende Metallmasse in ununterbrochenem Wechsel dem heizenden Gasstrom und dem kühlenden Luft-

[1]) Das Diagramm ist auf Erfahrungswerten der Firma Rotator, Berlin, aufgebaut.

strom ausgesetzt wird. Die Perioden der Wärmeaufnahme und der Wärmeabgabe wechseln in steter Aufeinanderfolge ab und dauern jeweils so lange, daß die Speicherung einer genügenden

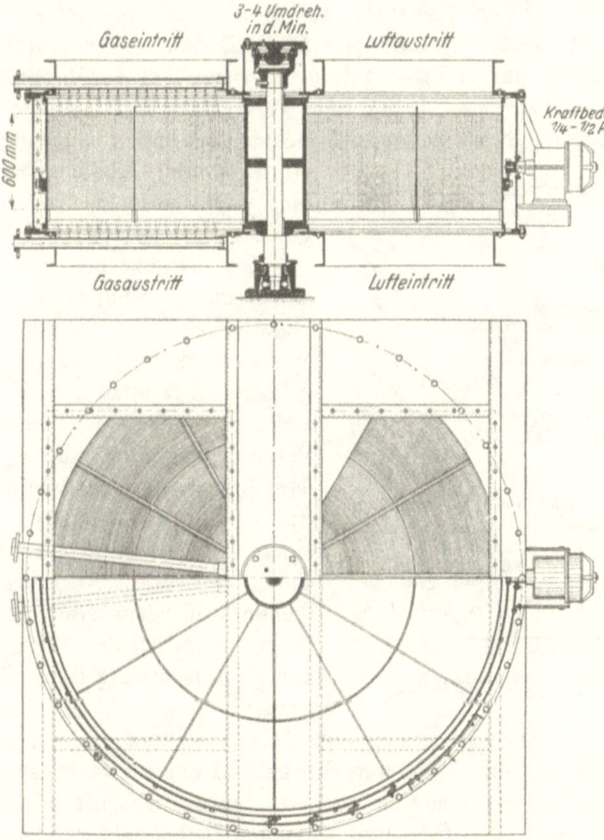

Abb. 44. Ljungström-Luftvorwärmer im Schnitt und in Aufsicht.

Menge Abwärme während der einen Hälfte der Drehung und eine entsprechende Wärmeabgabe während der anderen Hälfte der Drehung gesichert ist. Die Umdrehungszahl des Rotors liegt zwischen 2—4 Umdrehungen in der Minute.

Der Antrieb des Rotors erfolgt bei den kleineren Bauarten durch einen Motor (bis 1 PS Leistung) mit Ritzel und Zahnkranz bei den größeren (2—3 PS) über ein Winkelgetriebe mit Bolzenverzahnung.

Das Gehäuse ist ein kräftiger elektrisch geschweißter zylindrischer Körper von mindestens 5 mm Blechstärke mit angeschweißten Flanschen zur Befestigung der etwa 10 mm starken Deckel und Böden. Diese Böden werden durch aufgenietete, aus U-Eisen gebildete, viereckige Anschlußrahmen für die Gas- und Luftkanäle verstärkt. Das Gehäuse wird durch eine breite (etwa ein Sechstel des freien Querschnittes einnehmende) Abdichtfläche in eine Luft- und eine Gaskammer geteilt.

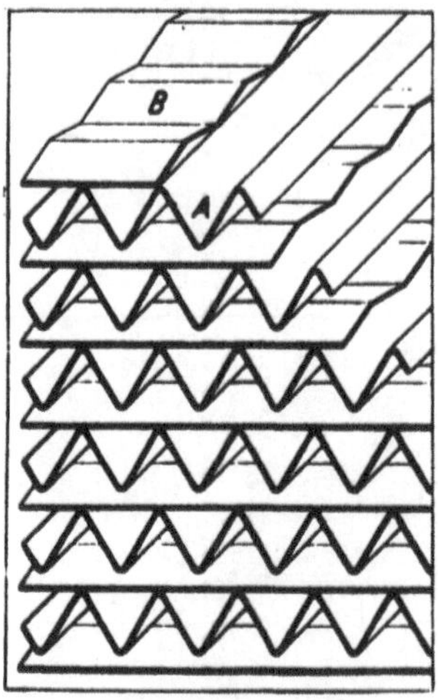

Abb. 45. Die Ausbildung der Heizfläche b. Vorwärmern nach Abb. 46.

Der Drehkörper bildet zugleich das Rahmenwerk für die Heizfläche. Er besteht aus einem starken, in 12 Sektoren geteilten zylindrischen Kasten, welcher auf einer kräftigen Welle befestigt ist, die je nach den örtlichen Verhältnissen in Spur- und Halslagern oder einem Hängelager gelagert wird. Bei größeren Ausführungen dienen außerdem drei am Umfang angebrachte Tragrollen zur Unterstützung der Lagerung.

Die Heizfläche wird aus stark gewellten dünnen Eisenblechen von 0,5—0,65 mm Stärke und aus schwach gewellten Blechen derart zusammengesetzt, daß ein wabenförmiges Gebilde mit vielen Gas- und Luftkanälen entsteht (s. Abb. 46). Die Wellung der Bleche liegt in der Gasbewegungsrichtung. Der Durchmesser des in die dreieckigen Kanalquerschnitte eingeschriebenen Kreises beträgt normalerweise 7,5 mm. Die Heizflächenhöhe wird auf 500—700 mm beschränkt, um eine geringe Bauhöhe zu erreichen und eine vollständige Reinigung leicht und schnell bewerkstelligen zu können.

Die Abdichtung zwischen der Gas- und Luftkammer erfolgt durch am Rotor befestigte Schleifbleche, von denen je zwei hintereinander auf der Abdichtfläche des Gehäuses zum Anliegen kommen. Außerdem sind noch radiale und peripherale Abdichtungen aus Sonderstahl vorgesehen.

Die Reinigung der Heizfläche wird durch den häufigen schnellen Wechsel der Gas- und Luftströmungsrichtung und durch die geringe Bauhöhe zum Teil selbsttätig bewirkt. Weiter ist aber eine Rußausblasevorrichtung vorgesehen, welche aus zwei feststehenden gelochten Rohren mit Blasdüsen besteht und für den Betrieb mit Heißdampf oder Preßluft eingerichtet ist. Während einer Umdrehung (Umdrehungszeit 15—30 sec) ist der ganze Reinigungsvorgang beendet. Dieser wird ohne Betriebsunterbrechung durch eine Ventilbetätigung vorgenommen. Die Heizflächenreinheit kann an angebauten Differenzzugmessern dauernd überwacht werden.

Abb. 46 zeigt eine Ansicht des besprochenen Luftvorwärmers und Abb. 47 die Einbauzeichnung eines Luftvorwärmers von 760 m^2 Speicherfläche für einen kohlenstaubgefeuerten Steilrohrkessel von 600 m^2 Heizfläche und 53 kg/m^2 spez. Belastung. Die Rauchgase werden von 370 auf 210° abgekühlt und die Brennluft auf 270—285° vorgewärmt.

Abb. 46. Regenerativ-Luftvorwärmer, Bauart »Ljungström«.

Die Vorteile des Ljungström-Luftvorwärmers liegen in seiner gedrängten — Bauhöhe, Raum — und gewichtssparenden Bauweise, in der Durchführung des Gegenstromprinzips sowie in dem geringen Druckabfall auf der Gas- und Luftseite. Nachteile könnten durch die regenerative Arbeitsweise des Luftvorwärmers bedingt sein. Als solche könnten angesprochen werden, das umlaufende Speichersystem (Rotor), der Leckageverlust und der Temperaturverlust an der gas- und luftdurchströmten Seite. Es ist interessant, die Vor- und Nachteile eingehender nachzuprüfen:

Die Bauhöhe sowie der Raumbedarf und das Gewicht des Ljungström-Luftvorwärmers ist ganz bedeutend geringer als bei Oberflächen-Luftvorwärmern. Bei einer Aufstellung oberhalb des Kessels verringert sich daher auch der Mehrbedarf an umbautem Raum und es entfallen große Abkühlflächen, welche bei anderen Bauarten zur Einschränkung der Wärmeverluste durch Leitung und Strahlung isoliert werden müssen.

Die Versetzung des Gasquerschnittes durch die Lufttaschen bei einem unzweckmäßig konstruierten Oberflächenluftvorwärmer begünstigt das Zusetzen der Abgaskanäle durch Staub, Ruß und teerige Ablagerungen. Hierzu kommt, daß vielfach, besonders bei hohen Temperaturen, ein Werfen der Platten eintritt, wodurch die Gaskanäle stellenweise verengt oder ganz abgeschlossen werden können. Die plötzliche Verengung des Gasstromes und die Stoßverluste beim häufigen Ein- und Austritt, besonders bei Anlagen mit Gas- und Luftumführungen sowie alle indirekten Heizflächen bedingen beim Oberflächenluftvorwärmer zusätzliche Widerstände, die bei dem besprochenen Regenerativluftvorwärmer wegfallen. Bei dem Ljungström-Luftvorwärmer neuester Bauart finden Gas und Luft so bemessene Querschnitte, daß sie mit einer Geschwindigkeit von etwa 5—10 m/s strömen. Beim Eintritt in die Heizfläche erfahren sie eine geringere Kontraktion als bei Oberflächen-Luftvorwärmern, bei denen sie je nach der Güte der Konstruktion Zusammenziehungen bis 50 vH erleiden. Aus den aufgeführten Überlegungen ergibt sich, daß die Druckverluste auf der Luftseite beim Regenerativ-Luftvorwärmer geringer sind als beim Oberflächenerhitzer.

Den oben gekennzeichneten Vorteilen steht gegenüber, daß die notwendigerweise umlaufend ausgebildete Heizfläche ein bewegtes Organ im Kesselbetrieb darstellt. Ob man den Einbau eines beweglichen Teils in die Kesselanlage als Vor- oder Nachteil ansprechen will, ist Geschmacksache. Ich stelle mich auf den Standpunkt, daß ein Luftvorwärmer eine Zusatzmaschine zur Dampfkraftanlage ist und daß bei günstiger konstruktiver Durchgestaltung des rotierenden Teils, derselbe als ebenso betriebssicher anzusprechen ist, wie z. B. der Rotor einer der Kesselanlage nachgeschalteten Turbine. Die Anlehnung der konstruktiven Ausgestaltung des Rotors an die Erfahrungen des Turbinenbaus bei dem neuzeitigen Ljungström-Luftvorwärmer bietet meiner Ansicht nach die Gewähr dafür, daß Störungen nicht zu befürchten sind. Der Leistungsbedarf des Antriebsmotors ist gering, er beträgt bei kleinen bis mittleren Typen 1 PS und bei den größeren Bauarten 2—3 PS/h.

Das umlaufende Speichersystem bedingt aber Undichtheiten, die der Platten-Lufterhitzer grundsätzlich vermeiden kann. Amerikanische Veröffentlichungen über Versuche an Ljungström-Lufterhitzern (allerdings älterer Bauart) nennen Undichtheiten zwischen 15—20 vH, welche nach Angaben der Deutschen Luftvorwärmer G. m. b. H. bei den neueren Konstruktionen bis auf 8 vH gemindert worden sind. Demgegenüber steht der Nachweis, daß Platten-Lufterhitzer bereits derartig ausgeführt werden, daß nur noch mit Undichtheiten zu rechnen ist, die 0,7 bis 1 je Tausend der zu erwärmenden Luft betragen, und zwar sind, wie mir bekannt, derartige Versuche an Platten-Lufterhitzern im kalten sowie im rotglühenden Zustand durchgeführt worden, um den Einfluß bzw. die Verwerfungen beobachten zu können.

Die Leckageverluste setzen sich aus mehreren Einzelverlusten zusammen. Zunächst tritt ein solcher Verlust durch das Übertreten von Luft auf die Rauchgasseite ein. Am ungünstigsten liegen hier die Verhältnisse bei der oberen Luft- und Gaskammer, da zwischen beiden der Unterschied zwischen Luftüberdruck und Gasunterdruck besonders wirksam ist.

Der zweite Verlust entsteht durch das Durchtreten von Luft durch die peripheralen Abdichtungen in den Raum zwischen Rotor und Gehäuse. Von dort tritt die Luft durch die vier am Gehäuse befestigten radialen Abdichtungen und durch die peripheralen Abdichtungen auf der Gasseite in das Gas über.

Der dritte Leckageverlust wird durch die Hinübertragung von Gas- oder Luftmengen in den Luft- bzw. Gasstrom beim Umlaufen der Heizelemente bedingt. Wie oben angegeben, machen diese drei Verlustquellen im ganzen höchstens 8 vH aus, und zwar entfallen etwa 6,5 vH auf die austretende Gasmenge (bezogen auf die stündlich durchströmende Luftmenge) und 1,5 vH auf austretende Luft (wieder bezogen auf die stündlich durchströmende Luftmenge). Diese Angaben beziehen sich auf die neuesten Abdichtungskonstruktionen des Luftvorwärmers.

Durch Versuche in einem amerikanischen Kraftwerk ist festgestellt worden, daß die Stärke der Verschmutzung und die Notwendigkeit der Reinigung mit der Undichtheit des Lufterhitzers wächst, und zwar sind die Versuche in einem Kraftwerk vorgenommen worden, in welchem sowohl Platten-, Röhren- als auch rotierende Luftvorwärmer eingebaut waren. Hierbei hatte sich herausgestellt, daß Platten-Lufterhitzer die geringste und rotierende Luftvorwärmer die stärkste Undichtheit haben und daß die Reinigungsnotwendigkeit bei der untersuchten Anlage im gleichen Verhältnis steht.

Im Gegensatz zum Oberflächenluftvorwärmer ist jede dem Gas- und Luftstrom eines Regenerativluftvorwärmers ausgesetzte Heizfläche stets direkte Heizfläche. Dem steht gegenüber, daß der Oberflächen-Luftvorwärmer mit einer erhöhten Wärmeaufnahme durch Strahlung rechnen kann. Nach Prof. Eberle kann der Strahlungseinfluß bei zweckmäßiger Anordnung des Lufterhitzers bereits bei Gaseintrittstemperaturen von $\sim 350^0$, 25—30 vH der durch Konvektion übertragenen Wärme ausmachen.

Bei Einbau des Regenerativ-Lufterhitzers in Kesselanlagen mit natürlichem Zug bedingen die Undichtheiten außer der Erhöhung des Kraftbedarfs für den Unterwind eine Verschlechterung des natürlichen Auftriebes infolge der höheren Gasabkühlung, welche etwa 5—10^0 ausmachen.

Die im Platten-Lufterhitzer-Bau meistens angewandte Konstruktion, welche das Übereinandersetzen von einzelnen Lufterhitzerelementen vorsieht und Luftumleitungshauben erforderlich macht, bringt gegenüber rotierenden Lufterhitzern, welche eine gerade Durchströmung des Rotors von beiden Medien vorsieht, erhöhte Druckverluste auf der Luftseite. Jedoch hat sich gezeigt, daß der Kraftverbrauch gas- und luftseitig zusammen bei umlaufenden Lufterhitzern etwas höher ist als bei Platten-Lufterhitzern gleicher Wärmeleistung.

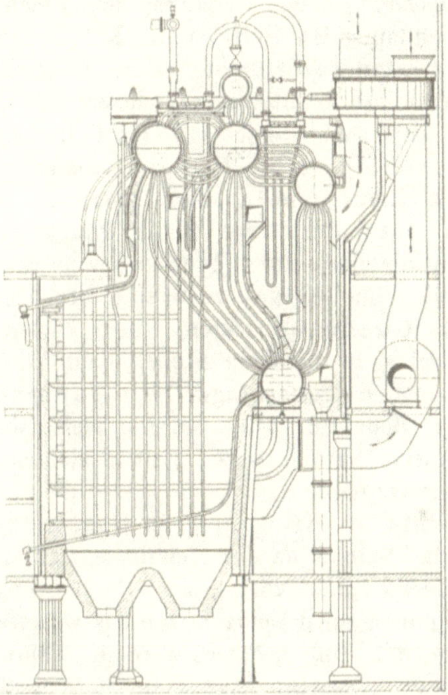

Abb. 47. Steilrohrkessel mit Ljungström-Luftvorwärmer.

Weiter ist noch auf die Korrosionsgefahr bei dem Regenerativ-Luftvorwärmer einzugehen. Eine Herabminderung der Korrosionsgefahr wird bei dem Ljungström-Luftvorwärmer durch die Anwendung gleicher Gas- und Luftgeschwindigkeiten und durch das Umlaufen der Heizfläche erzielt, denn die Heizelemente bleiben auf diese Weise nur wenige Sekunden der kalten Luft ausgesetzt, um dann wieder aufgewärmt zu werden. Hierdurch wird zwar die Gefahr der Korrosion vermindert, aber nicht behoben, denn beim einmaligen Umlauf des Rotors findet auf der gasdurchströmten Seite ein allmählicher Temperaturanstieg und auf der luftdurchströmten Seite ein allmählicher Temperaturabstieg statt (s. Abb. 43). Es können also an der tiefsten Stelle beider Temperaturäste die Rotorlamellen korrodieren, zumal stets neue Mengen atmosphärischer Gase (Sauerstoff und Kohlensäure) wirksam sind. Ljungström ist deshalb auf den Gedanken gekommen, das oberste Drittel des umlaufenden Heizsystems, in welchem die Korrosionen am meisten zu befürchten sind, für sich geschlossen herausnehmbar und damit ersetzbar auszubilden, so daß also bei starken Rostungen lediglich etwa ein Drittel der Heizfläche ersetzt zu werden braucht. Es ist in dieser Tatsache kein Nachteil des Ljungström-Luftvorwärmers zu sehen; denn auch bei Taschenlufterhitzern treten Korrosionen auf, besonders wenn dieselben durch Werfen der großen Flächen an den Stoßstellen undicht geworden sind und atmosphärische Gase auf die Gasseite übertreten. Auch können sie stärker auftreten, weil stets dieselben Stellen beim Oberflächenluftvorwärmer dem Korrosionsangriff fortdauernd ausgesetzt bleiben. Die Reparaturkosten werden sich zweifellos beim Oberflächenluftvorwärmer höher stellen als bei den Ljungström-Luftvorwärmern.

Sehr wichtig ist natürlich auch beim Ljungström-Luftvorwärmer das Reinhalten der Heizfläche, genau so wichtig wie beim Oberflächenluftvorwärmer. Beim Ljungström-Luftvorwärmer können sogar beide Seiten der wärmespeichernden Heizelemente mit Ruß belagert werden, während bei den Oberflächenluftvorwärmern nur eine Seite Ruß aufweisen kann, weil die luftdurchströmte Seite naturgemäß hiervon befreit bleibt. Man findet die Ansicht vertreten, daß auch Ruß ein entsprechendes Wärmespeichervermögen besitzt. Dies ist irrig! Die Wärme muß durch die Rußschicht hindurch, um in dem Eisenmaterial der Speicherfläche eingespeichert zu werden. Der Wärmedurchgang durch Ruß ist aber bekanntlich sehr schlecht, es wird deshalb der Ljungström-Luftvorwärmer auf Reinheit seiner Heizflächen zu sehen haben. Der Einbau von geeigneten Rußabbläsern ist also notwendig, aber bei der Durchdenkung der Konstruktion zeigt sich sofort als Vorteil für die Reinhaltung der Heizflächen die geringe

Bauhöhe des Rotors, verglichen mit den Bauhöhen von Oberflächenluftvorwärmern gleicher Leistungen. Dieselbe beträgt durchschnittlich 500—600 mm. Der Preßluft- bzw. Dampfstrahl der oberhalb des Rotors auf der gasdurchströmten Seite angeordneten Rußabbläser kann auf einer Strecke, welcher der Bauhöhe des Rotors entspricht, genügend wirksam sein, um die Heizflächen schnell und vollständig reinzublasen.

Zusammenfassend kann gesagt werden, daß die den älteren Konstruktionen des Ljungström-Luftvorwärmers nachgesagten und zum Teil berechtigten Nachteile bei der neuen hier dargestellten Konstruktion vermieden worden sind.

2. Entstaubungsanlagen für Verbrennungsgase.

Die Schädigung der menschlichen Gesundheit und der Pflanzenwelt durch Rauch, Staub oder Ruß ist bekannt. Die feinen Schwebeteile verstopfen z. B. die Pflanzenporen und behindern auf diese Weise die Atmung derart, daß die Pflanzen verkümmern müssen. Eisenkonstruktionen, Dächer und Gebäude leiden ebenfalls unter der Einwirkung von Rauch und Flugasche, weil diese stets einen geringen Schwefelgehalt aufweisen, welcher sich bei Zutritt von Feuchtigkeit zum Teil in Schwefelsäure umsetzt und in dieser Form zerstörend wirkt.

Die Ursache der Rauchbildung liegt an der Verfeuerung gasreicher Kohle, zu hoher Kesselbeanspruchung sowie an ungenügendem Schornsteinzug und unsachgemäßer Wartung der Feuerung. Die Rauchverhütung ist anzustreben wegen der Belästigung der Umgebung durch Rauch, des entstehenden Wärmeverlustes infolge unvollkommener Verbrennung und der schlechten Wärmeübertragung der durch Ruß verschmutzten Kesselwandungen.

Ein wirksames Mittel zur Rauchverhütung ist die Verwendung gasarmer Kohle. Muß gasreiche Kohle verfeuert werden, so müssen hohe Verbrennungsräume vorgesehen werden und die Zuführung von Sekundärluft hat zum Feuerraum zu erfolgen. Ferner ist für eine mäßige Rostbeanspruchung, für eine gleichmäßige Rostbeschickung, für ein häufiges Aufgeben kleinerer Brennstoffmengen bei richtiger Zufuhr der Verbrennungsluft zu sorgen. Frischer Brennstoff ist am vorderen Ende des Rostes aufzuwerfen, damit die Gase über der glühenden Feuerschicht zur Entzündung gelangen. Mechanisch bewegte Roste (Wanderroste usw.) ermöglichen eine rauchlose Verbrennung, desgl. Feuerungen für Gas, Öl und Kohlenstaub.

Es sind verschiedene Maßnahmen in Vorschlag gebracht worden, um diesen lästigen Erscheinungen zu entgehen. Erwähnt sei, daß zwei deutsche Firmen vorschlugen, eine Reihe von dachrinnenartigen Gliedern fast senkrecht nebeneinander in eine wagerechte Leitung einzubauen. Hierdurch sollten Zonen geschaffen werden, in denen die Gasgeschwindigkeit Null wurde und der Staub sich absetzen konnte; dieser sollte durch die Rinnen in einen darunter befindlichen Trichter rutschen. Die Versuchsergebnisse zeigten aber selbst unter den besten Bedingungen, daß die aufgefangene Staubmenge unbedeutend blieb.

Da die Wasserzerstäubung bei Entstaubung von Trocknergasen gute Ergebnisse geliefert hatte, versuchte man dieses Verfahren auf die Entstaubung von Rauchgasen anzuwenden. Die Wasserzerstäubung hatte aber keinen Erfolg, denn scheinbar befeuchtete sich der Staub nicht einmal infolge von Kapillarerscheinungen.

Einige Kohlenstaub verbrauchende Industrien hatten infolge der Klagen der Anwohner die Entstaubung durch die eigene Schwere des Staubes (Erhöhung des Schornsteins) eingeführt. Die Ergebnisse waren von Fall zu Fall recht verschieden. Alle derartigen Bauarten schienen wenig wirtschaftlich zu sein. Die Gasleitung und die Entstaubungskammern waren nicht zweckmäßig angeordnet. Die Querschnitte wurden durch die Ablagerungen beträchtlich verkleinert, so daß die Gasgeschwindigkeit stieg und der Wirkungsgrad abnahm. Waren dagegen sehr große Kammern vorhanden, so strömte meist das Gas unmittelbar vom Eintritt zum Austritt, so daß der Raum schlecht ausgenutzt wurde. Der Einfluß, den die Erhöhung des Schornsteins auf die etwaige Verbesserung haben könnte, ließ sich meistens nicht abschätzen.

Zyklone werden seit langem dazu benutzt, um Staub aufzufangen, der in einem Gas schwebt, man gebraucht sie u. a. bei der pneumatischen Förderung von Kohlenstaub, um Staub- und Preßluft zu trennen. Die Vorrichtung besteht aus einem stehenden Metallzylinder, in den das Staubluftgemisch mit großer Geschwindigkeit tangential eingeführt wird und in dem es eine kreisende Bewegung ausführt. Die Staubteilchen, deren Masse größer ist als die der Luft, werden an die Außenwand geschleudert, wo sie weniger bewegte Luftschichten antreffen und langsam an den Wänden herabfallen. Sie sammeln sich am Boden, während die Luft in einer Schraubenlinie aufsteigt und oben entweicht; die Trennung ist um so schärfer, je größer die Geschwindigkeit ist. Bei der Druckluftförderung von Kohlenstaub arbeitet man mit Luftmengen, die im Verhältnis zum Staubgewicht klein sind. Die Luft erhält schon durch die Entspannung eine beträchtliche Geschwindigkeit.

Bei den großen Abgasmengen kann man aber nicht mit den gleichen Geschwindigkeiten arbeiten wie bei gewöhnlichen Zyklonen. Die steigende Bewegung des Gases würde gegenüber der kreisenden Bewegung zu schnell sein; die durch das Gas beschriebenen Schraubenlinien hätten eine zu große Steigung und beträchtliche Staubmengen würden mit dem Gase entweichen.

Der Reiniger, Bauart Davidson, Abb. 48, besteht aus einem gewöhnlichen Zyklon *a*, in den die Gase tangential mit etwa 10 m/s Geschwindigkeit eintreten; dieser hat in der zylindrischen Wand einen Längsspalt *f*, auf den die Gase treffen, nachdem sie im Zyklon eine ganze Umdrehung ausgeführt haben. Der Spalt läuft in eine Art Löffel *c* aus; dieser nimmt aus der sich drehenden Gassäule diejenige Gasmenge heraus, welche den größten Teil des Staubes enthält. Die restliche Gasmenge setzt ihre Bewegung fort und entweicht durch den über dem Zyklon angebrachten Abzug. Der abgenommene Gasstreifen wird in einen zweiten Zyklon *b* von gewöhnlicher Bauart und mit sehr viel geringeren Abmessungen eingeführt. Der Staub sammelt sich am Boden, während die kleine Gasmenge, die ihn mitführte, oben durch den Schornstein entweicht.

Der Entstaubungszyklon wird entweder vor oder hinter dem Ventilator für den künstlichen Zug aufgestellt, der nur sehr wenig verstärkt zu werden braucht, um den zusätzlichen Widerstand des Zyklons zu überwinden.

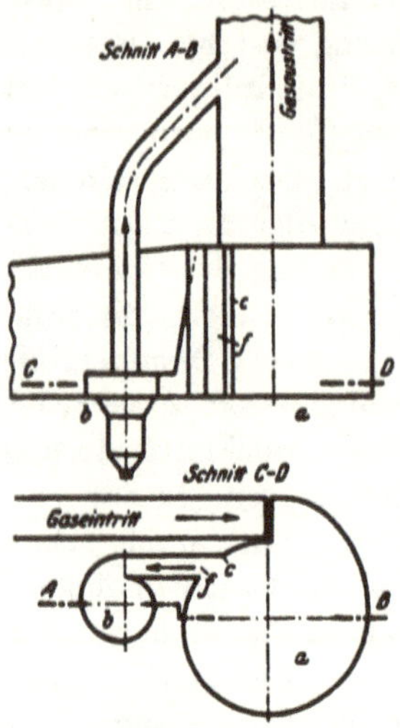

Abb. 48. Entstaubung, Bauart »Davidson«. a u. b Zyklone c, Löffel, f Längsspalt.

Bei einem zur Zeit in Frankreich entwickelten Verfahren treten die Gase nicht tangential, sondern axial in den Zyklon ein; sie begegnen dabei feststehenden Flügeln, die die geradlinige Bewegung der Gase in eine drehende umwandeln. Auch hierbei wird ein kleiner Teil der Gase, der fast den gesamten Staub enthält, abgetrennt und in einen Ringraum zwischen zwei zylindrischen Mänteln geleitet, wo der Staub abgeschieden wird. Beim Austritt aus dem Zyklon begegnen die Gase wieder feststehenden Flügeln, die die drehende Bewegung in eine geradlinige verwandeln.

Zunächst wurden Modellversuche mit Staub aus einem Kesselhaus durchgeführt. Der Wirkungsgrad, der zunächst 70 vH betrug, wurde durch Änderungen an den Leitflügeln auf mehr als 90 vH gesteigert. Auf Grund dieser Ergebnisse wurde eine größere Versuchsanlage gebaut, mit der man aber zunächst nur 50 vH und durch konstruktive Änderungen 58 vH Wirkungsgrad erzielen konnte. Wahrscheinlich lassen sich aber noch wesentlich bessere Ergebnisse erreichen. Dieses Entstaubungsverfahren bietet insofern große Vorteile gegenüber dem von Davidson, als die Anlage billiger, der Platzbedarf geringer ist und der Zyklon in aufsteigende und abfallende Gasströme eingebaut werden kann.

Das Bestreben, das durch zahlreiche Veröffentlichungen bekannte und insbesondere in der chemischen und hüttentechnischen Industrie eingeführte elektrische Gasreinigungs- und Entstaubungsverfahren »Cottrell-Möller« für die Reinigung der Abgase aus Kesselfeuerungen, also für die Rauchbekämpfung nutzbar zu machen, liegt weit zurück. War doch mit Sicherheit zu erwarten, daß das Elektrofilter gerade für die Beseitigung der feinen Kohle- und Ascheteilchen besonders geeignet sein würde. Aber der praktischen Anwendung stand entgegen, daß die Werke im Hinblick auf die Wertlosigkeit des abgeschiedenen Gutes und der daraus sich ergebenden mangelnden Wirtschaftlichkeit zum Einbau einer Cottrell-Möller-Anlage wenig Neigung zeigten. Erst die immer mehr sich ausdehnende Verbreitung der Kohlenstaubfeuerung, die erst nach Ergänzung durch eine Elektrofilteranlage ihre vollen Vorzüge zeigt, hat dieses Problem in Fluß gebracht[1]).

Die Wirkung der Elektrofilter beruht auf der Erscheinung, daß elektrisch geladene Schwebeteilchen in einem starken elektrischen Felde nach einer bestimmten Richtung wandern. In seiner grundsätzlichen Form besteht ein Elektrofilter aus einem senkrechten Metallrohr von etwa 200—300 mm Durchmesser und 3—4 m Höhe, in dessen Mittelachse ein dünner Draht elektrisch isoliert ausgespannt ist.

Diesem isolierten Draht wird hochgespannter Gleichstrom von etwa 40000—50000 Volt Spannung zugeführt. In der Oberfläche des dünnen Drahtes entsteht bei Stromdurchfluß ein starkes elektrisches Feld, durch das die umgebende Luft oder das Gas, welches das Rohr von unten nach oben durchströmt, unter bläulicher Lichterscheinung stark ionisiert wird. Das ionisierte Gas gibt seine Ladung an die in ihm schwebenden Staubteilchen ab, die unter der Wirkung des starken elektrischen Feldes, das zwischen dem dünnen Draht und dem umgebenden Rohr besteht, von dem Draht nach der Rohrwandung getrieben werden, sich dort absetzen und sich zu größeren Massen zusammenballen. Den Draht, den man meist mit dem negativen Pol der Hochspannungsquelle verbindet, wird wegen seiner Sprühwirkung als Sprühelektrode bezeichnet. Das Rohr oder die sogenannte Niederschlagselektrode wird mit dem positiven Pol der Hochspannungsquelle verbunden und wie dieser geerdet, so daß es ohne Gefahr berührt werden kann. Der Staub, der sich an der Rohrwandung in stärkeren Schichten absetzt, fällt zum Teil von selbst

---

[1]) Vgl. Hahn in »Mitteilungen der Vereinigung d. Elektr. Werke« 1925, Nr. 393, S. 435 ff.

infolge der Schwerkraft in den Sammelbunker, der sich unter dem Rohr befindet, oder er wird durch eine Schüttelvorrichtung von Zeit zu Zeit mechanisch zum Abfallen gebracht. Das von Staub praktisch befreite Gas entweicht aus dem oberen Teil des Rohres entweder ins Freie oder es wird durch eine anschließende Rohrleitung seinem weiteren Verwendungszweck zugeführt.

Der benötigte hochgespannte Gleichstrom wird in der Weise erzeugt, daß man den vorhandenen Werkswechselstrom in einem Hochspannungstransformator auf 40000—50000 Volt hinauftransformiert und dann mit einem mechanischen Gleichrichter in pulsierenden Gleichstrom umwandelt. Die Schaltung einer solchen Gleichrichteranlage ist in Abb. 49

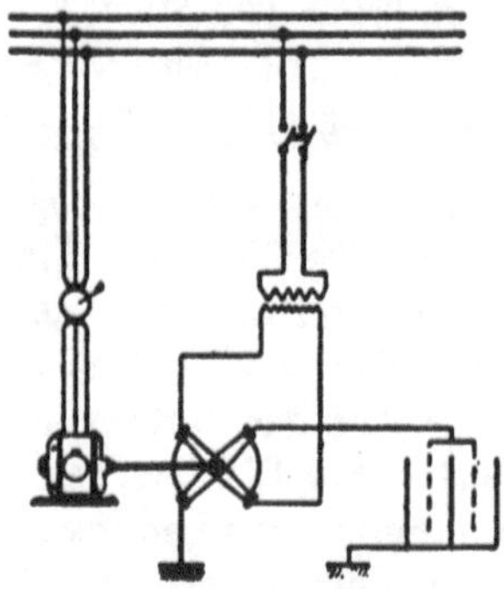

Abb. 49. Darstellung einer Gleichrichteranlage.

schematisch dargestellt. Die erforderlichen Apparate, wie Transformator, Gleichrichter, Spannungsregler und Schalttafel, können in einem kleinen Raum von etwa 3×4 m Grundfläche und 3,5 m Höhe untergebracht werden. Der mechanische Gleichrichter besteht aus einem kleinen Drehstrom-Synchronmotor, der ein Kreuz aus isolierendem Material antreibt, an dessen Armenden sich Kontaktstücke befinden. Von diesen sind je zwei aufeinanderfolgende durch einen Draht elektrisch leitend miteinander verbunden. Das Kreuz bewegt sich in 3—4 mm Abstand synchron mit der Periode des Wechselstromes mit großer Umfangsgeschwindigkeit an vier feststehenden Kontaktarmen vorbei, von denen zwei nach dem Schaltbild (Abb. 49) mit den

Klemmen des Hochspannungstransformators verbunden sind. Der dritte Arm ist mit der Hochspannungsleitung, die zu den Sprühelektroden führt, verbunden, während der vierte an Erde gelegt wird. Der Stromübergang findet zwischen den Gleichrichterkontakten in Form kleiner Funken statt, die den geringen Kontaktabstand durchschlagen. Da es sich hier nur um kleine Ströme (Milliampere) handelt, ist dies ohne weiteres zulässig. Durch diesen Gleichrichter wird dafür Sorge getragen, daß nur Gleichstrom zu den Sprühelektroden weitergeleitet wird.

Da sich öfters auch Staub an den Sprühelektroden ansetzt und hierdurch unter Umständen die Sprühwirkung verschlechtert werden kann, wird in vielen Fällen eine Schüttelvorrichtung für die Sprühelektroden vorgesehen.

Die Gasgeschwindigkeit in den Filterkammern beträgt unter 1 m/s, wenn die Niederschlagselektroden aus einfachen, glatten Blechplatten bestehen. Bei höheren Geschwindigkeiten würde nämlich der abgeschiedene Staub vom Gasstrom wieder mitgerissen werden. Falls größere Gasmengen gereinigt werden müssen, so erfordern die Plattenelektroden so große Kammerquerschnitte, daß die Anlagen meist räumlich nicht untergebracht werden könnten bzw. zu kostspielig werden.

Durch die Verwendung von besonderen Hochleistungselektroden ist es jedoch den Siemens-Schuckertwerken in den letzten Jahren gelungen, noch bei Gasgeschwindigkeiten von 3—4 m/s ausgezeichnete Reinigungswirkungen zu erzielen. Diese Elektroden sind so ausgebildet, daß sie den abgeschiedenen Staub auch bei großen Höhen der Horizontalkammern (8—9 m) vor der Gasströmung geschützt, in die Staubsammelbunker führen. Auf diese Weise ist es möglich geworden, Rauchgasreinigungsanlagen bis zu 1000000 m³ Rauchgas je Stunde in einer Doppelkammer zu bauen[1]).

Eine Großanlage zur elektrischen Entstaubung der Abgase von Rohbraunkohle-Dampfkesseln wurde von der Lurgi-Apparatebau G. m. b. H., Frankfurt a. M., in Mitteldeutschland errichtet. Die geerdeten Niederschlagselektroden bestehen hier aus periodisch zum Zwecke der Reinhaltung er-

[1]) S. a. Heinrich, »Die elektr. Entstaubung von Rauchgasen«. Wärme 1929, Nr. 22.

schütterten Hohlplatten mit Auffang- und Ableitungsschlitzen für den sich abscheidenden Staub. Die Gase ziehen mit 4 m/s parallel zu diesen Hohlplatten durch das elektrische Abscheidungsfeld.

Die Hauptdaten dieser Anlage sind:

Zahl der angeschlossenen Kessel von je 580 m² Heizfläche und je 28 m² Rostfläche . . .	6,
Rauchgasmenge, stündlich etwa	330000 m³,
Gasgeschwindigkeit im Elektrofilter, etwa . .	4 m/s,
mittlere Temperatur des Gases	155° C,
Staubgehalt im Rohgas vor dem Elektrofilter	0,85 g/m³,
Staubgehalt im Reingas hinter dem Elektrofilter	0,1 g/m³,
mittlerer Reinigungsgrad	91 vH,
mittlere Spannung für das Elektrofilter . .	49 kV,
mittlere Stromstärke in Milliampere	125,
Energieverbrauch für 100000 m³ Rauchgas etwa	5,5 kWh,
elektrische Ascheabscheidung in 24 h etwa	9 t,
bei 400 kg/m³ Schüttgewicht etwa	22,5 m³.

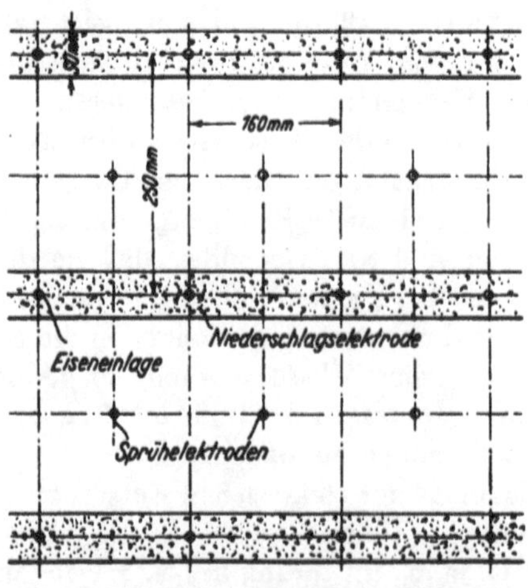

Abb. 50. Elektrodenanordnung im Elektrofilter bei 4 m/s Gasgeschwindigkeit.

In Amerika wurde vor einiger Zeit eine elektrische Flugaschenabscheidung auf dem Kraftwerk Trenton Channel der

Detroit Edison Co.[1]) eingerichtet. Dort reinigen acht Elektrofilter die vier Schloten zugeführten Abgase aus elf mit Kohlenstaub gefeuerten Stirlingkesseln. Jeder Schlot übernimmt die Gase von drei Kesselfeuerungen und jeder der beiden zu einem Schlot gehörigen Elektrofilter die Hälfte dieser Gasmenge. Vor den elektrischen Staubabscheidern liegen Economiser, so daß die mittlere Temperatur des Gases im Elektrofilter 200° C beträgt. Die an Erde liegenden Niederschlagselektroden in den

Abb. 51. Äußere Ansicht der Elektrofilteranlage im Kraftwerk Trenton Channel der Detroit Edison Co.

Elektrofiltern bestehen aus Betonplatten mit Eiseneinlagen, die zu den zwischen den Platten angeordneten Hochspannungselektroden die aus der Abb. 50 ersichtliche Lage haben. Diese Anordnungsweise bewirkt eine gleichmäßige Verteilung der Elektrizität über das gesamte Abscheidungsfeld. Die Abb. 51 zeigt den äußeren Aufbau der Elektrofilter auf dem Dach des Kesselhauses.

Es beträgt die

Gasmenge je Schlot 140—280 m³/s nach Maßgabe des Kesselbetriebes mit 60—90 vH der Gesamtasche,

[1]) Vgl. »Power«, 11. Mai 1927.

8*

Gasgeschwindigkeit im Elektrofilter etwa . . . 4 m/s,
mittlere Spannung im Elektrofilter . . . . . 50 kV,
elektrische Staubabscheidung in 24 h . . . . . 14 t.

Der Wirkungsgrad der Anlage ist aus dem Diagramm Abb. 52 zu ersehen.

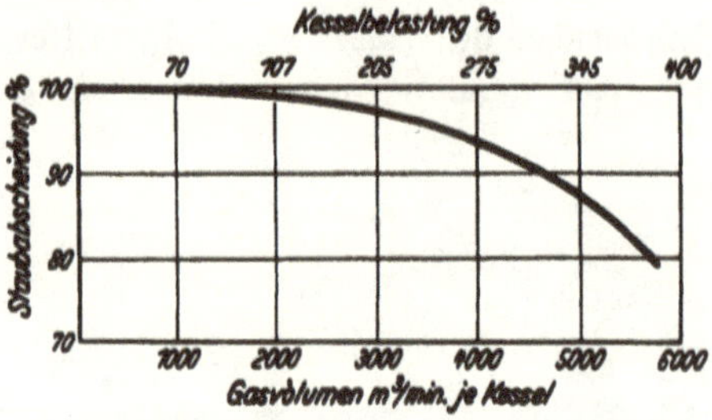

Abb. 52. Wirkungsgrad des Elektrofilters nach Abb. 50 und 51.

3. Schornstein- und Saugzuganlagen.

Der natürliche Schornsteineinzug wird erzeugt durch Wärme und beeinflußt durch Wind; letzterer übt, wenn er frei über den Schornstein hinwegstreicht, eine saugende Wirkung aus. Die vom Schornstein aufgenommene Gassäule ist infolge ihrer Temperatur spezifisch leichter als die Außenluft, erfährt so einen Auftrieb und strömt durch die Schornsteinmündung ab. So entsteht der Schornsteinzug, dessen Stärke nach mm Wassersäule gemessen wird.

Bedeutet:

γ_1 das spez. Gewicht der Rauchgase im Schornstein in kg/m³,
γ das spez. Gewicht der Außenluft in kg/m³,
H die Höhe des Schornsteins in m über dem Rost,
F den Schornsteinquerschnitt in m²,

so ist der Gewichtsunterschied zwischen der inneren Rauchgas- und der äußeren Luftsäule in kg:

$$Z = H \cdot F \cdot \gamma - H \cdot F \cdot \gamma_1 = H \cdot F\,(\gamma - \gamma_1)$$

und der Zug, bezogen auf die Flächeneinheit:

$$z = \frac{Z}{F} = \frac{H \cdot F \cdot (\gamma - \gamma_1)}{F} = H\,(\gamma - \gamma_1) \text{ kg/m}^2 \text{ oder mm/W.S.},$$

und zwar am Fuße des Schornsteins, wobei die durch die Geschwindigkeit der Rauchgase entstehenden geringen Reibungsverluste sowie die Abkühlungsverluste unberücksichtigt bleiben.

Die größte Zugwirkung des Schornsteins wird erreicht, wenn die absolute Temperatur der Heizgase beim Eintritt in den Schornstein doppelt so groß ist, als die absolute Temperatur der Außenluft.

Die Zugwirkung des Schornsteins wird beeinträchtigt durch die Kohlenschicht auf dem Rost, Länge und Querschnitt der Zugkanäle, Richtungsänderungen der Heizgase, Rohrbündel, Flugaschenablagerungen, Risse im Mauerwerk u. dgl. Bei normaler Gasgeschwindigkeit kann man für 1 m der Züge mit einem Zugverluste von $\approx$0,3 mm W.-S. rechnen. Bei Dampfkesseln mit niedrigen Schornsteinen (Lokomobilen, Baukesseln, Lokomotiven und Schiffskesseln) ist der natürliche Schornsteinzug durch saugende Dampfstrahlgebläse namentlich während der Anheizperiode zu verbessern.

Viele Betriebe, die sich auf minderwertige Brennstoffe mittels geeigneter Feuerungen umstellen, haben bei ihrer Kesselanlage mit Schwierigkeiten zur Erlangung der erforderlichen Zugstärke zu kämpfen, weil sich einerseits die Schornsteine aus bautechnischen Gründen selten erhöhen lassen, anderseits der Schornstein aber nicht in der Lage ist, die bedeutend größeren Gasmengen infolge der geringen oberen lichten Weite abzuleiten. Auch für solche Anlagen, bei denen zur Erzielung eines wirtschaftlichen Betriebes der Einbau von Speisewasservorwärmern (Economiser) vorgesehen ist, ist erhöhter Schornsteinzug erforderlich, da beim Einbau dieser Vorwärmer die Abgase eine beträchtliche Temperaturabkühlung erfahren.

Diese Nachteile lassen sich zumeist am zweckmäßigsten durch den Einbau einer Zugverstärkungsanlage (Saugzuganlagen) beseitigen.

Die Anwendung von Saugzuganlagen hat sich auch dort eingeführt, wo die Aufrichtung größerer Schornsteine wegen Mangel an geeignetem Bauplatz oder Unzulässigkeit des Baugrundes nicht erfolgen kann; außerdem dort, wo starke Betriebsschwankungen auftreten und wo bei niedriger Belastung ein kleiner Schornstein ausreicht, jedoch bei größeren Beanspruchungen selbst ein großer Schornstein die genügende Leistung nicht hergeben würde.

Auch bei vorhandenen Anlagen können bei nachträglichem Einbau von Überhitzern oder Economisern Saugzuganlagen zur Behebung der eintretenden Zugminderung mit Vorteil verwendet werden.

Die Ausführung kann als unmittelbarer oder mittelbarer Saugzug erfolgen. Im ersten Falle werden die Heizgase unmittelbar durch einen Ventilator erfaßt und durch ein genügend weites und in seiner Höhe den örtlichen Verhältnissen angepaßtes Abzugsrohr abgeleitet. Bei mittelbarem Saugzug fördert der Ventilator Luft, welche mit der notwendigen Pressung durch eine Düse in das Abzugsrohr geleitet, ejektorartig die Heizgase ansaugt und weiterleitet.

Die Vorzüge des unmittelbaren Saugzuges sind: kleiner Ventilator bei geringem Kraftverbrauch; daher geringe Anlage- und Betriebskosten. Nachteilig ist, daß der Ventilator durch die Heizgase erwärmt wird, daher wassergekühlte Lager notwendig sind.

Als Vorzüge des mittelbaren Saugzuges sind eine wirksame Absaugung der heißen Rauchgase, die Verdünnung der Rauchgase durch Frischluft und die hierdurch erzielte Verminderung der Rauchbelästigung anzuführen. Nachteilig ist der größere Ventilator, größere Anlage- und Betriebskosten.

Der Kraftverbrauch für 1 m² Rostfläche beträgt bei unmittelbarem Saugzug ½ PS, bei mittelbarem Saugzug 1 PS. Die Wahl, ob dem natürlichen oder künstlichen Schornsteinzug der Vorzug gegeben werden soll, ist abhängig von der Wirtschaftlichkeit. Die Verfeuerung gasarmer (Koks) oder minderwertiger Brennstoffe (Koksgrus, Lokomotivlösche, Schlammkohle, Müll) ist nur bei Anwendung von Unterwindgebläsen zur Überwindung des hohen Rostwiderstandes möglich. Ein ausreichender Schornsteinzug (ob natürlich oder künstlich) kann hierbei nicht entbehrt werden. Die Pressung unter dem Rost beträgt je nach Körnung und Schütthöhe des Brennstoffes 15—25 mm Wassersäule. Die Pressung ist so zu regeln, daß über dem Rost noch Unterdruck vorhanden ist. Andernfalls treten große Verluste durch Fortschleudern unverbrannten Brennstoffs (Flugkoks) in die Zugkanäle und ein Herausschlagen der Flammen bei geöffneter Feuertür ein. Die starke Verschmutzung der Zugkanäle durch Asche und Unverbranntes ist nachteilig, daher ist eine häufige Reinigung der Zugkanäle erforderlich.

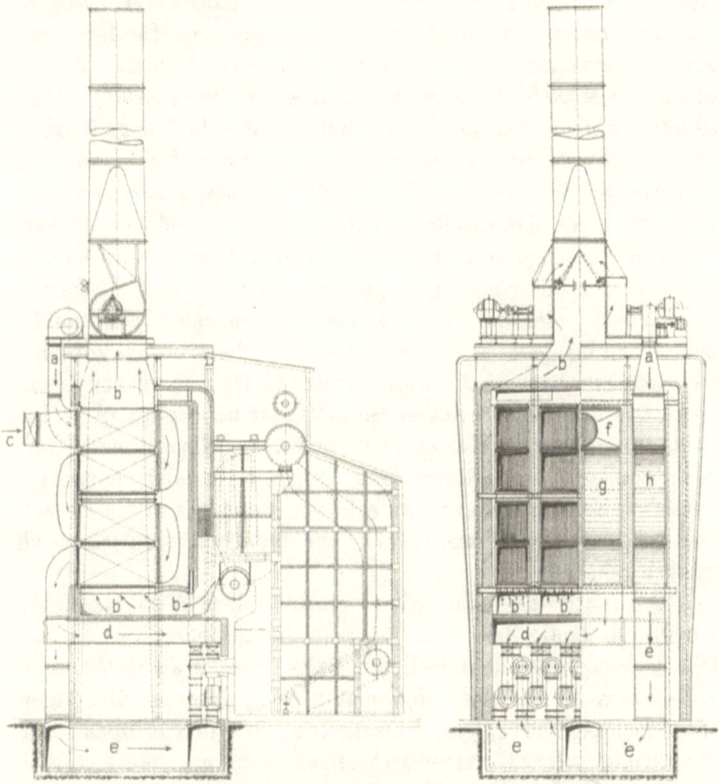

Abb. 53. Hochofengasgefeuerte Kesselanlage mit Rotator-Lufterhitzer und Saugzuganlage.
a Frischluft, *b* Rauchgase, *c* Kaltgase, Hochofengase, *d* Erhitztes Gas, Hochofengase, *e* Heißluft, *f* Kaltgas-Eintritt, *g* Gaserhitzer, *h* Lufterhitzer.

Abb. 53 zeigt eine mit Hochofengas gefeuerte Kesselanlage mit Rotator-Lufterhitzer und Saugzuganlage.

III. Der Speisewasser-Dampfkreislauf.

Im thermodynamischen Kreisprozeß einer Dampfkraftanlage dient das Kesselspeisewasser als Wärmeträger. Bei einer in sich geschlossenen Anlage — welche aus der Kesselanlage mit nachgeschalteter Kondensationskraftmaschine besteht — wird das im Kessel verdampfte Wasser demselben nach Arbeitsleistung in der nachgeschalteten Kraftmaschine wieder als Kondensat zugeführt. Bei einer »verlustlosen« Anlage ändert die umlaufende Wassermenge ständig ihren Aggregatzustand, auch der Druck, unter welchem das Wasser in den verschiedenen Phasen des Kreisprozesses steht, ändert sich fortlaufend, dagegen dürfte sich niemals die Menge ändern. Die Speisewassermenge wäre also, bezogen auf die Leistung der Anlage, eine Kennzeichnung für die wirtschaftliche Ausgestaltung des Kreislaufes und für den Gütegrad der Anlage.

Das Kesselspeisewasser beginnt seinen Kreislauf im Kessel. Es wird hier unter einem vorher festgelegten Druck in Dampf verwandelt. Um die Kesselanlage zur höchsten Wirtschaftlichkeit zu bringen, ist notwendig, daß sie dauernd vollkommen steinfrei gehalten wird. Dieser Zustand ist nur zu erreichen, wenn das Kesselspeisewasser Steinbildner überhaupt nicht besitzt. Es dürfen im Kessel aber auch keine Korrosionen (Gaszerfressungen des Rohr- und Kesselmaterials) eintreten. Diese zweite Forderung ist zu erfüllen, wenn das in die Kesselanlage gespeiste Wasser nicht nur steinfrei, sondern auch gasfrei gehalten wird.

Das beste Speisewasser ist chemisch-reines Wasser, welches auch vollständig frei von allen leicht löslichen Salzen ist. Die Anwesenheit leicht löslicher Salze, welche an sich keinen Kesselstein bilden (wie Glaubersalz usw.), können Störungen (Stoßen, Siedeverzug) im Kesselbetrieb mit sich bringen. Zur Verhütung solcher Betriebsstörungen wird ein häufiges Ablaugen der Kessel notwendig, welches naturgemäß große Wärmeverluste zur Folge hat. Die an das Kesselspeisewasser zu stellenden Anforderungen sind also chemische Reinheit und Gasfreiheit.

Wird chemisch-reines und gasfreies Wasser in die Kessel gespeist, so ist auch der Dampf frei von unkondensierbaren Gasen und rein. Der Gasgehalt des Dampfes wirkt ungünstig auf das Vakuum in der Turbinenkondensation ein, da der Teildruck der Luft unnötig groß wird. Unreinigkeit des Dampfes haben eine ungünstige Wirkung auf die Düsen und Schaufeln der Turbinen. Der Dampf muß also zur Herstellung des vollendeten Prozesses gleichfalls gasfrei und rein sein.

Der reine hochgespannte Dampf gelangt in die Dampfturbine. Der Dampfverbrauch derselben wird wesentlich beeinflußt durch die Höhe des Vakuums der nachgeschalteten Kondensation. Es ist für die Wirtschaftlichkeit Grundbedingung, daß das Vakuum stets die durch die Wasserverhältnisse gegebene größtmöglichste Höhe hat und behält. Dies aber hängt einzig und allein davon ab, ob die Kühlfläche des Kondensators dauernd wassersteinfrei und schmutzfrei gehalten wird. Es müssen also zweckentsprechende Maßnahmen getroffen werden, um die Absetzung von Wasserstein an den Kondensatorrohren zu verhindern und gegebenenfalls mechanische Unreinigkeit zu entfernen.

Der der Dampfkraftmaschine nachgeschaltete Oberflächenkondensator hat nun aber nicht nur ein gutes Vakuum zu liefern, sondern er muß auch das in der Kesselanlage vorher in Dampf verwandelte Speisewasser in gutem Zustande zurückgewinnen, damit es von neuem benutzt werden kann. Das zurückgewonnene Kesselspeisewasser, das sog. Kondensat, muß dieselbe Beschaffenheit haben, wie das in den Kessel gespeiste Wasser; es muß frei von Kesselsteinbildern und gasfrei sein. Zur Reinerhaltung des Kondensates ist es notwendig, daß die Kondensatorrohre absolut dicht sind. Es darf durch Undichtigkeiten im Oberflächenkondensator kein Kühlwasser in das Kondensat eindringen. Es ist dies vielleicht nicht immer zu verhindern; dann aber muß ein Apparat vorhanden sein, welcher die im Kondensator aufgetretene Undichtigkeit sofort meldet. Die Gasfreiheit des Kondensates wird im Kondensator durch eine gute Luftpumpe erzeugt.

Ist der Kondensator dicht, so stellt das gewonnene Kondensat chemisch reines und gasfreies Wasser dar, wie es zur Kesselspeisung besonders für Hoch- und Höchstdruckkessel hervorragend geeignet ist. Die Menge genügt aber nicht. Es ist nicht zu vermeiden, daß auf dem Wege vom Dampfkessel durch die Dampfturbine zum Kondensator Dampf verloren geht; dieser Verlust muß ersetzt werden. Der Verlust beträgt bei geschlossenen Dampfkraftanlagen 2—5 vH, er kann jedoch bei offenen Anlagen, in welchen ein Teil des Kondensates bei nachgeschalteten Fabrikationsprozessen verloren geht, bis zu 100 vH betragen.

Es liegt nun auf der Hand, daß man dem vorzüglichen Kondensat kein Zusatzwasser zuführen darf, welches schlechter ist als das Kondensat selbst. Das edelste Zusatzwasser ist naturgemäß in Verdampfern erzeugtes Destillat, jedoch ist man oft genötigt — besonders bei großen Zusatzwassermengen — nach therm.-chem. Verfahren oder nach dem Permutitverfahren chemisch enthärtetes und entgastes Zusatzspeisewasser zu verwenden.

Destillat und Kondensat nehmen als chemisch reines Wasser sehr lebhaft Sauerstoff aus der Luft auf. Sie müssen also so zusammen und in die Kessel geführt werden, daß sie keine Luft einschnüffeln können. Unter Anwendung des »Gasverschlusses« gelangt nur chemisch reines und gasfreies Wasser in der Kesselanlage zur Verdampfung, wie es am Anfang dieser Ausführung vorausgesetzt war. Am besten entgast man das gesamte Speisewasser unmittelbar vor Eintritt in die Kesselanlage in besonderen Großentgasern. Der Kreislauf des Speisewassers ist damit vollendet.

Abb. 54 zeigt in schematischer Darstellung den geschlossenen Kreislauf für Normaldruckanlagen. Er kann in drei Teile zerlegt werden, deren Aufgaben wie folgt gekennzeichnet werden können:

Teil 1. Die Dampfkesselanlage. Lieferung von Frischdampf in ausreichender Menge mit möglichst hohem Druck und möglichst hoher Überhitzung.

Teil 2. Die Turbine. Bestmögliche Ausnutzung der Arbeitsfähigkeit des hochgespannten Frischdampfes durch Abgabe von Arbeit an die rotierenden Teile der Turbine. Hierbei verwandelt sich der hochgespannte arbeitsfähige Frischdampf in niedriggespannten arbeitsunfähigen Abdampf.

Teil 3. Die Kondensation. Erzeugung einer ständigen Luftleere an der Grenze der theoretisch möglichen. Erzeugung einer ausreichenden Menge von Speisewasser, welches stein- und gasfrei sein muß und möglichst hohe Temperatur haben soll. Verminderung der dem Kühlwasser zugeführten Abwärme und Ausnutzung des warmen ablaufenden Kühlwassers zur Hebung der Wirtschaftlichkeit der Gesamtkraftanlage[1]).

Bei den soeben beschriebenen normalen Dampfkraftanlagen, welche unter heute allgemein üblichen Kesseldrücken — bis etwa 20 atü — arbeiten, wird das Speisewasser vor Eintritt in die Dampfkesselanlage in einem Economiser (Abgas-Speisewasservorwärmer) durch die abziehenden Rauchgase der Feuerung vorgewärmt und gelangt in vorgewärmtem Zustande in den Wasserraum der Kesselanlage.

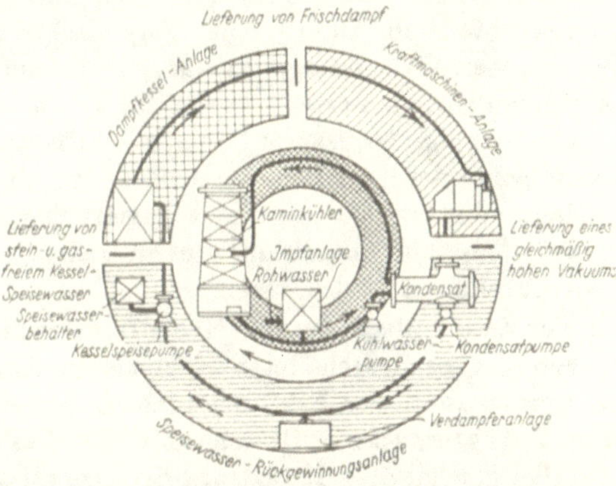

Abb. 54. Der Speisewasserkreislauf für Normaldruckanlagen.

Bei solchen Anlagen aber, welche mit Drücken über 20 atü betrieben werden, wird eine stufenweise Vorwärmung des Kesselspeisewassers zweckmäßig. In diesem Falle wird der Dampf aus einigen (zumeist zwei) Stufen der Hauptturbine oder bei großen Anlagen einer besonderen Vorwärmeturbine (Hausturbine) entnommen. Der abgezapfte Dampf gestaffelter Spannung tritt in eine Gruppe von Röhrenvorwärmern ein, die von dem aus dem Kondensator kommenden Speisewasser durchflossen werden. Der Economiser kann bei einer solchen Schaltung eine Vorwärmestufe bilden, er kann aber auch aus dem Speisewasserkreislauf ganz herausgenommen und durch einen Abgas-Lufterhitzer zur Vor-

[1]) s. a. Verf. »Die Kondensatwirtschaft«, Anhang. Verlag R. Oldenbourg, München-Berlin 1927.

wärmung der der Feuerung zuzuführenden Verbrennungsluft ersetzt werden[1]).

Für Hochdruckanlagen, und zwar von Zudampfdrücken von etwa 40 atü an, ist ein weiteres Element in den Speisewasserkreislauf in Gestalt eines Zwischenüberhitzers einzufügen; denn bei der zurzeit zulässigen Höchsttemperatur von 425° für Frischdampf wird der Dampf in dem Niederdruckteil der Turbine derart naß, daß die Beschaufelung vorzeitig leidet. Zudem nimmt der thermodynamische Wirkungsgrad der Turbine mit steigender Dampfnässe stark ab, und zwar hat eine Dampffeuchte von 10 vH eine Verschlechterung des thermodynamischen Wirkungsgrades um 1 vH zur Folge. Aus diesen beiden Gründen erweist es sich bei hohen Zudampfdrücken als notwendig, den Dampf — nach Verarbeitung eines gewissen Gefälles in der Turbine — von neuem zu überhitzen.

Das Diagramm Abb. 55 zeigt in schematischer Darstellung den aus dem Normalkreislauf des Kesselspeisewassers Abb. 54 entwickelten Hochdruckkreislauf:

Der in der Kesselanlage erzeugte Hochdruckdampf strömt, soweit er von der nachgeschalteten Turbine im Augenblick geschluckt werden kann, der Kraftmaschine zu, der nicht aufgenommene Teil kann (bei Auftreten zeitweiser Lastspitzen) in einer parallel geschalteten Hochdruck-Speicheranlage unter Übergang in den flüssigen Aggregatzustand bis zum eintretenden Bedarf aufgespeichert werden. Hierdurch soll eine möglichst gleichförmige normale Belastung der Kesselanlage erzielt werden, wobei die Speicheranlage die Spitzen zu decken hat. Auch wird die Kesselanlage kleiner, weil sie nur für eine durchlaufende Normalbelastung unter Nichtberücksichtigung der Belastungsspitzen ausgeworfen zu werden braucht.

Bevor der Arbeitsdampf in der Turbine feucht wird, kann er in einem Rauchgas- bzw. Frischdampf-Zwischendampfüberhitzer nachüberhitzt werden.

Bei der Zwischenüberhitzung mit kondensierendem Frischdampf sind vier Betriebsfälle möglich:

1. Der gesamte Frischdampf durchströmt vor seinem Eintritt in die Turbine den Zwischenüberhitzer. Soll die Tur-

[1]) S. Ausführung, S. 85 u. f.

bine z. B. mit Frischdampf von 400° C arbeiten und wird der Dampf auf 460° C erhitzt, so ist ein Temperaturgefälle von rund 60° C für die Zwischenüberhitzung verfügbar.

2. Ein bestimmter Teil des Frischdampfes wird für die Zwischenüberhitzung abgezweigt und im Zwischenüberhitzer kondensiert. Das Kondensat wird in die Kessel gespeist.

3. Eine Kombination von Betriebsfall 1 und 2.

4. Die Zwischenüberhitzung erfolgt mit gesättigtem Hochdruckdampf. Das Kondensat wird in die Kessel gespeist. Dieses Verfahren ist nur bei sehr hohen Frischdampfdrücken möglich.

Der erste Betriebsfall ist der Abb. 55 zugrunde gelegt.

Der im Zwischenüberhitzer auf geeignete Eintrittstemperatur heruntergekühlte Heißdampf wird dem Hochdruckteil der Kraftmaschine zur Arbeitsleistung zugeführt. In dem

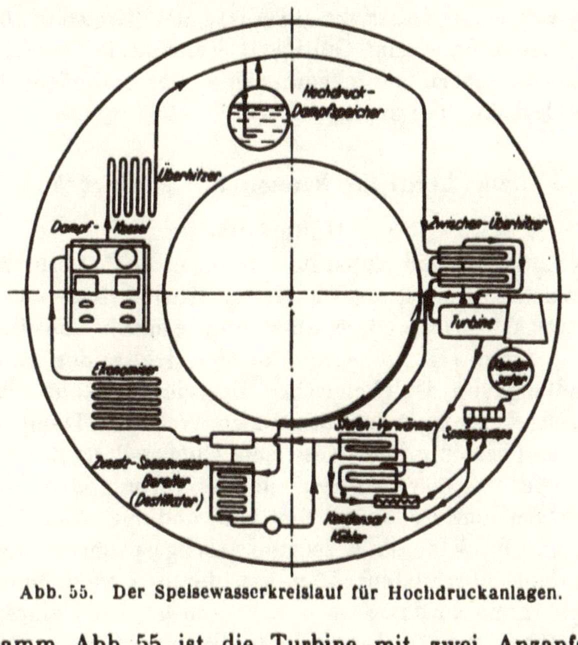

Abb. 55. Der Speisewasserkreislauf für Hochdruckanlagen.

Diagramm Abb. 55 ist die Turbine mit zwei Anzapfstellen versehen. Ein Teil des nach gewisser Arbeitsleistung mit entsprechender Spannung abgezapften Dampfes dient zur

Vorwärmung des im Kondensator rückgewonnenen Speisewassers in zwei Stufenvorwärmern, der Rest zur Erzeugung des Zusatzdestillates — zur Deckung der Kondensatverluste — in einem Hochdruckverdampfer. Eine solche nach dem Regenerativverfahren arbeitende Kraftanlage erfordert eine Vorwärmepumpe, also eine Speisepumpe, welche das Kondensat aus dem Kondensator in mehreren Stufen sofort auf Kesseldruck bringt und durch die Stufenvorwärmer zur Dampfkesselanlage fördert. Das Kondensat des Heizdampfes der Stufenvorwärmer wird unmittelbar den entsprechenden Druckstufen der Pumpe zugeführt.

Der Hochdruckkreislauf ist in Abb. 55 in zwei Teile zerlegt worden. Der erste Teil umfaßt die Dampferzeugung, der zweite Teil die Dampfverwertung. Im zweiten Teil des Kreislaufes kann die Kondensationsanlage durch eine Heizung oder durch eine andere wärmenutzende Anlage ganz oder teilweise ersetzt werden (Industriekraftwerke); der Kreislauf behält auch in diesem Falle seine Gültigkeit, wenn das in Oberflächen-Wärmeaustauschern zurückgewonnene Dampfkondensat der Kesselanlagen wieder zugespeist wird.

1. Dampfkessel für Normal- und Hochdrücke.

a) Allgemeines.

Dampfkessel sind Apparate, in denen durch Verbrennung irgendwelcher Brennstoffe Dampf für Koch-, Heiz- und ähnliche Zwecke, insbesondere aber zum Antrieb von Dampfkraftmaschinen erzeugt wird. In der Kette der Energieumwandlung von der chemischen Energie der Kohle bis zur mechanischen Energie der rotierenden Welle der Dampfkraftmaschinen übernimmt der Kessel die Umwandlung der Brennstoffenergie in Wärmeenergie durch Verbrennung in der Dampfkesselfeuerung sowie die Umwandlung der Wärmeenergie in Druck durch Erzeugung hochgespannten (und gegebenenfalls überhitzten) Dampfes durch Übertragung der Feuergaswärme an das Kesselwasser und an den Dampf. Die Umwandlung der Dampfspannung in mechanische Energie geht in der Kraftmaschine vor sich. Ein Dampfkessel soll bei größtmöglicher Explosionssicherheit eine möglichst geringe

Brennstoffmenge zur Erzeugung von 1 kg Dampf benötigen. Dies wird dadurch erreicht, daß man die im Heizgas enthaltene Wärme weitestgehend auszunutzen trachtet. Eine niedrige Abgastemperatur deutet im allgemeinen auf eine gute Wärmeausnutzung. Diese wird hauptsächlich durch geeignete Formgebung der Übergangsflächen sowie durch günstige Führung der Heizgase, durch zweckentsprechende Werkstoffe und Bemessung der Kesselteile sowie durch die Bedienung der Kesselfeuerung, durch die Beanspruchung und den Zustand des Kessels, durch die Zugverhältnisse usw. erreicht. Der Kesselwirkungsgrad oder seine »qualitative Leistung« ist das Verhältnis der vom Dampf im Kessel aufgenommenen zu der im Brennstoff zugeführten Wärmemenge. Er beträgt bei ortsfesten Kesseln 80 vH und mehr. Die Größe eines Kessels wird durch die Größe seiner Heizfläche ausgedrückt, wobei unter der Heizfläche die gesamte einerseits von den Heizgasen, anderseits vom Wasser bespülte Fläche verstanden wird. Die Verdampfungsziffer gibt an, wieviel kg Dampf mit 1 kg Brennstoff erzeugt werden. Mit den Ausdrücken: spezifische Leistung, Heizflächenbeanspruchung, Dampferzeugungsfähigkeit usw. bezeichnet man die je 1 m^2 Heizfläche in einer Stunde verdampfte Wassermenge. Der Bau und Betrieb von Dampfkesseln unterliegt besonderen Dampfkesselgesetzen, den allgemeinen polizeilichen Bestimmungen über die Anlegung von Landdampfkesseln nebst Werkstoff und Bauvorschriften.

Die spezifische Dampfleistung der Kessel hat sich seit 1918, von 20—25 kg/m^2/h mehr als verdoppelt. Die mit der Drucksteigerung verbundene Steigerung der Dampftemperatur ist bei 475° C angelangt. Temperaturen von mehr als 450° bereiten aber im Dampfturbinenbetrieb Schwierigkeiten. Zwar kann man die Festigkeit der üblichen Werkstoffe bei noch höheren Temperaturen beherrschen, doch machen die Wärmedehnungen und die Fortleitung des Dampfes bei 500° noch erhebliche Schwierigkeiten. Jedenfalls dürfte die Steigerung der Drücke sowie der Kesselgrößen und spezifischen Dampfleistungen in Zukunft ruhiger und natürlicher vor sich gehen. Zunächst werden sich naturnotwendig die stürmischen technischen Fortschritte im Dampfkesselwesen der letzten Jahre in mehrjähriger praktischer Erfahrung auswirken müssen[1]).

Die Entwicklung in der Herstellung großer Kesseleinheiten mit hoher Wirtschaftlichkeit hatte in den Vereinigten Staaten Nordamerikas eingesetzt. In Deutschland bestand nach Beendigung des Krieges ein besonderer Zwang zur Wirtschaftlichkeit; die Entwicklung wurde aber durch die äußerst angespannte finanzielle Lage gehemmt. Der Schritt zum Großkessel bedeutete neben der Drucksteigerung auf 35—40 atü zunächst eine Vergrößerung der Kesselheizfläche, während die spezifischen Leistungen der Heizfläche mit etwa 35—50 kg je m^2 und Stunde die gleichen geblieben sind, wie bei den bisher üblichen Kesseleinheiten bis zu etwa 1000 m^2.

Die Aufstellung von Großkesseln mit spezifischen Belastungen von 40—60 kg/m^2 und Stunde werden durch nachstehend aufgeführte wirtschaftliche Vorteile gegenüber den bisher üblichen Anlagen mittlerer Größe gerechtfertigt:

1. Verwirklichung großer Dampfleistungen auf kleinen Grundflächen;
2. Herabsetzung der Anlagekosten je Tonne Dampf;
3. Herabsetzung der Wärmeverluste durch Abstrahlung je erzeugte Tonne Dampf, also Verbesserung des Wirkungsgrades;
4. Herabsetzung der Bedienungskosten je erzeugte Tonne Dampf durch Ersparung an Bedienungspersonal.

Bei der Steigerung der Leistungsfähigkeit haben sich Dampfkessel und Feuerung gegenseitig beeinflußt. Die von 1 m^2 Kesselheizfläche aufgenommene Wärmemenge könnte theoretisch durch folgende Maßnahmen erhöht werden:

1. bei bestrahlten Heizflächen durch Erhöhung der Feuerraumtemperatur,
2. bei Berührungsheizflächen durch Erhöhen der Gasgeschwindigkeit und
3. durch Verzicht auf die schwächer belasteten hinteren Teile der Kesselheizfläche.

---

[1]) S. a. Archiv für Wärmewirtschaft und Dampfkesselwesen 1929, Heft 3, S. 79.

Die auf 1 m² Kesselheizfläche erzeugte Dampfmenge steigt außerdem mit zunehmender Temperatur des Speisewassers bei Eintritt in den Kessel.

Das erste Mittel ist außerordentlich wirksam, da die übertragene Wärmemenge mit der 4. Potenz der absoluten Temperatur steigt. Die Haltbarkeit der Rohre setzt aber dieser Art der Leistungssteigerung bald eine Grenze. Der Wasserumlauf der heute üblichen Kessel genügt, um auch bei wesentlich höheren Leistungen die übertragene Wärme von der Rohrwand abzuführen. Als ebenso wesentlicher Faktor tritt aber die Frage des Speisewassers hinzu. Es sind Kesselsteine festgestellt worden, welche infolge ihrer äußerst geringen Wärmeleitfähigkeit schon bei einer Schichtstärke von 0,5 mm Rohre zum Ausbeulen gebracht haben[1])!

Auch die Steigerung der Kesselleistung durch stärkere Wärmeaufnahme der Berührungsheizfläche infolge höherer Gasgeschwindigkeit hat natürliche Grenzen. Mit zunehmender Gasgeschwindigkeit steigt der Druckunterschied und damit der Kraftbedarf der Saugzuganlage. (Bei natürlichem Zug verbietet sich eine beliebige Steigerung der Gasgeschwindigkeit von selbst.) Die Ersparnis an Anlagekosten wird somit nicht nur durch höhere Betriebskosten erkauft, sondern die höchstmögliche Steigerung der Gasgeschwindigkeit läßt sich bei Wasserrohrkesseln auch kaum anwenden, weil der große Unterdruck die Ansaugung großer Mengen von Falschluft zur Folge hätte[2]). Eine besonders hohe Gasgeschwindigkeit braucht also kein Vorteil für einen Kessel zu sein.

Die dritte Art der Leistungssteigerung je m² Heizfläche ergibt sich aus der ungleichmäßigen Verteilung der Last auf die einzelnen Teile der Heizfläche. Innerhalb der Berührungsheizfläche nimmt die Belastung zum Ende hin mit abnehmender Temperatur der Gase sehr schnell ab. Wird auf die hinteren, weniger belasteten Teile oder auf die ganze Berührungsheiz-

---

[1]) S. Verfasser: »Die neuzeitliche Speisewasseraufbereitung«. 1929, Verlag Otto Spamer, Leipzig. Ferner:
Eberle und Holzhauer, »Die Wärmeleitfähigkeit von Kesselsteinen«. A. f. W. Bd. 9 (1928), S. 171.

[2]) Über Falschluft s. Verfasser: »Abwärmeverwertung zur Heizung und Krafterzeugung«. 1926, V. d. I.-Verlag S. 81 u. 82.

fläche verzichtet, so nähert sich die mittlere Heizflächenbelastung der Belastung der bisher höchstbelasteten Heizflächenteile. Ein solcher Kessel hat also nur noch bestrahlte Heizfläche. Natürlich muß alsdann die Wärme der Abgase anders verwertet werden, z. B. in Überhitzern, Lufterhitzern und Speisewasservorwärmern.

Soll bei einem solchen Strahlungskessel die Feuertemperatur mit Rücksicht auf guten Ausbrand nicht unter 1200° und die Temperatur der Rauchgase beim Eintritt in den Lufterhitzer mit Rücksicht auf dessen Baustoff nicht über 600° betragen, so ergibt sich etwa folgender Temperaturverlauf: Feuerraum 1200°, hinter den bestrahlten Siederohren 1125°, hinter dem Dampfüberhitzer 835° (bei 40 atü und 425°), hinter dem Speisewasservorwärmer aus Stahlrohren bei Wassererwärmung von 100 auf 240° noch 515° und hinter dem Lufterhitzer 165°; die Heißluft hat dann rd. 375° [1]).

Man sieht hieraus, daß es nicht möglich ist, die Speisewasservorwärmung zu entbehren. Es wird in den meisten Fällen besser und billiger sein, eine gewisse Berührungsheizfläche im Kessel selbst vorzusehen. Die heute vielfach als Strahlungskessel bezeichneten Bauarten haben auch ohne Ausnahme Berührungsheizflächen. Sie werden trotz ihrer höheren spezifischen Dampfleistung mindestens ebenso teuer als Hochleistungskessel anderer Bauart (z. B. Schrägrohr- oder Steilrohrkessel).

Der Verzicht auf einen Teil der hinteren Heizfläche ist nämlich nicht gleichbedeutend mit Verringerung der Anlagekosten. Ein Steilrohrkessel der Zwei- oder Dreitrommelbauart kann dadurch nicht viel billiger werden, daß einige Rohrreihen fortgelassen werden, zumal nicht auch die Trommeln verkleinert werden können, weil jeder Kessel außer einer gewissen Ausdampffläche auch genügende Speise- und Wasserräume haben muß.

Während früher der Zusammenbau eines Kessels vielfach dem Richtmeister der Kesselfabrik überlassen wurde, muß beim Großkessel für jeden Einzelfall ein genauer Zusammenbauplan aufgestellt werden, welcher die besonderen

[1]) S. a. Archiv für Wärmewirtschaft und Dampfkesselwesen 1929, Heft 3.

Verhältnisse an der Baustelle berücksichtigt, damit die Teile in der Reihenfolge ankommen, in der sie gebraucht werden. Mit zunehmenden Höhen der Kessel, Größen der Gerüste und Gewichten der Trommeln wird auch der Zusammenbau immer schwieriger.

Meistens wird das Kesselgerüst selbst als Gerüst zum Heben der Trommel benutzt. Dabei ist die Standfestigkeit des Gerüstes wichtig. Durch sorgfältiges Ausrichten und Auflagern der Trommeln müssen zusätzliche Spannungen vermieden werden. Die Rohre werden bei Steilrohrkesseln erst an Ort und Stelle eingewalzt, wenn die Trommeln die richtige Lage haben, bei Teilkammerkesseln wird die Einwalzung vielfach schon in der Werkstatt vorgenommen. Die Überhitzer werden zumeist mit den Kesseln vor dem Einmauern zusammengebaut. Überhitzer, die sich auf Mauerwerk stützen sollen, werden an Drähten aufgehängt und später untermauert.

Als im Jahre 1921 auf der Hauptversammlung des Vereins deutscher Ingenieure in Kassel die Frage der Verwendungsmöglichkeit von hochgespanntem Dampf aufgerollt wurde, war das Interesse der Fachwelt allgemein, es war begründet durch die weittragende Bedeutung des Hochdruckdampfes für die gesamte Kraft- und Wärmewirtschaft und hatte eine sofort einsetzende fieberhafte Tätigkeit zur Folge, die sich auf alle in Frage kommenden Fachgebiete erstreckte. Begeisterung und Kritik, Theorie und Praxis wetteiferten miteinander und hatten nach und nach eine erstaunliche Fülle von technischen und wirtschaftlichen Fragen aufgeworfen, deren Klärung als unerläßliche Grundbedingung für die Einführung von Hochdruckdampf gelten mußte[1]).

Um die Vorteile des Höchstdruckes im Kondensationsbetrieb im Zusammenhang beurteilen zu können, ist in Abb. 56 der Wärmeverbrauch und die Wärmeersparnis von Höchstdruckdampfanlagen für 95 vH Luftleere bei steigendem Anfangsdruck von 15 auf 100 ata und zunehmender Überhitzung gegenübergestellt. Die Frischdampftemperatur ist dabei mit

[1]) Schuller, Hochdruck-Steilrohrkessel. Hanomag-Nachrichten, Heft 150/151, 1926.

dem Anfangsdruck wachsend angenommen. Es sind folgende vier Hauptfälle unterschieden:

a) mit Zwischenüberhitzung mittels gesättigten Höchstdruckfrischdampfes;

b) mit Zwischenüberhitzung mittels überhitzten Höchstdruckdampfes nach der ersten Stufe und mittels gesättigten Höchstdruckdampfes nach der zweiten Stufe;

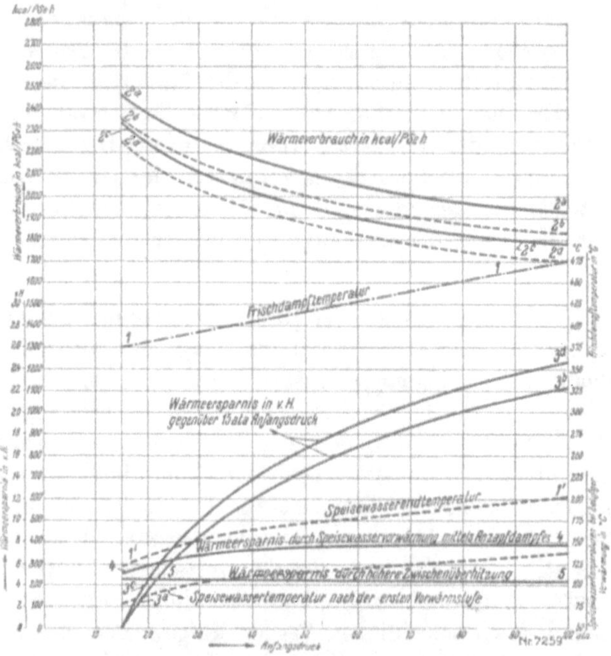

Abb. 56. Wärmeverbrauch und Wärmeersparnis von Hochdruckdampfkraftanlagen bei Kondensationsbetrieb und 95 vH Luftleere für steigenden Anfangsdruck und zunehmende Überhitzung gegenüber 15 ata Anfangsdruck und gleiche Luftleere.

c) mit Zwischenüberhitzung wie bei a, mit Speisewasservorwärmung mittels Anzapfdampfes in zwei Stufen;

d) mit Zwischenüberhitzung wie bei b, mit Speisewasservorwärmung mittels Anzapfdampfes in zwei Stufen.

Vorstehende Angaben gelten für Neuanlagen. Die Vorteile des Hochdruckdampfes lassen sich aber auch bei vorhandenen Kraftanlagen nutzbar machen, indem man vor bestehende Maschinenanlagen Höchstdruckdampfanlagen vorschaltet. Bei den älteren vorhandenen Anlagen sind die erzielbaren Ergebnisse durch den Höchstdruckdampf noch wesentlich größer, als vorstehend angegeben ist. Dabei können durch eine Höchstdruckvorschaltanlage erhebliche Mehrleistungen entsprechend dem erhöhten Wärmegefälle gegenüber der vorhandenen Kraftanlage, erzielt werden. Vielfach können bei einem Umbau Teile der vorhandenen Anlage verwendet werden; so können z. B. bei neuen Höchstdruckkesselanlagen die Gebäude, Feuerungen, Bekohlungsanlagen wieder benutzt werden, während für die Neuanlage oftmals nur neue Dampfzylinder, neue Turbinengehäuse, Läufer und Rohrleitungen zu beschaffen sind.

Noch größere Vorteile als im Kondensationsbetrieb sind mit dem Höchstdruckdampf im Gegendruckbetrieb zu erzielen. Eine Gegendruckmaschine für Zudampf von 15—25 ata kann nur in Ausnahmefällen zur Anwendung kommen, weil die namentlich bei höheren Gegendrücken erhältliche Leistung nur verhältnismäßig gering ist. Der Höchstdruckdampf gestattet aber die Verwendung jedes beliebigen Gegendruckes, und zwar ist der Einfluß desselben um so geringer auf die Arbeitsleistung, je höher der Anfangsdruck ist. Sehr auffällig kommt das beim Gegendruckbetrieb vorhandene eigenartige Zusammenwirken von Anfangsspannung und Gegendruck in einem Diagramm zum Ausdruck, in dem als Abszissen der Gegendruck und als Ordinaten der jeweilige Dampfverbrauch für die Leistungseinheit der verlustlosen Maschine aufgetragen sind.

Abb. 57 zeigt die Verhältnisse für überhitzten Dampf von 400°. Die Punkte gleichen Anfangsdruckes sind in diesem Diagramm miteinander verbunden. Es ergibt sich dann eine Kurvenschar besonderer Art. Die Kurven bis zu 25 ata Anfangsdruck zeigen mit steigendem Gegendruck ein starkes Anwachsen. In der Nähe von 30 ata bilden die Kurven für die in der Praxis üblichen Gegendrücke bis zu 10 ata annähernd eine unter einem spitzen Winkel zur Abszissenachse geneigte gerade Linie.

Die zuerst laut gewordenen technischen Bedenken gegen die Einführung hoher Dampfdrücke betrafen in der Hauptsache die Kesselfrage. In Anbetracht der vielen zur damaligen Zeit noch ungeklärten Fragen waren diese Bedenken berechtigt.

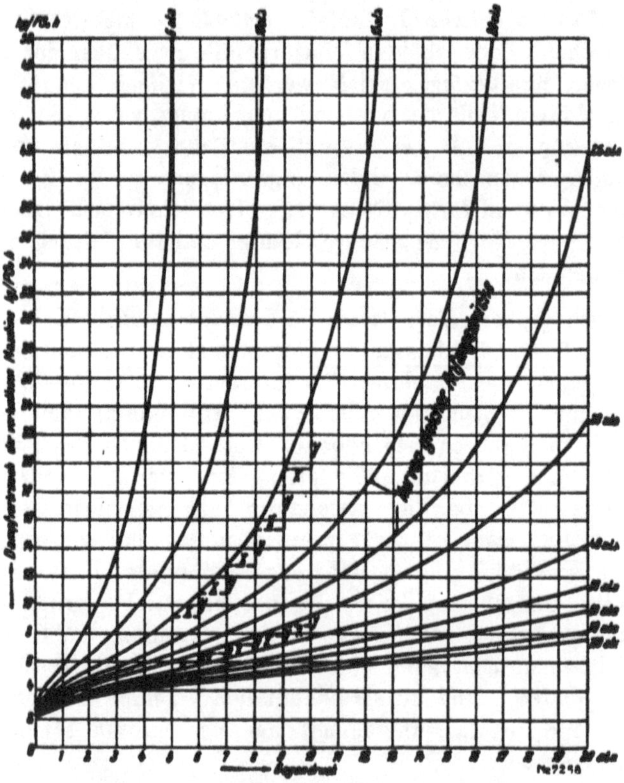

Abb. 57. Zunahme des Dampfverbrauches für verschiedene Anfangsdrücke und steigenden Gegendruck für überhitzten Dampf von 400° C.

Vor allen Dingen mußte die Frage der Baustoffe und deren Verarbeitung geklärt werden; denn darüber bestand kein Zweifel, daß die bei normalen Drücken üblichen Baustoffe und Verarbeitungsmethoden bei Hochdruckkesseln nur eine bedingte Verwendung finden können, wenngleich die zweckmäßigen Grenzen dieser Einschränkung noch nicht gezogen waren. Eine nicht minder wichtige Frage war, ob die bis dahin übliche Art der Festigkeitsberechnungen auch bei hohen Dampfdrücken als ausreichend angesehen werden konnte.

Eine hohe Drucksteigerung stellt naturgemäß an die Hochdruckkessel hinsichtlich Konstruktion, Werkstoff und Ausführung bedeutend höhere Anforderungen, als dies bei den früher üblichen Drücken der Fall war. Da aber bei höheren Drücken und den dadurch bedingten Wandstärken ein Zusammennieten oder Schweißen der Kesselkörper ausgeschlossen ist, so galt es, neue Wege zu beschreiten und neue Herstellungsmöglichkeiten heranzuziehen, die die erforderliche Sicherheit der Enderzeugnisse gewährleisten. Hand in Hand damit war auch die Werkstoffrage eingehend zu prüfen.

Die fortschreitende Entwicklung auf diesem Gebiet wies nun unausbleiblich auf die Verwendung völlig nahtloser Körper und von bestimmten Drücken ab auch auf die Verwendung legierter Stahle hin. Wenn auch heute noch nicht abzusehen ist, welche Drücke und welche Überhitzungsgrade in Zukunft vorherrschen werden, so läßt sich mit ziemlicher Sicherheit doch so viel sagen, daß die kommenden Jahre außerordentliche Aufgaben stellen werden.

Bei steigender Temperatur erhöht sich die Festigkeit des Flußeisens bis zu einem Höchstwert bei etwa 250° C; dann sinkt die Festigkeit wieder, und bei 500° beträgt sie nur noch etwa die Hälfte des ursprünglichen Wertes. Die Streckgrenze sinkt, nach Prof. Dr. P. Goerens ungefähr proportional der steigenden Temperatur und beträgt bei 350° nur noch etwa die Hälfte von der bei gewöhnlicher Temperatur. Änderungen der mechanischen Eigenschaften des Werkstoffes können im Laufe des Kesselbetriebes auch eintreten, wenn bei der Verarbeitung ein sog. Kaltrecken (Formänderungen unter Überschreitung der Streckgrenze) stattgefunden hat. Die nachteilige Wirkung des Kaltreckens, insbesondere das Auftreten von Sprödigkeit, macht sich erst nach längerer Zeit bemerkbar; man spricht daher von einem Altern des Werkstoffes. Nicht alle Werkstoffe sind gleich empfindlich gegen Kaltrecken. Der Einfluß kann durch entsprechende thermische Vorbehandlung herabgemindert werden. Durch mikroskopische Untersuchungen, besonders mit Hilfe des Fryschen Ätzverfahrens, welches Kraftwirkungsfiguren hervorbringt, kann festgestellt werden, ob ein Material Alterungserscheinungen erwarten läßt. Bei der Herstellung kann auch eine Kristallisation als Folge von Kaltreckung eintreten. Diese tritt aber nur bei sehr hohen Temperaturen auf. Wird kaltgerecktes Flußeisen längere Zeit einer Temperatur von 500—850° C ausgesetzt, so vergrößern sich die Kristalle, das Gefüge wird grobkristallinisch und neigt zur Sprödigkeit.

Höhere Spannungen verlangen zurErreichung der erforderlichen und gesetzlich vorgeschriebenen Sicherheit größere Wandstärken der Kessel oder Werkstoffe von höherer Festigkeit. Aus konstruktiven und fabrikatorischen Gründen sind allzugroße Wandstärken unerwünscht. Man suchte daher nach Werkstoffen, die bei den in Hochdruckdampfkesseln auftretenden Temperaturen eine höhere Festigkeit oder Streckgrenze bei guter Zähigkeit aufweisen als das bisher verwendete Flußeisen. Solche Baustoffe sind legierte Stähle. Versuche mit Proben aus einem hohl geschmiedeten, an beiden Enden zugekümpelten Kesselkörper aus kohlenstoffarmen 5proz. Nickelstahl ergaben als Streckgrenze bei 300° etwa 25 kg/mm². Die Kerbzähigkeit des Nickelstahls fällt erst oberhalb 300° merklich ab, bei Flußeisen beginnt der Abfall dagegen bereits bei 200°.

Neben dem Werkstoff ist auch die Art der Herstellung der Kesselkörper von Einfluß auf deren Widerstandsfähigkeit und auf die Betriebssicherheit. Früher wnrden die Bleche zu einem Zylinder gebogen und die Stöße durch Nieten oder durch Schweißen verbunden. Beim Biegen findet eine Kaltreckung statt, weil der Werkstoff über die Streckgrenze hinaus beansprucht wird. Durch die Vorgänge beim Nieten kann das Material in unmittelbarer Nähe der Nietung beschädigt werden. Ein nachträgliches Ausglühen des fertigen Kesselkörpers könnte an sich die Einflüsse des Biegens oder Nietens wieder beseitigen; dieses ist aber nicht angängig, weil sich die Nietung lockern und der Kessel undicht werden würde. Man strebte daher an, die Kessel nahtlos herzustellen, um wunde Stellen zu vermeiden und die größtmögliche Sicherheit zu erreichen. Nahtlose Trommeln werden aus dem vollen Stahlblock hergestellt. Dieser wird gelocht und dann hohl ausge walzt oder geschmiedet. Während ein Walzen nur bis zu einer bestimmten Länge möglich ist, ist beim Schmieden die Länge der Kesselkörper innerhalb der praktischen Anforderungen unbeschränkt. Rundnähte für die Befestigung der Böden können auch an den Enden vermieden werden, wenn die Trommeln an den Enden halbkugelförmig unter Belassung einer Mannlochöffnung eingezogen werden. Auf diese Weise entsteht ein Kesselkörper ohne Nietung und ohne Schweißung, bei dessen Herstellung der weiteste Spielraum in der Wahl des Werkstoffes verbleibt. Er kann jeder Wärmebehandlung unterzogen werden und in allen Teilen gleichmäßig hohe Werkstoffeigenschaften erhalten.

Für höhere Drucke und insbesondere für höhere Betriebstemperaturen können auf Grund umfangreicher Versuche die beiden Kruppschen Sondernickelstahle D und A empfohlen werden. Zahlentafel 1 gibt über ihre Festigkeitseigenschaften bei Raumtemperatur (20° C) Aufschluß.

Zahlentafel 1.

Stahlmarke	Streckgrenze kg/mm²	Festigkeit kg/mm²	Dehnung vH	
			10 d	5 d
Nickelstahl D	etwa 28	44—52	24—20	28—24
» A	» 36	50—60	22—20	26—24

Außer ihren höheren Festigkeitseigenschaften (insbesondere ihrer Streckgrenze) im kalten Zustand und bei höheren Temperaturen, die es gestatten, dünnere Wandstärken als bei Verwendung unlegierten Werkstoffs zu wählen, besitzen diese nickellegierten Stahle den Vorzug, daß sie praktisch unempfindlich gegen die »Alterung« und »Rekristallisation« sind, gegen die gerade das seither verwendete weiche Flußeisen von 34—41 kg/mm² Festigkeit empfindlich ist. Die Wirkung der Alterung und Rekristallisation kommt bei dem unlegierten Werkstoff, wie durch eine Reihe von Versuchen im Laufe der letzteren Jahre festgestellt worden ist, in einer außerordentlich geringen Kerbzähigkeit, allenfalls auch in einer erniedrigten Streckgrenze zum Ausdruck, während die Dehnung nichts Bedenkliches erkennen läßt. Im Gegensatz dazu behalten die nickellegierten Stahle, selbst nach vorausgegangener Reckung und Alterung ihre hohe Anfangszähigkeit nahezu unverändert bei.

Es kann wohl ausgesprochen werden, daß die Kruppschen nahtlosen und beiderseits gekümpelten Kesseltrommeln die geeigneten Trommeln für Hochdruckdampf sind, da sie erst nach dem Fertigkümpeln ihre endgültige richtige Wärmebehandlung erhalten, um alle etwa vorhanden gewesenen Ursachen, die zu einer Alterung oder Rekristallisation führen könnten, zu beseitigen. Im Verein mit den nickelhaltigen Sonderstahlen sind also hinsichtlich Werkstoff und Bearbeitung alle Möglichkeiten gegeben, Kesselteile für höchste Drücke und bis zu den erforderlichen Abmessungen mit der notwendigen Sicherheit herzustellen.

Bei Höchstdrücken wird die Herstellung von Kesseltrommeln selbst bei vermindertem Durchmesser schwierig und sehr oft durch Ausschüsse sehr verteuert. Es haben sich deshalb schon seit Jahren Bestrebungen gezeigt, Kesselformen herauszubilden, welche die oben angedeuteten Schwierigkeiten umgehen. Diese Sonderbauarten für Höchstdrücke (Löffler-Almos-Beusen-Kessel) werden am Ende des folgenden Abschnittes besprochen werden.

b) Bauarten für Normal- und Hochdruckkessel.

Zunächst wären die alten **Großwasserraumkessel** (Ein- und Mehrflammrohrkessel zu erwähnen). Sie kommen für kleine und mittlere Anlagen in Frage, scheiden aber für größere Anlagen wegen ihres großen Platzbedarfes bei geringer Heizfläche aus, es sei denn, daß durch die Besonderheiten eines Betriebes (z. B. Zuckerfabriken) der Vorteil einer plötzlich gesteigerten Dampfentnahmemöglichkeit durch Wärmespeicherung infolge des großen Wasserinhaltes und des großen Speiseraumes in den Vordergrund gestellt wird. Die übliche Größe ist für Einflammrohrkessel 10—30 m² für Zweiflammrohrkessel 25 bis 120 m² Heizfläche.

Flammrohrkessel werden durch ein glattes oder (aus Festigkeitsgründen bei größeren Drücken) gewelltes Rohr (Wellrohr) von 650—1400 mm Dmr. gekennzeichnet, welches sich innerhalb der Kesselwalze unter dem Wasserspiegel befindet. In diesem sog. Flammrohr, das die beiden Böden des Zylinders durchbricht, liegt der Rost, die Feuerbrücke usw. Das Feuergas kehrt nach Austritt aus dem hinteren Kesselboden um und bestreicht die Walze noch von außen. Bei dieser Anordnung geht ein erheblich größerer Teil der Feuergaswärme an das Wasser über. (Dampferzeugungsfähigkeit $\sim$ 20—25 kg/m^{2}h.) Um den Wasserumlauf zu begünstigen und die Kesselreinigung zu erleichtern, wird das Flammrohr meist seitlich in der unteren Hälfte der Walze angebracht. Der Betriebsdruck gewöhnlicher Flammrohrkessel wird nicht über 15 atü gesteigert. Um das Heizgas im Flammrohr durcheinanderzuwirbeln, werden Querwände eingebaut oder auch Querrohre (Quersieder), die durch die Flammrohrwände hindurch reichen und dadurch mit Kesselwasser gefüllt sind (nach Galloway). Sie bilden gleichzeitig eine willkommene Versteifung des Flammrohrs, erschweren jedoch seine Reinigung. Querrohrkessel mit vielen Quersiedern von kleinem Durchmesser werden vielfach stehend ausgeführt. Ist die notwendige Heizfläche nicht in einem Flammrohrkessel unterzubringen, so werden zwei oder drei Flammrohre mit getrennter Feuerung eingebaut.

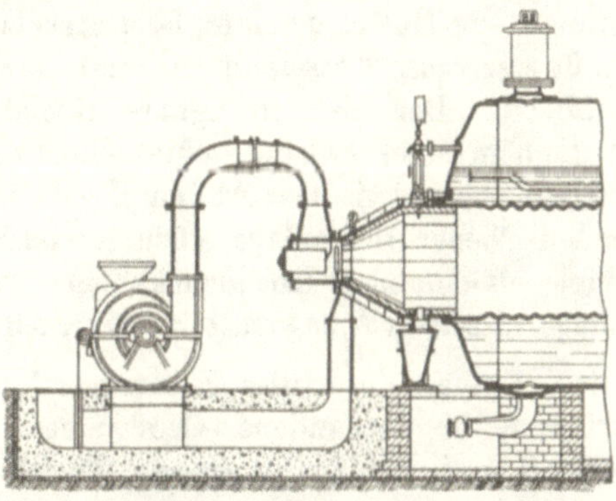

Abb. 58. Flammrohrkessel mit Staubfeuerung.

Unter den Neuerungen sind besonders die Versuche hervorzuheben, die Staubfeuerung auch auf den Flammrohrkessel anzuwenden. In Abb. 58 ist ein mit kurzer Flamme brennender Hobbeck-Brenner vorgesehen. Der Brenner, der von einer Einzelmühle mit Staub versorgt wird, besteht aus einem konischen, feuerfest ausgekleideten Gehäuse und dem eigentlichen Brenner, welcher dem Brennstoff-Luft-Gemisch eine intensive wirbelnde Bewegung erteilt. Die Primärluft wird mit dem Brennstoff zusammen eingeführt, während die Sekundärluft, die namentlich die Temperatur des feuerfesten Futters über dem Schmelzpunkt halten soll und daher zunächst um das Gehäuse herumgeführt wird, am Hals des konischen Stückes eintritt. Für das feuerfeste Futter des Brenners wird eine Lebensdauer von zwölf Monaten gewährleistet. Das feuerfeste Futter setzt sich im unteren Teil des Kessels etwa 3000 mm, im oberen etwa 1200 mm weit in das Flammrohr hinein fort. Dieser feuerfest ausgekleidete Teil bildet die eigentliche Verbrennungskammer und eine geeignete Strahlungsfläche.

Bei Industrien, welche größere Mengen Heizdampf bei geringem Kraftbedarf (z. B. Großbäckereien) benötigen, wäre es unwirtschaftlich, die Gesamtdampfmenge als hochgespannten Frischdampf herzustellen, wenn andere billigere Wege für die Krafterzeugung unter Beibehaltung der bereits bestehenden Kesselanlage eingeschlagen werden können. Einen solchen bietet der Einbau von Hochdruckdampf-Zusatzkesseln in vorhandene Großwasserraum-Kesselanlagen mit gewöhnlichem Druck (s. Abb. 59). Der hier erzeugbare Hochdruckdampf (30—40 atü) kann in einer Gegendruckmaschine zur Energieerzeugung verwendet werden. Der Abdampf geht in das Netz der bestehenden Niederdruckanlage. Die Kesselanlage wird erheblich billiger als eine neue Hochdruckanlage, während die Maschinenanlage dieselben Anlagekosten verursacht.

Durch den Einbau derartiger Zusatzkessel nach dem Kröpelin-Verfahren in vorhandene Großwasserraum- oder auch Wasserrohrkessel können folgende Vorteile erreicht werden:

1. Eine Leistungssteigerung bei gleichbleibendem Druck im Mutter- und Zusatzkessel. In diesem Falle dient die Zusatzheizfläche unter besserer Ausnutzung der Heizgase lediglich zur Mehrdampferzeugung.

2. Die Erzeugung von Hochdruckdampf bis zu 40 atü in dem klein bemessenen Zusatzkessel bei gleichzeitiger Erzeugung von 10—15 atü im Mutterkessel. Die Menge des zu erzeugenden Hochdruckdampfes hängt dabei von der Größe der Heizfläche des Zusatzkessels und diese wiederum vom Flammrohrdurchmesser ab. Je größer der Flammrohrdurchmesser, desto mehr Heizfläche läßt sich unterbringen.
3. Die Erzeugung von Hochdruckdampf im Zusatzkessel unter Benutzung des Mutterkessels als Vorwärmer.

Der Zusatzkessel besteht nach Abb. 59 aus zwei zylindrischen Unterkesseln von geringem Durchmesser (500 bis 700 mm, daher geringe Wandstärken), welche durch eine eingebaute Zwischenwand in einen Vorder- und Hinterkessel unterteilt werden. In den hinteren Trommelboden sind haarnadelförmig gebogene Siederohre von 5—6,5 m Länge eingewalzt. Diese Rohre ragen fast in ihrer ganzen Länge in die Flammrohre hinein. Das eine Ende dieser Rohre ist durch besondere Einsteckrohre mit dem hinteren Trommelteil verbunden, das andere Ende mündet frei in den vorderen Trommelteil aus. Die Speisung erfolgt in den hinteren Trommelteil. Das Speisewasser wird durch die Haarnadelrohre durchgepumpt. Der Trommelvorderteil, welcher das Dampf- und Wassergemisch aufnimmt, steht durch Steigerohre mit einem Dampfsammler, der über dem Kessel angeordnet ist und gleichfalls geringen Durchmesser besitzt, in Verbindung. Der Dampfsammler ist mit dem Überhitzer verbunden.

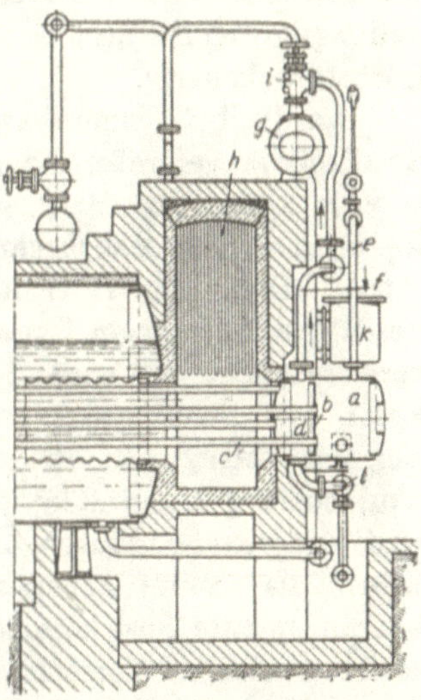

Abb. 59. Hochdruck-Zusatzkessel nach dem Kröpelin-Verfahren.

Die Speisung des Zusatzkessels wird selbsttätig durch besondere Regler besorgt. Der Zusatzkessel kann entweder unmittelbar aus dem Mutterkessel oder getrennt von diesem gespeist werden.

Die Untertrommeln mit dem Röhrenbündel sind ausziehbar, so daß Mutter- und Zusatzkessel genau untersucht werden können. Ein in einer Versuchsanlage eingebauter Zusatzkessel war fünf Monate ohne Störung in Betrieb. Die spez. Leistung des Zusatzkessels betrug 35,6 kg/m^{2}h, diejenige des Mutterkessels 23,3 kg/m^{2}h. Die Abgastemperatur betrug 304^0. Eine Drosselung des Zuges fand nicht statt, Wärmestauungen traten nicht auf, Flugasche setzte sich in nachteiliger Form nicht an. In der heutigen geldarmen Zeit bieten sich in der Praxis zweifellos ungezählte Bedarfsfälle, welche je nach der Lage des Betriebes unter die Möglichkeiten 1—3 fallen. Die Herstellungskosten betragen ein Viertel bis ein Fünftel einer neuen Höchstdruckanlage.

Um die bei Flammrohrkesseln unterzubringende geringe Heizfläche zu vergrößern, ging man dazu über, die Flammrohre in viele kleine sog. Heizrohre aufzuteilen. So entstand der Heizrohr- oder **Rauchrohrkessel** (auch Feuerrohrkessel genannt). Diese Bauart ermöglicht die Unterbringung großer Heizfläche auf kleinem Raum, die Aufstellung ist ohne Mauerwerk möglich. Er wird daher viel als Lokomotiv-, Lokomobil- und Schiffskessel verwendet. Die Dampferzeugungsfähigkeit beträgt 12—18 kg/m^{2}h bei Einbau einer Kohlenstaubfeuerung sogar 40 kg/m^{2}h. Das System von Heizrohren wird von den Feuergasen durchstrichen, und zwar im allgemeinen als zweiter Feuerzug, so daß die Gase bei Außenfeuerungen vom Rost kommen, erst außen am Kessel entlangstreichen oder bei Vorschaltung eines Flammrohrs erst hinter diesem durch die Heizrohre weiter- oder zurückströmen. Die Verbrennung kann aber auch in einer Feuerbüchse, wie z. B. bei Lokomotiven, erfolgen. Die Rohre (ca. 8—10 cm Durchmesser) werden in die Kesselböden eingewalzt. Dies bedingt eine schwierige Reinigung der Rohre. Das Rohrsystem wird daher oft ausziehbar gebaut. Diese Kessel haben einen kleinen Raumbedarf, bei ziemlich geringem Wasserinhalt und großer Heizfläche, daher schnelle Betriebsfähigkeit.

Der in der Abb. 60 dargestellte Rauchrohrkessel ist eine neue Bauart der Engineering Company, Ltd., Birmingham[1]). Das Rauchrohrbündel ist von einer mittleren Wasser trommel umgeben, die mit dem die Feuerbüchse umgebenden Wasserraum durch eine Anzahl kurzer Rohrstücke großer Weite in Verbindung steht. Ein Teil der Rauchrohre erstreckt sich zwischen Trommelboden und oberem Abschlußblech, während der Rest unmittelbar auf der Feuerkiste sitzt. Auf diese Weise wird erreicht, daß die Heizfläche innerhalb des äußeren Mantels erheblich größer ist als bei den Kesseln der üblichen Ausführung, wenn auch dadurch der Verbrennungsraum etwas verkleinert wird. Die schnelle Dampfentwicklung wurde bei Versuchen in einem mit Öl gefeuerten Kessel nachgewiesen. Die Versuche wurden an einem nicht eingemauerten freistehenden Kessel durchgeführt. Der Dampfdruck 5,6 ata wurde in 25 Minuten erreicht. Nach Erreichung dieses Druckes wurde der Kessel mit der normalen Dampferzeugung von 513 kg/h bei einem Ölverbrauch von 5 kg/h betrieben. Die höchste Verdampfung betrug 603 kg/h. Bei richtiger Einmauerung und Isolierung könnte der Kessel dauernd mit 544 kg/h beansprucht werden.

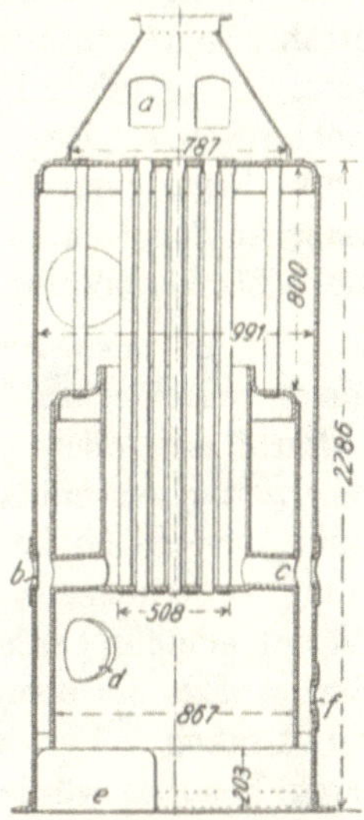

Abb. 60.
Vertikal. Rauchrohrkessel.
a Reinigungsöffnung für die Rohre, *b* Reinigungsöffnung für die Querrohre, *c* Querrohre, *d* Feuertür, *e* Aschefall, *f* Schlammloch.

Ungleich wichtiger als die soeben besprochenen Großwasserraumkessel sind heute die **Wasserrohrkessel.** Bei ihnen umspülen die Heizgase die wasserdurchflossenen Rohre. Sie erlauben die Unterbringung einer großen Heizfläche auf kleiner Grundfläche. Die spez. Dampfleistungen schwanken normal zwischen 25—40 kg/m²h, steigen bei Großkesseln aber schon bis auf 60 kg/m³h. Der Wasserinhalt ist wesentlich kleiner als bei Großwasserraumkesseln. Aus diesem Grunde müssen Wasserrohrkessel bei kurzzeitig schwankenden Dampfentnahmen mit Speichern parallel ge-

[1]) »The Engineer«, Bd. 147, 17. Mai 1929, S. 554.

schaltet werden[1]). Die Betriebsdrücke liegen heute zwischen 20—100 atü.

Die Konstruktion des Kessels hängt mit der Beschaffenheit der verfeuerten Brennstoffe und ihrer Verfeuerung eng zusammen. Zur Erzielung einer vollständigen Verbrennung mit möglichst niedrigem Luftüberschuß ist eine große Verbrennungskammer erforderlich. Eine hohe Feuerungstemperatur bietet den Vorteil, daß der Konstrukteur die Heizfläche derart verteilen kann, daß ein großer Teil der Heizfläche direkter Strahlungswärme ausgesetzt ist. Bei Kohlenstaubfeuerungen kann die bestrahlte Fläche durch Verwendung wassergekühlter Röhrenwände, deren Temperatur unter dem Ascheschmelzpunkt liegt, vergrößert werden. Der Temperaturunterschied zwischen den Rohren und der Aschenschmelzigkeit verhindert die Schlackenbildung.

Die mit den Rauchgasen abströmende Wärme wird in einem neuzeitlichen Dampfkraftwerk gewöhnlich entweder in Lufterhitzern allein oder durch Economiser und Lufterhitzer gleichzeitig ausgenutzt[2]). Bei der Verbrennung von Kohlenstaub oder Öl ist anscheinend keine Grenze der Luftvorwärmung vorhanden, so daß es am wirtschaftlichsten ist, die Wärme allein in Lufterhitzern auszunutzen. Bei mechanischen Rosten liegt die obere zulässige Grenze bei etwa 200° Luftvorwärmung. Bei der Verwendung von wärmebeständigerem Material würde man jedoch unbedenklich höher gehen können.

Von großer Wichtigkeit ist die schnelle Abführung der gebildeten Dampfblasen und damit die Erhöhung des Wasserumlaufes. Mit steigendem Druck werden aber die Blasen kleiner, so daß der Umlauf herabgesetzt wird. Aus diesem Grunde muß der Wasserumlauf durch gut geneigte und möglichst gerade Rohre möglichst erleichtert werden. In wassergekühlten Feuerraumwandungen haben sich infolge eines schlechten Wasserumlaufes bereits Schwierigkeiten ergeben, so daß der Konstruktion dieses Kesselteiles besondere Sorgfalt gewidmet werden muß.

---

[1]) Näheres s. S. 167 u. f.

[2]) Näheres s. S. 51 u. f.

Für Wasserrohrkessel darf nur reines Speisewasser benutzt werden, da der Wärmeübergang in allen Wasserrohrkesseln, in den der direkten Strahlung wie auch der Konvektion ausgesetzten Rohren sehr schnell erfolgt und die Bildung von Kesselstein infolge unreinen Speisewassers zur Überhitzung und Verbrennung der Rohre führt[1]).

Die Frage der Temperatur ist für den Konstrukteur nicht von so großer Wichtigkeit, da selbst bei einem Druck von 70 atü die Temperatur des gesättigten Dampfes nur 290° C beträgt, eine Temperatur, welche unter der Grenze liegt, bei welcher die Festigkeit des Baustoffes zurückgeht. Die Temperatur der Rohre ist allerdings höher. Die Höhe der Temperatur hat aber einen großen Einfluß auf die Konstruktion des Überhitzers, so daß für diesen die Wahl mittlerer Warmegrade vorzuziehen ist. Es kann, wenn erforderlich, dem Dampf durch Wiedererwärmung in einer oder mehr Stufen während des Durchganges durch die Turbine weitere Wärme durch Zwischenüberhitzung zugeführt werden[2]). Bei den heute verfügbaren Werkstoffen in Form von legierten Stählen kann — wie im Allgemeinen Teil (S. 135—138) dargelegt — mit der Temperatur unbedenklich über 400 oder 425° hinausgegangen werden, wenn einzelne Teile des Überhitzers aus Sonderstahl hergestellt werden.

Die Wasserrohrkessel zerfallen in zwei grundsätzliche Bauarten: in die Schrägrohr- und in die Steilrohrkessel.

Schrägrohrkessel haben gerade Rohre, daher schlechte Wärmeausdehnungsmöglichkeit, aber leichte Reinigung. Diese liegen unter etwa 15° und münden auf beiden Seiten in flachen Kammern (Kammerkessel), die mit der darüberliegenden Walze (Oberkessel) verbunden sind. Die flachen Kammerwände sind zwecks Versteifung durch Stehbolzen verbunden. Wegen des starken Flugaschenfalls bei Braunkohle werden sie für Steinkohlenfeuerung bevorzugt, jedoch bei Einbau von Flugaschenbläsern auch vielfach für Braunkohle verwendet. Um durch Verringerung der großen Räume die Explosionsgefahr zu vermindern, werden die Kammern in einzelne senkrechte Streifen (Sektionen) zerlegt. Dadurch wird gleichzeitig

[1]) Näheres s. Abschnitt Speisewasservergütungsanlagen.

[2]) S. a. Abschnitt Zwischendampfüberhitzer für Hochdruckanlagen.

ein geregelter Wasserumlauf, leichterer Transport und einfacherer Zusammenbau erreicht. Diese Sektional- oder Gruppenrohrkessel dürfen auch als Hochdruckkessel verwandt werden. Die Überhitzer werden im allgemeinen zwischen der obersten Rohrreihe und dem Oberkessel liegend angeordnet. Die Leitwände für die Gasführung stehen meist steil. Dadurch wird die Ablagerung von Flugasche auf den Wänden verringert und die Wärmeübertragung verbessert.

Abb. 61 bringt die 4 Hauptbauarten des V.-K.-Schrägrohrkessels.

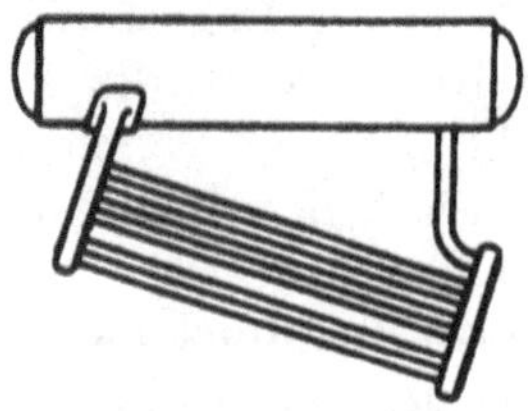

Längsobertrommel mit Großkammern.

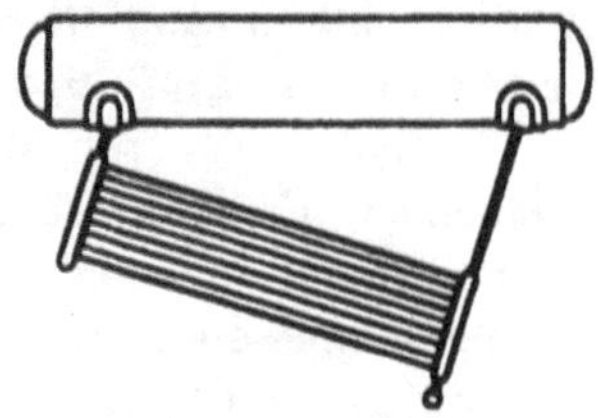

Längsobertrommel mit Teilkammern.

1 Querobertrommel mit Groß- oder Teilkammern.

2 Querobertrommeln mit Groß- oder Teilkammern.

Abb. 61. 4 Bauarten von Schrägrohrkesseln.

Der V.-K.-Schrägrohrkessel besteht in der Hauptsache aus dem mit großer Neigung gegen die Waagrechte angeordneten Siederöhrensystem und einer oder mehreren Obertrommeln.

Die Siederohre sind an beiden Enden in Wasserkammern eingewalzt, die als sog. Groß- oder Teilkammern ausgebildet werden.

Die Großkammern erstrecken sich auf die ganze Rohrsystembreite und -höhe und umfassen somit gleichzeitig sämtliche Rohre, während jede Teilkammer nur eine Reihe übereinanderliegender Siederohre vereinigt. Eine derartige Reihe von Siederohre mit je einer vorderen und einer hinteren Teilkammer bildet eine Röhrensektion. Durch Zusammenbau einer entsprechenden Anzahl dieser Sektionen kann ein Kessel von beliebiger Breite hergestellt werden.

Die ebenen Wände der Großkammer sind durch eingeschraubte und vernietete Stehbolzen versteift. Die Rohrwandplatte wird doppelt umgebördelt und auf den so gebildeten Bördelrand die Deckelplatte aufgenietet und verstemmt.

Für die Herstellung von Teilkammern kommen nahtlose Vierkantrohre aus Flußstahl zur Verwendung, die auf besonderen Pressen die bekannte Wellenform erhalten. Beide Enden werden zugekümpelt.

Gegenüber jeder Rohreinwalzstelle ist ein Verschluß angeordnet, der das Reinigen, Einwalzen und Auswechseln des Rohres ermöglicht. Sämtliche Verschlüsse sind Innenverschlüsse, d. h. dieselben werden vom Kesseldruck auf die Innenwand der Kammer gepreßt, so daß ein Herausfliegen derselben unmöglich ist.

Die hinteren Großkammern sind an ihrem unteren Ende zu einem Schlammsack verlängert. Die hinteren Teilkammern werden durch eingewalzte Verbindungsrohre an einen gemeinsamen, besonderen Schlammsammler angeschlossen.

Das Ablassen des Schlammes erfolgt während des Betriebes durch Ventile, die in der erforderlichen Anzahl angebracht sind.

Die Anordnung der Obertrommeln zeigt Abb. 61, die auch die Verbindung der Kammern mit den Trommeln erkennen läßt. Diese Verbindungen werden durch eingewalzte Rohre von elastischer Form gebildet, nur bei der Ausführung mit Längsobertrommel und Großkammern wird die entsprechend ausgebildete Vorderkammer durch Nietung mit der Obertrommel verbunden.

Die Querobertrommeln werden im allgemeinen ohne Mantelnietung aus mittels Wassergas überlappt geschweißten

Zylindern hergestellt, während für Längstrommeln bei mäßigen Drücken auch genietete Zylinder zur Anwendung kommen.

Für hohe Drücke werden in der Regel Trommeln mit direkt angekümpelten Böden gewählt, wodurch jegliche Nietung vermieden wird. Die Trommeln sind hierbei nach einem Sonderverfahren mittels Wassergas überlappt geschweißt oder aus einem Block nahtlos geschmiedet. Das Nähere über die Werkstoffe und Herstellung der Trommeln wurde auf Seite 135 bis 138 gesagt.

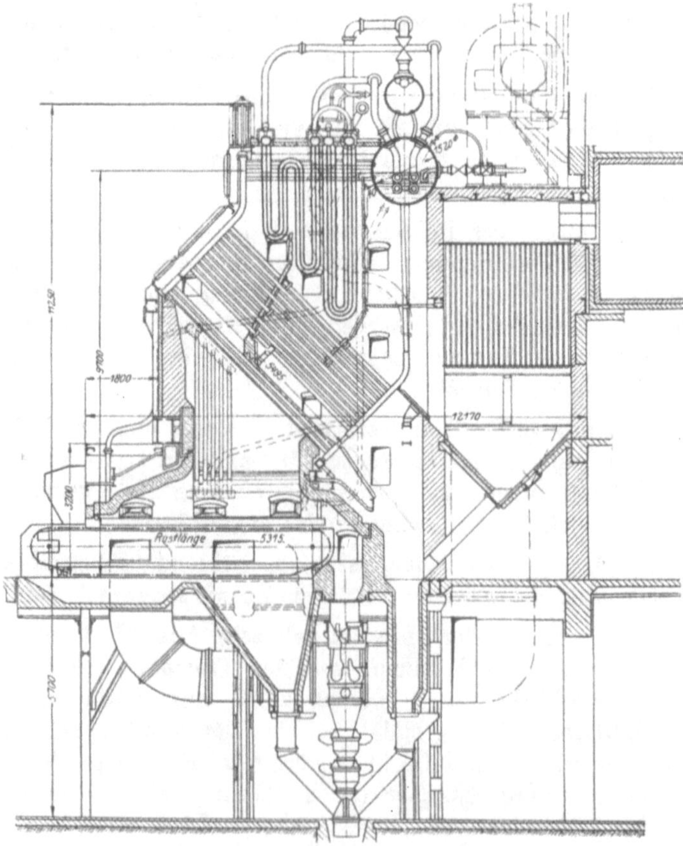

Abb. 62. Teilkammerkessel von 1000 m² Heizfläche und 22 atü mit Unterwindwanderrost.

Falls erforderlich, erhalten die Obertrommeln noch einen Dampfsammler, der aber durch eingewalzte Rohre normalerweise mit nur einer Obertrommel verbunden wird.

Der in Abb. 62 dargestellte 1000-m²-Teilkammerkessel für 22 atü in einem süddeutschen Spitzenkraftwerk ist mit einem Unterwindwanderrost von 40,4 m² nutzbarer Rostfläche ausgerüstet. Dabei werden die Abgase des Kessels nur zur Vorwärmung der Verbrennungsluft ausgenutzt, für einen Wanderrost immerhin ein beachtliches Merkmal. Zu erwähnen sind auch der Schlackenabstreifer, der Heißdampftemperatur-Regler, die Schaltung und Anordnung des Überhitzers, die Kühlbalken in den Seitenwänden über dem Rost, die an den Wasserkreislauf angeschlossen sind, die Kühlrohre im Feuerraum, die steile Anordnung der Siederohre und die geschickte Zusammenführung der Aschen- und Schlackenabzüge, die trotz der Kesselgröße nur eine Spülrinne erforderlich macht, ferner die einfache Führung der Gase,

Der Kessel hat verhältnismäßig stark geneigte Rohre, die senkrecht in die Teilkammern eingewalzt sind. Demgegenüber gestatten Teilkammern mit stufenförmigen Einpressungen zum Einwalzen der Rohre nur eine schwächere Neigung der Rohre. Die Siederohre werden nach hinten zu ausgewechselt. Dadurch kann der Kohlenbunker tiefer angeordnet werden.

Abb. 63 zeigt eine Babcock-Wilcox-Schrägrohrkesselanlage für das E.W. Mark A.G., Cunowerk, Herdecke. Es handelt sich um 4 Kessel von 1200 m² Heizfläche bei einem Druck von 36 atü, welche mit Kohlenstaubfeuerung, Lufterhitzer und Saugzuganlage ausgestattet sind. Die Dampfleistung beträgt bei Normallast 35,14 und bei Maximallast 41,68 kg/m²h, die Nutzwirkung entsprechend 87,19 bzw. 86,31 vH.

Die **Steilrohrkessel** bilden die zweite Gruppe von Wasserrohrkessel.

Steilrohrkessel sind für hohe Drücke (bis 100 atü und mehr) geeignet. Sie haben kleine Grundfläche und hohe Dampferzeugungsfähigkeit. Die Steilheit der Rohre verhindert Flugaschenansammlung, daher auch für Braunkohle geeignet. Die Rohrlänge beträgt bis 9 m. Die Rohre sind gebogen und oben und unten in Trommeln eingewalzt. Die Zahl der Ober- und

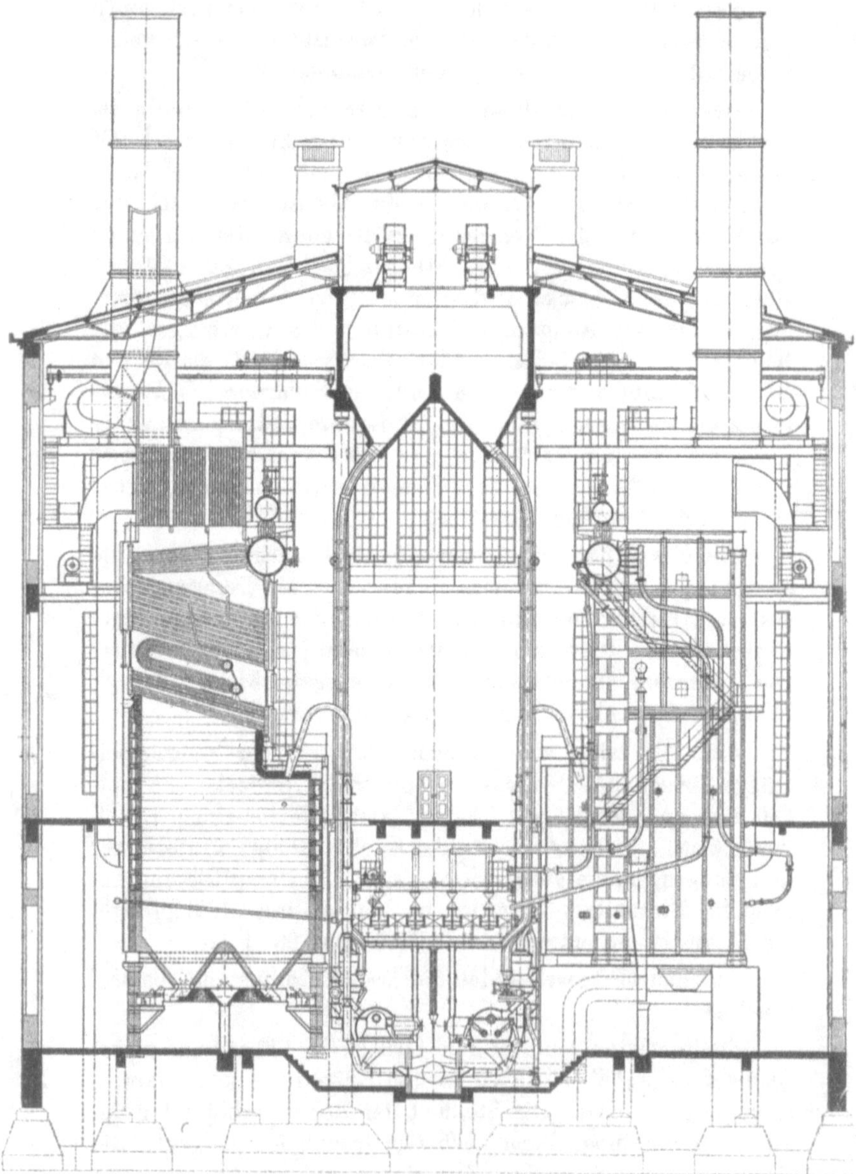

Abb. 63. Schrägrohrkesselanlage für das Elektrizitätswerk »Mark«. Bauart »Babcock«.

Unterkessel ist verschieden. Die gekrümmten Rohre biegen sich bei Wärmedehnung weiter aus, wodurch die bei starrer Verbindung zwischen den Walzstellen leicht eintretende Lockerung der Rohre und Rißbildung vermieden wird. Ein guter Wasserumlauf (in den vorderen Rohren aufwärts, in den hinteren abwärts) ist erzielbar. Die Obertrommeln müssen untereinander verbunden sein, um ein möglichst gleichmäßiges Absinken der Wasserspiegel zu gewährleisten. Der Dampf wird meist aus Dampfsammlern über dem Oberkessel entnommen. Der Überhitzer liegt herausnehmbar zwischen den Siederohrbündeln angeordnet, mitunter aber auch hinter der Kesselheizfläche. Die gekrümmten Rohre sind schwer von Kesselstein zu reinigen, daher ist schon aus diesem Grunde möglichst reines Speisewasser (Turbinenkondensat) zu verwenden.

Die Forderungen für einen Hochleistungs-Steilrohrkessel sind in erster Linie folgende:

1. Ausreichend große Verdampfungsoberflächen.
2. Vermeidung von Wasseranstauungen in der vorderen und von Wasserabsenkungen in der hinteren Obertrommel.
3. Gesicherter Wasserumlauf.

In Deutschland werden Steilrohr- und Schrägrohrkessel in annähernd gleichem Umfang gebaut. Der früher unter den Steilrohrkesseln stark verbreitete Garbe-Kessel wird nur noch für Betriebsdrücke bis $\sim$ 25 atü verwendet.

Neuerdings stellt man die Garbe-Platten mit so stark überstehenden Enden her, daß die Trommeln nur eine genietete oder geschweißte Längsnaht erhalten; diese wird so angeordnet, daß sie der unmittelbaren Wirkung des Feuers entzogen ist. Die früher starren Stutzen zwischen zwei oberen oder unteren Trommeln sind zur Hebung der Nachgiebigkeit der Bauart durch Bündel gebogener Siederohre ersetzt. Bei manchen Kesseln dieser Art läßt man die Verbindungen zwischen den Untertrommeln auch ganz fort, so daß sich in dem Kessel zwei getrennte Wasserkreisläufe ausbilden.

Da Wandstärke und Länge der Garbe-Platte beschränkt sind, kommt dieser Kessel für hohe Drücke und große Heizflächen (mit einer Mittelmauer höchstens 1500 m² Heizfläche) nicht in Betracht.

Abb. 64 bringt einen VK-Steilrohrkessel in Montage. Der Scheitel der hinteren Obertrommel ist unter den Wasserspiegel

Abb. 64. VK-Steilrohrkessel in Montage.

der vorderen Trommel verlegt, um bei hohen Belastungen Betriebsstörungen, z. B. durch Hin- und Herpendeln der Wasserspiegel, zu vermeiden.

Die wirksame Verdampfungsoberfläche wird durch diese Anordnung der hinteren Obertrommel nicht verkleinert. Eine Spiegelfläche in dieser Trommel ist als Verdampfungsoberfläche wertlos, weil im hinteren Rohrsystem kein Dampf erzeugt, sondern nur Wasser vorgewärmt wird und für die Abführung etwa mitgerissener Dampfblasen von der hinteren nach der vorderen Obertrommel durch Verbindungsrohre gesorgt werden kann.

Man erzielt mit dieser Maßnahme außerdem noch den Vorteil einer bedeutenden Vergrößerung des Wasserraumes, wodurch die Speicherwirkung und damit die Wirtschaftlichkeit der Anlage erhöht wird.

Um Wasserstauungen mit Sicherheit zu vermeiden, ist es unbedingt nötig, zwischen den Obertrommeln durch genügend viel Verbindungsrohre für einen ausreichenden Wasser-Durchgangsquerschnitt zu sorgen. Für die Erfüllung dieser Forderung kommt die Tieflegung der hinteren Obertrommel sehr zustatten, weil auf der großen wasserberührten Mantelfläche eine so große Anzahl von Verbindungsrohre untergebracht werden kann, daß zwischen den Obertrommeln sogar der volle Querschnitt des Steigröhrenbündels zwanglos zu erreichen ist.

Steilrohrkessel mit Obertrommeln in Längsanordnung vermeiden allerdings Wasserstauungen, ein Absinken des Wasserstandes und ein Hin- und Herschwanken der Wasserspiegel, jedoch kann die Spiegelfläche der Obertrommel nur zu einem geringen Teil als Verdampfungsoberfläche ausgenutzt werden, weil die dampfführenden Steigrohre auf einem verhältnismäßig kleinen Teil der Obertrommellänge zusammengedrängt sind. Daraus ergibt sich, daß die Dampfausscheidung bei dieser Trommelanordnung unter heftigem Aufwallen vor sich geht und daß deshalb, hauptsächlich bei hohen Belastungen, Wasser vom Dampf mitgerissen wird, d. h. der Kessel »spuckt«. Dazu kommt noch, daß die ungleichmäßig starke Beheizung der Obertrommel dieser auf die Dauer schaden wird.

Spannungen im Kesselkörper werden durch die Maßnahme vermieden, daß insbesondere die Steigröhren, welche sich am meisten ausdehnen, eine leicht federnde Form erhalten. Diese Form wird durch schlanke Krümmungen von großem Radius erzielt, welche die innere Reinigung in keiner Weise erschweren. Kessel mit sog. »wenig gekrümmten« Rohren, d. h. mit kurzen Bogenlängen aber kleinen Biegungsradien, behindern die Reinigung erheblich.

Die neuere Erkenntnis, daß ein großer Teil der Wärme durch Gasstrahlung (insbesondere bei hohen Temperaturen) übertragen wird, kann durch eine weite Verteilung der Steigröhren im ersten Feuerzug berücksichtigt werden. Andere Bauarten weisen demgegenüber häufig enggedrängte Steigrohrbündel auf, obwohl sich die Folgen dieser falschen Konstruktion (z. B. durch Verbrennen der Überhitzer infolge von Nachverbrennungen und zu hoher Gastemperatur) häufig genug gezeigt haben.

Korrosionen treten bei den bekannten Steilrohrkesselbauarten fast ausnahmslos nur in der hinteren Untertrommel auf, sofern diese keine direkte Verbindung mit der vorderen Untertrommel hat. Die Erscheinung ist darauf zurückzuführen, daß in der hinteren Untertrommel eine nur geringe oder überhaupt keine Wasserbewegung vorhanden ist, weil der Umlaufstrom durch die vordere Untertrommel geht. Dieser Übel-

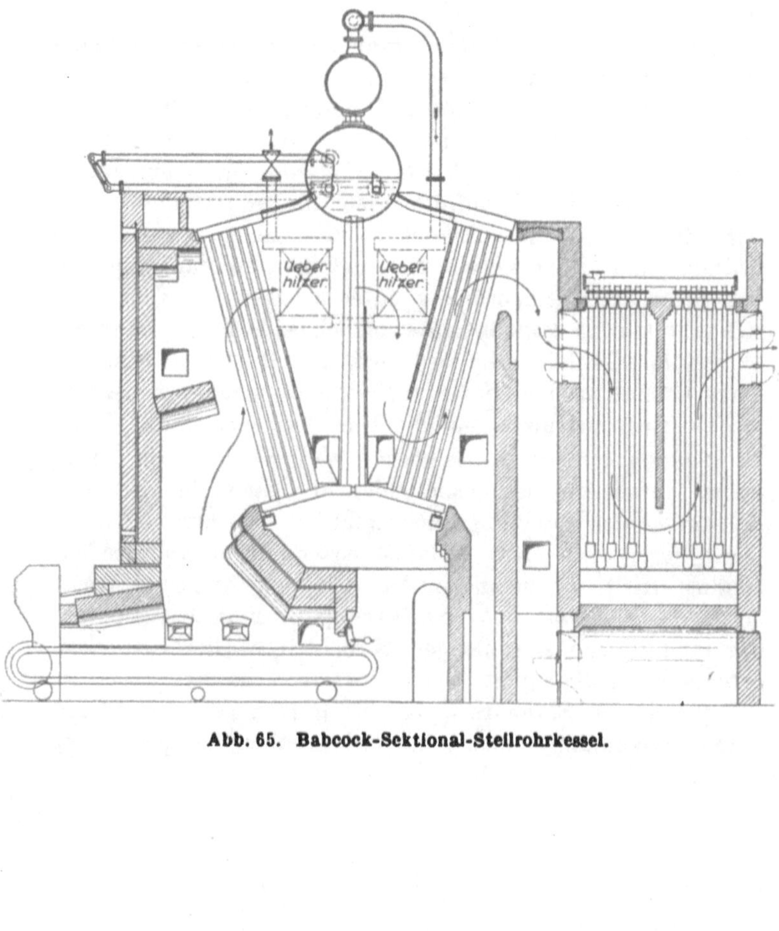

Abb. 65. Babcock-Sektional-Steilrohrkessel.

stand kann dadurch vollständig behoben werden, daß nur eine Untertrommel zur Verwendung kommt. Man kann beobachten, daß diese an und für sich alte Konstruktionsmaßnahme in neuerer Zeit immer mehr wieder aufgegriffen wird.

Auch der Nachteil, daß die Verbindungsrohre zwischen zwei Untertrommeln infolge ungleicher Ausdehnung der Rohrsysteme leicht undicht werden und unter Umständen eine Betriebsgefahr bilden, fällt bei der Ausführung mit nur einer Untertrommel fort.

Bei vielen Bauarten treten mehrere Umlaufströme auf, welche je nach der Belastungshöhe wechseln. Diese Erscheinung erschwert die Überwachung des Kessels und verursacht ein unruhiges Arbeiten. Bei einzelnen Bauarten kommt eine zwangsläufige Wasserführung zur Anwendung, obwohl diese naturgemäß mehr Widerstand bietet und bei hohen Belastungen in der Regel ganz versagt. Der natürliche und einfache Umlauf ist der stärkste und gesichertste und daher der vorteilhafteste.

Abb. 65 zeigt den Babcock-Sektional-Steilrohrkessel mit geraden Rohren und Wanderrostfeuerung und Abb. 66 eine Abänderung dieser Bauart als Abwärmeverwerter zur Erzeugung von höhergespanntem Dampf, z. B. hinter Gasmaschinen oder Zementöfen[1]). Der Kessel besitzt einen guten Wasserumlauf, gute Reinigungsmöglichkeit und geringe Grundfläche.

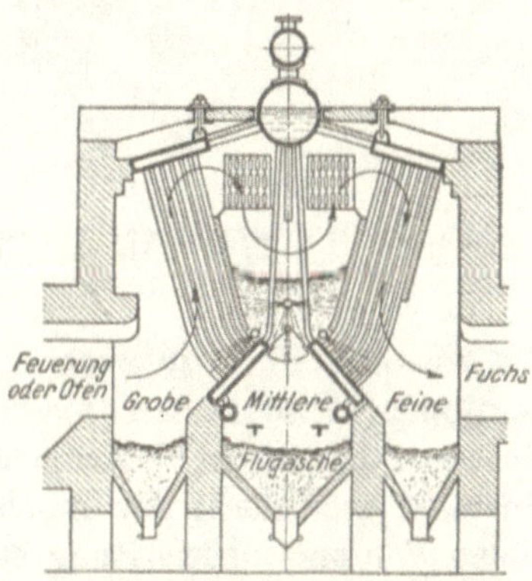

Abb. 66. Babcock-Sektional-Steilrohrkessel als Abwärmeverwerter für Industrieöfen.

Unterhalb der Heizfläche sind Flugaschenfänger angeordnet, in welchen auch Zinkstaub oder Zement von Industrieöfen aufgefangen werden kann. Die Ausblasung der Heizflächen kann mit Dampf- oder Druckluft, die Entleerung der Sammeltrichter durch Saugluft erfolgen.

---

[1]) S. a. Wärme 1929, Nr. 40, S. 707 u. E.

Bei Höchstdruckkesseln mit großen Heizflächeneinheiten wird mit dem geringeren Oberkesseldurchmesser auch der Wasserinhalt des Kessels und damit auch die ausgleichende Wärmespeicherung verringert, wodurch im Wechselbetrieb starke Kesseldruckschwankungen auftreten. Diese Druckschwankungen bewirken unregelmäßige Speiseperioden und starke Wasserspiegelunterschiede. Es empfiehlt sich deshalb, die Wasserspiegelschwankungen durch Verringerung der Strömungswiderstände in den stärkst beheizten Siederohren zu vermeiden und die Oberkessel aus dem Feuer zu legen. Notwendig ist die Erfüllung dieser Forderung, wenn der Wasserinhalt derselben nicht mehr als ein Viertel der stündlichen Verdampfungsmenge ergibt.

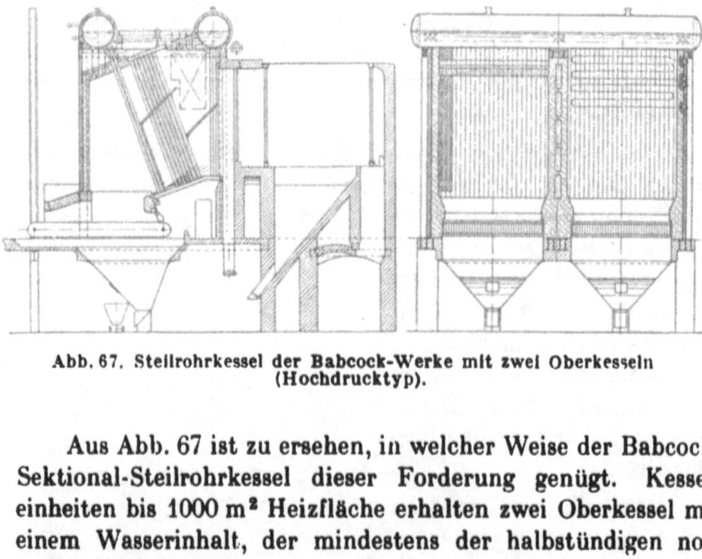

Abb. 67. Steilrohrkessel der Babcock-Werke mit zwei Oberkesseln (Hochdrucktyp).

Aus Abb. 67 ist zu ersehen, in welcher Weise der Babcock-Sektional-Steilrohrkessel dieser Forderung genügt. Kesseleinheiten bis 1000 m² Heizfläche erhalten zwei Oberkessel mit einem Wasserinhalt, der mindestens der halbstündigen normalen Verdampfungsleistung des Kessels entspricht. Größere Kesseleinheiten können mit drei Oberkesseln versehen werden.

Die Oberkessel sind durch feuerfeste Hängedecken vor den Heizgasen geschützt. Sie erleiden beim Anheizen keine Durchbiegung in der Längsachse. Die Trommeln können deshalb auf drei Stützpunkte aufgelagert oder aufgehängt werden. Die Vorzüge eines großen Feuerraumes, die günstige Flugaschenablagerung und die leichte Zugänglichkeit aller Züge sind Kennzeichen dieser Bauart.

An Stelle des getrennt stehenden Economisers kann auch ein hinteres Rohrbündel als Speisewasservorwärmer angeordnet werden, welcher sodann den erwünschten Wasserumlauf und einen großen Wasserinhalt besitzt. Kessel und Vorwärmer können in diesem Falle mit Gleichdruck oder mit verschiedenen Drücken betrieben werden.

Bei Kesseln von mehr als 1000 m² Heizfläche läßt sich die erforderliche Rostfläche besser in zweiseitigen Feuerungen unterbringen. Die Bauart ermöglicht die Aufstellung einer großen Heizfläche auf kleiner Grundfläche, sie erfordert jedoch eine viel geringere Bauhöhe als andere Kessel nach amerikanischem Muster und ist in allen Teilen leicht zugänglich.

Die Abgase werden durch den Längsspalt zwischen den unteren Teilkammern in den Fuchs abgeleitet, in welchen noch Abwärmeverwerter eingebaut werden können.

Bei vollständiger Trennung der Dampf- und Wasserverbindung beider Röhrenbündel können beide Einheiten mit verschiedenen Drücken betrieben werden.

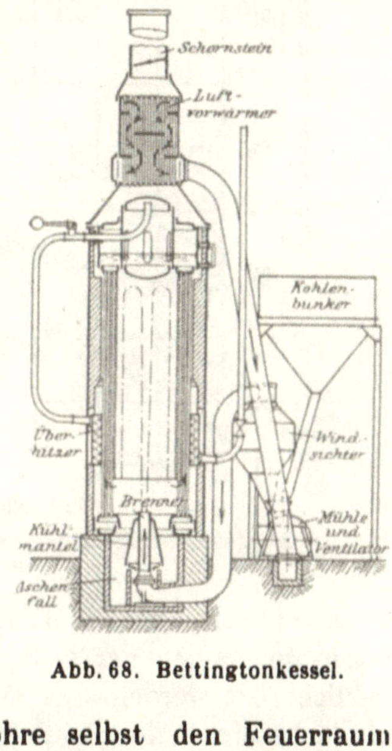

Abb. 68. Bettingtonkessel.

Eine neuartige Form von Steilrohrkesseln bringt der besonders für Kohlenstaubfeuerung konstruierte Bettington-Kessel (s. Abb. 68). Er besitzt einen günstigen Feuerraum und eine gute Ausnutzung der strahlenden Wärme, da die Kesselrohre selbst den Feuerraum bilden. Er kann somit auch als **Strahlungskessel** angesprochen werden.

Die Leistungen der ersten Rohrreihen im Feuerraum eines jeden Wasserrohrkessels durch Wärmeaufnahme durch Strahlung sind bekanntlich durch das Stefan-Boltzmannsche Gesetz bestimmt und in Abhängigkeit von der Feuerraumtemperatur in Abb. 69 dargestellt.

Die entsprechenden Dampfleistungen in kg/m²h, bezogen auf verschiedene Dampferzeugungswärmen, sind für Wassertemperaturen entsprechend den Dampfdrücken von 16, 35, 60 und 100 atü eingetragen.

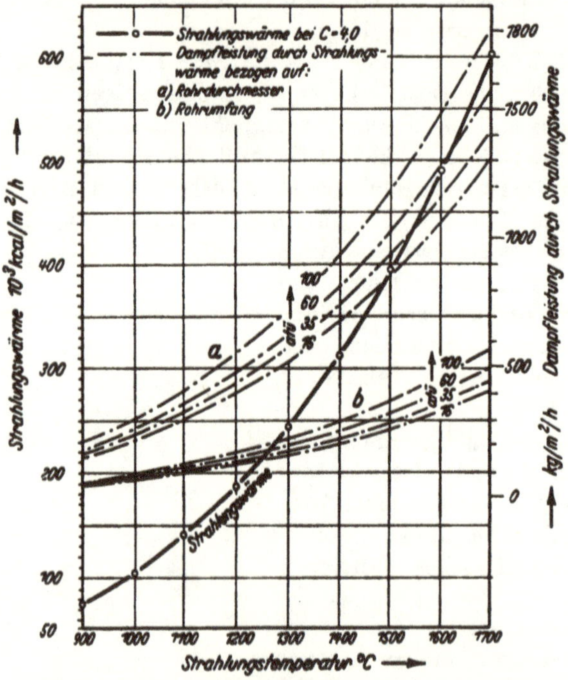

Abb. 69. Wärmeaufnahme durch Strahlung nach Stefan-Boltzmann.

Die hohen Dampfleistungen je m² Heizfläche sind in den ersten Rohrreihen der bisherigen Kesselbauarten längst verwirklicht, sie werden aber auf einen kleinen Teil der Gesamtheizfläche einer Kesseleinheit infolge der konstruktiven Anordnung von Feuerung und Kesselheizfläche beschränkt.

Die gesicherte Wasserzufuhr und Dampf- bzw. Dampfwassergemisch-Ableitung derartig hoch belasteter Kesselrohre ist die wichtigste Forderung für das gute Arbeiten entsprechend durchgebildeter Kesselbauarten.

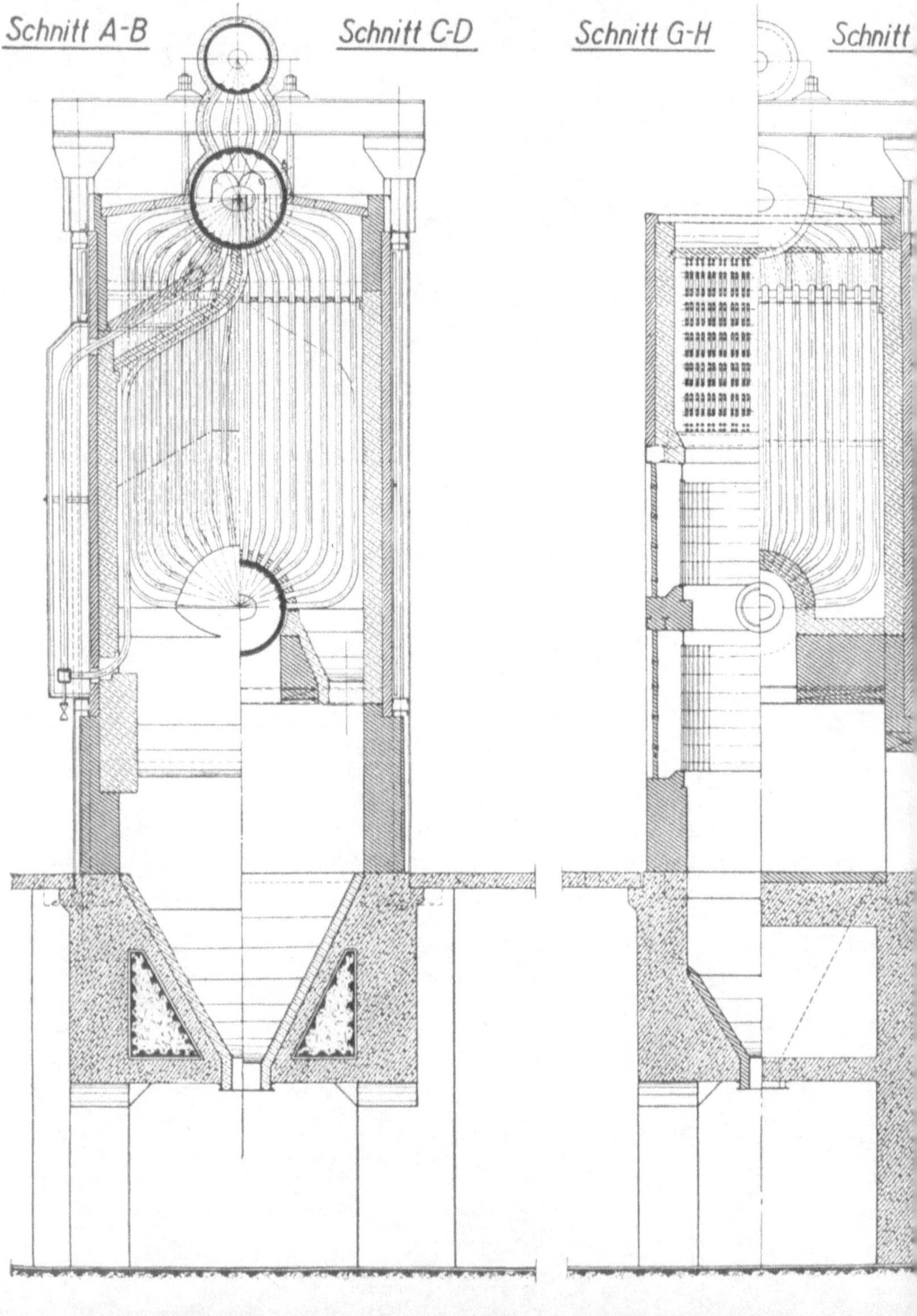

Schnitt A-B
Schnitt C-D
Schnitt G-H
Schnitt

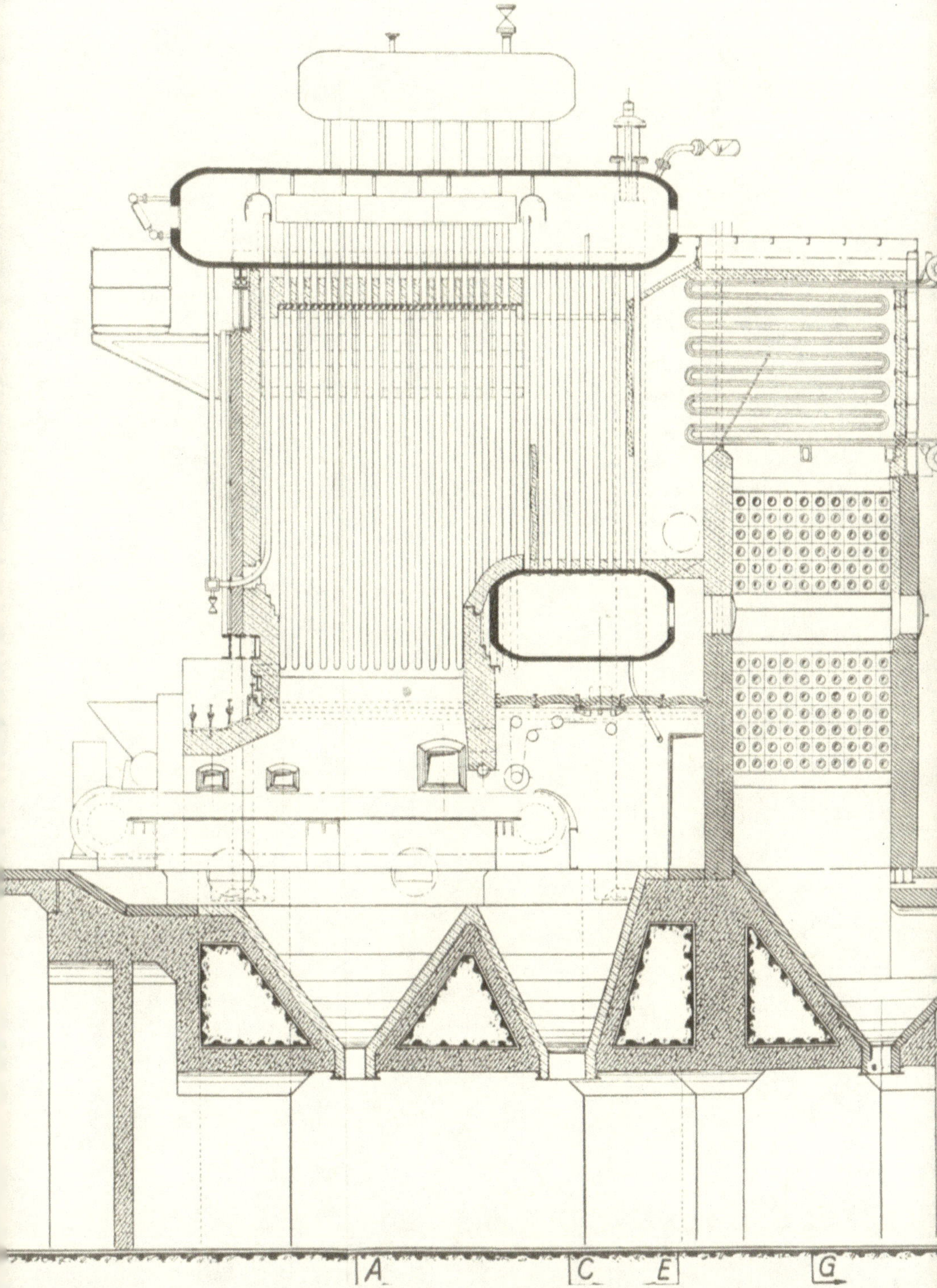
A
C
E
G

Die Einführung der hoch belasteten Kesselrohre der besonders durch Strahlung beaufschlagten Kesselheizfläche in die Kesseltrommel, die den Dampf abführen soll, muß zweckmäßig so erfolgen, daß das aus dem Rohr austretende Dampfwassergemisch frei in den Dampfraum austreten kann, ohne noch die Wasserfüllung dieser Kesseltrommel durchstoßen zu müssen. Es wird hierdurch ein Mitreißen von Wasser (Nässen des Dampfes) vermieden und ein zwangloses Scheiden der Dampfblasen vom Wasser erreicht.

Mit dieser Forderung hängt die vielfach angeschnittene Frage der Wasserspiegelbelastung eng zusammen, welche eine den neuen Konstruktionsgrundlagen entsprechende Behandlung erfordert.

Abb. 70 zeigt die Ausführung eines Hanomag-Strahlungskessels, für die Zellstoffabrik Waldhof, Anlage Kelheim in Bayern, für eine Dampfleistung von

normal 10500 kg/h und
max. 13500 kg/h

bei einem Betriebsdruck von 45 atü und 420° Überhitzung. Die verhältnismäßig kleine Dampfleistung erforderte eine Rostfläche von nur 12,6 m² bei einer Rostbreite von 2800 mm. Der schmal bauende Feuerraum gestattete die Anordnung der Kesseltrommeln in der Längsachse des Kesselaggregates, wodurch die Entwicklung der Strahlungskammer nach Abb. 70 gegeben war.

Der Feuerraum oberhalb des Wanderrostes ist allseitig mit Rohrheizfläche ausgekleidet und hat eine Höhe von 5,50 m, bei einem Feuerraumvolumen von 40 m³. Die Belastung des Feuerraumes beträgt normal 220000 und maximal 294000 kcal/m³.

Die Rohre der Vorder- und zwei Seitenwände der Strahlungskammer erhalten ihr Wasser aus der Obertrommel durch kühlliegende Rücklaufrohre, die im unteren Scheitel der Obertrommel angeschlossen sind. Die ebenfalls im tiefsten Punkt der Obertrommel eingewalzten oberen Rohrenden der Strahlungsrohre geben ihr Dampfwassergemisch durch besonders eingebaute Aufsteckrohre in den Dampfraum, so daß ein Durchstoßen des Wasserspiegels mit seinen Nachteilen (Erzeugung nassen Dampfes) vermieden ist. In der gleichen Weise ist die Dampfabgabe der Strahlungsrohre der Feuerraumrückwand als Verbindungsrohre zwischen der unteren und oberen Trommel durchgebildet.

Das Speisewasser wird durch eine in der Obertrommel abgeteilte Kammer durch vier hintere Rohrreihen der Untertrommel zugeführt, damit im Rohrbündel zwischen Ober- und Untertrommel eine eindeutige Wasserströmung gewährleistet ist.

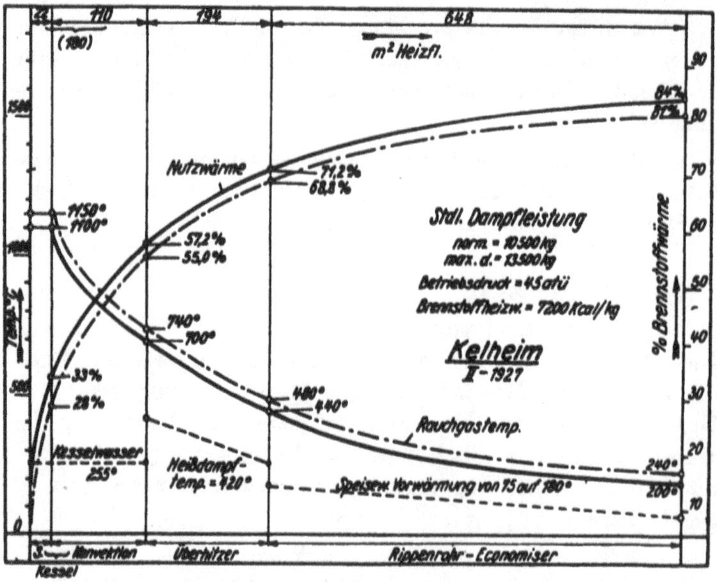

Abb. 71. Wärmediagramm zum Hanomag-Strahlungskessel Abb. 70.

Die Anordnung von Überhitzer und Rippenrohreconomiser bietet nichts Neues.

Abb. 71 zeigt den Wärmeverlauf, wie er der Rechnung zugrunde gelegt ist. Beachtenswert ist, daß durch die Strahlungsheizfläche 33 bezw. 28 vH der auf dem Rost entwickelten Wärme gebunden wird. Die spezifische Kesselbelastung stellt sich auf 58,5 bezw. 75 kg/m² Kesselheizfläche bei einer Dampferzeugung von 10500 bezw. 13500 kg/h.

Die hier entwickelte Bauart der Strahlungskammer läßt sich über jeder Feuerung für feste Brennstoffe, wie Wanderroste, Stoker usw. durchbilden. Bei der konstruktiven Anordnung der durch Strahlung beheizten Kesselrohre ist auf eine gute Wasserzufuhr und Dampfabfuhr besonderes Gewicht gelegt. Die Einmündung dieser Rohre in die Obertrommel ist oberhalb des Wasserspiegels vorgesehen. Die Wasserrücklaufrohre, die vom tiefsten Punkt der Obertrommel zur Untertrommel führen, sind abgeschirmt und nur durch die Abgase des Kessels in ihrem unteren Teil beheizt, so daß ein eindeutiger Wasserumlauf gesichert ist.

Die Strahlungsheizflächen der Vorder- und Seitenwände erhalten ihren Wasserzufluß von der Untertrommel durch seitlich kühlliegende Verbindungsrohre über Vierkantsammelkästen. Wichtig ist die Verteilung der Wasserzufuhr über die ganze Länge der Verteilungskästen, so daß eine Wasserströmung in axialer Richtung der Verteilungskästen kaum in Frage kommt und diese mit möglichst kleinem lichten Querschnitt ausgeführt werden können.

Dampfüberhitzer. Überhitzter Dampf kommt für den Dampfmaschinen- und Dampfturbinenbetrieb sowie für alle Industriezweige in Frage, welche Dampf zum Kochen, Dämpfen oder Färben usw. verwenden. Z. B. wird durch die Verwendung überhitzten Dampfes in Färbereien eine sehr viel schönere Farbe erzielt.

Durch Anwendung von Überhitzern — also durch den Gebrauch einer geringeren Dampfmenge wie bei mit Wasser gesättigtem Dampf — ist der Kessel in der Lage, bei geringerer Dampferzeugung dieselbe effektive Leistung aufzubringen wie früher, d. h. es wird mit weniger Kohle derselbe Nutzeffekt erzielt. Außerdem fallen bei Überhitzern Wasserschläge in den Rohrleitungen und gegebenenfalls sogar in den Dampfzylindern der Maschinen fort, wodurch die Betriebssicherheit bedeutend erhöht wird.

Bei der Bestimmung der Heizfläche des Überhitzers ist außer der Menge des zu überhitzenden Dampfes dessen Gehalt an mitgerissenem Wasser ferner die gewünschte Dampftemperatur sowie die Temperatur der Feuergase im Überhitzerraum zu berücksichtigen. Letztere ist abhängig von der Größe der Kesselheizfläche, welche von den Gasen bestrichen wird, ehe diese an den Überhitzer gelangen (vorgelagerte Heizfläche); außerdem von der Art des Brennstoffes[1]).

Für die Überhitzerheizfläche ist bei schmiedeeisernen Überhitzern die Wärmedurchgangszahl von den Feuergasen auf Dampf im Mittel $k = 20$—30 kcal/m²h⁰ und mehr. — Zum Überhitzen von 1 kg trockenen Dampfes um 1⁰ sind ∼0,54 kcal erforderlich.

Zur Kleinhaltung der Druckverluste müssen im Überhitzer genügend große bzw. viele Rohrquerschnitte vorhanden sein. Zu geringe Dampfgeschwindigkeit ergibt eine zu hohe Erwärmung der Überhitzerrohre. Die übliche Dampfgeschwindigkeit im Überhitzer beträgt ∼10—15 m/s, im Dampfentnahmerohr für Heißdampf ∼50 m/s, für Sattdampf ∼20 m/s. Der Temperaturverlust in der Rohrleitung ist je nach Güte der Bekleidung 0,5—1⁰ je m Rohrlänge. Ventile und Flanschen sind bei Heißdampf sorgfältig zu bekleiden. Die Größe der Überhitzerheizfläche beträgt 0,25—0,4 der vorgelagerten Kesselheizfläche und ∼ 1,3—0,4 der wasserbespülten Kesselheizfläche.

Die Überhitzer müssen den ganzen Dampfstrom gleichmäßig überhitzen, unverwüstlich sein und ohne Reparaturen arbeiten. Sie werden an einer Stelle der Feuerzüge eingebaut, wo die Heizgase eine Temperatur von 500—600⁰, höchstens aber von 700—800⁰ haben. Bei weniger als 400⁰ kann eine wirksame Überhitzung nicht mehr erzielt werden.

Es können folgende Grundsätze für die Konstruktion abgeleitet werden:

a) Der Überhitzer muß in allen Teilen aus zuverlässigem Material hergestellt werden.

b) Die Anwendung von Flanschen und unter Druck stehende Kappen muß unter allen Umständen vermieden werden.

c) Die Kühlung der Überhitzerrohre muß in ausgedehntem Maße gesichert sein.

d) Die geforderte Überhitzung muß mit möglichst kleiner Heizfläche erzielt werden.

---

[1]) Näheres über den Rechnungsvorgang s. Verfasser: Die Abwärmetechnik Bd. 1, S. 191 u. 192. 1928. Verlag R. Oldenbourg, München-Berlin.

e) Jedes einzelne Überhitzerrohr muß für sich auswechselbar sein.
f) Jedes einzelne Überhitzerrohr muß ohne Mauerwerksverletzung auswechselbar sein.
g) Der Dampf muß zwangläufig von dem einen Überhitzerrohr in das andere geleitet werden, um möglichst lange Wege zurückzulegen.
h) Ruß und Flugasche darf sich nur so wenig wie möglich auf den Rohren ablagern.
i) Die Entfernung des Rußes und der Flugasche von den Überhitzerrohren muß auf einfache Art und Weise schnell und wirtschaftlich erfolgen.
k) Eine Drosselung des Dampfes muß vermieden werden.
l) Die Einmauerung muß zweckmäßig und einfach sein.
m) Eine Querschnittsverengung der Feuerzüge muß vermieden werden.
n) Desgl. die Ausbildung von Wassersäcken.
o) Eine sichere, die Ausdehnung der Rohre nicht hindernde Lagerung des Überhitzers muß gewährleistet sein.
p) Auf eine genügende Entfernung der einzelnen Rohre voneinander muß geachtet werden.

Als Baustoff wird für die Überhitzerrohre fast ausschließlich nahtlos gezogene (Mannesmann-Rohre), schlangenförmig gebogene oder spiralförmig gewundene Rohre von 25—40 mm l. W., für die Sammelrohre geschweißte oder nahtlos gezogene, runde oder quadratische Rohre von 120—180 mm l. W. oder auch Stahlgußrohre verwendet. — Die Rohre werden durch Einwalzen, seltener durch aufgewalzte Flanschen mit Verschraubung an den Sammelrohren befestigt. Die Einwalzstellen sind durch Ausschnitte in der gegenüberliegenden Wand erreichbar, welche durch Verschlußkappen oder eingeschraubte Stopfen verschlossen werden.

Hinsichtlich der Formgebung der Überhitzerrohre unterscheidet man zwischen Flachschlangen und Spiralschlangen. Die Überhitzerschlangen können nun so zusammengebaut werden, daß alle Rohre hintereinander oder nebeneinander oder schließlich bündel- oder gruppenweise hintereinander geschaltet sind. Die Parallelschaltung der Überhitzerrohre ist heute die gebräuchlichste Bauart. Sie hat den großen Vorteil, daß bei Beschädigung eines oder mehrerer Rohre diese nur abzuschließen sind, worauf der Überhitzer weiterarbeiten kann. Wird ein Überhitzer aus mehreren Flach- oder Spiralschlangen gebildet, so sind für die Verbindung dieser Rohrschlangen Verteilungs- bzw. Sammelkästen erforderlich. Von diesen verteilt sich der Dampf in die einzelnen Überhitzerschlangen.

Je nach der Lage der Rohrschlangen kann noch unterschieden werden zwischen liegenden, stehenden und hängenden Schlangen.

Die Führung der Heizgase kann im Gleichstrom oder im Gegenstrom zur Durchflußrichtung des Dampfes erfolgen. Der Gegenstrom ist zwar wirksamer, doch ist die Haltbarkeit der Rohre dabei eine geringere. Daher wird meistens eine gemischte Strömung angewandt.

Die Reglung der Überhitzungstemperatur erfolgt durch Veränderung der Heizgasmenge, durch Veränderung der Überhitzerfläche, durch Mischung von gesättigtem und überhitztem Dampf, durch Abkühlung des überhitzten Dampfes, durch Veränderung der vom Sattdampf mitgeführten Feuchtigkeit.

In neuester Zeit werden in Amerika Strahlungsüberhitzer, d. h. Überhitzer direkt in den Feuerraum eingebaut. Dadurch, daß die Überhitzer weiter nach vorn, in das Gebiet der hohen Temperaturen, verlegt werden, wird der Wärmeübergang und die Heizflächenleistung in kcal/m²/h gesteigert. Der Strahlungsüberhitzer bringt zwar gewisse konstruktive und betriebstechnische Vorteile mit sich, er konnte sich aber in Europa bisher, vor allem wegen Baustoffschwierigkeiten, noch nicht einführen.

Es ist auch zu berücksichtigen, daß mit steigendem Druck die Überhitzungswärme des Dampfes für eine gegebene Temperatur wesentlich zurückgeht. 60 kcal je kg Wärmezufuhr bewirken z. B. bei Sattdampf von 15 at 300°, bei 50 at 333° Heißdampftemperatur.

Das Bestreben nach möglichster Umgehung der Trommeln bei Hoch- und Höchstdrücken hat zur Ausbildung besonderer Kesselbauarten geführt. Beim **Atmos-Kessel** drehen sich mehrere waagrechte Wasserrohre von ~ 250 mm l. W. mit etwa 300 Umdrehungen pro Minute um ihre Achse. Sie werden von Feuergas umspült. Ihre Anzahl (6—10) richtet sich nach der notwendigen Heizfläche. Durch die infolge der Umdrehung auftretende Fliehkraft wird das Wasser an die Rohrwand gedrückt und die entstehenden Dampfbläschen nach dem Rohrinnern gepreßt, von wo der Dampf abgeführt wird. Durch die Wasserschicht an der Rohrinnenwand wird das bei dem hohen Druck besonders gefährliche Erglühen der Wand verhindert. Schwierigkeiten bieten die Stopfbuchsen, die den hohen Druck in den Drehrohren (ca. 125 at) nach außen abzudichten haben.

Bei dem **Benson-Kessel** (s. Abb. 72) wird das Speisewasser bis über den kritischen Druck (224 at) und nachfolgend in einem Röhrensystem auf seine Verdampfungstemperatur (273°) gebracht. Da beim kritischen Druck das spezifische Volumen von Dampf und Wasser gleich groß und die Verdampfungswärme gleich Null ist, findet bei weiterer Wärmezufuhr ein plötzlicher Übergang des Wassers in trocken gesättigtem Dampf statt, ohne daß eine Volumenvergrößerung eintritt. Wird der Dampf nun zwecks Verwendung in einer Dampfmaschine auf einen tieferen Druck gedrosselt, so muß man ihn, da er durch den Drosselvorgang naß wird, durch Wärmezufuhr wieder trocknen bzw. überhitzen. Der gesamte Prozeß geht in Rohren von geringem Durchmesser vor sich, die leicht so hergestellt werden können, daß sie die in Frage kommenden Drücke aushalten.

Bei dem **Löffler-Kessel** wird einem unbeheizten Verdampfungskessel (Trommel) Sattdampf entnommen und durch eine Umlaufleitung mittels einer Pumpe durch einen direkt gefeuerten Überhitzer geführt und z. T. der Verbrauchsstelle, z. T. dem Verdampfungskessel wieder zugeleitet, wo die Überhitzungswärme zur Erzeugung von Sattdampf abgegeben wird. Durch den fortlaufenden Dampfkreislauf und durch die stetige Wärmezufuhr kann ein beliebiger Druck in der Trommel erzeugt werden. Das Speisewasser wird durch einen Abgasvorwärmer in die Trommel gepumpt.

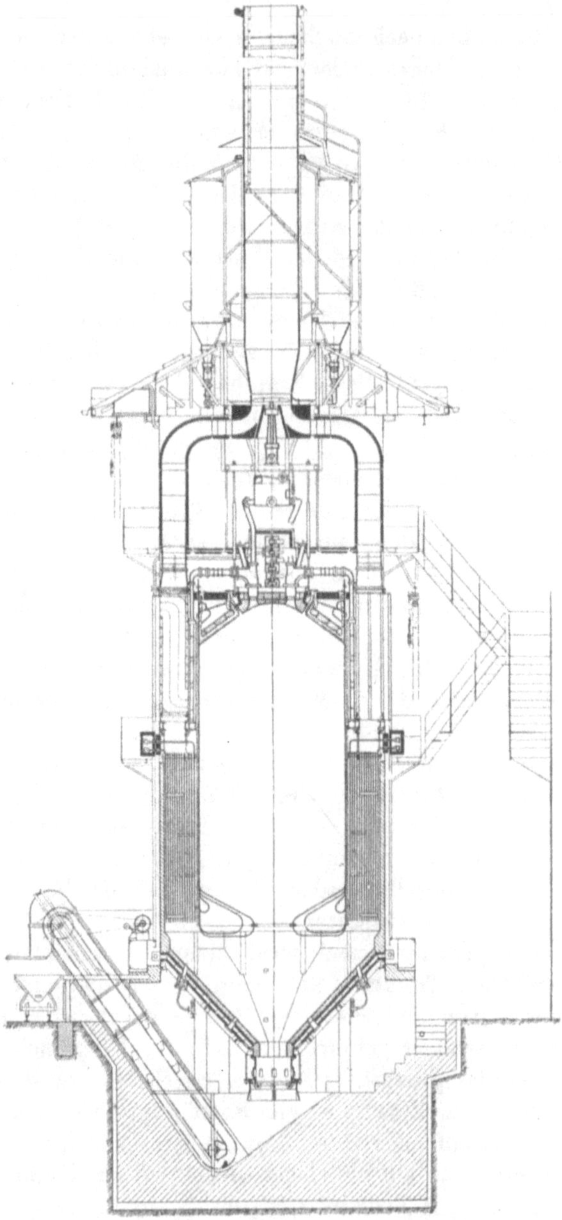

Abb. 72. Benson-Kessel in Berlin-Gartenfeld.

Zuletzt wäre noch kurz auf die **Elektrodampfkessel** einzugehen[1]).

Elektrodampfkessel sind in kohlenarmen Gegenden vorteilhaft. Besondere Kennzeichen sind sauberer Betrieb, leichte Regelbarkeit, hoher Wirkungsgrad, da Verluste nur durch Abstrahlung entstehen. Man unterscheidet Widerstandsheizung (Wirkungsgrad 90—93 vH) und Elektrodenheizung (95—99 vH). Indirekte Widerstandsheizung mit isolierten Widerstandsdrähten für Gleich- und Wechselstrom ausführbar. Direkte mit unisolierten Drähten nur für Wechselstrom brauchbar. Leistungsreglung z. B. durch Zu- und Abschalten von Heizelementen. Elektrodenheizung für Gleichstrom wegen Knallgasbildung nicht geeignet. Es werden zwei Elektroden in das Wasser eingetaucht, zwischen denen der elektrische (Wechsel-)Strom durch das Wasser überfließt. Für chemisch enthärtetes Wasser nicht benutzbar (da nicht leitend). Natürliches Wasser ist als verdünnte Salzlösung aufzufassen und besitzt eine gewisse mit der Temperatur zunehmende Leitfähigkeit. Es bestehen mannigfache Ausführungen von Elektrodampfkesseln. Beim Revel-Kessel steht der Hauptelektrode in der Kesselmitte die Kesselwand als geerdete Gegenelektrode gegenüber. Die Leistungsreglung erfolgt durch Veränderung der Oberfläche der Hauptelektrode durch Veränderung der Eintauchtiefe.

2. Speicheranlagen zur Aufnahme von Belastungsspitzen.

a) Allgemeines.

Bei Betrieben mit wechselnder Dampfabgabe muß ohne Anwendung von Speichern die wechselnde Belastung von den Dampfkesseln aufgenommen werden. Diese macht sich bei großer Dampfabgabe (Dampfspitze) durch Absenken des Kesseldruckes und bei verminderter Dampfabgabe (Dampftal) durch plötzliches Ansteigen des Druckes (Abblasen der Sicherheitsventile) in sehr unangenehmer Weise bemerkbar.

Man versuchte bis vor kurzem die Übelstände dadurch zu beseitigen, daß man

[1]) Näheres s. Verf.: Die Abwärmetechnik Bd. 3, Abschnitt 8, S. 184—197. 1928. Verlag R. Oldenbourg, München-Berlin.

1. eine größere Anzahl Kessel unter Feuer hielt, als der mittleren Dampfabgabe entsprach,
2. die Kesselspeisung und Feuerung dauernd von Hand oder durch Apparate regelte.

Aber selbst bei sorgfältigster Bedienung lassen sich Drucksenkungen bzw. Abblaseverluste nicht vermeiden, so daß der Gesamtwirkungsgrad der Kesselanlage hierdurch ganz erheblich verschlechtert wird.

Soll ein Kesselbetrieb bei schwankender Belastung wirtschaftlich geführt werden, so sind folgende Bedingungen zu erfüllen:

1. Es darf nur so viel Kesselheizfläche gefeuert werden, wie nötig ist, um die mittlere Dampfmenge zu erzeugen;
2. die Feuerführung soll auf möglichst lange Zeit gleichmäßig sein, um die bestmögliche Verbrennung zu erzielen;
3. der Wasserstand in den Kesseln soll sich möglichst immer auf derselben Höhe halten und so günstig eingestellt werden, wie es die Betriebssicherheit, die Wasserumwälzung und die Dampfentwicklung an der Oberfläche verlangt;
4. der ganze Kesselbetrieb soll möglichst unabhängig von Eingriffen des Personals bzw. von empfindlichen Apparaten, die die Feuerung, die Zugstärke usw. regeln, gemacht werden;
5. der Dampfdruck soll dem Konzessionsdruck entsprechen, Druckabsenkungen und Abblasen der Sicherheitsventile müssen vermieden werden;
6. der Kesselbetrieb muß so einfach wie möglich sein.

Die Erfüllung dieser Bedingungen machte die Einführung der Speicherung im Dampfkesselbetrieb zur Notwendigkeit.

Zunächst wurde der Gefällespeicher von Ruths eingeführt, welcher als eine Weiterentwicklung des Niederdruckspeicherverfahrens von Professor Rateau zu betrachten ist; ihm folgte der Gleichdruckspeicher in verschiedener Ausführung.

Die ursprünglich für die Einschaltung von Gefällspeichern in das Netz einer Dampfkraftanlage maßgeblichen Gesichtspunkte sind heute verlassen worden. Während man anfangs vor allem Drosselverluste zu vermeiden suchte und daher mit verhältnismäßig kleinem Druckgefälle, also großem Speicher arbeiten mußte, zieht man heute Schaltungen vor, bei denen der Ruths-Speicher etwa zwischen 15 und 2 ata arbeitet, um die Speicherfähigkeit für 1 m³ Rauminhalt möglichst zu steigern.

Auch in der Beurteilung der Wirtschaftlichkeit der Gefällspeicher vollzog sich insofern eine Wandlung, als neuerdings nicht so sehr auf eine Ersparnis durch Steigerung des Wirkungsgrades als auf die Vorteile geringerer Anlagekosten einer Speicheranlage gegenüber einer Kesselanlage gleicher Leistungsfähigkeit oder auf eine Steigerung der Produktion bei gleicher Kesselleistung Wert gelegt wird.

Diese wirtschaftlichen Gedankengänge bringen es auch mit sich, daß man die ursprüngliche Forderung unveränderter Kesselbelastung während der ganzen Arbeitszeit, die unwirtschaftlich große Speicherabmessungen ergibt, fallengelassen hat. Man paßt vielmehr die Feuerführung der Belastung allmählich an, nimmt die unvermutet auftretenden Spitzen mit dem Speicher auf und verwendet ihn gleichzeitig zur besseren Ausnutzung der Kesselanlage, indem man die höchsten regelmäßigen Spitzen abschneidet und die Täler ausfüllt.

Der in den Dampfkesseln erzeugte Frischdampf wird durch die Dampfleitung zum Teil einer Turbine, der sog. Grundlastturbine, zugeführt, während der gerade nicht benötigte, also überschüssig erzeugte Dampf durch selbsttätiges Öffnen eines druckgesteuerten Überströmventiles nach dem Ruths-Speicher abströmt und sich dort aufspeichert, um im Augenblick des Spitzenbedarfes wieder zur Verfügung zu stehen. Tritt nämlich die Spitze auf, so öffnet zunächst in der üblichen Weise der Geschwindigkeitsregler der Grundlastturbine die Dampfzufuhr zu dieser Maschine ganz. Steigt dann der Bedarf weiter, so öffnet durch die ein wenig sinkende Periodenzahl auch der Geschwindigkeitsregler der an den Speicher angeschlossenen Speicherturbine (Spitzenturbine) die Zudampfleitung vom Ruths-Speicher (s. a. Abb. 74).

Durch den Einbau des Speichers wird somit ein elastisches Bindeglied zwischen Kessel und Maschine geschaffen. Diese Maßnahme bringt eine große Erleichterung für den Kesselbetrieb während der Nacht mit sich. Der Speicher kann nämlich während der Nacht gefüllt werden, so daß eine größere Anzahl von Kesseln in Betrieb gehalten werden kann. Auch während der in manchen Städten sehr tiefen Absenkung des Strombedarfes während der Mittagspause können die Kessel mit unveränderter Belastung weiter betrieben werden, wobei der überschüssige Dampf selbsttätig dem Speicher zugeführt wird.

Das Anheizen von Kesseln sowie das Abstellen am Ende der Tageslast oder bei Auftreten einer plötzlichen Betriebsunterbrechung macht bei Vorhandensein eines Speichers keine Schwierigkeiten, da es nicht darauf ankommt, ob die Dampferzeugung in den Kesseln etwas früher oder später einsetzt, denn jeweils strömt der überschüssige Dampf in den Speicher, und ebenso wird jeweils die fehlende Dampfmenge aus dem Speicher entnommen. Daher wird es durch den Ruths-Speicher möglich, die Kessel (mögen sie nun in einem einzigen Kraftwerk oder in mehreren stehen) nach einem vorher festgelegten Fahrplan in Betrieb zu nehmen, ohne daß eine für die Lebensdauer der Kessel schädliche Anstrengung erforderlich wird.

In den letzten Jahren traten nun die Gleichdruckspeicher mit den Gefällespeichern in Wettbewerb. Besondere Bauarten werden von der Kraftanlagen-A.G. in Heidelberg und von der Kießelbach-Wärmespeichergesellschaft in Essen ausgeführt. Der Gleichdruckspeicher nutzt die Zeit des Wärmeüberschusses zur Bereitung und Speicherung warmen Wassers aus, das bei Wärmemangel oder erhöhtem Wärmebedarf zur Verfügung steht. Der Gleichdruckspeicher kann als Verdrängungsspeicher arbeiten. In diesem Falle wird bei der Ladung unten kaltes Wasser entnommen und oben Heißwasser zugeführt, bei der Entladung wird der umgekehrte Weg eingeschlagen. In dieser Form arbeitet der Gleichdruckspeicher z. B. als Speisewasserspeicher in Verbindung mit Kesseln oder Kraftmaschinen, insofern als durch Heißspeisung der Kessel die Dampfleistung ohne Änderung der Feuerführung erhöht werden kann. Der Gleichdruckspeicher kann zuletzt auch als Frischdampfspeicher verwandt werden, wenn dieser nur teilweise mit Wasser gefüllt und sein oberer Teil als Mischvorwärmer benutzt wird, in welchem eingeführtes Wasser durch Einspritzen von Dampf erwärmt wird.

Ein besonderer Vorteil der Erwärmung des Speisewassers außerhalb der Kesselanlage ist die Anwendbarkeit des Regenerativverfahrens in Verbindung mit der Speicherung. An Stelle der einstufigen Vorwärmung mit Frischdampf kann das Speisewasser stufenweise mit Dampf verschiedenen Druckes, z. B. Anzapf- oder Gegendruckdampf aus Kraftmaschinen, erwärmt werden. Zweckmäßig erfolgt dabei die Erwärmung in den unteren Stufen in Oberflächenvorwärmern — um Zwischenpumpen zu vermeiden —, in der obersten Stufe dagegen durch Einspritzvorwärmung, um das Wasser möglichst nahe an die dem Speicherdruck entsprechende Siedetemperatur zu erwärmen und den Speicher seinem Druck entsprechend voll auszunutzen.

Der ebenfalls zur Gruppe der Gleichdruckspeicher gehörige Kießelbach-Wärmespeicher zeigt als Neuerung die Einführung des Wälzverfahrens beim Gleichdruckspeicher. Der Speicher besteht aus einem zylindrischen Behälter ohne jeden inneren Einbau. Davor befindet sich die Wälzpumpe, welche ständig umläuft und welche mit dem Speicher durch eine Saugleitung und mit der Kesselanlage durch eine Umwälzleitung verbunden ist. Die Fördermenge der Wälzpumpe ist wesentlich größer als die maximale Wassermenge, die von den Kesseln verdampft wird. Das überschüssige Wasser läuft ständig durch eine Überlaufleitung nach dem Speicher zurück. Um im Kessel und im Speicher denselben Druck herzustellen, sind die Dampfräume vom Kessel und Speicher durch eine Druckausgleichleitung miteinander verbunden. Die Speisewasserzuführung erfolgt in der üblichen Weise durch eine Economiseranlage oder durch Stufenvorwärmer.

Die Feuerungslinie (hierunter ist der Zustand der Feuerungen bei allen Kesseln zu verstehen) oder wenn notwendig mehrere, werden so eingestellt, daß nur der mittlere Dampfbedarf von den Kesseln gedeckt wird. Der Ausgleich der Belastungsschwankungen erfolgt in der Weise, daß bei Unterschreitung des mittleren Dampfbedarfes, also bei geringer Belastung (Dampftal), mehr Wasser in die Kessel gespeist wird, als für die Dampferzeugung erforderlich ist. Der Überschuß an Speisewasser wird in den Kesseln durch den augenblicklich vorhandenen Wärmeüberschuß der Feuerung auf Siedetemperatur gebracht und läuft durch die Überlaufleitung nach dem Speicher ab. Der Speicher wird aufgeladen, sein Wasserinhalt vergrößert sich.

Steigt dagegen die Belastung über die mittlere Dampferzeugung (Dampfspitzen), so wird die Speisung nach und nach vermindert (gegebenenfalls zeitweise ganz abgestellt), dafür wird dann heißes Wasser aus dem Speicher verdampft. — Der Speicher wird entladen. — Da dieses Wasser schon Siedetemperatur besitzt, so steht die Gesamtwärme der Feuergase ausschließlich für die Dampfbildung zur Verfügung; die Kessel sind infolgedessen in der Lage, bei gleichbleibender Feuerungslinie eine erhöhte Dampfmenge ohne Verminderung des Kesseldruckes abzugeben.

Der Wasserinhalt und damit die Wärmereserve ist bei neuzeitlichen Kesseln (Wasserrohrkesseln) und besonders bei Hochdruckkesseln sehr gering. Infolgedessen sind sie auch gegen Dampfbelastungsschwankungen viel empfindlicher als beispielsweise Flammrohrkessel. Letztere kommen jedoch wieder für höhere Drücke nicht in Betracht. Durch Zuschaltung z. B. eines Kießelbach-Speichers kann nun jeder Wasserrohrkessel (Schrägrohr- oder Steilrohrkessel) mittels der Wälzvorrichtung, der Überlaufleitung und der Druckausgleichleitung zum Großwasserraumkessel werden. Die Überlauf- und Druckausgleichleitung wirken sich günstig aus. Die erstere bewirkt, daß sich in sämtlichen Kesseln der Wasserstand immer auf derselben, für die Verdampfung günstigsten Höhe befindet. Durch die zweite wird der sich bei Druckabsenkungen bildende Dampf aus dem Speicher den Kesseln zugeführt. Letzterer Fall kann eintreten, wenn z. B. durch Ausfall eines Kessels oder durch Störungen in der Feuerung ein Druckabfall im ganzen Netz eintritt. Dieser wird dadurch, daß der ganze Wasserinhalt des Speichers und der Kessel dann an der Dampfbildung teilnimmt, auf ein erträgliches Maß beschränkt. Der Kießelbach-Speicher wirkt also gewissermaßen als Gefällespeicher. Das gleiche gilt auch für die Frischdampfspeicher der Kraftanlagen-A.-G. in Heidelberg, die unter Kesseldruck stehen, und zwar vielleicht mehr als beim Kießelbach-Speicher, weil schon ein Druckabfall in der Leitung eine Entladung des Speichers zur Folge hat, während bei Kießelbach die Dampfabgabe über die Druckausgleichsleitung zunächst beschränkt ist.

Das Bestreben im Kesselbau geht zur Zeit dahin, die Betriebsdrücke auf 50, 100 und mehr Atmosphären zu erhöhen. Abgesehen von einzelnen Sonderkonstruktionen wird für solche Drücke im allgemeinen der Steilrohrkessel verwandt. Da die Wandstärke der Trommeln jedoch bei höheren Drücken außerordentlich groß wird und die Herstellung sich sehr verteuert, so ist man gezwungen, die Durchmesser der Trommeln möglichst klein zu halten. Durch diese Maßnahme wird der schon an und für sich kleine Wasserinhalt der Steilrohrkessel noch wesentlich verringert. Hier kann der Kießelbach-Speicher — allerdings als Sonderbauart — Abhilfe bringen.

Bei solchen Anlagen besteht der Kießelbach-Wärmespeicher aus einzelnen nahtlosen Röhren von etwa 500 mm l. W., die vermittels einzelner Leitungen mit einer kleinen unteren und oberen Trommel verbunden sind.

Die Anordnung ist im übrigen genau die gleiche wie bei dem normalen Speicher, der aus einem Zylinder hergestellt wird. Selbst bei Drücken von 50, 100 und mehr Atmosphären ist die Wandstärke der nahtlosen Rohre verhältnismäßig gering. Da man sie jedoch bis zu einer Länge von 20 m verwenden kann, so ist die Unterbringung einer größeren Wassermenge in einfacher Weise zu bewerkstelligen. Auf diese Weise ist es möglich, auch einen Hochdruckkessel durch Zuschaltung eines Vielrohr-Kießelbach-Speichers zu einem Großwasserraumkessel mit allen seinen Vorteilen auszugestalten. Dadurch, daß man die Kesseltrommeln selbst sehr klein halten kann, verringern sich die Beschaffungskosten für den Kessel nicht unwesentlich. Durch diese Ersparnis wird schon ein großer Teil der Herstellungskosten für den Speicher gedeckt.

In größeren Betrieben sind manchmal mehrere Kesselhäuser vorhanden bzw. mehrere Kesselbatterien, die räumlich weit auseinander liegen. In vielen Fällen genügt es, nur eine Kesselbatterie mit einem genügend großen Speicher zu versehen. Es können alsdann während der Zeit der Spitzendeckung die übrigen nicht mit Speicher arbeitenden Kessel statt mit Speisewasser von normaler Temperatur mit Wälzwasser, welches auf Siedetemperatur vorgewärmt ist, gespeist werden.

Schließlich sei darauf hingewiesen, daß ein Zusammenarbeiten von Gleichdruck- und Gefällespeicher dort in Frage kommt, wo plötzlich auftretende Dampfspitzen zu decken sind, die gegebenenfalls von dem Gleichdruckspeicher nur unter Druckabsenkung aufgenommen werden können. Es muß aber immer das Bestreben sein, die Hauptschwankungen in der Dampfentnahme durch den Gleichdruckspeicher wegen seiner guten Eigenschaften auszugleichen und die Abmessungen des Gefällespeichers so klein als möglich zu halten. Die für die Reglung der Speicher in Frage kommenden Organe sind in Abhängigkeit vom Dampfdruck zu bringen.

In der Zeit der Kohlenknappheit stand das Bestreben, Kohle und damit Betriebskosten zu sparen, im Vordergrund. Heute bei dem hohen Kapitaldienst ist man geneigt, die Möglichkeit, Anlagekosten zu sparen und billige Anlagen zur Deckung von Spitzen zu schaffen, mehr zu betonen.

Es ist wohl richtig, beide Gesichtspunkte gleichzeitig im Auge zu behalten und dabei nicht zu übersehen, daß eine solche Ausgleichsanlage auch in der Betriebsführung sich auswirkt und vor allem Ruhe in den Kesselbetrieb und in die Feuerführung bringt. Voraussetzung dafür ist, daß die Speicheranlage nicht ihrerseits wieder Rückwirkungen auf den Kesselbetrieb oder beim Zusammenarbeiten mit Kraftmaschinen auf diese auslöst. Es ist deshalb wichtig, bei der Wahl des Speichersystems auf die Art zu achten, wie es sich in den Betrieb eingliedern läßt.

b) Die Gefällespeicher (Ruths-Speicher).

Ruths hat das Anwendungsgebiet der Hochdruckdampfspeicher in dem letzten Jahrzehnt außerordentlich erweitert. Während er zunächst vorzugsweise im Niederdruckgebiet arbeitete, hat er später seinen Speicher für immer höhere Entladedampfdrücke gebaut, um die Vorteile der Gefällspeicher als Zusatzaggregat zur Dampferzeugungsanlage nutzbar zu machen. Die Hochdruckdampfspeicher (Abb. 73) können nämlich praktisch unbegrenzt große Dampfmengen aufnehmen und abgeben, und infolge dieser Eigenschaft können beliebige Schwankungen im Dampfverbrauch ausgeglichen werden ohne die Dampfabgabe des Kessels zu verändern[1]). Diese günstige Eigenschaft des Gefällspeichers kann sich aber nur dann voll auswirken, wenn der Dampfverbraucher auch sehr große Wärmemengen aufnehmen kann, wie z. B. Koch-, Verdampfer-, Trocknungs- und Heizanlagen.

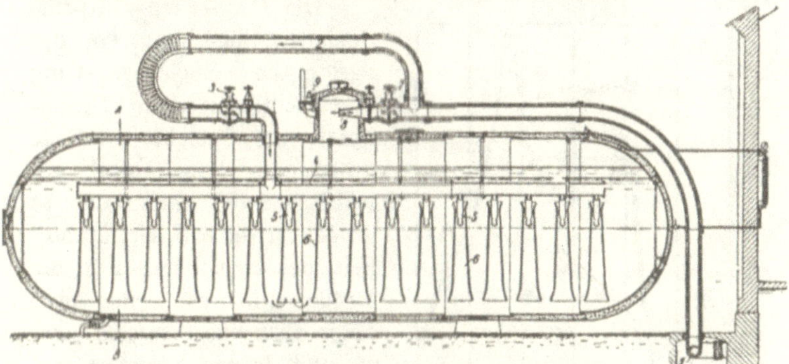

Abb. 73. Schnitt durch einen Ruths-Speicher liegender Bauart.

Die Grundschaltung für den Ruths-Speicher wurde bereits auf S. 169 besprochen. Abb. 74 zeigt das zugehörige normale Schaltbild.

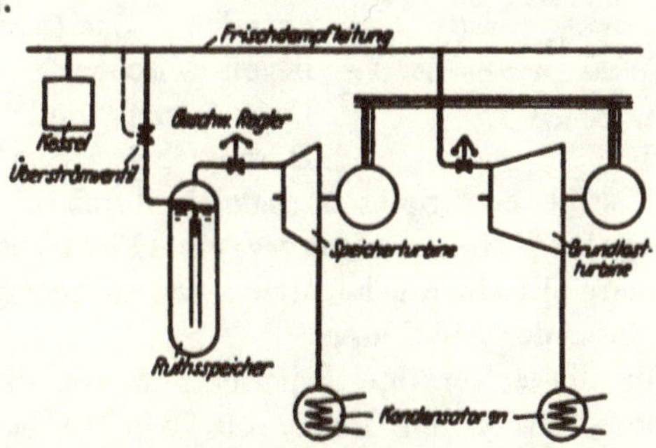

Abb. 74. Schaltbild für eine normale Ruths-Speicheranlage für ein Kraftwerk.

Auch bei der Einschaltung von Gefällspeichern in das Netz der Dampfanlage geht man heute von anderen Gesichtspunkten aus. Während man anfangs vor allem Drosselverluste zu vermeiden suchte und daher mit verhältnismäßig kleinem

[1]) Über die physikalischen Grundlagen der Gefällespeicher ist Eingehenderes in der Abwärmetechnik Bd. I des Verf. S. 197 und 198 sowie S. 203—207 gesagt. 1928. Verlag R. Oldenbourg, München-Berlin.

Druckgefälle, also großem Speicher arbeiten mußte, zieht man heute Schaltungen vor, bei denen der Ruths-Speicher etwa zwischen 15 und 2 ata arbeitet, um die Speicherfähigkeit für 1 m³ Rauminhalt möglichst zu steigern[1]).

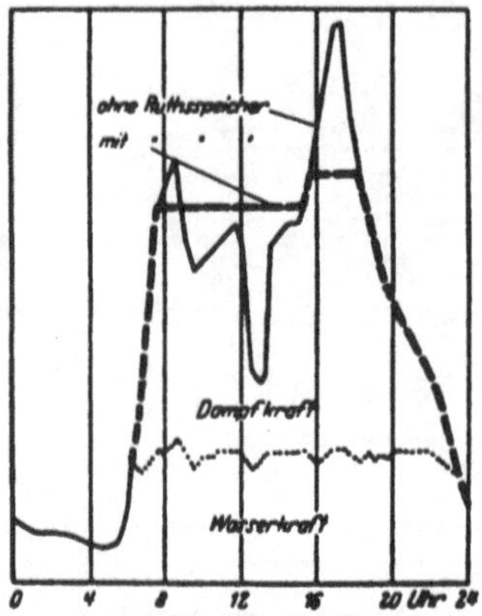

Abb. 75. Spitzenausgleich durch Ruths-Speicher für die Belastungskurve des E. W. einer kleineren mitteldeutschen Stadt (höchste Spitze etwa 20000 kW), erforderliches Speichervolumen 3 × 165 m³, Anlagepreis 250000 RM. Dadurch entbehrliche Kesselheizfläche 3 × 400 = 1200 m² im Werte von 750000 RM.

Die Größe einer Ruths-Speicheranlage hängt von der verlangten Speicherleistung und dem zulässigen Druckabfall im Speicher ab. Je größer der Druckabfall gewählt werden kann, um so größer ist die Aufnahmefähigkeit des Speichers. Für die Größe gibt es weder eine obere noch eine untere Grenze; es sind bisher Speicher von 5 m³ bis zu 345 m³ Fassungsvermögen gebaut worden, ferner ein geteilter Speicher von 456 m³. Die entsprechenden Speicherleistungen liegen zwischen 165 kg Dampf (bei 5 m³) und 36000 kg Dampf (bei 456 m³).

Abb. 75 zeigt den Spitzenausgleich durch eine Ruths-Speicheranlage für die Belastungskurve eines Elektrizitätswerkes für eine kleinere mitteldeutsche Stadt. Die zugehörigen Daten finden sich unter der Abbildung.

Eine für die zukünftige Entwicklung von Hochdruckanlagen wichtige Schaltung zeigt Abb. 76[2]). Es handelt sich um eine Höchstdruckanlage, welche mit hohem Gegendruck arbeitet, im Gegendruckbetrieb eine gewisse Grundlast erzeugt und den Abdampf von Gegendruckspannung zur Aufladung einer Ruths-Speicheranlage verwendet. Es ist der folgenden Rechnung eine Benson-Kesselanlage zugrunde gelegt, obwohl

[1]) Über Schaltungen von Ruths-Speichern für Heizungs-Kraftanlagen s. Verf., Abwärmetechnik Bd. II, 1928. Verlag R. Oldenbourg, München-Berlin.

[2]) S. Siemens Zeitschrift 1927, Heft 6, S. 396 u. 397.

auch mit Kesseln von gewöhnlicher Bauart und hohem Druck in gleicher, wenn auch nicht in so wirtschaftlicher Weise, gearbeitet werden kann.

Abb. 76 gibt das Schema der Anlage. Im gleichmäßig durchlaufenden Betrieb wird der Dampf mit Höchstdruck erzeugt, wobei die Kesselanlage mit günstigstem Wirkungsgrad arbeitet, nur während der Spitzenstunden wird sie ohne Rücksicht auf den Wirkungsgrad so stark wie möglich belastet. Der Dampf wird in der Hochdruckturbine *a* bis auf den Ladedruck des Speichers *b* bei bestem Wirkungsgrad der Turbine entspannt; in den Spitzenstunden wird der mehr erzeugte Dampf durch eine Überlastdüse geführt und in der Hochdruckturbine mit geringerem Wirkungsgrad ausgenutzt oder den Niederdruckturbinen gedrosselt zugeführt. Die Niederdruckturbinen werden vor der Spitzenzeit angewärmt und erhalten außer dem von der Hochdruckturbine kommenden Dampf noch den Speicherdampf. Dieser kann in einem Zwischenüberhitzer *d* überhitzt werden, um das Speichervolumen zu verringern. Die Pumpenleistung wird durch eine mit dem Abdampf der Vorschaltturbine *a* betriebene Turbopumpe *e* gedeckt. Für Zusatzleistungen ist eine Elektropumpe vorgesehen. Die Antriebsturbine der Pumpe arbeitet auf 2 Vorwärmestufen g_1 und g_2.

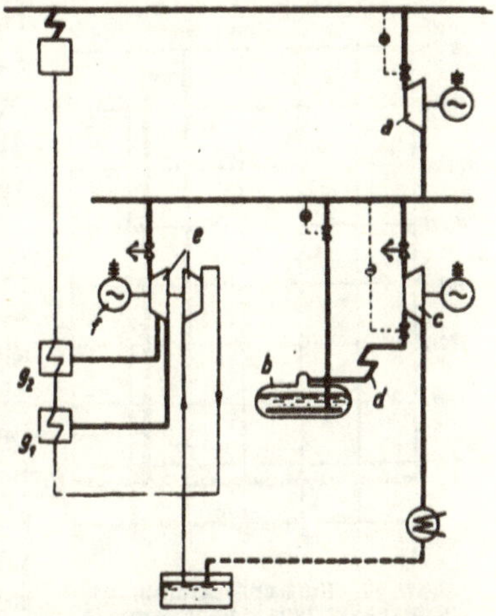

Abb. 76. Schematische Darstellung eines Spitzenwerkes mit Hochdruckkesseln zur Erzeugung der Ladedampfmenge für die Speicher im durchgehenden Betrieb.

Unter Annahme einer Ladedampfmenge von etwa 1400000 kg an, müssen in 21 Ladestunden etwa 67000 kg/h durch die Hochdruckturbine gehen; hinzukommen noch etwa 12000 kg zum Pumpenantrieb mit Speisewasservorwärmung nach Abb. 76. Mit dieser Dampfmenge könnten bei einem

Gegendruck von 15 ata rd. 7500 kW unter Abzug des Pumpenkraftbedarfs, erzeugt werden.

Während der Spitzenstunden könnten etwa 100000 kg/h aus der Kesselanlage zur Verfügung stehen und damit 10000 kW aus der Vorschaltturbine erzeugt werden, aus den Speichern in drei Stunden noch 1400000, so daß je Stunde im dreistündigen Betrieb 560000 kg Dampf durch die Niederdruckturbinen gehen können. Die Spitzenleistung über Grundlast beträgt dann etwa 68000 kW, das Leistungsdiagramm entspricht der Abb. 77.

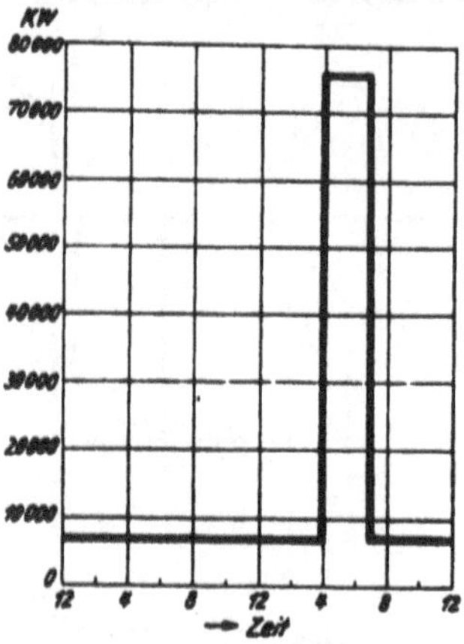

Abb. 77. Spitzendiagramm zum Spitzenkraftwerk nach Abb. 76.

Die Anlagekosten würden für diese zur Aufladung mit zusätzlicher Grundstromerzeugung ausgestattete Anlage etwa 15,5 Mill. betragen. Das nutzbare Kilowatt würde demnach bei 78000 kW Gesamtnutzleistung 200 M. kosten. Durch die Grundlasterzeugung an 33 Tagen mit je 21 Betriebsstunden werden 5,2 Mill. kWh erzeugt, deren Kohlenkosten etwa nur 0,42 Pf. je kWh ausmachen würden. Da gegenüber sonstigem Grundstrom hierbei 1,1 Pf. je kWh gespart werden, so ergibt sich hieraus ein Verdienst von 57000 M. Wo keine alte Kesselanlage vorhanden ist, wird sich eine Hochdruckanlage für den Ladedampf immer bezahlt machen, besonders dann, wenn die Benutzungsdauer auf über 100 Stunden gesteigert werden kann.

Zur Zeit sind fast 400 Anlagen mit Ruths-Speichern im Betrieb oder im Bau, darunter etwa 105 in Schweden, 90 in Deutschland und Österreich, 28 in Frankreich, je 20—25 in England, Norwegen, Finnland und Amerika, annähernd ebensoviel in der Tschechoslowakei, in Holland, Italien und Japan. Von den industriellen Betrieben steht die Zellstoffindustrie mit etwa 140 Anlagen an erster Stelle, dann folgen die Textilindustrie mit etwa 90, die chemische Industrie einschließlich Zucker-, Leder-, Seife- und Gummifabriken mit 70, Milchfabriken und Molkereien mit 15 und Brauereien mit 12 Anlagen. Ferner haben etwa 20 Hüttenwerke und 24 Elektrizitäts- und Bahnkraftwerke sowie 15 Krankenhäuser und Schulen Speicheranlagen[1]).

Abb. 78—84 zeigen Schaltbilder für Elektrizitätswerke in Verbindung mit städtischen Fernheizanlagen. Die Erzielung möglichster Wirtschaftlichkeit bedingt beim Entwurf ein sorgsames Eingehen auf die jeweils vorliegenden Bedingungen für den Strombezug und Heizdampfgestellung. Vielfach wird hier die Verwendung von Gefällespeichern von Vorteil sein, andere Fälle werden wieder günstiger für den Einbau von Gleichdruckspeichern liegen. In manchen Fällen werden reine Gegendruck-, in anderen Fällen möglicherweise Kondensationsmaschinen mit oder ohne Anzapfung am Platze sein. Durch Abwägung der Vor- und Nachteile bei den verschiedenen Schaltungsmöglichkeiten wird sich für jeden Fall eine Sonderanordnung ergeben, bei der allen Anforderungen nicht nur hinsichtlich Wirtschaftlichkeit sondern auch hinsichtlich Einfachheit und Sicherheit des Betriebes in weitestgehendem Maße entsprochen werden kann.

Von grundlegendem Einfluß auf die Entwicklung aller Stadtfernheizwerke bleibt die Tatsache, daß aus bestimmten Gründen im allgemeinen nur mit einem geringen Ausnutzungsfaktor aller für die Wärmeerzeugung und Fortleitung dienenden Einrichtungen gerechnet werden muß. Hieraus ergeben sich erhebliche Belastungen durch den Kapitaldienst für die Anlagekosten. Trotzdem ist es erfahrungsgemäß möglich, eine Wirtschaftlichkeit zu erzielen, wenn ein genügend großer Wärmebedarf vorliegt und durch bestimmte Zusammenschaltung des eigentlichen Heizbezuges mit dem Kraftbezuge ein günstiger spezifischer Wärmeverbrauch erreicht werden kann. Abgesehen von einem gewissen wirtschaftlichen Gewinn, ergeben sich bei derartigen öffentlichen Kraftfernheizwerken für die Städte noch weitere Vorteile:

1. Verringerung der Feuergefahr durch Beseitigung der zahlreichen Einzelfeuerstätten.

---

[1]) S. Archiv für Wärmewirtschaft 1929, Heft 3.

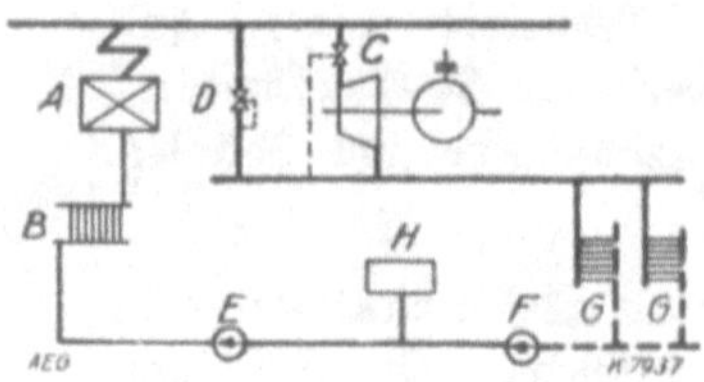

Abb. 78. Heizkraftwerke ohne Speicher.

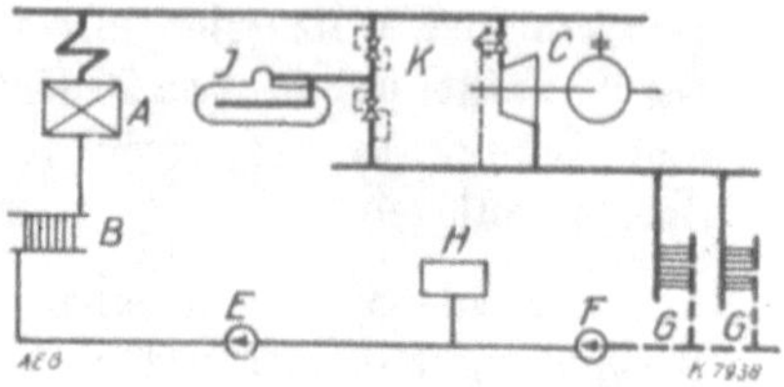

Abb. 79. Heizkraftwerke mit Gefällespeicher im HD-Gebiet.

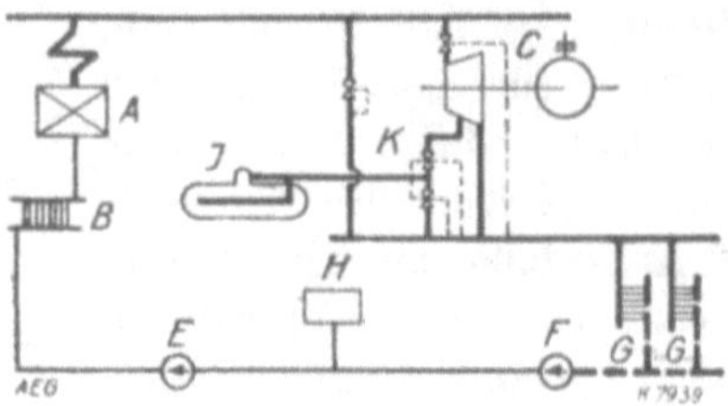

Abb. 80. Heizkraftwerke mit Gefällespeicher im N-D-Gebiet.

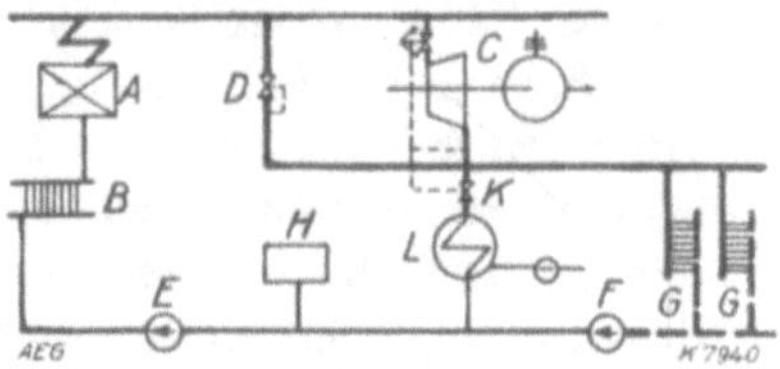

Abb. 81. Heizkraftwerke mit Warmwasserspeicher.

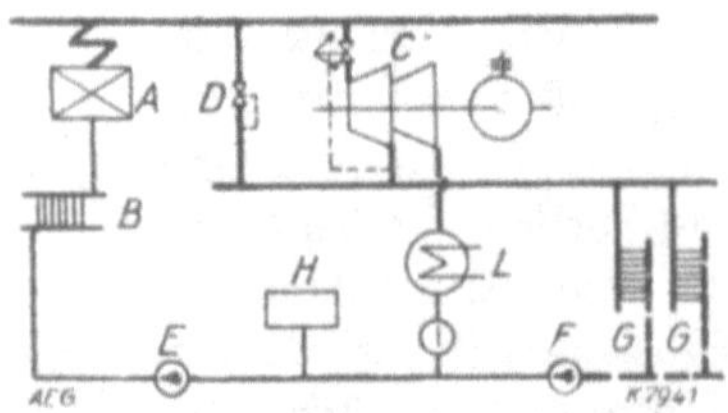

Abb. 82. Heizkraftwerke mit Kondensationsanlage.

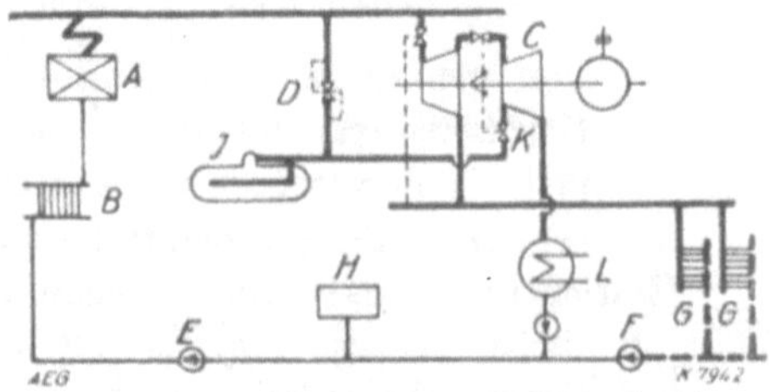

Abb. 83. Heizkraftwerke mit Speicherturbine.

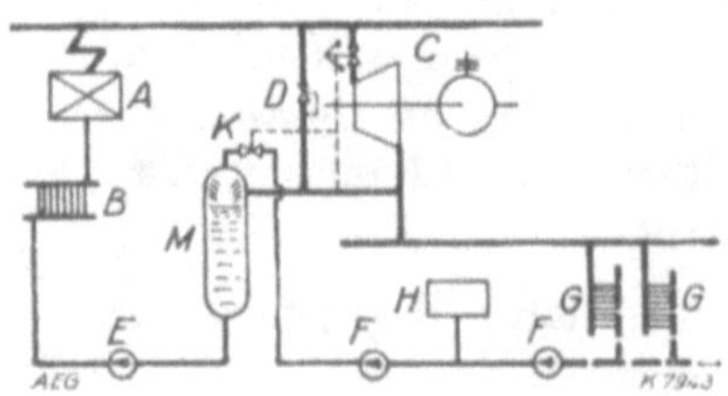

Abb. 84. Heizkraftwerke mit Gleichdruckspeicher.

Erklärung zu Abb. 78—84.

A = Kesselanlage,
B = Rauchgasvorwärmer,
C = Turbine,
D = Frischdampfreduzierstation,
E = Kesselspeisepumpe,
F = Kondensatzubringpumpe,
G = Heizdampfabnehmer,
H = Ausgleichsbehälter,
J = Gefällespeicher,
K = Regulierorgane,
L = Kondensationsanlage,
M = Gleichdruckspeicher

2. Verminderung der Rauchbelästigung durch bessere Verbrennung der Kohle in gut geleiteten Kraftwerksbetrieben.
3. Verbesserung der Verkehrsverhältnisse durch Beseitigung der Anfuhr der Kohlen zu den einzelnen Haushaltungen und Abfuhr der Asche.

Die bei weitem größte Ruths-Speicheranlage für ein Heizkraftwerk bauen zur Zeit die Siemens-Schuckertwerke für das Kraftwerk Berlin-Charlottenburg. Hier werden zum erstenmal stehende Speicher verwendet, deren Eignung an einer Versuchsanlage in Charlottenburg nachgewiesen worden ist. Dabei hat sich gezeigt, daß man die Oberflächenbelastung die man früher allgemein mit höchstens 400 m^3/m^2h angenommen hatte, auf ein Mehrfaches steigern kann, ohne daß Wasser mitgerissen wird.

Abb. 85 zeigt das Schaltbild der Anlage. Im allgemeinen sollen nur die Hochdruckkessel im Betrieb sein, während die Niederdruckkessel als Aushilfe dienen. Die Grundlast wird in zwei Vorschaltturbinen zwei Gegendruckturbinen und einer Kondensationsmaschine von 52000 kW Gesamtleistung erzeugt. Die Gegendruckmaschinen speisen das Fernheiznetz, während die 16 Speicher von je 312,5 m^3 Inhalt durch den überschüssigen Dampf der Vorschaltturbinen aufgeladen werden. Bei Beginn der Spitze entlädt sich die Speicheranlage und beliefert die beiden mit drei Einlaßstutzen versehenen Ruths-Turbinen von je 20000 kW mit Dampf. Bei hohem Dampfdruck (13 atü), d. h. bei Beginn des Entladens, sind nur die ersten Einlaßstutzen offen; mit sinkendem Speicherdruck öffnet sich allmählich der zweite und der dritte Einlaß. Das Speichervermögen der Anlage beträgt insgesamt 650 t oder 70000 kWh.

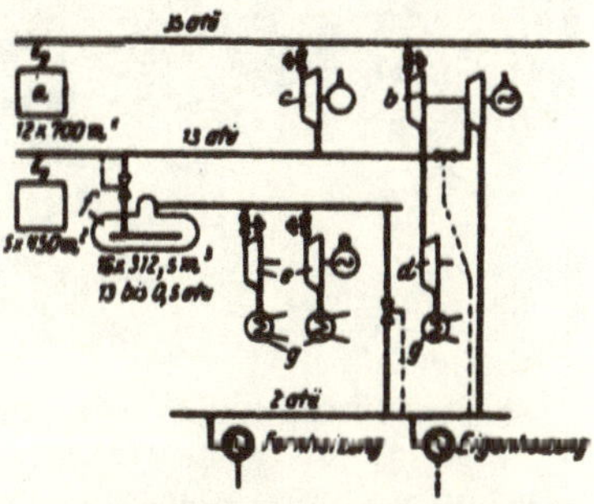

Abb. 85. Ruthsspeicheranlage im Kraftwerk Charlottenburg, erbaut von den Siemens-Schuckertwerken.
a Kesselanlage, *b* und *c* Vorschaltturbinen, *d* Grundlastturbine, *e* Speicherturbinen, *f* Ruthsspeicher, *g* Kondensatoren.

Die hohen mechanischen Beanspruchungen der Baustoffe durch dauernd wechselnde Druck-, Temperatur und Gewichtsbeanspruchungen verlangen besonders sorgfältige Ausführung der Kesselschmiedearbeiten. Die Längsnietungen werden zweckmäßig hydraulisch hergestellt, während die weniger beanspruchten Rundnähte von Hand (d. h. mit Preßluft) genietet werden können. Hat die Baustelle keinen Wasser-

Abb. 86. Nietarbeiten an einem Ruths-Speicher von 4800 mm Dmr.

anschluß, so können die Speicher bis zu 3 m Dmr., bei Genehmigung von Sonderfahrten bis zu 3,60 m Dmr., je nach der Länge in zwei oder drei Teile unterteilt, in der Werkstatt fertig genietet werden, so daß auf der Baustelle nur noch eine oder zwei Schlußrundnähte zu nieten sind; das gleiche gilt, wenn Anfuhr auf dem Wasserwege möglich ist. Schwieriger gestaltet sich der Zusammenbau, wenn die Speicher wegen der Profilbeschränkungen der Eisenbahn nur in Halbschüssen versandt werden können und ganz an Ort und Stelle genietet werden müssen.

In solchen Fällen wird auf der Baustelle ein hydraulisches Nietgerät aufgebaut (vgl. Abb. 86). Zunächst arbeitet man mit festem Nietmaul und hängendem Speicher; reicht dann die Hubhöhe der zum Nietgerät gehörenden Laufbrücke nicht mehr aus, so wird der Speicher liegend mit hängendem Nietmaul weiter genietet. So ist es auch bei großen Durchmessern möglich, wirklich einwandfreie Speicherkörper zu erhalten, indem man alle Nietungen bis auf die äußerste, mechanisch nicht beanspruchte Rundnaht maschinell herstellt.

c) Die Gleichdruckspeicher.

Die Charakteristik der Gleichdruckspeicher war bereits auf S. 170 gegeben worden. Es sollen hier zunächst die Bauformen der Kraftanlagen-A.G. Heidelberg besprochen werden:

Abb. 87 zeigt das Schaltbild einer Anlage, bei welcher der Belastungsausgleich dadurch erzielt wird, daß je nach dem Dampfbedarf des Betriebes mehr oder weniger Wasser eingespritzt und Dampf niedergeschlagen wird. Die einzuspritzende Wassermenge wird durch eine Umwälzpumpe zugeführt und durch ein Umlaufregelventil selbsttätig geregelt. Bei Dampfüberschuß öffnet das Ventil und schließt bei Dampfmangel.

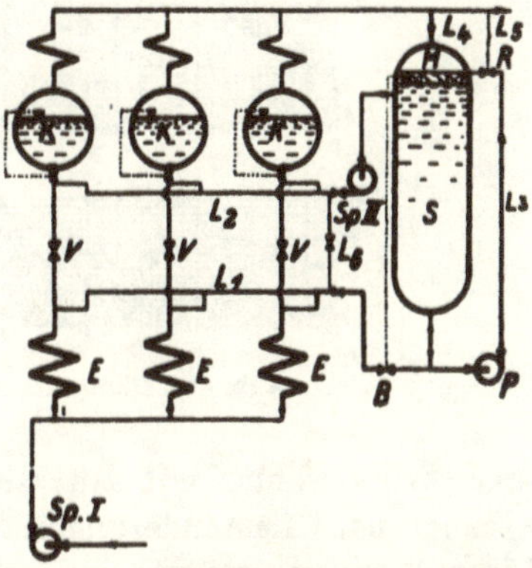

Abb. 87. Schaltbild einer Frischdampfspeicheranlage.

Der Ausgleich vollzieht sich außerhalb der Kesselanlage im Dampfnetz. Die Kessel werden stets mit der gleichen Wassermenge und mit Wasser von der gleichen Temperatur gespeist. Sie geben stets die gleiche bzw. die der Feuerführung entsprechende Dampfmenge ab. Der Durchfluß durch die Economiser entspricht dem Durchfluß bei Betrieb ohne Speicher. Bei diesem Belastungszustand füllt sich der Speicher von unten her mehr und mehr mit Wasser von 110° an und wird entladen.

Das Belastungsdiagramm Abb. 88 zeigt, daß der Dampfbedarf solcher Anlagen keinen erheblichen Schwankungen unterworfen ist. Trotzdem werden selbst bei solchen Verhältnissen durch Lastausgleich erhebliche Ersparnisse erzielt. Der Grund liegt wohl in der Hauptsache darin, daß die Heizer nicht mehr soviel an dem Feuer hin und her regeln, weil bei Laststeigerung der Druck nicht sofort abfällt oder bei Lastabfall ein Abblasen der Kessel befürchtet werden muß. Bei Übergang von einer Feuerführung auf die andere haben die Heizer Zeit, die Auswirkung dieser Änderung zunächst einmal

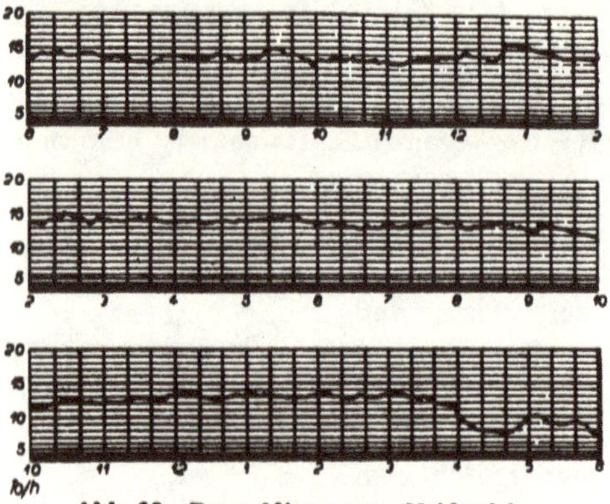

Abb. 88. Dampfdiagramm »Neidenfels«.

abzuwarten, ohne mit Rücksicht auf eine inzwischen einsetzende neue Laständerung sofort wieder eine Gegenreglung durchführen zu müssen und damit die Kontrolle über die Kessel zu verlieren.

Bei Dampfanlagen mit schwankendem Betrieb gibt erst eine Ausgleichsanlage der Betriebsleitung die Möglichkeit, von ihrem Betriebspersonal die günstigste Führung der Kessel zu fordern, und augenscheinlich liegt darin ein Hauptwert der Speicheranlage. Sie ermöglicht außerdem, stets mit dem höchstzulässigen Kesseldruck zu fahren, ohne daß bei Lastabfall sofort ein Abblasen der Kessel befürchtet werden muß.

Im übrigen fahren die Heizer bei Betrieben, die eine solche Speicheranlage besitzen, nicht mehr nach dem Kesseldruck, da dieser ja durch die selbsttätige Reglung des Speichers konstant gehalten wird, sondern nach dem Ladezustand des Speichers. Die Speicher werden in der Regel so bemessen, daß sie imstande sind, während der Spitze den Speisewasserbedarf für 1½—2 h zu decken. Umgekehrt dauert es unter normalen Verhältnissen bei der maximal anfallenden Überschußdampfmenge in der Regel ½—¾ h, bis der Speicher aufgeladen ist. Da die maximale Überschußdampfmenge selten während so langer Zeit gleichmäßig anfällt, dauert es in der Regel auch 1—1½ h, bis der Speicher bei fortdauernder Aufladung vollkommen geladen ist, wenn nicht kurzzeitigere Lade- und Entladeperioden infolge des selbsttätigen Eingriffs der Regeleinrichtung miteinander abwechseln. Die Heizer greifen nur ein, wenn der Speicher dem Zustand vollständiger Ladung oder Entladung entgegengeht. Ist er fast vollständig geladen, so regeln sie die Feuer herunter, ist er nahezu entladen, so regeln sie die Feuer wieder hoch. Es besteht also die Möglichkeit, die Feuer jeweils mindestens während ½—¾ h konstant zu halten, es verbleibt damit noch für den Übergang von einer Feuerführung auf die andere etwa ¼ h bis 20 min.

Den Anlaß zur Erstellung der Speicheranlage bei den Automobilwerken Adam Opel in Rüsselsheim gab z. B. das lästige Abblasen der Kessel während der Frühstückspause. Die Kraftanlage, die den in der Kesselanlage erzeugten Dampf fast ausschließlich aufnimmt, ist tagsüber ziemlich gleichmäßig belastet, abgesehen von der Lastsenkung während der Frühstücks- und Mittagspause (Abb. 89). Ein Herunterregeln und rechtzeitiges Wiederhochbringen der Kessel während der viertelstündigen Frühstückspause ist nicht möglich. Es bliesen deshalb vor Einbau der Speicheranlage die Kessel in der Frühstückspause regelmäßig ab. Abgesehen von den Dampfverlusten, die durch das Abblasen selbst hervorgerufen werden, ist dies bei Hochdruckkesseln deshalb besonders unangenehm, weil die Sicherheitsventile undicht werden und nicht mehr richtig schließen.

Bei dieser Anlage war es besonders interessant, zu verfolgen, wie rasch das Betriebspersonal sich dem Betrieb mit der Speicheranlage anpaßte. Der Speicher wurde mit Rücksicht auf die Anschaffungskosten nur so groß bemessen, daß er den in der Frühstückspause anfallenden Überschußdampf unter Berücksichtigung einer gewissen Reserve aufzunehmen vermag. Er ermöglicht jedoch nicht, die bei Konstanthaltung der Feuerführung während der einstündigen Mittagspause anfallende, erheblich größere Überschußdampfmenge aufzunehmen. In den ersten Tagen fuhr das Personal so, daß nach Absenken der Last in der Mittagspause zunächst mit den Kesseln gleichmäßig weitergefahren wurde, bis der Speicher nach etwa ½ h vollständig geladen war und keinen Dampf mehr aufnehmen konnte. Nach Beendigung der Mittagspause war es nun wieder nicht möglich, der plötzlich einsetzenden Laststeigerung rechtzeitig nachzukommen. Es wird deshalb in der Mittagspause heute so gefahren, daß beim Lastrückgang die Kessel allmählich heruntergeregelt werden, wobei der Speicher teilweise aufgeladen wird. Diese Übergangsperiode

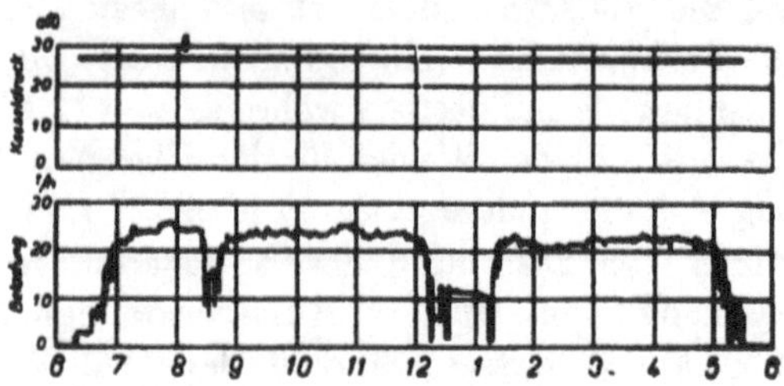

Abb. 89. Dampfdiagramm der Opelwerke vor dem Speichereinbau.

dauert etwa 10 min bis ¼ h. Während ½ h wird dann mit der niedrigen Belastung gefahren, dabei werden die Kessel abgeschlackt und mit Dampfbläsern gereinigt. Etwa 10 min bis ¼ h vor Beendigung der Pause werden die Feuer unter weiterer Aufladung des Speichers wieder hochgeregelt, so daß bei Einsetzen der Vollast nicht allein der Speicher aufgeladen und entladebereit ist, sondern auch die Feuer bereits dem Lastbedarf angepaßt sind.

Diese Betriebsweise ist typisch für die Auswirkung einer Wärmespeicheranlage in einem Betrieb, bei dem die Schwankungen in größeren Perioden auftreten und dessen Belastungsdiagramm gekennzeichnet ist durch schlagartig einsetzende Belastungsrückgänge und -steigerungen. Hierher gehören z. B. auch öffentliche Elektrizitätswerke und die Dampfkraftzentralen für die meisten Fabrikationsbetriebe. Die Kessel werden bereits vor Einsetzen der Last oder der Spitze hochgefahren und dabei die Speicher aufgeladen. Bei Lastrückgang hat die Feuerung Zeit zum Ausgleichen, da die Speicher den überschüssigen Dampf aufnehmen.

Der Speicher bei Opel wird mit Frischdampf aufgeladen; er steht jedoch nicht unter dem vollen Kesseldruck. Untersuchungen zeigen nämlich, daß Speicher für mehr als 20 atü Betriebsdruck im Verhältnis zu ihrer Speicherwirkung in der Regel teuerer sind als Speicher für niedrigeren Druck. Der zu wählende wirtschaftlichste Speicherdruck hängt von der Wassertemperatur am Austritt aus den Economisern bzw. von der Temperatur des Speichers in entladenem Zustand ab. Man kann jedoch aus baulichen Gründen nicht über 22 atü bis höchstens 25 atü gehen. Die Speicher bauen hoch, und es ist schwer, bei höheren Drücken bzw. Temperaturen die Nietnähte dicht zu halten. Der Frischdampfdruck beträgt bei Opel 28 atü, der Speicherdruck nur 15 atü. Die Schaltung zeigt Abb. 87.

Die beschriebenen Speicher beruhen auf dem gleichen Grundgedanken wie die Speicher, bei denen zur Zeit verminderten Dampfbedarfs Wasser im Überschuß gespeist, erwärmt und dem Speicher zugeführt und zu Zeiten erhöhten Dampfbedarfs verspeist wird. Sie zeigen diesen gegenüber jedoch folgendes unterschiedliche Verhalten:

Bei den Speichersystemen, bei denen bei vermindertem Dampfbedarf im Überschuß gespeist wird, geht die Dampfabgabe der Kessel zurück. Es durchströmt somit auch eine verminderte Dampfmenge die Überhitzer, und die Überhitzungstemperatur steigt. Bei Heißspeisung dagegen steigt die Dampfabgabe und die Überhitzungstemperatur fällt. Den Schwankungen sind nicht nur die Überhitzer selbst, sondern auch die angeschlossenen Verbraucher ausgesetzt.

Infolge der Schwankungen in der Speisung schwankt auch der Durchfluß durch die Economiser. Bei geringer Belastung, d. h. vermehrter Speisung, geht die Wassertemperatur am Austritt aus den Economisern zurück. Bei Steigerung des Dampfbedarfs und verminderter Speisung steigt die Wassertemperatur. Dauert die Entladung längere Zeit an, so kann durch die Stauung des Wassers in den Economisern eine erhebliche Steigerung der Temperatur eintreten, die um so leichter zur Dampfbildung führen kann, je höher das Speisewasser in den Economisern erwärmt wird. In Erkenntnis dieses Nachteils wurden deshalb Ausgleichbehälter vorgeschlagen, die als Gegenspeicher wirken, d. h. gefüllt werden, wenn der eigentliche Speicher entleert wird und umgekehrt.

Durch die Ausbildung des Speichers als Verdrängungsspeicher wird der Wasserdurchfluß durch die Economiser sichergestellt und die Economiser stets von der gleichen Wassermenge durchströmt wie bei Betrieb ohne Speicher. Im Verdrängungsspeicher sind gewissermaßen Speicher und Gegenspeicher vereinigt.

Dadurch aber, daß das Speisewasser außerhalb der Kesselanlage mit Dampf, der die Überhitzer durchströmt hat, erwärmt und die Kessel stets mit Wasser von der gleichen Temperatur gespeist werden, wird erreicht, daß die Überhitzer unabhängig von dem Dampfbedarf stets von der gleichen, d. h. der der Feuerführung entsprechenden Dampfmenge durchströmt werden, so daß eine Schwankung in der Überhitzungstemperatur oder gar eine Gefährdung der Überhitzer und der angeschlossenen Verbraucher vermieden wird.

Diese Speicher eignen sich deshalb besonders zum Zusammenarbeiten mit Kraftmaschinen, weil weder bei der Ladung noch bei der Entladung Schwankungen im Druck oder in der Temperatur auftreten. Der Ausgleich erfolgt nicht in den Kesseln, sondern außerhalb der Kesselanlage zentral vom Dampfsammelnetz aus durch verschiedene Verteilung des in der Kesselanlage gleichmäßig erzeugten Dampfes auf den Betrieb und durch die Speisewasservorwärmung nach Bedarf des Betriebes. Die an das Sammelnetz angeschlossenen Kessel beteiligen sich demnach in gleicher Weise an dem Ausgleich. An den Kesseln können normale Speiseregler verwendet bzw. vorhandene Regler beibehalten werden. Die Reglung ist zentral und übersichtlich.

Durch Einbau eines Reduzierventils in die Verbindungsleitung vom Dampfnetz zum Speicher kann der Druck im Speicher niedriger gehalten werden als in den Kesseln. Es ist dadurch z. B. möglich, alte Kessel als Speicher auch dann zu verwenden, wenn sie nicht für den Kesseldruck konzessioniert sind.

Durch die Erwärmung des Speisewassers außerhalb der Kessel scheidet sich derjenige Teil des Schlamms, der unter dem Einfluß der Temperaturerhöhung ausfällt, bereits im Speicher aus. Durch Anordnung eines Einlaufstutzens an der unteren Entnahmestelle des Speichers wird ein Schlammsack geschaffen, aus dem der Schlamm zentral abgelassen oder zurückgeleitet werden kann. Es vermindern sich dadurch die Kosten für die Reinigung der Kessel und der durch die Reinigung bedingte Betriebsausfall. Die Reinigung des Speichers ist wesentlich einfacher und billiger.

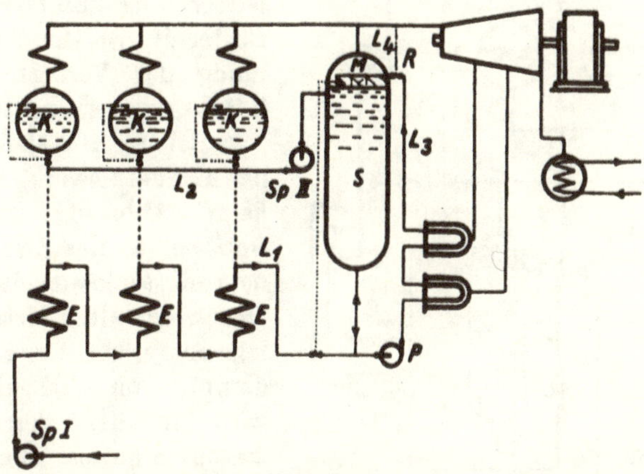

Abb. 90. Speisewasserspeicher in Verbindung mit dem Regenerativverfahren.

Das Wasser befindet sich im Speicher im Siedezustand. Infolgedessen kann mit der Speicheranlage zugleich eine Entgasung des Speisewassers verbunden werden.

Ein besonderer Vorteil, der sich aus der Erwärmung des Speisewassers außerhalb der Kesselanlage ergibt, ist die Anwendbarkeit des Regenerativverfahrens in Verbindung mit der Speicherung (Abb. 90). An Stelle der einstufigen Vorwärmung mit Frischdampf kann das Speisewasser stufenweise mit Dampf verschiedenen Druckes, z. B. durch Anzapf- oder Gegendruckdampf aus Kraftmaschinen, erwärmt werden. Zweckmäßig erfolgt dabei die Erwärmung in den unteren Stufen in

Oberflächenvorwärmern, um Zwischenpumpen zu vermeiden, in der obersten Stufe dagegen durch Einspritzvorwärmung, um das Wasser möglichst nahe an die dem Speicherdruck entsprechende Sättigungstemperatur zu erwärmen und den Speicher seinem Druck entsprechend voll auszunützen.

Besonders vorteilhaft ist diese Betriebsweise bei Anlagen, die keine Economiser besitzen, oder bei denen das Speisewasser zuerst durch Dampf und dann in Economisern erwärmt wird. Diese Schaltung gibt die höchste Leistung. Sie eignet sich deshalb besonders für Kraftwerksanlagen, im besonderen für Höchstdruckanlagen. In der Regel wird für diese beiden Betriebsweisen jedoch der Einbau von Lufterhitzern zur Vorwärmung der Verbrennungsluft Voraussetzung sein.

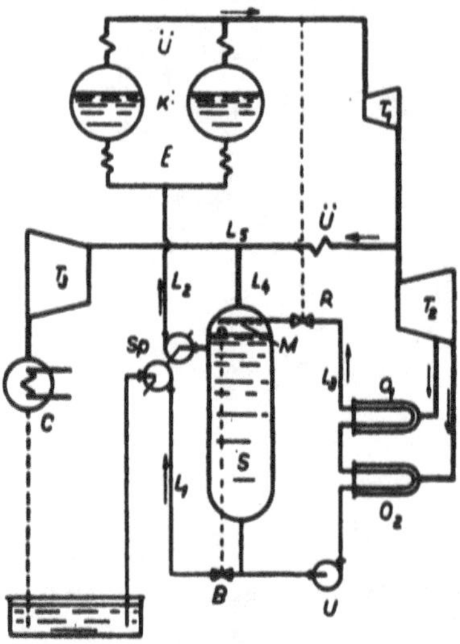

Abb. 91. Schaltbild der Hochdruck-Speicheranlage im Kraftwerk Mannheim.

Bei der 100-at-Anlage im Großkraftwerk Mannheim (Abb. 91) ist der Speicher an das Zwischennetz angeschlossen, das dem Druck der alten Kesselanlage entspricht. Der Frischdampf von 100 at/475° wird in der Vorschaltmaschine auf ca. 20 at entspannt und gelangt teils zum Regenerativzylinder, teils über den Zwischenüberhitzer zum Speicher und zur Hauptturbine. Die Änderung der Dampfverteilung bei Laständerung erfolgt somit hinter der Vorschaltturbine. Der durch die Speicheranlage erzielte Ausgleich erstreckt sich also nicht allein auf die Hochdruckkesselanlage, sondern auch auf die Vorschaltturbine. Der Betriebsdruck des Speichers beträgt 19,5 atü, die Speichertemperatur ca. 85°/215°. Die Zwischenvorwärmestufen liegen bei 4,5 atü und 8 atü.

Die Aufstellung des Speichers fiel zeitlich zusammen mit der Erstellung der Hochdruckkesselanlage. An sich kann der Speicher sowohl mit der alten 20-at-Anlage als mit der neuen 100-at-Anlage zusammenarbeiten. In Betrieben, bei denen ein Übergang auf Hochdruck geplant ist, aber mit Rücksicht auf die Neubeschaffung der gesamten Kesselanlage nicht durchgeführt werden kann, trotzdem eine Erweiterung der Kesselanlage erforderlich ist, empfiehlt sich statt der Aufstellung neuer Kessel die Erstellung von Speichern, weil diese bei Übergang auf Hochdruck weiter verwertet werden können, während neue Kessel bis zum Übergang auf den neuen Druck abgeschrieben sein müssen.

Abb. 92. Verdrängungsspeicher für das Großkraftwerk Mannheim.

Der Speicherbehälter für das Großkraftwerk Mannheim (Abb. 92) hat einen Gesamtinhalt von 135 m³ bei einem Durchmesser von 3 m und einer Spitzenhöhe einschl. der Halbkugelböden von ca. 22 m. Die Ausstattung entspricht im übrigen der Ausführung der Anlage Opel. Als Baustoff wurde, den Wünschen des Großkraftwerks entsprechend, Izett-Material verwendet. Die Aufstellung eines zweiten Behälters gleicher Größe, der wasser- und dampfseitig parallel geschaltet werden kann, ist für die spätere Erweiterung vorgesehen.

Das Speichervermögen beträgt etwa

20 t Dampf bzw. rd. 4000 kWh,

die spezifische Speicherfähigkeit demnach

$\sim$ 150 kg Dampf/m³ bzw. rd. 30 kWh/m³.

Ein Bild über die Leistungsfähigkeit dieses Speichers erhält man, wenn man in Betracht zieht, daß ein Gefällespeicher von gleicher Größe für einen Betriebsdruck von 15 atü, bei einem Druckabfall auf 5 atü nur

9 t Dampf,

und zwar Sattdampf bzw.

ca. 1100 kWh

abzugeben vermag, entsprechend einer spezifischen Speicherleistung von

67 kg/m³ oder rd. 8 kWh/m³.

Das Speichervermögen in kWh ist also mehr als doppelt so groß als das Speichervermögen eines Ruths-Speichers gleicher Größe, in dem ein Druckabfall von 15 auf 5 atü, d. h. um 10 at zugelassen wird. Dabei treten in diesem Speicher keinerlei Druckschwankungen auf. Der bei der Entladung frei werdende Dampf hat stets gleichen Druck und gleiche Überhitzung, wie sie den normalen Betriebsverhältnissen an der Turbine entspricht.

Die Stelle, an der ein Speicher einzuschalten ist, hängt von den Betriebsverhältnissen in der Anlage ab. Bei den bisher beschriebenen Anlagen handelt es sich um solche Speicher, die die Aufgabe hatten, Stöße, die über die Kraftmaschine in das Dampfnetz gelangen, von der Kesselanlage fernzuhalten. Man wird dieselbe Eingliederung in solchen Betrieben wählen, wo es darauf ankommt, Schwankungen, die durch wechselnde Feuerführung, z. B. durch Ungleichmäßigkeiten im Brennstoff, bedingt sind, umgekehrt von den Dampfverbrauchern fernzuhalten.

Im allgemeinen ist es richtig, Schwankungen möglichst nahe an der Stelle aufzufangen, wo sie auftreten, damit die Stöße einen möglichst kleinen Teil der Anlage durchwandern, weil diejenigen Teile, von denen die Stöße nicht ferngehalten werden können, z. B. Rohrleitungen oder der Hochdruck- bzw. Mittel- oder Niederdruckteil der Turbinen, für die maximal auftretenden Dampfmengen bemessen werden müssen.

Bei Betrieb mit Stößen im Dampfbedarf ist es nicht immer notwendig und auch nicht immer richtig, diese Stöße in Speichern aufzufangen, die zur Zeit geringen Dampfbedarfes überschüssigen Dampf aufnehmen oder zur Zeit von Dampfmangel Dampf ihrerseits abgeben. Bei Anzapf- oder Gegendruckbetrieben kann z. B. ein sehr guter Ausgleich dadurch geschaffen werden, daß das Speisewasser mit Anzapfdampf erwärmt wird, und zwar so, daß bei geringem Anzapfbedarf viel Wasser erwärmt wird, bei großem Dampfbedarf für den Betrieb dagegen wenig, um diesen Dampf einzusparen.

Umgekehrt wie beim Entnahmebetrieb liegen die Verhältnisse beim Zweidruckbetrieb (Abb. 93), wie er beispielsweise für Bergwerksbetriebe charakteristisch ist.

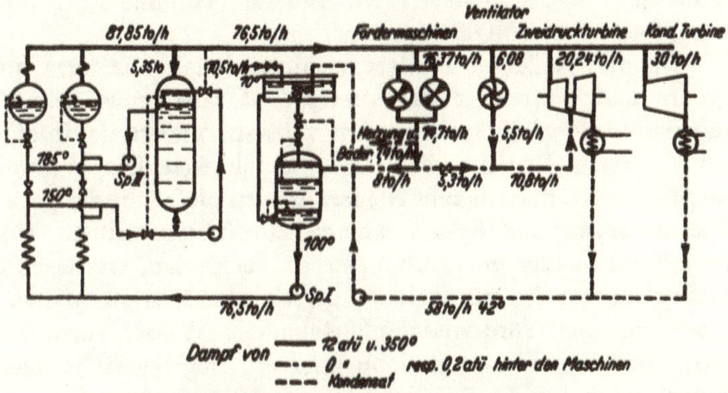

Abb. 93. Belastungsausgleich bei einer Zeche.

In diesen Betrieben fallen große Mengen Abdampf von den Ventilatoren und den Fördermaschinen an. Der Dampfanfall aus den Fördermaschinen ist dabei stark stoßweise. Durch Einschaltung eines Gleichdruckspeichers wird es möglich, diesen Dampf ganz oder wenigstens zum großen Teil zur Vorwärmung des Speisewassers zu verwenden und dadurch auf wirtschaftliche Art auszunutzen. Der Dampf, der vom Speisewasser nicht aufgenommen werden kann, wird dem Niederdruckteil der Zweidruckturbine zugeführt. Hierfür werden in erster Linie die z. B. aus den Ventilatoren annähernd gleichmäßig anfallenden Abdampfmengen benutzt, während der stoßweise anfallende Dampf im Gleichdruckspeicher zur Speisewasservorwärmung verwendet wird.

Bei Anlagen, bei denen diese Art des Ausgleichs von vornherein geschaffen wird, ist es möglich, den Niederdruckteil der Zweidruckturbine für ein geringeres Schluckvermögen auszulegen,

Die Verkleinerung des Niederdruckteils der Turbine sowie die Vergleichmäßigung der Dampfzufuhr ergibt eine wesentliche Verbesserung in der Ausnutzung der Arbeitsfähigkeit des Niederdruckdampfes, da Verluste durch Druckabfall am Eintritt in den Niederdruckteil vermieden werden. Die bessere Ausnutzung des Abdampfes hat eine entsprechende Verminderung des Frischdampfbedarfs zur Folge. In diesem Falle liegt also der Wert der Speicheranlage neben der Vermeidung von Abblaseverlusten in der Verminderung des Dampfbedarfs der Kraftmaschine.

Da die Stöße im Fördermaschinenbetrieb nur kurz andauern und während dieser kurzen Zeit sehr große Dampfmengen niedergeschlagen werden müssen, anderseits infolge des niedrigen Druckes die Aufnahmefähigkeit des Wassers beschränkt ist, müssen zum Niederschlagen plötzlich sehr große Wassermengen der Speicheranlage zugeführt werden. Um unverhältnismäßig große Pumpen zu vermeiden, ist deshalb außer dem Speicher ein kleiner Ausgleichsbehälter vorzusehen, dem von einer Förderpumpe gleichmäßig Wasser zugeführt wird. Das Wasser strömt dann über ein Regelventil je nach Bedarf unter dem Einfluß der Schwere dem darunterliegenden Speicher zu.

Die Stöße in dem Niederdrucknetz und die infolge der veränderlichen Dampfaufnahme der Fördermaschinen gleichzeitig auftretenden Stöße im Frischdampfnetz können nicht durch die gleiche Speicheranlage aufgefangen werden. Es ist deshalb zu prüfen, ob und inwieweit auch ein Speicher im Gegendrucknetz erforderlich ist. Dabei ist besonders zu untersuchen, ob Frischdampf-Speisewasserspeicher, die hierfür geeignete Lösung darstellen. Auch im Frischdampfnetz handelt es sich um kurzzeitige Stöße hohen Dampfbedarfs. Es liegen hier also grundsätzlich andere Verhältnisse vor, wie z. B. bei den Anlagen Opel und Mannheim.

In der Regel wird der ganze Frischdampfstoß durch Gleichdruckspeicher nicht aufzunehmen sein. Bei der Prüfung, ob ein Gleichdruckspeicher trotzdem ausreicht, ist zu beachten, daß der weiteste Teil der Spitze und damit der größte Teil des durch die Spitzenfläche dargestellten Dampfbedarfes durch einen Speisewasserspeicher übernommen werden kann.

Es darf dabei jedoch nicht übersehen werden, daß die gesamte abgegebene Dampfmenge aus den Kesseln entnommen wird. Bei Anlagen mit verhältnismäßig hoher Spitzenbelastung kann es deshalb zweckmäßig sein, neben dem Speisewasserspeicher oder an dessen Stelle einen Gefällespeicher vorzusehen.

Hierfür eignet sich eine Speicherbauart, wie sie z. B. im Großkraftwerk Mannheim neben dem beschriebenen Speisewasserspeicher als Regelspeicher zur Zeit zur Aufstellung gelangt (Abb. 94). Es handelt sich dabei um ein Gefäß, das mit

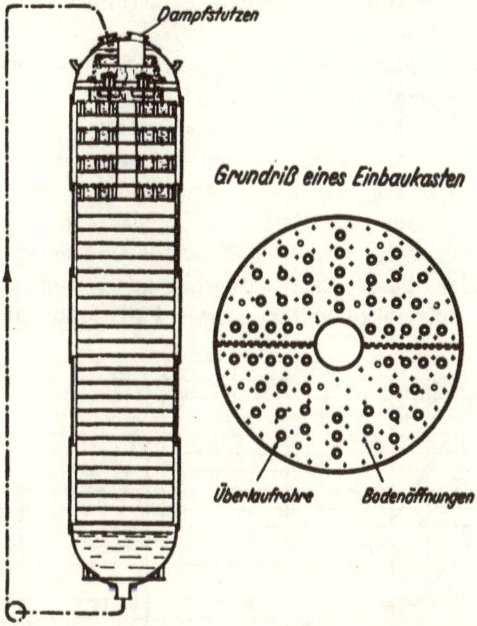

Abb. 94. Regelspeicher für das Großkraftwerk Mannheim.

einer großen Anzahl von übereinander angeordneten Tellereinbauten versehen ist. Diese Teller besitzen Öffnungen im Boden und außerdem Überlaufrohre. Der Speicher wird ständig dadurch berieselt, daß das unten sich ansammelnde Wasser durch eine Umwälzpumpe wieder nach oben gefördert wird.

Infolge der durch die Berieselung geschaffenen großen Wasseroberfläche gibt der Speicher bei stoßartig auftretendem Dampfbedarf große Dampfmengen ab, während umgekehrt durch die große Berührungsfläche zwischen Dampf und Wasser auch plötzlich anfallende große Dampfmengen leicht niedergeschlagen werden können.

In Anlagen mit verschiedenen Dampfverbrauchern wird es möglich sein, schon eine weitgehende Anpassung an den Betrieb dadurch zu erzielen, daß durch eine selbsttätige zentrale Reglung die Stöße denjenigen Anlageteilen, bei denen eine Verschleppung infolge verminderter Wärmeversorgung unbedenklich und eine verschiedene Belastung möglich ist, aufgedrückt werden.

Es wird dem Gleichdruckspeicher, insbesondere dem Speisewasserspeicher häufig zur Last gelegt, daß seine Ausgleichsfähigkeit beschränkt ist, weil er nur eine Belastungssteigerung der Kessel zu erzielen vermag. Diese Einwände sind nur dort richtig, wo es sich darum handelt, plötzlich große Dampfmengen für eine Zeit von $\frac{1}{4}$ bis $\frac{1}{2}$ h freizumachen, wobei es sich nicht lohnt, die Feuerführung entsprechend zu steigern oder dieser Last entsprechend Kessel aufzustellen und unter Betrieb zu halten. Diese Fälle sind jedoch in der

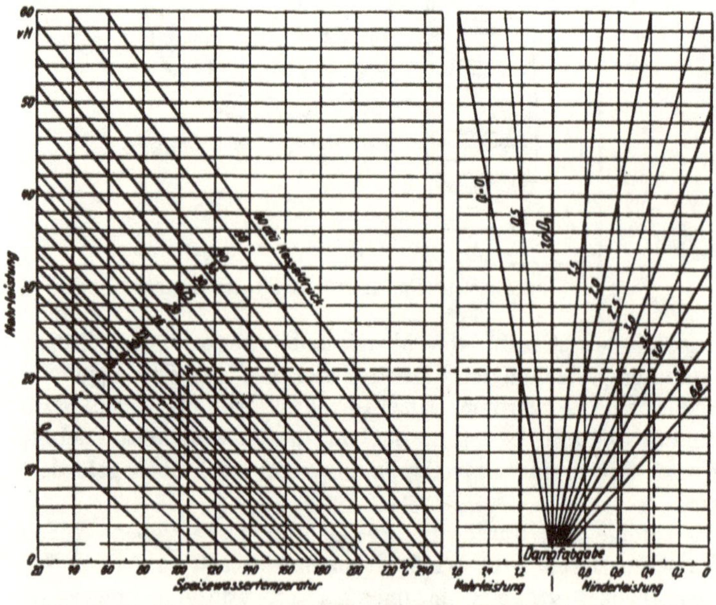

Abb. 95. Leistung von Großspeiseraumkesseln in Abhängigkeit von der Temperatur und Menge des Speisewassers.

Hauptsache auf Gewerbebetriebe mit Kochdampfbedarf beschränkt, und zwar in der Hauptsache auf die Zellstoffindustrie.

Im übrigen hängt die Ausgleichsfähigkeit von Großspeiseraumkesseln und Speisewasserspeichern in der Hauptsache von dem Speicherdruck und der Speisewassertemperatur am Eintritt in den Speicher ab. Bei einer Speisewassertemperatur von 105⁰ und einem Betriebsdruck des Speichers von 15 atü kann z. B. eine Mehrleistung von 21 vH erzielt werden. Wird die vierfache Speisewassermenge eingesetzt, so kann die Dampfabgabe auf etwa 38 vH der Normalleistung reduziert werden. Bei dieser Änderung der Wassermenge ist also eine Änderung der Dampfabgabe im Verhältnis 0,38 : 1,21 = 1 : 3,2 möglich (Abb. 95).

Die Speicherfähigkeit hängt ab von den Betriebsverhältnissen der Anlage. Bei einem Frischdampfdruck von 16,5 atü und $\sim 350^0$ Überhitzung beträgt die Speicherfähigkeit bei einer Temperatur des Speisewassers am Austritt aus den Ekonomisern von etwa $110^0 \sim 24$ kWh/m³ bei einer Tem-

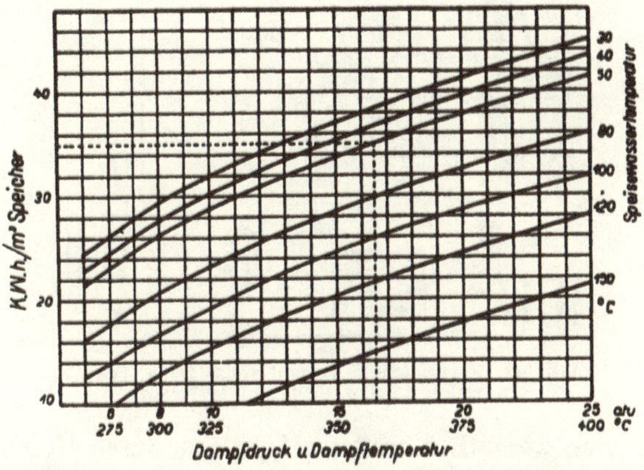

Abb. 96. Speichervermögen der Frischdampfspeicher.

peratur von nur 50⁰ vor der Speicheranlage, d. h. bei Betrieben ohne Ekonomiser dagegen ca. 35 kWh/m³, d. h. nahezu 50 vH mehr (Abb. 96). Dementsprechend ist auch der Speicherpreis, bezogen auf die Leistung, verschieden. Bei 16,5 atü Speicherdruck und Aufladung mit überhitztem Dampf von ~ 350° und 110° Speisewassertemperatur ist der Speicherpreis ~ 25 RM./kWh. Bei einer Speisewassertemperatur von 50° dagegen nur rd. 17 RM./kWh.

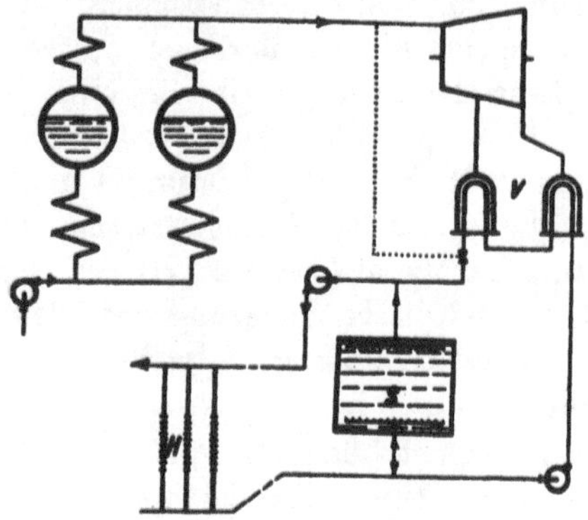

Abb. 97. Ausgleich in einem Betrieb mit Warmwasserverbrauch.

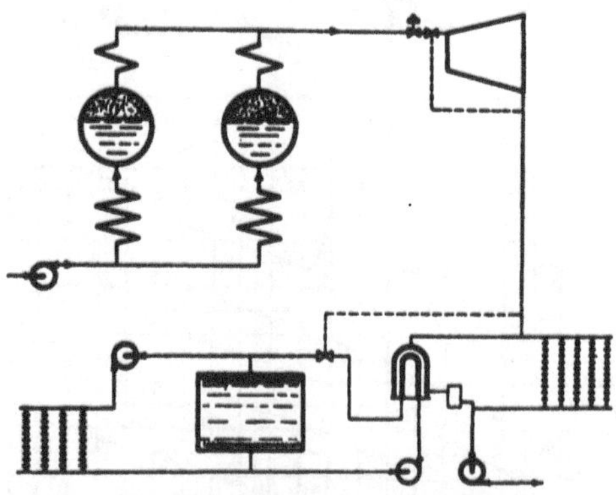

Abb. 98. Fernheizung. Dampf als Wärmeträger. Ausgleich an den Verbraucherstellen.

Ein noch wesentlich größerer Ausgleich durch Heißwasserspeicherung ist in solchen Betrieben möglich, in denen sehr viel warmes Wasser benötigt wird. Solche Speicher sind außerdem billig, da die Speicherung bei niederem Druck erfolgt, und zugleich ein gewisser Tag- und Nachtausgleich erzielt werden kann. Diese Art der Speicherung kommt sehr häufig für Fernheizungen in Frage, wenn ein größerer Teil der Wärmeabnehmer mit Warmwasserheizungen eingerichtet sind und möglichst zentral über Warmwasserverteilungsleitungen versorgt werden können (Abb. 97 u. 98).

In gekuppelten Kraft- und Heizanlagen mit Bedarfsnetzen verschiedenen Druckes ist es außerdem möglich, einen sehr weitgehenden Lastausgleich dadurch zu erzielen, daß je nach dem Energiebedarf die Last mehr nach der einen oder andern Maschine oder Maschinenteil verschoben wird, wobei die diesen Netzen aufgedrückten Schwankungen durch Speicheranlagen auszugleichen sind (Abb. 99).

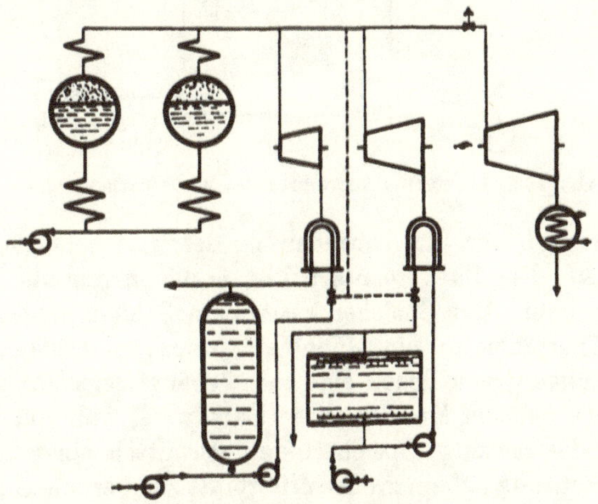

Abb. 99. Ausgleich durch Änderung der Dampfverteilung in Heizkraftwerken.

Abb. 100 verdeutlicht die Arbeitsweise des **Kießelbach-Wärmespeichers.** Der Speicher *S* ist in der Abbildung rechts angedeutet, links davon befindet sich die sog. Wälzpumpe *W*, die ständig durchläuft; sie ist mit dem Speicher durch die Saugleitung *3* und mit den Kesseln durch die Wälzleitung *4* verbunden. Die Fördermenge der Wälzpumpe ist wesentlich größer als die maximale Wassermenge, die von den Kesseln verdampft wird. Das überschüssige Wasser läuft ständig durch die Überlaufleitung *2* nach dem Speicher zurück. Um im Kessel und in dem Speicher denselben Druck herzustellen, sind die Dampfräume vom Kessel und Speicher durch eine Druckausgleichleitung *1* miteinander verbunden. — Die Speisewasserzuführung erfolgt mittels der Speisepumpe Z in der üblichen Weise durch Ekonomiser oder durch Stufenvorwärmer in die Kessel. Der Speicher besteht aus einem zylindrischen Kessel ohne Einbauten. Es ist nur ein Schlammablaßrohr und eine Anwärmevorrichtung vorhanden. Die Lagerung erfolgt auf guß- oder schmiedeeisernen Kesselstühlen. Der erste Kesselstuhl wird mit dem Kessel und mit dem Mauerwerk verankert, während die anderen auf Rollen stehen,

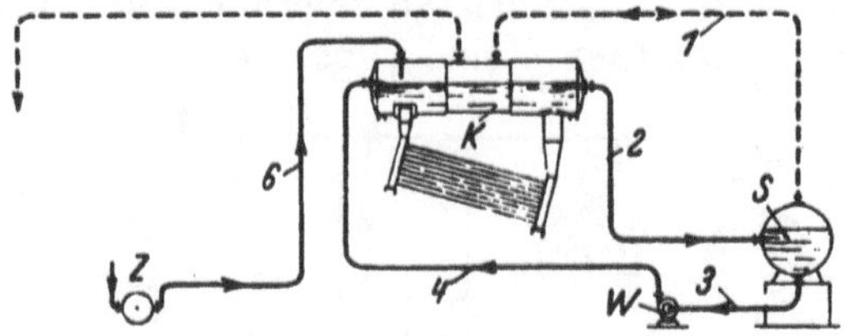

Abb. 100. Allgemeine Anordnung des Kießelbach-Speichers.

um hierdurch der Längsausdehnung des Speichers Rechnung zu tragen. Die Fundamentarbeiten bestehen nur aus einigen Mauersockeln. Der Speicher besitzt ein Schlammablaßventil, einige Thermometer, ein Manometer und zwei Wasserstandsvorrichtungen, von denen eine mit Schaugläsern ähnlich den Anzeigern bei den Kesseln ausgerüstet wird, während bei der zweiten der jeweilige Speicherinhalt vermittels einer Schwimmervorrichtung auf ein großes Zifferblatt zur Fernanzeige übertragen wird. Diese Einrichtung kann auch mit einer elektrischen Fernübertragung ausgestattet werden, wenn der Speicher in größerer Entfernung vom Kesselhaus oder von der Überwachungsstelle entfernt liegt. Ein Sicherheitsventil verhindert die Überschreitung des vorgesehenen Speicherdruckes.

Die Absperrorgane werden mit geringen Durchlaßwiderständen mit Stahlgußgehäuse und mit Nickel- bzw. Rotgußarmierung ausgeführt.

Bei der Anordnung nach Abb. 100 sammelt sich der Schlamm hauptsächlich im unteren Teil des Speichers an und muß von Zeit zu Zeit aus diesem entfernt werden. Dagegen brauchen die Dampfkessel selbst nur noch wenig abgeschlämmt zu werden. Bei einer ganzen Reihe ausgeführter Speicheranlagen ist der Schlamm nur alle 4 bis 6 Wochen aus den

Dampfkesseln abzulassen. Es ist natürlich viel vorteilhafter, den Schlamm aus dem Speicher zu entfernen als aus den Dampfkesseln, weil er hier keine schädlichen Wirkungen ausüben kann[1]).

Abb. 101 zeigt eine Anordnung, bei welcher mit Hilfe eines Wärmeaustauschers *A* die Aufladung des Speichers mit Dampf vorgenommen werden kann.

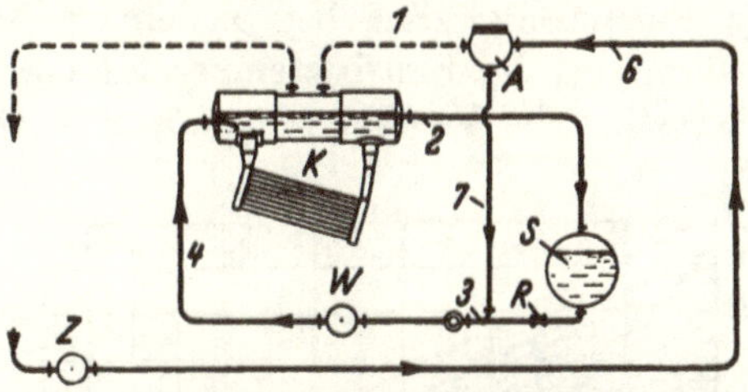

Abb. 101. Allgemeine Anordnung des Kießelbach-Speichers mit Wärmeaustauscher.

Kann das Netz den erzeugten Dampf nicht vollkommen aufnehmen (Belastungstal), so wird der Überschuß dem Wärmeaustauscher zugeführt und vermittels Wasser niedergeschlagen, wobei das Wasser auf Siedetemperatur erwärmt wird. Nachdem dieses den Schlammabscheider durchflossen hat, wird es entweder unmittelbar dem Kessel oder der Saugleitung der Wälzpumpe zugeführt, die es dann in die Kessel fördert. Das dem Kessel im Überschuß zugeführte Wasser fließt durch die Überlaufleitung *2* in den Speicher. Der Speicher wird aufgeladen; sein Wasserspiegel steigt.

Ist im Dampfnetz eine Belastungsspitze zu decken, so wird dem Austauscher D wenig oder kein Wasser zugeführt. Es wird also nur wenig oder kein Dampf zur Erwärmung des Wassers auf Siedetemperatur benötigt, die freiwerdende Dampfmenge steht zur Überwindung der Dampfspitze im Netz zur Verfügung; der Speicher wird entladen — der Wasserspiegel sinkt.

Das erforderliche Wasser wird in der benötigten Menge durch die vorhandenen Speisepumpen *Z* in den Austauscher gefördert.

---

[1]) Das gleiche gilt auch für die vorbeschriebenen Gleichdruckspeicher der Kraftanlagen A.-G., Heidelberg.

Abb. 102 kennzeichnet die Mehrleistung an Dampf durch Einschaltung des Speichers. Sie ist abhängig von der Höhe des Kesseldruckes und der Speisewassertemperatur beim Eintritt in die Kessel und berechnet sich in Prozent nach der Formel

$$m = \frac{i' - i_s}{r} \cdot 100,$$

worin i' die Flüssigkeitswärme bei Siedetemperatur, i_s die Flüssigkeitswärme bei der Eintrittstemperatur des Speisewassers in die Kessel, r die Verdampfungswärme bedeutet.

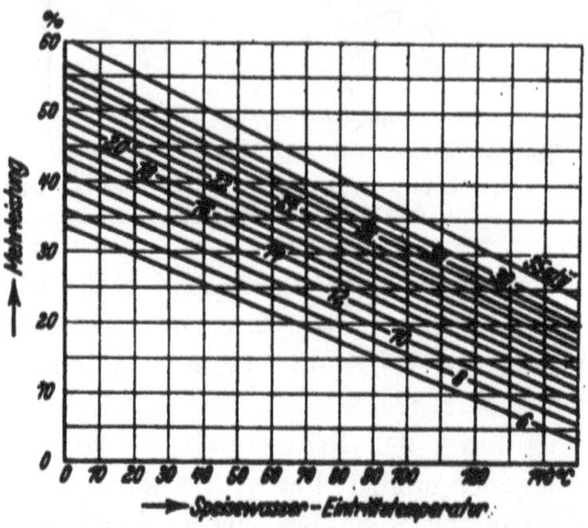

Abb. 102. Dampf-Mehrleistung in Abhängigkeit von der Speisewassertemperatur bei verschiedenen Drücken bei Einschaltung eines Kießelbach-Speichers.

Durch Zuschaltung eines Kießelbach-Speichers wird jeder Wasserrohrkessel vermittels der Wälzvorrichtung, der Überlaufleitung und der Druckausgleichleitung zum Großwasserraumkessel. Die Überlaufleitung bewirkt, daß sich in sämtlichen Kesseln der Wasserstand immer auf derselben und für die Verdampfung günstigsten Höhe befindet. Durch die Druckausgleichleitung wird der sich bei Drucksenkungen bildende Dampf aus dem Speicher den Kesseln zugeführt. Dieser Fall kann eintreten, wenn z. B. durch Ausfall eines Kessels oder durch Störungen in der Feuerung ein Druckabfall im ganzen Netz eintritt. Dieser wird dadurch, daß der ganze Wasserinhalt des

Speichers und der Kessel dann an der Dampfbildung teilnimmt, auf ein erträgliches Maß beschränkt.

In einem solchen Falle wirkt also der Kießelbach-Speicher gewissermaßen als Gefällespeicher.

Die Anordnung eines Kießelbach-Speichers für einen Steilrohrkessel ist in Abb. 103 dargestellt. In gleicher Weise erfolgt auch der Anschluß an Schrägrohrkessel.

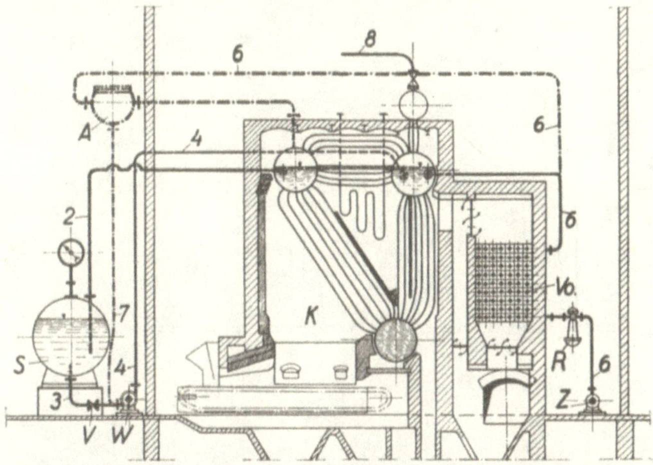

Abb. 103. Anordnung des Kießelbach-Speichers für einen Steilrohrkessel.

Wasserrohrkessel bauen durchgängig so hoch, daß der Speicher auf Kesselflur zur Aufstellung gelangen kann und daß noch eine genügende Zulaufhöhe zwischen den Oberkesseln und dem Speicher vorhanden ist. Eine Zwischenpumpe kommt infolgedessen nur selten in Frage. Es ist vorteilhaft, den Speicher so nahe wie möglich an die Kesselbatterie heranzulegen, um die Rohrleitungen möglichst kurz zu halten und an Anlagekosten zu sparen.

In Abb. 103 ist die Ausführung mit einem Wärmeaustauscher nach Abb. 101 strichpunktiert dargestellt. Das erhitzte Wasser wird in die Saugleitung *3* der Wälzpumpe *W* eingeführt und von dort aus in die Kessel *K* gefördert.

Für Hochdruckanlagen hat der Kießelbach-Speicher eine Sonderausführung erfahren, welche große Bedeutung erlangen kann. Es wurde schon auf S. 135 u. f. dargelegt, daß bei der Verwendung von Hochdruck-Wasserrohrkesseln die Wandstärke der Trommeln außerordentlich groß wird und die Fabrikation sich so kostspielig gestaltet, daß man gezwungen ist, die Durchmesser der Trommeln möglichst klein zu halten. Durch diese Maßnahme wird der schon an und für sich kleine Wasserinhalt der Kessel noch wesentlich verringert.

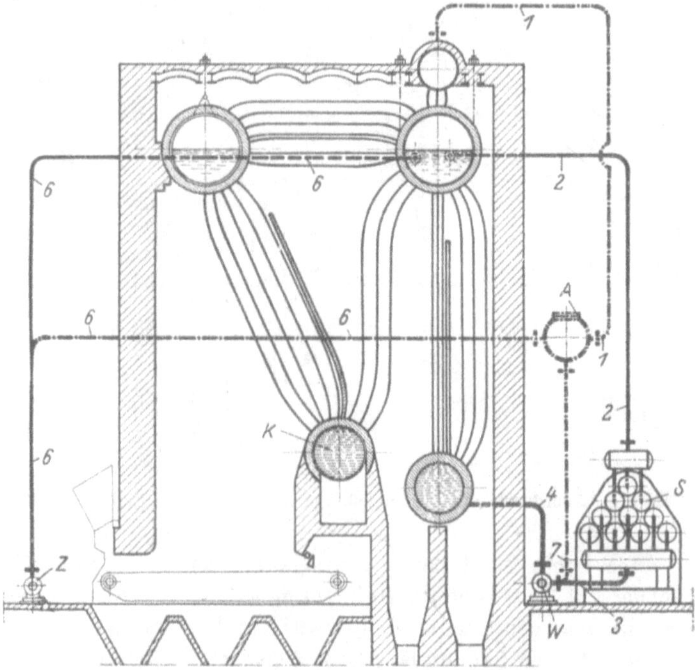

Abb. 104. Hochdruck-Steilrohrkessel mit Kießelbach-Hochdruck-Speicher.

Auf der Abb. 104 ist ein Hochdruck-Steilrohrkessel beispielsweise dargestellt. Der parallel geschaltete Hochdruckspeicher besteht aus einzelnen nahtlosen Röhren von 500 mm l. W., welche vermittels einzelner Leitungen mit einer kleinen unteren und oberen Trommel verbunden sind. Die Anordnung ist im übrigen genau die gleiche wie bei dem Speicher, der aus einem Zylinder hergestellt wird. Selbst bei Drücken von 50, 100 und mehr Atmosphären ist die Wandstärke der nahtlosen

Rohre verhältnismäßig gering. Da man sie jedoch bis zu einer Länge von 20 m verwenden kann, so ist die Unterbringung einer größeren Wassermenge leicht zu bewerkstelligen. Auf diese Weise ist es möglich, auch Hochdruckwasserrohrkessel durch Zuschaltung eines Vielrohr-Kießelbach-Speichers zu Großwasserraumkesseln umzugestalten. Die Kesseltrommeln können sehr klein gehalten werden. Hierdurch verringern sich

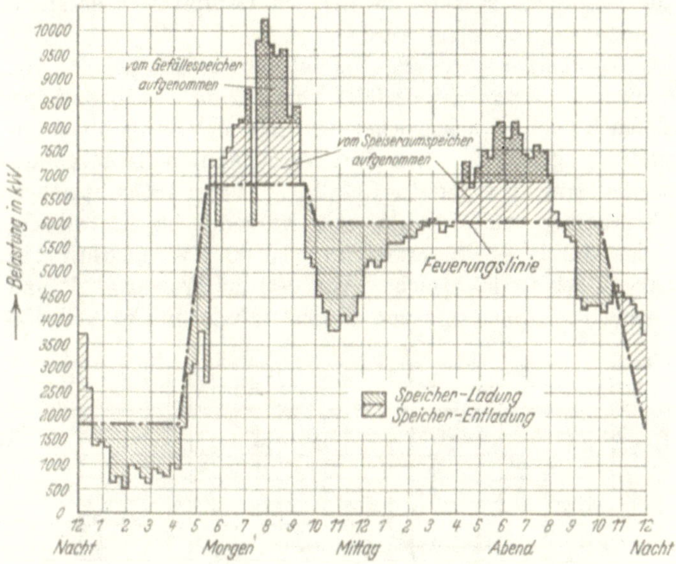

Abb. 105. Belastungsdiagramm eines Bahnkraftwerkes.

die Beschaffungskosten für den Kessel derart, daß durch die Ersparnis bereits ein großer Teil der Herstellungskosten für den Speicher gedeckt wird.

Es wird interessant sein, die Kapazität eines Kießelbach-Speichers mit einem Ruths-Speicher unter denselben Arbeitsbedingungen zu vergleichen.

Abb. 105 bringt das Belastungsdiagramm in kW eines Bahnkraftwerkes. Wie aus dieser Abbildung zu ersehen ist, treten während der 24stündigen Schicht in der Zeit von $5\frac{1}{2}$ Uhr bis $9^1/_2$ Uhr und 16 Uhr bis 20 Uhr zwei große Belastungsspitzen auf. Die niedrigste Belastung beträgt 500 kW, während die höchste Spitze auf 10250 kW ansteigt.

In der Abbildung ist weiter der Verlauf der Feuerungslinie strichpunktiert eingezeichnet. Trotz der ungleichmäßigen Belastung ist es möglich, während der 24stündigen Betriebszeit mit drei Feuerungslinien auszukommen. Die höchste entspricht einer Leistung von 6800 kW. Die über der Feuerungslinie liegenden Spitzen werden durch Speicher gedeckt, während die überschüssige Wärme, die bei den Dampftälern entsteht, von ihnen aufgenommen werden.

Es ist hierbei angenommen, daß ein Gefällespeicher von 300 m³ mit einem Druckgefälle von 15 auf 6 atü und ein Kießelbach-Gleichdruckspeicher von 150 m³ Rauminhalt zur Aufstellung gelangen. Bei dem vorgenannten Druckgefälle reicht die Dampfleistung des Gefällespeichers (Ruths-Speicher) zur Erzeugung von 2500 kW aus, während der Kießelbach-Speicher durch Speiseraumwirkung 3500 kW abgibt. Die Kapazität des Gefällespeichers von 300 m³ Wasserinhalt und des Kießelbach-Speichers von 150 m³ Inhalt sind in Abb. 106

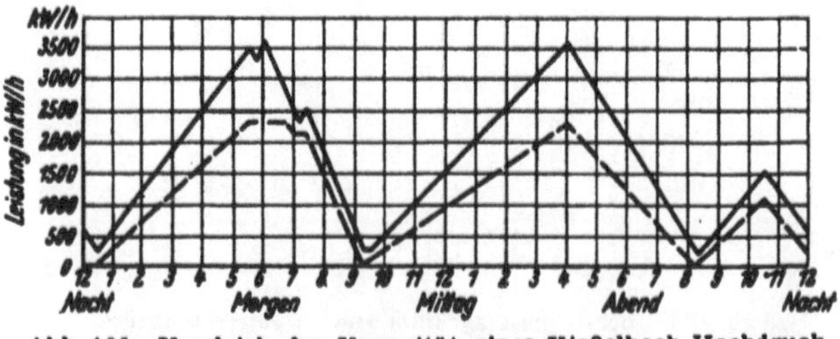

Abb. 106. Vergleich der Kapazität eines Kießelbach-Hochdruck-Speiseraum-Speichers (1 Kessel von 150 m³) mit der Kapazität eines Gefällespeichers (Ruths-Speicheranlage 2 Kessel von je 150 m³).

Kießelbach-Speicher: ausgezogene Kurve,
Ruths-Speicher: gestrichelte Kurve.

graphisch dargestellt. Der Gefällespeicher leistet je m³ Speicherinhalt 8,33 kWh, der Gleichdruckspeicher 23,4 kWh und demnach 180% mehr.

Die stark ausgezogene Kurve zeigt die Auf- und Entladung des Kießelbach-Speichers. Wie aus der Abbildung hervorgeht, wird der Speicher selbst bei Abgabe von über 3500 kW nicht ganz geleert bzw. nicht die ganze Füllung in Anspruch genommen.

Zum Vergleich zeigt die gestrichelte Kurve die Leistungskurve des Gefällespeichers mit einem Speicherinhalt von 300 m³. — Die Leistung der Speicher ist in kWh angegeben. Die graphische Gegenüberstellung zeigt die Überlegenheit des Gleichdruckspeichers gegenüber dem doppelt so großen Gefällespeicher.

Diese Überlegenheit wird neben dem größeren Fassungsvermögen an Dampf durch die bessere Dampfbeschaffenheit verursacht. Der Gleichdruckspeicher gibt ständig Dampf von Kesselspannung und normaler Überhitzung her, während der Dampf des Gefällespeichers nur eine Spannung hat, die zwischen 15 und 6 at liegt und außerdem nur gesättigt ist. Auf dem betreffenden Bahnkraftwerk sind Kessel von 600 und 370 m² Heizfläche und 15 at Betriebsdruck vorhanden. Wenn man ohne Speicher arbeiten wollte, so müßten ca. 2400 m² Heizfläche unter Feuer gehalten werden, also vier Kessel von 600 m², während bei Zuschaltung eines Gleichdruck- und Gefällespeichers mit 1570 m² auszukommen ist. Es brauchten also nur zwei Kessel von 600 und einer von 370 m² in Betrieb gehalten zu werden.

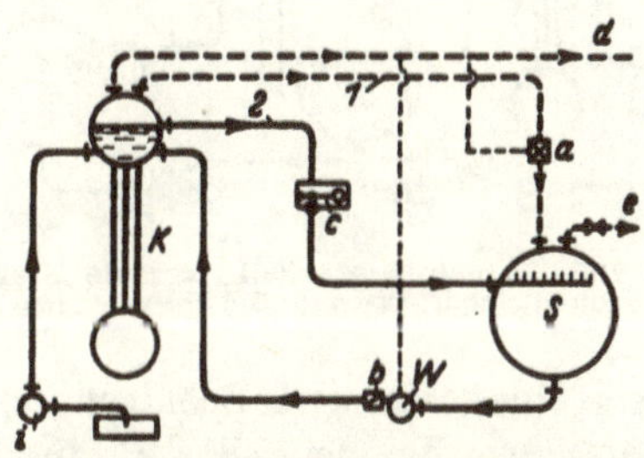

Abb. 107. Der Kießelbach-Speicher als Gefällespeicher. (Allgemeine Anordnung.)

Im Anschluß an vorstehende Betrachtungen sei erwähnt, daß der Kießelbach-Speicher neuerdings unter Benutzung des Wälzverfahrens auch als reiner Gefällespeicher ausgeführt wird. Abb. 107 zeigt das Schaltungsschema. — Bei der Aufladung wird der Wasserinhalt des Speichers mittels der Wälzpumpe *W* durch den Kessel hindurchgefördert, dort durch den Wärmeüberschuß auf die Temperatur, die dem Kesseldruck entspricht, erwärmt, und dann durch die Überlaufleitung *2* zum Speicher zurückgeführt. Speicher und Kessel stehen dabei durch die Druckausgleichleitung *1* unter gleichem Druck.

Bei nachfolgender Belastungsspitze sinkt der Druck im Speicher. Das selbsttätige Absperrventil *a* in der Druckausgleichleitung schließt ab, der Kessel wird nun für sich mit Gefälle durch die Entnahmeleitung *e* entladen, während im Kessel der volle Druck erhalten bleibt. Die Wälzpumpe läuft ohne Förderung weiter oder wird selbsttätig abgestellt. Das Rückschlagventil *b* in der Wälzleitung verhindert ein Rückfließen von Kesselwasser, das Schwimmerventil *c* in der Überlaufleitung ein Einströmen von Kesseldampf in den Speicher. Die Benutzung des heißen Wassers für die Aufladung hat den Vorteil, daß bei Beginn der Entladung — auch nach kleineren Entladungen — Wasser von Kesseltemperatur im oberen Teil des Speichers für die Dampfbildung zur Verfügung steht.

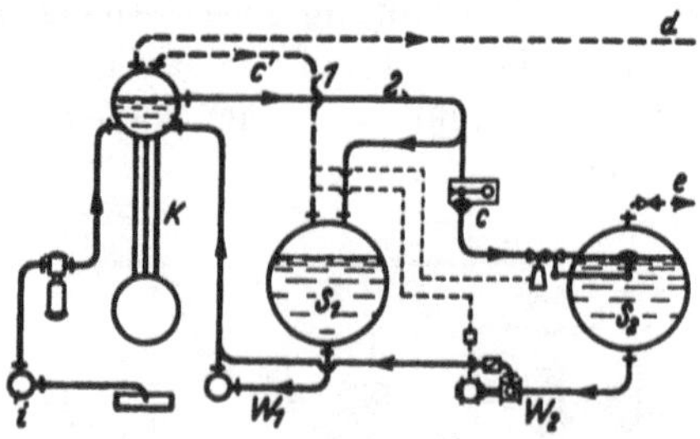

Abb. 108. Kombinierte Schaltung eines Kießelbach-Gleichdruck- und Gefällespeichers.

Abb. 108 zeigt eine kombinierte Schaltung mit Gleichdruckspeicher und Gefällespeicher, wie sie z. B. für Belastungsdiagramme nach Abb. 105 in Frage kommt. Der Gleichdruckspeicher liegt im normalen Kreislauf, der Gefällespeicher wird nach der vorstehend beschriebenen Schaltungsweise angeschlossen. Das Auf- und Entladen kann gleichzeitig oder auch nacheinander erfolgen, wie es die jeweiligen Betriebsverhältnisse erfordern.

Bei der Einführung des Kießelbach-Speichers wurden Bedenken dahingehend geäußert, daß durch den Speicher die Überhitzer- und Ekonomisertemperaturen ungünstig beeinflußt würden. Diese Bedenken können durch die praktische Betriebserfahrung als widerlegt betrachtet werden.

Gleichdruckspeicher sind besonders für solche Anlagen am Platz, bei denen außer den wärmeverbrauchenden Apparaten in der Fabrikation gleichzeitig Kraftmaschinen an die Kessel angeschlossen sind. Hierbei kommt zu der großen Kapazität, die der Gleichdruckspeicher an sich gegenüber dem Gefällespeicher besitzt, noch der Vorteil hinzu, daß aus dem Speicherdampf (infolge seines hohen Druckes) in der Maschine eine entsprechend größere Leistung gewonnen wird. Wird der Dampf jedoch lediglich zum Anwärmen, Kochen und Heizen gebraucht, so ist die Erhaltung des hohen Druckes unwichtig, da für diese Verbraucher nur Dampf von niedrigem Druck benötigt wird. In diesen Fällen ist daher ein Druckabfall in solchen Grenzen zulässig; daß bei der größten Druckabsenkung im Speicher noch die entfernteste Verbrauchsstelle mit Dampf von genügender Spannung ausreichend versorgt werden kann.

Der Gleichdruckspeicher kann mit gleichzeitiger Gefällewirkung arbeiten, wenn die Speiseraumwirkung zur Überwindung der höchsten Spitzen nicht ganz ausreicht. Da der Wasserinhalt der angeschlossenen Kessel an der Druckabsenkung und der Dampfbildung teilnimmt, so braucht die Druckabsenkung nur klein zu sein, jedenfalls wesentlich kleiner als bei einem gewöhnlichen Gefällespeicher, der getrennt vom Kessel entladen wird.

Gleichdruckspeicher, die von vornherein mit Gefällewirkung vorgesehen waren, sind mehrfach ausgeführt worden[1]).

3. Dampfkraftmaschinen für Normal- und Hochdruckanlagen[2]).

I. Die Dampfturbinen.

a) Allgemeines.

Die Steigerung der Kohlenpreise gab die Veranlassung dazu, daß man in allen Ländern die Wirkungsgrade der Wärme-

[1]) Verfasser hat davon Abstand genommen, in diesem Werke die Elektrospeicher, Niederdruck-Heißwasser- und Dampfspeicher (Rateau) zu bringen, weil sich hierüber das Notwendige bereits in der Abwärmetechnik Bd. II des Verfs. 1928, Verlag R. Oldenbourg, München-Berlin, findet.

[2]) S. a. Ausführungen des Verf. über Hochdruck-Heizungskraftmaschinen in seiner Abwärmetechnik Bd. II 1928. Verlag R. Oldenbourg, München-Berlin.

kraftmaschinen zu erhöhen suchte. Die größten Erfolge auf diesem Gebiet hat wohl der Turbinenbau zu verzeichnen gehabt, dem es gelungen ist, Maschinen mit Wirkungsgraden bis über 85 vH an der Welle zu entwickeln.

Die Mittel hierzu waren folgende:

Richtiger Entwurf des Schaufelplanes und Herabsetzung der Verluste, welche durch Zwischenstopfbuchsen, durch Radreibung und Ventilation des Dampfes in den nicht beaufschlagten Schaufeln sowie durch die Reibung und Wirbelung des Dampfes in Düsen und Schaufeln entstehen.

Nach dem Schaufelplan allein werden die besten Wirkungsgrade mit Reaktionsturbinen erreicht, hingegen werden die Spaltverluste im Hochdruckteil bei Aktionsturbinen am kleinsten, vorausgesetzt, daß man die Betriebssicherheit der Maschine nicht durch die Wahl zu enger Spaltquerschnitte gefährdet. Für den Niederdruckteil der Turbine spielen diese wegen der großen Dampfvolumina nur eine untergeordnete Rolle. Sollen die Ventilationsverluste ihren kleinsten Wert erreichen, so sind Schaufellängen und Raddurchmesser klein auszuführen und der Dampfdruck vor dem ersten Rade in der Turbine gering zu halten; die Herabsetzung der Strömungsverluste erfordert eine sorgfältige Bearbeitung, namentlich der Düsen.

Dem Turbinenbau waren zwei Wege vorgezeichnet, um der Forderung nach gesteigerter Wirtschaftlichkeit gerecht zu werden. Der eine ging dahin, die Drehzahl unter Zwischenschaltung eines Getriebes zu erhöhen. Durch diese Maßnahme wird besonders bei kleineren Turbinenaggregaten eine bedeutende Verbesserung der Wirtschaftlichkeit erzielt. Der zweite Weg bestand in der Wiederaufnahme der schon früher erkannten Verbesserung des Wirkungsgrades durch Vergrößerung der Stufenzahl bei entsprechend kleineren Raddurchmessern. Je nach der Turbinenart, den Betriebszuständen und der Leistung ergeben sich Ausführungen von Turbinen mit zwei und mehr Gehäusen. Beide Wege führen aber sehr bald zu einem Maximum des Wirkungsgrades. Wird dieses überschritten, so erlangen die Verluste durch Ventilation, Radreibung und Nabenverluste — bei Mehrgehäuseturbinen kommen noch die Verluste durch die größere Zahl der Stopfbuchsen und

Lager hinzu — das Übergewicht, und die Wirtschaftlichkeit der Turbinen nimmt sehr rasch wieder ab. Die Vergrößerung der Stufenzahl verleitet leicht dazu, über das günstigste Maß hinauszugehen, um so mehr, als durch die Versuche des »Steam-Nozzles Research Committee« über die Strömungsverluste in Leitkanälen die alte Anschauung bestätigt wurde, daß bei kleiner werdender Stufengeschwindigkeit die Verluste im Leitschaufelkanal ebenfalls abnehmen.

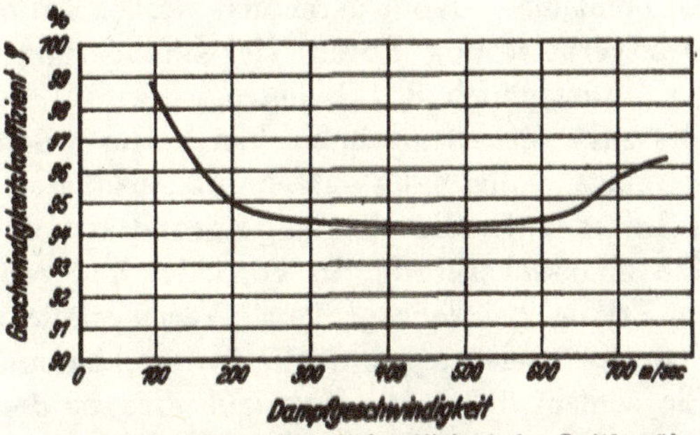

Abb. 109. Geschwindigkeitskoeffizient der Leitkanäle in Abhängigkeit von der Dampfgeschwindigkeit.

Die Versuchskurve, welche für die Verhältnisse von Zoellymündungen gilt, ist in Abb. 109 wiedergegeben[1]). Die Kurve zeigt, daß der bisher mit 0,94 angenommene Geschwindigkeitskoeffizient zwischen 350 bis 450 m/s für kurze Bauarten richtig eingeschätzt worden ist.

Der Einfluß des Spaltspieles auf den Wirkungsgrad des Aggregates ist weit größer als der Einfluß der Verminderung der Dampfgeschwindigkeit. Würde beispielsweise das Spiel von 3 mm auf 1 mm vermindert, so würde der Wirkungsgrad um nahezu 8 v H gesteigert werden. Selbstverständlich müssen in diesem Falle bei dem engen Spiel zwischen Läufer und festem Teil besondere konstruktive Maßnahmen getroffen werden, um die Betriebssicherheit der Maschine zu gewährleisten.

Die gleiche Wirkung könnte erzielt werden, wenn die Stufengeschwindigkeit von etwa 250 auf 100 m vermindert würde, d. h. das Wärmegefälle müßte je Stufe von 7,5 kcal auf 1,2 kcal abgesenkt werden. Letztere Turbine müßte dem-

[1]) S. Berichte Januar-März 1923 des Steam-Nozzles Research-Committee.

nach sechsmal mehr Stufen erhalten als erstere. Kann man bei einem bestimmten Wärmegefälle die Turbine bei 7,5 Stufenwärmeeinheiten noch eingehäusig ausführen, so müßte bei gleichem axialen Spiel von 3 mm das Aggregat mit 1,2 Stufenwärmeeinheiten mit mindestens vier Gehäusen, theoretisch sogar mit sechs ausgeführt werden.

Es liegt auf der Hand, daß bei dieser bedeutend vergrößerten Stufenzahl und den vielen zusätzlichen Stopfbuchsen und Lagern nicht mehr damit gerechnet werden kann, daß die Wirkungsgradverbesserung durch Herabminderung der Geschwindigkeit tatsächlich 8 vH betragen wird. Es werden vielmehr die zusätzlichen mechanischen Verluste den Gewinn mehr oder weniger vollständig aufzehren. Aus dieser Erkenntnis heraus bringt z. B. die »Wumag« grundsätzlich die Turbinen in Eingehäuseausführung in Vorschlag und greift nur in besonderen Fällen, bei sehr großem Wärmegefälle und entsprechend großer Leistung, auf die Zweigehäuseausführung zurück. Sie schlägt dabei den Konstruktionsweg der Verminderung des Spaltspieles ein unter Ergreifung besonderer konstruktiver Maßnahmen zur Gewährleistung der Betriebssicherheit.

Maschinen mit besten Wirkungsgraden erfordern im Hochdruckteil die Anwendung des reinen Aktionsprinzips und im Niederdruckteil mehr oder weniger starke Reaktion. Kleine Maschinen erhalten als erstes Rad ein Curtisrad mit einem Wirkungsgrad von 70 vH, da man bei kleinen Dampfmengen wegen des Einflusses der Spaltverluste und der Radreibung darauf angewiesen ist, schnell auf niedere Drücke zu kommen. Große Maschinen erhalten einen vollkommen ausgebildeten Hochdruckteil, bei dem das Curtisrad entweder nur ein geringes Gefälle verarbeitet oder durch reine Aktionsräder zur Erreichung höchster Wirkungsgrade ersetzt wird. Die Maschinen werden dann mehrgehäusig. Bei zweigehäusigen Ausführungen werden durch Unterteilung des Temperaturgefälles die auf die einzelnen Gehäuse entfallenden Wärmedehnungen verringert. Bei Fortfall des Curtisrades ist bei hohen Temperaturen für den Hochdruckteil eine besondere Gehäusekonstruktion erforderlich. Als Material für Einströmung und Gehäuse verwendet man bei Temperaturen über

350° C an Stelle von Gußeisen Stahlgußkonstruktionen, da diese der Gefahr des Wachsens nicht unterliegen. Bei zweigehäusigen Turbinen ist zur Beherrschung der Wärmedehnungen das Hochdruckgehäuse so gelagert, daß es sich nach einer Richtung hin ausdehnen kann, wobei das Drucklager den Fixpunkt bildet. Für den Niederdruckteil liegen keine besonderen Befestigungsschwierigkeiten vor. Das Schaufelmaterial besteht im Hochdruckteil gewöhnlich aus niedrigprozentigem Nickelstahl, im Niederdruckteil, also im mittleren Temperaturgebiet, aus Nickelmessing. In den letzten Stufen wird wegen der dort herrschenden Beanspruchung der Schaufeln nichtrostender oder P-Stahl verarbeitet. Die Anwendung von nichtrostendem Stahl kommt wegen der Korrosionsgefahr für Turbinen in Frage, die häufig stillgesetzt werden müssen[1]). Bei sehr hohen Temperaturbeanspruchungen wählt man außerdem für den Hochdruckteil temperaturfestere Schaufeln aus nichtrostendem Stahl.

Maschinen mit besten Wirkungsgraden werden infolge ihrer höheren Stufen- und Gehäusezahl teurer als normale Turbinen. Ob eine hochwertige oder normale Maschine am zweckmäßigsten ist, muß von Fall zu Fall entschieden werden. Eine durchschnittliche Wirkungsgradverbesserung von 5 vH bedingt beispielsweise eine Preissteigerung der Turbine um etwa 15 vH. Da bei einer beispielsweisen Anlage von 500 kW und bei achtstündigem Betrieb in der Selbstkostenberechnung des elektrischen Stromes, unter Einrechnung des Kapitaldienstes der vollständigen Anlage, der Anteil der Turbine etwa 12 vH beträgt und derjenige der reinen Kohlenkosten nur etwa 24 vH, so dürfte hier eine normale Maschine am Platze sein. Bei 24stündigem Betrieb der gleichen Anlage beträgt der Turbinenanteil hingegen etwa 8 vH, der Kohlenanteil schon 40 vH. Bei einer 3000-kW-Turbine mit 24stündigem Betrieb beträgt der Turbinenanteil nur noch 4 vH, der Anteil der Kohlenkosten bereits über 70 vH. In den beiden letzten

[1]) S. Werk des Verf.: »Die neuzeitliche Speisewasseraufbereitung«, 1930. Verlag von Otto Spamer, Leipzig, S. 21 u. f. Ferner Aufsatz des Verf.: »Angewandte Korrosionsforschung für Dampfkraftanlagen«. Zeitschrift f. Brennstoff und Wärmewirtschaft 1929, Heft 16, 17, 18.

Fällen bietet eine Wirkungsgradverbesserung erhebliche Vorteile und rechtfertigt den höheren Aufwand an Konstruktionsmitteln und den hieraus entstehenden höheren Preis der Maschine.

Wirtschaftlichkeit und Betriebssicherheit bestimmen vornehmlich die Turbinenkonstruktionen. Diese beiden Gesichtspunkte stehen sich aber feindlich gegenüber; denn sobald der eine bevorzugt wird, unterliegt mehr oder weniger der andere. Den zweckmäßigsten Ausgleich zu finden unter besonderer Berücksichtigung der jeweilig vorliegenden Betriebsverhältnisse ist Sache des Konstrukteurs. Die Abwärmeverwertung, die Einführung der Dampf- und Warmwasserspeicher, die Speisewasservorwärmung durch Anzapfdampf und im großen Maße die Höchstdruckwirtschaft haben den Sonderturbinenbau befruchtet. Die Gegendruckturbine, die Anzapfturbine mit einer oder zwei Anzapfstellen und in neuerer Zeit auch die Brüdenturbine haben um so größere Bedeutung erlangt, als es gelungen ist, auf Grund der vorstehenden Ausführungen Turbinenarten zu schaffen, die den höchsten Anforderungen an Dampfersparnis und Sicherheit gerecht werden.

b) Die Kondensationsturbine.

Als Kondensationsturbinen bezeichnet man Turbinen, deren Abdampf in einem Kondensator unter Vakuum niedergeschlagen wird. Diese Benennung bleibt auch dann die gleiche, wenn der Turbine Dampf an einer oder mehreren Stellen, z. B. zur Speisewasservorwärmung, entnommen wird.

Turbinen für kleinere und mittlere Leistungen werden heute in der Mehrzahl hochtourig gebaut und treiben unter Zwischenschaltung eines Reduktionsgetriebes den Generator an. Bei größeren Leistungen werden normalerweise die Stromerzeuger mit der Antriebsmaschine direkt gekuppelt, wobei die Drehzahl fast ausschließlich 3000 i. d. Min. beträgt. Erst von einer bestimmten hohen Leistung an, für welche hochtourige Generatoren nicht mehr ausgeführt werden, wird auch die Turbine für niedrigere Drehzahl (1500 i. d. Min.) gebaut.

Das Vakuum im Kondensator ist abhängig von der Kühlwassereintrittstemperatur, es beeinflußt in besonderem Maße die Turbinenausführung. Besonders kaltes Kühlwasser und höhere Leistungen bedingen die Aufstellung zweier Kondensatoren und die Teilung der Ausströmöffnung im Abdampfstutzen, sie führen zum Bau von Zwei- und Mehrflußturbinen.

Die Einführung des Hochdruckdampfes ergibt theoretisch eine wesentliche Verbesserung der Wirtschaftlichkeit. Praktisch aber liegt bei Neuanlagen die vorläufige wirtschaftliche Grenze für den Zudampfdruck bei Kondensationsmaschinen bei 25 bis 30 at. Selbst bei dieser Betriebsdruckgrenze sind für Turbinen mit höherem Wirkungsgrad infolge des tiefen Einschneidens der Expansionslinie in das Naßdampfgebiet besondere Maßnahmen erforderlich, um einen raschen Verschleiß der Schaufeln durch das Wasser zu verhüten. Eine dieser Maßnahmen besteht darin, die Dampfeintrittstemperatur möglichst hochzutreiben. Die Höchstgrenze der Überhitzung ist jedoch abhängig von der Wahl des Werkstoffes für die Regelventile und für das Hochdruckgehäuse. Bis $\sim 330^{\circ}$ C ist es noch möglich, Sonderheißdampfgußeisen zu verwenden; darüber hinaus muß zur Stahlgußausführung gegriffen werden. Es liegen aber heute noch nicht genügend Erfahrungen vor, um eine Höchstgrenze für die Stahlgußausführung anzugeben, bei welcher der Werkstoff im Dauerbetrieb ohne wesentliche Formveränderung noch standhält.

Viele Werke nehmen hinsichtlich der Steigerung der Drücke zur Zeit noch eine abwartende Stellung ein und wollen erst, wenn genügend Betriebserfahrungen vorliegen, sich gegebenenfalls zur Beschaffung einer Hochdruckturbine entschließen. In diesen Fällen kann ein Aggregat am Platze sein, das in vielstufiger Bauart zunächst für den bestehenden Mitteldruck mit ein oder zwei Druckrädern als erste Gefällstufe entwickelt wird. Ein Ersetzen dieser Räder durch das ein höheres Druckgefälle verarbeitende Curtisrad gestattet später zum gegebenen Zeitpunkt die Verwendung wesentlich gesteigerter Frischdampfdrücke, ohne daß weitere nennenswerte Änderungen an der Maschine notwendig werden. Das Hochdruckgehäuse selbst würde von vornherein für hohen Druck zu bemessen sein.

Sind im Kraftwerk, für das hohe Drücke in Aussicht genommen sind, mehrere noch einwandfrei arbeitende Mitteldruckmaschinen vorhanden, so kann es vielfach ratsam sein, diese nach wie vor als nachgeschaltete Betriebsmaschinen beizubehalten und in einer besonderen Vorschaltturbine das Druckgefälle zwischen dem neuen hohen und dem bestehenden mittleren Druck zu verarbeiten. Die Leistung der Vorschaltturbine ergibt sich hierbei zwangläufig aus dem Druckgefälle und dem gesamten Dampfverbrauch der betreffenden Maschinen. Die Reglung der Vorschaltturbinen ist mit den jeweiligen Betriebsbedingungen in Einklang zu bringen und muß von Fall zu Fall Gegenstand besonderer Untersuchung sein. Vielfach ist eine Reglung auf konstantem Druck zweckmäßig, wobei erst bei völliger Entlastung auf die übliche Geschwindigkeitsreglung übergegangen wird (Abb. 110). Die Hochdruckturbine wird dabei als wirtschaftlichere Maschine vornehmlich zur Leistungsabgabe herangezogen werden.

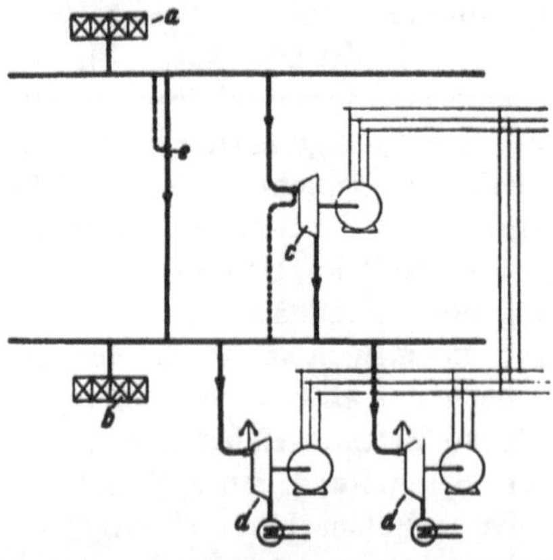

Abb. 110. Schaltungsschema von Vorschalt-Turbinen zur Ausnutzung des Druckgefälles zwischen einer neuen Hochdruckanlage und einer bestehenden Mitteldruckanlage.
a = Hochdruckkesselanlage, b = Mitteldruckkesselanlage, c = Vorschalt-Turbine, d = Frischdampf-Kondensations-Turbine, e = Überströmventil.

Der Ausbau der vorhandenen Kesselhäuser für höheren Druck kann mit Rücksicht auf den Betrieb und die angespannte Wirtschaftslage zumeist nur schrittweise erfolgen. Deshalb arbeitet während dieser Zeit das Werk mit zwei Dampfspannungen. Um eine übermäßige Reserve zu vermeiden, muß die Turbine derart ausgeführt werden, daß sie sowohl mit Hochdruck- wie auch mit Niederdruckdampf betrieben werden kann. In besonderen Fällen ist die Turbinenreglung sogar so ausgestaltet, daß mit beiden Dampfspannungen gleichzeitig gefahren werden kann.

Dasselbe gilt für Werke, die neben einer neuen Hochdruck-Kesselanlage zu Reservezwecken auch noch die ältere Mitteldruck-Kesselanlage beibehalten wollen. Die Maschine wäre dann so auszulegen, daß beide Dampfarten nach Durchfließen der entsprechenden Reglerorgane vorn in das Hochdruckgehäuse eintreten, wobei jedoch der Mitteldruck erst nach Umgehung der ersten Hochdruckstufen zum Radsatz gelangt. Die Maschine kann hierbei sowohl vom Hochdruckkessel als auch vom Mitteldruckkessel betrieben werden, in letztgenanntem Falle mit verkleinerter Leistung. Man wird meistens wohl nur mit der einen oder andern Dampfspannung fahren und nur im Ausnahmefalle gleichzeitig mit beiden, wenn nach Ausfall eines Teiles der Hochdruck-Kesselanlage die zur Erzielung einer bestimmten Leistung fehlende Dampfmenge von der Niederdurckanlage bezogen werden muß (Abb. 111).

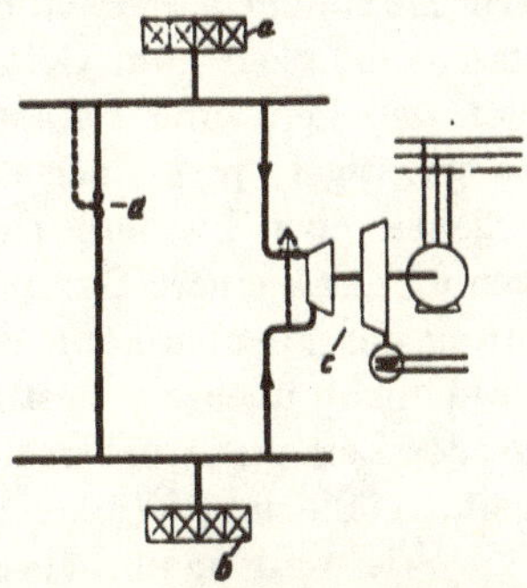

Abb. 111. Schaltung von Dampfturbinen für Speisung durch Hochdruck- und Mitteldruckdampf.
a = Hochdruckkesselanlage,
b = Mitteldruckkesselanlage,
c = Frischdampf-Kondensations-Turbine, d = Überströmventil.

Durch Verteilung des Niederdruckgefälles auf mehrere Gehäuse ist die Möglichkeit zur weiteren Steigerung der Maschinenleistung gegeben, ein für neu zu errichtende Grundkraftwerke wesentlicher Gesichtspunkt.

Durch Unterteilung der Generatoren und durch Kupplung der einen Hälfte mit dem Hoch- und Mitteldruckteil und der zweiten mit dem Niederdruckteil kann die gesamte Leistung einer Maschineneinheit noch beträchtlich weiter erhöht werden. So wurden für das Großkraftwerk »Klingenberg« der Stadt Berlin der AEG drei Maschinen von je 70000 kW Leistung bei 1500 U/min in Auftrag gegeben. Jede dieser Maschinen besteht aus zwei Generatoren von

35000 kW bei $\cos \varphi = 0{,}8$, von denen der eine mit dem ein Druckgefälle von 32,5 auf 2 atü verarbeitenden Hoch- und Mitteldruckzylinder zusammengebaut ist, während der zweite Generator durch die beiden das Restgefälle verarbeitenden, parallel und gegeneinander geschalteten Niederdruckturbinen angetrieben wird.

Die schwierigste Aufgabe im Bau von Hochleistungskondensationsturbinen ist die günstige Bemessung des Niederdruckteils, um die außerordentlich großen, durch die letzten Stufen strömenden Dampfvolumina mit möglichst hohem Wirkungsgrad auszunutzen. Die Raddurchmesser sind bekanntlich durch die Drehzahl begrenzt, die ihrerseits möglichst hoch (3000 U/min) zu wählen ist, um das Aggregat klein und billig auszulegen. Für bestimmte Raddurchmesser sind bei gegebener Umdrehungszahl nur bestimmte maximale Schaufellängen ausführbar, durch die bei gegebenen Schaufelwinkeln, Wärmegefällen und Vakuum die durchströmende Dampfmenge und auch der Stufenwirkungsgrad gegeben sind. Dieser Wirkungsgrad hat sein Maximum bei einem bestimmten Verhältnis von Umfangsgeschwindigkeit zum Gefälle, er ist aber ferner auch abhängig von den Leit- und Laufschaufelwinkeln, und zwar ist er um so günstiger, je kleiner diese Winkel sind. Kleinere Winkel ergeben aber kleinere Durchgangsflächen, durch die naturgemäß nur kleinere Dampfvolumina strömen können. Die Leistung der Turbine kann demnach bei hohem Stufenwirkungsgrad nicht über ein bestimmtes Maß gesteigert werden. Bei großer Leistung wurden daher auf Kosten der Wirtschaftlichkeit Gefälle und Winkel vergrößert.

Wie weit man bei einem bestimmten Raddurchmesser und gegebener Umdrehungszahl der Turbine mit der Schaufellänge gehen kann, hängt vom Schaufelmaterial, der Schaufelform und — leider nur zu oft vom Mut der Konstrukteure — ab. Wesentliche Fortschritte hat man durch zweckentsprechende Ausgestaltung des Schaufelfußes erreicht. Die AEG und andere verwenden sog. »füllstücklose Schaufeln« im Niederdruckteil ihrer Turbinen. Bei diesen wird eine wesentliche Verstärkung des Schaufelfußes und damit eine Erhöhung der Grenzleistung dadurch erreicht, daß man Füllstück und Schaufel aus dem vollen Stück fräst.

Wie weit man den Wirkungsgrad herabsetzen kann, um durch Aufdrehen der Schaufeln die Grenzleistung zu erhöhen, hängt zunächst von der Wirtschaftlichkeit ab, die die Anlage aufweisen soll. Neben dieser spielt aber auch, namentlich bei Turboanlagen mit höheren Drücken, die Dampffeuchtigkeit eine erhebliche Rolle. Je besser der Wirkungsgrad, um so feuchter ist der Dampf. Nasser Dampf verursacht aber Korrosionen, deren Stärke bei Überschreitung einer Feuchtigkeit von über 7—10 vH rapide wächst. Man hofft die Korrosionen außer

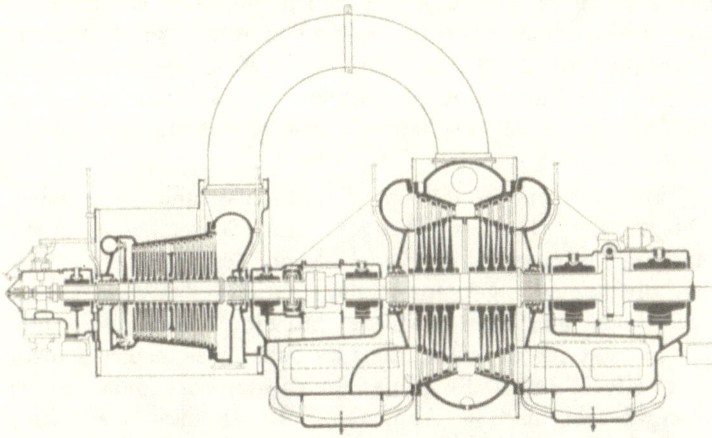

Abb. 112. Zweigehäusige 85000 kW. AEG-Kondensationsturbine n = 1500 U/min. ND-Teil zweiflutig.

durch Ausschleudern der Tropfen (BBC) auch durch besondere Ausgestaltung vor allem der Laufschaufeln (AEG) vermindern zu können. Sichere Untersuchungen liegen hierüber noch nicht vor.

Bei der Unterbringung großer Leistungen liegt es nahe, die letzte Stufe zu teilen bzw. bei Zweigehäuseturbinen mehrere Stufen des Niederdruckteiles mit doppelter Ein- und Ausströmung auszuführen.

Abb. 112 zeigt eine zweigehäusige AEG-Kondensationsturbine, deren ND-Teil in Zweiflußbauart ausgebildet ist, einen Dampfeinlaß und zwei Auslässe besitzt. Die Leistung beträgt 80000 kW bei 1500 U/min.

Man kann sagen, daß heute in eingehäusigen Kondensationsturbinen mit einflutiger Bauart des ND-Teils eine Grenzleistung[1]) bis 25000 kW und in zweigehäusigen Turbinen mit zweiflutigem ND-Teil bei 1500 U/min bis 100000 kW und bei n = 3000 U/min bis 50000 kW untergebracht werden kann.

Für die Wirtschaftlichkeit von Kraftwerken spielen diese sogenannten Grenzleistungsturbinen eine besondere Rolle. Der Kilowattpreis jeder Turbinengattung fällt mit zunehmender Leistung nach einer hyperbolischen Funktion. Die Preiskurve macht jedoch einen Sprung bei Übergang von einem zum anderen Maschinenmodell, so z. B. beim Übergang von 3000- auf 1500-tourige Maschinen. Deswegen ist jede Maschinenbaufirma bestrebt, die Grenzleistung einer Bauart so groß als möglich zu machen, d. h. Grenzleistungsmaschinen zu bauen.

Um auf anderem Wege die Grenzleistung zu erhöhen, schlägt die Görlitzer Waggon- und Maschinenbau-A.-G. für Großturbinen eine Konstruktion des Niederdruckteils vor, die dadurch gekennzeichnet ist, daß das Aggregat in eine Hoch- und eine Niederdruckturbine zerlegt wird und daß in letzterer in einem Gehäuse eine oder mehrere mehr als zweifach unterteilte Stufen in engster Zusammenstellung untergebracht sind (s. Abb. 113). Durch diese Maßnahme erübrigt sich eine Mehranordnung von Lagern und Stopfbuchsen. Die mechanischen Verluste können somit äußerst gering gehalten werden. Bei den GMA-Großleistungs-Kondensationsturbinen kann die letzte oder mehrere der letzten Stufen drei- bis sechsfach unterteilt werden, d. h. die Leistung kann auf das Drei- bis Sechsfache einer normalen Turbine gesteigert werden, wobei noch immer das Maximum an Wirtschaftlichkeit und Betriebssicherheit erreicht wird. Das abgebildete Aggregat mit vierfach unterteiltem Niederdruckteil erzeugt bei den angegebenen Betriebszuständen 30000 kW. Die Leistung könnte bei entsprechender Abnahme des Wirkungsgrades durch Vergrößerung der Schaufelwinkel bis auf 60000 kW gesteigert werden.

[1]) Grenzleistung = höchste Leistung einer bestimmten Maschinentype.

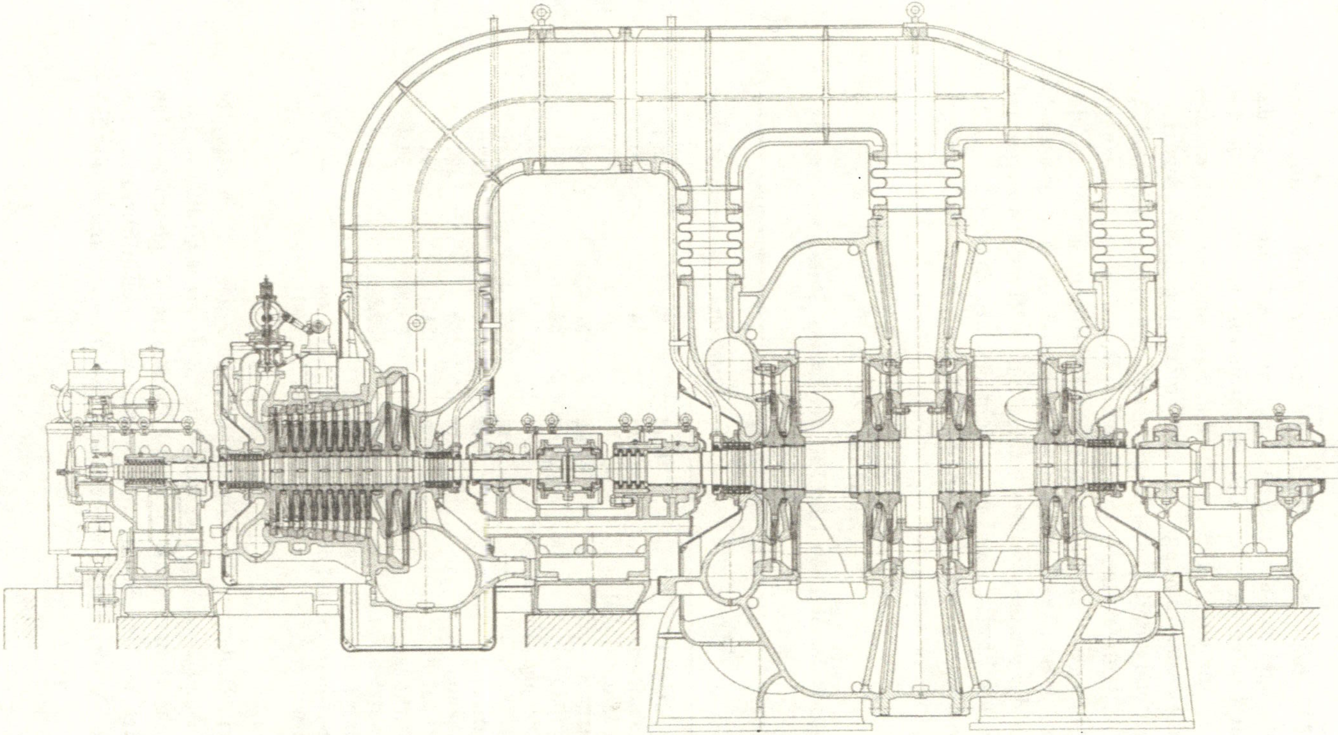

Abb. 113. Längsschnitt einer 30000 kW-Großleistungs-Kondensationsturbine.
$n = 3000$, für maximal 32 at, 410° und hohes Vakuum. Bauart „Görlitzer Waggon- und Maschinenbau A.-G.“ (Wumag).

Abb. 113 zeigt die in einem Niederdruckgehäuse auf einer Welle eingebauten vier Teile, und zwar sind hier die beiden letzten Stufen geteilt. Die Einströmung erfolgt durch drei Stutzen, die parallel in den Dampfstrom eingeschaltet werden. Für die Ausströmung sind, um möglichst große Austrittsflächen und somit kleine Dampfgeschwindigkeiten zu erhalten, vier Abdampfstutzen vorgesehen. Das Niederdruckgehäuse ruht auf zwei über die gesamte Länge des Gehäuses reichenden Füßen. Besonders bemerkenswert ist, daß die Teilkreisdurchmesser der letzten, größten Stufen nur 1650 mm betragen und die größte Laufschaufel noch nicht 300 mm lang ist, d. h. die Materialbeanspruchung bewegt sich hier noch in durchaus mäßigen Grenzen.

Zahlentafel 2.

Vergleich der Wirtschaftlichkeit der letzten Stufe verschiedener Turbinenarten.

Letzte Stufe		1. Vierflußturbine	2. Zweiflußturbine
Adiab. Gefälle	kcal	46	56,1
Leitschaufelwinkel	Grad	14	20
Laufschaufelwinkel			
Eintritt	Grad	37	48
Austritt	Grad	34	51
Rel. Dampfgeschwindigkeit			
Eintritt	m	350	439
Austritt	m	318	413
Leitschaufellänge	mm	320	320
Laufschaufellänge	mm	321,5	344
Ind. Wirkungsgrad	%	80,05	66,9
Ausgenutztes Gefälle	kcal	36,8	37,5
Leistung bei 160000 kg			
Dampf bezogen auf 56,1 kcal	PS	11 400	9500
Mehrleistung	PS	1 900	0

Ein Bild über die Wirtschaftlichkeit dieser Turbinen gibt Zahlentafel 2. Es ist hier die letzte Stufe einer Großleistungs-Kondensationsturbine in Vierflußbauart in Vergleich gezogen mit der letzten Stufe einer normalen Zweiflußturbine. Bei beiden Turbinen sei angenommen, daß die Leistung 37500 kW

Abb. 114a. Großleistungs-Vierfluß-Kondensationsturbine, Bauart „Wumag" für 30000 kW, n = 3000, 96 vH Vakuum. S. Abb. 113.

Abb. 114b. Unterteil mit Rotor der Vierfluß-Turbine nach Abb. 114a.

betrage und die Turbinen für einen Betrieb mit 15 at Überdruck, 375° Überhitzung und 95 vH Vakuum gebaut sein sollen. Die letzte Stufe soll bei beiden Anlagen bestmöglichst ausgelegt werden. Hierzu müssen die Raddurchmesser und Schaufellängen festliegen. Bei 3000 U/min beträgt der Grenzdurchmesser des letzten Rades mit Rücksicht auf Festigkeit ∼ 1800 mm und die Schaufellänge ∼ 350 mm. Werden diese vorstehenden Bedingungen beiden Turbinen zugrunde gelegt, dann ergeben sich die in Zahlentafel 2 festgelegten Daten.

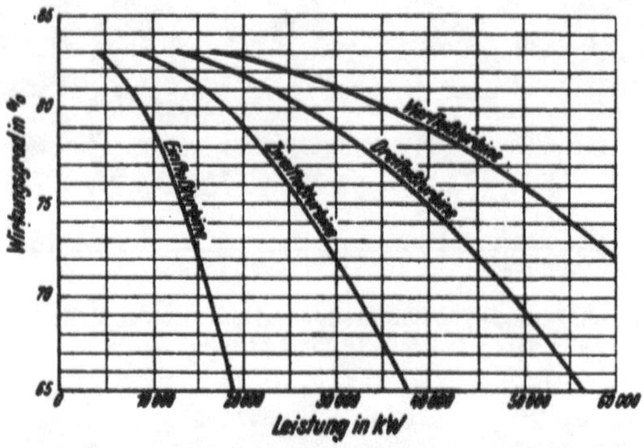

Abb. 115. Stufen-Wirkungsgradkurven von Ein- bis Vierflußturbinen in Abhängigkeit von der Leistung.

Abb. 115 bringt die Wirkungsgradkurven der letzten Stufe unter Annahme obiger Betriebsverhältnisse[1]) für eine Ein-, Zwei-, Drei- und Vierflußturbine in Abhängigkeit von der Leistung.

Die Vierflußbauart erlaubt eine wesentliche Verringerung der Dampfgeschwindigkeiten. Wie aus Zahlentafel 2 zu ersehen ist, liegen die relativen Dampfgeschwindigkeiten bei der Vierflußbauart um ∼ 100 m/s tiefer als bei der Zweiflußbauart. Durch die gesteigerten Eintrittsspannungen des Frischdampfes rückt bei vielstufigen Turbinen mit hohem Wirkungsgrad der Endpunkt der Expansion immer tiefer in das Naßdampfgebiet. Dabei zeigen sich die erwähnten Erscheinungen des raschen Verschleißes der Laufschaufeln, der nicht nur eine

---

[1]) S. S. 221.

Funktion der Dampffeuchtigkeit allein, sondern in weit höherem Maße der Dampfgeschwindigkeit ist.

Die Herabsetzung der Dampfgeschwindigkeit in obiger Weise kann sich also nur vorteilhaft auswirken.

Eine eigenartige Anordnung von Hochdruck- und Niederdruckturbine von je 50000 kW hat das E.-W. Franzisko gewählt[1]). Die Verbundturbine ist in zwei Etagen übereinandergebaut (s. Abb. 116). Der Kesseldruck beträgt 88 atü. Die Hochdruckturbine *1* und ihr Generator *2* machen 3600 U/min, die Niederdruckturbine *4* mit ihrem Generator *3* 1800 U/min.

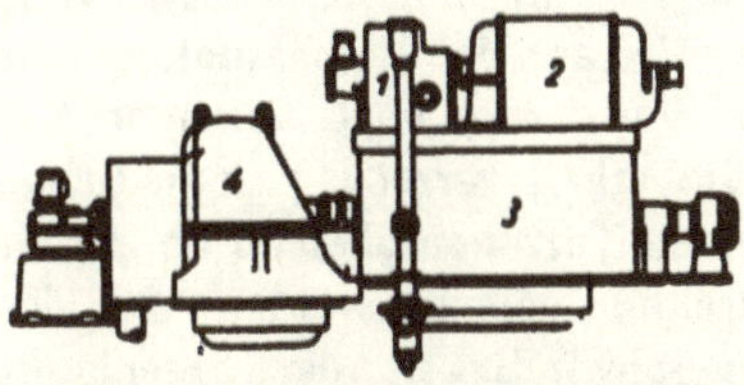

Abb. 116. Hochdruckverbundturbine in zwei Etagen.

Die Anordnung der Turbinen — Hochdruck und Niederdruck übereinander, wobei der Niederdruckgenerator den Sockel für den Hochdruckteil bildet bietet — eine vorzügliche Raumausnutzung.

Die Turbinen für den Speisepumpenantrieb der Hochdruckkessel haben auch eine besondere Anordnung. Es sind Zweigehäuseturbinen, ein Teil arbeitet auf Kondensation, ist mit der einen Seite der Pumpe gekuppelt und erhält Dampf aus dem bestehenden 21-atü-Netz. Der andere Teil, auf der anderen Seite der Pumpe, erhält Dampf aus der Leitung zwischen den beiden Haupturbinen. Auf diese Weise kann je nach Bedarf jeder Teil dieser Turbinen für sich in Betrieb sein und es ergibt sich bei allen Belastungen eine gute Wärmebilanz.

Anders geartete Wege ist Ljungström bei der Formung seiner Gegenlaufturbine gegangen, welche in Deutschland von der M.A.N. gebaut wird. Abb. 116 zeigt den Schnitt durch eine 2000-kW-Kondensationsturbine.

Das Kennzeichnende der Ljungström-Turbine ist darin zu erblicken, daß diese mit radialer Dampfeinströmung arbeitet

---

[1]) »Power« 1929, Bd. 69, S. 846.

und zwei in entgegengesetzter Richtung umlaufende Schaufelsysteme ohne feststehende Leitapparate besitzt. Abb. 117 zeigt die Anordnung der gegenläufigen radialen Schaufelsysteme (*1*) einer 2000-kW-Kondensationsturbine. In zwei gegenüberliegenden Turbinenscheiben *a* sind konzentrische Schaufelkränze *b* so eingesetzt, daß die Schaufelkränze der einen Scheibe in die Zwischenräume zwischen den Schaufelkränzen der anderen Scheibe passen. Die Schaufeln der einen Scheibe sind demnach gleichzeitig die Leitschaufeln für die der anderen Scheibe. Der Dampf gelangt vom Einlaßventil durch zwei gut isolierte Rohre *3* in die sog. Dampfkammern *2* und von da durch Öffnungen zum ersten Kranz der Beschaufelung. In dieser expandiert der Dampf von innen nach außen und gibt dabei das ihm innewohnende Arbeitsvermögen an die Schaufelkränze und damit an die beiden Turbinenscheiben ab, die dadurch in entgegengesetzte Drehung versetzt werden. Bei gleicher Drehzahl ist die Relativgeschwindigkeit der gegenläufigen Schaufelsysteme doppelt so groß als bei einer Turbine mit feststehenden Leitvorrichtungen. Zur Erzielung gleicher Güte ist daher

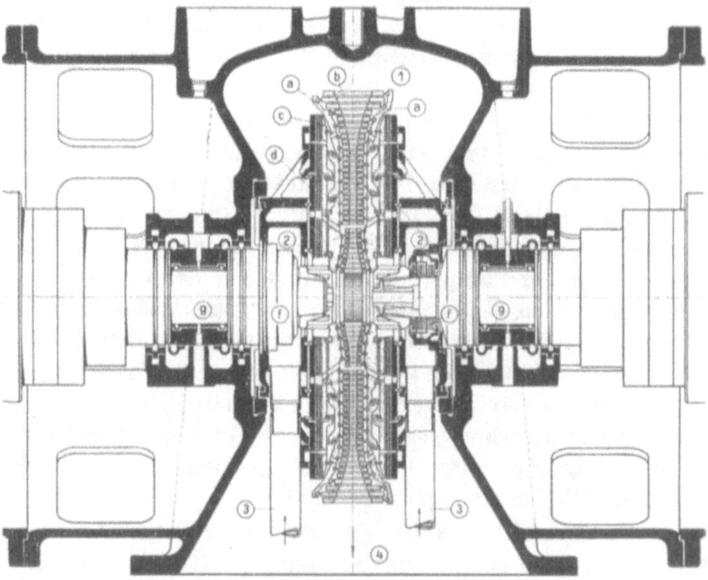

Abb. 117. Schnitt durch eine 2000 KW MAN-Ljungström-Kondensationsturbine.

unter sonst gleichen Bedingungen bei der letzteren eine viermal größere Stufenzahl erforderlich als bei einer Gegenlaufturbine.

Nach Verlassen des äußersten Schaufelkranzes strömt der entspannte Dampf in das Turbinengehäuse und durch den Abdampfstutzen *4* zum Kondensator (oder bei Gegendruckturbinen in die Abdampfleitung). Der während der Entspannung zwischen den beiden Turbinenscheiben befindliche Dampf belastet diese in der Achsrichtung der Turbine. Zur Entlastung sind an jeder Seite zwei Druckausgleichscheiben vorgesehen, von denen die eine, *c*, mit der Turbinenscheibe umläuft, während die andere, *d*, feststeht und den Axialdruck auf die Gehäusewand überträgt. Die Wellendichtungen *f* schließen die Dampfkammern gegen die Atmosphäre ab. An sie schließen sich die Traglager der Turbinenwellen, mit denen die Rotoren der Stromerzeuger unmittelbar verbunden sind, an deren gelagerten Wellenenden je ein kräftiges Blocklager zur weiteren Sicherung gegen Axialschub der Wellen vorgesehen sind.

Bei der Durchbildung der Konstruktionseinzelheiten der Turbine ist größter Wert darauf gelegt, daß alle unter Temperatur stehenden Teile den im Betriebe auftretenden Schwankungen leicht folgen und keine schädlichen Wärmespannungen besonders in den umlaufenden Teilen entstehen. Die Gegenläufigkeit der Radialturbine ergibt eine sehr hohe Gütezahl auf einem verhältnismäßig kleinen Raum. Infolge des durch die radiale Bauart der Turbine bedingten günstigen Verhältnisses von Dampfvolumen zur Geschwindigkeit und infolge der geringen Undichtigkeitsverluste liegt der Wirkungsgrad der Gegenlaufdampfturbine an der erreichbaren Höchstgrenze. Die Dampfzufuhr wird durch ein Drosselventil geregelt, das unmittelbar durch Drucköl bewegt wird, dessen Zu- und Abfluß von einem Fliehkraftregler gesteuert wird. Das Regelventil ist mit dem Absperrventil vereinigt.

Mittels besonderer am Turbinengehäuseumfang angebrachter Überlastventile kann Frischdampf aus den Dampfkammern zwecks Überlastung der Turbine in eine Stufe mit größeren Dampfquerschnitten eingeführt werden. Diese Zusatzventile können auch zur Regelung der Teillasten mit verwendet werden.

Kondensationsturbinen werden mit reiner Drosselregulierung oder mit Drosselreglung mit Abschaltung von Kanalgruppen von Hand bzw. mit selbsttätiger Segmentregulierung ausgestattet.

Die reine Drosselregulierung wird bei allen den Turbinen ausgeführt, bei denen weniger Gewicht auf den Dampfverbrauch bei Teillast gelegt wird oder die nur kurze Zeit mit Teillast laufen. In die Dampfzuleitung ist, wie Abb. 118 zeigt, ein Doppelsitzventil eingebaut. Der Kegel selbst ist mit langen Drosselkonen versehen, deren Form nach einem besonderen Rechnungsverfahren jeweils den Betriebsbedingungen entsprechend ausgemittelt wird. Der Kegel wird von einem durch Drucköl gesteuerten Servomotor verstellt, dessen Ölverteilungsschieber unmittelbar vom Geschwindigkeitsregler beeinflußt wird. Für Betriebe, deren Leistungsbedarf während mehrerer Stunden des Tages nur kleineren Schwankungen unterworfen ist, wo die Leistung aber zu verschiedenen Zeiten und für längere Dauer stark abweicht, ist die Drosselregulierung mit Abschaltung von Leitradkanalgruppen von Hand sehr zweckmäßig. In diesem Falle werden, neben der vorbeschriebenen Drosselreglung, der Ringkanal und die Kanäle des ersten Leitapparates in einzelne Gruppen von ungleicher Kanalzahl zerlegt und durch von Hand bedienbare Ventile mit der Frischdampfzuführung verbunden. Durch diese Maßnahmen wird eine geringe Dampfverbrauchsverbesserung bei Teillasten gegenüber der reinen Drosselreglung erzielt, weil durch die Abschaltung der Kanäle bei Teillast das Druckniveau vor der Turbine gehoben und die Drosselung des Gesamtdampfes kleiner wird.

Die mit selbsttätiger Segmentregulierung ausgestattete Drosselreglung wird meistens bei Turbinen größerer Leistung angewandt, welche mit wechselnder Last betrieben werden und selbsttätige Überlastbarkeit erfordern. Sie werden ferner bei Turbinen mit Dampfentnahme für die Speisewasservorwärmung verwendet. Aus Abb. 119 ist die Konstruktion der Steuerung Bauart »Wumag« ersichtlich. Das vorgeschaltete Hauptdrosselventil regelt die Turbine bis etwa dreiviertel oder halbe Last. Bei weiterer Laststeigerung hebt sich die Spindel des Ventils noch weiter und verstellt mit Hilfe eines Verbindungsgestänges einen Ölverteilungsschieber, der Drucköl in die eine oder andere

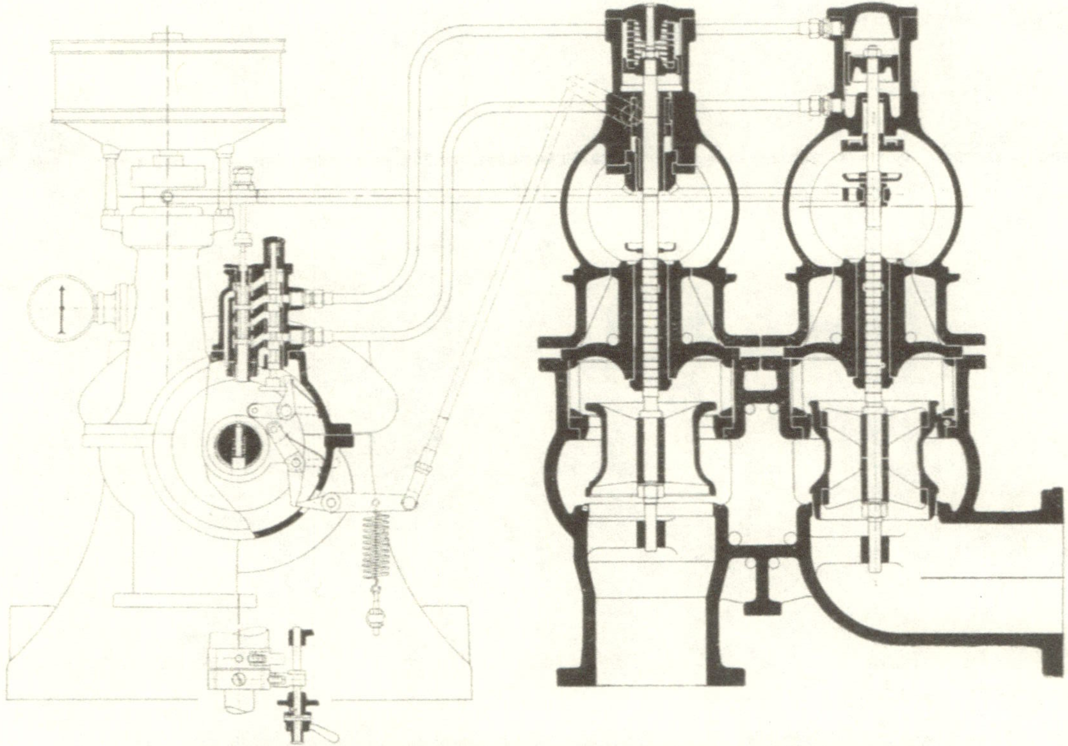

Abb. 118. Schnitt durch eine Regulierung mit Doppelschnellschluß Bauart „Wumag“.

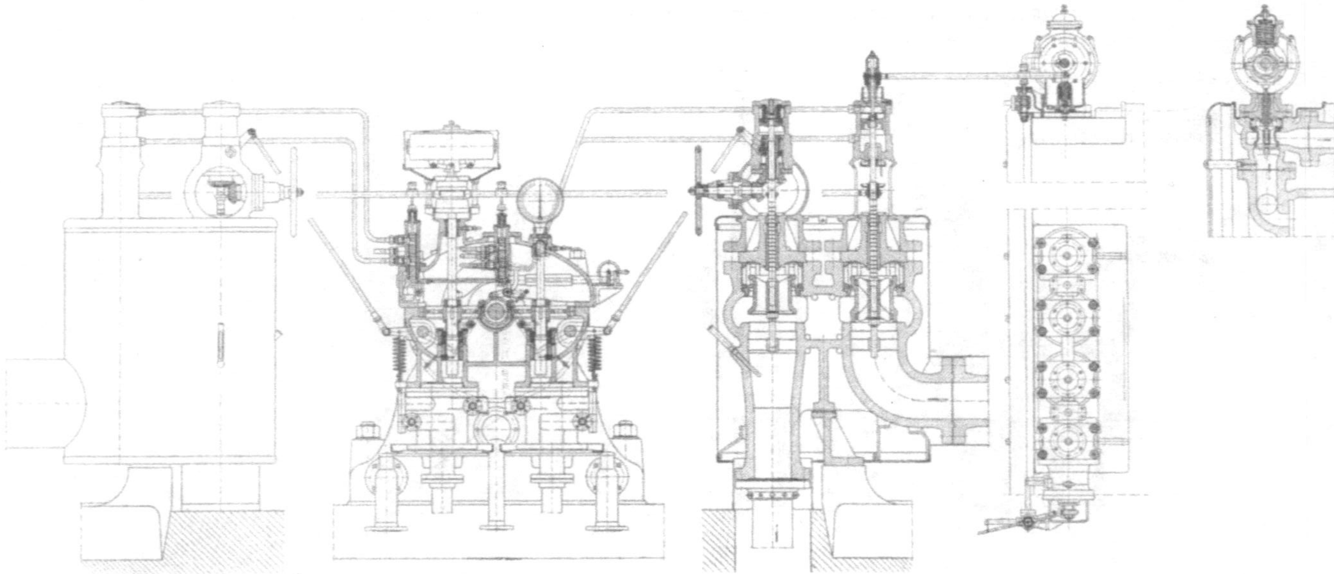

Abb. 119. Komb. Drossel- und Segmentregulierung einer 30000 kW-Turbine, $n = 3000$. Bauart »Wumag«.

Kammer des Drehservomotors leitet. Mit letzterem ist die Nockenwelle unmittelbar verbunden. Die versetzt aufgekeilten Nocken heben der Reihe nach die kleineren Segmentventile, welche ihrerseits wieder als Drosselventile ausgebildet sind. Der größte Teil der Dampfmenge tritt auf diese Weise ungedrosselt in die Leitradkanäle, während nur ein kleiner Teil der Dampfmenge gedrosselt wird.

Bei bestehenden Werken ist vielfach eine Prüfung am Platze, ob aus wirtschaftlichen Gründen eine Auswechslung vorhandener älterer Eingehäuseturbinen durch neuzeitliche vielstufige Dampfteile zweckmäßig ist. Da der Generator und die gesamte Kondensationsanlage unverändert beibehalten werden, können die aufzuwendenden, nicht allzu hohen Kosten bei dem wesentlich geringeren Dampfverbrauch sich in verhältnismäßig kurzer Zeit bezahlt machen, sofern günstige Belastungsverhältnisse vorliegen. Ein derartiger Umbau läßt sich im allgemeinen ohne große Änderung an den bestehenden Fundamenten durchführen (s. Abb. 120).

Die Frage der Zwischenüberhitzung hängt mit der Frage des Höchstdruckes zusammen, weil bei Verwendung hoher Drücke der Feuchtigkeitsgehalt des Dampfes im Niederdruckteil der Turbine unerwünscht hoch wird. Die Zwischenüberhitzung dient zur Trocknung des Dampfes und zur Ver-

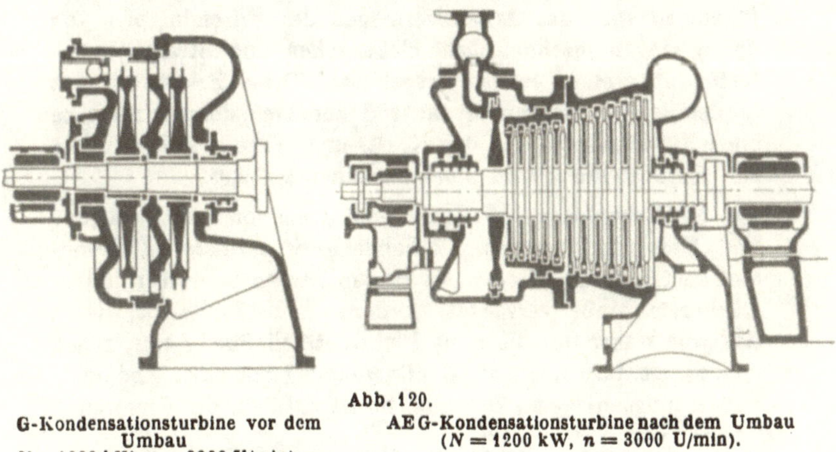

Abb. 120.

G-Kondensationsturbine vor dem Umbau $N = 1000$ kW, $n = 3000$ U/min).

AEG-Kondensationsturbine nach dem Umbau ($N = 1200$ kW, $n = 3000$ U/min).

besserung des Wirkungsgrades[1]). Unter Berücksichtigung aller Verluste beträgt der thermische Vorteil der Zwischenüberhitzung durchschnittlich 3 bis 4 vH. Die Schaltungsweise der Zwischenüberhitzung ist verschieden. Eine günstige Lösung ist die, den hochgespannten Dampf in Vorschaltturbinen bis auf einen Druck von 10 bis 15 at arbeiten zu lassen. Der Abdampf wird durch parallel geschaltete Zwischenüberhitzer gesandt und geht in ein zweites Netz, aus dem Kondensationsturbinen gespeist werden. Um die Hochdruckkessel und die Zwischenüberhitzer von Augenblicksspitzen zu entlasten, wird mit dem Mitteldrucknetz ein Ruthsspeicher verbunden, dessen Abmessungen verhindern, daß Druckschwankungen über 2 at im Netz auftreten. Die Energiespitzen werden von den Niederdruckturbinen aufgenommen, während die Hochdruckturbinen mit konstanter Belastung durcharbeiten.

Reine Kondensationsturbinen sind aber selbst bei höchstwertiger Bauform und Ausführung stets schlechte Energiewandler, da der größte Teil des Wärmeinhaltes des Arbeitsdampfes am Ende der Dampfdehnung durch das Kühlwasser des Kondensators nutzlos abgeleitet wird und so dem Kreisprozeß verlorengeht. Kann man demgegenüber die restliche Wärme des Dampfes noch weiter verwerten, z. B. in wärmeverbrauchenden Industrien od. dgl., die Kraftmaschine also gewissermaßen organisch dem gesamten Wärmekreislauf einfügen, so wird das Arbeitsvermögen des Frischdampfes von den geringen mechanischen, elektrischen und Strahlungsverlusten abgesehen, restlos ausgenutzt. Diese Erkenntnis hat in den letzten Jahren in dauernd zunehmendem Umfang zu einer Zusammenfassung der Kraft- und Wärmewirtschaft und zur Herausbildung von Sonderturbinen geführt.

Die Erkenntnis, daß durch Vereinigung von Krafterzeugung und Heizdampfversorgung erhebliche Ersparnisse an Brennstoffkosten erzielt werden, ist in den letzten Jahren in immer stärkerem Maße verwertet worden. Selbst Betriebe, deren Aufgabe bisher nur die reine Elektrizitätslieferung war, gehen neuerdings dazu über, die Krafterzeugung mit einer Abdampfverwertungsanlage zu kuppeln. So ist z. B. für die Versorgung

[1]) Näheres s. Zwischendampfüberhitzung S. 278 u. f.

von Städten mit Heizdampf durch sog. Fernheizwerke der vereinigte Kraftheizbetrieb von besonderer Bedeutung geworden. Die Anzapfung der Kondensationsturbinen zur stufenweisen Speisewassererwärmung oder die Aufstellung besonderer Turbinen für diese Zwecke gehören ebenfalls in dieses Gebiet. Für diese Fälle kommen die im folgenden zu besprechenden Gegendruck- oder Anzapfturbinen in Frage.

c) Die Gegendruckturbine.

Die Gegendruckturbine ist eine Frischdampfturbine ohne Kondensation, d. h. der Dampf verläßt die Turbine nach Arbeitsleistung mit einem Druck, der höher ist als 1 ata, um zu Heiz-, Koch- oder Trockenzwecken weiter verwendet zu werden. Ihre Wirtschaftlichkeit ist bei vollständiger Verwertung der Abwärme und der gewonnenen Energie die höchste, welche mit einer Kraftmaschine überhaupt erzielt werden kann. Die Eigenart der Gegendruckturbine bedingt aber, daß bei ihrer Bemessung auf das sorgfältigste verfahren wird, wenn ihre Vorteile im vollen Umfang zum Ausdruck kommen sollen. Die Gegendruckturbine ist nämlich gegen Änderung des Dampfzustandes sehr empfindlich, und zwar erheblich mehr als die Kondensationsturbine, weil das zu verarbeitende Wärmegefälle bedeutend kleiner ist als bei der Kondensationsturbine und bei allen Belastungen gleichbleibt. Eine Herabsetzung von Zudampfdruck und -temperatur oder eine Erhöhung des Gegendruckes vermindert die Leistung der Turbine erheblich.

Diese Empfindlichkeit kann je nach der Wahl der Turbinentype vergrößert oder verkleinert werden, je nachdem ob die Turbine mit einer, mit mehreren oder mit vielen Stufen zur Ausführung kommt. Je größer die Anzahl der Laufräder gewählt wird, desto kleiner wird das je Stufe zu verarbeitende Wärmegefälle und um so empfindlicher wird die Turbine für abweichende Betriebszustände. Auch die Überlastbarkeit nimmt mit zunehmender Stufenzahl sehr rasch ab, während der spezifische Dampfverbrauch bei Teilbelastungen steigt. In Betrieben mit stark schwankender Last und häufig absinkendem Kesseldruck ist es mitunter vorteilhafter, eine ein- oder wenigstufige Turbine mit relativ höherem Dampfverbrauch einer vielstufigen Turbine mit gutem Dampfverbrauch vorzuziehen. In der Abb. 121 sind die Dampfverbrauchskurven je einer ein-, mehr- und vielstufigen Turbine wiedergegeben unter der Annahme gleicher Leistung und gleicher Dampfzustände. Diese Kurven verdeutlichen den Einfluß der Teilbelastung und der Überlastung auf den stündlichen Dampfverbrauch der Turbine.

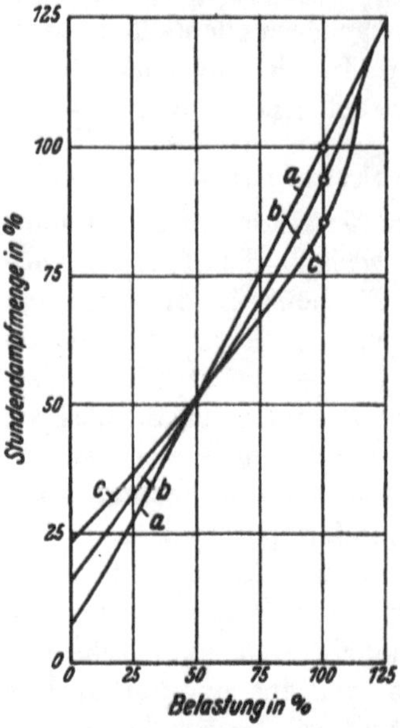

Abb. 121. Dampfverbrauchskurven von einer ein-, mehr- und vielstufigen Gegendruckturbine bei gleicher Leistung und gleichen Betriebsbedingungen.
a = Einstufenturbine, b = Mehrstufenturbine, c = Vielstufenturbine.

Die Forderung nach bester Ausnutzung des im Dampf enthaltenen Arbeitsvermögens bedingt demnach eine genaue Festlegung der Leistung und Bauart der Gegendruckturbine.

Wie aus Abb. 121 hervorgeht, empfiehlt es sich, erstere nicht zu reichlich zu wählen, da der spez. Dampfverbrauch bei Teilbelastungen sehr stark zunehmen kann.

Bei Gegendruckturbinen ist die Wahl des Frischdampfdruckes abhängig von der Größe der zur Energieerzeugung erforderlichen Dampfmenge.

Bei beliebig großen zur Verfügung stehenden Dampfmengen sind bei Leistungen von 1000 bis 5000 kW und bei

einem Gegendruck von	2	4	6 ata
die wirtschaftlichsten Mindestdrücke etwa	18	22	26 atü.

Bei begrenzten Dampfmengen kann zur Erzielung der geforderten Leistung mit den Frischdampfdrücken höher gegangen werden. Die Höchstdrücke sind dann gegeben durch

die Konstruktion der Turbine und durch
die Konstruktion der Kessel.

Da bei Maschinen mit guten Wirkungsgraden die Verluste in der Turbine mit steigendem Druck wachsen und bei vollbeaufschlagten Rädern die Schaufeln des ersten Rades unerwünscht klein werden können, so liegen die Höchstdrücke durch Leistung und Dampfmenge fest und müssen jeweils bestimmt werden.

Bei der Planung einer Gegendruckturbine muß zunächst Klarheit geschafft werden über den Heizdampfbedarf und den elektrischen Energieverbrauch. Zweckmäßig wird dabei das in Abb. 122 für einen angenommenen Fall gezeichnete Schaubild aufgestellt, das Aufschluß darüber gibt, wie groß die Gegendruckturbine bemessen werden kann oder ob eine andere Turbinengattung (Anzapfturbine usw.) vorzuziehen ist.

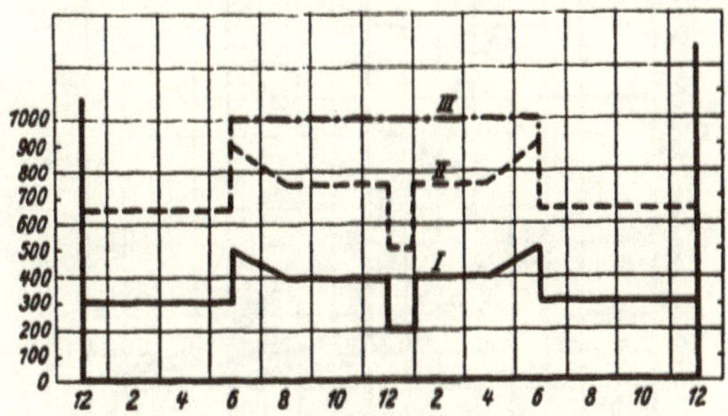

Abb. 122. Entwurf des Grundlastdiagrammes für einen Betriebstag.

In diesem Schaubild stellt die Linie I den täglichen Verlauf des elektrischen Energieverbrauches dar, während Linie II den Gesamtdampfverbrauch einer Gegendruckturbine bei entsprechender Belastung wiedergibt. Linie III dagegen veranschaulicht den Verlauf des tatsächlichen Heizdampfbedarfes während eines Tages. Kommen während eines Jahres Schwankungen im Energie- und Dampfverbrauch vor, so wird dieses Schaubild zweckmäßig für verschiedene Fälle bzw. als Grundlastdiagramm für das ganze Jahr zu entwerfen sein.

Die Verhältnisse sind nun für die Aufstellung einer Gegendruckturbine am günstigsten, wenn Linie III in ihrem ganzen Verlauf über Linie II liegt, wenn somit der Heizdampfbedarf stets größer ist als die von der Turbine gelieferte Abdampfmenge. Ist dann die Gegendruckturbine die einzige Betriebsmaschine, so wird stets die gesamte Abdampfmenge in der

Heizleitung verbraucht. Die zusätzliche Heizdampfmenge muß mit Hilfe eines selbsttätigen Frischdampfminderungsventiles aus der Kesselleitung entnommen werden.

Falls kleine Spitzen der Linie II über die Linie III hinausgehen, so ist zu untersuchen, ob diese überschüssigen Dampfmengen nicht durch ein selbsttätiges Überströmventil abgelassen und zur Vorwärmung des Kesselspeisewassers verwendet werden können. Sind die Spitzen jedoch zu groß, oder liegt sogar Linie III unter Linie II, so kommt eine Anzapfturbine in Frage.

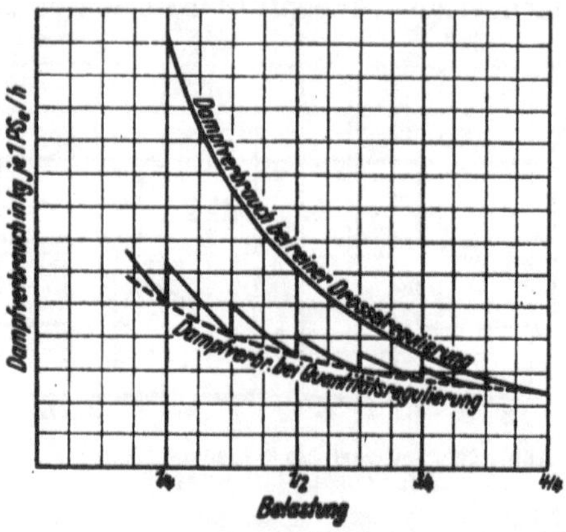

Abb. 123. Dampfverbrauch einer Gegendruckturbine bei reiner Drossel- und bei Mengenregulierung.

Sind in einer Anlage Kraftmaschinen zur Erzeugung von elektrischer Energie vorhanden und wird noch Heizdampf gebraucht, so empfiehlt es sich, eine Gegendruckturbine aufzustellen, welche den größten Heizdampfbedarf decken kann und durch eine Hilfsregulierung selbsttätig entsprechend der verlangten Heizdampfmenge ihre Leistung einstellt. Die im gemeinsamen Netz der Anlage auftretenden Schwankungen werden dann von den obenerwähnten Kraftmaschinen aufgenommen.

Über die Regulierung von Gegendruckturbinen ist folgendes zu sagen:

Wie sich aus Abb. 123 ergibt, bewirkt die einfache Drosselregulierung bei Gegendruckturbinen mit sinkender Belastung der Turbine infolge der starken Abnahme des Wärmegefälles ein sehr rasches Ansteigen des spezifischen Dampfverbrauchs. Bei der Mengenregulierung werden gruppenweise Kanäle des ersten Leitapparats entsprechend der Leistung für die Dampfdurchströmung freigegeben, so daß der weitaus größte Teil des Dampfes mit dem höchsten Druck durch den ersten Leitapparat durchströmt, während nur ein verschwindend kleiner Teil des Dampfes durch ein Segmentventil mit mehr oder weniger großer Drosselung hindurchtritt. Bei Teilbelastung kann also mit der Mengenregulierung ein erheblich günstigerer spezifischer Dampfverbrauch erreicht werden.

Bei der nachfolgend beschriebenen Reglerkonstruktion der Wumag war der Gesichtspunkt maßgebend, daß das Hauptregelventil, welches unter dem unmittelbaren Einfluß des Regulators steht und den Segmentventilen vorgeschaltet ist, auch dann die Herrschaft über die Turbine behält, wenn das eine oder das andere Segmentventil hängenbleiben sollte. Dieser Umstand ist für den praktischen Betrieb von Wichtigkeit, weil bei kleiner Last oder Leerlauf des Aggregats das Hauptdrosselventil die Reglung selbsttätig übernimmt und den Betrieb ohne Störung weiterführt. Bei den Regulierungen, die dieses vorgeschaltete Hauptventil nicht besitzen, muß bei Hängenbleiben eines Segmentventils bei entsprechend kleiner Belastung des Aggregats ein Steigen der Umdrehungszahl und damit ein Abstellen des Aggregats durch Schnellschluß bewirkt werden, wodurch eine größere Störung des Betriebes unvermeidlich wird.

Die konstruktive Durchbildung der Reglung richtet sich nach der Art des Betriebes, d. h. ob Einzel- oder Parallelbetrieb des Generators in Frage kommt.

Ein Einzelbetrieb des Aggregats liegt dann vor, wenn der Generator nicht elektrisch parallel geschaltet werden kann, d. h. wenn die Tourenzahl des Aggregats nicht durch die Periodenzahl eines Netzes, sondern lediglich durch einen Geschwindigkeitsregler konstant gehalten werden kann. Die Turbine wird in diesem Betrieb unabhängig von dem Heizdampfbedarf nur auf konstante Last regulieren. Ist demnach der Abdampfbedarf größer als die der jeweiligen Last entsprechende Abdampfmenge der Turbine, so muß gedrosselter Frischdampf

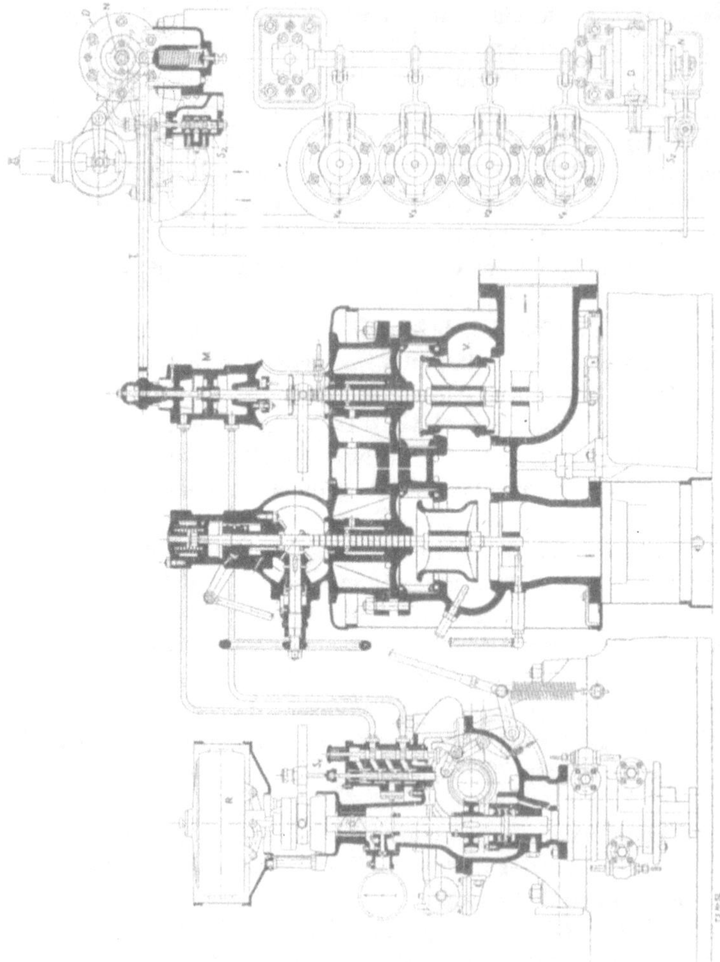

Abb. 124. Selbsttätig wirkende Segmentreglung. Bauart »Wumag«.

der Heizungsanlage zugesetzt werden. Ist der Heizdampfbedarf kleiner als die der Last entsprechende Abdampfmenge, dann muß der Überschußabdampf ins Freie abgeblasen oder besser einem Speicher zugeführt werden. Große Unterschiede in Dampf- und Lastbedarf können in vielen Fällen durch Anpassung des Betriebes an die Turbine ausgeglichen werden.

Für Einzelbetrieb baut die Wumag die Regulierung nach Abb. 124. Es handelt sich um eine Vereinigung der normalen Drosselreglung mit der reinen Mengenregulierung in der Weise, daß das Drosselventil als größtes Segmentschaltventil bis $\frac{1}{4}$ oder $\frac{1}{2}$ Last der Turbine, je nach der niedrigsten vorkommenden Betriebsbelastung benutzt wird, während von Viertel- oder Halblast nach aufwärts die kleineren, also öfters unterteilten Segmentschaltventile der Reihe nach zugeschaltet werden.

Es sind also in bezug auf die Wirkung ein großes und mehrere kleinere Segmentschaltventile hintereinander geschaltet.

Das große Segmentschaltventil wird in bekannter Weise durch Drucköl mittels Hilfsschieber und Servomotor gesteuert. Die kleineren Ventile werden durch Federkraft geschlossen und mittels Nockenwelle durch Drehservomotor geöffnet.

Bei Parallelbetrieb treibt die Gegendruckmaschine einen Drehstromgenerator an, der mit einem Netz oder anderen Maschinen parallel läuft und bei dem somit die Umlaufzahl durch die Periodenzahl des Generators konstant gehalten wird. In diesem Falle ist der Regler der Turbine überflüssig.

Das Turboaggregat wird allein nur nach dem jeweilig benötigten Heizdampfbedarf belastet. Der noch nötige Kraftbedarf wird entweder von dem parallel geschalteten Aggregat oder vom Netz gedeckt. In den meisten Fällen wird Überschußenergie an das Netz abgegeben. Abb. 125 zeigt die Wumag-Reglung für diesen Betriebsfall.

Der wesentliche Unterschied dieser Regulierung gegenüber der in Abb. 124 dargestellten Ausführung für Einzelbetrieb besteht darin, daß das Hauptdrosselventil vom Geschwindigkeitsregler und die dahinter geschalteten Segmentventile von einem Druckregler beeinflußt werden, während im ersteren Falle beide Ventilgruppen allein durch den Geschwindigkeitsregler betätigt werden. Bei dieser Ausführung öffnet das erste Segmentventil schon bei Leerlauf der Turbine.

Beim Anfahren des Aggregats zwecks Parallelschaltens oder auch in dem Falle, wo das Aggregat ohne Netz laufen soll, wird der Druckregler derart festgestellt, daß sämtliche Segmentventile voll öffnen. Der Geschwindigkeitsregler beeinflußt allein nur das vorgeschaltete Hauptregelventil und stellt die der Last entsprechende Dampfmenge ein.

Treibt die Turbine einen Gleichstromgenerator an, der mit anderen Gleichstromgeneratoren oder mit einem Gleichstromnetz parallel geschaltet ist, so kann das Aggregat mittels eines Druckreglers der jeweilig benötigten Heizdampfmenge entsprechend belastet werden. In diesem Falle wird die für den Einzelbetrieb in Frage kommende Regulierung ausgeführt. Der Druckregler beeinflußt unmittelbar den Nebenschlußregler des Generators in der Weise, daß bei steigendem Gegendruck der

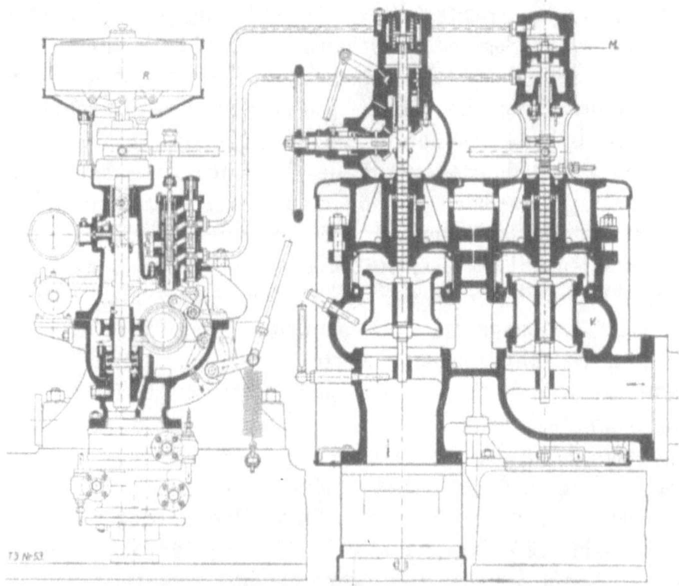

Abb. 125. Selbsttätig arbeitende Segmentreglung mit Druckregler zur Konstanthaltung des Gegendrucks. Bauart »Wumag«.

Generator entlastet und bei sinkendem Gegendruck belastet wird. Für die Last muß ein zweites Regelaggregat oder das Netz vorhanden sein, nachdem das Aggregat nicht dem Kraftbedarf der Fabrik, sondern lediglich nur dem Heizbedarf entsprechend belastet wird.

In allen den Fällen, in denen die Turbine verhältnismäßig klein baut, wie z. B. bei den Getriebeturbinen, ist es oft infolge Platzmangels nicht möglich, die vorbeschriebenen Steuerungen zur Anwendung zu bringen. Es wird dann die Steuerung so ausgeführt, daß die Nockenwelle unter Wegfall des Winkelhebels unmittelbar auf die Ventilspindeln der Segmentventile einwirkt.

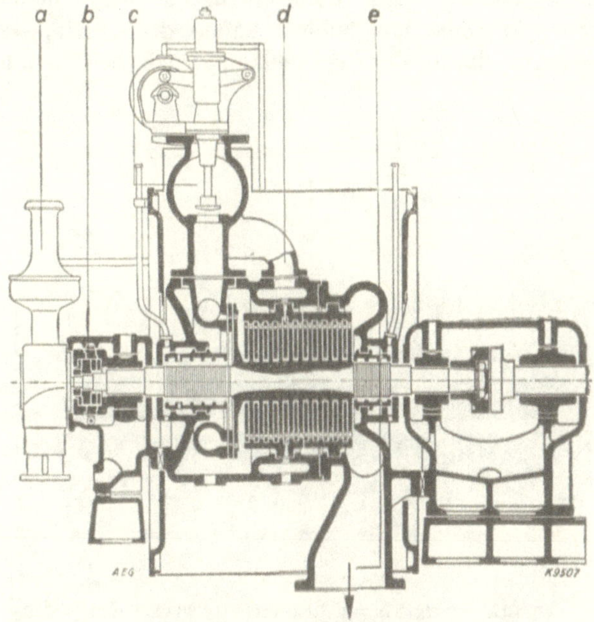

Abb. 126. Eingehäusige Gegendruckturbine, Bauart »AEG«. $N = 1600$ kW; $n = 3000$ U/min.

a = Drehzahlregler, b = Drucklager, c = Frischdampf, d = Überlastdampf, e = Abdampf.

Abb. 126 und 127 bringen zum Schluß eine ein- und zweigehäusige Gegendruckturbine der AEG und Abb. 128 eine Ausführung der »Wumag«.

Eine besondere Form der Hochdruck-Gegendruckturbinen ist die Vorschaltturbine.

Vorschaltturbinen sind Gegendruckturbinen, deren Abdampf nicht in ein Heizungsnetz, sondern in die Frischdampfleitung vorhandener Turbinen strömt, in denen er bis auf Vakuumspannung ausgenützt wird. Für Erweiterung und Hebung der Wirtschaftlichkeit bestehender Turbinenanlagen ist diese Anordnung bei verhältnismäßig niedrigen Anlagekosten von Bedeutung. Sie gibt die Möglichkeit, Leistung und Dampfverbrauch je Leistungseinheit in älteren Anlagen zu verbessern, ohne diese selbst ausschalten oder stilllegen zu müssen. Die Vorschaltturbine wird immer eine Gegendruckturbine mit hohem Anfangsdruck sein, weil der Gegendruck durch den Frischdampfdruck der bestehenden

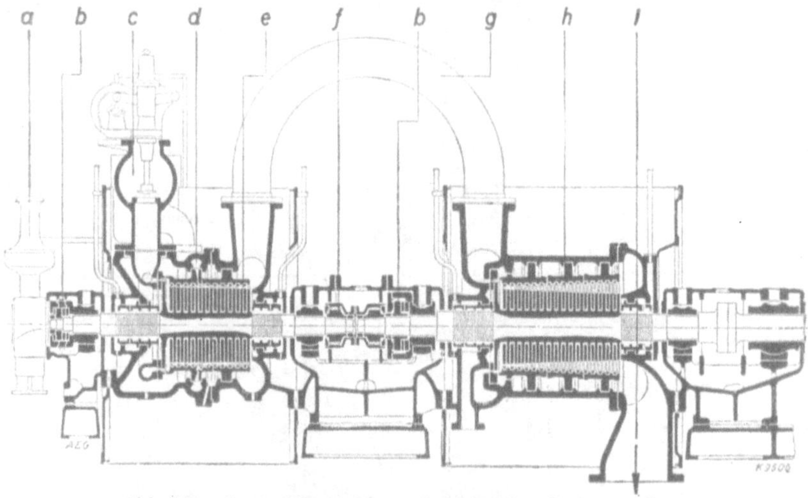

Abb. 127. Zweigehäusige Gegendruckturbine, Bauart »AEG«. $N = 3200$ kW, $n = 3000$ U/min.

a = Drehzahlregler, b = Drucklager, c = Frischdampf, d = Überlastdampf, e = HD-Turbine, f = bewegliche Kupplung, g = Überströmung zur ND-Turbine, h = ND-Turbine, i = Abdampf.

Anlage gegeben ist und dadurch im Verein mit deren Schluckfähigkeit und der verlangten Leistung der Vorschaltturbine, der neue Anfangsdruck festgelegt ist.

Bei diesen Turbinen darf, um die Wirtschaftlichkeit der Anlage nicht zu beeinträchtigen, der Gegendruck der Vorschaltturbine, also auch der Eintrittsdruck für die Niederdruckturbinen nicht konstant gehalten werden, sondern muß mit abnehmender Last, der Eigenart der Turbinen entsprechend, absinken. Im anderen Fall wird der Dampfdruck am Eintritt in die Niederdruckturbine gedrosselt. Der auf diese Weise entstehende Verlust kann auch bei verhältnismäßig

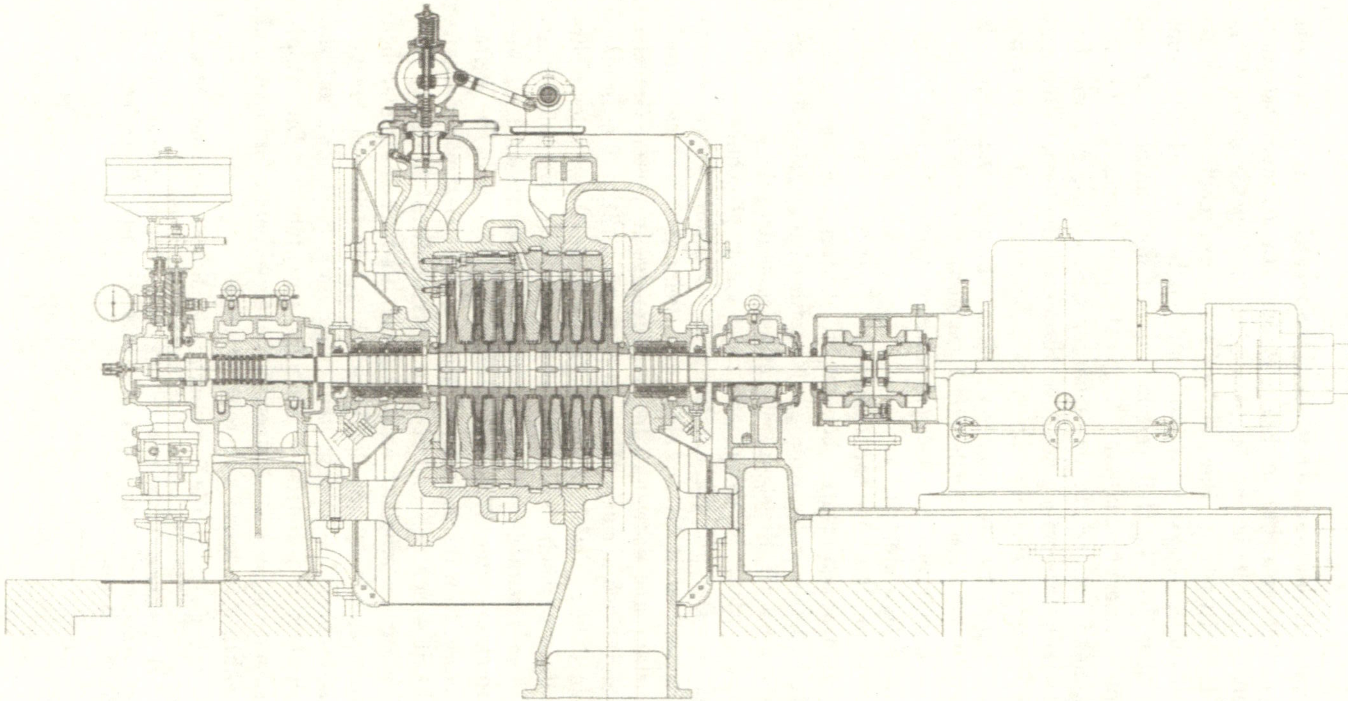

Abb. 128. Eingehäusige Vielstufige Gegendruckturbine der »Wumag«. $N = 3000$ PS, $n = 3000$ U/min.

kleiner Drosselung schon den wirtschaftlichen Vorteil des Hochdruckbetriebes in Frage stellen. Es ist demnach notwendig, die Steuerung des Niederdruckaggregates außer Wirksamkeit zu setzen. Diese Maßnahme ist nur möglich, wenn die Generatoren elektrisch parallel auf ein Netz arbeiten. Damit ist aber der Nachteil verbunden, daß die Dampfmenge des größeren nachgeschalteten Aggregats nicht geregelt wird. Die Wumag führt deshalb die Steuerung z. B. so aus, daß die Geschwindigkeitsreglung der Niederdruckturbine beibehalten und die Dampfregelorgane der Vorschaltturbine mit Hilfe eines Differentialdruckreglers der Belastung entsprechend eingestellt wird, wobei dieser Regler die Drosselung vor und hinter dem Hauptregelventil des nachgeschalteten Aggregats auf das geringste Maß einstellt.

Wird die Vorschaltturbine zur Speisung von mehreren Niederdruckaggregaten benutzt, so müssen zur Vermeidung von Drosselungsverlusten die Niederdruckaggregate oder zum mindesten die Regelapparate mit Segmentregulierung ausgeführt werden. Es kann dann nicht damit gerechnet werden, daß der Dampfdruck am Ende der Gegendruckturbine entsprechend der Belastung abnimmt. Bleibt aber der Gegendruck konstant und schwankt die Dampfmenge in weiten Grenzen, so ergibt sich aus dem Diagramm der Abb. 121, daß es in manchen Fällen zweifelhaft ist, ob die Vielstufenturbine der mehrstufigen bzw. einstufigen überlegen sein wird. Berücksichtigt man anderseits, daß durch die Gefällszunahme bei der Entropievermehrung der Wirkungsgrad im Hochdruckteil in weiten Grenzen schwanken kann, ohne daß sich die Gesamtwirtschaftlichkeit wesentlich ändert[1]), so gewinnt die Mehr- bzw. Einstufenturbine erheblich an Bedeutung. Es erscheint in manchen Fällen zweckmäßiger, die Vorschaltturbine teils aus den vorbeschriebenen Gründen, teils auch mit Rücksicht auf die Sicherheit des Betriebes einstufig auszuführen. Die Stopfbüchsendrücke z. B. bleiben in beherrschbaren Grenzen und gewährleisten einen sicheren Betrieb[2]).

[1]) S. Forner: »Die Dampfturbine für Betrieb mit Höchstdruckdampf«, Z. f. Brennstoff u. Wärmewirtschaft 1925.

[2]) Weiteres über Gegendruck- und Vorschaltmaschinen s. Verf. Abwärmetechnik Bd. II. — 1928. — Verlag R. Oldenbourg, München-Berlin.

d) Die Anzapfturbine.

Wird aus einer oder mehreren Zwischenstufen einer Turbine Dampf mit konstanter Spannung entnommen, so bezeichnet man sie im allgemeinen als Entnahme- oder Anzapfturbine. Kennzeichnend ist für sie die Entnahmeregulierung, die selbsttätig dem Bedarf entsprechend die Dampfmenge mit praktisch konstantem Dampfdruck an die Verbrauchsstelle abgibt, wobei die Belastung der Turbine ungeändert bleibt.

Während bei einer allein laufenden Gegendruckturbine ein Mehrbedarf an Abdampf eine gleichzeitige Lastzunahme bedingt und umgekehrt, gestattet die Entnahmeturbine weitgehende Schwankungen sowohl in der Entnahmedampfmenge als gleichzeitig auch in der Belastung. Dieser Charakteristik verdankt diese Maschinenart ihre rasche Einführung in diejenigen Betriebe, welche außer Kraft auch Heiz- oder Kochdampf benötigen, deren gegenseitiges Verhältnis größeren Schwankungen unterworfen ist.

Bei kleineren und oftmals schon bei mittleren Einheiten ist besonders bei stark schwankendem Heizdampfbedarf eine Unterteilung der Kraftmaschine in ein Gegendruck- und ein Kondensationsaggregat unwirtschaftlich. Schon die kleineren Generatoren ergeben einen niedrigeren Wirkungsgrad, und häufig auftretende geringe Belastungen oder gar Leerlauf des Gegendruckaggregates bei geringem Heizdampfbedarf stellen die Wirtschaftlichkeit einer solchen Anlage in Frage. In diesen Fällen ist die Entnahmeturbine die geeignete Maschine, weil diese durch zweckmäßige Auslegung und Bauart den jeweiligen besonderen Betriebsverhältnissen angepaßt werden kann. Je nach den Betriebsbedingungen kommen Entnahme-Kondensationsturbinen, Entnahme-Gegendruckturbinen mit einer oder zwei gesteuerten Dampfentnahmestellen in Betracht, welche notwendigenfalls mit ein- oder mehrmaligen ungesteuerten Anzapfungen für die Entnahme von Dampf für die Speisewasservorwärmung nach dem Regenerationsverfahren versehen werden können.

Die neueren Bestrebungen der Wärmewirtschaft, besonders die Einführung des Hochdruckdampfes, erweitern das Anwendungsgebiet in der Richtung, daß sich die Dampfentnahme nicht mehr ausschließlich auf die Deckung des Wärmebedarfes beschränkt, sondern auch zur weiteren Krafterzeugung in vorhandenen Mittel- oder Niederdruckkraftmaschinen herangezogen wird.

Durch die Verwendung von Anzapfdampf zur Speisewasservorwärmung, besonders bei Gegendruckturbinen, lassen sich mit den durch die Fabrikation bedingten Dampfmengen wesentliche Mehrleistungen erzielen. Die Gewinne sind um so größer, je kälter das Speisewasser ist und auf je höhere Temperaturen es vorgewärmt werden kann. Vorausgesetzt, daß man keine Luftvorwärmer verwenden will, empfiehlt es sich jedoch mit Rücksicht auf die Rauchgasvorwärmer, mit der Speisewassertemperatur nicht über 120° zu gehen. Bei einer Wassertemperatur von beispielsweise

	50	und	90° C
beträgt der Leistungsgewinn bei			
einem Gegendruck von 2 ata etwa	13 vH	und	7 vH
» » » 4 » »	17 »	»	10 »

Für Gegendruck- und Anzapfturbinen ist die Gestaltung des Hochdruckteiles von besonderer Bedeutung. Es sind mit mehrstufigen Turbinen Wirkungsgrade von 75—80 vH erreichbar.

Die Entnahmemaschine gestattet auch, ältere Anlagen, die bisher mit Nieder- oder Mitteldruckdampf betrieben wurden, mit tragbarem Kostenaufwand allmählich auf Hochdruckdampf umzubauen, wobei die älteren Niederdruckkessel zur Reserve stehen bleiben. Der Hochdruckteil der Entnahmeturbine ersetzt in diesem Fall die Vorschaltturbine in größeren Betrieben, jedoch mit dem Vorteil einer besseren Dampfausnutzung, weil einerseits der kleinere Generator entfällt und anderseits das Wärmegefälle der größeren Dampfmengen zufolge mit günstigerem Wirkungsgrad verarbeitet werden kann, als in einer gesondert aufgestellten kleinen Gegendruckturbine.

Die Reguliervorrichtungen zur Reglung der Heizdampfentnahme, müssen folgenden Bedingungen genügen: Der Druck des Entnahmedampfes muß annähernd auf gleicher Höhe bleiben oder darf doch nur innerhalb bestimmter Grenzen schwanken; gleichzeitig muß die Menge des entnommenen

Dampfes zwischen 0 und einem Höchstwert schwanken können, ohne daß dadurch der Gang der Maschine nennenswert beeinflußt wird. Reicht ferner der von dem Hochdruckteil der Maschine gelieferte Dampf für den Heizdampf nicht aus, entweder weil die Maschinenbelastung zu klein oder der erreichbare Höchstwert der Dampfabgabe überschritten ist, so muß entsprechend gedrosselter Frischdampf selbsttätig in die Heizdampfleitung eintreten können und dabei das Zurückströmen des Zusatzdampfes in die Maschine verhindert werden.

Bei Anzapfmaschinen hängen die wirtschaftlichsten Drücke ab von

der Verzinsung und Tilgung der Anlagekosten je kWh,
dem Kohlenpreis für eine kWh und
der maximalen und normalen Entnahmedampfmenge.

Eine Anzapfturbinenanlage von etwa 1000—5000 kW, die ohne Reserve arbeitet, für welche der Verzinsungs- und Tilgungssatz 20 vH, der Belastungsfaktor 75 vH beträgt und in der Kohle mit einem Heizwert von 6000 kcal/kg bei 25 GM./t verfeuert wird, hat bei

einer normalen Entnahme von	3	5	7 kg/kW
und einer max. Entnahme von 9 kg/kW			
einen Frischdampfdruck von höchstens	28	32	36 atü
bei einer max. Entnahme von 7 kg/kW			
einen Frischdampfdruck von höchstens	29	33	37 atü.

Da der Dampfverbrauch einer Anzapfturbine je kW oder je PS und Stunde sich mit der Heizdampfmenge ändert, wird gewöhnlich die Gesamtdampfmenge je Stunde bei verschiedenen Anzapfdampfmengen unter Voraussetzung eines konstanten Heizdampfdruckes als Kurvenschar in Abhängigkeit von der Generatorbelastung übersichtlich aufgetragen. Eine solche Charakteristik zeigt Abb. 129. Aus derselben ist auch die bedeutende Dampfersparnis bei Anzapfbetrieb zu ersehen. Für 1000 kW Generatorleistung sind z. B. bei 10000 kg Heizdampfentnahme etwa 11500 kg Gesamtdampfmenge nötig, also nur etwa 1500 kg mehr, als zu Heizzwecken ohnehin erforderlich sind, während für die gleiche Leistung bei reinem Kondensationsbetrieb 5900 kg Dampf, also fast viermal soviel, verbraucht wird.

Das nachstehende Beispiel erläutert die Vorteile der Anwendung einer Anzapfturbine gegenüber einem Betrieb mit getrennter Hoch- und Niederdruckdampfanlage.

Es seien für eine Anlage 1000 kW an elektrischer Energie und 10000 kg Heizdampf je Stunde von 1,5 ata erforderlich.

Für einen Betrieb mit besonderen Niederdruckkesseln und für einen Betrieb mit Anzapfturbine ergeben sich folgende Wärmebilanzen:

1. Anlage mit Hochdruckkesseln zur Erzeugung von 1000 kW elektrischer Energie und Niederdruckkesseln für 10000 kg Heizdampf von 1,5 ata in der Stunde (s. a. Abb. 130).

	Zugeführte Wärme-einheiten	Abgeführte Wärme-einheiten
Wärmeinhalt des Brennstoffes zur Erzeugung von 1000 kW	5902500	
Kesselverluste		1520000
Rohrleitungsverluste.		80000
Wärmeverluste im Maschinenaggregat .		100000
In elektrische Energie umgesetzt . . .		860000
Durch das Kühlwasser des Kondensators abgeführt		3313000
Abkühlungsverluste des Kondensats .		29500
Wärmeinhalt des Brennstoffes zur Erzeugung von 10000 kg Heizdampf von 1,5 ata	9250000	
Kesselverluste		2320000
Rohrleitungsverluste.		130000
Für Heiz-, Trocken- oder Kochzwecke		6800000
	15152500	15152500

147500 Wärmeeinheiten, die mit dem Kondensat wieder in die Kessel gelangen, führen einen Kreislauf aus und würden in obiger Bilanz auf beiden Seiten erscheinen; sie sind daher nicht eingetragen. Abb. 130 bringt das zugehörige Wärmeflußbild der gedachten Anlage.

2. Anlage mit Hochdruckkesseln für eine Anzapfturbine von 1000 kW und 10000 kg Heizdampf von 1,5 ata in der Stunde (s. a. Abb. 131).

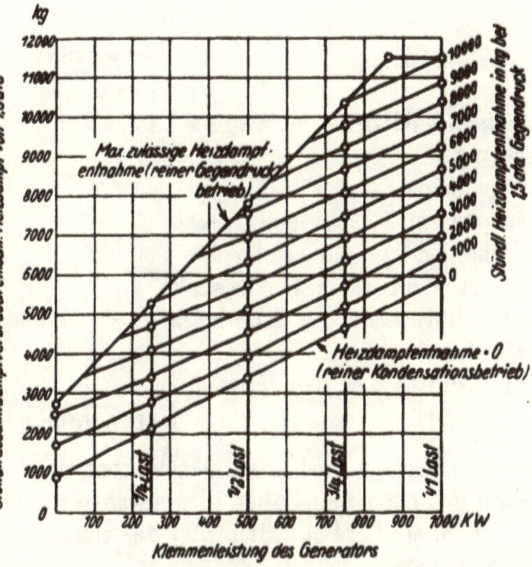

Abb. 129. Charakteristik einer Entnahme-Kondensationsturbine.

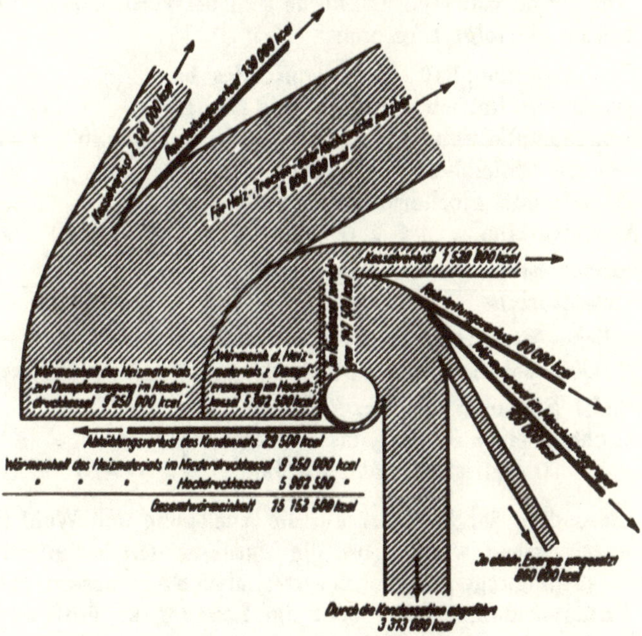

Abb. 130. Wärmeflußbild einer Hochdruck-Kesselanlage für 1000 kW und einer besonderen Niederdruckanlage zur Bereitstellung von 10000 kg/h Heizdampf von 1,5 ata.

	Zugeführte Wärme-einheiten	Abgeführte Wärme-einheiten
Gesamtwärmeinhalt des Brennstoffes	11742500	
Kesselverluste		2935500
Rohrleitungsverluste.		144000
Wärmeverluste im Maschinenaggregat.		100000
In elektrische Energie umgesetzt . . .		860000
Für Heiz-, Trocken- oder Kochzwecke		6800000
Durch das Kühlwasser des Kondensators abgeführt		895500
Abkühlungsverluste des Kondensats .		7500
	11742500	11742500

In dem Kondensat verbleiben 37000 kcal, die aber wieder in die Kessel gelangen und daher in vorstehender Aufstellung nicht verzeichnet sind. Abb. 131 bringt das zugehörige Wärmeflußbild der Anlage.

Die Brennstoffersparnis würde sich bei vorliegenden Verhältnissen wie folgt berechnen:

A. Gesamtwärmeinhalt des Brennstoffes bei getrenntem Betrieb von Hoch- und Niederdruckdampfkesseln	15152500 kcal/h
B. Gesamtwärmeinhalt des Brennstoffes bei Betrieb mit Hochdruckkesseln für eine Anzapfturbine	11742500 »
Stündliche Ersparnis bei einem Betrieb mit Anzapfturbine	3410000 kcal/h
Stündliche Ersparnis an Kohle (Heizwert $\cong$ 6000 kcal/h) bei Anzapfbetrieb . . .	~ 570 kg/h
Jährliche Ersparnis bei Anzapfbetrieb unter Annahme eines Kohlenpreises v. 25 GM./t und 3600 Betriebsstunden im Jahr . .	~ 51000 GM.

Besondere Sorgfalt muß auf die Auslegung und Wahl der Stufenzahl gelegt werden, um die Maschine den bestehenden Betriebsbedingungen möglichst wirtschaftlich anzupassen. Wird die Entnahmedampfmenge oder die Leistung zu groß angegeben, dann arbeitet der Hochdruckteil zu ungünstig, besonders dann, wenn längere Zeit mit kleiner Entnahmemenge oder kleiner Last gefahren wird. Oftmals wird auch die Forderung gestellt, daß die Turbine die volle Leistung bei geschlossener Heizleitung abgeben soll. Kommt nun dieser Betrieb nicht oft in Frage, sondern nur ausnahmsweise, dann läuft die Maschine mit zu groß bemessenem Niederdruckteil dauernd unwirtschaftlich. Es ist deshalb zweckmäßig, wenn bei der

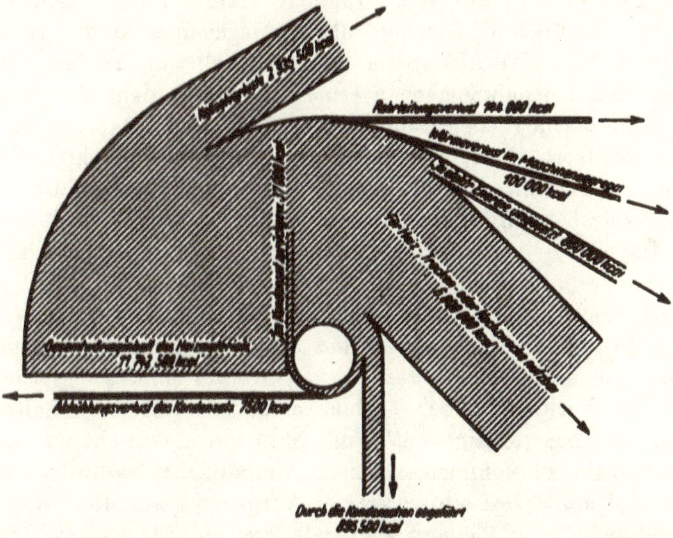

Abb. 131. Wärmeflußbild einer Hochdruckkesselanlage mit Anzapf-Kondensationsmaschine für 1000 kW und 10000 kg/h Heizdampf von 1,5 ata. (vgl. Abb. 130).

Planung die zeitliche Folge der Schwankungen in der Belastung sowie die des Heizdampfbedarfes für größere Zeitabschnitte (Tag- und Monatsdiagramme) ermittelt werden, um die richtige Wahl über Auslegung und Bauform zu treffen[1]). Je nachdem der Kraft- oder Heizdampfbetrieb überwiegt oder auch je nach Zeit, Dauer und Größe der auftretenden Schwankungen beider muß die Stufenzahl des Hoch- oder Niederdruckteiles gewählt werden, um im Durchschnitt den günstigsten Wirkungsgrad zu treffen. Der Hochdruckteil einer Entnahmeturbine verhält sich bei verschiedenen Betriebsbedin-

[1]) Näheres über die Planung von Heizkraftmaschinen siehe Abschnitt: Die Planung von Industriekraftwerken, und Verf.: Abwärmetechnik, Bd. II, 1928. Verlag R. Oldenbourg, München-Berlin.

gungen wie eine reine Gegendruckturbine. Nach den Ausführungen auf S. 234 ist die Vielstufenausführung der Wenig- oder Einstufenausführung bei höherer Belastung überlegen, bei Teillasten je nach der Größe dieser gleichwertig bzw. unterlegen. Es wird deshalb bei Anlagen, die überwiegend mit großem Dampfdurchsatz, also höherer Last und größerer Entnahmemenge im Hochdruckteil arbeiten, die Wahl auf eine vielstufige Ausführung fallen. Dagegen wird der Hochdruckteil der Turbinen, die hauptsächlich mit Teillast oder mittleren Entnahmemengen arbeiten, je nach dem Verhältnis vom höchstmöglichen Dampfdurchsatz zu dem entsprechenden des mittleren Betriebes mit wenig oder sogar mit nur einer Stufe auszuführen sein. Wenn auch die letzteren Turbinen bei Vollast einen höheren Dampfverbrauch haben als die vielstufigen, so können die Maschinen wegen des geringeren Dampfverbrauchs bei Teillast wirtschaftlicher sein, sobald stark schwankende Betriebsverhältnisse vorliegen.

Je kleiner die Leistung und je größer der Anfangsdruck sind, um so kleiner müssen die Laufraddurchmesser werden, um die Verluste in der Turbine möglichst gering zu halten. Um aber bei günstigem Wirkungsgrad auf eine nicht zu hohe Stufenzahl zu kommen, wird die Umlaufzahl des Rotors erhöht. Damit wird ein wirksamer Ausgleich geschaffen, der es ermöglicht, auch kleinere Aggregate bzw. Hochdruckmaschinen mit guter Wirtschaftlichkeit zu bauen. Der Antrieb der Kraft- oder Arbeitsmaschinen erfolgt dann unter Zwischenschaltung eines Getriebes.

Vielfach werden für mittlere Turbinengrößen, besonders für Industrieturbinen, mittlere Stufenzahlen gewählt, die bei stark schwankenden Belastungen und Entnahmedampfmengen die wirtschaftlichsten Ergebnisse erzielen. Bei nicht zu großer Stufenzahl kann die Maschine eingehäusig ausgeführt werden. Der Vorteil der eingehäusigen gegenüber den zweigehäusigen Turbinen, besonders bei mittleren und kleineren Leistungen, liegt in dem höheren mechanischen Wirkungsgrad und den geringeren Stopfbuchsenverlusten. In den Fällen, wo die vielstufige Bauart gerechtfertigt ist (besonders bei großen Einheiten), werden die Turbinen zweigehäusig, und je nach der Größe des Abdampfvolumens mit einfachen oder geteiltem

Niederdruckteil ausgeführt. Abb. 132 zeigt eine eingehäusige Anzapfturbine der AEG, und Abb. 133 eine solche der »Wumag«. Abb. 134 bringt den Längsschnitt durch eine zweigehäusige AEG-Anzapf-Gegendruckmaschine.

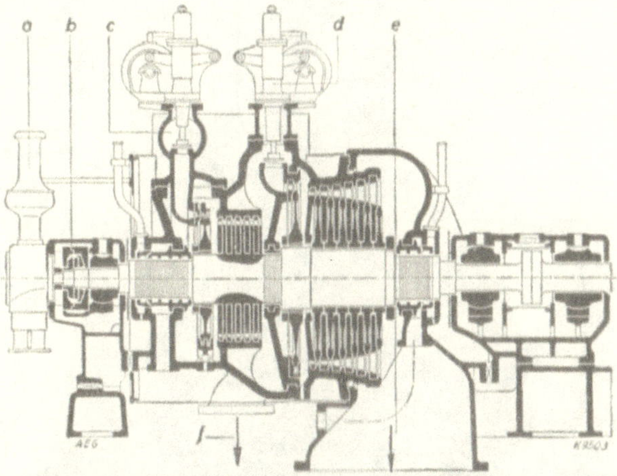

Abb. 132. Eingehäusige A.E.G. Anzapfturbine. $N = 3600$ kW; $n = 3000$ U/min. *a* = Drehzahlregler, *b* = Drucklager, *c* = Frischdampf, *d* = Anzapfregulierung, *e* = Abdampf, *f* = Anzapfdampf.

Wie bei den vorbesprochenen Turbinenbauarten werden auch die Entnahmeturbinen mit zwei getrennt wirkenden Schnellschlußeinrichtungen versehen, um bei Übertourenzahl die Frischdampfzufuhr abzustellen. Bei einer dieser Vorrichtungen wird das Absperrventil mechanisch durch Federkraft und bei der anderen das Regulierventil durch Öldruck geschlossen. Außer diesen Schnellschlußeinrichtungen müssen aber die Entnahmeturbinen noch eine dritte Sicherung erhalten, die verhindert, daß die Maschine durchgeht, wenn Dampf aus dem Heizdampfnetz in den Niederdruckteil der Turbine zurückströmt. Bei Übertouren der Turbine muß deshalb auch der Niederdruckteil abgeschlossen werden. Je nach der Ausführung der Steuerung wird entweder von dieser selbst das Abschließen der Niederdruckventile bewirkt, oder es wird eine besondere, von der Regulierung unabhängige Einrichtung vorgesehen.

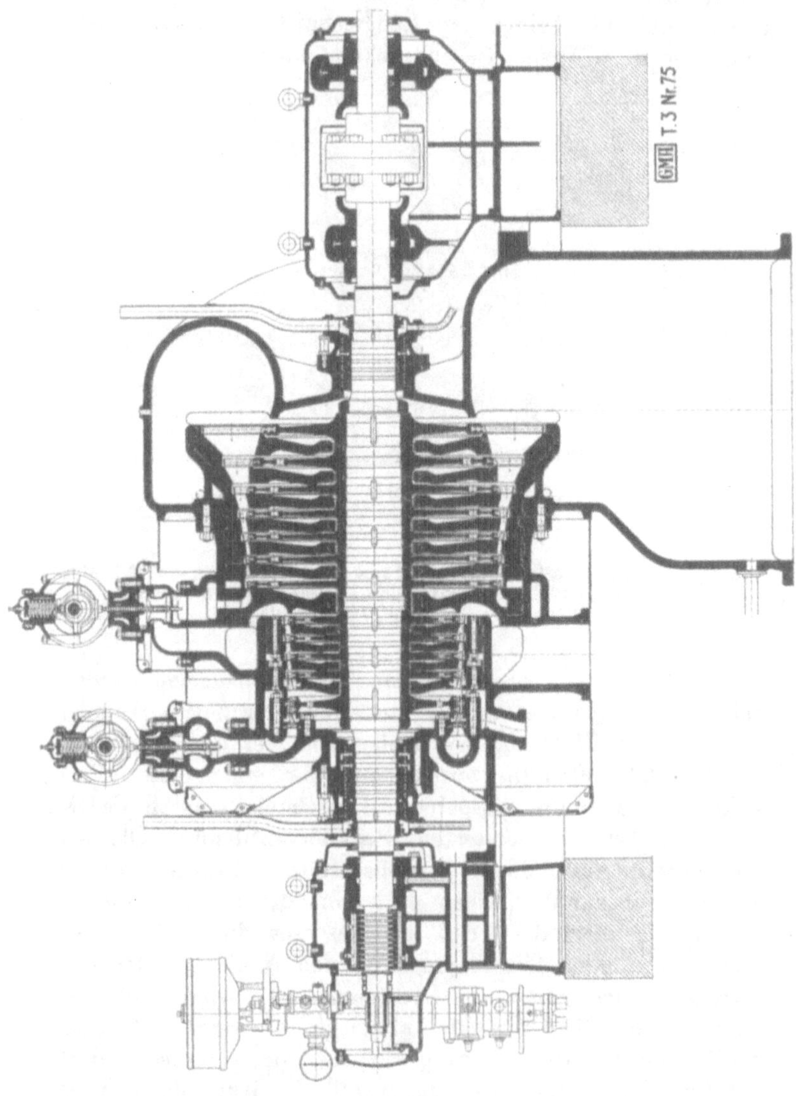
GMA T. 3 Nr. 75

Bei den Entnahmeturbinen kommen zwei oder mehrere Regulierungen (je nach der Anzahl der gesteuerten Anzapfungen) in Frage. Die Leistungsreglung hält jeweils die Drehzahl der Maschine bei veränderlicher Leistung konstant, während die Entnahmeregulierung die Dampfspannung im Heizdampfnetz bei schwankender Heizdampfmenge gleich hält. Die

Abb. 134. Zweigehäusige A.E.G. Anzapf-Gegendruckturbine. $N = 8000$ bis 14000 kW; $n = 3000$ U/min.

a = Drehzahlregler, b = Anzapfregulierung, c = HD-Turbine. d = Frischdampf, e = Überströmung zur ND-Turbine, f = Drucklager, g = ND-Turbine, h = starre Kupplung.

erste wird vom Drehzahlregler, die zweite vom Druckregler beeinflußt. Beide Regulierungen werden, z. B. von der Wumag als Segmentreglung ausgeführt, um den Dampfverbrauch bei kleinerem Dampfdurchsatz zu verringern, im Gegensatz zu der reinen Drossel- oder Mengenreglung anderer Bauarten, deren wirtschaftlicher Nachteil sich besonders bei Turbinen geltend macht, welche mit reiner Überdruckwirkung arbeiten. Um den Vorteil der Segmentregulierung auch hier auszunutzen, werden solche Turbinen mit sog. Regulierstufen ausgeführt. Es ist dies nichts anderes wie eine reine Gleichdruckstufe, die ein größeres Gefälle verarbeitet, also eine reine Zoellystufe. Bei kleinen zu verarbeitenden Gefällen scheidet somit die Überdruckturbine überhaupt aus.

Für die Druckreglung verwendet die »Wumag« in den Fällen, in denen der Druck in der Entnahmeleitung in den Grenzen von $\pm 5\%$ konstant gehalten werden kann, eigene normale Kolbendruckregler und bei den Anlagen, die eine geringere Druckänderung verlangen, Askania-Druckregler.

In den meisten Fällen bleibt die Entnahmedampfmenge in längeren Zeiträumen konstant und ändert sich nur allmählich. Es sind dies meistens Betriebe, die Dampf für Heizzwecke verbrauchen. Die Wumag führt für diesen Fall die Steuerung nach Abb. 135 aus. Der Geschwindigkeitsregler *a* verstellt je nach der Last mittels des Steuerkolbens *b* und des Servomotors *c* das Hauptregulierventil *e*, das seinerseits durch die Spindel *f* und Gestänge *g* den Hilfsschieber *h* verstellt und dadurch den Drehservomotor *i* und die damit gekuppelte Nockenwelle bewegt. Mit zunehmendem Drehwinkel werden die federbelasteten Segmentventile *k* der Reihe nach geöffnet. Die Nocke *l* dient zur Rückführung. Bei Änderung des Druckes in der Entnahmeleitung verstellt der Druckregler *m* den Hilfsschieber *n* und durch die Druckölfreigabe den Drehservomotor *o* sowie mittels der gekuppelten Nockenwelle die ebenfalls federbelasteten Segmentventile *p*. Die Nocke *q* dient zur Rückführung. Mit der Hochdrucknockenwelle ist außerdem noch eine Nocke *r* verbunden, die über die Stange *s* die Hülse *t* des Hilfsschiebers *n* der Niederdrucksteuerung und damit die Niederdruckventile verstellen kann. Diese Einrichtung hat den Zweck, einerseits das Durchgehen der Turbine bei rückströmendem Dampf aus der Heizleitung und anderseits den Tourenabfall bei zu großer Dampfentnahme zu verhindern. Beides sind Grenzimpulse, von denen der erste bei tiefster Stellung (Tourenüberschreitung) und der zweite in höchster Stellung (Tourenabfall) der Regulierventilspindel in Tätigkeit tritt.

Im ersten Falle werden die Niederdrucksegmentventile unabhängig vom Druckregler geschlossen, im zweiten geöffnet.

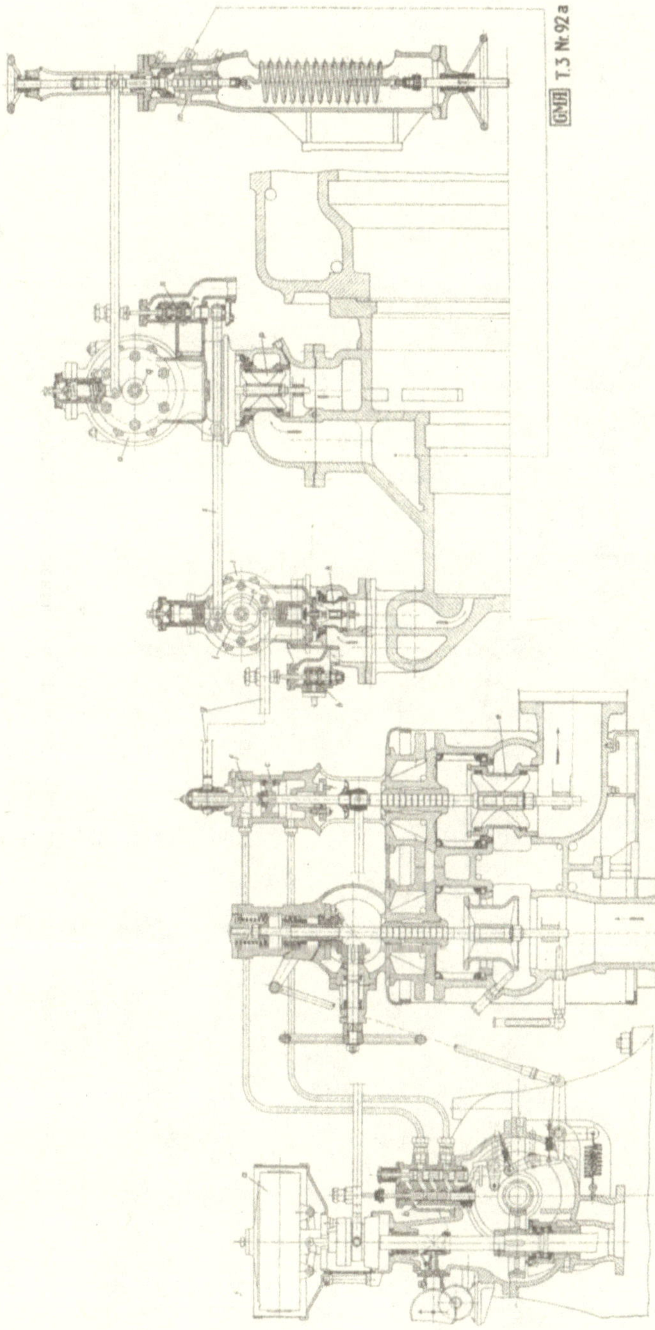

Abb. 135. Regulierung einer Entnahmeturbine mit Kolbendruckregler. Bauart »Wumag«.

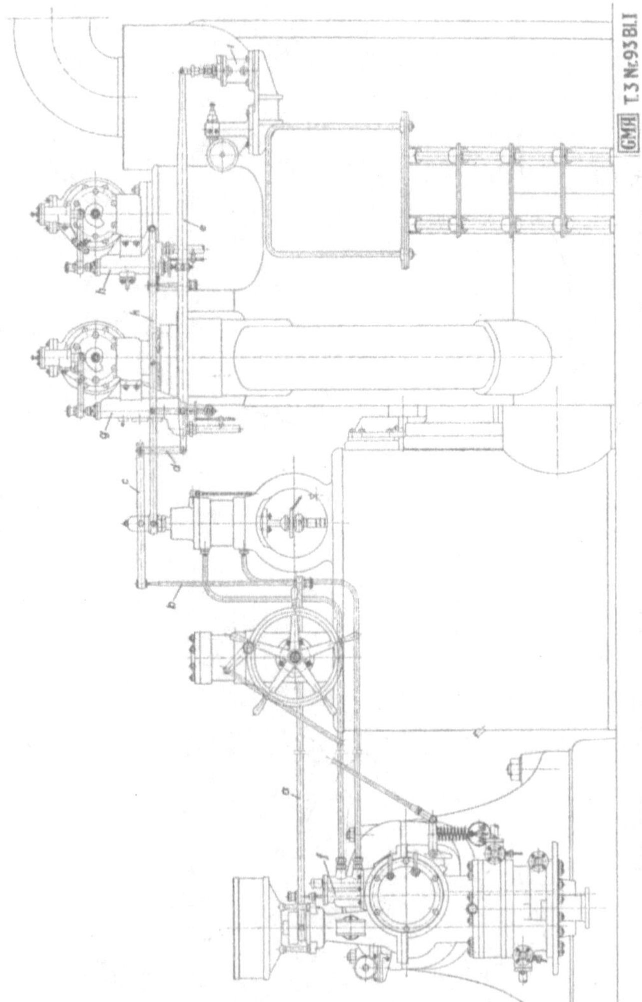

Abb. 136 a. Aufriß einer Entnahme-Isodromsteuerung mit Askaniaregler.

Turbinen mit stark und rasch wechselnder Entnahmemenge, besonders bei elektrischem Parallellauf, werden von der Wumag mit Isodromreglung ausgeführt. Das Kennzeichen der Isodromsteuerung liegt darin, daß bei gleicher Last und bei schwankender Dampfentnahme die Umlaufzahl oder bei elektrischem Parallelbetrieb die abgegebene Leistung konstant

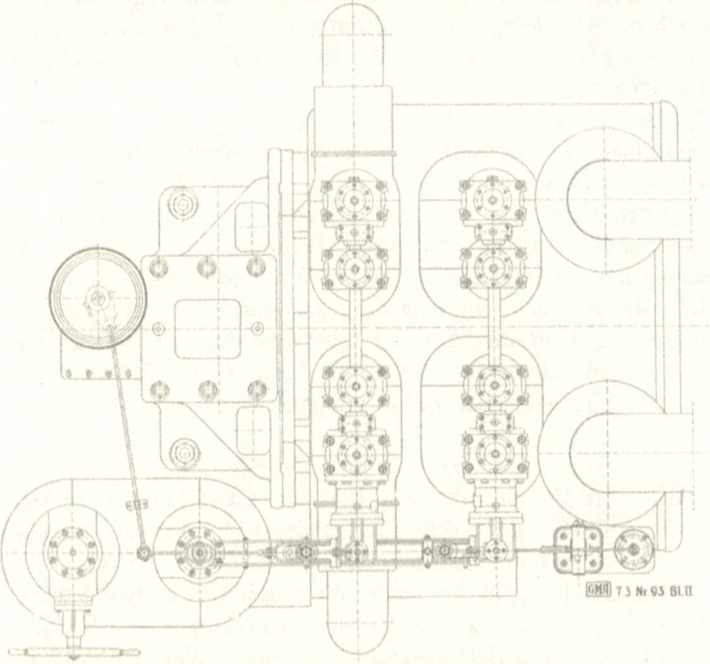

Abb. 136 b. Grundriß einer Entnahme-Isodromsteuerung mit Askaniaregler.

bleibt. Betriebsfälle, wie sie für alle Betriebe, die Kochdampf verbrauchen (Zellulosefabriken, Brauereien usw.), und vor allen Dingen für Hochdruckanlagen, die Dampf für die Krafterzeugung in Mitteldruckmaschinen (Nachschaltaggregaten) abgeben, charakteristisch sind.

Abb. 136a u. b zeigt diese Steuerung. Der Geschwindigkeitsregler bewegt bei Laständerung die Hoch- und Niederdruckventile im gleichen Sinn, während der Druckregler bei Dampfentnahmeänderung sie im entgegengesetzten Sinne bewegt. Nach Abb. 136a verstellt der Geschwindigkeitsregler den Hilfsschieber *f* und gibt das Drucköl für den Servomotor des Regelventiles frei. Damit wird das gesamte Gestänge *a*, *b*, *c*, *d*, *e* und *k*, einschließlich der Hilfsschieber *g* und *h*, verstellt, und die Hoch- und Niederdruckventile bewegen sich durch die Nockenwellen im gleichen Sinne. Ändert sich die Entnahmedampfmenge, so verstellt der Druckreglerkolben *i* durch das Gestänge *e*, *d*, *c*, *b* und *a* und die Hilfsschieber *f*, *g* und *h* die Hochdruck- und Niederdruckventile im entgegengesetzten Sinne.

Diese Reglung wird so ausgemittelt, daß der Geschwindigkeitsregler bei Übertourenzahl infolge Rückströmdampfes aus der Heizleitung unter Überwindung des Druckreglers sowohl die Hochdruck- wie auch die Niederdruckventile schließt. Es kann somit die dritte Schnellschlußeinrichtung fortfallen. Der Regler kann aber auch in der anderen Grenzlage, wenn die Umlaufzahl wegen Überbelastung der Maschine oder zu großer Dampfentnahme abfällt, unter Überwindung des Druckreglers die Niederdruckventile öffnen. Dadurch wird selbsttätig die höchstmögliche Entnahmedampfmenge begrenzt.

e) Speicherturbinen.

Bei der Erweiterung von Elektrizitätswerken hat es sich in vielen Fällen als zweckmäßig erwiesen, die ständig steigenden Belastungsspitzen durch Ruths-Speicher zu decken.

Der Betrieb geht bei einem Werk mit Ruths-Speichern so vor sich, daß zur Zeit schwacher Belastung überschüssiger Dampf aus den Betriebskesseln in den Wasserinhalt der Speicheranlage eingeblasen wird und dort unter Drucksteigerung kondensiert. Bleibt die Dampferzeugung der Kesselanlage hinter der elektrischen Leistung zurück, so wird der fehlende Dampf unter Druckabsenkung dem Speicher entnommen.

Die mit einer Ruths-Speicheranlage zusammen betriebenen Turbinen müssen also, da der Druck des Speicherdampfes mit zunehmender Entladung absinkt, Sattdampf wechselnden Druckes allein (reine Speicherdampfturbinen) oder Sattdampf wechselnden Druckes und überhitzten Frischdampf gleichzeitig (Frischdampf-Speicherdampfturbinen) verarbeiten können.

Die Bauart der Turbinen und die Druckgrenzen für die Speicherentladung hängen von den Betriebsverhältnissen ab.

Für Werke, bei denen die Betriebsmaschinen den ganzen Tag über laufen und die Energieerzeugung aus Speicherdampf nur einen verhältnismäßig kleinen Anteil der ganzen Erzeugung ausmacht (mittelgroße Elektrizitätswerke und Bahnkraftwerke), müssen die Turbinen als Frischdampf-Speicherdampfturbinen und vor allem für günstigen Dampfverbrauch bei Frischdampfbetrieb ausgelegt sein.

Für Werke oder Werksteile, die im wesentlichen nur zur Zeit der Spitze in Betrieb gehen, sonst nur als Phasenschieber

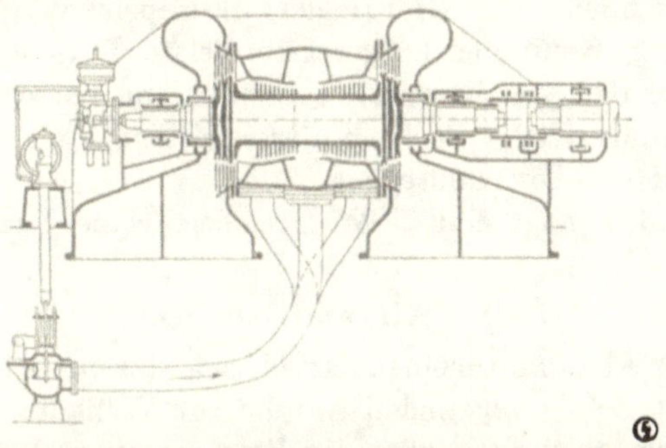

Abb. 137. Schnitt durch eine SSW.-Speicherturbine großer Leistung, n = 3000, mit durchgehender Trommel und angeflanschten Endscheiben ohne Mittenbohrung nach Röder.

und zur Momentanreserve mitlaufen (Spitzenkraftwerke), wird auf günstigen Frischdampfverbrauch weniger Wert gelegt und dafür eine recht tiefe Entlademöglichkeit für den Speicher vorgesehen. An sich könnten in diesen Fällen auch reine Speicherdampfturbinen in Frage kommen.

Die AEG hat z. B. jedoch auch für diese Werke stets kombinierte Turbinen vorgesehen, um die Vorteile des überhitzten Dampfes auszunutzen, wenn auch nur kleine Frischdampfmengen verfügbar sind.

Je häufiger im Laufe eines Betriebstages der Speicher geladen und entladen wird, um so weniger tief wird man den tiefsten Entladedruck ansetzen; der wirtschaftliche Speicherhöchstdruck liegt für Kraftspeicherung in den Grenzen zwischen 12 und 15 atü.

Wenn es sich darum handelt, vorhandene Maschinen möglichst billig für Speicherdampfbetrieb einzurichten, wird der Speicherdampf zweckmäßig einer verhältnismäßig tiefen Druckstufe der Turbinen zugeführt und vorher bis auf den jeweiligen Stufendruck abgedrosselt.

Die Steuerung muß so arbeiten, daß aus Speicherdampf die fehlende Leistung zugesetzt wird, wenn der Frischdampfdruck sinkt; eine Nachsteuerung sorgt dafür, daß bei sinkendem Speicherdruck die Öffnung der Einlässe entsprechend der geringeren Arbeitsfähigkeit vergrößert wird, um beim Parallelarbeiten mit anderen Maschinen Lastpendelungen zu vermeiden. Endlich schließt ein Grenzregler die Speicherdampfzufuhr zwangläufig, wenn der festgesetzte tiefste Entladedruck erreicht oder der Speicherdruck bis annähernd auf den Stufendruck gesunken ist. Beide Einlässe bleiben stets unter der Herrschaft des Drehzahlreglers.

Abb. 137 zeigt eine SSW.-Speicherturbine Bauart Prof. Röder.

f) Die Abdampfturbine.

Reine Abdampfturbinen lassen sich nur in den seltenen Fällen mit Erfolg verwenden, wo die zur Verfügung stehende Abdampfmenge einigermaßen den Belastungsverhältnissen entspricht oder die Abdampfturbine mit anderen Maschinen parallel läuft, wobei von letzteren die Belastungsschwankungen aufgenommen werden.

In der Bauart entspricht die Abdampfturbine der normalen Kondensationsturbine unter Fortfall der Hochdruckstufen.

g) Die Zweidruckturbine.

In allen Fällen, wo eine größere Anpassungsfähigkeit an die Unregelmäßigkeiten des Betriebs notwendig ist, tritt ähnlich dem Verhältnis zwischen Gegendruck- und Entnahmemaschine die Zweidruckturbine an die Stelle der reinen Abdampfturbine. Diese unterscheidet sich, wie schon ihr Name andeutet, von der ersteren dadurch, daß dem Niederdruckteil im gleichen Gehäuse ein Hochdruckteil vorgeschaltet ist (Abb. 138). Zwischen beiden ist die Regelvorrichtung für die Abdampfzufuhr eingebaut. Sinkt die verfügbare Abdampfmenge, so wird dem Hochdruckteil Frischdampf zugeführt, und die Turbine arbeitet als vereinigte Frischdampf-Abdampfturbine. Setzt infolge Stillstandes der Primärmaschinen der Abdampf vollständig aus, so arbeitet die Maschine als reine Frischdampf-Kondensationsturbine.

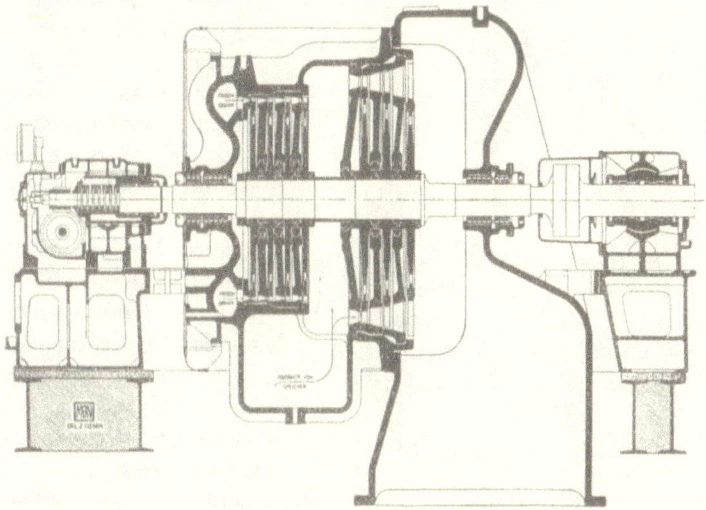

Abb. 138. MAN.-Zweidruckturbine. Längsschnitt.

h) Die Mehrstoffturbine.

Die Quecksilberdampfturbine sollte anfänglich nur dem Zwecke dienen, ein vorhandenes Kraftwerk leistungsfähiger zu gestalten. Der Erfinder Emmet schlug s. Z. folgende Arbeitsweise vor: Quecksilberdampf von 2,5 atü, 435° C (mit 30° C Überhitzung) fließt durch die Quecksilberdampfturbine und hierauf in einen Kondensator, der mit einer Luftleere von 0,724 m Q.-S. arbeitet und als Wasserdampferzeuger für eine Wasserdampfturbinenanlage dient. Der Hg-H_2O-Kessel erzeugt Dampf mit 14 atü und einer Überhitzung von etwa 60°C. Das im H_2O-Dampfkessel verflüssigte Hg wird durch eine Pumpe wieder dem Hg-Dampfkessel zugeführt. Der H_2O-Dampf gelangt nach Durchfluß durch die H_2O-Dampfturbine in den H_2O-Dampfkondensator, dessen Kondensat dem Hg-H_2O-Kessel (Hg-Dampfkondensator) wieder zugedrückt wird.

Durch diese Anlage war es möglich, die Leistung der bestehenden Wasserdampfkraftanlage um 75 bis 80 v. H. zu erhöhen, während der Brennstoffverbrauch um nur 15 bis 18 v. H. zunahm. Zur Erzeugung von 1 kWh wurden 2775 kcal benötigt.

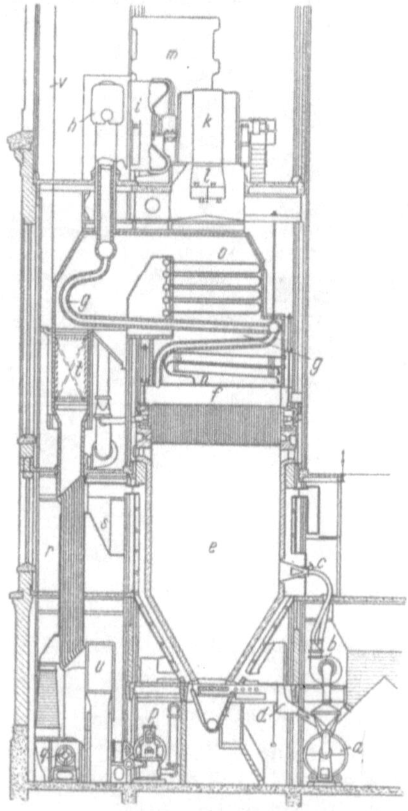

Abb. 139. Schematische Darstellung einer 10000-kW-Quecksilberdampfturbine.

a = Kohlenmühlen, b = Ventilator, c = Brenner, d = Primärluftzuführung, e = Wandung des Feuerraumes, f = Quecksilberdampfkessel, g = Quecksilberdampfleitung zur Turbine i, h = Regler und Sicherheitsventil der Turbine i, i = Quecksilberdampfturbine, k = Stromerzeuger, l = Kühler für Stromerzeugerkühlluft, m = Quecksilberkondensator (Wasserdampfkessel), n = Hg-Vorwärmer, o = H_2O-Dampfüberhitzer, p = Luftpumpen, q = Ventilator, r = Vorwärmer, s = Sekundärluftverteiler, t = H_2O-Vorwärmer, u = Saugzugventilator, v = Schornstein, v = Rauchgasabzug.

Abb. 138 zeigt die Anlage der Hartford Electric Light Company. Sie entwickelt 10000 kW und erfordert hierzu stündlich 6600 kg Kohle. Beim Niederschlagen des Quecksilbers entwickeln sich stündlich 5700 kg Dampf. Drei Kohlenmühlen *a* versorgen unmittelbar die Brenner *c* mit Kohlenstaub. Die Verbrennungsgase umspülen zuerst die Rohre mehrerer Quecksilberdampfkessel *f*, steigen zwischen deren Oberkessel nach oben, berühren hierauf den Vorwärmer *n* für das flüssige Quecksilber (welches vom Hg-Kondensator bzw. H_2O-Dampfkessel zum Hg-Dampfkessel zurückgedrückt wird) und dann den H_2O-Dampfüberhitzer *o*. Hierauf erfolgt die Umlenkung der Verbrennungsgase: Sie strömen nach abwärts, zuerst durch den H_2O-Speisewasservorwärmer *t*, in dem das zum Hg-Kondensator strömende und in diesem verdampfende Wasser vorgewärmt wird, dann in den Vorwärmer *r* mit dem Ventilator *q* für die Verbrennungsluft und schließlich in den Saugzugventilator *u*, der sie durch den Schornstein *v* abführt. Durch diesen ziehen die Gase mit einer Temperatur von 120° ab. Nach Durchströmen des Vorwärmers *r* umspült die Verbrennungsluft (Sekundärluft) die Wandungen des Feuerraums *e*.

Die Quecksilberdampfturbine ist eine Fünfstufenturbine mit 720 U/min und einem freitragenden Läufer. Das Gewicht sämtlicher umlaufenden Teile wird durch die beiden Generatorlager aufgenommen. Die Durchflußrichtung des Hg-Dampfes ist gegen den Generator gerichtet. Die Turbinendichtung liegt am Niederdruckende. Der Hg-Abdampf strömt in zwei Kondensatoren, welche auf beiden Turbinenseiten angeordnet sind. Die bei der Verflüssigung des Quecksilbers frei werdende Wärme wird von dem an einem Ende geschlossenen Wasserrohr aufgenommen. Das niedergeschlagene Quecksilber gelangt nach Durchgang durch einen Reiniger in den Hg.-Dampfkessel zurück.

Die Betriebszahlen der Anlage bringt Zahlentafel 4[1]).

Zahlentafel 4.

Betriebsdaten der Quecksilberdampf-Turbinenanlage der Hartford Electric Light Company.

Leistung der Turbine	kW	10000
Umlaufzahl der Turbine in der Minute		720
Erzeugte Wasserdampfmenge je Stunde	kg	57000
Wasserdampfspannung	atü	13
Wasserdampftemperatur	°C	370
Verdampfte Quecksilbermenge je Stunde	kg	520000
Temperatur des Quecksilberdampfes	°C	473
Quecksilberdampfspannung	atü	2,25
Luftleere im Quecksilberdampf-Kondensator	mm Q.-S	70
Temperatur der Verbrennungsgase nach dem Hg-Dampfkessel *f*	°C	510
Temperatur der Verbrennungsgase nach dem Überhitzer *o*	°C	343

[1]) S. Wärme. 1928, Nr. 14.

Temperatur der Verbrennungsgase nach dem Vorwärmer t . . . . °C	250
Temperatur der Abgase im Schornstein v . . . . °C	138
Temperatur der Sekundärluft bei Eintritt in die Feuerung . . . . °C	200
Kohlenverbrauch je Stunde . . . . kg	6600
Wärmeerzeugung je 1 kg Kohlenstaub in kcal/kg . .	8000

Die wirtschaftlichen Vorteile, die durch die Anwendung des Emmet-Verfahrens erreicht werden, stellen sich von Fall zu Fall verschieden. Zahlentafel 5 gibt für vier charakteristische Fälle den ungefähren erreichbaren Gewinn in Prozenten an.

1. Neuzeitliche Dampfkraftanlage; Dampfspannung 13 atü, erhöhte Überhitzung. Zubehörteile und Feuerung erstklassig.

2. Dampfkraftanlage etwas älterer Anordnung. Dampfspannung = 10 atü, geringe Überhitzung. Zubehör und Feuerung weniger vollkommen wie bei 1.

3. Dampfkraftanlage geringerer Leistung; Belastungsfaktor und Ausrüstung weniger gut als im Fall 2.

4. Dampfkraftanlage ohne Kondensation.

Zahlentafel 5.[1])

Darstellung der wirtschaftlichen Vorteile des Emmet-Verfahrens.

Fall	Wasserdampf allein in kg	Wasserdampf und Quecksilberdampf in kg	Erreichbarer Gewinn in v. H.
1	3500	2300	53
2	4300	2650	38
3	5550	2900	48
4	8800	3500	61

2. Die Kolbenmaschinen.

Soweit Heizungskraftmaschinen (Gegendruck und Anzapfmaschinen) in Frage kommen, hat Verfasser in seinem Werk »Die Abwärmetechnik« Bd. II, S. 160—172 das Not-

[1]) S. »Wärme« 1928, Nr. 14.

wendige gesagt. Es wurden dort die Bauarten von Görlitz, Starke & Hoffmann, Borsig & Hartmann besprochen.

Kolbenkondensationsmaschinen kommen heute nur noch selten, und zwar alsdann als Leistungsregler in Frage, während sich die Kolbenmaschine als Heizungskraftmaschine und besonders als Vorschaltmaschine ein neues Anwendungsgebiet erschlossen hat. Ausschlaggebend ist für ihre Anwendbarkeit die Frage der geringstmöglichen Ölhaltigkeit des Abdampfes.

Der Erfolg der Anwendung der Überhitzung des Dampfes ist unmittelbar proportional der Wirksamkeit des Öles im Hochdruckzylinder und der Beseitigung des gesamten Öles aus dem Abdampf bzw. aus dem Speisewasser. Ein Schmiersystem für Dampfzylinder, das allen Anforderungen vollkommen genügt, gibt es nicht. Am besten ist es, Schmieröl soweit wie nur angängig zu vermeiden und durch Wasser zu ersetzen. Die kleinen Wassertropfen verdampfen im Hochdruckzylinder nicht sofort, sondern verbleiben für den kurzen Aufenthalt im Zylinder in ihrem Aggregatzustande und gehen als Wasser in den Sammler. Auf diese Weise wird der Hochdruckzylinder geschmiert, ohne daß seine Temperatur nennenswert beeinflußt würde. Der zweite Punkt, die Abscheidung des Öles aus dem Abdampf bzw. aus dem Speisewasser, ist vollständig abhängig von der Leistung der Ölabscheider. Die Ölabscheidung aus dem Speisewasser wird vorzugsweise durch zwei Punkte beeinflußt: das Abscheidungsverfahren und durch die Wassertemperatur im Filter. Je niedriger die Wassertemperatur ist, um so günstiger ist die Ölabscheidung. Das Öl etwa hinter dem Speisewasservorwärmer abzuscheiden, würde im günstigsten Falle ein unvollkommenes Ergebnis haben.

Die Ölabscheidung erfolgt nach zwei Verfahren: Durchgang des ölhaltigen Wassers durch ein rauhes, über einen Rahmen gespanntes Gewebe, wobei die Geschwindigkeit des Wassers bei der Berührung mit dem Gewebe auf einen Wert herabgesetzt wird, der für das Haftenbleiben der Ölteilchen auf den Unebenheiten des Gewebes am günstigsten ist.

In dem zweiten Falle fließt das Öl über eine Anzahl Wehre in einen Behälter, wobei es infolge seiner geringen Dichte an die Oberfläche steigt und ruhig liegen bleibt, bis es abgenommen wird. Hinter dem letzten Wehr wird das Wasser

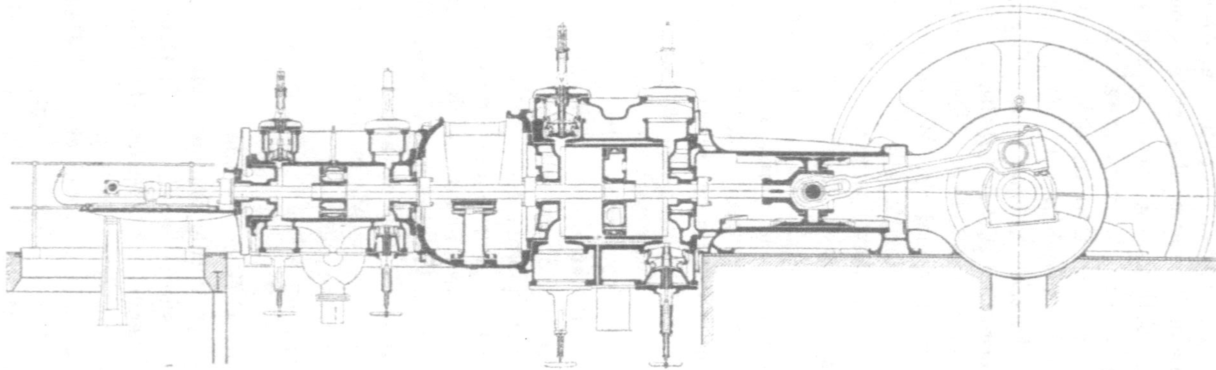

Abb. 140a. Tandem-Dampfmaschine mit Lentzsteuerung, Bauort „Wumag“ Längsschnitt.

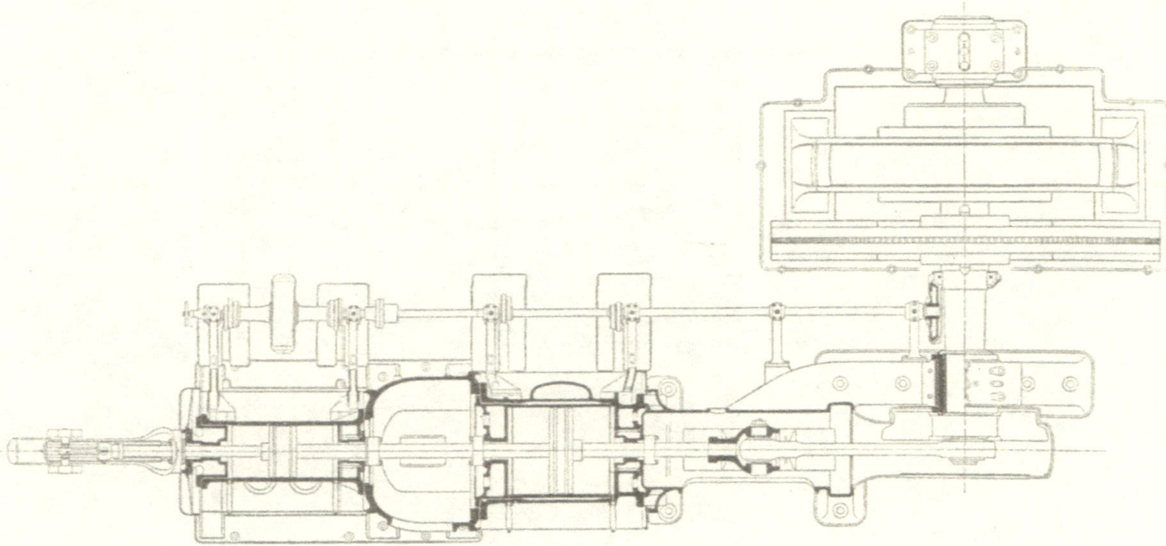

Abb. 140 b. Tandem-Dampfmaschine mit Lentzsteuerung, Bauort „Wumag“, Grundriß.

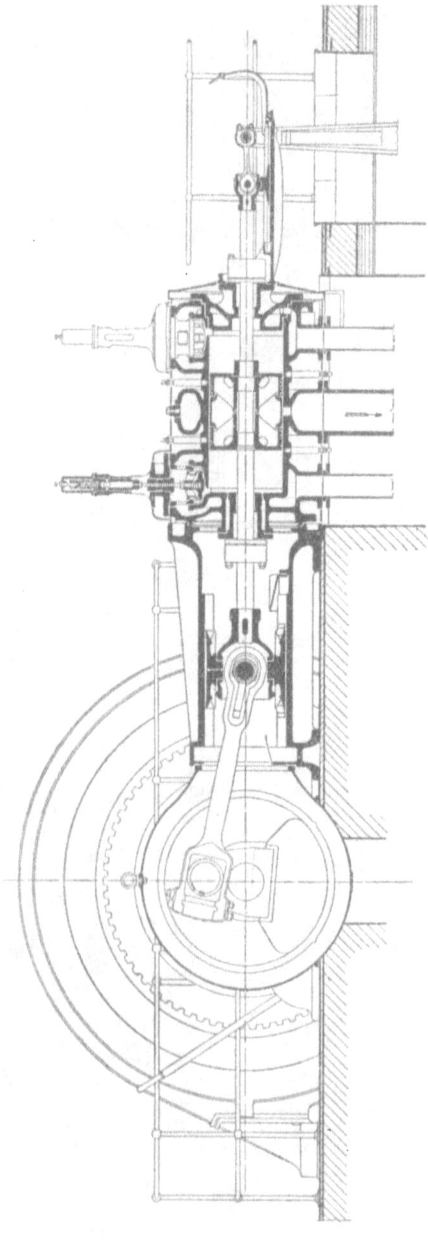

Abb. 141 a. GMA-Gleichstrom-Dampfmaschine, Aufriß.

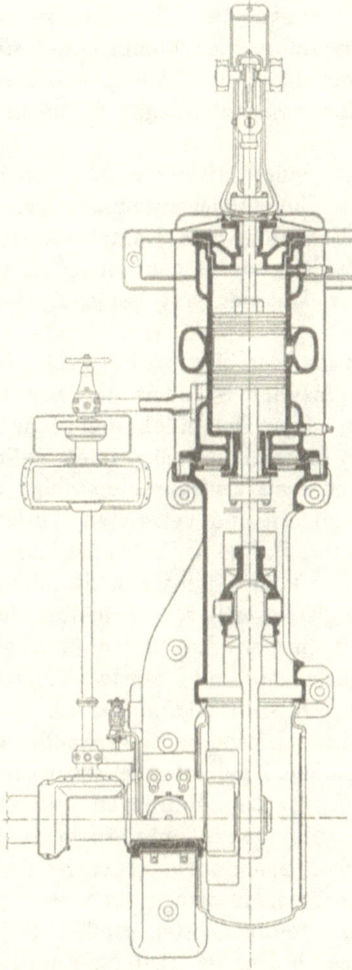

Abb. 141 b. GMA-Gleichstrom Dampfmaschine, Grundriß.

dann durch ein Bett von Koksfasern, Koks oder einem ähnlichen Stoff hindurchgeleitet. Wird ein solches Kaskadenfilter richtig konstruiert, so sind günstig Betriebsergebnisse zu erwarten.

Stehende Dampfmaschinen kommen seit einiger Zeit der schwierigen Zugänglichkeit und sonstigen betriebstechnischen Nachteile wegen für ortsfeste Anlagen nur noch sehr selten in Frage.

Gegendruckmaschinen kleinerer oder mittlerer Abmessungen werden als Einzylindermaschinen, bei größeren Leistungen und bei Entnahme von Dampf verschiedener Spannungen auch als Zwillingsmaschinen mit möglichst gleichmäßiger Verteilung der Leistung auf beide Zylinderseiten ausgeführt.

Als Kondensationsmaschine wird je nach der Leistung die Kolbenmaschine einzylindrig oder als liegende Verbundmaschine mit zweistufiger Dampfdehnung gebaut. Ob die Verbundmaschine mit hintereinanderliegenden Zylindern in Einkurbelanordnung oder als Zweikurbelmaschine mit nebeneinanderliegenden Zylindern und versetzten Kurbeln ausgeführt wird, wird von Fall zu Fall je nach den örtlichen Bedingungen zu entscheiden sein. Vom technischen Standpunkte aus sind beide Bauarten als gleichwertig zu betrachten. Bei sehr großen Einheiten wird auch die ganze Leistung auf zwei gleiche Hälften in Zwillings-Einkurbelanordnung verteilt. Dreifachverbundmaschinen werden, seit grundsätzlich für alle Maschinen hochüberhitzter Dampf (sog. Heißdampf) verwendet wird, für ortsfeste Anlagen nicht mehr gebaut; die hierbei im Hochdruckzylinder infolge der großen Füllungen auftretenden hohen Wandtemperaturen bedingen erhöhten Ölverbrauch und führen leicht zu gefährlichen Spannungen, auch ist der mechanische Wirkungsgrad derartiger Maschinen etwas geringer, ihr Platzbedarf und ihre Herstellungskosten größer als jene der zweistufigen Verbundmaschinen, die ihnen bei richtiger Ausführung hinsichtlich der Wärmeausnutzung gleichwertig sind.

Abb. 140a und b zeigt eine GMA-Tandemdampfmaschine mit Lentzsteuerung.

Die Wumag-Dampfmaschinen neuerer Bauart erhalten — von besonderen Fällen abgesehen — zwangläufige Ventilsteuerung mit Achsenregler. Das Wesen der zwangläufigen

Steuerung besteht darin, daß nicht nur die Auslaß-, sondern auch die Einlaßorgane mit einer von dem äußeren Steuerungsgetriebe abhängigen Geschwindigkeit geschlossen werden, mithin die Möglichkeit einer unzulässigen Steigerung der Abschlußgeschwindigkeit ausgeschaltet ist, die bei den freifallenden Steuerungen zur Anordnung empfindlicher Puffervorrichtungen zwingt.

Anderseits wird bei allen, auch den kleinsten Füllungsgraden die höchste zulässige Schlußgeschwindigkeit mit Sicherheit erreicht.

Die einmal eingestellte Steuerwirkung wird unabhängig von der Wartung im normalen Betriebe dauernd beibehalten. Die Ventilsteuerung nach Lentz im besonderen zeichnet sich bei entsprechender Ausführung durch Einfachheit und Betriebssicherheit aus, sie ermöglicht infolge der geringen zu bewegenden Massen hohe Umlaufgeschwindigkeiten.

In manchen Fällen verdient die einzylindrige Gleichstrommaschine den Vorzug vor der mehrzylindrigen Verbundmaschine. Besonders die Ausnutzung einer hohen Luftleere im Kondensator wird durch die Eigenart der Gleichstromdampfmaschine begünstigt.

Das wesentliche Kennzeichen der Gleichstromdampfmaschine im Gegensatz zur Wechselstrom-Dampfmaschine besteht darin, daß der Dampf auf beiden Zylinderseiten stets in der gleichen Richtung von dem Zylinderende nach der Zylindermitte strömt und durch Schlitze in der Mitte der Zylinderwand austritt, welche vom Dampfkolben gesteuert werden.

Abb. 141 zeigt eine GMA-Gleichstrommaschine in Auf- und Grundriß. Laufzylinder, Zylinderkopf und Einlaßventilgehäuse sind aus einem Stück gegossen. Der Zylinder ist an seinem hinteren Ende durch einen eingeschliffenen Deckel abgeschlossen. Zylinderkopf, Zylinderdeckel und Ventilgehäuse werden durch den einströmenden Frischdampf geheizt. Der von der GMA ausgebildete einteilige Gleichstromzylinder bietet gegenüber der üblichen dreiteiligen Anordnung Vorteile in Bezug auf Wartung und Bedienung. Die Verbindungsflanschen zwischen Zylinder und Zylinderdeckel und deren Dichtungen kommen in Wegfall, der Zylinder baut sich kürzer und einfacher als bei der mehrteiligen Anordnung. Zur Öffnung des Zylinders beim Nachsehen des Kolbens ist ein Abbau der Steuerung nicht erforderlich, es muß lediglich der eingeschliffene hintere Deckel entfernt werden. Die Wärmeschutzmasse kann beim Öffnen des Zylinders unberührt unter der Blechverkleidung bleiben, wogegen bei dreiteiligen Zylindern jedesmal der Wärmeschutz des Flansches zu beseitigen ist. Der Kolben ist daher besser zugänglich wie bei den mehrteiligen Ausführungen.

Der Kolben ist bedeutend länger als bei der gewöhnlichen Dampfmaschine. Er ist hohl gegossen und trägt zwei Sätze selbstspannender Ringe aus Sondergußeisen, welche während der Zeit der hohen Dampfspannungen dichtend wirken.

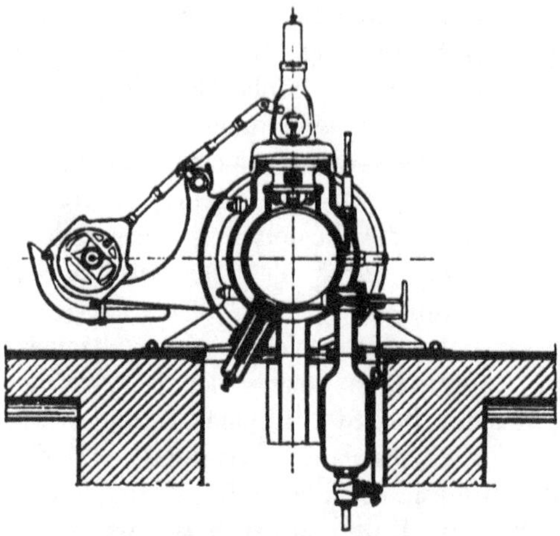

Abb. 142. GMA-Gleichstrom-Dampfmaschine, Schnitt durch Zylinder mit Steuerung.

Die GMA-Gleichstromdampfmaschine erhält wie die vorbesprochene Wechselstrommaschine eine zwangläufige Ventilsteuerung mit Achsenregler. Sie wird als Einexzentersteuerung ausgeführt und gestaltet sich nach Abb. 142 einfach. Zur Lagerung der Steuerwelles sind 2 oder 3 Lager erforderlich, deren vorderstes als Kammlager zur Aufnahme des Axialdruckes ausgebildet ist. Die Steuerbewegung wird durch ein Exzenter und eine kurze Exzenterstange auf eine am Zylinder gelagerte Schwingwelle und von dieser durch Hebel auf die Schwingdaumen der Einlaßventile übertragen.

Diese Anordnung bietet den Vorteil, daß jedes Ventil für sich eingestellt und somit ein guter Füllungsausgleich geschaffen werden kann.

Die Einlaßventile sind zweisitzig.

Die Überströmkanäle von den Einlaßventilen nach dem Zylinderraum sind kurz, um bei hoher Überhitzung hohe Dampfgeschwindigkeiten zulassen zu können. Der schädliche Raum und die abkühlenden Flächen werden infolge dieser Anordnung und infolge Fortfall der Auslaßventile sehr klein; er beträgt bei der Bauart der GMA z. B. nur etwa 2—3 %. Eine weitere Verkleinerung z. B. durch Einbau der Ventile in den Deckelhohlraum, ist erfahrungsgemäß aus betriebstechnischen Gründen zu vermeiden, da in diesem Falle infolge der der Gleichstromdampfmaschine eigentümlichen Arbeitsweise bei Verschlechterung der Luftleere durch zu hohe Verdichtung der ruhige Gang der Maschine leidet.

Die Verhältnisse werden so gewählt, daß bei normaler Luftleere, mit welcher die Maschine ständig zu arbeiten hat, die Endspannung der Verdichtung nie höher ist, als die am Zylinder gemessene Dampfeintrittsspannung.

Der Dampfauslaß erfolgt durch Schlitze, die in der Zylindermitte kreisförmig angeordnet sind und unmittelbar durch den Kolben gesteuert werden, der sie gegen Ende des Hubes freigibt und dadurch die Verbindung zwischen Zylinderinnerem und Kondensator herstellt. Die Auslaßquerschnitte können hierbei etwa dreimal so groß wie bei Verwendung von Ventilen oder Schiebern gewählt werden, so daß der Spannungsabfall nach dem Kondensator gering wird und höhere Luftleeren im Zylinder mit Vorteil ausgenutzt werden können.

Infolge des kleinen schädlichen Raumes würden bei gelegentlichem Betrieb mit Auspuff unzulässig hohe Kompressionsenddrücke auftreten. Um dies zu vermeiden, sind an beiden Zylinderenden Rohrstücke angeschlossen, welche durch Öffnen zweier Absperrventile im Bedarfsfalle zu dem Zylinderraum zugeschaltet werden können, um eine Vergrößerung des schädlichen Raumes zu ermöglichen. An ihrem unteren Ende besitzen die beiden Rohrstücke Ablaßhähne zum Ablassen des Kondenswassers. Die Zuschaltventile liegen seitlich am Zylinder und sind vom Maschinenhausflur aus zugänglich. Von Einrichtungen zur selbsttätigen Zuschaltung wird Abstand genommen, da derartige Einrichtungen doch nur selten in Betrieb kommen und daher im Bedarfsfalle leicht versagen. Es sind selbsttätige, federbelastete Sicherheitsventile vorzusehen, welche mit den Zuschaltventilen verbunden sind und unten an den Zylinderenden einen Auspuff ins Freie ermöglichen, wenn — etwa infolge Versagens der Kondensation — die Verdichtung eine unzulässige Höhe erreicht.

Der Regler sitzt auf der Steuerwelle hinter dem Rahmen, um ihn außerhalb des Bereiches des heißen Dampfzylinders zu rücken. Er wird somit störenden Wärmewirkungen entzogen; zugleich bleibt der Zylinder auf der Steuerseite frei.

Die Empfindlichkeit der Regulierung wird bei der Gleichstromdampfmaschine auch dadurch gefördert, daß sich der ganze Arbeitsvorgang in nur einem Zylinder vollzieht, der mit kleinen normalen Füllungen arbeitet. Bei Verbundmaschinen wird die Reglerwirkung durch die in den Dampfmengen der Niederdruckzylinder und der Verbinder aufgespeicherte Energie entsprechend verzögert.

Da die normale Füllung nur gering ist, die Steuerung aber eine bedeutend größere Füllung zuläßt, so ist die Maschine stark überlastungsfähig.

Eine Verstellung der Drehzahl kann, wie bei der gewöhnlichen Dampfmaschine während des Betriebes herbeigeführt werden.

Für Fälle, in denen eine Verbundmaschine den Vorzug verdient, insbesondere für große Leistungen und für Betriebe, in denen der Maschine Dampf für Heiz- oder Kochzwecke entnommen werden soll, hat die GMA eine besondere Bauart einer Verbundmaschine mit Gleichstrom-Niederdruckzylinder ausgebildet. Die Ausführung des Niederdruckzylinders und seiner Steuerung erfolgt nach den gleichen Grundsätzen wie bei der Einzylinder-Gleichstrommaschine. Vor der gewöhnlichen Verbundmaschine hat die Anordnung den Vorzug geringerer Anschaffungskosten und großer Einfachheit des Niederdruckzylinders und der Niederdrucksteuerung voraus. Besondere Vorteile bietet sie bei Entnahmemaschinen, da bei starker Dampfentnahme aus dem Aufnehmer die Füllung des Niederdruckzylinders sehr klein wird und gerade in diesem Falle die kennzeichnende Eigenschaft der Gleichstrommaschine, auch bei kleinsten Füllungen mit sehr günstigem Dampfverbrauch zu arbeiten, besonders in Erscheinung tritt. Der für Heizzwecke benötigte Dampf mittlerer Spannung wird aus dem Aufnehmer entnommen, wobei durch eine selbsttätige Reglung gleichbleibender Heizdruck auch bei schwankender Belastung und gleiche Leistung auch bei wechselndem Heizdampfbedarf aufrechterhalten werden kann.

Es sei zum Schluß noch auf die Druckölsteuerung bei Kolbendampfmaschinen eingegangen[1]).

Während bei den Dampfmaschinen mit der üblichen mechanischen Ventilsteuerung die Bewegung der Ventile von einer Steuerwelle abgeleitet wird, die parallel zur Maschinenachse gelegt ist und durch Kegelräder von der Kurbelwelle angetrieben wird, besitzt die hydraulische Steuerung in der Hauptsache für jedes anzutreibende Ventil eine Preßpumpe, die durch Leitungen mit der Ventilkraftmaschine in Verbindung steht. Die Preßpumpe wird bei einer einzylindrigen Dampfmaschine mit je zwei Einlaß- und Auslaßventilen durch zwei doppeltwirkende Pumpen auf gemeinsamer Kolbenstange gebildet. Diese Pumpen sind parallel und in Höhe der Maschinenmitte, also hintereinander, angeordnet und werden von der Kurbelwelle durch einen Exzenter angetrieben.

Es sind mehrere Maschinen mit hydraulischer Steuerung von der Maschinenfabrik „Werkspoor", Amsterdam, gebaut worden, von denen die erste bereits $3\frac{1}{2}$ Jahre in Betrieb ist. Bei neuen Maschinen können die Vorteile, welche die hydraulische Ventilsteuerung mit sich bringt, wie folgt gekennzeichnet werden:

1. Schnelles Öffnen und Abschließen bei größerem Ventilhub gestattet Verwendung kleinerer Ventile und damit kleinere schädliche Räume.
2. Die Ventile können infolge ihrer Unabhängigkeit vom Antrieb durch eine Steuerwelle so angeordnet werden, daß sich möglichst kleine schädliche Räume ergeben.
3. Vorein- und Vorausströmung sowie Beginn der Kompression und Expansion können vollständig unabhängig

[1]) S. a. Schmitt: »Dampfmaschinen mit Druckölsteuerung«, »Die Wärme« 1929, Nr. 16.

voneinander gewählt werden. Für jede Füllung ist damit günstigster Dampfverbrauch und gleiche Arbeitsleistung für beide Zylinderseiten möglich.

4. Alle drei Vorteile bewirken, daß die im Dampfdiagramm nicht ersichtlichen Dampfverluste gering gehalten werden können. Durch den geringen schädlichen Raum, den späteren Beginn der Vorein- und Vorausströmung fallen besonders die Wärmeverluste, hauptsächlich durch verfrühten Dampfein- und -austritt, fort.

Hinzu kommt noch, daß eine Maschine mit Öldrucksteuerung etwas niedrigere Anlagekosten erfordern soll als eine Bauart mit mechanischer Ventilsteuerung.

8. Die Zwischendampfüberhitzung.

Mit der Wahl wachsender Drücke für Dampfkraftanlagen ist man genötigt, von einem Frischdampfdruck von 35 ata an, den aus dem Hochdruckteil der Kraftmaschine auf den Niederdruckteil übergehenden Dampf (Zwischendampf in einem geeigneten Oberflächenwärmeaustauscher (Zwischendampfüberhitzer) wieder zu überhitzen, um die mit Heißdampf zu erreichenden Vorteile auf der Niederdruckseite der Kraftmaschine voll ausnutzen zu können. Infolge der hohen Spannungen wird der Dampf schon in den letzten Stufen des Hochdruckteiles feucht. Der Feuchtigkeitsgehalt des Dampfes setzt aber den Turbinenwirkungsgrad herab, und zwar entspricht 10 vH Feuchtigkeit einer Verringerung des Turbinenwirkungsgrades um 1 vH.

Abb. 143—145 bringen vergleichsweise die Dampfzustände in den verschiedenen Stufen einer 19stufigen Turbine ohne Zwischenüberhitzung und mit einer solchen mit Zwischenüberhitzung bei zwei verschiedenen Temperaturen. Abb. 143 zeigt die große Zahl der Stufen einer Turbine, in welchen der Dampf feucht ist (gestrichelte Felder). Sie stellt den großen Prozentsatz an Dampffeuchtigkeit in den letzten Stufen dar, wenn die Maschine mit Frischdampf von 41 atü ohne Zwischenüberhitzung betrieben wird. Abb. 144 zeigt die Dampfzustände bei einer Turbine, bei der der Dampf in der siebenten Stufe entnommen und nach einer Rauchgaszwischenüberhitzung auf 371°C der achten Stufe

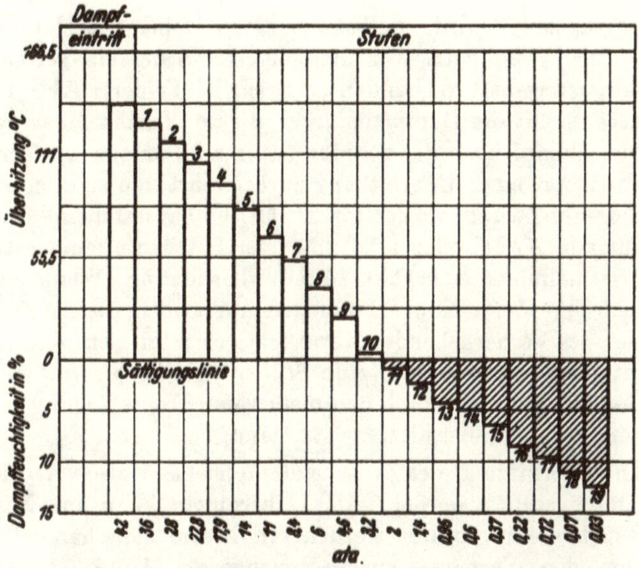

Abb. 143. Ohne Zwischenüberhitzung großer Feuchtigkeitsgehalt des Dampfes in den Niederdruckstufen einer Dampfturbine.

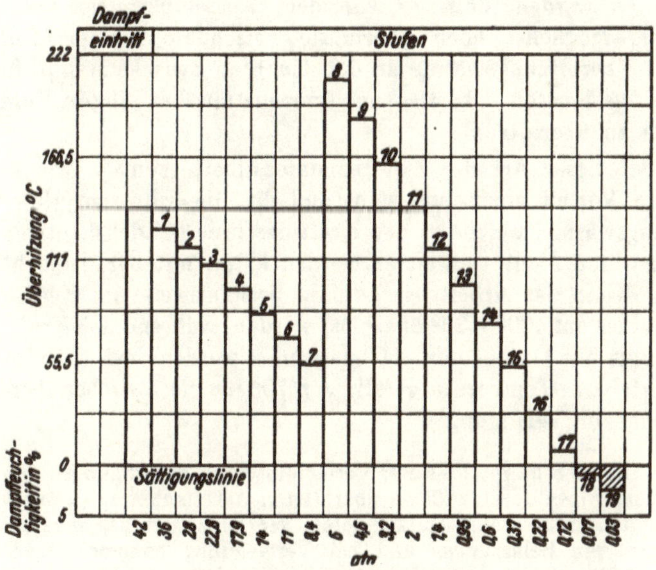

Abb. 144. Hohe Zwischenüberhitzung durch die Rauchgase entfernt die Feuchtigkeit nahezu ganz.

wieder zugeleitet wird. Selbst bei dieser hohen Überhitzung ist in den beiden letzten Stufen bereits wieder ein geringer Feuchtigkeitsgehalt vorhanden (gestrichelte Felder). Abb. 145 veranschaulicht die Dampfzustände in einer Turbine, bei welcher der Dampf nach der zehnten Stufe entnommen wird und zur elften mit einer Überhitzung zurückkehrt, die er in einem Frischdampf-Zwischenüberhitzer erhält. Er hat dann eine Temperatur von 268° C oder 17° C über der Sattdampftemperatur des Frischdampfes oder etwa 140° C Überhitzung. Wenn man die niedrigere Zwischenüberhitzungstemperatur in diesem Falle mit der des Vorhergehenden vergleicht, so zeigt sich, daß die Feuchtigkeit in den zwei letzten Stufen dieselbe ist, und zwar ist diese Erscheinung durch den niedrigeren Druck bedingt, bei dem die Zwischenüberhitzung stattfand.

Die Überhitzung des Zwischendampfes kann also verschieden durchgeführt werden. Der Überhitzer kann im Zuge der Rauchgase angeordnet werden. In diesem Falle handelt es sich um den Wärmeaustausch Rauchgase → Wand → Dampf geringerer Spannung. Die Kombination könnte aber auch so getroffen werden, daß der von dem Kesselüberhitzer kommende, möglichst hoch überhitzte Frischdampf einen Teil seiner Überhitzungswärme an den feuchten Zwischendampf in einem geeigneten Oberflächenwärmeaustauscher abgibt, um diesen zu überhitzen.

Bei dieser Art der Zwischendampfüberhitzung würde es als ein Vorteil anzusehen sein, daß die überschüssige Überhitzungswärme, welche in der Kraftmaschine bei den heutigen Werkstoffen nicht verwendet werden kann, nutzbar gemacht wird. Kann der Arbeitsfrischdampf beispielsweise im Kesselüberhitzer auf 400—420° überhitzt werden, während der Kraftmaschine nur Dampf von 350° zugeführt werden darf, so steht ein nutzbares Temperaturgefälle von 70° für die Zwischenüberhitzung zur Verfügung[1]).

[1]) Es ist bekannt, daß zur Vermeidung von Schädigungen von Kraftmaschinen durch zu hoch überhitzten Arbeitsdampf, zu reichlich bemessene Kesselüberhitzer sofort verkleinert werden müssen. Bei größeren Belastungen und bei Verwendung anderer Brennstoffe stellt es sich dann oft später heraus, daß die verkleinerten Überhitzer nunmehr wieder zu klein sind und die gewünschte Tem-

Die vorbetrachtete Art der Zwischendampfüberhitzung läßt sich aber nun nicht lediglich durch Entziehung eines Teiles der Überhitzungswärme des vom Überhitzer kommenden Frischdampfes durchführen. Es ist vielmehr notwendig, kondensierenden Frischdampf in einer vorgeschalteten Stufe zur Erhitzung des Zwischendampfes mit heranzuziehen. Man

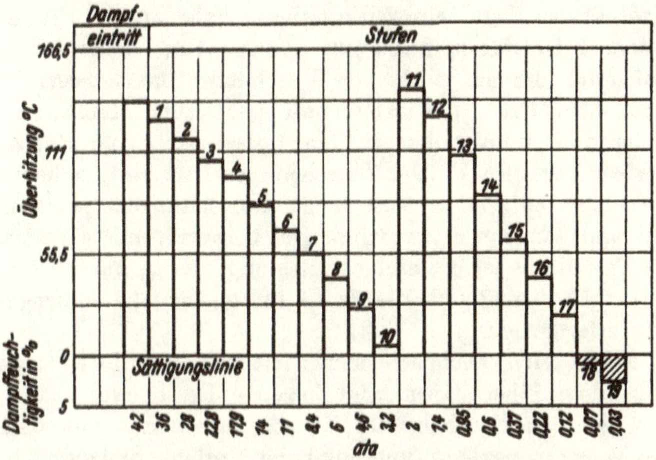

Abb. 145. Zwischenüberhitzung mit Frischdampf ergibt bei geringerem Druck des Niederdruckdampfes dasselbe wie Abb. 144.

kommt auf diese Weise zu einer zweistufigen Bauart des Zwischendampfüberhitzers, bei welchem der Zwischendampf zunächst in einem Vorüberhitzer mittels eines abgezweigten Teilstromes kondensierenden Frischdampfes getrocknet und mäßig überhitzt wird, um dann in dem Nachüberhitzer durch Entziehung von überschüssiger Überhitzungswärme aus dem gesamten Frischdampfstrom auf die zweckmäßige Temperatur von 200—270° gebracht zu werden.

Diese Art der zweistufigen Zwischendampfüberhitzung ist durch das Patent Langen der Firma Hugo Szomatolski, Berlin, geschützt. Dieser Fall ist aber nur bei besonderen thermischen Verhältnissen der Dampfkraftanlage wirtschaftlich.

---

peratur nicht mehr erreicht werdeu kann. Die oben beschriebene Art der Zwischendampfüberhitzung umgeht diesen Nachteil.

Zumeist wird man die Zwischendampfüberhitzung lediglich mit kondensierendem Frischdampf vornehmen[1]). Hierzu ist nur ein verhältnismäßig geringer Betrag an Frischdampf erforderlich. Mit 1000 kg Frischdampf können ungefähr 20000 kg Niederdruckdampf um 100° C überhitzt werden, so daß nur 5 vH des in der Turbine gebrauchten Dampfes zur Überhitzung erforderlich sind. Wird der Zwischenüberhitzer gut isoliert, so liegt sein Wirkungsgrad nahe an 100 v H, da alle dem Frischdampf entzogene Wärme vom Niederdruckdampf aufgenommen wird. Der Frischdampf kondensiert im Zwischenüberhitzer, das Kondensat geht zum Heißwassersammler oder unmittelbar in den Kessel bzw. zum Speisewasserbehälter zurück. Der Zwischenüberhitzer wird nahe an der Turbine aufgestellt, um lange Rohrleitungen zwischen Kessel und Turbine einzusparen. Der hervorragendste Vorteil dieses Verfahrens ist die einfache Reglung. Es ist nur ein einziges, verhältnismäßig kleines Ventil für die Frischdampfregulierung erforderlich.

Der Vergleich rauchgasbeheizter mit frischdampfbeheitzten Zwischendampfüberhitzern zeigt folgende Ergebnisse:

Ist ein rauchgasbeheizter Zwischenüberhitzer mit dem Kessel zusammengebaut und muß die Turbine plötzlich abgestellt werden, so werden die Rohre des Zwischenüberhitzers durch die Rauchgase und die im Mauerwerk aufgespeicherte Wärme gefährdet. Die höchste Temperatur dagegen, die im dampfbeheizten Zwischenüberhitzer auftritt, ist die des überhitzten Frischdampfes. Diese kann bei einem plötzlichen Unterbrechen des Niederdruckdampfes keinen nachteiligen Einfluß auf die Rohre des Zwischenüberhitzers ausüben.

Bei einem rauchgasbeheizten, im Kessel eingebauten Zwischendampfüberhitzer ist eine beträchtliche Menge Niederdruckdampf in den Rohrleitungen von und zum Zwischenüberhitzer und in diesem selbst enthalten. Wird nun aus irgendeinem Grunde die Belastung der Turbine plötzlich geringer und ihr Regelventil geschlossen, so genügt dieser Niederdruckdampf, um das Durchgehen der Turbine zu verursachen,

---

[1]) Näheres über den Samatolski-Zwischendampfüberhitzer s. Verf. Abwärmetechnik Bd. I, S. 175—178, 1928. Verlag von R. Oldenbourg, München-Berlin.

wenn nicht Niederdruckregler und selbsttätige Ventile vorgesehen sind, welche der Anlage die Einfachheit nehmen. Bei einem Frischdampfzwischenüberhitzer ist die Rohrleitungslänge kurz, und die Heizfläche kann in einem kleinen Raum untergebracht werden. Somit wird der Inhalt des Zwischenüberhitzers so klein, daß keine Gefahr für ein Durchgehen der Turbine besteht und besondere Regelvorrichtungen entfallen. Die Ventile zwischen Turbine und Zwischenüberhitzer können weggelassen werden. Sollte aus irgendeinem Grunde keine Zwischenüberhitzung gewünscht werden oder sollte die Hochdruckheizschlange im Zwischenüberhitzer undicht werden, so braucht nur das Frischdampfventil für diesen geschlossen zu werden.

Bei der baulichen Ausgestaltung des zuletzt besprochenen Frischdampf-Zwischendampf-Überhitzers ist nunmehr die Frage zu klären, wie das beheizende (kondensierender Frischdampf) und das beheizte (Zwischendampf) Medium geführt werden, d. h. ob der kondensierende Frischdampf oder der Zwischendampf durch die Rohre zu führen ist.

Ich stehe auf dem Standpunkt, daß nur der Zwischendampf durch die Rohre geführt werden darf. Strömt der kondensierende Frischdampf durch die Leitung, so wird die Rohrwandung sehr schnell von einer Wasserhaut überzogen und zuletzt sogar der ganze Rohrquerschnitt mit Kondenswasser ausgefüllt. Von 1 mm Dicke der Kondenswasserschicht ab findet nicht mehr ein Wärmeübergang von Dampf auf Wand, sondern nur noch von Wasser auf Wand statt, welcher wesentlich schlechter ist als der erste. Es spielen sich hier ähnliche Verhältnisse ab wie in dampfbeheizten, wasserdurchströmten U-Vorwärmern, bei welchen die Erfahrungen gelehrt haben, daß über zwei Drittel der gesamten Heizfläche für den Wärmeaustausch nicht in Frage kommen, und zwar zunächst einmal der gesamte rücklaufende Ast des U-Rohres, welcher vollständig mit Kondensat gefüllt ist, und zudem etwa die Hälfte des vorlaufenden Astes des U-Rohres[1]).

Ein Umstand, der bei der baulichen Ausgestaltung von Zwischendampf-Überhitzern sehr berücksichtigt werden muß,

[1]) S. Verf. »Die Abwärmetechnik« Band I, S. 107 u. f. Verlag R. Oldenbourg, München-Berlin 1928.

ist die möglichste Vermeidung eines Druckabfalles auf der Seite des Zwischendampfes, weil dieser einen absoluten Verlust darstellt. Es ist wichtig, daß der Zwischendampf möglichst wenig gewirbelt wird; er muß so geführt werden, daß seine Strömung möglichst laminar ist. Gleichmäßiger Strom mit gleichmäßiger Geschwindigkeit auf der Zwischendampfseite sind unbedingt zu fordern. Die Dampfgeschwindigkeit kann hierbei in den Grenzen von 10—40 m/s gehalten werden. Die Vermeidung eines großen Druckabfalles läßt aber nur eine Geschwindigkeit von 15—20 m/s als zulässig erscheinen.

Aber auch der kondensierende Frischdampf muß mit gleichförmiger Geschwindigkeit möglichst gleichmäßig über die Heizfläche hinweggeführt werden, und zwar in möglichst reinem Gegenstrom. Die möglichst reine Anwendung des Gegenstromprinzips mit möglichst gleichförmiger Geschwindigkeit der beiden Dampfströme setzt eine gute Führung, besonders des kondensierenden Frischdampfes, voraus.

Da sich nun die Anbringung von Leitflächen in Zwischendampfüberhitzern als nicht möglich erweist, wird man gezwungen sein, die Heizfläche in zwei möglichst langgehaltenen Mänteln unterzubringen mit möglichst geringem Querschnitt; man kommt also durch diese Überlegung auch bei der Verwendung von lediglich kondensierendem Frischdampf auf eine zweistufige Ausbildung des Apparates.

4. Die Speisewasservergütungsanlagen.[1])

a) Allgemeines.

Die Aufgaben, welche das Speisewasser im Speisewasser-Dampfkreislauf zu erfüllen hat, sind zu Beginn dieses Abschnittes eingehend an Hand von zwei Kreislaufdiagrammen für Normal- und Hochdruckanlagen erörtert worden.[2]) Es wurde gezeigt, daß das umlaufende Speisewasser drei Bedingungen zu erfüllen hat, nämlich zwei chemische und eine thermische.

---

[1]) Die im Rahmen der Kraftwirtschaft nur kurz gestreiften Konstruktionen und Verfahren auf dem Gebiete der Speisewasserpflege hat Verfasser ausführlich in seinem Werke: »Die neuzeitliche Speisewasseraufbereitung« 1929, Verlag von Otto Spamer, Leipzig, behandelt.

[2]) S. Abb. 54 und 55, Seite 123 bzw. 125.

Das Wasser muß stein- und gasfrei sein und möglichst hoch vorgewärmt der Kesselanlage zugeführt werden. In diesem Abschnitt stehen die beiden chemischen Bedingungen der Aufrechterhaltung der Stein- und Gasfreiheit des Speisewassers zur Besprechung:

Ist der Speisewasser-Dampfkreislauf geschlossen, d. h. wird der Dampf, welcher in der Kraftmaschine gearbeitet hat, in einem nachgeschalteten Kondensator völlig niedergeschlagen, so ist das im Kondensator zurückgewonnene Dampfkondensat an sich stein- und gasfrei und erfüllt somit die aufgestellten Bedingungen. Wäre die Dampfkraftanlage verlustlos, so würde das zwischen Kessel, Kraftmaschine, Kondensator und Kessel umlaufende Kondensat der Menge nach in jedem Augenblick zur Kesselspeisung genügen. In diesem Falle brauchte nicht für eine Deckung eintretender Verluste durch aufbereitetes Speisewasser gesorgt zu werden. In Wirklichkeit treten nun Verluste auf. Ist der Speisewasser-Dampfkreislauf geschlossen, wie es stets bei Großkraftwerken der Fall ist, so können diese Verluste auf 2—5 vH der umlaufenden Speisewassermenge begrenzt werden. Ist der Kreislauf nicht geschlossen, d. h. handelt es sich um ein Industriekraftwerk mit angeschlossener Abdampfverwertung, so können die Verluste, bedingt durch die Art des nachgeschalteten Betriebes, zwischen 5—100 vH schwanken. 100 vH betragen sie in dem Falle, wo das gesamte Kondensat nicht mehr zum Kessel zurückgeführt wird.

Dieser kennzeichnende Unterschied im Speisewasserdampfkreislauf zwischen Großkraft- und Industriekraftwerken erfordert auch verschiedene Mittel und Maßnahmen zur Bereitstellung des zur Deckung der Verluste dienenden Zusatzwassers. Selbstverständlich ist dabei, daß dieses Zusatzwasser die gleichen Bedingungen wie das Dampfkondensat zu erfüllen hat, d. h. es muß stein- und gasfrei vergütet werden.

Für Großkraftwerke mit ihren verhältnismäßig geringen Kondensatverlusten kommen heute nur noch Destillatoren in Frage. Für Industriekraftwerke wird sich die Vergütungsanlage nach der Größe der Verluste richten. Sind die Verluste gering — liegen sie in Grenzen wie bei Großkraftwerken —, so wird man auch hier zweckmäßigerweise Destillatoren verwenden. Sind dagegen die Verluste größer, so wird es sich lohnen, chemische Verfahren anzuwenden (wie das Permutitverfahren oder das neuerdings wieder in Aufnahme gekommene Kalk-Soda-Verfahren) oder aber man wendet sich dem thermisch-chemischen Verfahren zu. Es gibt allerdings Ausnahmefälle, wo es durch eine günstige Gestaltung des Wärmekreislaufes möglich ist, selbst 60—70 vH der umlaufenden Speisewassermenge durch Destillat zu ersetzen. Es handelt sich dann zumeist um Abdampf- bzw. Abhitzeverdampfer, welche anfallende Abwärmequellen zur Bereitung hochwertigen Destillates ausnutzen. Die einzelnen Vergütungsanlagen hat Verfasser an anderer Stelle ausführlich beschrieben, es kann sich hier lediglich darum handeln, die in Betracht kommenden Verfahren im Gesamtaufbau eines Kraftwerkes zu betrachten[1]).

b) Die Speisewasseraufbereitung bei Großkraftwerken.

Für Großkraftwerke kommen heute fast durchweg Hochdruckverdampfer in Ausführung als Mehrkörperverdampfer in Frage. Bei solchen mehrstufigen Hochdruckverdampfern wird die erste Stufe mit Frischdampf, Anzapfdampf oder mit dem Abdampf von Gegendruckmaschinen beheizt. Diese Mehrkörperverdampfer eignen sich besonders für die Einfügung in den Dampfkreislauf von Höchstdruckanlagen, deren Turbinen den Betriebsdampf für den Verdampfungsprozeß nach vorheriger Arbeitsleistung mit geeigneter Spannung abgeben.

Bei Aufteilung der Leistung in eine mehr oder weniger große Anzahl Verdampferstufen läßt sich der Dampfverbrauch so niedrig halten, daß auch bei weitgehender Stufenvorwärmung des Speisewassers die Abwärme aus dem letzten Verdampfer von dem Turbinenkondensat aufgenommen werden kann, so daß bei dieser Bauart lediglich Wärmeverluste durch Strahlung und Laugenabfluß entstehen. Infolge des größeren Wärmegefälles, welches bei der Verwendung von Anzapfdampf gegebenenfalls auch von Abdampf aus den

[1]) S. Fußnote 1) Seite 284. Speisewasservergütungsanlagen zur Ausnützung von Abwärmequellen hat Verfasser in seinem Buche »Abwärmetechnik III«, Verlag R. Oldenbourg, München-Berlin 1928, beschrieben.

Speise- und Hilfspumpen verfügbar gemacht werden kann, besonders dann, wenn die Restbrüdenkondensation im Vakuum erfolgt, erhalten die einzelnen Verdampfer kleinere Abmessungen als die Verdampfer mit Brüdenkompressor. Das erleichtert wesentlich das Herausfahren der Heizkörper für die Reinigung. Die Verdampferbauart ist an sich dieselbe wie bei dem Niederdruckverdampfer mit Brüdenkompressor. Die Kondensation des Heizdampfes erfolgt innerhalb der Rohre. Die Außenflächen sind nach der Herausnahme des Heizelementes ohne weiteres für die Reinigung zugänglich. Mit besonderer Sorgfalt müssen die Einbauten für die Wasserabscheidung durchgebildet werden. Sie sind bei vielen Wasserarten ein sehr wichtiger Bestandteil des Verdampfers, weil ohne sie ein einwandfreies Destillat infolge Mitreißens von Rohwasser aus dem Kochraume nicht erzielt werden kann.

Der Betrieb kann in der Weise erfolgen, daß dem ersten Verdampfer Entnahmedampf der Hauptturbine oder der Auspuffdampf der Hilfsturbine zugeführt wird. Hier kondensiert er unter gleichzeitiger Entwicklung von neuen Brüden niedrigerer Spannung aus dem Rohwasser. Diese Brüdendämpfe dienen als Heizdampf für den zweiten Verdampfer. In diesem und in folgenden Apparaten geht der gleiche Vorgang vor sich, bis zuletzt der in der letzten Stufe entwickelte Brüden (niedrigster Spannung) in einem Oberflächenkondensator niedergeschlagen wird, für welchen aus wärmewirtschaftlichen Gründen zweckmäßig das Kondensat der Hauptturbine als Kühlwasser verwendet wird.

Abb. 146 veranschaulicht die Wirkungsweise einer zweistufigen Atlas-Verdampferanlage[1]). Die in dieser Abbildung schematisch dargestellte Anlage arbeitet in der Weise, daß das Rohwasser vor dem Eintritt in den Verdampfer f_1 durch einen Mischvorwärmer *b* und ein Filter *e* hindurchgeht. In dem Mischvorwärmer wird es durch den Brüdendampf des Verdampfers bei wiederholtem Umlauf bis zur Entgasungstemperatur vorgewärmt, wobei Sauerstoff und Kohlensäure ausgeschieden und die an Kohlensäure gebundenen Karbo-

[1]) Siehe auch »Die thermische Speisewasseraufbereitung« von Blaum (Bremen), »Zeitschrift des Vereins deutscher Ingenieure« 1927, Nr. 9, S. 285 u. f.

nate zum Teil ausgefällt werden. In dem nachgeschalteten Filter werden die ausgefällten Stoffe zurückgehalten. Das Wasser tritt bereits mit stark verminderter Härte in den zweistufigen Verdampfer ein; hier wird es bei möglichst niedriger Spannung verdampft. Die Brüden werden dem Mischvorwärmer und Entgaser *k*, durch den das ganze Kondensat fließt, zugeführt und erwärmen das Kondensat. Damit die Entgasung möglichst hoch getrieben wird, wird im Entlüfter ein der Mischtemperatur entsprechender Unterdruck durch Wasserstrahl-Luftpumpen hergestellt. Vom Mischvorwärmer *k* muß das Speisewasser unmittelbar den Kesselspeisepumpen zufließen und darf nicht wieder Gelegenheit haben, mit Sauerstoff in Berührung zu kommen. Der vor den Mischvorwärmer geschaltete Speisewasserbehälter *h* dient dazu, Ungleichheiten im Wasserverbrauch auszugleichen. Ein besonderer Gasschutz ist hierbei überflüssig, da alles Wasser durch den Entgaser fließt, bevor-

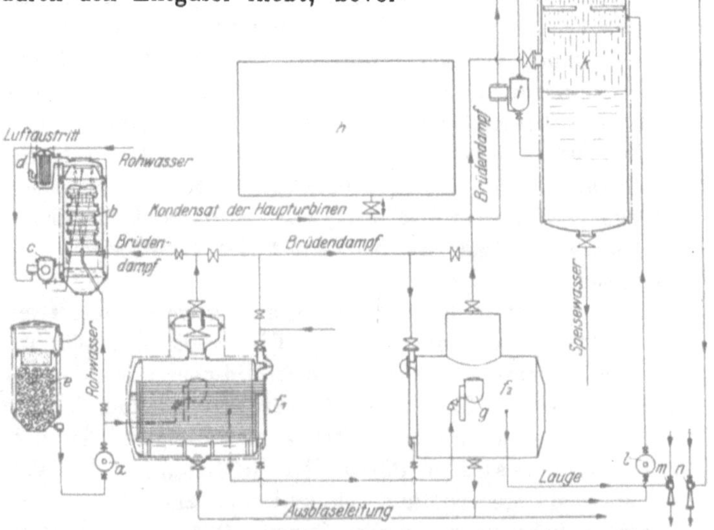

Abb. 146. Darstellung der Wirkungsweise einer zweistufigen Atlas-Verdampferanlage.

a Speisewasser für den Verdampfer; *b* Mischvorwärmer und Entgaser I für Rohwasser; *c* Regler I; *d* Schwadenkühler; *e* Filter; f_1 Verdampfer I; f_2 Verdampfer II; *g* Wasserstandsregler; *h* Speisewasserbehälter; *i* Regler II; *k* Mischvorwärmer und Entgaser II für Speisewasser; *l* Förderpumpe für das Kondensat; *m* Laugenejektor; *n* Wasserstrahl-Luftpumpe für den Mischvorwärmer II.

es in die Speisepumpen kommt. Die Wärmemenge, die das Kondensat im Mischvorwärmer aufnehmen kann, hängt von dem Verhältnis der Menge des Zusatzwassers ab. Je geringer diese ist und je höher die Temperatur, mit der das Speisewasser dem Kessel zufließt, gewählt werden kann, um so günstiger ist die Anlage in wärmewirtschaftlicher Hinsicht.

Abb. 147. Großverdampferanlage Bauart „Schmidt-Söhne" für das Kraftwerk Hamburg-Neuhof. (Lageplan s. Abb. 148.)

Die Menge des Brüdendampfes hängt davon ab, ob ein- oder mehrstufig verdampft wird. Hiernach richten sich naturgemäß auch die Beschaffungskosten.

Abb. 147 und Abb. 148 zeigen eine Anlage von Schmidt-Söhne, Hamburg, für das Großkraftwerk Neuhof, und zwar bringt Abb. 147 die photographische Wiedergabe und Abb. 148 den Lageplan dieser Großverdampferanlage für eine Destillatleistung von 20000 kg/h. Abb. 149 zeigt den Wärmekreislauf und Abb. 150 das Schema für die Betriebsführung der Verdampfer und Vorwärmeranlage für das Elektrizitätswerk Schatura. Die Anlage wurde von der Firma Zimmermann & Co., Ludwigshafen, gebaut.

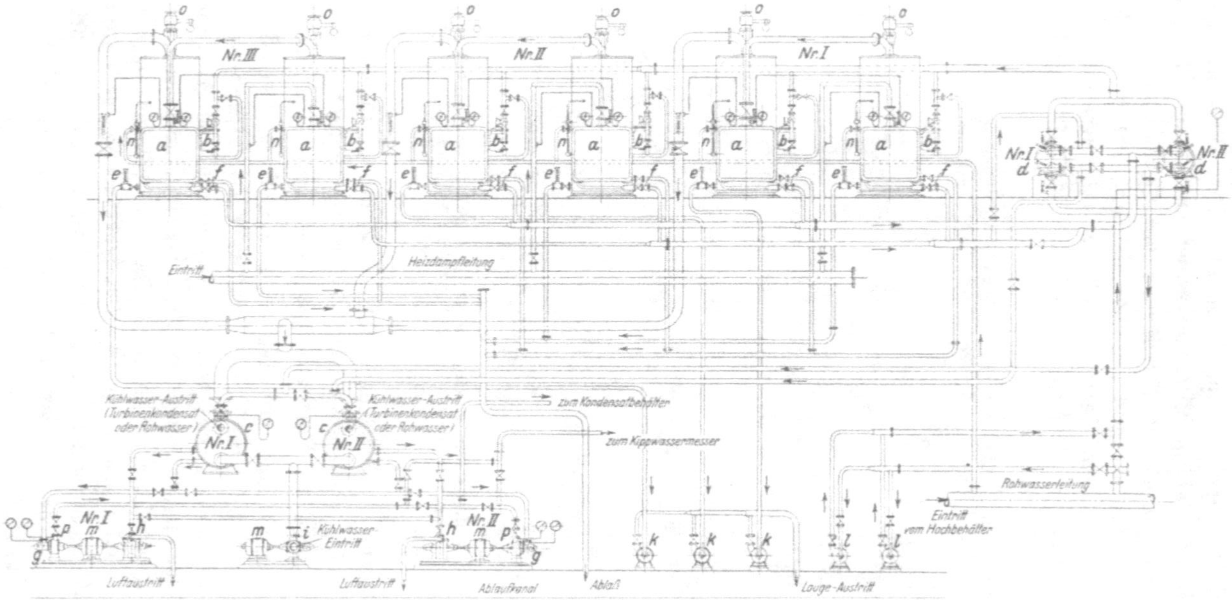

Abb. 148. Lageplan der Großverdampferanlage Abb. 147 für eine Destillatleistung von 20000 kg/h.

Die Unschädlichkeit gasfreien Turbinenkondensats und Destillats für die Kesselbleche ist durch Versuche und Betriebserfahrungen seit Jahren bewiesen. Es war der Irrtum einer noch nicht lange zurückliegenden Zeit anzunehmen, daß reines Dampfkondensat Eisen angreife und mit der Zeit zerstöre. Chemisch reines Wasser wirkt auf Eisen nicht angreifend, aber nur unter der Bedingung, daß es keine aggressiven Gase gelöst enthält.

Atmosphärische Gase werden von Dampfkondensat bis zur Lösungsgrenze begierig aufgenommen. Es kann deshalb nicht genug davor gewarnt werden, Turbinenkondensat oder Verdampferdestillat der Berührung mit atmosphärischer Luft an irgend einer Stelle beim Rückfluß zum Kessel auszusetzen. Zuletzt sei noch kurz darauf hingewiesen, daß die zeitweilige Reinigung der Verdampfer-Heizflächen von Carbonaten zwecks Hochhaltung der Destillatleistung in einwandfreier Weise nach dem Verfahren der Groeck-Wasserveredlung-Berlin in 2—3 Stunden je nach Größe und Verschmutzung der Heizfläche ohne Öffnung des Verdampfers durchgeführt werden kann.

Eine völlige Entgasung des Speisewassers ist zu erreichen, wenn das zu entgasende Wasser durch Wärmezufuhr oder durch Evakuierung auf Siedezustand gebracht wird (weil es in diesem Zustand gegenüber Gasen keinerlei Lösungsvermögen besitzt) oder wenn die zu entgasende Wassermenge in Tropfen zerlegt und diese beim Eintritt in einen luftleeren Raum infolge des inneren Überdruckes zerschellt werden. Der Siedezustand muß bei allen im Betriebe auftretenden Schwankungen — in bezug auf Menge und Temperatur des zu entgasenden Wassers auf den Gehalt desselben an gelösten Gasen und bezüglich des Zustandes des Heizdampfes — aufrechterhalten werden.

Bei der kalten Entgasung des Wassers ist der Entgasungsvorgang dem des im Siedezustande bewirkten ähnlich. Das zu entgasende Wasser wird in fein zerstäubtem Zustande in ein hohes Vakuum eingeführt. Durch die wesentlich höhere Spannung im Innern der Wassertropfen gegenüber dem im Entgaser herrschenden Unterdruck zerplatzen die Tropfen, und die Gasabscheidung ist um so kräftiger, je kleiner der Tropfen und je höher der Spannungsunterschied zwischen Außenhaut und Tropfenkern ist; jedoch muß betont werden, daß dieses Verfahren nur für leicht zu entgasende Wässer in Betracht kommt. Als Zerstäuberdüsen sind die Schlickdüsen zu erwähnen, in welchen das Wasser durch eigenartig geformte Treib-

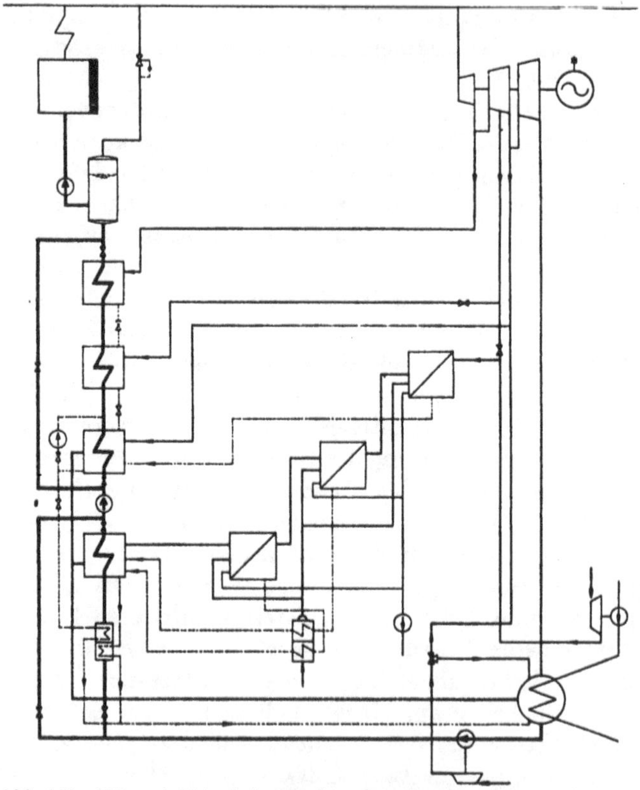

Abb. 149. Wärmekreislauf der Verdampferanlage des EW. „Schatura". S. a. Abb. 150. ◪ = Verdampfer.

kanäle in festen oder beweglichen Einsätzen in Rotation versetzt wird, wobei sich die Druckenergie recht vollkommen in Bewegungsenergie umsetzt.

Abb. 151 zeigt eine Entgasungsanlage der Firma Balcke in Bochum, welche nach dem warmen Verfahren arbeitet. Das Rohwasser tritt durch einen Wasserstandsregler in den Entgaser ein und durchfließt während seines Durchlaufes werkes Schatura.

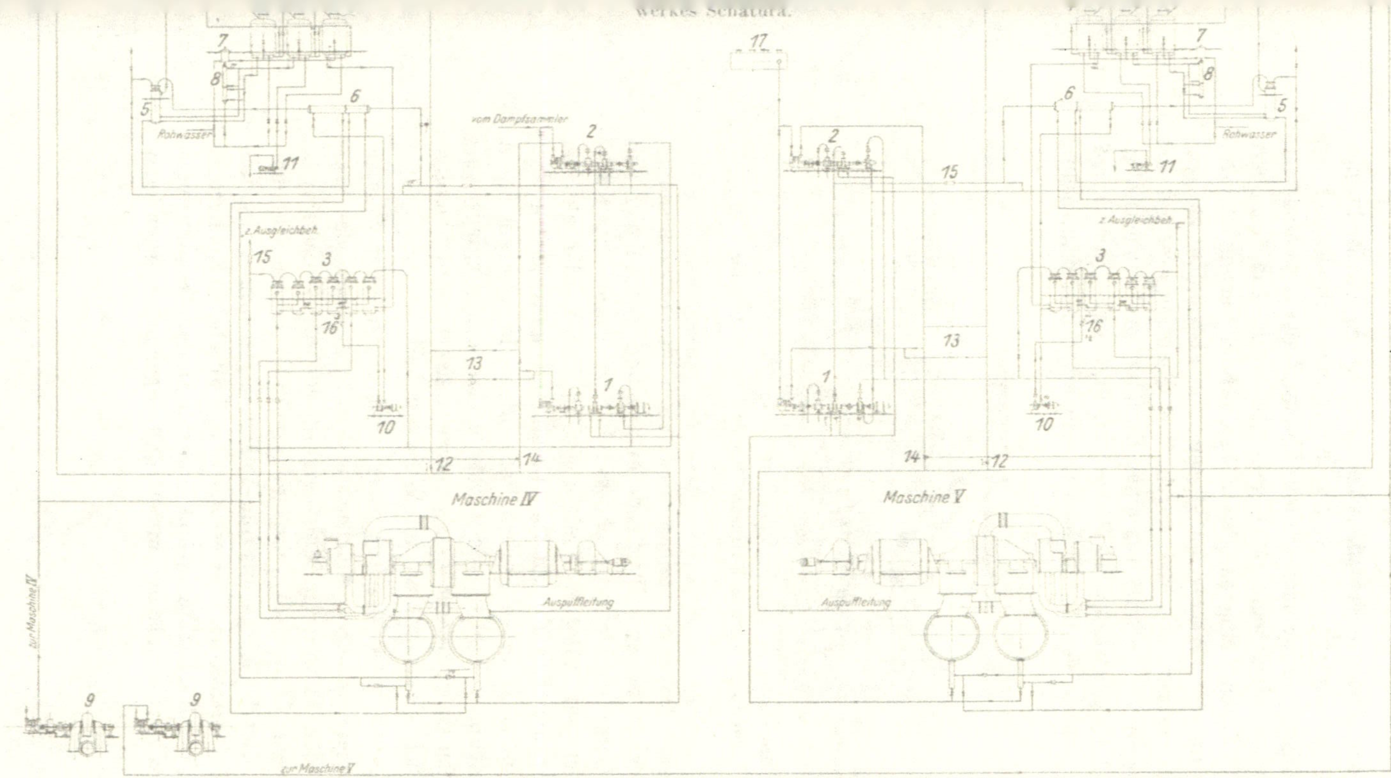

1 Strahl- und Kondensatpumpen, *2* Reservepumpen, *3* Vorwärmer, *4* Verdampfer, *5* Brüdenkondensator, *6* Kondensatkühler, *7* Entlüfter, *8* Rohwasservorwärmer, *9* Kühlwasserpumpe, *10* Heißdampf-Kondensatpumpe, *11* Laugepumpe, *12* Hauptauspuffventil, *13* Auspuffventil, *14* Dreiwegventil, *15* Wassermesser, *16* Woltmann-Wassermesser, *17* Dampfsammler.

durch den Kessel verschiedene Zellen, wobei es zum Richtungswechsel genötigt ist. In der ersten Kammer befindet sich das Heizelement, in welchem durch Abdampf das zu entgasende Wasser auf Siedetemperatur gebracht wird. Die Kammern werden durch eingehängte Scheidewände erzeugt. Während nun das Wasser an diesen Scheidewänden entlangstreicht, setzen sich die durch den Richtungswechsel des Wassers beim Übertritt aus einer Kammer in die nächste gebildeten Gasblasen an die Platten an und wirken hier korrodierend, indem sie ihren Gehalt an Sauerstoff und Kohlensäure

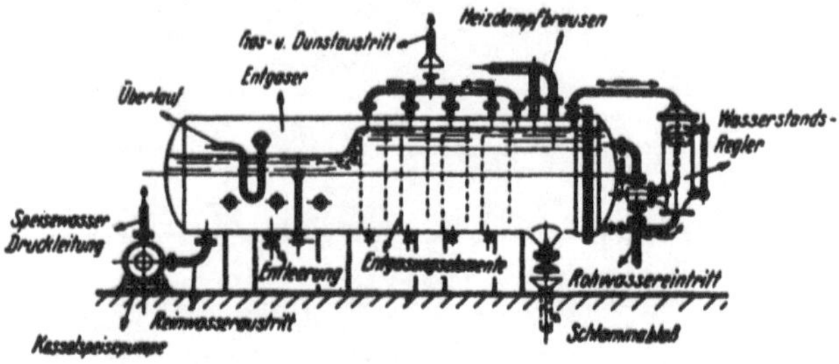

Abb. 151. Warmer Entgaser. Bauart „Balcke-Bochum“.

verlieren. Teilweise steigen aber auch die schwimmenden Gasbläschen bis zur Oberfläche empor und werden hier von einer Dampfstrahlpumpe abgesaugt oder durch die Kochschwaden selbsttätig ins Freie abgeleitet. Es werden also die sonst an den Kessel- und Rohrwandungen auftretenden Gaszerstörungen in einen Vorbehälter verlegt, in welchem durch zweckmäßigen Einbau die sonst in der Dampfanlage auftretenden Gaszerfressungen zwangsweise herbeigeführt werden. Das Übel wird somit an der Wurzel gefaßt.

Das Ersaufen des Entgasers wird durch einen Wasserstandsregler verhütet, welcher die Eintrittsmengen des Wassers in den Entgaser in Abhängigkeit von der Wasserstandshöhe regelt. Unter dem Heizelement befindet sich ein Schlammablaß. Bei der Entgasung findet nämlich gleichzeitig eine teilweise Enthärtung des Wassers statt, weil durch den Kochprozeß ein Teil der Karbonate ausfällt und sich in den Trichter unterhalb des Kochraumes ansammelt und abgelassen werden kann.

Mit der einmaligen Entgasung des Zusatzwassers ist es nun nicht getan, es muß vielmehr sorgsam darüber gewacht werden, daß die Gasfreiheit des im Kondensator gewonnenen Kondensates und des im Destillator bereiteten Zusatzwassers bis zum Eintritt in den Kessel gewahrt bleibt. Diese Gasfreiheit kann auf verschiedene Weise erreicht werden: Entweder wird der Speisewasserbehälter durch geeignete Maßnahmen vor Eintritt atmosphärischer Luft geschützt, oder das gesamte umlaufende Speisewasser wird vor Eintritt in die Kesselanlage in einem Großentgaser im Siedezustand entgast. Die Vertreter dieser Richtung heben besonders hervor, daß die vielfach verbreitete Ansicht, es genüge eine Entgasung nur des Zusatzwassers, sich in der Praxis als falsch erwiesen hat, da bekanntlich Kondensat infolge seiner Salzarmut außergewöhnlich schnell Gase aus der Luft aufnimmt. In den Fällen, wo nur das Zusatzwasser entgast und mit dem Kondensat in sog. Gasschutzspeichern gesammelt wird, erfolgt in diesen stets eine mehr oder weniger große Gasaufnahme, so daß in dem Speisewasser hinter dem Gasschutzbehälter zuweilen Sauerstoffgehalte von 3—4 mg/l festgestellt wurden, trotzdem das Kondensat in der Kondensatdruckleitung und das Zusatzwasser nur etwa 0,3—0,5 mg/l Sauerstoff besaßen.

Den ersten Weg beschreitet die Firma Balcke, Bochum; den zweiten Weg die Atlas-Werke, Bremen; Schmidt-Söhne, Hamburg; und die Permutit A.-G., Berlin.

Bei dem Gasschutzverfahren der Firma Balcke, Bochum; wird das im Kondensator gewonnene Dampfkondensat durch eine baulich vereinigte Kondensat- und Kesselspeisepumpe wieder der Dampfkesselanlage zugedrückt. Auf eine entsprechende Druckstufe der Pumpe arbeitet ein unter Gasschutz stehender Speisewasserbehälter, welchem die Aufgabe des Ausgleiches von Schwankungen im Speisewasserbedarf der Kesselanlage und Kondensatanlieferung vom Kondensator zufällt. Leistet der Kondensator augenblicklich weniger, als die Kesselanlage benötigt, so wird die fehlende Menge aus dem unter »Gasverschluß« stehenden Speisewasserbehälter entnommen. Im umgekehrten Falle sammelt sich das überschüssige Kondensat im Gasschutzbehälter. Auf diese Weise bleibt sowohl das Kondensat als auch das Zusatzwasser vollkommen von der Luft abgeschlossen, zumal es gleich hinter der Pumpe schon unter hohem Drucke steht.

Der Gasschutz im Speisewasserbehälter kann durch ein Dampfpolster erzielt werden, das über der Oberfläche des Speisewassers liegt und den Eintritt von atmosphärischen Gasen verhindert. Sollte durch Fallen des Wasserspiegels im Behälter die Expansion des Dampfpolsters so weit fortschreiten, daß Unterdruck entsteht, so wird durch ein Einlaßventil Luft eingelassen, welche aber vorher durch ein Hollesches Oxydationsfilter von Sauerstoff und Kohlensäure derart befreit wird, daß nur Stickstoff in den Behälter eintreten kann. Beim Steigen des Wassers erfolgt ein selbsttätiges Ablassen der Schutzgase durch ein Sicherheitsventil.

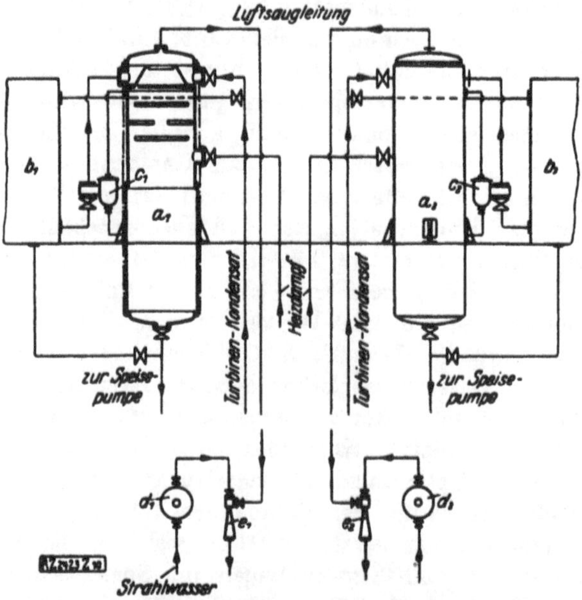

$a_1 a_2$ Mischvorwärmer und Entgaser; $b_1 b_2$ Speisewasserbehälter; $c_1 c_2$ Regler für Zusatzwasser; $d_1 d_2$ Strahlwasserpumpe: $e_1 e_2$ Wasserstrahl-Luftpumpe.

Abb. 152. Entgasungsanlage. Bauart Atlas Werke, Dr.-Ing. P. H. Müller; Leistung 2 × 150 t/h.

Der Heizdampf wird beim Permutit-Verfahren in den Entgaser eingeleitet. Das Wasser tritt aus dem Speisewasserbehälter über einen Wärmeaustauscher in den Entgaser und rieselt hierin nach abwärts. Dem Wasser entgegen wird (ähnlich wie in einem Gegenstrom-Einspritzkondensator) Heizdampf in solcher Menge zugeführt, daß das Wasser in Siedezustand versetzt wird und noch ein Dampfüberschuß verbleibt, welcher durch eine Brüdendampfleitung nach dem Vorwärmer geführt wird, wo er das Wasser bis nahe an die Siedetemperatur vorwärmt.

Das entgaste Wasser sammelt sich im Unterteil des Entgasers und fließt von dort der Speisepumpe zu, durch die es in dem Zustande der Gasfreiheit — welche durch den Siedezustand gewährleistet ist — auch in den Kessel gefördert wird, ohne Gelegenheit zu haben, mit der Luft nochmals in Berührung zu kommen und Gase hieraus aufnehmen zu können. Der Wasserzulauf steht unter dem Einfluß eines Regelventils. Die Zuführung des Dampfes wird durch einen Temperaturregler gesteuert.

Auf der gleichen Arbeitsweise beruht der Atlasentgaser. Das gashaltige Wasser wird in vorgewärmtem Zustande in einer entsprechenden Luftleere (s. Abb. 152) fein verteilt gerieselt. Der ausfallende Kalkschlamm wird durch ein Koksfilter abgefangen. Die Luft wird durch eine von dem unentgasten Rohwasser betriebene Strahlpumpe abgesaugt. Die abgeführte Luft scheidet sich vor dem Eintritt des Strahlwassers in einem Entlüftungsbehälter ab.

Bei dem Entgaser der Firma Schmidt-Söhne, Hamburg, läuft das zu entgasende Wasser über Kaskaden und rieselt alsdann über eine mit Absätzen versehene, in Form einer Raumkurve gebogenen Fläche, während ihm Dampf von unten im Gegenstrom entgegengeführt wird. Durch die Kaskaden und durch die treppenförmig ausgebildete Rieselfläche wird das zu entgasende Wasser in feinste Tropfenform aufgelöst; eine Bedingung, welche für die Erzielung einer guten Entgasungswirkung unbedingt erfüllt werden muß. Das entgaste Wasser sammelt sich im unteren Teil und wird von dort aus dem Speisewasserbehälter zugeführt.

c) Die Speisewasseraufbereitung bei Industriekraftwerken.

Einleitend war auf S. 285 dargelegt worden, daß in der Industrie wesentlich größere Verluste an Kondensat je nach der Art der Produktion und der konstruktiven Ausgestaltung der der Kraftanlage nachgeschalteten Abwärmeverwerter für Heizdampf in Kauf genommen werden müssen als bei Großkraftwerken, wo man es allgemein mit einem in sich geschlossenen Speisewasser-Dampf-Kreislauf zu tun hat. Diese Verluste können zwischen 5—100 vH der umlaufenden Speisewassermenge betragen. Je größer die Verlustmenge ist, um so mehr Aussicht haben die chemischen Verfahren zur Aufbereitung des Speisewassers; jedoch kann der Fall bei gewissen Industriekraftwerken thermisch so günstig liegen, daß auch Destillatoren verwandt werden können. In Industriekraftwerken z. B. der Textil-, Papier- und Lederindustrie besteht häufig die Möglichkeit, den in den Verdampfern erzeugten Brüden zur Erwärmung von Fabrikationswarmwasser in einem Mischvorwärmer zu verwerten.

Abb. 153 zeigt z. B. eine Atlas-Verdampferanlage, bei welcher der der letzten Stufe nachgeschaltete Brüdenkondensator als Mischvorwärmer ausgebildet ist, in welchem gleichzeitig das gesamte Speisewasser entgast wird. Es fallen in

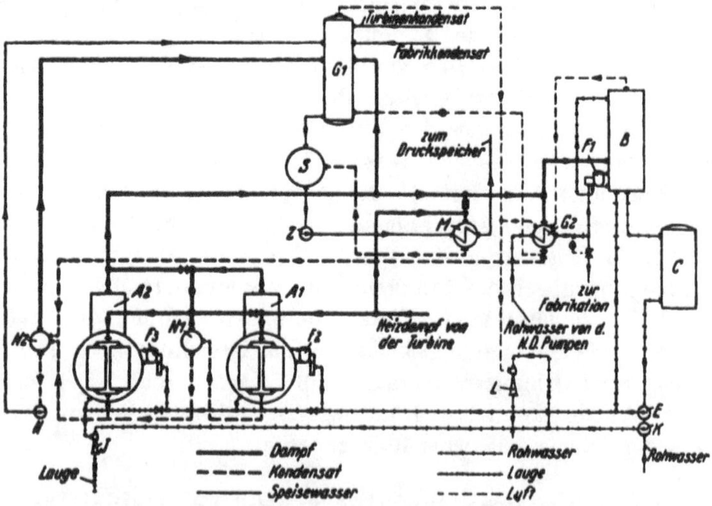

Abb. 153. Atlas-Verdampferanlage zur Erzeugung von 36 000 kg/h Destillat für ein Textilkraftwerk in Iwanowo Wosnessensk (s. a. Abb. 154). Zusatzwassererzeugung = 45 v H. der umlaufenden Speisewassermenge. A = Verdampfer, B = Rohw.-Vorwärmer, C = Filter, E = Verd.-Speisepumpe, F = Regler, G_1 = Mischvorwärmer, G_2 = Brüdenkondensator, H = Kondensatpumpe, J = Laugepumpe, K = Strahlwasserpumpe, L = Luftsauger, M = Speisew.-Vorwärmer, N = Ausgleichbehälter, S = Warmwasserbehälter, T = Thermostat, Z = Vorwärmerpumpe.

dem vorliegenden Beispiel rund 22 t verhältnismäßig warmes Fabrikkondensat aus den Heiz- und Kochanlagen und rund 48 t/h Turbinenkondensat an, die durch 36 t/h Zusatzdestillat zu ergänzen sind. Die Zusatzwassererzeugung beträgt also 45 vH vom anfallenden Kondensat. Trotzdem ist es möglich, diese große Zusatzwassermenge in einer zweistufigen und daher verhältnismäßig billigen Verdampferanlage aufzubereiten, da außer dem Speisewasser auch etwa 120 t/h Rohwasser für Fabrikationszwecke von 13 auf 60° C erwärmt werden sollen.

Die Anlage arbeitet im übrigen wie folgt:

Das Fabrikationswasser wie auch das Verdampferspeisewasser werden in dem Kondensator G_2 erwärmt. Das Verdampferspeisewasser tritt dann in die Rohwasservorreinigung ein, die aus dem Mischvorwärmer B und dem Filter C besteht. Aus diesem wird das aufbereitete Rohwasser in die hintereinandergeschalteten Verdampferstufen gespeist. Aus der letzten Stufe wird zur Begrenzung der Salzanreicherung eine bestimmte Rohwassermenge durch einen Ejektor J als Laugenabfluß abgezogen. Die Verdampferanlage wird durch gesteuerten Turbinenentnahmedampf beheizt. Die in der Anlage erzeugten Brüden werden zum Teil in einem Mischvorwärmer G_1 niedergeschlagen, dem auch das Heizdampfkondensat zugeführt wird und der gleichzeitig als Entgaser für das gesamte Speisewasser dient. Aus dem Mischvorwärmer läuft das Speisewasser durch einen Warmwasserbehälter einer Vorwärmerpumpe Z zu, die es nach weiterer Erwärmung in einen Oberflächenvorwärmer M in den der Kesselspeisepumpe vorgeschalteten Druckspeicher fördert.

Durch eine Thermosteuerung wird es erreicht, daß die im Mischvorwärmer G_1 nicht niederzuschlagenden Verdampferbrüden dem Kondensator G_2 zugeführt werden, welcher — wie bereits obenerwähnt — zur Erwärmung des Verdampferspeisewassers und des Fabrikationswarmwassers dient.

Trotz des hohen Zusatzwasserbedarfs arbeitet die Anlage, wie aus dem Wärmeflußbild (Abb. 154) hervorgeht, thermisch geschlossen, d. h. es treten Wärmeverluste nicht auf, wenn man von dem Laugenverlust und dem naturgemäß unvermeidlichen Leitungs- und Strahlungsverlust absieht.

Sehr häufig aber liegen die Fälle thermisch nicht so günstig, daß Verdampferanlagen für Industriekraftwerke wirtschaftlich erscheinen. Es treten dann an Stelle des Verdampferverfahrens entweder rein chemische oder thermisch-chemische Verfahren. Die rein chemischen Verfahren zerfallen in zwei Gruppen: in das Austauschverfahren, dessen vornehmster Vertreter das Permutitverfahren ist, und in die Fällungsverfahren,

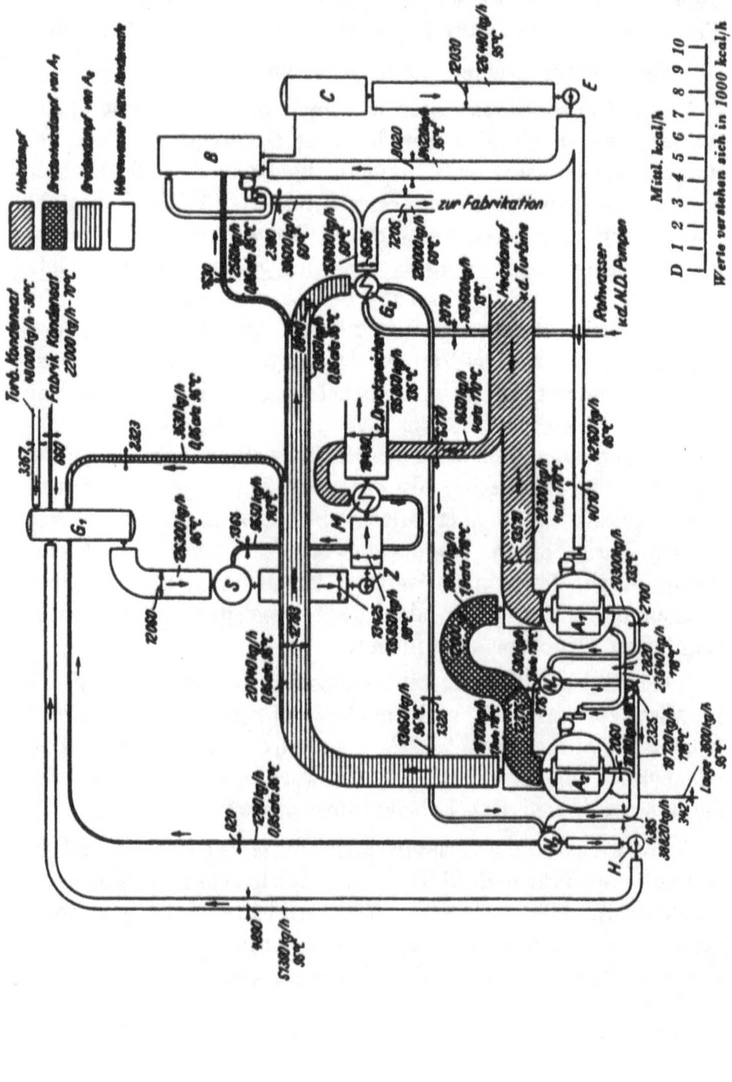

Abb. 154. Wärmekreislauf zu Abb. 153.

deren bekanntestes die Kalk-Soda-Reinigung ist. Es sei hier das Kalk-Soda-Verfahren als bekannt vorausgesetzt[1]).

Das Permutitverfahren bedient sich eines künstlich hergestellten Aluminiumsilikates, des sog. Permutits, welches durch Zusammenschmelzung von Feldspat, Kaolin, Ton, Sand und Soda mit nachfolgender Körnung und Auswaschung gewonnen wird.

Das Permutit ist ein blättriges, poröses und in Wasser unlösliches Material. Es besitzt die Eigenschaft, seinen Natriumgehalt beim Zusammenbringen mit dem zu vergütenden Rohwasser gegen die Kalk- und Magnesiumsalze dieses Wassers auszutauschen. Hierbei bilden sich unlösliches Kalk und Magnesiumpermutit, während die ursprünglich an Kalk und Magnesia gebundenen Säuren an Natrium gebunden und im gereinigten Wasser infolge ihrer hohen Löslichkeit gelöst bleiben.

Die Umsetzung bzw. der Austausch bei der Permutitreinigung erfolgt nach folgenden Formeln:

$$\text{I. } P - Na_2 + Ca(HCO_3)_2 = P - Ca + 2NaHCO_3$$
$$\text{II. } P - Na_2 + Mg(HCO_3)_2 = P - Mg + 2NaHCO_3$$
$$\text{III. } P - Na_2 + CaSo_4 = P - Ca + Na_2SO_4.$$

Es verbleiben somit im gereinigten Wasser ausschließlich die sehr leichtlöslichen Salze: Natriumbikarbonat, Natriumsulfat- und Natriumchlorid.

Der Austausch vollzieht sich in bestimmten, festliegenden Gewichtsverhältnissen. Er kann nur so lange erfolgen, bis das Natrium des Permutits durch Kalk oder Magnesia ersetzt ist.

Nach erfolgter Erschöpfung des Filters, d. h. sobald in dem abfließenden Wasser durch Ammonoxalat oder Seifenlösung wieder Härte nachzuweisen ist, muß das Permutit regeneriert werden.

Die Regeneration verläuft nach der Gleichung:

$$\text{I. } P - Ca + 2\,NaCl = P - Na_2 + CaCl_2$$
$$\text{II. } P - Mg + 2\,NaCl = P - Na_2 + MgCl_2.$$

Aus der Gleichung ist ersichtlich, daß für ein Molekül CaO zwei Moleküle NaCl erforderlich sind. Nun ist aber der Vor-

[1]) Näheres hierüber s. Werk des Verfassers »Die neuzeitliche Speisewasseraufbereitung«, 1929. Verlag von Otto Spamer, Leipzig.

gang dem Massenwirkungsgesetz unterworfen und da anderseits Kalk wesentlich leichter vom Permutit aufgenommen wird als Natrium, so folgt, daß für die Regeneration mehr Kochsalz erforderlich ist, als obiger Gleichung entspricht. Praktisch wird in den meisten Fällen zur Regeneration 4—5 mal soviel Salz, als obiger Gleichung entspricht, ausreichen.

Das ursprüngliche Permutitverfahren benötigte eine sehr lange Regenerationszeit. Man ging dazu über, das ursprüngliche Permutit durch ein neues zu ersetzen — welches mit Neopermutit bezeichnet wurde —, bei welchem der chemische Prozeß der Enthärtung und der Regeneration zwar grundsätzlich der gleiche ist wie bei dem alten Permutit, nur daß die Geschwindigkeit beim Neopermutit um das Vielfache gesteigert wurde. Das Neopermutit hat auch eine sehr schnelle Reaktionsfähigkeit bei der Enthärtung; es erlaubt eine Augenblickssteigerung der Belastung für kurze Zeit, ohne daß der Enthärtungseffekt beeinträchtigt wird. Die Regeneration eines Permutitfilters wird heute in einer halben bis einer Stunde (je nach Größe) durchgeführt, einschließlich der Rückspülung vor der Regeneration zur Auflockerung des Materials wie auch der Auswaschung der Salzlösung nach der Regeneration.

Das Filter wird nach 4—5 Betriebsstunden regeneriert. Nach beendigter Regeneration setzt wieder ein Enthärtungsbetrieb von 4—5 Stunden ein usf. Diese Aufeinanderfolge von Betrieb und Regeneration des Permutitfilters kann beliebig oft vorgenommen werden. Die schnelle Regenerierbarkeit des Neopermutits bringt eine erhebliche Verbilligung der Gesamtanlage durch Fortfall eines Reservefilters und durch den erheblich geringeren Bedarf an Regeneriersalz mit sich. Es entfallen auch die bei den alten Permutitfiltern erforderlichen verhältnismäßig großen Salzlösebehälter. An ihre Stelle tritt ein kleiner Salzlöser, dessen Größe etwa dem Volumen des aufzuwendenden Steinsalzes entspricht. Die Kosten der Regeneration können durch Verwendung salzhaltigen Spülwassers aus der letzten Regeneration weiter durch Ersparnisse an Salz und Spülwasser ermäßigt werden (Sparverfahren). Die Rückspülung wird mit dem salzhaltigen, aus der Nachspülung der letzten Regeneration stammenden und aufgespeicherten Nachspülwasser vorgenommen.

Das permutierte Wasser muß vor Eintritt in die Kesselanlage entgast werden, da sämtliche im Rohwasser enthaltenen atmosphärischen Gase in das Reinwasser übergehen. Die Entgasungsverfahren und u. a. auch der Permutitentgaser wurden auf S. 291 u. f. beschrieben.

Die sich bei dem Permutitverfahren bildende Soda gelangt in den Kessel und führt hier zur Spaltung unter Abscheidung freier Kohlensäure. Eine Anreicherung von Soda über die von der Vereinigung der Großkesselbesitzer empfohlene Natronzahl (d. i. 1,85 kg/m^3) hinaus muß also durch dauernden bzw. zeitweiligen Abfluß von Kesselwasser verhütet werden.

Ein wöchentliches Abblasen einer gewissen Laugenmenge wird auch bei Verwendung von permutiertem Wasser hinreichen, um etwaige Übelstände auszuschließen. Die Laugenmenge hängt dabei von der Beschaffenheit des Wassers, von der Kesselkonstruktion und von der Verdampfungsleistung des Kessels ab.

Über das Verhalten permutierten Wassers gegenüber der Kieselsäure ist folgendes zu sagen: Bekanntlich enthält jedes Rohwasser einen mehr oder weniger hohen Gehalt an Kieselsäure, und ebenso bekannt ist es, daß kein Wasserenthärtungsverfahren die Kieselsäure beseitigen kann; selbst bei Destillatoren kann ein kleiner Gehalt an SiO_2 bei falscher Konstruktion oder unsachgemäßer Wartung mit in das Destillat übergehen. Die Kieselsäure hat eine große Affinität zu Calzium und Magnesium. Sind diese im gereinigten Wasser vorhanden (Resthärte), so kann sich $CaSiO_2$ bzw. $MgSiO_2$ als wärmestauender Kesselstein oder Schlamm, besonders an den Stellen stärkster Verdampfungsleistung des Kessels, ablagern. Bei vollkommen auf 0^0 enthärtetem Wasser aber verbindet sich die Kieselsäure mit Natrium zu Na_2SiO_3, welches äußerst löslich ist und mit der Kessellauge abgeführt wird. In diesem Falle ist also die Kieselsäure vollkommen ungefährlich. Da bei Anwendung des Permutitverfahrens auf 0^0 enthärtet und dieser Enthärtungseffekt bei sorgfältiger Überwachung auch dauernd erzielt werden kann, so kann sich nur N_2SiO_2 bilden, welches bei den zulässigen Konzentrationen in Lösung verbleibt.

Bei dem Kalk-Soda-Verfahren werden die Karbonate durch Ätzkalk und die Sulfate durch Soda ausgefällt und in einen unlöslichen Kalkschaum und in lösliches Glaubersalz (Na_2SO_4) umgesetzt. Die Umsetzung der Härtebildner erfolgt aber sehr träge, sodaß zur Beschleunigung der Ausfällung mit etwa 15—30 vH Reagensüberschuß gearbeitet werden muß. Dieser Überschuß verbleibt unbeeinflußt im Kesselwasser und verursacht einen Alkaliüberschuß, welcher um so größer ist,

je härter das Rohwasser (besonders an Sulfathärte) ist,
je unvollkommener der Enthärtungseffekt und
je höher der Überschuß an Fällungsmitteln ist.

Mit steigender Rohwassertemperatur wird der Verbrauch an Fällungsmitteln zwar geringer, es besteht aber auch bei höheren Temperaturen ein gewisser Grenzzustand in Bezug auf die Menge der Reagensmittel.

Das Kalk-Soda-Verfahren ist unvollkommen. Da es nicht bis 0^0 enthärten kann, bildet die Resthärte mit der Kieselsäure stark wärmestauenden Kesselstein. Eine Entgasung des Wassers ist in jedem Falle vorzusehen.

Das Ziel — möglichst nur ein Fällungsmittel zu verwenden — strebt die Firma Balcke (Bochum) mit ihren thermisch-chemischen Verfahren unter Verwendung von Plattenkochern an. Rohwasser von mittlerer Härte, und zwar bei vorwiegender Karbonathärte, kann im Balcke-Plattenkocher sogar ohne Zusatz von Chemikalien, lediglich durch eine Kochung des Wassers unter Atmosphärendruck, von den Steinbildnern befreit werden. Zugleich werden durch die thermische Behandlung auch die im Rohwasser gelösten atmosphärischen Gase ausgetrieben und ins Freie abgeblasen. Dem Enthärtungseffekt läuft also ein wirksamer Entgasungseffekt parallel.

Hat das zu reinigende Rohwasser neben Karbonat- auch Sulfathärte, so wird Soda oder Natronlauge, stets aber nur **ein** Fällungsmittel zugesetzt, wobei ein Kalkzusatz grundsätzlich vermieden wird. Die Art des Zusatzmittels muß von Fall zu Fall, je nach der Wasserart, an Hand einer Wasseranalyse ermittelt werden.

Das Rohwasser wird mittels Heizdampf im vorderen Kocherteil plötzlich auf 100° C erhitzt und dann zwangläufig durch Plattenelemente geführt. Die Karbonate setzen sich als Stein an den Platten ab, während der Schlamm in Trichtern am Kocherboden gesammelt und abgelassen wird. Durch den Kochprozeß werden die im Rohwasser enthaltenen atmosphärischen Gase und die Kohlensäure in Form von Gasblasen ausgeschieden und durch einen Dunstabzug abgeführt. Die Temperatur wird durch das Dunstabzugventil eingestellt und zwangläufig durch Temperatur- und Druckregler eingehalten. Die Plattenelemente sind zu Bündeln vereinigt und leicht herausnehmbar. Infolge der elastisch gefaßten Plattenelemente springt der Stein durch Anklopfen leicht ab. Die Reinigung der Platten muß in Zeiträumen von 3—4 Monaten vorgenommen werden. Abb. 155 zeigt einen Balcke-Plattenkocher im Schnitt.

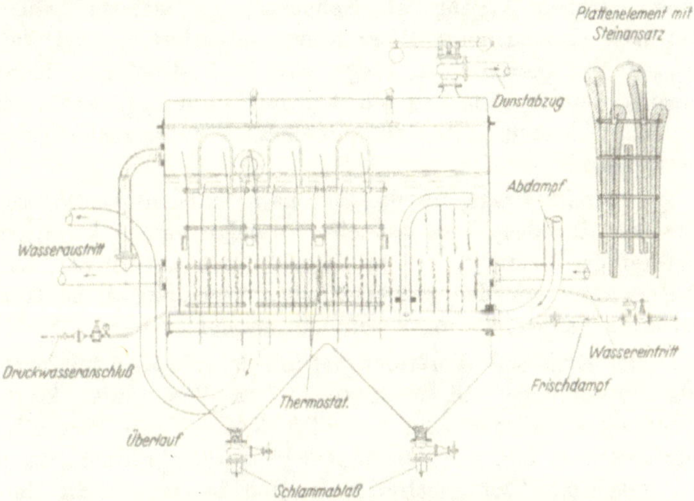

Abb. 155. Balcke-Plattenkocher für die thermische bzw. thermisch-chemische Reinigung großer Wassermengen.

Die augenblickliche Entwicklung des Dampfkesselwesens drängt mit aller Macht zur Anwendung immer höher gespannten Dampfes. Während heute für Großkraftwerke die Grenze des wirtschaftlichen Druckes nicht über 35 atü liegt, weil die

Anlagekosten, umgerechnet auf das Kilowatt der Grundlasterzeugung, mit weiter wachsenden Frischdampfspannungen sehr rasch bis zur Unrentabilität steigt[1]), kommen für Industriekraftwerke — besonders in der chemischen Industrie — heute Drücke von 100—200 atü und mehr in Frage, um z. B. die Güte des Erzeugnisses zu verbessern oder den Produktionsvorgang wirtschaftlicher zu gestalten. Den dadurch veränderten Arbeitsbedingungen muß das Kesselmaterial und das Kesselspeisewasser angepaßt werden.

Über die Tatsache, daß Hochdruckkessel mit gasfreiem Kondensat und Destillat einwandfrei betrieben werden können, besteht keine Meinungsverschiedenheit; es ist aber oft von ausschlaggebender Bedeutung, wenn Hochdruckkessel mit chemisch aufbereitetem Zusatzwasser gespeist werden können. Hochdruckkessel kommen heute besonders für Industriekraftwerke in Frage, also für solche Werke, welche zum Teil mit einem großen Abgang an Kondensat zu rechnen haben. Ist nach Vorstehendem dieser Kondensatverlust so groß, daß er auf rein thermischem Wege, also in Destillatoren, nicht ersetzt werden kann, so bleibt nichts übrig, als auch bei Hochdruckkesseln chemisch aufbereitetes Zusatzspeisewasser zu verwenden.

Über die Frage, ob nun chemisch aufbereitetes Wasser für den Hochdruckkesselbetrieb verwendet werden kann, ist ein heftiger Meinungsstreit im Gange. Nach Ansicht des Verfassers kann von den rein chemischen Verfahren bei höheren Drücken nur das Permutitverfahren empfohlen werden.

Das Kalk-Soda-Verfahren hat in solchen Fällen nur noch als Vorreinigung mit nachgeschaltetem Verdampfer Wert. Aber diese Anlagen sind natürlich teuer. Beim Permutitverfahren ist nun der Abdampfrückstand des Zusatzwassers im Kessel praktisch gleich dem des Rohwassers, weil die Umsetzung der Härtebildner bei diesem Verfahren nach stöchiometrischen Gesetzen erfolgt. Im Kessel entsteht eine der Karbonathärte entsprechende Menge Ätznatron, welche in gleicher Weise wie beim thermischen Verfahren etwaige durch Kondensatorundichtigkeiten in den Kessel gelangende Härte ausfällt.

---

[1]) Näheres s. Band II.

Die Spaltung von Soda erfolgt unter Einwirkung höherer Temperaturen und höheren Druckes, und zwar tritt der Zerfall der Soda in steigendem Maße mit steigendem Druck und wachsender Temperatur ein. Es handelt sich um einen chemischen Vorgang, der der Soda eigentümlich ist. Die bei der Sodaspaltung frei werdende Kohlensäure wirkt bei alkalisch gefahrenen Kesseln kaum angreifend auf das Kesselmaterial ein.

Eine Aufbereitung des Zusatzwassers nach dem Permutitverfahren für Drücke zwischen 30 und 100 at erscheint zulässig, es sei denn, daß das aufzubereitende Wasser sehr schlecht ist, in der Beschaffenheit wechselt und vor allen Dingen säurehaltig oder Seewasser ist; alsdann müssen aus Sicherheitsgründen auf jeden Fall Verdampfer gewählt werden. Eine dauernde und sorgfältig überwachte Enthärtung auf 0^0 muß aber bei Anwendung des Permutitverfahrens mit Rücksicht auf das oben gekennzeichnete Verhalten der Kieselsäure zur Bedingung gemacht werden.

Das thermisch-chemische Verfahren erscheint dem Verfasser für den Betrieb von Hochdruckkesseln weniger geeignet, weil bei diesen Verfahren mit einem Überschuß an Fällungsmitteln gearbeitet werden muß, um die Enthärtung möglichst weit zu treiben. Somit ist auch stets ein Überschuß an Fällungsmitteln im umlaufenden Speisewasser vorhanden. Durch diesen Überschuß wird der Abdampfrückstand, d. h. der Gehalt an gelösten Salzen, naturgemäß gegenüber dem theoretischen Wert erhöht, so daß in der Regel der Abdampfrückstand nicht sehr wesentlich unter demjenigen des Rohwassers liegt. Auf diesen Punkt wird viel zu wenig geachtet.

5. Die Vorwärmer.

a) Die Rauchgas-Speisewasser-Vorwärmer für Normal- und Hochdruckanlagen.

Die wasserdurchströmten Rauchgas-Vorwärmer, auch Economiser genannt, haben den Zweck, den Rauchgasen eine entsprechende Abkühlungsfläche entgegenzusetzen und dadurch den Wärmeverlust auf das für die Aufrechterhaltung eines genügenden Zuges unbedingt erforderliche Maß einzuschränken. Die zurückgehaltene Wärme dient in diesem Falle[1]) zur Erhöhung der Eintrittstemperatur des Speisewassers in die Kesselanlage. Je höher diese ist, um so weniger Kohle wird bei gleichbleibender Dampferzeugung benötigt.

Durch den Einbau eines Rauchgas-Speisewasser-Vorwärmers wird die Heizfläche einer Anlage wirksam vergrößert; der Kessel wird entlastet und der Gesamtwirkungsgrad bedeutend erhöht.

Durch Speisung mit hoch erhitztem Wasser werden weiterhin größere Wärmeunterschiede und dadurch veranlaßte Materialspannungen vermieden, welche die Haltbarkeit und Lebensdauer eines Kessels nachteilig beeinflussen würden.

Der Vorwärmer wird stets zwischen Speisepumpe und Kessel eingeschaltet; er steht daher ständig unter Kesseldruck, in Wirklichkeit noch höher (s. Ausführungen S. 85). Es ist deshalb möglich, Wasser sehr hoch vorzuwärmen, denn eine Dampfbildung tritt erst bei einer dem Druck entsprechenden Temperatur ein. (Bei 12 atü z. B. bei 190°.) Die Ansicht, der Vorwärmer bringe keinen Nutzen mehr, wenn schon sehr heißes Speisewasser zur Verfügung steht, ist irrig, es kann z. B. bei 12 atü Kesseldruck bis wenig unterhalb der Dampftemperatur vorgewärmt werden, und diese zusätzliche Erwärmung genügt in gewöhnlichen Fällen, um die nutzbare Abwärme unterzubringen.

Seit vielen Jahren wurde lebhaft darüber gestritten, ob schmiedeeiserne Economiser ebenso haltbar seien wie gußeiserne. Mittlerweile ist die Entscheidung endgültig zugunsten des gußeisernen Economisers gefallen. Ein Vorteil der zugunsten der gußeisernen Economiser spricht, ist der, daß Gußeisen schwerer und flächenhaft rostet als Schmiedeeisen, das löcherartig korrodiert. Ins Feld kann auch zugunsten der gußeisernen Economiser geführt werden, daß 1 m² Heizfläche wegen der angegossenen Rippen eine geringere Rohrlänge beansprucht als der schmiedeeiserne Glattrohr-Economiser. Ein schmiedeeiserner Vorwärmer ist zudem erheb-

[1]) Über Ausnützung der Rauchgase zur Vorwärmung der Verbrennungsluft s. S. 81 u. f.

lich teurer als ein gußeiserner. Die Leichtigkeit des Auswechselns schadhaft gewordener Rohre richtet sich nach der Bauart.

Der Bauart nach unterscheidet man zwei Arten von gußeisernen Vorwärmern:

a) Den Glattrohr-Vorwärmer mit Rußkratzern, welcher seiner altbekannten Vorzüge wegen und begünstigt durch den früheren niedrigen Betriebsdruck eine sehr weite Verbreitung gefunden hat, und

b) den Rippenrohr-Vorwärmer mit einer Rußausblasevorrichtung, welcher sich in den letzten Jahren mit steigenden Betriebsdrücken stark eingeführt hat.

Der Glattrohr-Vorwärmer ist in seinem ganzen Aufbau einfach. Die Reinhaltung der Heizfläche ist dagegen schwierig, da die Schaber in der Regel eine schlechte Wirkung haben, weil sie über verkrustete Stellen wegspringen, ohne sie abzulösen. Eine etwaige Verschmutzung der Heizflächen beeinträchtigt aber die Leistung in der gleichen Weise wie bei dem Rippenrohr-Economiser.

Die Einführung des Rippenrohr-Vorwärmers wurde begünstigt durch einen geringen Platzbedarf, durch die zunehmende Verfeuerung von gutartigen Brennstoffen (erdige Braunkohle, Briketts, Staub, Gas) und vor allem durch den Übergang zu höheren Kesseldrücken, für welche der Glattrohr-Vorwärmer nicht mehr geeignet ist.

Bei der Wahl zwischen einem Glattrohr-Vorwärmor und einem Rippenrohr-Vorwärmer sind folgende Gesichtspunkte zu beachten:

Die Leistung eines Rippenrohr-Vorwärmers wie überhaupt eines jeden Rauchgas-Vorwärmers hängt zu neun Zehntel von dem Reinheitszustand der äußeren Heizfläche ab. Der Rippenrohr-Vorwärmer fand deshalb wenig Verbreitung, solange vorwiegend stark rußende Steinkohle verfeuert wurde, die Feuerungen unvollkommen waren, oder auch zeitweise mit kaltem Speisewasser gearbeitet wurde. Letzteres verursacht bekanntlich ein Schwitzen der Rohre und ein Festbrennen des Rußes. Die sich bildende Isolierschicht hindert den Wärmedurchgang.

Der Einbau eines Rippenrohr-Vorwärmers ist nach diesen Ausführungen empfehlenswert, wo

1. ein geeigneter Brennstoff verfeuert wird, dessen Rauchgase keinen fetten Ruß absetzen,
2. stets mit Speisewasser von ungefähr 40° C gearbeitet wird, ein Schwitzen der Rohre also ausgeschlossen ist. (Andernfalls kann durch Rückführung heißen Wassers das kalte Wasser vor Eintritt in den Economiser vorgewärmt werden.)
3. wirtschaftliche Gründe für den Einbau eines billigeren Vorwärmers sprechen,
4. aus betriebstechnischen Gründen (hohe Kesseldrücke) der Einbau eines Glattrohr-Vorwärmers nicht in Frage kommt.

Abb. 156 bis Abb. 158 zeigen Vertreter beider Konstruktionsrichtungen.

Abb. 156 zeigt drei Glattrohr-Economiser der Vereinigten Economiser-Werke, Düsseldorf-Freital, als Einzel-Economiser hinter Winandskesseln von je 150 m² Heizfläche. Die Anlagen sind auf der Baustelle nach der Montage bei Beginn der Einmauerung aufgenommen worden. Jeder dieser Economiser besteht aus zwei Gruppen von je vier Registern, jedes Register hat acht Rohre, jedes Rohr 1,5 m² Heizfläche. Die beiden Gruppen werden durch eine Zwischenwand im Gasstrom geteilt. Die Rauchgase treten in der dem Kessel zunächstliegenden Gruppe unten durch die Rohrkästen ein, durchstreichen die Rohrkammer längs der Rohre von unten nach oben, biegen oben in die zweite Gruppe um und werden dann unten wieder in den Fuchs zurückgeführt. Die stündliche Verdampfung je Kesselanlage beträgt 3750 kg/h, das Wasser wird im Vorwärmer von 50° um etwa 70° auf 120° aufgewärmt. Als Brennstoff ist Rohbraunkohle gewählt.

Abb. 157 zeigt einen blechummantelten Glattrohr-Economiser der gleichen Bauart von 288 m² Heizfläche. Die Planung dieses in einem Färbereibetrieb stehenden Economisers war besonders schwierig, da nur sehr wenig Grundfläche zur Verfügung stand, anderseits aus den besonderen Betriebsverhältnissen heraus der Einbau eines Glattrohr-

Economisers mit großem Wasserinhalt anzustreben war. Das Rohrsystem besteht aus 20 nebeneinander stehenden Registern. Jedes Register hat 8 Rohre, jedes Rohr bei 5 m Länge 1,8 m² Heizfläche, zusammen 288 m² Heizfläche. Die Unterteilung des Rohrsystems in 2 Rauchkammern zur vorteilhaften

Abb. 156. 3 Einzel-Glattrohr-Vorwärmer, Bauart »Vereinigte Economiser-Werke, Düsseldorf-Freital«, mit je 96 m² Heizfläche, eingebaut hinter Winandskesseln.

Rauchgasführung geschieht hier durch eine schmiedeeiserne Trennwand, die durch Mitte der Register quer zu diesen aufgeführt ist.

Abb. 158 bringt dagegen einen Rippenrohr-Economiser der Vereinigten Economiser-Werke von 351 m² mit insgesamt 6 Rohren nebeneinander und je 13 Rohren übereinander. Die Abb. zeigt die Werkstattmontage dieses Vorwärmers, der für einen Kessel von 300 m² Heizfläche bestimmt ist und eine normale stündliche Verdampfung von 8700 kg hat. Der Kesselbetriebsdruck ist 32 atü. Das Wasser wird im Vorwärmer von 50° um 70° auf ~ 120° aufgewärmt.

Die Hochdruck-Rippenrohr-Economiser werden entweder so gebaut, daß die Rohre einzeln über- und nebeneinander

Abb. 157. Glattrohr-Vorwärmer, Bauart »Vereinigte Economiser-Werke«, von 288 m² Heizfläche, bemerkenswert durch Verwendung von über 5 m langen Rohren und Ersatz der Einmauerung durch fortnehmbare Blechwände.

gestellt und durch Flanschenkrümmer untereinander verbunden werden (s. Abb. 159), oder man vereinigt bereits in der Werkstatt 4—7 Rohre mit 2 Sammelkästen zu sog. Registern, die dann auf der Baustelle in ein vorher aufgestelltes Rahmenwerk eingeschoben werden (vgl. Abb. 158 u. 160). Diese Bauarten werden durchweg mit Flanschenverschraubungen geliefert.

Werden Rohre eines Registers schadhaft, so werden die beiden Wassereintritts- und -austrittsrohre abgenommen, und das in Frage kommende Register wird ausgezogen, wie Abb. 160 erkennen läßt. Das Register gleitet dabei mit seinem hinteren Flansch auf einem Unterlegeisen, um Beschädigungen der Rippen zu vermeiden. Das gleiche geschieht,

Abb. 158. Gußeiserner Rippenrohr-Economiser, Bauart »Verein. Economiser-Werke«, mit 351 m^2 Heizfläche und einem Kesselbetriebsdruck von 32 atü.

wenn etwa ein Rohr mit Kesselstein zugesetzt ist[1]), oder wenn die Heizfläche infolge Speisung mit zu kaltem Wasser oder infolge Niederschlags von harzigen und teerigen Bestandteilen verkrustet sein sollte.

Kennzeichnend für die Bewertung der einzelnen Economiserkonstruktionen ist die Ausbildung des Gas- und Wasserweges.

[1]) Sofern man nicht das Groeck-Verfahren Nr. 101 anwenden will (s. S. 431 u. f.). Der Economiser braucht in diesem Falle nicht auseinandergenommen zu werden. Die Reinigungsdauer je nach der Versteinung 4—12 Std.

Bei der Ausbildung des Gasweges ist anzustreben, daß die Querschnitte der Gaskanäle bei geringstmöglichen Zugverlust eine möglichst gesteigerte Gasgeschwindigkeit erlauben. Sie sind ferner so auszubauen, daß die Heizfläche möglichst vollkommen von den Heizgasen bestrichen und somit ausgenutzt wird. Abb. 161 erläutert diese Forderung. Bei Economisern mit quadratischen Rippen ist die von Rauchgasen bestrichene Heizfläche, verglichen mit der im Gasschatten liegenden, größer als bei glatten Rohren oder bei Rohren mit runden

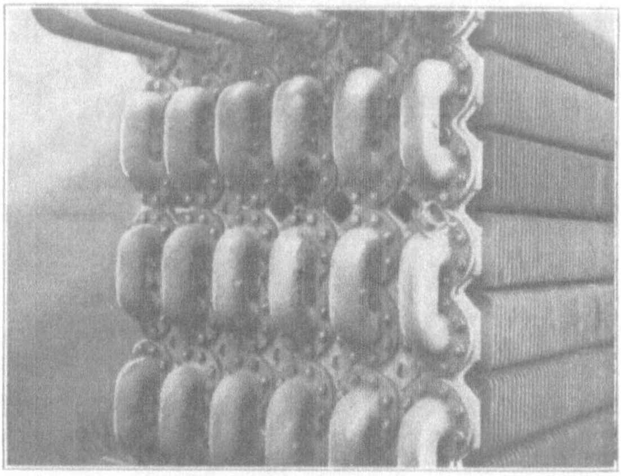

Abb. 159. Rippenrohr-Economiser, Bauart »Vereinigte Economiser-Werke«.

Rippen. Die von den Rauchgasen bestrichene Heizfläche beträgt bei runden Rippen 77%, bei quadratischen 83% der Gesamtheizfläche. Es ist versucht worden, die Gase in die Rippen-Heizfläche durch den Einbau von Lenk- oder Prallflächen hineinzudrängen und durch diese Maßnahme gleichzeitig künstlich Wirbelströme zu erzeugen, weil Wirbel die Wärmeübertragung erhöhen.

Der Einbau von wirbelerzeugenden Flächen, wie solche von verschiedenen Firmen angewendet werden (Föge, Hering), dürfte nicht unerhebliche Zugverluste mit sich bringen. Die Erhebungen über den tatsächlichen Gewinn dieser Anordnung dürften noch nicht völlig abgeschlossen sein. Es ist dabei nicht außer acht zu lassen, daß bei ungünstigem Einbau tote Flächen im Schatten dieser Prallflächen entstehen können, wodurch der Nutzen der besseren Gasdurchmischung zum Teil aufgehoben, auch das Ausblasen erschwert und damit eine Verunreinigung der Heizfläche erleichtert wird.

Abb. 160. Rippenrohr-Economiser, Bauart »Vereinigte Economiser-Werke«, mit einem vorgezogenen Register.

Ein Mittel zur Umwälzung und Durchwirbelung der Heizgase gibt das Versetzen der Rippen gegeneinander, wodurch der Gasstrom in eine doppelt so große Anzahl von Einzelströmen geteilt wird, als das Rohr Rippen aufweist. Diese Anordnung zeigen die Vorwärmer von Kablitz und Föge. Der Zugverlust ist entsprechend höher.

Die quadratischen Rippen bilden bei richtiger Bemessung einen Ausgleich zwischen der wärmeaufnehmenden und wärmeabgebenden Fläche, weil der Wärmeübergang von Eisen an Wasser unverhältnismäßig größer ist, wie von den Rauchgasen an das Eisen. Es muß die wärmeaufnehmende Fläche

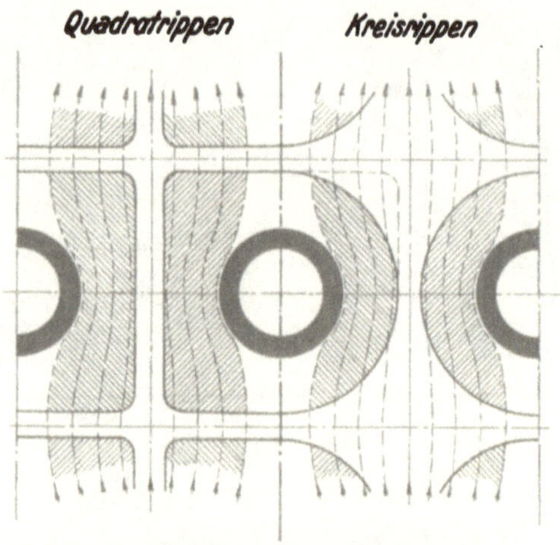

Abb. 161. Die Darstellung des Wärmeflusses bei quadratischen und runden Rippen.

Von den Rauchgasen bestrichene Heizfläche
83% | 77%.
Im gegebenen Raum sind unterzubringen:
an absoluter Rippenheizfläche
100% | 72%
an wirksamer Rippenheizfläche
100% | 67%

umgekehrt proportional der Wärmedurchgangszahl sein. Dieser Ausgleich ist bei Glattrohr-Economisern nicht durchführbar, weil hier die wärmeaufnehmende Fläche viel zu klein ist.

Die Vorteile der quadratischen Rippen gegenüber runden lassen sich an Hand der Abb. 161 wie folgt zusammenfassen:

1. Besseres Verhältnis der wirksamen zur absoluten Heizfläche,
2. geringerer Platzbedarf bei gleicher Heizfläche,
3. größere Wärmeaufnahme bei günstigerer Rauchgasführung und kleinerem Zugverlust.

Für die Höhe der erreichbaren Wärmedurchgangszahl ist neben der Rauchgasgeschwindigkeit die Art der Führung des Gas- und Wasserstromes zueinander maßgebend. Wie das nachfolgende Kurvenbild (Abb. 162) von Hartmann zeigt, ist bei Glattrohr-Economisern bei der Bewertung der Wärmedurchgangszahl, namentlich mit wechselnder Gasgeschwindigkeit, zu berücksichtigen, ob die Rauchgase parallel zu den Rohren oder senkrecht zu den Rohren streichen[1]).

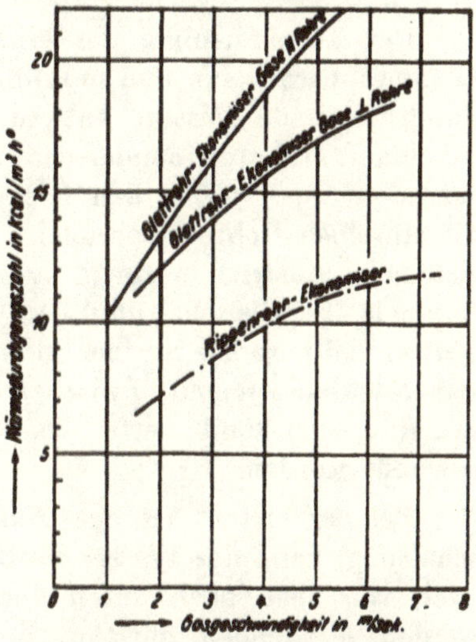

Abb. 162. Graphische Darstellung der Abhängigkeit der Wärmedurchgangszahl bei Economisern von der Gasgeschwindigkeit und Gasführung sowie von der Ausbildung der Heizfläche.

Nach Frantz beträgt beim Glattrohr-Vorwärmer die Wärmedurchgangszahl $k = 12$ kcal/m²h° bei einer Geschwindigkeit von 7 m/s. Bei dem Rippenrohr-Vorwärmer von Föge soll nach einer in der Druckschrift über diese Konstruktion angegebenen graphischen Darstellung die Wärmedurchgangszahl bei einer Gasgeschwindigkeit von 7 m/s eine Größe von 15 erreichen. Für den Vorwärmer von Stierle wird in dem Artikel von Frantz ein k von 8,4 bei 7 m/s angegeben, sie beträgt jedoch bei der angegebenen Gasgeschwindigkeit ebenfalls 12 kcal/m²h°.[2])

Der Gasraum muß zuletzt möglichst vollkommen gegen den Eintritt von »Falschluft« abgedichtet sein. Durch den

---

[1]) S. Ernst Hartmann, (Freithal-Deuben): »Der Vorwärmerbau«, Veröffentlichen des Zentralverbandes der Preuß. Dampfkessel-Überwachungs-Vereine, Band III, 1927.

[2]) Naturgemäß ist auch die spez. Wärme der Rauchgase zu berücksichtigen. Hierbei sind außerordentlich viel Fehler gemacht worden, besonders bei der Verbrennung von Braunkohlen, welche bis zu 62% Wasser besitzen können.

Eintritt kalter Luft von außen durch Undichtigkeiten irgendwelcher Art kann die Mischungstemperatur des Rauchgas-Luftgemisches derart herabgedrückt werden, daß der Wirkungsgrad bis auf 55 vH sinkt[1]).

Der Zusammenbau der einzelnen Rippenrohre zu dem Gesamtapparat kann nun so erfolgen, daß das die Rippenrohre durchströmende Wasser entweder nacheinander alle Rohre durchläuft (Hintereinanderschaltung) oder aber von Quersammlern aus, welche den Rippenrohren vorgeschaltet sind, die einzelnen Rohre in parallelen Teilströmen durchfließt, um sich beim Austritt in einem zweiten Quersammler wieder zu sammeln (Parallelschaltung). Es ergeben sich dann im letzten Fall so viel parallele Ströme, als nebeneinander liegende Rohrreihen vorhanden sind. Zwischen diesen beiden Grenzschaltungen sind noch kombinierte Schaltungen möglich und auch angewandt worden.

Bei der ersten Art der Wasserführung (Hintereinanderschaltung) kann das Wasser sowohl von unten nach oben wie auch von oben nach unten durch den Economiser geführt werden, je nachdem die Gase den Vorwärmer durchströmen. Es kann also bei dieser Schaltung jeweils das Gegenstromprinzip ziemlich vollkommen durchgeführt werden. Diese Schaltungsmöglichkeit ist insofern sehr wichtig, als das Gegenstromprinzip stets den höchstmöglichen Temperaturunterschied ergibt. Dieser ist neben der Wärmedurchgangszahl k der zweite Faktor, welcher die Intensität des Wärmeaustausches kennzeichnet; denn die zu übertragende Wärmemenge Q ist neben der Zeit der Einwirkung abhängig von der Wärme durchgangszahl k, von dem mittleren Temperaturunterschied Δt und von der Größe F der Heizfläche. Mit Q, k und Δt liegt die Heizfläche F fest. Während also die Ausbildung der Gasführung für den erreichbaren k-Wert maßgeblich ist, gilt das gleiche für den erzielbaren Temperaturunterschied Δt von der Wasserseite.

Die Rohre müssen bei Anwendung der Hintereinanderschaltung einen derart bemessenen lichten Rohrdurchmesser

---

[1]) Näheres hierüber s. V., Abwärmeverwertung zur Heizung und Krafterzeugung. 1926. Berlin. V. d. I.-Verlag. Anm. S. 81.

erhalten, daß die durch die Wasserströmung hervorgerufenen Widerstände in den Grenzen von 0,1 bis 0,5 at gehalten werden können. Um die Rohrdurchmesser bei größeren Leistungen nicht zu groß wählen zu müssen, kann die benötigte Heizfläche in mehrere unabhängig voneinander arbeitende Rohrgruppen aufgeteilt werden, wobei jede für sich eine derart bemessene Durchflußmenge erhält, daß der Strömungswiderstand in angemessenen Grenzen gehalten werden kann.

Bei der Parallelschaltung erhalten die Rohre zweckmäßig kleinere Durchmesser. Sie sind infolgedessen im Gewicht leichter, halten aber einen höheren Betriebsdruck. Die Wassergeschwindigkeit kann bei beiden Bauarten in gleichen Grenzen gehalten werden. Wasserschläge entstehen bei Führung des Wassers von oben nach unten, wenn sich durch zu hohe Wassererwärmung Dampf sich bildet. Das Eintreten von Schlägen tritt nicht auf, wenn das Wasser von unten nach oben geführt wird unter der Voraussetzung, daß der Betrieb kontinuierlich erfolgt.

Hinzu kommt als weiterer Gesichtspunkt, daß Economiser besonders mit Sammelrohren elastisch zusammengebaut werden müssen, weil die nicht aufgenommenen Dehnungsschübe zu Undichtigkeiten führen können.

Sehr wesentlich ist noch die Art der Wasserführung von einem Rohr in das andere. Die Umleitung des Wasserweges soll zur möglichsten Vermeidung von Widerstandsverlusten gleichmäßig erfolgen, ohne daß die Konstruktion tote Ecken aufweist, die zu Wirbelbildungen führen, ganz abgesehen von der Gefahr der Bildung von Luftpolstern.

Eine Economiserbauart, die sich den vorbeschriebenen Richtlinien sehr elastisch anpaßt ist der Stierle-Economiser der deutschen Hochdruck-Economiser-Gesellschaft in Mannheim. Abb. 163 zeigt einen Stierle-Hochdruck-Economiser von $\sim$ 70 m^2 Heizfläche.

Die einzelnen Registerrohre sind beim Stierle-Economiser hintereinandergeschaltet, unter Ausbildung eines möglichst vollkommenen Gegenstroms Rauchgase $\rightleftarrows$ Wasser. Die Rippenrohre haben einen Durchmesser von 97 mm und damit einen Wasserinhalt der beispielsweise 2,6 mal so groß ist als bei einem Rohr von nur 60 mm Dmr. anderer bekannter Konstruktionen. Sie sind infolge ihres großen lichten Querschnittes leicht von Schlammablagerungen und Wasserstein zu reinigen. Bei der Konstruktion ist darauf zu achten, daß das Widerstandsmoment der Rippenrohre so groß gewählt wird, daß

Abb. 163. Ausführung eines Stierle-Hochdruck-Economisers.

ein Durchhängen der Rohre unmöglich wird. Das Widerstandsmoment steigt mit dem Rohrdurchmesser, es ist z. B. bei einem Dmr. von 97 mm doppelt so groß wie bei einem gleichartigen Rippenrohr von 60—64 mm Dmr. Es hat natürlich keinen Zweck, den lichten Querschnitt über ein auskömmliches Widerstandsmoment hinaus zu steigern[1]), wenn nicht andere Fragen noch maßgeblichen Einfluß haben. Die Art des Zusammenbaues der Rohre und deren Verbindung untereinander durch Krümmer, ohne daß sich zwischen dem Einlauf-

[1]) Näheres über die hier kurz skizzierten Fragen bringt Verf. in der Monographie »Der Stierle-Economiser in der Praxis«. Druck R. Oldenbourg, München und Berlin 1930.

und Auslaufstutzen ein Fixpunkt befindet, gewährleistet ein elastisches System, welches Dehnungsschübe aufzunehmen vermag.

Der Economiser ist als ein elastisches System in solche Teile der Zugkanäle des Kessels eingebaut, welche nach außen isoliert werden. Somit wird das Eindringen von Falschluft auf das geringstmögliche Maß beschränkt. Öffnungen, welche wie bei Glattrohr-Economisern mit Schabervorrichtung für den Antrieb vorgesehen werden müssen, sind nicht vorhanden, so daß auch diese Möglichkeit des Eintritts von Falschluft entfällt.

Bei größeren Leistungen wird der Economiser in einige getrennte, nebeneinander geschaltete Wasserwege unterteilt. Jeder Wasserweg wird zum Gas im reinen Gegenstromprinzip geführt. Die zu erwärmende Wassermenge wird auf die einzelnen Wasserwege verteilt. Es werden in jedem Wasserweg nur so viele Rohre nebeneinander geschaltet, daß höchstens ein Widerstandsverlust von 0,5 at durch die Wasserströmung entsteht.

Besondere Wege in der Ausbildung und Befestigung der Wasser-Umlenkkappen an den Registern geht Szamatolski, Berlin-Reinickendorf. Beim Szamatolski-Hochdruck-Economiser erfolgt die Verbindung der Rippenrohre und Krümmer nach Abb. 164 durch eingewalzte Rohrnippel, es entfallen also Schrauben und Dichtungen. Die Nippel aus Kupfer, Bronze, nicht rostendem Stahl usw. werden in die beiden Enden der Rippenrohre und in die Kappen, welche die Rippenrohre miteinander verbinden, eingewalzt und verankert. Das Einwalzen erfolgt durch eine dem Nippel gegenüberliegende Öffnung, welche mit einem Bronzepfropfen, Metall auf Metall, geschlossen wird. Die Nippel werden auf beiden Enden gebördelt[1]).

Diese Verbindungen können in der Fabrik hergestellt werden. Hierdurch vereinfacht sich die Montage und die Betriebssicherheit wird erhöht. Der Betriebsdruck kann ohne weiteres bis 100 at betragen. Versuche bei der I. G. Farben-Industrie haben ergeben, daß diese Economiser Probedrücke

[1]) S. a. Schöne, »120 at Hochdruck-Kraftwerk der Ilse Bergbau A. G.«. Festschrift zur Weltkraftkonferenz Berlin 1930.

bis 300 und mehr Atmosphären aushalten, ohne daß die Rohre oder die Verbindung zu Bruch geht.

Das durch Kupfernippel verbundene Rippenrohrsystem hat den Vorteil einer hohen Elastizität. Die Rohre selbst können sogar verschieden lang sein, ohne daß hierdurch

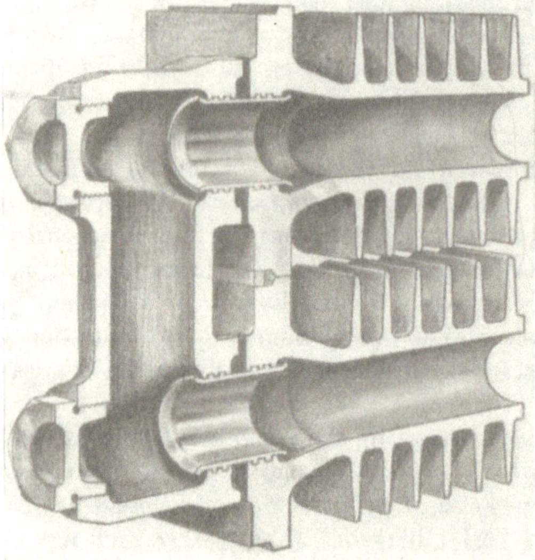

Abb. 164. Der Szamatolski-Hochdruck-Economiser »Ohne-Ohne«.

der Zusammenbau erschwert wird, während bei denjenigen Konstruktionen, die Flanschen zur Verbindung der einzelnen Rippenrohre verwenden, je nach der Ausbildung des Wasserweges, auf eine genau gleiche Rippenrohrlänge geachtet werden muß[1]).

Die Einführung höherer Kesseldrücke bedingte gesteigerte Anforderungen an die Eigenschaften der Baustoffe für den Economiser.

Die Frage, ob Guß- oder Schmiedeeisen für hohe Drücke geeigneter erscheint, ist grundsätzlich nicht zu entscheiden.

[1]) Deshalb gilt auch die Vorschrift, daß die Rippenrohre nicht mehr als 0,2 mm untereinander differieren dürfen.

Jedoch spricht für Gußeisen die leichtere Herstellung großer Oberflächen durch das Angießen von Rippen und der wesentlich größere Widerstand des Werkstoffes gegen Korrosionsangriffe. Wird Gußeisen verwendet, so muß dieses hochwertig sein, d. h. es muß neben einer großen Dichtigkeit des Gusses, die Zusammensetzung des Rippenrohr-Materials ein gleichmäßiges, graues Bruchgefüge (selbst in den kleinsten Rippenquerschnitten) zeigen, um die notwendige Festigkeit zu besitzen. Das wichtigste Element des Gußeisens, »der Kohlenstoff«, soll niedrig ($\sim$ 3 vH) und auf stets gleichmäßiger Höhe gehalten werden. Sodann muß ein geringer Phosphorgehalt von 0,3 bis 0,65 vH je nach der Art und Temperatur des zur Vergießung kommenden Gußeisens vorhanden sein, um ein leichtes Auslaufen der dünnen Rippen zu gewährleisten.

Den Einfluß der Ausbildung der Graphitkeime auf die Festigkeit des Gußeisens veranschaulichen die Mikroaufnahmen Abb. 165 und 166. Es sind hier je 3 Gußeisensorten ungeätzt und geätzt einander gegenübergestellt. Sie zeigen, daß die Graphitkeime in Länge und Stärke sehr voneinander verschieden sind. Dementsprechend ergeben sich auch verschiedene Zugfestigkeiten. Abb. 165a gilt für gewöhnliches Gußeisen, das eine Zugfestigkeit von 14 kg/mm^2 hat. Abb. 165b zeigt ein Zylindergußeisen mit 20 kg/mm^2 Zugfestigkeit und Abb. 165c ein Elektrogußeisen mit 40 kg/mm^2 Zugfestigkeit. In Abb. 166a sieht man das Gefügebild des gewöhnlichen Gußeisens: Graphit, Ferrit, Perlit, Zementit und Phosphideutektikum. Bei dem hochwertigen Zylinderguß in Abb. 166b ist Ferrit und Zementit nicht vorhanden. Das Gefüge ist vielmehr schon perlitisch. Der Elektroguß nach Abb. 166c zeigt dasselbe Gefügebild, jedoch findet sich Graphit, Perlit und Phosphideutektikum in wesentlich feinerer Verteilung.

Es ergibt sich aus diesen Mikroaufnahmen, daß ein niedriger und gleichmäßiger Kohlenstoffgehalt am besten mit Elektroguß zu erreichen ist. Der Elektroguß kann im Vergleich zu dem üblichen Kupolofenguß als ein Duplexverfahren gekennzeichnet werden, weil das Rohmaterial, für welches ein an sich schon hochwertiges Gußeisen gewählt wird, zunächst im Kupolofen vorgeschmolzen und anschließend in einem Elektroofen einer Nachreinigung unterworfen wird.

a) Grauguß; kz = 14 kg/mm².
Gefüge: Graphit, Ferrit, Perlit, Zementit, Phosphideutektikum

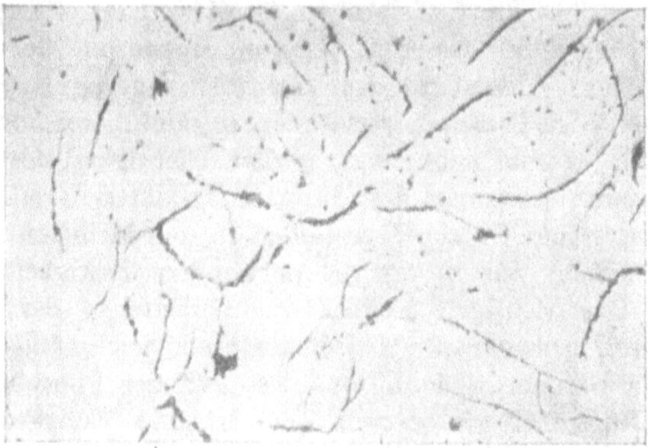

b) Zylinderguß; kz = 20 kg/mm².
Gefüge: Graphit, Perlit, Phosphideutektikum

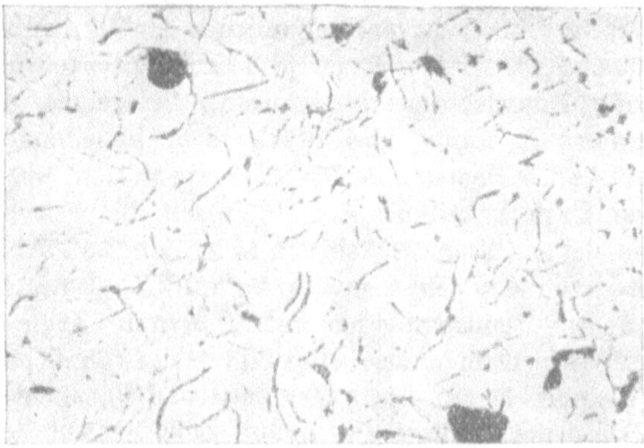

c) Elektroguß; kz = 40 kg/mm².
Gefüge: Graphit, Perlit, Phosphideutektikum

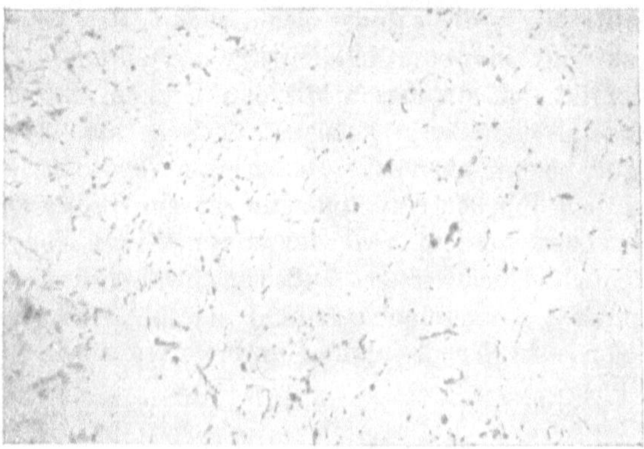

Abb. 165 a—c. 3 Schliffe, ungeätzt.

a) Grauguß; kz = 14 kg/mm².
Gefüge: Graphit, Ferrit, Perlit, Zementit, Phosphideutektikum

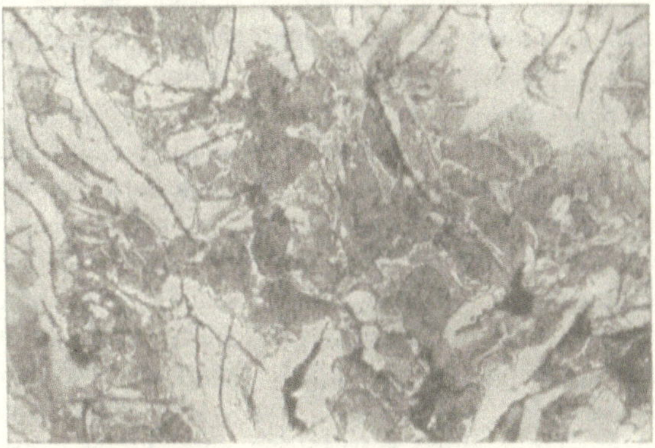

b) Zylinderguß; kz = 20 kg/mm².
Gefüge: Graphit, Perlit, Phosphideutektikum

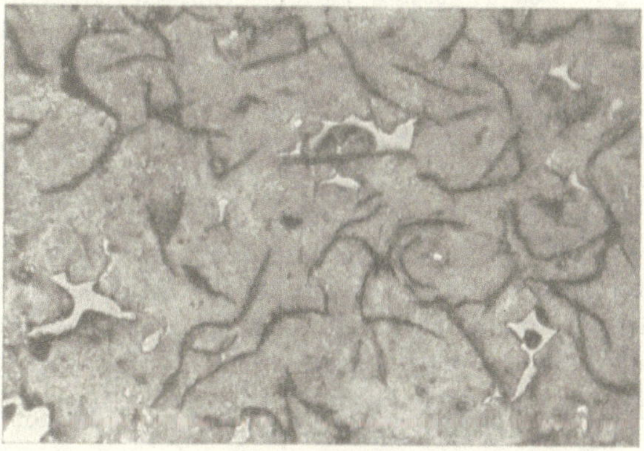

c) Elektroguß; kz = 40 kg/mm².
Gefüge: Graphit, Perlit, Phosphideutektikum

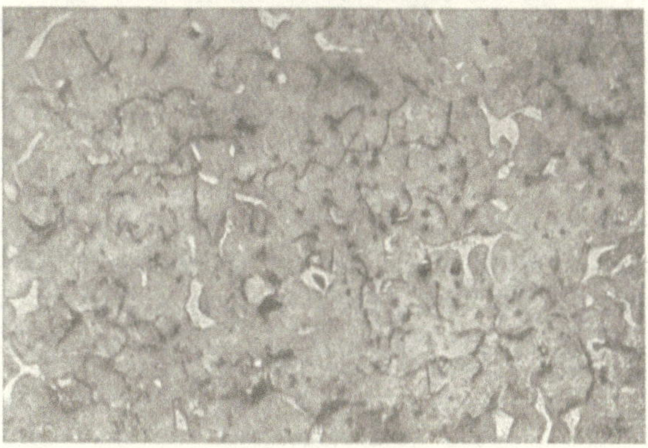

Abb. 166 a—c. 3 Schliffe, geätzt.

Es darf als Tatsache betrachtet werden, daß der Kohlenstoffgehalt in einem im Kupolofen vergüteten Gußeisen unmöglich auf gleichmäßiger niedriger Höhe gehalten werden kann, weil bei dem Kupolofenbetrieb die verschiedenen Teile der Gattierung ganz verschieden zusammenschmelzen. Um eine gewisse Gleichmäßigkeit des Eisengemisches zu erreichen, werden deshalb Vorherde verwendet, die als Mischer dienen. Bei dem Elektroofen ist dagegen von vornherein der ganze Einsatz zusammen im Ofen, dieser kann durch andauernde Probeentnahme fortlaufend überprüft und je nach Notwendigkeit durch entsprechende Zusätze verändert werden. Auf diese Weise läßt sich beim Elektroofen der Kohlenstoffgehalt dauernd auf einer Höhe von 2,9 bis 3 vH halten. Eine Verringerung des Kohlenstoffgehaltes unter die Grenze von 2,9 vH würde zwecklos sein, weil alsdann Gießschwierigkeiten auftreten. Hinzukommt, daß der Elektroofen gegenüber anderen Schmelzöfen durch den Flammbogen der Elektroden eine außerordentlich hohe Temperatur erzeugt, und daß durch Änderung der Stromstärke eine gewünschte Temperatur genau eingeregelt werden kann. Nach Piwowarski[1]) nimmt der eutektische Karbid-Kohlenstoffgehalt mit der Erhitzungstemperatur bis etwa 1500° C zu, dagegen begünstigt eine weitere Steigerung der Temperatur bis auf etwa 1800° die eutektische Graphitbildung. Man ist also in der Lage, durch genaues Einhalten der notwendigen Temperaturen, die für die Erreichung hoher physikalischer Eigenschaften unbedingt notwendige sehr feine Ausbildung der Graphitlamellen zu erreichen.

Das Element Silizium ist auch im Elektroguß notwendig, um den Zerfall des Eisenkarbids einzuleiten. Der Siliziumgehalt schwankt, je nach der Wandstärke der Gußstücke, zwischen 1 und 2 vH.

Mangan übt immer eine günstige Wirkung aus. Es wird in den Grenzen von 0,8 bis 1 vH gehalten.

Die für hochwertiges Kupolgußeisen bestehende Forderung, daß der Phosphorgehalt 0,3 vH nicht übersteigen dürfe, weil nach Göhrens das Phosphideutektikum in einem heiß erschmolzenen Eisen viel feiner verteilt ist als mit bei normaler

---

[1]) »Stahl und Eisen« 1925, Heft 35.

Temperatur niedergeschmolzenen Material, gilt jedoch nicht für den Elektroguß. Er kann bei Elektrogußeisen vielmehr bis auf 0,65 vH gesteigert werden. Abb. 167 und 168 zeigen den deutlichen Unterschied in der Ausbildung des Phosphideutektikum bei 1150° und 1290° Temperatur des geschmolzenen Gußeisens[1]). Da der Elektroguß mit 1500° erschmolzen wird, ist das Phosphideutektoid noch feiner verteilt als der geätzte Schliff nach Abb. 168 aufweist.

Abb. 167. Schmelztemperatur 1150° C.

Abb. 168. Schmelztemperatur 1290° C.

Abb. 167 u. 168. Ausbildung des Phosphideutetikum in geschmolzenem Gußeisen.

Der erhöhte Phosphorgehalt beim Elektroguß ermöglicht die Vergießung von Rippen in vollkommen grauem Gefüge, deren Auslaufenden nur eine Stärke von 4 mm haben.

Das Element Schwefel kann aus dem Elektroguß bis auf 0,04—0,06 vH ferngehalten werden, wenn der Elektroofen eine basische Zustellung hat und richtig geführt wird. Dieser geringe Schwefelgehalt verhindert das Auftreten der für die Bearbeitung so unangenehmen harten Stellen.

Das Material im Elektroofen hat genügend Zeit zur Entgasung. Diese ist insofern vorteilhaft, als ein entgastes Material

---

[1]) S. Oberhoffer, »Eisen«, 2. Aufl. Verlag Springer, Berlin.

sich ruhiger vergießt und blasenfreie Abgüsse liefert. Das Bruchgefüge des Elektrogusses ist äußerst fein und über den ganzen Querschnitt vollkommen gleichmäßig, wenn der Betrieb des Elektroofens in sorgfältiger Weise erfolgt.

Das dichte Gefüge des Elektrogusses bringt auch noch den Vorteil mit sich, daß dem Eindringen von Feuergasen, Säuren und Alkalien, großer Widerstand von seiten des Werkstoffes entgegengesetzt wird. Man kann annehmen, daß der Einbruch der zerstörenden Gase oder Säuren nach Durchdringung der Gußhaut entlang den Graphitnadeln vor sich geht. Die Zerstörungen werden um so langsamer vorwärtsschreiten, je feiner und kürzer die Graphitnadeln auftreten und sich im Werkstoff verteilen. Bei neuzeitigen Hochdruck-Economisern ist somit der Elektroguß dem gewöhnlichen Kupolofenguß vorzuziehen.

Der Werkstoff für die Schrauben muß ganz erstklassig sein, weil diese durch das Anziehen unverhältnismäßig stärker beansprucht werden als durch den inneren Druck. Demzufolge ist in erster Linie die Streckgrenze ausschlaggebend. Das übliche Schraubenmaterial hat nur eine Streckgrenze von 15—18 kg/mm². Es dehnt sich infolgedessen bei Erreichung der Streckgrenze; ein weiteres Anziehen ist zwecklos und erschwert die notwendige Abdichtung. Es ist daher zu fordern, daß die Schrauben eine Streckgrenze von mindestens 37 kg/mm² haben müssen. Die Erfüllung dieser Forderung bedingt aber, daß das Gefüge des Werkstoffes aus Ferrit und Perlit mit hohem Kohlenstoffgehalt besteht (was bei den Kopfschrauben wegen des Anstauchen des Kopfes nicht möglich ist).

Für die Ermittlung der physikalischen Eigenschaften des Werkstoffes ist die Art der Probeentnahme wesentlich. Nach den DI-Normen soll die Stärke der Probe der mittleren Wandstärke des betreffenden Gußstückes entsprechen. Hat das Rippenrohr eines Economisers in den Flanschen z. B. eine Stärke von 30 mm, eine Rohrwandstärke von 11 mm und beträgt die Stärke der Rippen im Mittel 5 mm, so ist die Durchschnittsstärke der Probe = 15 mm zu halten.

Die Probe wird in Form von Stäben an den Flanschen des Rippenrohres angegossen. Stärkere Probestäbe, als wie der mittleren Wandstärke entsprechen, ergeben falsche Werte für die Zugfestigkeit; denn ein starker Probestab kühlt sich langsamer ab als ein schwächerer und ergibt damit höhere Zugfestigkeitswerte. Es ist also auf die Bestimmung, daß der Probestab der mittleren Wandstärke des Gußeisens entspricht, bei dem Vergleich verschiedener Werkstoffprüfungen genauestens zu achten.

Ein Economiser wird auf Zug- und Biegungsfestigkeit beansprucht. Es ist also die Zugfestigkeit und Biegungsfestigkeit des Materials nachzuprüfen. Die DI-Vorschriften schreiben außer einer guten Bearbeitungsmöglichkeit folgende Festigkeitszahlen für Gußeisen vor:

Zahlentafel 6.

DI-Festigkeitszahlen für Economiser-Gußeisen.

Güteklassebezeichnung	Zugfestigkeit kg/mm² mindestens	Biegefestigkeit kg/mm² mindestens	Durchbiegung in mm mindestens
Ge 18,21	18	34	7
Ge 22,91	22	40	8
Sondergüte Ge 26,91	26	46	8

Für die Bolzenschrauben ist ein Material zu fordern, welches eine Streckgrenze von über 37 kg/mm² und eine Dehnung von mindestens 20% besitzt.

Die Vereinigung der Großkesselbesitzer und der Arbeitsausschuß des V. d. I. hat einen Probedruck festgelegt, der dem 1,3fachen Kesseldruck zuzüglich 10 at entspricht. Bei 25 at Kesselbetriebsdruck muß also der Probedruck für den betriebsfertig zusammengebauten Economiser $25 \cdot 1{,}3 + 10 = 42{,}5$ at betragen.

Es ist aber zu beachten, daß im Economiser ein höherer Druck wie im Kessel herrscht. Wird dieser mit 5 at angenommen, so ist der Betriebsdruck des Economisers nicht mit 25, sondern mit 30 at anzugeben. Der Probedruck müßte also $30 \cdot 1{,}3 + 10 = 49$ at betragen.

Zu prüfen ist das zusammengebaute Register, damit der Prüfungszustand den späteren Betriebsbeanspruchungen entspricht. Man soll den Probedruck auch mindestens 15 min wirken lassen, damit das Preßwasser Zeit hat auch dann durch die Wandung zu dringen, wenn nur kleine Materialfehler vorliegen. Der Abnehmer sollte auf die strikte Erfüllung dieser Forderung genau achten, da in dieser Hinsicht viel Unsinn getrieben wird.

An Hand der vorstehenden Werkstoffbedingungen sei an dieser Stelle anschließend noch auf die Baustoffe des Stierle- und Szamatolski-Economisers sowie des Rippenrohr-Vorwärmers der Vereinigten Economiser-Werke eingegangen.

Das Material für die Rohre als auch für die Krümmer wird beim Stierle-Hochdruck-Economiser ausschließlich aus hochwertigem Elektrogußeisen mit einer Zugfestigkeit von mindestens 28 kg/mm² am angegossenen Probestab hergestellt. Dieser Probestab weist eine Stärke auf, welche der mittleren Wandstärke des Gußstückes und somit den Bedingungen für die Probeentnahme entspricht.

Die Biegefestigkeit beträgt 46 kg/mm² bei 10 mm Durchbiegung, bezogen auf den normalen Probestab von 30 mm Dmr. und 600 mm Länge. Die Brinellhärte liegt bei 180—190. Der Kohlenstoffgehalt wird mit 2,9 bis 3 vH gewährleistet[1]). Hieraus geht hervor, daß es sich um ein sehr hochwertiges Material handelt, wie es in einem Kupolofen keinesfalls hergestellt werden kann; denn bei Kupolofeneisen schwankt der C-Gehalt, selbst bei der vorsichtigsten Gattierung, stets um etwa 0,3 bis 0,5 vH. Zerreißversuche mit dem erstellten Elektromaterial haben Zugfestigkeiten bis zu 35 kg/mm² ergeben. Die Zahlentafel 7 bringt einige Abnahmewerte, die dieses Ergebnis befestigen. Die Zugfestigkeitszahlen für Sondergüte des VDI (s. Zahlentafel 6) werden weitaus überschritten.

Die Verbindung der Krümmer mit den Rippenrohren erfolgt entsprechend den neuesten VDI-Normen durch Bolzenschrauben (Stiftschrauben). Weil die Schrauben durch das Anziehen unverhältnismäßig stärker beansprucht werden als durch inneren Druck, ist in erster Linie die Streckgrenze ausschlaggebend.

---

[1]) Auf das von Stierle angewendete Elektrogußverfahren ist Verf. in seiner Monographie »Der Stierle-Economiser in der Praxis«, Verlag R. Oldenbourg, Weltkraftkonferenz Berlin 1930, näher eingegangen.

Zahlentafel 7.

Abnahmewerte an Stierle-Hochdruck-Economisern.

Probe Nr.	Zugfestigkeit Rohrproben Elektroguß kg/mm²	Probe Nr.	Zugfestigkeit Rohrproben Elektroguß kg/mm²
1	32,0	10	32,0
2	32,9	11	31,0
3	32,5	12	32,9
4	32,5	13	32,5
5	33,6	14	31,5
6	32,0	15	33.2
7	31,5	16	34,7
8	30,5	17	31.5
9	33,0		

Abb. 169 und 170 zeigen Schliffbilder einer Bolzenschraube aus Sondereisen und einer Kopfschraube aus gewöhnlichem Eisen mit einer Streckgrenze von 15—18 kg/mm². Sie lassen

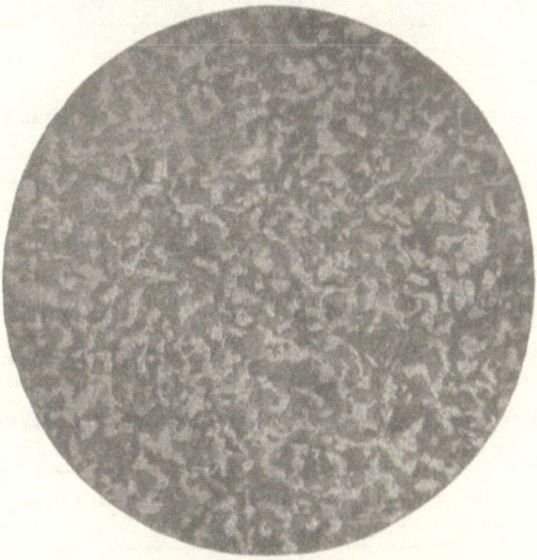

Abb. 169. Querschnitt-Schliffbild einer Bolzenschraube aus Sondereisen.

erkennen, daß das Gefüge bei beiden zwar aus Ferrit und Perlit besteht, daß jedoch bei der Bolzenschraube der Perlitgehalt entsprechend dem höheren Kohlenstoffgehalt ganz bedeutend höher ist als bei der Kopfschraube. Zerreißversuche, die ebenso wie die makroskopische und mikroskopische Untersuchung der Bolzen- und Kopfschrauben in der Material-

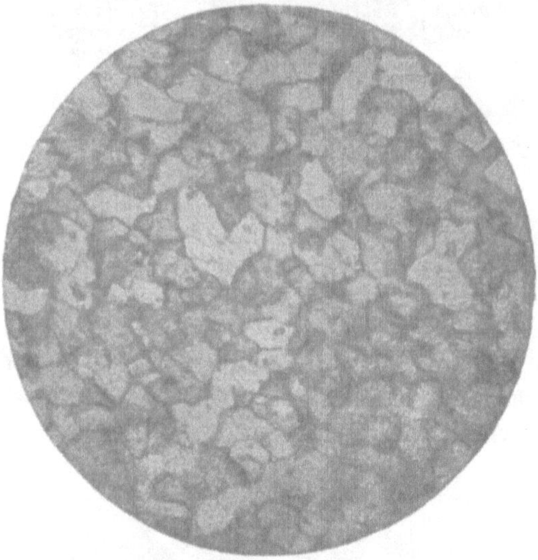

Abb. 170. Querschnitt-Schliffbild einer Kopfschraube aus gewöhnlichem Gußeisen.

prüfungsanstalt der Technischen Hochschule Darmstadt vorgenommen wurden, hatten zum Ergebnis, daß der von Stierle verwendete Sonderbaustoff eine Zugfestigkeit von 65—71 kg/mm² besitzt bei einer Streckgrenze von über 37 kg/mm² und einer Dehnung von über 20 vH. Diese Werte werden in der Praxis noch überschritten (s. Zahlentafel 8).

Zahlentafel 8.

Abnahmewerte für die bei den Stierle-Economisern verwendeten Schrauben.

Streckgrenze kg/mm²	Bruchgrenze kg/mm²	Dehnung vH
45,6	65,3	24
44,3	69,0	25
44,3	67,8	25
41,9	66,5	28
45,6	71,5	23
45,6	66,5	27

Abb. 171. Bild der Stelle 1[1]). $V = 150$ fach. Randgefüge des Nippels. Innenseite. Sehr geringe Verformungserscheinungen.

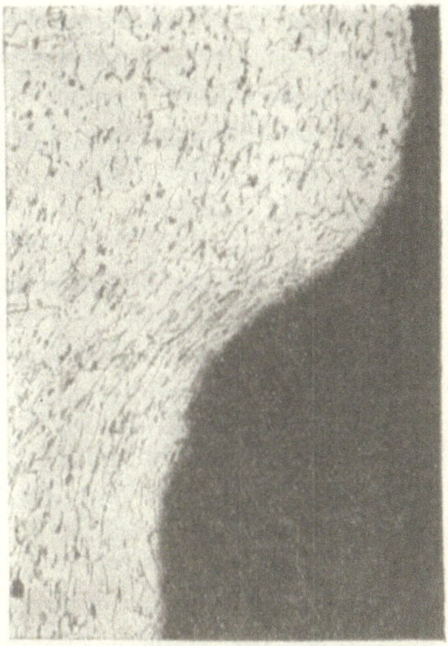

Abb. 172. Bild der Stelle 2. $V = 50$ fach. Randgefüge des Nippels. Außenrand-Ecke. Geringe Tiefenverformung.

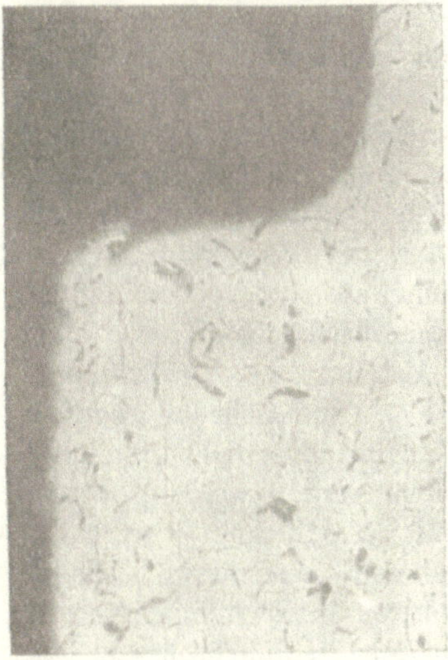

Abb. 173. Bild der Stelle 3. $V = 50$ fach. Randgefüge des Gußeisens. Ecke. Gute und feine Graphitanordnung. Die Scharfkantigkeit hat durch das Einwalzen nicht gelitten.

Abb. 174. Bild der Stelle 4. $V = 50$ fach. Kern des Gußeisens. Kein Unterschied gegenüber dem Rand.

[1]) S. Abb. 175.

Abb. 171—174 zeigen Hanomag-Schliffbilder aus einer Werkstoffprüfung der Szamatolski-Walzverbindung der Rohrnippel mit den gußeisernen Rippenrohren bzw. Verbindungskappen. Die Stellen der Probeentnahme sind in Abb. 175 gekennzeichnet.

Die Materialprüfung ergab die in Zahlentafel 9 zusammengestellten Werte:

Zahlentafel 9.

Abnahmewerte für die Baustoffe eines Szamatolski-Economisers.

1. Für Rippenrohre und Verbindungskappen[1]):
   Hochwertiges Sondergußeisen
   - Mindest-Zerreißfestigkeit: 22 kg/mm² bzw. 26 kg/mm²
   - Mindest-Biegefestigkeit: 40 kg/mm² bzw. 46 kg/mm²
   - Mindest-Durchbiegung: 10 mm.
2. Für Rohrnippel (nahtlos, kaltgezogen und geglüht):
   - Festigkeit: 38 kg/mm²
   - Dehnung: 28 %.

Die Vereinigten Economiser-Werke Düsseldorf-Freital verwenden für Drücke bis 25 atü ein gutes Sondergußeisen und für Drücke bis 60 atü ein hochwertiges Elektrogußeisen von einer Zugfestigkeit $\geq$ 26 kg/mm².

Die Reinigung der Rippenrohrheizflächen von Ruß und Flugasche ist nach wie vor als besonders wichtig anzusehen; denn auch bei rauchlos arbeitenden Feuerungen gibt es Anheizperioden, plötzliche Belastungsschwankungen und ähnliches, die mit Rauchbildung verbunden sind und zur Verunreinigung der Vorwärmerheizfläche führen können. Die Meinung, bei Geschwindigkeiten von 5 m/s und mehr könne unter allen Umständen eine Selbstreinigung der Heizfläche erzielt werden, dürfte nicht zutreffen. Man muß ja auch bei Lokomobilen und Lokomotiven bei meist erheblich höheren Geschwindigkeiten und glatter Rohrfläche die Rauchrohre mittels Bürste reinigen. Auf welche andere Weise als durch Verschmutzung wären so niedrige Wärmedurchgangszahlen von

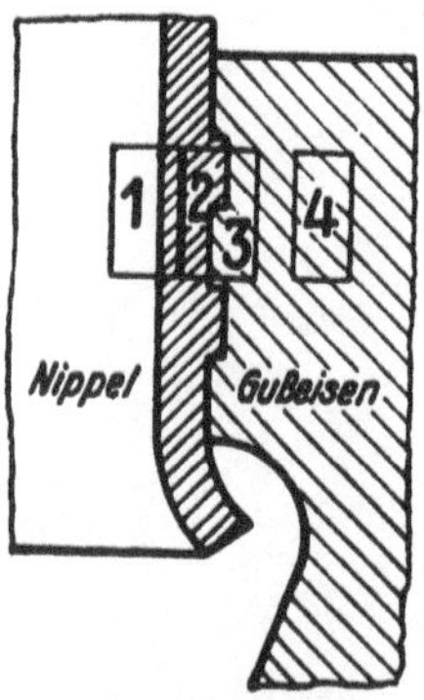

Abb. 175. Entnahmestellen für die Schliffproben Abb. 171—174.

[1]) Vgl. Zahlentafel 6, S. 329.

$k = 5{,}25$[1]) bzw. $k = 8{,}1$[2]) zu erklären, die an Vorwärmern mit Prallflächen erhalten wurden?[1])[2])

Über Rußausbläser findet sich Näheres in der Wärmetechnik Band I des Verf.[3]). An dieser Stelle sei zu den dortigen Ausführungen ergänzend erwähnt, daß der Rußbläser der Vereinigten Economiser-Werke Düsseldorf-Freital aus einem Rechen mit Fraissinet-Ausblasedüsen besteht. Es wird von außen betätigt und bestreicht die ganze Heizfläche.

b) Die Stufenvorwärmung durch Anzapfdampf.

Ein Verfahren, durch welches sich mit verhältnismäßig einfachen Mitteln die Wirtschaftlichkeit eines Kraftwerkes günstig beeinflussen läßt, ist durch die Vorwärmung des in die Kessel zurückgespeisten Kondensates mittels Anzapfdampf aus den der Stromerzeugung dienenden Kraftmaschinen gegeben. Bei dem üblichen Arbeitsverfahren bei Kondensationsmaschinen kann infolge der physikalischen Eigenschaften des Dampfes nur ein kleiner Teil der im Frischdampf enthaltenen Wärme in nutzbare Arbeit umgesetzt werden, während etwa 60 vH der aufgewendeten Wärmemenge mit dem Abdampf in den Kondensator gelangt und mit dem Kühlwasser fortgeführt wird. Beim Anzapfverfahren wird dem Arbeitsdampf während der Expansion ein Teil seiner Wärme entzogen und in besonderen Wärme-Austauschapparaten zur Erwärmung des Turbinenkondensates benutzt. Die im Anzapfdampf enthaltenen beträchtlichen Wärmemengen werden durch dieses Verfahren restlos für den Kreisprozeß wieder gewonnen. Es vermindert sich zwar gleichzeitig die nutzbare Maschinenleistung, doch ist der entsprechende Verlustbetrag stets nur ein Bruchteil des in der Vorwärmung liegenden Gewinnes.

Das Schaubild Abb. 176 verdeutlicht den Vorgang. Die Fläche $ABDC$ stellt den Wärmeinhalt der Gewichtseinheit Frischdampf vom Drucke p_k und der Überhitzung t_a vor. Fläche $CDFE$ ist der in Arbeit umgewandelte Anteil. Der Kondensatordruck ist — p_0, die zugehörige Dampftempera-

---

[1]) Schweizer. Verein von Dampfkesselbesitzern, »Dampf« 1928.

[2]) Finnischer Verein Föreningen vor Kraft och Bränsleeconomie, »Jahresbericht für 1925«, S. 47.

[3]) S. Verf. Abwärmetechnik, Bd. I, S. 279 u. f.

tur t_0. Ohne Vorwärmung muß zur Gewinnung von 1 kg Frischdampf im Kessel die Wärmemenge $A_0 B_0 D C$ zugeführt werden, wovon die Menge $A_0 B_0 F E$ im Kondensator verloren geht. Arbeitet man dagegen z. B. mit dreistufiger Vorwärmung und wärmt das Speisewasser mit Entnahmedampf vom Drucke p_1, p_2, p_3 auf die entsprechenden Temperaturen t_1, t_2, t_3 vor, so folgt aus dem Schaubild, daß dazu die Wärmemenge A_0 1 2 3 4 5 6 A_1, — $A_0 B_0 H G$ entnommen werden muß. Es wird also die in das Kühlwasser der Kondensation abgehende Wärmemenge von $A_0 B_0 F E$ auf $A_1 B_0 F E_1$ verringert. Zugleich sinkt allerdings die der gewonnenen Arbeit entsprechende Wärmefläche $CDFE$ auf $C D F E_1$ 6 5 4 3 2 1. Die Abb. 176 zeigt aber, daß der Wärmegewinn größer ist als die Energieeinbuße, da der Gleichheit von Verlust und Gewinn die größere Energieverlustfläche $C C_1 E_1 E$ entsprechen müßte[1][2]).

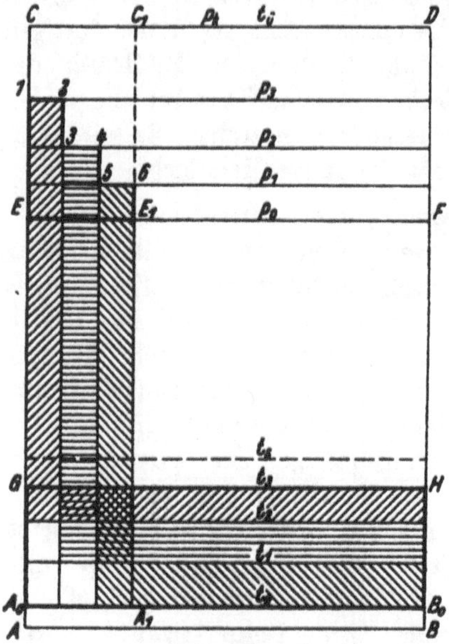

Abb. 176. Darstellung des durch Anwendung des Regenerativverfahrens erzielbaren Wärmegewinnes.

Die unmittelbar erzielte Wärmeersparnis durch die Speisewasservorwärmung beträgt z. B. bei der Erzeugung von Sattdampf von 10 atü aus Speisewasser von 10° bei dessen Vorwärmung auf 90—95° etwa 12—13 vH. Für andere Temperaturen des vorgewärmten Speisewassers ist die direkte

[1]) Bei dieser Betrachtung ist vorausgesetzt, daß die Rauchgasabwärme anderweitig, z. B. zur Luftvorwärmung, verwendet wird.

[2]) Näheres über die Theorie des Regenerativverfahrens s. Verf. »Die Kondensatwirtschaft«, 1927, S. 176 u. f. Verlag R. Oldenbourg, München und Berlin.

Kohlenersparnis der Abb. 177 zu entnehmen, woraus sich ergibt, daß mit Speisewasser, welches nur auf 60° vorgewärmt ist, eine Ersparnis von nur 8 vH erzielt werden kann.

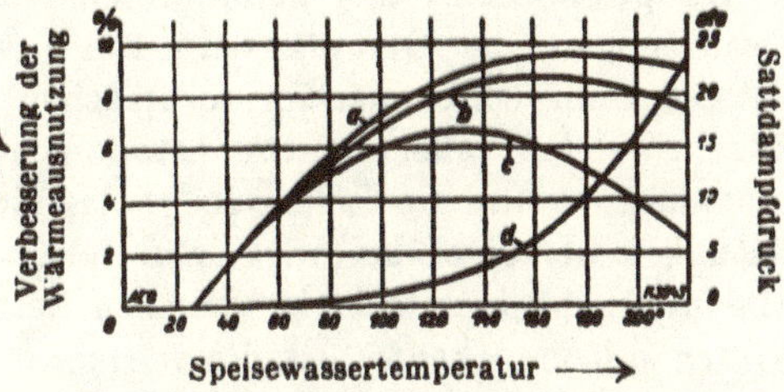

Abb. 177. Verbesserung der Wärmeausnutzung durch Vorwärmung des Speisewassers mit Anzapfdampf für Frischdampf von 35 atü 400°.

a = Dreistufige Anzapfung, b = zweistufige Anzapfung, c = einstufige Anzapfung, d = Sattdampfdruck.

Die tatsächliche Brennstoffersparnis ist jedoch aus folgenden Gründen weit größer. Die Zuschaltung eines Vorwärmers bedeutet zugleich eine Entlastung der Kesselheizfläche und damit eine Verbesserung des Kesselwirkungsgrades. Daher kommt es, daß bei Verwendung hoch vorgewärmten Speisewassers im Dauerbetrieb Brennstoffersparnisse nicht nur von 8 vH, sondern von 16—18 vH und mehr festgestellt worden sind. Die Verminderung des Brennstoffverbrauchs bedeutet außerdem zugleich eine entsprechende Verringerung der Heizarbeit sowie eine Verminderung des Aschenanfalls und der Verluste an brennbaren Rückständen in der Asche und zuletzt eine Verminderung der Arbeit zur Beseitigung der Asche und Schlacken. Eine weitere für den Kesselbetrieb günstige Wirkung der Speisewasservorwärmung besteht darin, daß bei Zuführung heißen Speisewassers an Stelle von kaltem Wasser die Dampfentwicklung nicht gestört und der Kessel bzw. das Kesselmaterial und die Nietverbindungen geschont werden. Die Bedeutung dieses Punktes ist nicht zu unterschätzen, waren doch sogar Kesselexplosionen nur auf die verderbliche Wirkung des Kaltspeisens zurückzuführen, wobei eine ungleiche Ausdehnung der Kesselbleche die Überbeanspruchung hervorgerufen hatte. Ein weiterer Nutzen der Speisewasservorwärmung außerhalb des Dampfkessels besteht darin, daß die im Wasser etwa noch vorhandene

Luft durch die Erhitzung außerhalb des Kessels ausgetrieben und durch einen Entlüfter auf oder hinter dem Vorwärmer abgeschieden wird. Die Luftentfernung ist wichtig, weil sie die Hauptschuld an den gefürchteten Anrostungen in den Speiseleitungen und Dampfkesseln trägt, welche oft deren vorzeitiges Unbrauchbarwerden verursachen[1]).

Der Nutzen, welcher außer der Brennstoffersparnis durch die Wasservorwärmung für die Lebensdauer des Kessels und der Speiseleitungen herbeigeführt wird, rechtfertigt es auch, wenn bei Abdampfmangel, welcher in manchen Betrieben vor allem im Winter auftreten kann, dem Vorwärmer gedrosselter Frischdampf zugeführt wird. Dies geschieht selbsttätig durch ein Zusatzventil, welches in die Abdampfleitung eingebaut wird und diese mit der Frischdampfleitung verbindet.

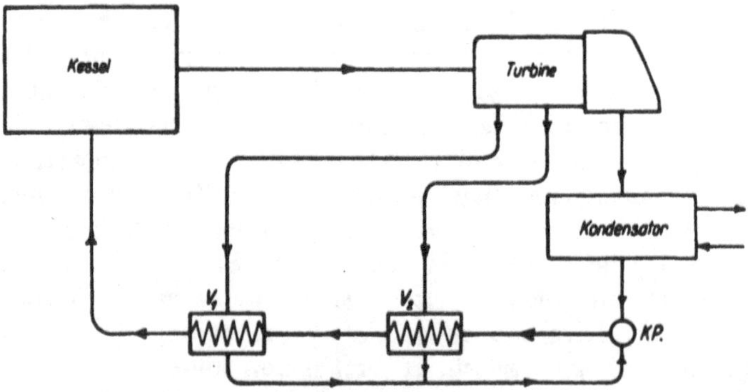

Abb. 178. Regenerativschaltung für zwei Anzapfstellen.

Das ideale Anzapfverfahren, die Wärmeentziehung über den ganzen Expansionsvorgang gleichmäßig zu verteilen und entsprechend auch die Vorwärmung in unendlich vielen Stufen zu bewirken, läßt sich konstruktiv nicht durchführen. Man muß sich in der Praxis vielmehr mit einer auf einige Stufen begrenzten Anzapfung bzw. Vorwärmung begnügen (s. Abb. 178.) Die Zahl der Stufen sowie die Höhe der Temperatur, bis zu der die Vorwärmung zu treiben ist, werden von Fall zu Fall entschieden werden müssen.

---

[1]) Näheres s. S. 291 u. f.

Rein wärmewirtschaftliche Erwägungen führen zu einer möglichst hohen Stufenzahl; Rücksicht auf ein Niedrighalten der Baukosten und Einfachheit der ganzen Anlage zwingt dagegen zu einer weitgehenden Beschränkung. Für mittlere Frischdampfdrücke sind im allgemeinen ein- bis zweistufige Anzapfungen am vorteilhaftesten, da bereits die

Abb. 179. Zweistufige Speisewasservorwärmeranlage für eine 10 000 kW-AEG-Turbine.

dritte Stufe nur verhältnismäßig geringen wirtschaftlichen Gewinn bringt. Erst bei Drücken über 30 atü werden sich weitere Stufen lohnen.

Die Höhe der Vorwärmtemperatur wird man in Einklang mit den Arbeitsbedingungen der Kessel- und Economiseranlage zu bringen haben. Je höher die Temperatur hinter dem letzten Vorwärmer ist, um so größer wird der wärmewirtschaftliche Gewinn. Begrenzt wird die Temperatur anderseits durch die Forderung, daß in dem nachgeschalteten Rauchgasvorwärmer auch bei ungünstigen Betriebsverhältnissen auf keinen Fall Dampfbildung eintreten darf, wie z. B. wenn bei schwach belastetem Kessel die Speisung längere Zeit aussetzen sollte. Die höchste Vorwärmtemperatur wird daher stets eine gewisse Spanne unterhalb der Verdampfungstemperatur bleiben müssen. Diese ist um so größer zu wählen, je reichlicher die Abmessungen der Rauchgasvorwärmer sind; sie kann dagegen geringer gehalten werden bei kleinem Rauchgasvorwärmer in Verbindung mit Rauchgas-Luftvorwärmern. Für mittlere Frischdampfdrücke bis 20 atü wird man eine Vorwärmung von 100—120° und bei höheren Drücken bis 35 atü bis zu von 130—150° wählen können.[1])

Abb. 179 zeigt eine ausgeführte zweistufige Speisewasservorwärmung für eine 10000-kW-AEG-Turbine.

Die zur stufenweisen Vorwärmung benötigten Vorwärmer haben besondere Konstruktionsbedingungen zu erfüllen, weil diese Vorwärmer für hohe Drücke gebaut werden müssen. Hierbei ist es erforderlich, daß das Speisewasser durch die Rohre läuft, damit Rückstände entfernt werden können. Außerdem muß dafür gesorgt werden, daß das aus Bronze- oder Kupferrohren bestehende Rohrbündel sich frei ausdehnen kann, weil bei den hohen Wassertemperaturen mit erheblichen Ausdehnungen gerechnet werden muß. Es ist fernerhin erforderlich, daß kein Druckwasser in den Dampfraum übertreten kann, weil andernfalls Rückschläge eintreten müssen, ganz abgesehen von dem Verlust an hochvorgewärmtem Wasser. Abb. 180 zeigt den Szamatolski-Hochdruckvorwärmer, welcher diesen Bedingungen gerecht wird. Das Rohrbündel ist in einem topfartigen Gleitkolben einerseits und in einer Rohrplatte anderseits befestigt. Die Befestigung der einzelnen Rohre erfolgt durch Einwalzen und Verankern.

Auf dem Topfkolben *K* ruht der Pumpendruck, der 30 und mehr Atmosphären beträgt. Das Rohrbündel muß diesen Druck aufnehmen und vor dem Zerknicken bewahrt werden. Außerdem ist es sehr wichtig, daß die empfindlichen Walzstellen der Rohre einer möglichst geringen Beanspruchung ausgesetzt werden. Szamatolski wendet ein loses Versteifungs-

[1]) Im Durchschnitt keine höhere Vorwärmung, da zumeist zu kostspielig.

rohr *R* an, das außer Betrieb Spiel zwischen Rohrplatte und Kolben hat. Die Bronzerohre haben einen größeren Ausdehnungskoeffizienten als das lose Versteifungsrohr. Darauf muß der Konstrukteur acht geben und den Spielraum für das Versteifungsrohr danach einrichten. Kommt der Vorwärmer in Betrieb, so wird der Kolben durch den Druck auf das lose Versteifungsrohr zurückgedrückt. Das Rohrbündel wird sich also nur ganz wenig ausbauchen können und das Zerknicken wird verhindert. Die Walzstellen werden nicht beansprucht, da der Druck durch das lose Versteifungsrohr aufgenommen wird. Selbst Pumpenstöße können nicht auf die Walzstellen des Rohrbündels einwirken.

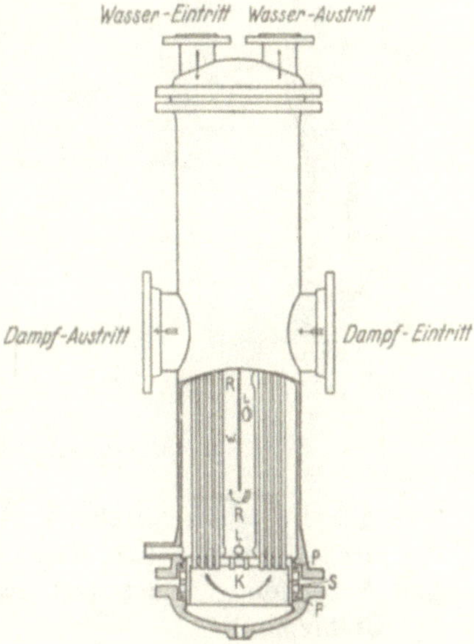

Abb. 180. Szamatolski-Hochdruckvorwärmer.

Auch kann bei undichter Stopfbüchse kein Druckwasser in den Dampfraum übertreten. Dieselbe ist als doppelte Stopfbüchse so gebaut, daß um den Kolben ein eiserner Ring *S* gelegt ist, welcher in der Mitte Öffnungen hat. Das Druckwasser ist durch eine Packung nach der Wasserseite geschützt, der Dampf durch eine Packung nach der Dampfseite. Wird eine der beiden Packungen undicht, so spritzt Druckwasser oder Dampf durch die kleinen Öffnungen aus; es kann aber nichts in den korrespondierenden Raum übertreten.

Abb. 181 zeigt einen Atlas-Hochdruckvorwärmer. Das gesamte Rohrbündel ist ausziehbar, so daß ein gegebenenfalls erforderlich werdender Rohrersatz leicht durchzuführen ist. Die vollständige Dichtheit dieses Apparates wird dadurch erzielt, daß die Rohre beiderseits fest eingewalzt sind und somit die Wärmespannungen ohne Stopfbüchse aufgenommen werden. Die hintere Platte mit dem aufgeschraubten Umlenkdeckel läuft freibeweglich im Vorwärmermantel und ermöglicht auf diese Weise die Aufnahme der naturnotwendig auftretenden Dehnungserscheinungen.

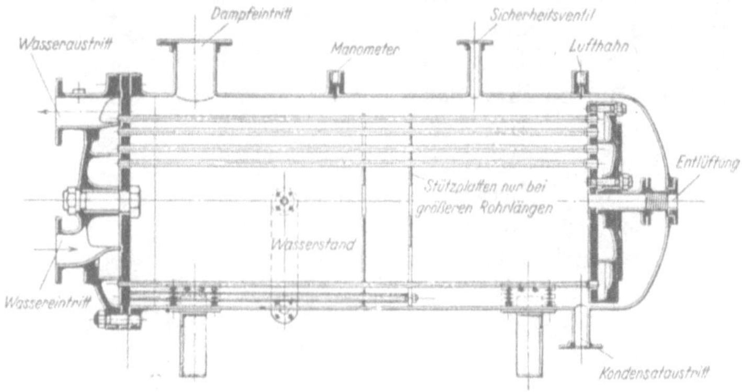

Abb. 181. Atlas-Hochdruckvorwärmer.

Abb. 182 zeigt schließlich noch einen Hochdruckvorwärmer der Firma Schmidt Söhne, Hamburg, der besonders im Schiffbau Verwendung findet und zwar in der Ausführung mit Spiralrohren.

Das kalte Speisewasser fließt von unten nach oben dem oben eintretenden Heizdampf entgegen. Durch die Geschwindigkeit und Wirbelung des Wassers in den Heizrohrspiralen wird eine große Leistungsfähigkeit bei kleiner Raumbeanspruchung erzielt. Das Heizrohrsystem kann sich frei ausdehnen und nach Entfernung des Dampfmantels unter Kesseldruck geprobt und überholt werden. Die Heizrohrspiralen sind bei Instandsetzungsarbeiten leicht einzeln zu entfernen. Der Zusammenbau des Apparates ist einfach.

Bei Hochdruckanlagen soll das Zusatzspeisewasser möglichst chemisch rein sein. Zur Aufbereitung des Wassers werden Verdampfer verwendet. Zum Niederschlagen der Brüden sollte aus thermischen Gründen Speisewasser benutzt werden; dieses erfährt hierdurch, dem Wärmeinhalt und der Menge der Brüden entsprechend, eine Temperatursteigerung. Der Heizdampf für die Verdampfer soll möglichst Entnahmedampf aus der Turbine sein, da gedrosselter Frischdampf vermieden werden soll[1]).

Aus diesen Gründen ist die Verdampferanlage mit der Schaltung der Vorwärmeranlage zu vereinigen, wobei es erwünscht ist, den Heizdampfdruck für die Verdampfer annähernd konstant zu halten.

Bei Anlagen kleiner Leistung, die mit geringer Betriebsstundenzahl oder billiger Kohle arbeiten, kann auf die Anzapf-Speisewasservorwärmung verzichtet werden, weil bei niedrigen Drücken der Nutzen der Speisewasservorwärmung nicht hoch ist. Das Speisewasser wird in Economisern vorgewärmt, das Zusatzwasser auf chemischem Wege aufbereitet.

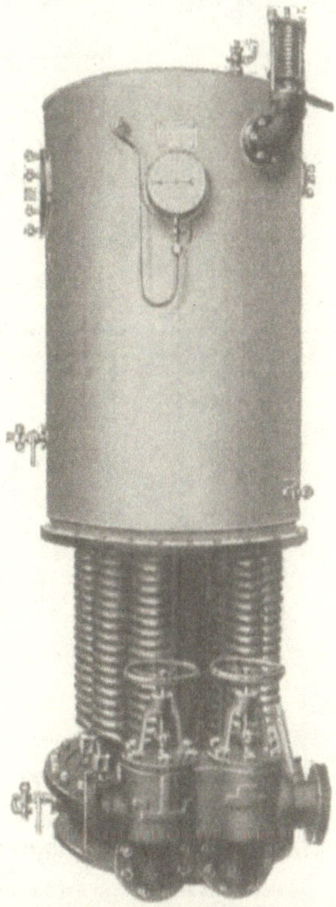

Abb. 182. Hochdruckvorwärmer mit Spiralheizrohren, Bauart »Schmidt-Söhne-Hamburg«. (Mantel zum Teil abgezogen.)

In Anlagen mit konstanten Betriebsverhältnissen, z. B. in Grundbelastungswerken, wird man die Speisewasser-Vorwärmeapparate aus unregulierten Stufen der Hauptturbine versorgen. Auch die Verdampfer werden mit Dampf aus einer dieser Stellen gespeist.

Bei großen Kraftwerken mit schwankender Belastung werden zweckmäßig andere Schaltungen verwendet, für die das Bestreben maßgebend ist, mit Rücksicht auf den Betrieb und den Wirkungsgrad bei allen Belastungen konstante Temperaturen zu haben sowie die Vorwärmung von der Hauptturbine fortzunehmen und deshalb besondere Vorwärmeturbinen anzuwenden.

Bei Anlagen mit Heiz- oder Trockendampfbedarf kommt ebenfalls die Aufstellung einer besonderen Heizdampfturbine (Vorwärmeturbine) in Frage (s. Abb. 183).

[1]) Näheres über die einzelnen Fragen s. S. 286 u. f.

Anstatt den Trockendampf den Kesseln unmittelbar zu entnehmen oder die Hauptturbine anzuzapfen, empfiehlt sich eine Anordnung mit einer besonderen Gegendruck- oder Anzapf-Gegendruckturbine, der gleichzeitig der Dampf für die Vorwärmung und Aufbereitung des Speisewassers ent-

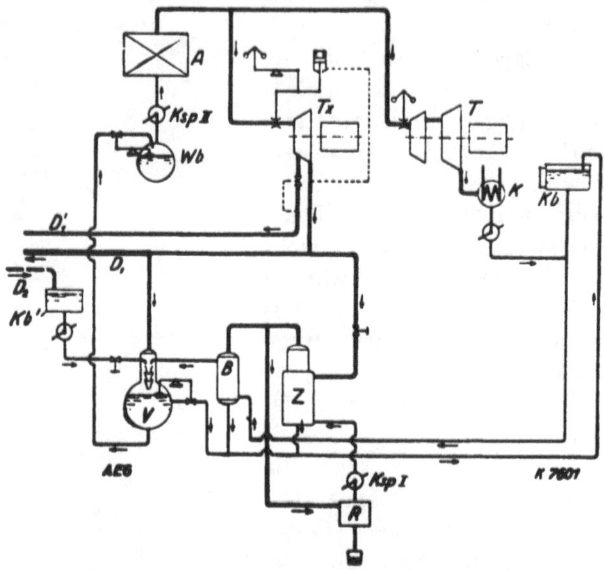

Abb. 183. Schema einer Anlage für Speisewasservorwärmung und Zusatzwassererzeugung mit besonderer Heizdampfturbine. A = Kessel, B = Brüdenkondensator, D_1, D_1' = Heizdampfleitung, D_2 = Kondensatrückleitung, K = Kondensator, K_b = Kaltwasserbehälter, K_b' = Kondensatbehälter, K_{sp} = Kesselspeisepumpen, R = Rohwasservorreinigung, T = Hauptturbine, T_x = Vorwärmturbine, V = Mischvorwärmer, W_b = Warmwasserbehälter, Z = Verdampfer.

nommen wird (s. Abb. 183). Vorwärme- und Trockendampf werden der gleichen Leitung entnommen. Die Verdampferanlage ist an die gleiche Entnahmeleitung angeschlossen. Der Brüdendampf wird mit kaltem Kondensat aus der Hauptturbine niedergeschlagen. Außerdem ist noch eine unregulierte Anzapfstelle vorgesehen, der höher gespannter Dampf für Fabrikationszwecke in geringen Mengen entnommen werden kann. Bei einer Vorwärmung auf höhere Temperaturen, als dem Dampfdruck für die Trockner entspricht, kann die Anzapfstelle mit höherem Druck oder eine weitere unregulierte Anzapfstelle zur Dampfabgabe für die Speisewasservorwärmung herangezogen werden. Ist es wirtschaftlicher, das Speisewasser mehrstufig auf die gewünschte Endtemperatur zu bringen, so kann die Hauptturbine eine unregulierte Anzapfung zur

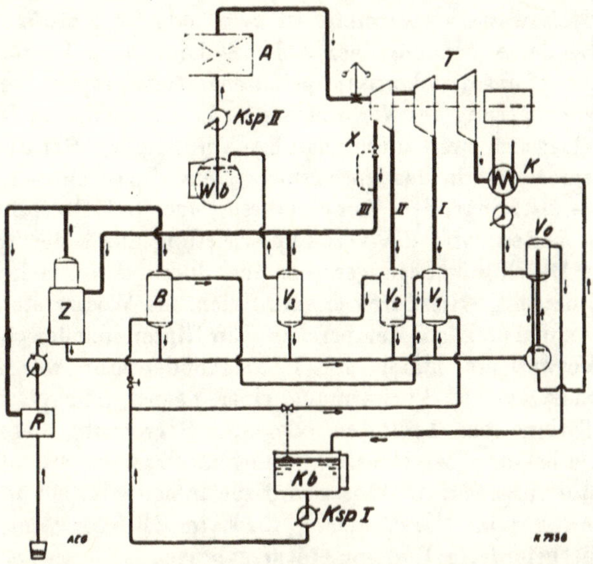

Abb. 184. Schema einer Anlage mit Speisewasservorwärmung und Aufbereitung durch unregulierte Anzapfstellen der Hauptturbine größerer Leistung.

A = Kessel, B = Brüdenkondensator, K = Kondensator, K_b = Kaltwasserbehälter, K_{sp} = Kesselspeisepumpen, R = Rohwasservorreinigung, T = Turbine, V_1, V_2, V_3 = Speisewasservorwärmer, V_0 = Hilfsbrüdenkondensator, W_b = Warmwasserbehälter, X = Regulierorgan, Z = Verdampfer.

Speisewasservorwärmung erhalten. Die Nacherwärmung auf die geforderte Endtemperatur würde die Hilfsturbine übernehmen können.

Kondensationsanlagen mittlerer Größe, bei denen mit verhältnismäßig großen und kurzzeitigen Belastungsstößen zu rechnen ist, und bei denen die Belastungsdauer 24 Stunden beträgt, kommen besondere Vorwärmeturbinen aus Preisgründen und wegen eines zu geringen Dampfbedarfes für Vorwärmezwecke nicht in Frage.

Für solche Anlagen von 5000—20000 kW, z. B. in Walzwerks- und Hüttenbetrieben usw., kommen Anordnungen nach Abb. 184 zur Anwendung. Für diese AEG-Schaltung ist kennzeichnend, daß die Temperatur bei Teillasten konstant gehalten wird, obgleich der Dampf zur Speisewasservorwärmung unregulierten Stellen der Hauptturbine entnommen wird. Die Speisewasservorwärmung ist zwei- oder mehrstufig.

Bei der Anordnung nach Abb. 184 können die Verdampfer mit Dampf aus dem konstant gehaltenen Netz gespeist werden. Zur Verringerung des Verbrauches an hochgespanntem Dampf empfehlen sich zwei- oder dreistufige Verdampfer. Der Brüdenkondensator ist in das Vorwärmersystem eingeschlossen. Um alle verlustbringenden Temperatursprünge und Drosselungen auszuschalten, wird die Verdampferleistung durch die Speisewasser-Durchflußmenge geregelt, die durch den Brüdenkondensator geht. Hierdurch erwärmt sich das Wasser stets auf die maximal mögliche Temperatur. Ein Hintereinanderschalten des Vorwärmers hinter der Brüdenkondensator würde die Ausschaltung der Vorwärmung einer nächst höheren Stufe der Turbine bei Teillasten oder die Begrenzung der Verdampferleistung bei Überlast bedingen. Das im Brüdenkondensator vorgewärmte Wasser wird zusammen mit dem übrigen Speisewasser im Vorwärmer V_2 bzw. im Hilfsvorwärmer V_3 auf die geforderte Endtemperatur gebracht.

Bei Anlagen mit mehreren parallel arbeitenden Turbinen kleinerer Leistung und einfacher Konstruktion kann zur Konstanthaltung der Temperatur die Schaltung nach Abb. 185 verwendet werden, welche dadurch gekennzeichnet ist, daß mehrere Maschinen ein gemeinsames Vorwärmer- und Verdampfersystem erhalten, welches mit dem Dampf aus nur einer Turbine gespeist wird, in dem aber das Kondensat aller Maschinen gemeinsam vorgewärmt wird.

Der Anzapfdruck der Maschine, die jeweils auf den Vorwärmer arbeitet, wird mittels der Turbinenbelastung konstant gehalten; diese Turbine erhält, wie die Schaltung zeigt, eine Regulierung, die die Durchflußmenge durch die Turbine, d. h. die Öffnung der Frischdampfdüsen in Abhängigkeit von dem an der Anzapfstelle herrschenden Druck steuert. Da durch die Frischdampf- und Entnahmedampfmenge die Belastung dieser Maschine festliegt, müssen die übrigen Maschinen den Belastungsausgleich übernehmen.

Zweckmäßig erhält die Turbine des Systems eine gleiche Regulierung, (die ab- und zugeschaltet werden kann) und Anschlüsse, um von jeder Maschine aus auf die Vorwärmer und Verdampfer arbeiten zu können. Gegen Überlastung der Turbine schützen Strombegrenzungsregler.

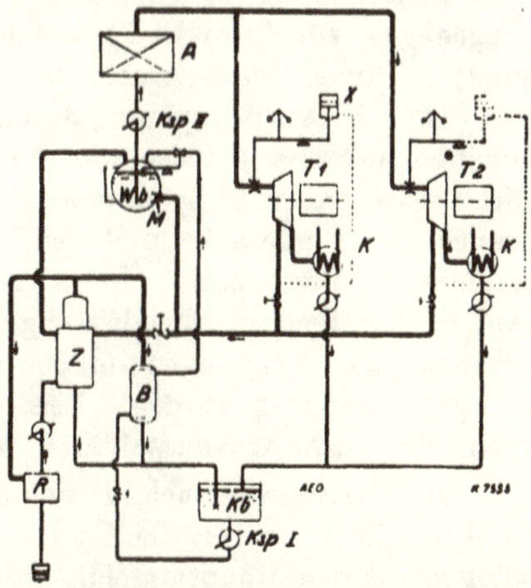

Abb. 185. Schema einer Anlage für Speisewasservorwärmung und Aufbereitung bei Betrieb mehrerer parallel arbeitender Turbinen mit unregulierten Anzapfstellen.
A = Kessel, B = Brüdenkondensator, K = Kondensator, K_b = Kaltwasserbehälter, K_{sp} = Kesselspeisepumpen, M = Mischdüse, R = Rohwasservorreinigung, T_1, T_2 = Turbinen, W_b = Warmwasserbehälter, X = Regulierorgan für Speisewasservorwärmer, Z = Verdampfer.

Erfordert der Betrieb an sich Nutzdampf mit konstantem Druck, d. h. die Aufstellung von Anzapfturbinen, so können die Speisewasservorwärmer- und Aufbereitungsapparate aus dem Fabrikationsdampfnetz gespeist werden.

Die Aufrechterhaltung der Speisewassertemperatur bei allen Belastungen ergibt sich von selbst.

Wesentlich ist, alle Kondensate der Heizapparate bei Anlagen mit unregulierten Anzapfstellen in den Kondensator zurückzuleiten. Hierdurch wird ein Rückfließen der Kondensate in die Turbine bei deren plötzlicher Entlastung vermieden. Die Flüssigkeitswärme der Kondensate wird in einem besonderen Wärme-Austauschapparat an das Speisewasser abgegeben. Der Wärme-Austauschapparat kann in Verbindung mit einem Entspannungsgefäß als Oberflächen- oder bei Aufstellung in etwa 10 m Höhe als Mischvorwärmer ausgebildet werden[1]).

[1]) Näheres s. Hilgers, AEG-Mitteilungen 1927.

6. Die Speisepumpen für Normal- und Hochdruckanlagen.

a) Allgemeines.

Die zunehmenden Kesseldrücke in neuzeitigen Kraftwerken bringen zunehmende Leistungen der Speisepumpen und ihrer Antriebsmaschinen mit sich. Der wachsende Stromverbrauch und die zunehmende Größe der Kesselhäuser bedingen eine zunehmende Fördermenge der einzelnen Speisepumpen, zumal das Bestreben besteht, den normalen Betrieb mit einer Kesselspeisepumpe durchzuhalten, um ein Parallelschalten mehrerer Speisepumpen zu vermeiden. So wachsen die Leistungen von Speisepumpen hinsichtlich der Fördermenge, der Förderhöhe und des Leistungsbedarfes. Mit zunehmender Förderhöhe nimmt außerdem der prozentuale Anteil der Speisepumpenleistung an der Gesamt-Energieerzeugung zu. Leistungen von 500 bis 600 PSe sind bei Großanlagen normal geworden. Leistungen von 1200 PSe und mehr sind mehrfach ausgeführt[1]) worden.

Das Bestreben nach Erzielung höchster Wirtschaftlichkeit gilt auch für die Speisepumpen. Es ist nicht angängig, aus den Hauptmaschinen das letzte Prozent des Wirkungsgrades mit vermehrten Anlagekosten herauszuholen, gleichzeitig aber die Hilfsmaschinen und darunter auch die Speiseaggregate zu vernachlässigen. Der Verlust wächst mit dem prozentualen Anteil der Speiseleistung an der gesamten Energieerzeugung.

Das Bestreben, die Dampfkraftanlagen wirtschaftlicher zu gestalten, hat zur Anwendung hoher Dampfdrücke geführt. Ebenso wichtig wie hochgespannter Dampf ist aber die Vorwärmung des Speisewassers[2]). Beim Bau von neuen Dampfanlagen mit hohem Druck wird deshalb eine möglichst hohe Vorwärmung des Speisewassers angestrebt. Wird das Speisewasser erst vorgewärmt, nachdem es die Speisepumpe verlassen hat, so können gewöhnliche Pumpen verwendet werden. Es müssen jedoch sämtliche Armaturen und Vorwärmer wegen ihres Strömungswiderstandes für einen höheren Druck als den

[1]) S. a. Knörlein, »Neue Turbo-Kesselspeisepumpen größerer Leistung«. Wärme 1928, Nr. 40 u. 41.

[2]) Näheres s. S. 335 u. f.

Kesseldruck ausgeführt werden, was oft kostspielig ist. Wird dagegen die Vorwärmung vor der Pumpe, zwischen 2 Druckstufen oder im Innern der Pumpe angeordnet, so braucht jeder Vorwärmer nur für einen Betriebsdruck bemessen zu sein, der um 2 bis 5 at höher ist als der Druck, der der höchsten Vorwärmtemperatur entspricht. Auch die Wahl des Werkstoffes der Pumpe hängt von der Höhe der Wassertemperatur ab[1]).

b) Pumpenbauarten.

Als Kesselspeisevorrichtungen werden verwendet:

1. Injektoren.
2. Kolbenpumpen, und zwar:
   a) Handpumpen,
   b) Maschinenpumpen,
   c) Kurbel- oder Plungerpumpen mit Transmissions- oder elektrischem Antrieb,
   d) Dampfpumpen, und zwar als:
   Schwungradpumpen oder als
   direkt wirkende Pumpen, sog. Simplex- und Duplexpumpen.
3. Kreiselpumpen.

1. **Injektoren** heißen die zum Speisen von Dampfkesseln dienenden Dampfstrahlpumpen. Die Wärme des Arbeitsdampfes geht in das geförderte Speisewasser über. Sie arbeiten nichtsaugend oder saugend. Die saugenden Injektoren haben eine Spindel zur Reglung des Arbeitsdampfes. Beim Ingangsetzen wird zuerst nur mit einem feinen Dampfstrahl in der Düse gearbeitet, bis das Wasser angesaugt ist und durch das Schlabberventil abläuft; dann wird der Dampfstrahl so lange verstärkt, bis er das Dampfwassergemisch durch das Rückschlagventil zum Kessel treibt. Das durch die Injektoren geförderte Wasser kann einen Gegendruck überwinden, welcher erheblich höher ist als der Dampfdruck. Abdampfinjektoren können mit Hilfe von niedrig gespanntem Abdampf noch Dampfkessel bis 8 at speisen. Durch den Arbeitsdampf der Injektoren wird das Wasser auf 70—90° erwärmt.

---

1) Z. d. V. D. I. 1925, Bd. 69, S. 324.

2. An **Kolbenpumpen** sind verschiedene Arten in Gebrauch:

a) Handpumpen sind infolge ihrer geringen Leistung nur für kleine Anlagen anwendbar. Nach den gesetzlichen Bestimmungen ist die Anwendungsgrenze erreicht, wenn das Produkt aus Kesselheizfläche (m^2) und Überdruck (kg/cm^2) = 127 ist. Der Verwendungsbereich ist auf kleine Lokomotiv- und stehende Feuerbuchskessel für Rammen, Winden, Baggern u. a. m. beschränkt.

b) Maschinenpumpen. So benannt, weil ihr Antrieb unmittelbar von der Hauptmaschine mittels Exzenter oder Schwinghebel aus erfolgt. Es sind an sich äußerst zuverlässige Maschinen, doch können sie weder für Turbinenanlagen noch für eine ununterbrochene Speisung verwendet werden.

c) Kurbelpumpen sind Plungerpumpen mit einem oder mehreren Zylindern. Der Antrieb erfolgt durch Transmission oder Elektromotor mittels Riemen oder Zahnradvorgelege. Zur Förderung kleiner Mengen können diese Maschinen bis zu den höchsten Drücken verwendet werden.

Erwähnt sei als neuzeitliche Plungerpumpenkonstruktion die »Rhenania-Zwei- und Dreiplungerpumpe« der Firma Klein, Schanzlin & Becker, Frankenthal/Pfalz. Die Bauart für Mitteldruck wird bis zu einem maximalen Druck von 15 atü bei einer Höchstfördermenge von 240 m^3/h, das Hochdruckmodell bis 25 atü und $\sim$140 m^3/h ausgeführt. Das Triebwerk ist bei beiden Bauarten das gleiche. Sie haben infolge der stehenden Anordnung einen geringen Bedarf an Grundfläche. Die Ventile sind gut zugänglich. Die besonderen Vorzüge der Dreiplungerpumpen liegen in den um je 120° versetzten Kurbelzapfen. Durch diese Anordnung wird ein vollständig stoßfreies Arbeiten der Pumpe sowie eine ganz gleichmäßige Wasserförderung erzielt. Hervorzuheben ist ferner, daß bei der Dreiplungerpumpe die Welle vierfach in kräftigen Ringschmierlagern gelagert ist, so daß die Pumpe erschütterungsfrei arbeitet.

Durch Verkleinerung der Plungerdurchmesser kann der Druck bei entsprechendem Rückgang der maximalen Fördermenge von 140 m^3/h (bei der Hochdruckbauart) auf 90—100 m^3/h bis auf 40 atü gesteigert werden.

d) Dampfpumpen. Die alten Schwungradpumpen hatten meist mit der antreibenden Verbunddampfmaschine eine gemeinsame Kolbenstange. Der Kurbelmechanismus bedingte ein Schwungrad. Der Dampfverbrauch war, weil eine erhebliche Expansion zugelassen werden konnte, gering; jedoch war der Platzbedarf auch bei getrennter Bauart groß. Sie kommen für neuzeitliche Kesselanlagen nicht mehr in Betracht.

Die direkt wirkenden Dampfpumpen (Simplex- und Duplexpumpen) haben sich ausgezeichnet für Kesselspeisezwecke bewährt; für Anlagen mittlerer Größe werden sie fast ausschließlich verwendet. Sie sind für Hoch- und Höchstdruckanlagen geeignet.

Der Vorteil der Duplexpumpe gegenüber der Simplexausführung ist in der ruhigeren Gangart zu sehen. Dagegen hat die Simplexpumpe weniger bewegte Teile wie die Duplex-Dampfpumpe; ein Vorteil der nach Ansicht des Verfassers höher zu bewerten ist, da diese Dampfpumpen doch nur zur Reserve dienen, stundenweise laufen, dann aber unbedingt zuverlässig arbeiten müssen. Die Zuverlässigkeit steigt aber mit der Verringerung der bewegten Konstruktionsteile.

3. Bei Speiseleistungen von etwa 10000 l/h ab werden heute **Kreiselpumpen** mit Motor- oder Turbinenantrieb verwendet. Ihre Vorteile liegen im geringen Platzbedarf, in dem leichten Fundament, in der einfachen Wartung und im sauberen Betriebe. Dazu kommen als weitere Vorteile noch die gleichmäßige Förderung, das völlig ölfreie Kondensat der evtl. Antriebsdampfturbine, welches ohne weiteres wieder in den Speisewasserkreislauf eingeführt werden kann und zuletzt im Gegensatz zu Pumpen mit Schnüffelventilen und Injektoren die Unmöglichkeit des Ansaugens von Luft. Dieser Vorteil ist für die Schonung des Kessels und Vorwärmers sowie der Rohrleitungen und Armaturen von besonderer Wichtigkeit.

Kreiselpumpen eignen sich besonders für hohe Drehzahlen und brauchen keine Übersetzungsgetriebe bei Antrieb durch rasch laufende Motoren. Die Druckerzeugung bzw. die Förderhöhe ist eng begrenzt durch die Umfangsgeschwindigkeit des Laufrades. Es ist daher erforderlich, die Kreiselpumpe möglichst genau der vorliegenden Förderhöhe unter Berücksichtigung aller Durchgangs- und Reibungswiderstände anzupassen. Anderseits ist es unvorteilhaft, die Kreiselpumpe für eine größere Förderhöhe zu wählen als notwendig ist, weil dann der Kraftbedarf unnütz groß wird. Da sich die Wassermenge im einfachen Verhältnis, die Förderhöhe aber im Quadrat und der Kraftbedarf sogar mit der dritten Potenz der Drehzahl ändert, verursachen schon geringfügige Änderungen der Drehzahl große Veränderungen der Förderhöhe und des Kraftbedarfes. Ist die Drehzahl für die vorliegende Förderhöhe auch nur um einen geringen Betrag zu klein, so hebt die Pumpe nicht an. Dagegen steigt die Wassermenge und der Kraftbedarf erheblich, wenn die Drehzahl im Verhältnis zur Förderhöhe zu groß ist.

Eine Reglung der Wassermenge und des Kraftbedarfs kann innerhalb ziemlich weiter Grenzen durch Drosseln des stets in die Druckleitung einzubauenden Absperrschiebers erfolgen.

Da die Kreiselpumpen nur anheben können, wenn das Schaufelrad ganz unter Wasser steht, so muß dafür gesorgt werden, daß die Pumpe vor dem Anlassen aufgefüllt werden kann. Falls angängig, ist am Ende der Saugleitung ein Fußventil mit Saugkorb anzubringen. Das Anfüllen geschieht entweder durch den Fülltrichter an der Pumpe oder, falls die Druckleitung voll Wasser steht, durch geringes Öffnen des Absperrschiebers in der Druckleitung unter gleichzeitiger Öffnung der Entlüftungsschrauben und des Fülltrichters an der Pumpe.

Ist die Anwendung eines Fußventils, wie z. B. bei sehr großen Fördermengen, nicht möglich oder sind Faserstoffe, Klumpen u. dgl. im Wasser enthalten, so muß die Pumpe durch Entlüftung des Pumpengehäuses und der Saugleitung gefüllt werden. Für das Entlüften eignen sich Dampfstrahl- Wasserstrahl- oder Kapselluftpumpen mit Motorantrieb.

Für Nieder- und Mitteldruckpumpen bis 40 m Förderhöhe ist meist keine Rückschlagklappe in der Druckleitung erforderlich, weil das Fußventil den ganzen Druck dieser Wassersäule aushalten kann. Dagegen ist für größere Förderhöhen als 40 m eine Rückschlagklappe mit Umlaufventil außer dem Absperrschieber in der Druckleitung anzuordnen.

Die üblichen Angaben für Wassermengen und Druckhöhen gelten bis zu einer Höchsttemperatur von 50° für das von der Pumpe angesaugte Wasser. Jedem Druck bzw. Unterdruck im Saugrohr der Pumpe entspricht eine bestimmte Verdampfungstemperatur, z. B. geht Wasser bei 80° C bereits bei einer Saugspannung von 5 m W.-S., Wasser von 90° bei einer Saugspannung von 3 m W.-S. in Dampf über. Bei Temperaturen über 100° wird eine Verdampfung des Wassers nur durch entsprechenden Überdruck verhindert; z. B. entspricht einer Temperatur von 110° ein Überdruck von 4,5 m W.-S. = 0,45 atü, einer solchen von 120° ein Überdruck von 10 m W.-S. = 1 atü, d. h. Temperaturen über 100° können nur in geschlossenem Behälter auftreten.

Diese Abhängigkeit der jeweiligen Verdampfungstemperatur vom Druck wird durch die Kurve für die theoretische Saughöhe in Abb. 186 dargestellt. Im Gegensatz hierzu gibt die obere Kurve die jeweils zweckmäßige Saughöhe bzw. geodätische Zulaufhöhe bei einer Wassertemperatur bis 110° an.

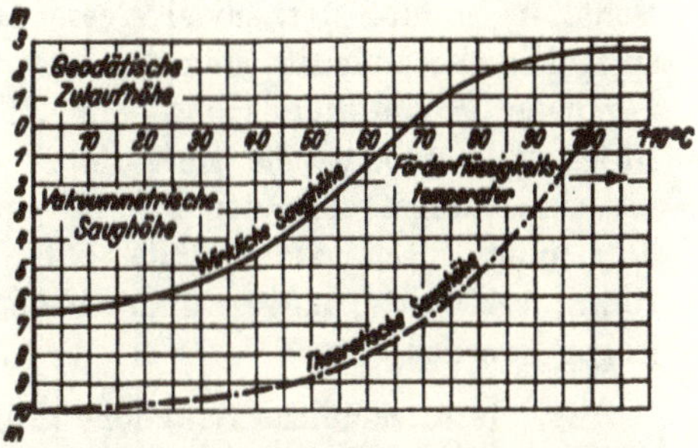

Abb. 186. Saughöhenkurve für Speisepumpen.

Es ist nicht genügend, daß die Saugspannung oder die Zulaufhöhe des Wassers dem der Verdampfungstemperatur entsprechenden Druck gleich ist. Jede Beschleunigung des Wassers, insbesondere die Beschleunigung im Saugmund der Pumpe, d. h. beim Eintritt in das Pumpenlaufrad, erfordert Energie in Form eines zusätzlichen Druckunterschiedes. Beim Anlaufen — wenn also das Wasser seine erste Beschleunigung erhalten muß — ist dieser Druckunterschied besonders groß.

Es ist daher notwendig, daß im Saugrohr der Pumpe stets ein beträchtlich höherer Druck herrscht, als der Verdampfungstemperatur entspricht, wenn unangenehme Überraschungen vermieden werden sollen.

Das verschiedene spezifische Gewicht des Wassers bei verschiedenen Temperaturen spielt gleichfalls eine wesentliche Rolle. Z. B. verliert Wasser von 150° 9 vH an Gewicht je Volumeneinheit. Mit der gleichen Pumpe kann daher bei heißem

Wasser von 150° nur eine um 9 vH geringere Förderhöhe erreicht werden als bei kaltem Wasser. Die maximale Fördermenge geht um das gleiche Maß zurück. Die geodätische Zulaufhöhe — d. h. der räumlich vertikale Abstand von Mitte Pumpe bis zum Wasserspiegel in dem höher gelegenen Behälter — hat an sich mit dem Einfluß des spezifischen Gewichtes der Förderflüssigkeit nichts zu tun. Sie ist unabhängig hiervon notwendig.

Ist das Wasser heißer als 100°, so genügt die geodätische Zulaufhöhe allein nicht, es muß im Sammelbehälter auch ein entsprechend höherer Druck herrschen, damit das Wasser dort nicht verdampft. Fehlt ein Sammelbehälter (geschlossener Behälter), so muß stets soviel Wasser zulaufen, daß der Wasserspiegel in der Zulaufleitung der Pumpe niemals unter die angegebene geodätische Höhe von 2,5 m über Mitte Pumpe sinkt. Die geodätische Zulaufhöhe muß unter Umständen bis zum Saugstutzen der Pumpe gewahrt werden, d. h. sie darf nicht durch Widerstände, z. B. durch unzulässig kleine Rohrquerschnitte, lange Zulaufleitungen, Ventile u. dgl. verringert werden.

Ist die tatsächliche Saughöhe größer bzw. die Zulaufhöhe kleiner als der Charakteristik der Pumpe entspricht, so besteht die Gefahr einer teilweisen Verdampfung des Wassers an der Eintrittsstelle in das Laufrad.

Eine solche Verdampfung hat zur Folge, daß:

1. das Laufrad infolge der auftretenden Dampfbläschen nicht mehr voll mit Wasser gefüllt wird und die Fördermenge zurückgeht;
2. das entstehende Dampf- und Wassergemisch ein geringeres spezifisches Gewicht aufweist als Wasser der entsprechenden Temperatur und deshalb die Druckhöhe bei gleichbleibender Drehzahl verringert wird bzw. daß die Drehzahl bei gleichbleibender Druckhöhe erhöht werden muß;
3. die Inbetriebsetzung erschwert wird.

Günstig beeinflußt werden die Verhältnisse stets durch eine reichlich bemessene Saug- oder Zulaufleitung. Diese soll daher bei heißem Wasser stets im Lichten beträchtlich größer als der Saugstutzen der Pumpe sein. Ein vierfacher Querschnitt des Saugstutzens ist oft nicht zuviel. Es gibt Ausführungen für jede Tourenzahl, übliche Drehzahlen sind 1450 und 2900 U/min. Eine höhere Drehzahl gibt eine kleinere Pumpe und kleinere Motoren, die hochtourigen Pumpen haben aber den Nachteil eines etwas geringeren Wirkungsgrades.

c) Der Antrieb von Kreisel-Speisepumpen.

Der Antrieb von Kreiselpumpen für Speisezwecke erfolgt durch Riemen oder Elektromotor. Bei mittleren und großen Anlagen verwendet man jedoch in neuerer Zeit immer mehr Kleindampfturbinen als Antriebsmotor, zumal der Dampfantrieb völlige Unabhängigkeit von anderen Energiequellen sichert. Als Turbinensystem kommen fast ausschließlich Curtis-Turbinen mit einem zwei- oder auch dreikränzigen Laufrad in Frage, weil diese billig und betriebssicher sind.

Abb. 187 zeigt eine Antriebsturbine der Firma Weise-Söhne.

Arbeitsweise: Es handelt sich um eine Curtis-Turbine mit einer Druckstufe und drei Geschwindigkeitsstufen. Das gesamte zur Verfügung stehende Wärme- oder Druckgefälle wird in den Düsen in Geschwindigkeit umgesetzt und die Geschwindigkeit in den drei Schaufelkränzen des Laufrades aufgearbeitet. Vor und hinter dem Rad herrscht derselbe Druck, d. h. der Enddruck, mit dem der Dampf die Düse und auch das Turbinengehäuse verläßt. Ein Axialschub ist nicht vorhanden. Wird ein besonders niedriger Dampfverbrauch gefordert, so muß die Turbine mit mehreren hintereinander geschalteten Rädern ausgeführt werden.

Über die Abhängigkeit des Kraftbedarfes und des Dampfverbrauchs normaler Kreiselpumpen mit Turbinenantrieb von den Fördermengen und Förderhöhen der Pumpe geben Abb. 188 und 189 Aufschluß.

Die Reglung von elektrisch betriebenen Speisepumpen erfolgt, wenn überhaupt, durch einen Differenzdruckregler der Bauart Hannemann[1]), bei dem in Abhängigkeit vom Diffe-

[1]) Näheres über Hannemann-Regler s. Teil I, Abschnitt 4. Die selbsttätige Reglung der Kreisläufe.

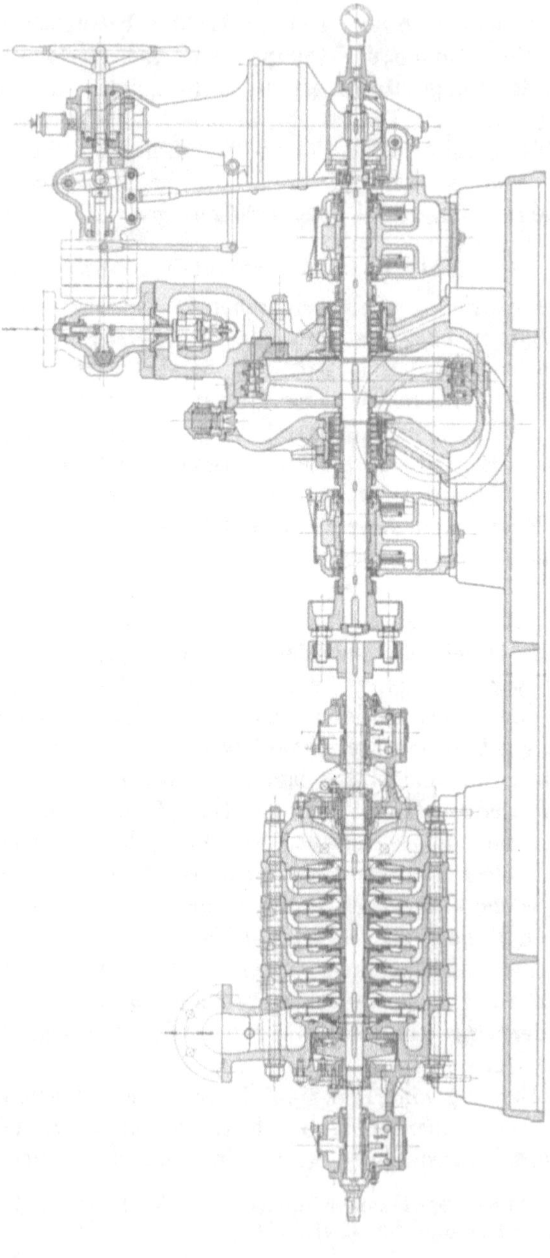

Abb. 187. Turbo-Speisepumpe, Bauart »Weise-Söhne«, Halle.

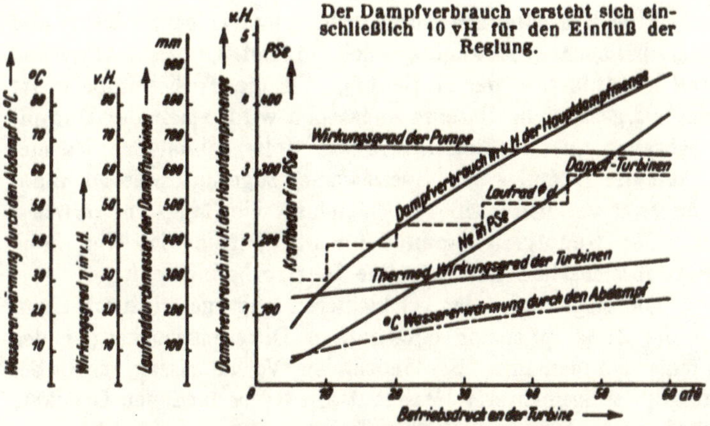

Abb. 188. Kraftbedarf und Dampfverbrauch normaler Turbo-Kesselspeisepumpen mit direktem Antrieb bei verschiedenen Betriebsdrücken.
Konstante Werte: $Q = 100$ t/h $= 1670$ l/min, Wassertemperatur bis max. 50° C, Dampfverbrauch der Hauptmaschine $= 100\,000$ kg/h konst, $t_1 = 350°$ C, $p_2 =$ 0,3 atü, $n = 2900$ U/min.

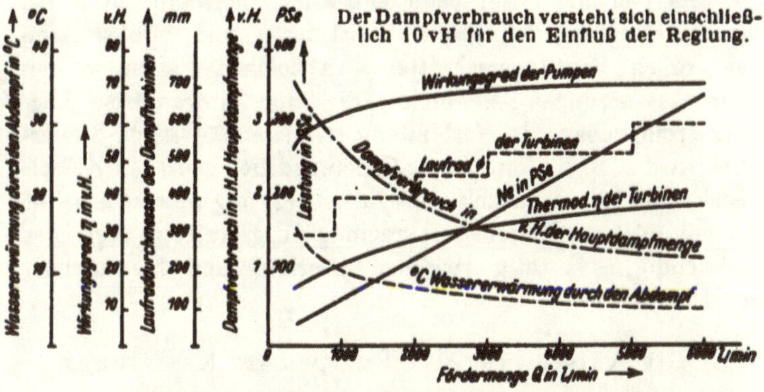

Abb. 189. Kraftbedarf und Dampfverbrauch normaler Kesselspeisepumpen mit direktem Antrieb bei verschiedenen Fördermengen.
Konstante Werte: $p_k = 15$ atü, $t_1 = 350°$ C, $p_2 = 0{,}3$ atü, $H = 180$ m WS, $n = 2900$ U/min, Wassertemperatur bis 50° C.

renzdruck zwischen Kesseldruck und Speiseleitungsdruck der Pumpendruck durch Drosselung geregelt wird. Dabei gehen beträchtliche Energiemengen verloren. Man hat daher die Motoren mit Drehzahlreglung ausgerüstet, jedoch sind derartige Anlagen kostspielig und kompliziert und darum nicht allgemein eingebürgert.

Eine Kreiselpumpe mit Turbinenantrieb ist billig und betriebssicher. Sie kann schnell in Betrieb gesetzt werden und ist einfach in der Bedienung. Da die Turbopumpe meist nur als gesetzliche Reserve angesehen wird, spielt der Dampfverbrauch nur eine untergeordnete Rolle, zumal der Wärmeinhalt des Dampfes dem Speisewasser zugeführt werden kann, und zwar vermittels eines Oberflächen- oder Mischvorwärmers.

Der Hauptgesichtspunkt für die Turbine ist eine hohe Betriebssicherheit und sofortige Betriebsbereitschaft.

Die Reglung erfolgt bei kleineren Aggregaten durch einen in die Zudampfleitung eingebauten Differenzdruckregler der Firma Hannemann. Bei anormalen Verhältnissen, z. B. bei der Speisung mehrerer Kesselbatterien verschiedenen Druckes, wird vorteilhaft ein Fliehkraftregler angewendet, der eine konstante Drehzahl und damit nahezu konstanten Pumpendruck hält. Bei Drücken über 35 at vermag weder der Hannemann-Regler noch ein Fliehkraftregler das Regelventil sicher zu beherrschen. Desgleichen entstehen Schwierigkeiten bei direkter Reglung bei großen Leistungen und infolgedessen bei großen Ventilquerschnitten. In solchen Fällen werden Öldrucksteuerungen verwendet, die eine einwandfreie Reglung ermöglichen. In Verbindung mit einem Askania-Steuerwerk wird z. B. ein konstanter Differenzdruck zwischen Kesseldruck und Pumpendruck einreguliert. Infolgedessen arbeitet ein mit solcher Differenzdruckreglung ausgestattetes Aggregat vollständig selbsttätig zwischen Leerlauf und Maximallast der Pumpe.

d) Die Aufstellung der Pumpen im Kesselhaus.

Für eine bestimmte Kesselanlage sind nach den polizeilichen Vorschriften zwei voneinander unabhängige Speisevorrichtungen nötig. Man führt sehr häufig aus: zwei Elektropumpen mit je der normalen Leistung und eine Turbopumpe mit der doppelten Leistung. Bei kleinen Wassermengen empfiehlt es sich, zwei gleiche Pumpen mit je der doppelten Leistung vorzusehen. Bei größeren Anlagen mit wechselndem Wasserbedarf unterteilt man die Pumpen vorteilhaft so, daß eine Kombination für jede vorkommende Wassermenge möglich ist. Die Aufstellung der Speisepumpen erfolgt zweckmäßig im Mittelpunkt des Kesselhauses oder, wenn dies nicht möglich ist, in nächster Nähe desselben. Sie erhalten dort den hochwertigsten Dampf und die kürzesten Speisewasserleitungen, auch stehen sie hier unter ständiger Aufsicht. Die Forderung der Aufstellung in möglichster Nähe der Dampferzeugungsstelle gilt besonders für Dampfpumpen. Aber auch die zweite Forderung der möglichsten Kürze der Speisewasserleitungen verlangt die Anordnung der Speisepumpen im Mittelpunkt des Kesselhauses; denn je länger die Speisewasserleitung ist, um so höher muß der von der Pumpe zu erzeugende Druck über dem Kesseldruck gehalten werden[1]).

Bei elektrisch angetriebenen Speisepumpen kommt die erste Forderung der möglichst kurzen Zuführung der Antriebsenergie in Fortfall, weil die elektrische Energie überallhin geführt werden kann. Die Forderung kurzer Speisewasserleitungen bleibt aber auch bei dieser Pumpengattung bestehen.

Im Kesselhausbetriebe kommen Dampfpumpen und elektrisch angetriebene Kreisel- oder Plungerpumpen zur Aufstellung. Im allgemeinen versehen die elektrisch angetriebenen Pumpen den Betrieb, während die Dampfpumpen der Reservehaltung im Falle einer etwaigen Stromunterbrechung dienen. Aus diesen Gründen sind die für die Dampfpumpen aufgestellten Bedingungen auch auf die elektrisch angetriebenen zu übertragen.

e) Sonderkonstruktionen für Hochdruckanlagen.

Die **Speisepumpen** erfordern mit zunehmender Größe ihrer Leistung eine bevorzugte Behandlung in der Konstruktion und im Werkstoff besonders bei der Förderung heißen Wassers gegen hohe Drücke.

Für Gehäuseteile wird bei Förderung heißen Wassers fast durchweg Stahlguß, zum mindesten jedoch veredeltes, hochwertiges Gußeisen, sogenannter Perlitguß, Elektro-Guß usw., verwendet. Für Lauf- und Leiträder stellt Bronze noch das meist verwendete Material dar. Nickelbronze oder Gußeisen wird für Laufräder nur in Ausnahmefällen verwendet. Leicht-

[1]) S. a. Schlicke, »Die Aufstellung der Speisepumpen«. Zeitschrift »Die Wärme« 1928, Heft 12.

metallegierungen sind noch zu wenig bekannt, so daß Erfahrungen mit einem Rotor aus diesem Material zur Förderung von Speisewasser so gut wie gar nicht vorliegen.

Der in der Pumpe auftretende Axialschub wird bei geringen Förderhöhen durch ein Kugellager aufgenommen, bei größeren Förderhöhen durch einen hydraulischen Axialschubausgleich. Dieser hat den Vorzug, daß durch seine Anwendung Hochdruckstopfbüchsen fortfallen. Bei den gegenläufigen Pumpen für große Wassermengen (GG-Bauart) tritt theoretisch kein Axialschub auf. Die Welle wird durch ein Kugellager fixiert. Abb. 190 zeigt eine dreistufige Doppelstrompumpe Bauart »Weise Söhne«, Halle, mit gekühlten Stopfbüchsen, preßölgeschmierten Lagern und Schubkugellager.

Es handelt sich um eine Speisepumpe, wie sie beispielsweise für 7700 l/min auf 220 m Enddruck (etwa 520 PS_e) oder mit anderem Laufraddurchmesser und anderer Stufenzahl beispielsweise für 4000 l/min auf 358 bzw. 435 m Enddruck bei Wassertemperaturen von 160° (etwa 402 PS_e) hergestellt wird. Das Fehlen einer zusätzlichen Axialschubausgleichvorrichtung mit ihren besonderen Schleif- und Dichtungsringen und ihrer scharfen Entspannung des Druckwassers bietet besonderen Schutz gegen vorübergehenden Betrieb mit geschlossenem Schieber.

In vielen Anlagen, vornehmlich der Braunkohlen- und Zuckerindustrie finden sich Verdampfapparate, die unter Druck arbeiten. Infolgedessen läuft das Kondensat unter dem jeweiligen Druck und der diesem Druck entsprechenden Temperatur den Speisepumpen zu. Diese Temperaturen betragen 130—150°, in Ausnahmefällen sogar bis zu 200°. In diesen Fällen wendet Weise Söhne eine besondere Heißwasserausführung an, bei der ein besonders günstiger Einlauf in das erste Laufrad vorgesehen ist.[1])

[1]) Diese Ausführung findet bei den GG-Pumpen (Abb. 190), wie auch bei den normalen Speisepumpen und bei den Pumpen für Economiserbetrieb Anwendung, bei denen Vorwärmer- und Speisepumpe in einem Aggregat vereinigt sind.

Außerdem werden die Grundbüchsen hinter den Stopfbüchspackungen besonders lang ausgeführt und somit das Leckwasser, das an diesen Stellen nur in einer sehr dünnen Schicht hindurchtreten kann, vollkommen gekühlt. Diese so gekühlten Stopfbüchsen

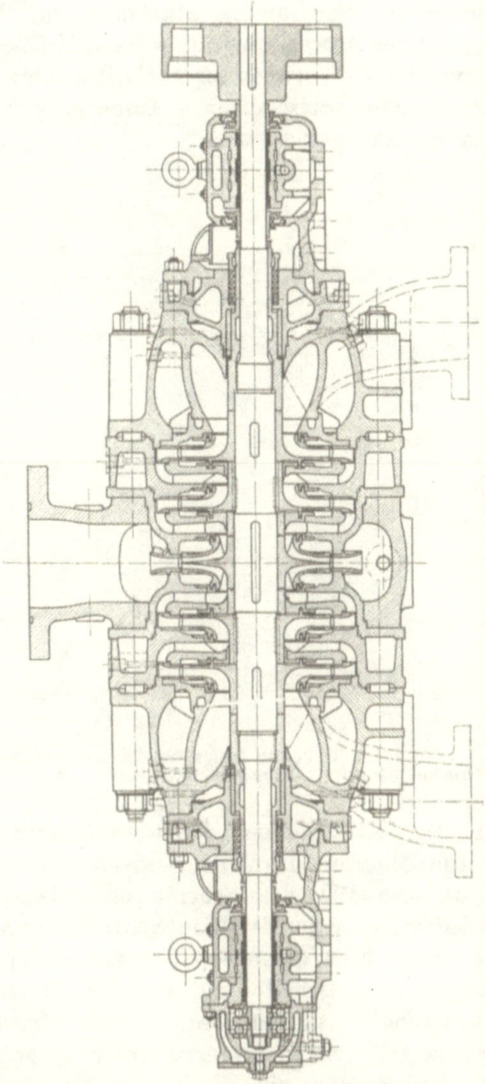

Abb. 190. Dreistufige Doppelstrompumpe mit gekühlten Stopfbüchsen, preßölgeschmierten Lagern und Schubkugellager, Bauart »Weise-Söhne«, Halle.

und deren Gehäuse werden überdies noch durch Lufträume vom Pumpengehäuse selbst getrennt, um dessen Wärme nicht auf die Stopfbüchspartie und die Lager zu übertragen.

Diese wasser- und luftgekühlten Stopfbüchsen der Firma Weise Söhne sind in Abb. 191 a und b dargestellt.

Das Bestreben, die Dampfkraftanlagen wirtschaftlicher zu gestalten, hat zur Anwendung hoher Dampfdrücke geführt. Ebenso wichtig wie die Verwendung hochgespannten Dampfes ist aber auch für eine wirtschaftliche Ausnutzung der Anlage die Vorwärmung des Speisewassers.[1])

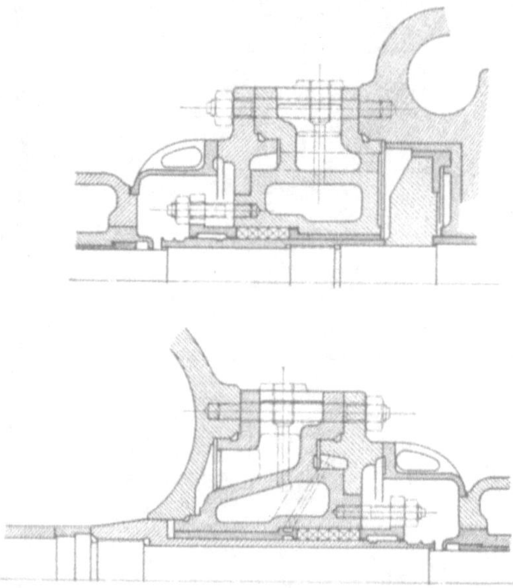

Abb. 191 a u. 191 b. Gekühlte Druck- und Saugstopfbüchse für Hochdruckpumpen mit Ausgleichkolben. Bauart »Weise Söhne«.

Abb. 192 und 193 zeigen zwei KSB-Schaltungen zur wirtschaftlichen Durchführung des Vorwärmeverfahrens, und zwar zeigt zunächst Abb. 192 das Schema einer Dampfanlage, bei der das Speisewasser vor dem Eintritt in die Speisepumpe vorgewärmt wird. Eine besondere Vorwärmepumpe fördert das Speisewasser vom Behälter durch die in Stufen hintereinander angeordneten Dampfvorwärmer zur Speisepumpe. Das Speisewasser tritt hochvorgewärmt unter entsprechendem Druck in die Speisepumpe ein.

Eine Vereinfachung derartiger Speiseanlagen zeigt das Schaltungsschema Abb. 193. Vorwärm- und Speisepumpe wer-

[1]) Über die theoretischen Grundlagen des Vorwärme- oder Regenerativverfahrens s. S. 335 u. f.

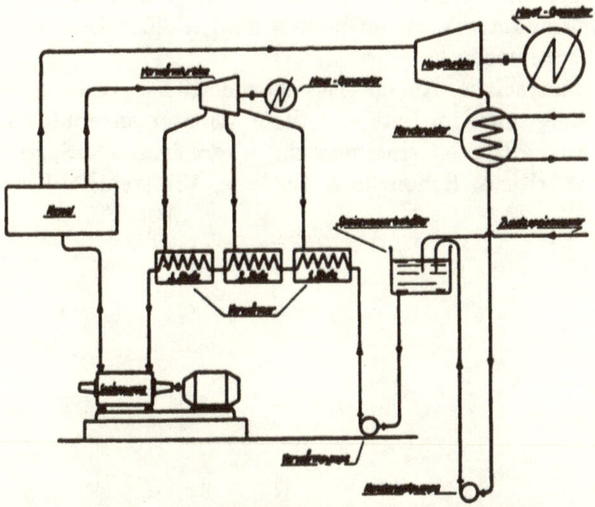

Abb. 192. K.S.B.-Schaltungsschema einer Kesselspeiseanlage, bei welcher eine besondere Vorwärmpumpe der Hauptspeisepumpe vorgeschaltet ist.

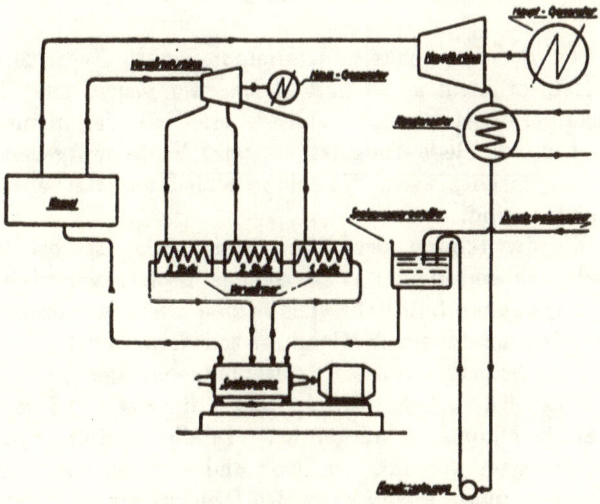

Abb. 193. K.S.B.-Schaltungsschema einer Kesselspeiseanlage mit vereinigter Vorwärm- und Speisepumpe.

den zusammengebaut, wobei die ersten Stufen die Arbeit der Vorwärmpumpe und die letzten Stufen die Arbeit der Speisepumpe versehen.

Eine solche Anlage ist übersichtlicher und in der Anschaffung sowie im Betrieb billiger als zwei getrennte Pumpen.

Abb. 194 zeigt eine vereinigte Vorwärm- und Speisepumpe Bauart »Klein, Schanzlin & Becker«, Frankenthal/Pfalz.

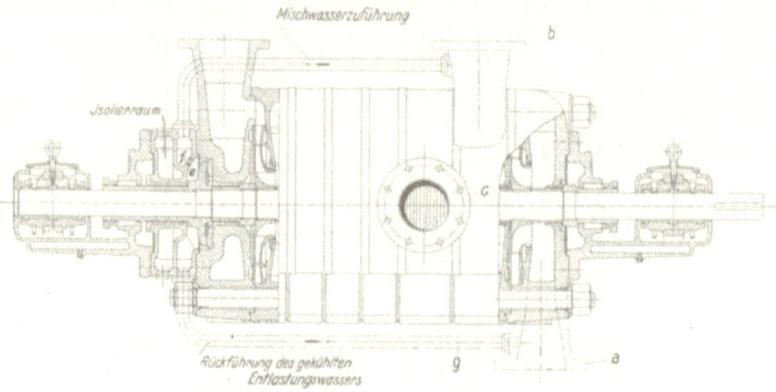

Abb. 194. Vereinigte Vorwärm- und Speisepumpe, Bauart »Klein, Schanzlin & Becker«, Frankenthal (Pfalz).

Von der Möglichkeit, Kreiselpumpen in Zwischenstufen anzapfen zu können, so daß gleichzeitig gegen verschiedene Drücke gefördert werden kann — ein Fall, der in manchen Betrieben von Bedeutung ist —, wird heute weitgehend Gebrauch gemacht, wenn Kessel verschiedener Betriebsdrücke vorhanden sind.

Die Zweiteilung des Pumpenaggregats ist bei hohem Kesseldruck und kleiner Wassermenge insofern vorteilhaft, als die Pumpe andernfalls sehr viele Stufen erhalten müßte, deren Unterbringung in einem Gehäuse schwierig wird.

Eine bemerkenswerte Speisepumpenanlage für 100-at-Kessel hat Klein, Schanzlin & Becker für das Großkraftwerk der Stadt Mannheim ausgeführt. In die Speisepumpe tritt Kondenswasser von 300 bis 305° und $\sim$ 93 atü aus Wasserabscheidern unter Ausnutzung des Druckes ein und wird unmittelbar in die Hochdruckkessel gefördert. Die Anordnung ist aus Abb. 195 ersichtlich.

Der hoch überhitzte Frischdampf von rund 100 atü wird, bevor er in die Vorschaltturbine gelangt, dazu benutzt, den nahezu gesättigten Abdampf dieser Turbine zu überhitzen, wobei sich der Frischdampf abkühlt. Das hierbei anfallende Kondensat wird der siebenten Druckstufe der Hauptspeisepumpe zugeführt. Dadurch wird die Temperatur des Speisewassers von 200° in der siebenten Stufe auf rd. 220° beim Austritt erhöht. An der Mischstelle ist der Druck so groß und die Geschwindigkeit so gering, daß sich innerhalb der Pumpe keine Dämpfe bilden können.

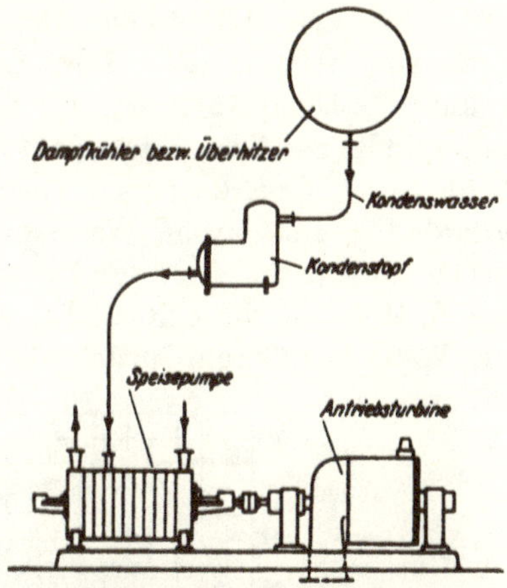

Abb. 195. Einführung von Kondensat von 93 atü und 305° in die Hauptspeisepumpe im Großkraftwerk Mannheim.

Abb. 196a. KSB.-Hochdruckspeisepumpen im Großkraftwerk Mannheim (s. a. Abb. 196b!).

Abb. 196a zeigt die KSB-Hochdruck-Speisepumpenanlage für das Großkraftwerk Mannheim. Es befinden sich hier zwei zehnstufige Kreiselpumpen. Jede Pumpe leistet 90 t/h bei einer Förderhöhe von $\sim$ 1100 m und einer Drehzahl von 5100 U/min. Der Antrieb erfolgt durch direkt gekuppelte Dampfturbinen. Ein selbsttätiges Rückschlagventil unterbindet den Kondensatzulauf bei Stillstand der Pumpe. Der hohe Druck und die hohen Temperaturen des Speisewassers erforderten erstklassige Werkstoffe. Der Saug- und Druckdeckel sind deshalb aus Elektrostahlguß, die Zwischenstücke aus S. M.-Stahl, die Leit- und Laufräder aus Nickelbronze und die Welle aus Chrom-Nickelstahl hergestellt worden.

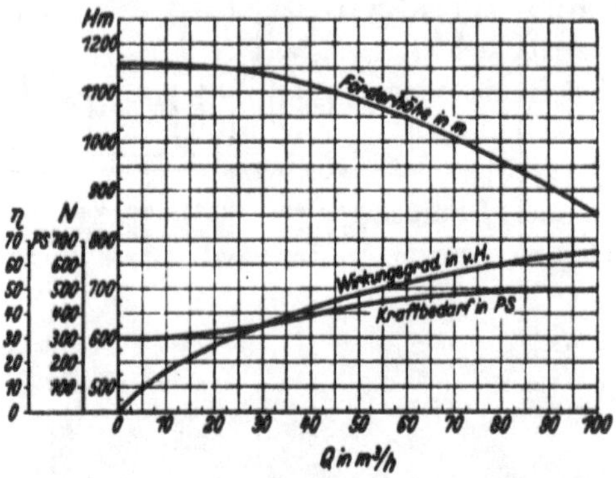

Abb. 196 b. Die stabile Charakteristik der KSB-Hochdruck-Speisepumpen im Großkraftwerk Mannheim.

Da bei dieser Anlage verschiedene Pumpen auf dieselbe Speiseleitung arbeiten und letztere außerdem sehr zahlreiche federnde Krümmungen aufweist, so war zur Vermeidung von Schwankungen in der Wasserlieferung sowie von Schlägen in der Speiseleitung eine sogenannte »stabile Charakteristik« der Pumpe erforderlich. Diese Charakteristik zeigt Abb. 196b.

Bei dieser Charakteristik erhalten die Pumpen eine stetig verlaufende Q—H = Kurve[1]) ohne abfallenden Ast bis zum Nullpunkt. Man erreicht, daß auch bei Teillasten keine unerwünschten Pendelungen und Stöße auftreten und somit ein einwandfreier Parallelbetrieb mehrerer Pumpen auf eine

[1]) Q = Fördermenge. H = Förderhöhe.

Druckleitung gewährleistet werden kann. Die stabile Charakteristik bedeutet somit für den Kraftwerksbau einen wesentlichen Fortschritt.

Abb. 197 bringt zum Schluß eine KSB-Höchstdruck-Kreiselpumpe für die Benson-Anlage[1]) der Siemens-Schuckertwerke in Gartenfeld. Sie fördert 60 to/h gegen einen End-

Abb. 197. KSB-Höchstdruck-Anzapf-Kreiselpumpe. 2 Anzapfungen 250 atü Enddruck. 153°. $n = 6000$ U/min für die Bensonanlage der SSW. in Berlin-Gartenfeld.

druck von 250 atü bei $n = 6000$ U/min und 153° Speisewassertemperatur. Es sind 2 Anzapfungen vorgesehen, und zwar 2 m^3/h bei 17 atü und 2 m^3/h bei 41 atü.

Die Stufen bestehen aus SM-Stahl, die Deckel aus Elektrostahlguß, die Laufräder und Leitapparate aus Sonderbronze. Die Stopfbüchsen sind entlastet und werden gekühlt.

IV. Der Kühlwasserkreislauf.

Wird der aus der Kraftmaschine austretende Abdampf in einem Kondensator bei hoher Luftleere niedergeschlagen, so kommt zu den drei vorbeschriebenen Kreisläufen als vierter der Kühlwasserkreislauf hinzu. Das aus dem Kondensator austretende erwärmte Kühlwasser wird in Kühltürmen rückgekühlt und erneut zum Betriebe der Kondensatoren verwendet. Da immer ein verhältnismäßig großer Teil des Kühlwassers in den Kühl-

---

[1]) Über Bensonkessel s. S. 165 u. 166.

türmen verdunstet oder auf anderem Wege dem Kreislauf entzogen wird, so muß diesem beständig neues Kühlwasser zugeführt werden. Um Steinansatz in den Kondensatoren zu verhüten, wird — besonders bei neuzeitlichen Apparaten, deren Rohre beiderseits eingewalzt sind — das Kühlwasser auf chemischem bzw. thermisch-chemischem Wege vergütet und notwendigenfalls vorher von mechanischen Beimengungen in Sieb- oder Rechenanlagen befreit. Der Kühlwasserkreislauf läßt sich also wie folgt kennzeichnen: Kondensator—Kühlturm—Kondensator.

Seit längerer Zeit schon sind Bestrebungen im Gange, die mit dem Kühlwasser fortgehende Wärmemenge irgendwelchen Zwecken nutzbar zu machen. Sie beträgt zwischen 60 und 65 vH des vom Kessel an die Kraftmaschine gelieferten Wärmestromes.

Die Kühlwasserausnutzung bietet nun sehr große Schwierigkeiten, weil ein nutzbares Wärmegefälle zwischen der Kondensatorabwasser- und Lufttemperatur nicht mehr vorhanden ist. Es handelt sich also um sehr große Wärmemengen mit äußerst geringem ausnutzbaren Temperaturgefälle; und doch gibt es Wege, wenigstens einen Teil dieser Kühlwassermenge zur Bereitung von Heißwasser zu Wasch- und Badezwecken auszunutzen, welche häufig von den oberschlesischen und westfälischen Zechen- und Hüttenwerken mit Erfolg beschritten worden sind. Hierzu ist es aber notwendig, das sehr niedrige Temperaturgefälle des Kühlwassers nachträglich durch Aufheizung mit Abfalldampf irgendwelcher Art von irgendwelcher Spannung zu erhöhen.[1])

1. Die Kondensation.

a) Allgemeines.

Die Kondensationsanlagen von Dampfkraftmaschinen sind bis vor wenigen Jahren ein Stiefkind des Maschinenbaues gewesen. Man betrachtete sie als ein Anhängsel an die Kraftmaschine, als ein notwendiges Übel, das Platz und Wartung

[1]) Verfasser ist in seinem Buche »Die Kondensatwirtschaft« S. 192—215, 1927, Verlag R. Oldenbourg, München-Berlin, auf diese Probleme ausführlich eingegangen.

beansprucht und außer seiner Aufgabe keine bedeutende Rolle im Dampfkraftprozeß spielt. Als Aufgabe wurde der Kondensation lediglich die Erzielung eines höchstmöglichen Vakuums zur Verminderung des spezifischen Dampfverbrauches der Kraftmaschine zugewiesen.

Mit den Ansprüchen an die Wirtschaftlichkeit der Turbinenanlagen sind auch die Anforderungen an die Kondensation gewachsen. Es genügt nicht, daß die Turbine ihr Wärmegefälle mit gutem thermodynamischem Wirkungsgrad verarbeitet. Soll die gesamte Anlage wirtschaftlich arbeiten, so muß auch die Kondensationsanlage mit kleinstem Aufwand an Energie und Kapital das Wärmegefälle durch eine hohe Luftleere bis auf den höchsten noch ausnutzbaren Betrag vergrößern. Die Forderung, eine Kondensationsanlage mit geringem Anlagekapital zu schaffen, darf jedoch nicht auf Kosten der Betriebssicherheit gehen, darf nicht dazu führen, daß man auf Kraftreserven verzichtet. Betriebsstillstände, die durch Sparen an falscher Stelle verursacht werden, zehren schon in kurzer Zeit die Ersparnisse langer Betriebszeiten auf und verbrauchen schnell den Gewinn, den man aus einer sparsamen Bemessung der Hilfsanlagen zu erzielen hoffte.

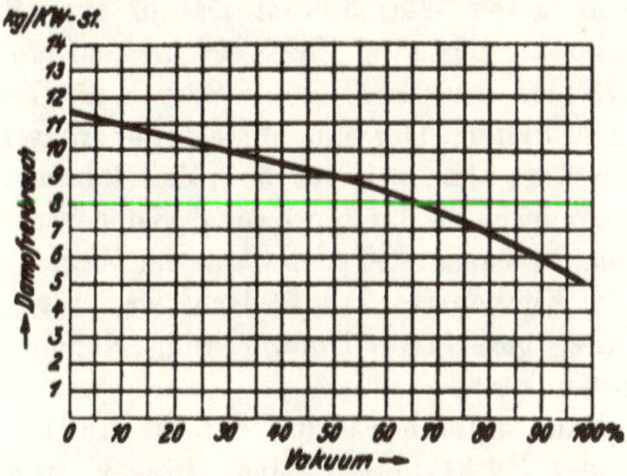

Abb. 198. Spezifischer Dampfverbrauch einer Großdampfturbine in Abhängigkeit vom Vakuum.

Bei Großdampfturbinen liegt im Gegensatz zu Kolbenmaschinen der geringste Dampfverbrauch bei dem höchsten erreichbaren Vakuum. Es ist auch bekannt, daß die Dampfverbrauchszahlen gerade bei Luftleeren über 92 vH, infolge der verminderten Reibungsverluste des Turbinenrades in dem fast luftleeren Gehäuse, noch stärker abnehmen als darunter. Abb. 198 zeigt den Dampfverbrauch einer Großdampfturbine in Abhängigkeit von der Luftleere. Es zeigt sich, daß bei Auspuffbetrieb die Turbine 11,5 kg/kWh, bei einem Vakuum von 95 vH nur noch 5,5 kg/kWh Dampf benötigt. Man sieht, daß aber gerade über 95 vH Luftleere hinaus noch bedeutende Ersparnisse eintreten. In dem Bereich zwischen 90 und 95 vH Luftleere entspricht einer Vakuumänderung um 1 vH eine Dampfverbrauchsänderung von etwa 2—2,5 vH.

b) Die Theorie des Kondensators.

Die Luftleere, die in einem Kondensator erzielt werden kann, ist im wesentlichen abhängig von der Menge, Temperatur und Geschwindigkeit des Kühlwassers. Sieht man zunächst vom Einfluß der durch undichte Stopfbuchsen und Flanschverbindungen eintretenden Luftmenge ab, so wäre der Druck im idealen Kondensator gleich dem Sättigungsdruck, welcher der Kühlwasser-Austrittstemperatur entspricht. Im wirklichen Betrieb kann natürlich ein so niedriger Druck, also eine so hohe Luftleere, nie ganz erreicht werden, da bei Temperaturgleichheit keine Wärme vom Dampf zum Kühlwasser fließt. Man könnte nun zwei Wege beschreiten, um den Temperaturunterschied zwischen Kühlwasser und Dampf möglichst gering zu halten. Das eine Mittel, eine große Kühlfläche vorzusehen, würde ohne weiteres zum Ziel führen, es stände aber im Widerspruch zu der Forderung, Kondensatoren hoher spez. Leistung zu bauen. So bleibt nur der Weg, den Wärmeaustausch im Kondensator zu fördern, was durch intensive Luftabsaugung, geschickte Dampf- und Kondensatführung erreicht werden kann.

Den weitaus größten Einfluß auf die Luftleere übt die Temperatur des Kühlwassers aus; diese wichtigste Größe einer Kondensationsanlage ist jedoch vollkommen abhängig von den zeitlichen und örtlichen Verhältnissen, unter denen die Anlage arbeitet.

Wie die Kühlwassermenge bei verschiedenen Eintrittstemperaturen die Höhe der theoretisch erreichbaren Luftleere beeinflußt, zeigt Abb. 199. So stark bei kleinen Kühlwassermengen eine Vermehrung des Kühlwassers die Luftleere verbessert, so gering ist der Einfluß, den eine Steigerung der Menge über den ungefähr 60fachen Betrag der niederzuschlagenden Dampfmenge hinaus ausübt. Man verwendet daher allgemein für wirtschaftlich arbeitende Oberflächenkondensatoren von Dampfturbinen eine 50—70fache Kühl-

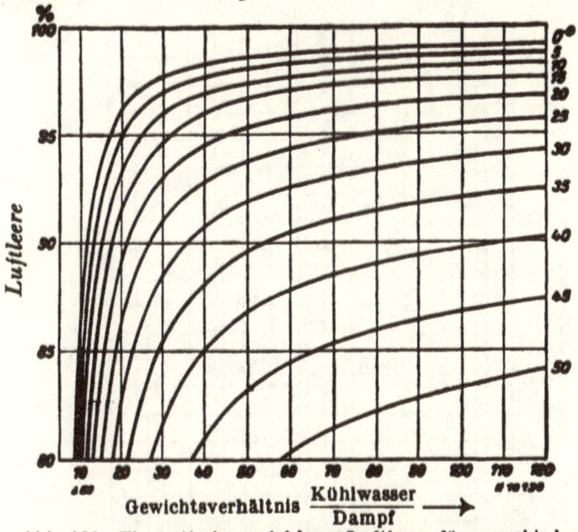

Abb. 199. Theoretisch erreichbare Luftleere für verschiedene Kühlwassermengen und -Eintrittstemperaturen.

wassermenge[1]). Nur in besonderen Fällen, z. B. wenn große Wassermengen bei geringen Förderhöhen zur Verfügung stehen, wird sich eine Steigerung der Kühlwassermenge auf höhere Beträge noch wirtschaftlich lohnen. Wie die unteren Kurven zeigen, ist ein Gewinn bei warmem Kühlwasser, also z. B. für Rückkühlanlagen, am ehesten merkbar. Aber gerade Rückkühlanlagen können bei übermäßig großen Kühlwassermengen leicht unwirtschaftlich arbeiten, da zu dem größeren Kraftbedarf der Kühlwasserpumpe noch eine wesentliche Verteuerung der Rückkühlanlage hinzukommt. Nur solange der Gewinn aus der verbesserten Luftleere überwiegt, wird ein Mehraufwand an Anlagekosten gerechtfertigt sein.

Im Zusammenhange hiermit ist von Interesse, zu überblicken, welche Luftleeren überhaupt erreicht werden können.

[1]) In Bezug auf die niederzuschlagende Dampfmenge.

Abb. 200 gibt über diese Frage Aufschluß. Es sind in einem Koordinatensystem die Temperaturen des kalten Kühlwassers als Abszissen und die Luftleeren als Ordinaten aufgetragen. Man sieht, daß bei der Verwendung von Brunnenwasser aus Tiefbrunnen — welches natürlich nur für kleine Anlagen in ausreichender Menge bereitgestellt werden kann — mit einer

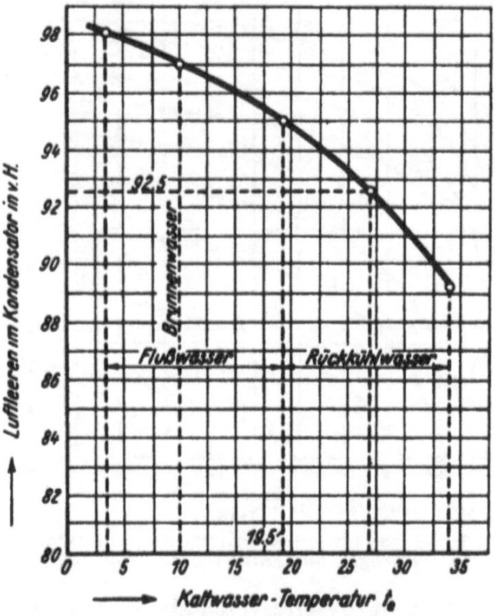

Abb. 200. Praktisch erreichbare Luftleeren beim Kondensationsprozeß.

das ganze Jahr hindurch fast gleichbleibenden Temperatur von etwa 10° eine Luftleere von 97 vH erzeugt werden kann.

Steht der Kondensation Fluß- oder Seewasser zur Verfügung, dessen Temperatur mit der Jahreszeit schwankt, so werden sich Luftleeren in den eingezeichneten Grenzen von etwa 95—98,2 vH erzielen lassen.

Bei einer Rückkühlung des Kühlwassers muß man sich aber mit schlechteren Luftleeren zufrieden geben; denn die Kaltwassertemperatur ist abhängig von der Außenlufttemperatur und dem Feuchtigkeitsgehalt der Luft und bewegt sich etwa von 19,5—34° C. Die erreichbare Luftleere kann für Mitteldeutschland im Jahresmittel mit 92,5 vH — und zwar im Kondensator gemessen — angenommen werden. Diesen letzten Angaben ist eine 60fache Wassermenge (bezogen auf die im Kondensator niederzuschlagende Dampfmenge) zugrunde gelegt.

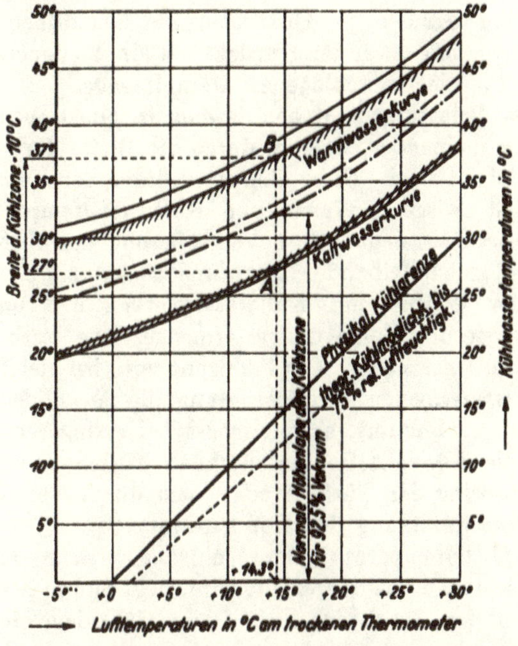

Abb. 201. Charakteristik eines normalen Kaminkühlers.

Abb. 201 stellt mittlere Werte dar, welche bei Kondensationsanlagen mit Rückkühlbetrieb erreicht werden; sie können bei guten Kondensationen unter gleichen Verhältnissen noch besser sein, sie sind aber leider sehr oft viel schlechter. Abb. 201 zeigt die Warm- und Kaltwasserkurven für einen Kaminkühler normaler Bauart von Balcke-Bochum — entsprechend einem Turbinenbetriebe mit 60facher Wassermenge. Die Werte beziehen sich auf 760 mm Q.-S. Barometerstand, voller thermischer und hydraulischer Belastung sowie auf einen relativen Feuchtigkeitsgehalt der Luft von 75 vH bei verschiedenen mit dem Trockenthermometer gemessenen Temperaturen der umgebenden Luft. Unter thermischer Belastung ist der Grad der Erwärmung des Kühlwassers durch die im Kondensator niedergeschlagene Dampfmenge zu verstehen, welcher gleich dem Grad der Rückkühlung des Wassers im Kühler sein muß. Unter hydraulischer Belastung versteht man anderseits die Kühlwassermenge, mit welcher der Kühler je Quadratmeter Grundfläche beaufschlagt wird, und zwar ausgedrückt als ein Vielfaches der im Kondensator niedergeschlagenen Dampfmenge.

Beide Belastungen stehen jeweils in einem bestimmten Verhältnis zueinander, welches durch die Breite der Kühlzone gekennzeichnet wird. Diese aber wird durch den Temperaturunterschied zwischen Warm- und Kaltwassertemperatur des Kühlwassers festgelegt. Eine Vergrößerung der Kühlwassermenge bei gleichbleibender Dampfmenge hat ein Zusammenrücken der Warm- und Kaltwasserkurven und umgekehrt eine Verringe ung der Kühlwassermenge, eine Verbreiterung der Kühlzone zur Folge. Die Kühlzone wird bei gleichbleibender Kühlwassermenge schmäler, wenn die zu kondensierende Dampfmenge abnimmt, beispielsweise bei geringerer Leistung der auf die Kondensation arbeitenden Turbine, und breiter bei Überlastung der Turbine oder auch durch Vakuumabfall infolge Verschmutzung des Kondensators.

Die Mitteltemperatur der Kühlzone, welche durch die strichpunktierte Linie dargestellt wird, liegt nun in bestimmter Höhe über der Abszissenachse. Diese Höhenlage der Kühlzone ist sowohl maßgebend für die Beurteilung der Güte des Kühlers als auch von größtem Interesse für den ganzen Kondensationsbetrieb. Die vom Koordinatenschnittpunkt schräg nach oben verlaufende Linie stellt die Kühlgrenze, d. h. die physikalisch mögliche, tiefste Abkühlung bei 100 vH relativer Luftfeuchte dar. Bei geringerer Luftfeuchtigkeit neigt sich diese Kühlgrenze entsprechend nach unten. Um den Abstand der beiden Grenzlinien voneinander wird die Höhenlage der Kühlgrenze abnehmen. Ein Kaminkühler ist also nach dem Gesagten um so besser, je tiefer die Kühlzone bei bestimmter Kühlgrenze liegt.

In Abb. 201 sind ferner noch die Punkte bezeichnet, welche sich auf die Durchschnittsluftleere von 92,5 vH (im Kondensator gemessen) beziehen. Bei 14,3 Außenlufttemperatur im Jahresmittel und bei 760 mm Q.-S. Barometerstand und 75 vH Luftfeuchte ist also normalerweise eine Kaltwassertemperatur von 27° C zu erzielen. Die Warmwassertemperatur liegt bei voller thermischer und hydraulischer Belastung um 10° höher als bei 37° C.

Durch die Temperatur des aus dem Kondensator abfließenden Kühlwassers ist bei einem verlustlosen Kondensator zugleich die Temperaturstufe festgelegt, auf welche der Dampf bei der Berührung mit Kühlwasser gebracht werden könnte. Bei Oberflächenkondensatoren, die hier lediglich der Betrachtung unterzogen werden sollen, tritt aber als zweite Bestimmungsgröße das Temperaturgefälle durch die Rohrwandung hindurch hinzu. In einem ausgeführten Kondensator kann keine Temperaturgleichheit zwischen Dampf und Kühlwasser bestehen, da ohne Temperaturgefälle kein Wärmefluß von Dampf an Wasser stattfinden könnte. Dieses zum Wärmeübergang notwendige Temperaturgefälle muß so klein wie möglich gehalten werden. Dies ist eine der wichtigsten Forderungen, welche an einen hochwertigen Kondensator gestellt werden muß.

Es gibt nun zwei Wege, um den Temperaturunterschied zwischen Kühlwasser und Dampf zu verringern. Der eine ist, die Kühlfläche möglichst groß zu halten. Aber dieser Weg kommt mit Rücksicht auf die entgegenstehende Forderung möglichst geringer Kühlfläche, also hoher spezifischer Leistung des Kondensators, nicht in Betracht. Der zweite Weg, welcher beschritten werden könnte, wäre, die Wärmedurchgangszahl vom Dampf durch die Rohrwandung auf das Wasser so groß wie möglich zu machen.

Über die Wärmedurchgangszahl Dampf–Rohrwand–Kühlwasser und über die Größen, die sie bestimmen, sind schon viele Versuche gemacht worden. Alle kamen neben anderem zu dem Ergebnis, daß nur reine metallische Oberflächen der Kühlrohre unter sonst gleichen Bedingungen den Höchstwert der Wärmedurchgangszahl ergeben. Alle Erfolge in der Vergrößerung ihres Wertes durch zweckentsprechende Ausgestaltung der Kondensatoren, wie sie Abschnitt IV, 1c besprochen werden, sind von vornherein hinfällig, wenn die Rohre infolge von Steinansatz aus dem Kühlwasser verkrusten. Hiermit ist aber eine der Grundfragen des Kondensationsbaues angeschnitten; denn die Luftleere, die unter gegebenen Bedingungen erzielt werden kann, hängt (da ihre anderen Bestimmungsgrößen nur begrenzte Fortschritte erlauben) davon ab, wie gering der Temperaturunterschied zwischen Kühlwasser und Dampf im Kondensator gemacht werden kann. Der Temperaturunterschied ist durch die Größe der Wärmedurchgangszahl gegeben, und diese ist wieder neben anderen Faktoren ganz außerordentlich von der Reinheit der Kühlflächen abhängig. Es kann nicht scharf genug betont werden, daß alle baulichen Verbesserungsmaßnahmen, besonders in der Anordnung der Kühlfläche, vollkommen zwecklos sind, wenn nicht für dauernde Reinheit der Kühlfläche durch zweckentsprechende Mittel gesorgt wird.

Wohin die Verkrustung der Kühlfläche durch Steinansatz aus dem die Rohre durchströmenden Kühlwasser führen kann, zeigt Abb. 202 nach Versuchen von Balcke (Bochum).

Nach diesen Versuchen fällt das Vakuum in den ersten Betriebsmonaten im allgemeinen nur wenig ab; dann aber tritt in beschleunigtem Maße die Vakuumverschlechterung ein, weil auch die Kühlwassermenge infolge der Erhöhung des Widerstandes in den Kondensatorrohren abnimmt.

In Abb. 202 sind die Betriebsmonate nach der letzten Reinigung eines Kondensators als Abszissen und die sich aus der Erfahrung mit der wachsenden Steinablagerung einstellenden durchschnittlichen Luftleeren als Ordinaten aufgetragen. Der Vakuumabfall beträgt im ersten halben Jahre bei Durchschnittswässern 7 vH und verläuft nach der gezeichneten Kurve (ausgehend von einem Vakuum von 92 vH bei völlig reinen Rohren). Im ersten Betriebsmonat stellt sich eine mittlere Luftleere von 91,85 vH, im zweiten von 91,4 vH, im dritten von 90,65 vH, im vierten von 89,6 vH, im fünften von 88,15 vH und im sechsten Monat von 86,15 vH ein. Es ergibt sich also ein mittlerer Vakuumabfall im ersten Monat von 0,15 vH, im zweiten von 0,6 vH, im dritten von 1,35 vH, im vierten von 2,4 vH, im fünften von 3,85 vH und im sechsten Monat schließlich von 5,85 vH. Dementsprechend steigt auch der Dampfmehrverbrauch der an diese Kondensation angeschlossenen Turbine von 0,26 vH im ersten Monat bis auf 8,72 vH im sechsten Monat. Die hier gegebenen Zahlen gelten — wie gesagt — nur angenähert, weil sie Durchschnittswerte von Untersuchungen darstellen, die sich über drei Jahre erstreckten.

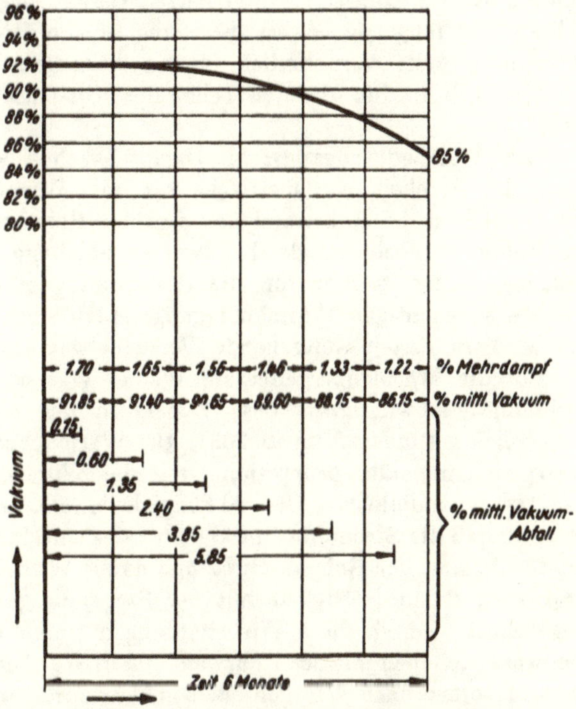

Abb. 202. Kurve des Vakuumabfalles durch Verschmutzung der Kondensatorrohre als Funktion der Zeit.

Allgemein wird das Ansetzen des Wassersteins in Kühlrohren durch rauhe Kühlflächen beschleunigt. Messingrohre sind zwar anfänglich glatt, verlieren aber diese Eigenschaft im Betriebe durch die Wasserbewegung und durch die bisher üblich gewesenen mechanischen oder chemischen Reinigungen. Stahlrohre sind von Anfang an riefig und rauh. Die Zeitspanne, bis zu welcher die Rohre von einer Oberflächenkondensation derart verkrustet und verschmutzt sind, daß eine gründliche Reinigung unbedingt erforderlich wird, hängt in der Hauptsache von der Beschaffenheit und dem Grad der

Verunreinigung des Kühlwassers, aber auch sehr stark von der Bauart des Kondensators, hinsichtlich der Größe der Kühlfläche, der Weite der Kühlrohre und der Anzahl der Wasserwege ab. Die Steinansetzung und Verschmutzung wird nämlich stark begünstigt durch harte Wässer, knappe Kühlflächen und langsame Wasserbewegung in den Rohren. Die Versteinung tritt vornehmlich in den wärmsten und wirksamsten, d. h. in den obersten Teilen des Kondensatorbündels auf[1]).

Die Wärmedurchgangszahl Dampf—Wand—Wasser ist neben der Reinheit der Oberfläche von dem Wärmeübergang von Dampf an die Rohrwand und von der Rohrwand an das die Rohre durchströmende Kühlwasser abhängig. Zur Ermittlung dieser beiden für die Bestimmung einwandfreier k-Werte so wichtigen Wärmeübergangszahlen sind seit Joule und Molliers Zeiten weitgehende Versuche gemacht worden.

Für die Wärmeübergangszahl Wand—Wasser wurde die Strömungsgeschwindigkeit des Wassers in den Rohren als maßgeblich gefunden (s. Abb. 203). Die Wärmeübergangszahl ändert sich ungefähr proportional mit der Wurzel der Strömungsgeschwindigkeit. Die Abhängigkeit läßt sich damit erklären, daß die Strömung eine Reibung der einzelnen Flüssigkeitsteilchen an der Rohrwandung und damit Wirbelbildungen hervorruft, deren Heftigkeit mit der Strömungsgeschwindigkeit wächst. Durch diese Wirbelbildungen treten stets neue Kühlwasserteilchen mit der Rohrwandung in Wärmeaustausch, um sich sofort nach stattgefundenem Austausch wieder mit den übrigen Teilchen zu mischen.

Zu einer einigermaßen genauen Feststellung der Wärmeübergangszahl vom Dampf auf die Rohrwand wäre eine genaue Kenntnis der Kondensationsvorgänge im Dampfraum erforderlich. Hier aber liegt die große Schwierigkeit; denn der Kondensationsvorgang durch Wärmeentziehung ist, wie zugegeben werden muß, trotz einer Arbeit von zwei Jahrzehnten wissenschaftlich noch ganz und gar nicht geklärt. Selbst wenn die Verhältnisse der reinen Wärmeübertragung besser erforscht

[1]) Näheres über die Verhinderungsmöglichkeiten des Wassersteinansatzes s. S. 430 u. f.; ferner s. Verf. »Die Kondensatwirtschaft« 1927, Verlag R. Oldenbourg, München-Berlin, S. 129 u. f.

wären, so wäre hiermit noch wenig erreicht, denn neben der reinen Wärmeübertragung spielen noch sehr verwickelte physikalische Vorgänge der Diffusion, der Strömungslehre usw. eine Rolle; zudem wird das Problem noch durch den Umstand verworrener gestaltet, daß es sich bei dem Kondensationsvorgang nicht um reinen Dampf, sondern um ein Gemisch

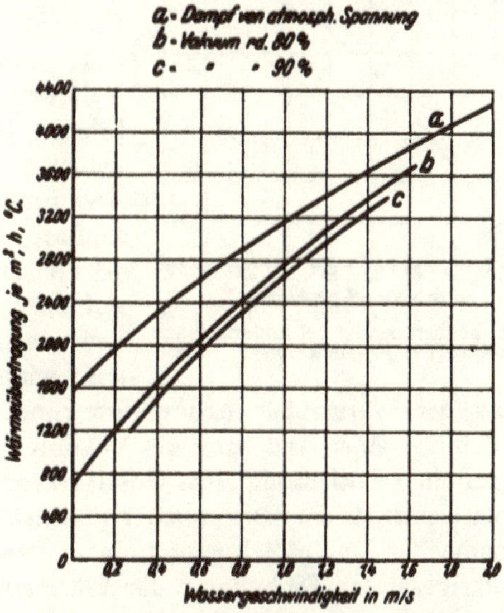

Abb. 203. Wärmeübertragung bei Änderung der Kühlwassergeschwindigkeit im Kondensator.

von Dampf und Luft handelt, so daß ein genaues Bild, wie sich der Vorgang im Oberflächenkondensator abspielt, noch gar nicht zu gewinnen ist.

Fest steht — und das ist grundlegend für die bauliche Gestaltung der Oberflächenkondensatoren —, daß der Wärmeübergang im wesentlichen abhängig ist von der Schnelligkeit und Intensität der Luftfortschaffung aus dem Kondensator und von der Art und Weise, wie es verhindert wird, daß das auf einem Rohr sich bildende Niederschlagwasser kein weiteres darunterliegendes Rohr des Kondensatorbündels mehr berührt.

Es ist eine selbst von Fachleuten noch wenig beachtete Tatsache, daß die Belastung des Kondensators von ausschlaggebendem Einfluß auf die Wärmeübertragung der Kühlfläche ist. Die Firma Brown, Boveri & Cie. (Mannheim) hat hierüber eingehende Versuche angestellt mit dem Ergebnis, daß der Wärmeübertragungskoeffizient mit abnehmender Belastung abnimmt (s. Abb. 204). Man kann diese Abnahme zum Teil auf den Einfluß der abnehmenden Dampfdichte infolge des zunehmenden Vakuums zurückführen; es zeigt sich jedoch, daß eine Änderung des Vakuums um rund 10 vH (von 80 vH auf 90 vH) bei unveränderter Wassergeschwindigkeit nur eine Änderung der Wärmeübertragung von rund 3 vH verursacht, so daß bei einer Änderung des Vakuums um 1 vH, wie sie z. B. bei einer Entlastung eines Kondensators von Volllast auf Halblast eintritt, die Abnahme der Wärmeübertragung infolge Abnahme der Dampfdichte nur einen verschwindend kleinen Teil der gesamten Einbuße an der Wärmeübertragung bei Halblast erklärt.

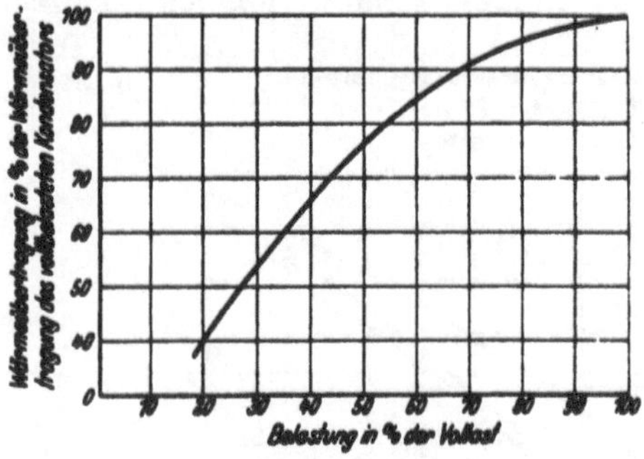

Abb. 204. Wärmeübertragung bei Änderung der Belastung des Kondensators.

Die Ursache ist anderswo zu suchen.

Die Abnahme der Wärmedurchgangszahl ist nur scheinbar; in Wirklichkeit ist es die wärmeübertragende Fläche, welche abnimmt, indem bei fortschreitender Verminderung der in den Kondensator eintretenden Dampfmenge sich nur noch die dem Dampfeintritt zunächst gelegenen Teile der Kühlfläche an der Wärmeübertragung voll beteiligen, während die ferner liegenden Teile nur bewegungslose, wenn auch stark verdünnte Luft enthalten. Hier zeigt sich nun auch, daß man einen Fehler begeht, wenn man übermäßig große Kühlflächen anordnet; denn ein Kondensator mit um 50 vH zu großer Kühlfläche verhält sich natürlich genau wie ein nur zu zwei Drittel belasteter Kondensator, da ja seine Belastung je Quadratmeter nur zwei Drittel der normalen beträgt. Solche ungünstig schwach belasteten Kondensatoren ergeben sich, wenn im Verhältnis zur Kühlwassertemperatur ein zu hohes Vakuum verlangt wird. Anderseits erklären sich auch durch das Gesagte die hohen Wärmeübertragungsziffern, die man bei stark belasteten Marinekondensatoren gefunden hat.

Wichtig ist ferner, daß der in den Kondensator eintretende Dampf zwangsmäßig an die Rohre derart herangeführt wird, daß er ziemlich gleichmäßig allen Teilen des großen Kondensatorbündels zugeführt wird. Damit aber sind die Konstruktionsrichtlinien einer neuzeitlichen Kondensation umrissen!

c) Kondensatorbauarten.

Abb. 205 zeigt einen älteren Oberflächenkondensator der Maschinenbau-A.-G. Balcke (Bochum). Die oberen Rohrreihen sind fortgelassen, um eine Dampfeintritts- und Verteilungskammer zu schaffen; zugleich ist die mittlere Versteifungswand mit einer Haube versehen, um den eintretenden Dampf nach rechts und links in die beiden Kondensationskammern einströmen zu lassen.

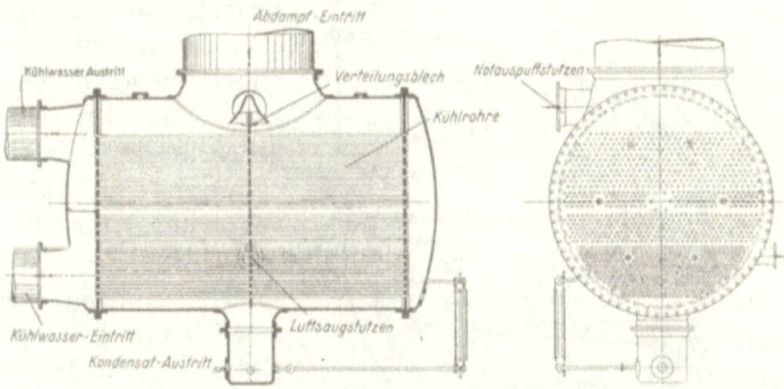

Abb. 205. Normaler Oberflächenkondensator älterer Bauart.

Abb. 206 zeigt das normale Rohrnetzschema. Das Kondensat, welches sich auf einem Rohr bildet, tropft direkt auf das darunterliegende Rohr. Die Fallgeschwindigkeit wird beim Auftropfen auf das tieferliegende Rohr plötzlich vernichtet. Das Kondensat fließt also nur mit geringer Geschwindigkeit um die untere Rohrhälfte herum, indem es sich in zwei isolierende Schichten über das Rohr verteilt. Die Dauer der

Berührung des Kondensats mit der Metallwand ist auf diese Weise die größtmögliche. Da schon bei Kondensatoren mitt-

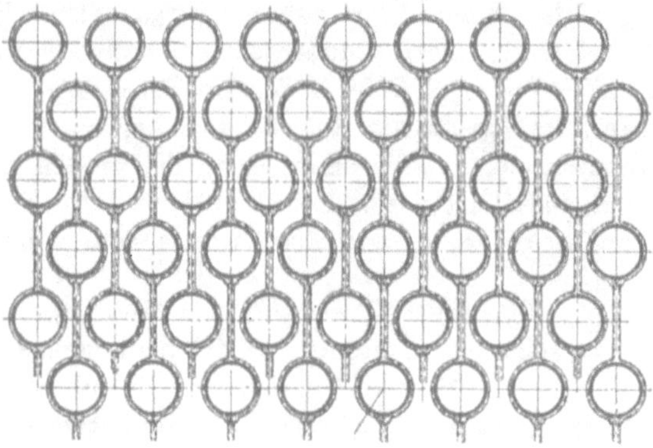

Abb. 206. Normale Rohranordnung im Kondensator.

lerer Größe mindestens 50 und bei großen Kondensatoren 100 und mehr Rohrreihen übereinander liegen, ist die Wasserschicht, welche vor allem die unteren Rohrreihen dauernd umgibt, von beträchtlicher Stärke. Es ist deswegen eine Rohranordnung anzustreben, bei der alle Rohre so wenig wie möglich von dem sich bildenden Kondensat berieselt werden.

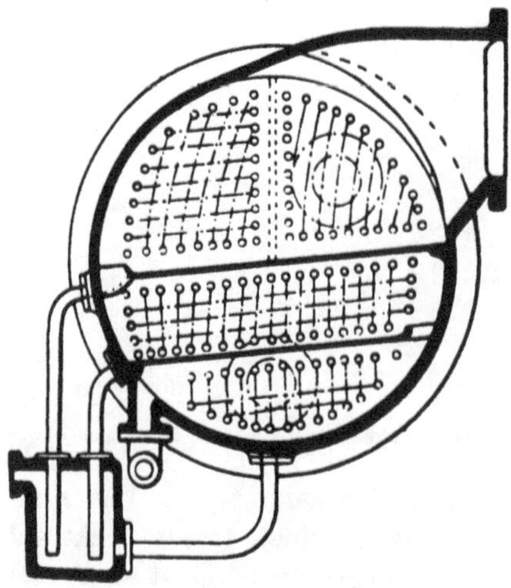

Abb. 207. Kondensator mit Zwischenblechen für den Kondensatabfluß.

Abb. 207 stellt den ersten Schritt zur Verminderung des ungünstigen Kondensateinflusses durch Einbau von Zwischenblechen zur Ableitung des Niederschlagwassers dar. Abb. 208 zeigt den neuzeitigen Escher Wyß-Kondensator. Die Kühlfläche ist auch in eine Anzahl Rohrgruppen unterteilt, deren Kondenswasser an eingelegten Zwischenblechen baldmöglichst abgeleitet wird, zugleich aber bezweckt die gewählte Unterteilung die leichte und schnelle Heranführung des Dampfes an die Rohrgruppen.

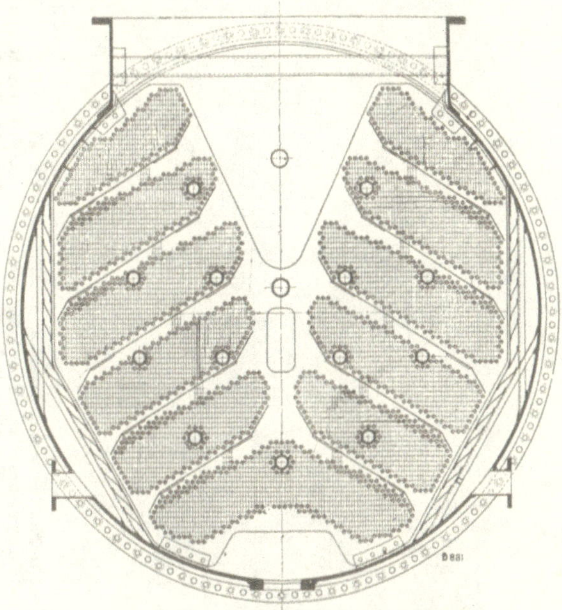

Abb. 208. Der Escher-Wyß-Kondensator.

Es ist Geschmacksache, ob man in der Ausbildung der Kühlfläche so weit gehen will wie Escher-Wyß; denn schließlich muß doch noch eine erhebliche Kühlfläche auf möglichst kleinem Raum untergebracht werden. Die AEG wählt deshalb einen mittleren Weg nach Abb. 209.

Der für Großkraftwerke bestimmte Kondensator hat die Erwartungen in vollem Maße befriedigt. Der durch die beiden Abdampfstutzen eintretende Dampf verteilt sich gleichmäßig ohne Rückstau über die gesamte Kühlfläche. Dem Weg des geringsten Widerstandes folgend, wird der Dampf an den keilförmig ihm entgegenstehenden oberen

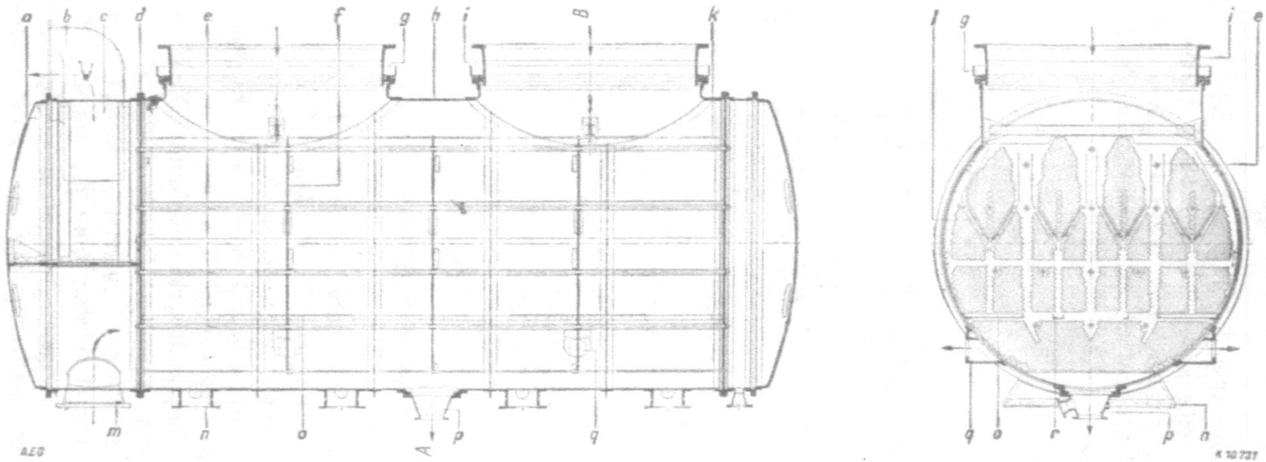

Schnitt A-B

Abb. 209. AEG-Oberflächenkondensator, Kühlfläche 3300 m².

a = Deckel, b = Kühlwasser-Austrittsstutzen, c = Wasserkammer, d = Rohrboden, e = Anker, f = Stützplatte, g = Wassertasse, h = Kondensatormantel, i = Degenrohr, k = Kondensatorrohr, l = Führungsblech, m = Kühlwasser-Eintrittsstutzen, n = Kondensatorstuhl, o = Abdeckblech, p = Kondensat-Topf, q = Luft-Saugstutzen, r = Fangrinne.

Rohrnestern unterteilt und tief in die Spalten hineingerissen, so daß die gesamte Kühlfläche von dem Dampf-Luft-Gemisch gleichmäßig bestrichen wird. Man vermeidet hierbei auch die Bildung toter Räume, in denen sich Luft ansammeln und dadurch dem Dampf einen Teil der Niederschlagfläche nehmen kann. Auch die bei der Kondensation freiwerdende Luft wird dem Weg des geringsten Widerstandes folgen und so zu den kälteren Rohren gelangen, die für ihre Abkühlung vorgesehen sind. Die zur Ableitung des Kondensates dienenden Bleche führen gleichzeitig die frei gewordene Luft durch den mittleren Teil des Kondensators zu den Absaugestellen.

Abb. 210a und b zeigen den OV-Kondensator der Firma Brown-Boveri. Die Rohre sind in einem zylindrischen Mantel in zwei Hälften so angeordnet, daß zwischen denselben ein V-förmiger Raum frei gelassen wird. Die Abnahme des Dampfraumes nach unten entspricht der abnehmenden Dampfmenge.

Der Dampf kann sich in dem mittleren freien Raume ungehindert auf die ganze Länge des Kondensators verteilen und gelangt von diesem Raum in die seitlichen Rohrbündel, die er in angenähert horizontaler Richtung durchströmt. Die unkondensierbaren Gase werden dann beiderseitig abgesaugt. Um diese Absaugung gleichmäßig zu gestalten, ist vor die Absaugestellen je ein gelochtes Zwischenblech eingebaut, dessen Löcher entsprechend verteilt sind. Das Kühlwasser fließt, wie in Abb. 210a und b angegeben, im Gegenstrom zum Dampf von beiden Seiten unter mehrmaliger Umkehrung seiner Richtung gegen die Mitte zu, von wo es entweder durch einen für beide Hälften gemeinsamen oder durch zwei getrennte Stutzen abfließt. Durch die Konstruktion erhält man eine in der Richtung des strömenden Dampfes rasche Abnahme der Querschnitte der Rohrbündel, in welchen die Geschwindigkeit des Dampfes nach Möglichkeit erhalten bleibt und die Bildung von Luftsäcken vermieden wird. Das Kühlwasser fließt angenähert horizontal von außen nach innen. Das sich an den Kühlrohren bildende Kondensat kann daher auf seinem Wege nach unten nur über Kühlrohre gleicher oder angenähert gleicher Temperatur fließen. Ableitbleche für das Kondensat sind fortgelassen worden. Die flachen, in Richtung des strömenden Dampfes wenig tiefen Rohrbündel verursachen keinen vorzeitigen Niederschlag des Dampfes. Die Kühlfläche nimmt gleichmäßig an der Kondensation teil.

Abb. 211—214 beziehen sich auf den neuzeitlichen Balcke-Ginabat-Kondensator. Abb. 211 stellt die Rohranordnung dar, welche den oben geschilderten isolierenden Einfluß der Kondenswasserschicht in weitgehendem Maße verringert.

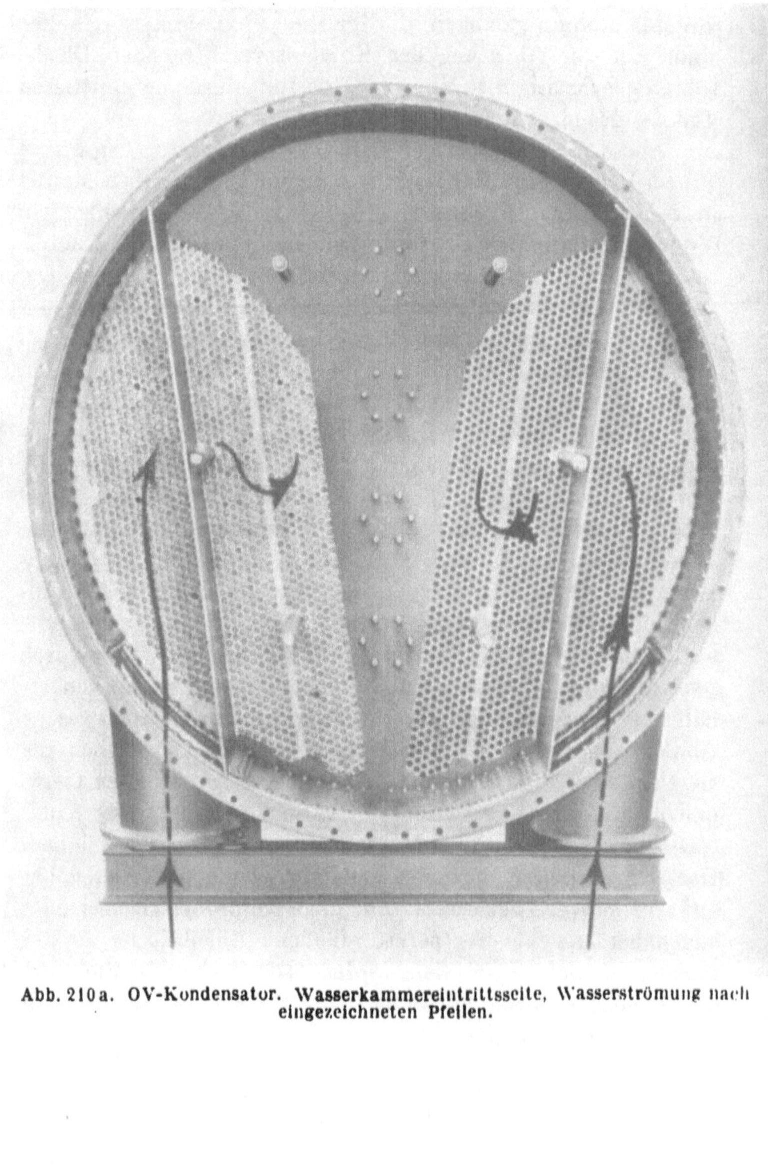

Abb. 210a. OV-Kondensator. Wasserkammereintrittsseite, Wasserströmung nach eingezeichneten Pfeilen.

Die Rohre sind in dem Ginabat-Oberflächenkondensator so angeordnet, daß das von einem Rohr abtropfende Kondensat das nächste darunterliegende Rohr tangential an seiner seitlichen Mantelfläche trifft. Das Kondensat wird sodann um das untere Viertel des Rohres durch die Adhäsion herumgeleitet und tropft auf die Seitenfläche des nächsten

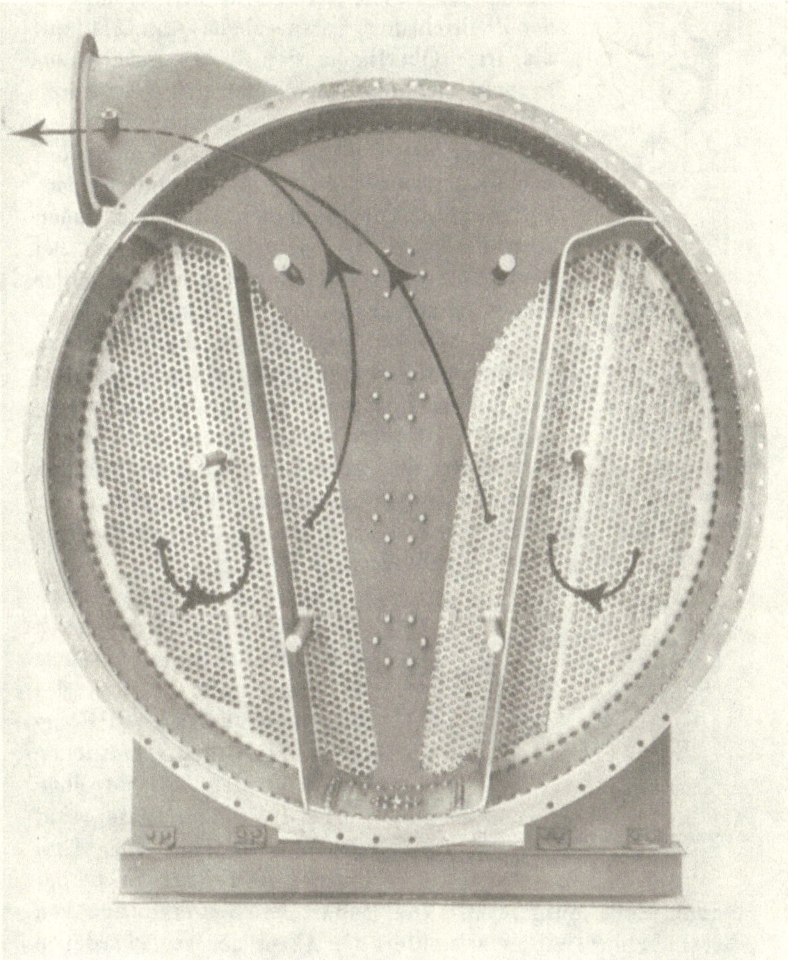

Abb. 210 b. OV-Kondensator. Wasserkammeraustrittsseite, Wasserströmung nach eingezeichneten Pfeilen.

Rohres usw. Bei dieser Anordnung ist stets nur etwa ein Viertel der gesamten Kühlfläche mit Kondensat behaftet und drei Viertel der Fläche von dieser Wärmeisolation frei. Auf diesem größeren Teil der Oberfläche spielt sich somit der erstrebte direkte Wärmeübergang vom Dampf an die freie Metallfläche ab. Gleichzeitig wird der Dampf in der Pfeilrichtung, entsprechend Abb. 211, auf die freie Oberfläche der Rohre geleitet, er braucht sich also nicht erst den Weg durch das hindernde Kondensat zu bahnen.

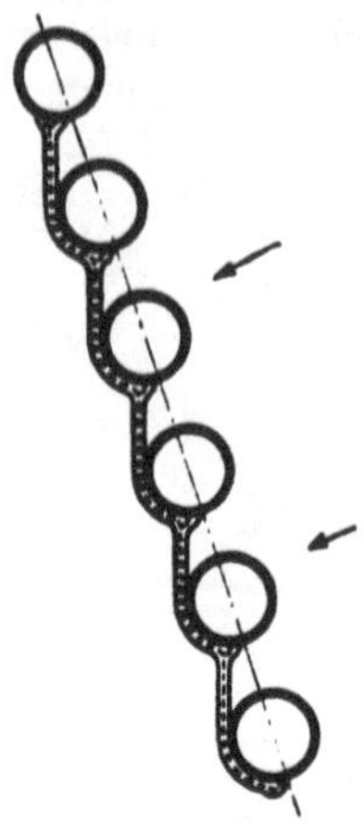

Abb. 211. Kondensatfluß im Ginabat-Kondensator.

Auch der Wärmeübergang von der Kondenswasserschicht an die Metallwand ist lebhafter als bei der normalen Anordnung nach Abb. 206, weil die Ablaufgeschwindigkeit bei dem Umlauf nur um das untere Viertel der Rohre entsprechend größer ist.

In Abb. 212 sind mehrere Rohrreihen zu einem Kondensatorelement zusammengesetzt. Von diesen Elementen umfaßt jedes einzelne nur wenige Rohrreihen; sie sind so angeordnet, daß der Dampf, durch die entstehenden Dampftaschen zwischen die Elemente strömend, auf die Rohre trifft. Der Widerstand des einströmenden Dampfes ist also durch diese Rohranordnung stark herabgesetzt.

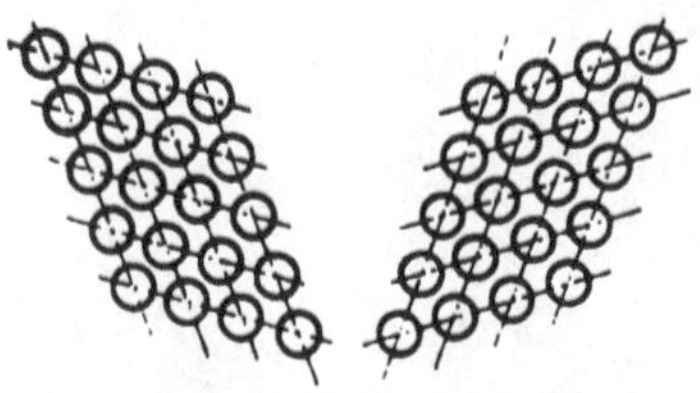

Abb. 212. Zusammensetzung von Kondensatorelementen aus einzelnen Rohrreihen nach Abb. 211.

Bei der üblichen Anordnung der Kühlrohre nach Abb. 206 muß die Luft, welche bei der Kondensation des Dampfes in den oberen Rohrreihen frei wird, an sämtlichen tieferliegenden Rohrreihen vorbeiströmen. Diese sind also der Gefahr einer Umhüllung mit Luft in besonderem Maße ausgesetzt. Die Bauart Ginabat hält sich von diesem Fehler frei; sie erleichtert den Abzug der freigewordenen Luft außerordentlich, indem durch die Art der Zusammensetzung je zweier Kondensatorelemente nach Abb. 212 hinter diesen Luftgassen gebildet sind, durch welche die Luft direkt zu der Absaugestelle strömen kann. So kann die Luft den Wärmeübergang nur innerhalb der wenigen aufeinander folgenden Rohrreihen der einzelnen Elemente beeinflussen und auch in diesen nur in sehr geringem Maße, weil für eine möglichst hindernisfreie Durchleitung zu den freien Luftgassen gesorgt ist. Eine Ansammlung von Luft innerhalb der wirksamen Flächen ist unmöglich.

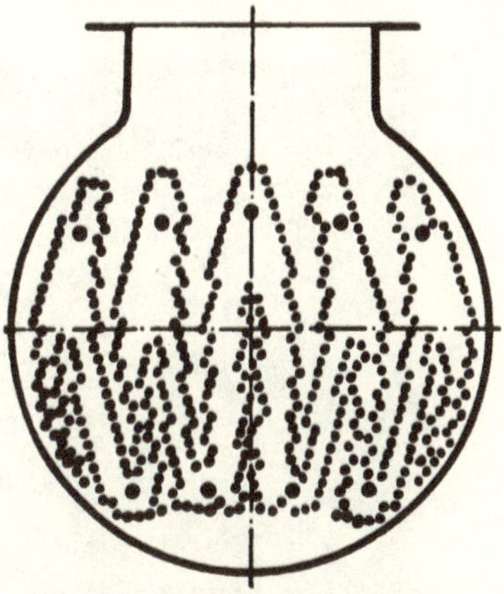

Abb. 213. Schematische Darstellung der Rohrverteilung im Ginabat-Kondensator.

Abb. 213 gibt eine schematische Darstellung der Rohrverteilung im Kondensator. Abb. 214 zeigt eine Ausführung mit abgenommenen Wasservorlagen, um die Rohrverteilung freizulegen.

Alle Hochleistungskondensatoren erfordern eine sehr intensive Luftabsaugung. Der Luftgehalt des niederzuschlagenden Dampfes ist von erheblichem Einfluß auf die Kühlflächenbemessung. Im geschlossenen Kondensatkreislauf durch die Kesselanlage, Kraftmaschine, Kondensator zum Kessel zurück kann der Luftgehalt auf den kleinstmöglichen Wert gebracht werden, vorausgesetzt, daß das zur Deckung der Kondensatverluste zuzuführende Zusatzspeisewasser ebenfalls gasfrei ist.

Ein neuzeitiger Hochleistungskondensator hat ferner noch die Bedingungen zu erfüllen, daß er das Niederschlagwasser vollkommen rein an die Kesselanlage zurückliefert. Um diese Bedingung im Dauerbetriebe zu erfüllen, müssen die Kondensatorrohre in die Rohrböden eingewalzt werden, damit sie keine Leckstellen bilden können, durch welche das unreine Kühlwasser in das gas- und steinfreie Turbinenkondensat eindringen könnte. Die Gefahr des Undichtwerdens infolge Wärmedehnung ist hier sehr gering gegenüber der Möglichkeit des Undichtwerdens von Rohren, welche in Stopfbüchsen laufen. Sachgemäß eingewalzte Rohre halten in jahrelangem

Betriebe vollkommen dicht, während es stets Schwierigkeiten bereitet hat, die große Anzahl der kleinen Stopfbüchsen dicht zu halten. Zudem sind die Wärmedehnungskoeffizienten der Rohre, Rohrböden und des Kondensatormantels so wenig voneinander verschieden, daß sie als belanglos außer acht gelassen werden können.

Abb. 214. Ginabat-Oberflächenkondensator für 16 000 kg Dampf mit abgenommenen Wasservorlagen. (Vgl. auch Abb. 213.)

d) Kondensationspumpwerke.

Maßgebend für die Luftpumpenleistung ist nicht allein die im Dauerbetriebe abzusaugende Luftmenge, sondern oft ausschließlich die Zeit zum Evakuieren der Kondensationsanlage. Eine Luftpumpe für kleine Ansaugeleistungen verlangt eine starke Unterkühlung der Luft unter die Sattdampftemperatur und wird gegenüber Lufteinbrüchen sehr viel empfindlicher sein. Der etwas kleinere Leistungsverbrauch kann die Nachteile, die eine zu schwach bemessene Pumpe mit sich bringt, nicht ausgleichen. Dadurch, daß die Luftleere trotz beliebig großer Absaugeleistung nie unter den Dampfdruck sinken kann, welcher der Temperatur des Kondensats als Sättigungsdruck entspricht, wird die Luftpumpengröße, die man wählt, nach oben begrenzt.

Die erste Anwendung der Strahlsauger für Kondensationsanlagen ist ziemlich alt. Parsons hat schon bei seinen ersten Schiffsturbinenanlagen einen Teil der Luftverdichtungsarbeit durch ein Dampfstrahlgebläse verrichten lassen, um trotz größerer Luftleere kleine Naßluftpumpen verwenden zu können. Die Naßluftpumpe ist tiefer als der Kondensator aufgestellt, so daß ein hydrostatischer Überdruck entsteht, auf den die an anderer Stelle abgesaugte Luft durch einen Dampfstrahlsauger verdichtet wird. Brauchbare Lösungen, die angesaugte Luft durch einen Dampfstrahlsauger bis auf atmosphärische Spannung zu verdichten, tauchten erst auf, nachdem die Wasserstrahlsauger sich bereits ihrer Aufgabe gewachsen gezeigt hatten.

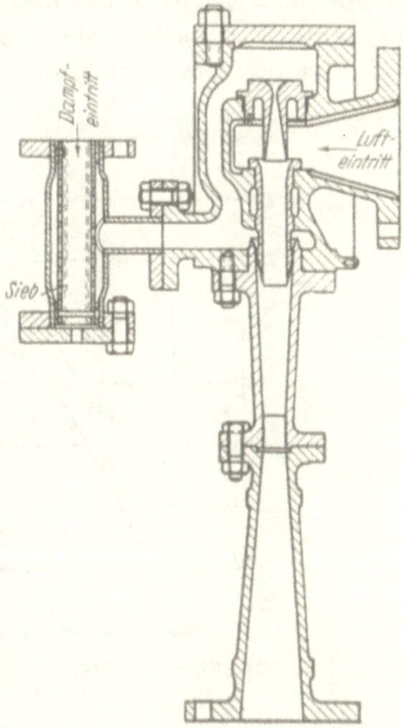

Abb. 215. Zweistufige Dampfstrahlpumpe, Bauart »Hoefer«, ohne Zwischenkondensator.

Die Strahlsauger arbeiten entweder mit einem geschlossenen Wasser- oder Dampfstrahl, welcher sich durch feststehende Düsen und Diffusoren fortbewegt und hierbei die Luft mit fortreißt und verdichtet[1]). Durch das Fehlen bewegter Teile haben die Strahlpumpen auch keine Abnutzung, selbst nicht im jahrelangen Dauerbetriebe, auch ist infolgedessen eine Störung des Betriebes undenkbar, solange das Arbeitswasser oder der Betriebsdampf vorhanden ist. Es entfällt ferner der Verbrauch an Schmiermitteln. Abb. 215 zeigt eine zweistufige

[1]) Über die Theorie der Dampf- und Wasserstrahlpumpen s. »Kondensatwirtschaft« des Verf. 1927, Verlag R. Oldenbourg, München-Berlin, S. 87 bzw. S. 81 u. f.

Dampfstrahlpumpe Bauart Hoefer. Bei der zweistufigen Pumpe saugt der Dampf der ersten Stufe die Luft aus dem Kondensator an und führt sie der zweiten Stufe zu, welche die Verdichtung auf Atmosphärendruck vornimmt. Als Betriebsdampf dient Frischdampf von normalem Betriebsdruck.

Ein Mittel, den Dampfverbrauch der Strahlpumpe noch weiter herabzusetzen, ist durch die Einschaltung eines Zwischenkondensators zwischen die beiden Stufen gegeben. In diesem wird der Betriebsdampf der ersten Stufe, der die Luft auf den Zwischendruck verdichtet hat, niedergeschlagen. Die zweite Stufe hat dann nur noch die Luft und nicht auch den Betriebsdampf aus der ersten Stufe von der Zwischenspannung auf Atmosphärenspannung zu verdichten.

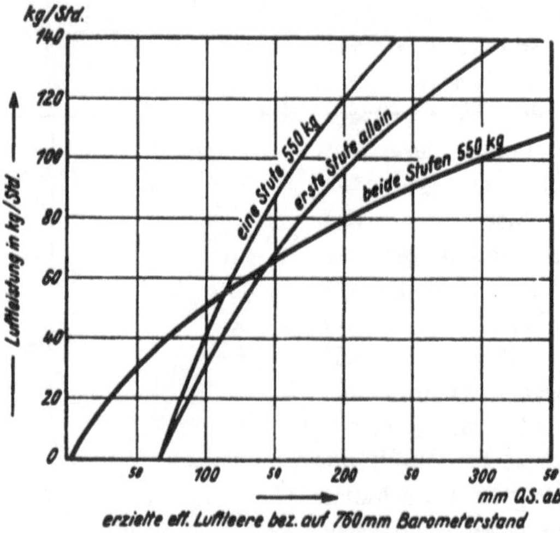

Abb. 216. Charakteristik einer ein- und zweistufigen Dampfstrahl-Luftpumpe.

Abb. 216 gibt die Charakteristik einer ein- und zweistufigen Dampfstrahl-Luftpumpe. Das Kurvenbild zeigt zu gleicher Zeit die Notwendigkeit der zweistufigen Anordnung. Die unterste Kurve gibt die Luftleistung einer zweistufigen Dampfstrahlpumpe, die oberste die einer einstufigen von gleichem Dampfverbrauch (550 kg/h) an. Es zeigt sich, daß bei schlechtem Vakuum mit der einstufigen Pumpe sogar mehr Luft gefördert werden kann, daß jedoch hohe Luftleeren nur mit zwei-

und mehrstufigen Pumpen erzielt werden können. Selbst die Vergrößerung einer einstufigen Pumpe auf den gleichen Dampfverbrauch, wie ihn die zweistufige Pumpe hat, bringt nur eine Erhöhung der Luftleistung bei schlechtem Vakuum, nicht aber eine bessere Luftleere.

Versuche haben ergeben, daß sich durch die Einschaltung eines Zwischenkondensators zwischen die erste und zweite Stufe eine Verringerung des Dampfverbrauches auf etwa die Hälfte desjenigen ohne Zwischenkondensator erzielen läßt.

Abb. 217 zeigt eine zweistufige Dampfstrahlpumpe mit Zwischenkondensator der Zimmermann-Werke-Ludwigshafen.

Auch der Dampfstrahlsauger der AEG besteht aus zwei hintereinandergeschalteten Stufen. Die erste Stufe saugt die Luft aus dem Kondensator ab. Die im Zwischenkondensator freiwerdende Luft wird durch die Atmosphärenstufe angesaugt und auf Atmosphärendruck verdichtet, während sich ihr Treibdampf ebenfalls in einem Kondensator niederschlägt. Die ausgeschiedene Luft und der Wrasendampf entweichen durch eine Auspuffleitung ins Freie. Als Kühlwasser dient in beiden Fällen Kondensat, das von der Kondensatpumpe nacheinander durch beide Zwischenkondensatoren gedrückt wird. Die Verdampfungswärme des Strahldampfes geht somit an das Kühlkondensat über, das zur Kesselspeisung benutzt wird. Das Strahlkondensat fließt über ein Schwimmerventil in die Kondensat-Saugleitung ab.

Hinsichtlich ihrer Förderleistung arbeiten die beiden Stufen des Strahlsaugers hintereinander; dampfseitig sind sie parallelgeschaltet. Die Strahlapparate der beiden Stufen unterscheiden sich durch die Anordnung der Düsen und durch die verschiedene Bemessung der Düsen- und Diffusorquerschnitte. Die Kondensatorstufe (Abb. 218, links) verlangt für die angesaugte Luftmenge großen spezifischen Volumens auch große Diffusorquerschnitte; ihr Arbeitsdampf expandiert je nach der Größe der Ansaugeleistung in einer, drei oder vier Düsen, so daß der dünnen Luft eine genügend große Strahloberfläche zum Eindringen geboten wird. Die Diffusoren und die in besondere Düsenhalter eingesetzten Düsen werden nach der Ansaugeleistung bemessen; der Mischraum dagegen bleibt für beide Stufen der gleiche und wird auch für die verschiedenen Größen beibehalten. In der Atmosphärenstufe (Abb. 218, rechts) entspannt sich der Treibdampf in einer oder drei Düsen, die ebenfalls zwecks Auswechslung in

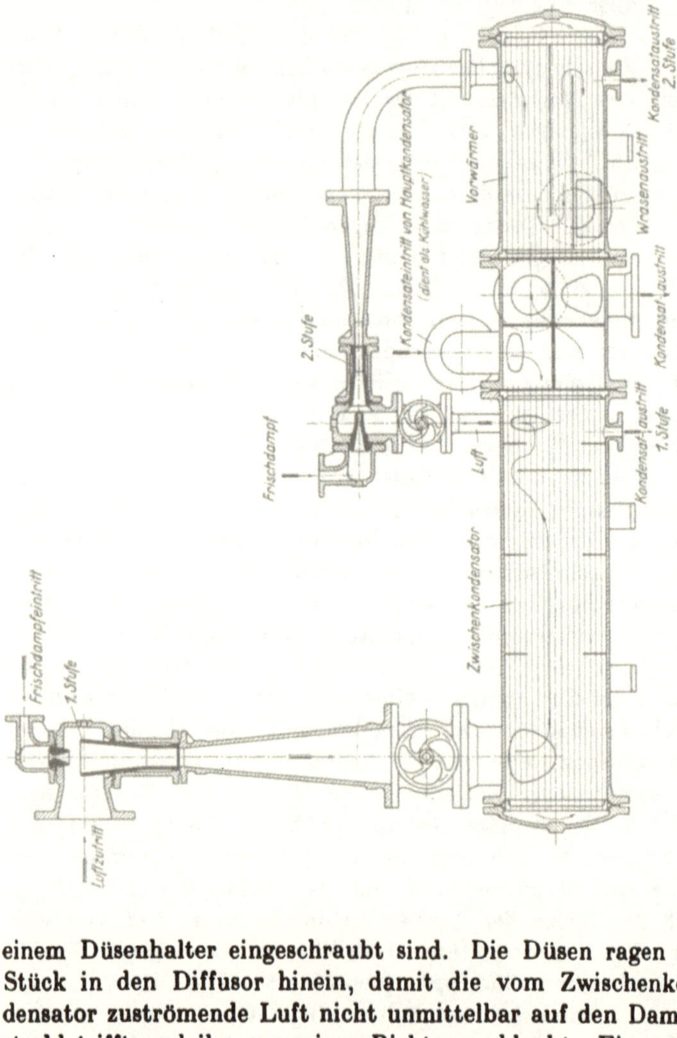

Abb. 217. Zweistufige Dampfstrahlpumpe mit Zwischenkondensator der Zimmermann-Werke, Ludwigshafen.

einem Düsenhalter eingeschraubt sind. Die Düsen ragen ein Stück in den Diffusor hinein, damit die vom Zwischenkondensator zuströmende Luft nicht unmittelbar auf den Dampfstrahl trifft und ihn aus seiner Richtung ablenkt. Eine noch so kleine Ablenkung würde die Strömungsverhältnisse im

Diffusor verschlechtern, die an sich schon mit reichlich großen Verlusten verbunden sind.

Für größere Kondensationsanlagen und größere Ansaugleistungen werden mehrere Strahlapparate mit besonderen Absaugestutzen parallel geschaltet. Betrieblich gewinnt man dadurch Vorteile, welche die geringen Mehrkosten reichlich

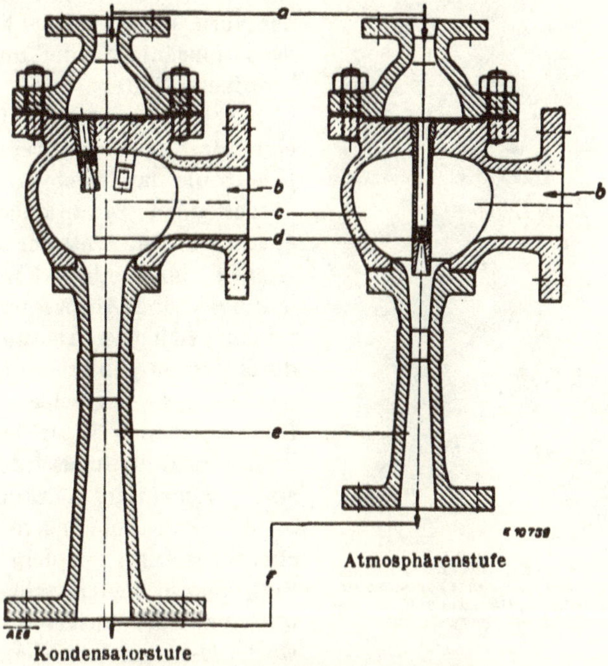

Abb. 218. AEG-Dampfstrahl-Luftsauger.
a = Strahldampfeintritt, *b* = Lufteintritt, *c* = Mischraum, *d* = Düse, *e* = Diffusor, *f* = Dampfluftgemischaustritt.

ausgleichen. Abgesehen davon, daß für eine scharfe Luftabsaugung mehrere Saugstellen am Kondensator nur vorteilhaft sind, ist bei kleineren Strahlsaugern die spezifische Saugleistung höher als bei großen Apparaten. Bei einer Verteilung der Ansaugleistung auf eine größere Zahl parallel arbeitender Einzelapparate hat sich die AEG auch von dem Gedanken leiten lassen, gleichzeitig die Möglichkeit einer kräftigen Luftabsaugung und eine entsprechend kurze Anfahrzeit mit einem wirtschaftlichen und sparsamen Dauerbetrieb zu verbinden. Im Betrieb schaltet man so viele Stufen ab, daß die Luftleere gerade noch ihren günstigsten Wert behält und somit die Strahlsauger mit dem geringsten Dampfverbrauch betrieben werden. Die Mehrkosten dieser großen Kraftreserven spielen gegenüber den übrigen Kosten einer Kondensationsanlage eine untergeordnete Rolle.

Abb. 219. AEG-Dampfstrahl-Luftsauger mit Zwischenkondensator; Kondensatorstufe zweifach, Atmosphärenstufe zweifach.

Abb. 219 zeigt den Aufbau eines Strahlapparates, bei dem jede Stufe mit zwei parallel arbeitenden Strahlsaugern ausgerüstet ist. Trotz der zahlreichen notwendigen Rohrleitungen und Absperrorgane zeichnet sich diese Anordnung durch einen übersichtlichen Aufbau aus. Die beiden Diffusoren je einer Stufe leiten ihr Dampf-Luft-Gemisch durch einen gemeinsamen Stutzen in den Zwischenkondensator oder Vorwärmer, in dem der Strahldampf niedergeschlagen und die Luft ausgeschieden wird. Die symmetrische Anordnung dieser Stutzen für den Abdampf der Kondensator- und Atmosphärenstufe bedingt eine Zweiteilung des Zwischenkondensators durch eine senkrechte Scheidewand.

Für große Ansaugeleistungen empfiehlt es sich, die Kondensatoren für die Kondensator- und Atmosphärenstufe getrennt aufzustellen. So hat die AEG kürzlich für die Kondensationsanlage zweier 50000-kW-Turbinen Dampfstrahlsauger geliefert, bei denen die Ansaugeleistung jeder Stufe sich auf drei parallel arbeitende Einzelapparate verteilt.

Die Wasserstrahlsauger, die bei feststehender Düse und Diffusor mit einem geschlossenen Wasserstrahl arbeiten, beruhen grundsätzlich auf den gleichen Gedanken wie die früher gebauten umlaufenden Wasserstrahl-Luftpumpen: bei beiden wird das Arbeitswasser auf hohe Geschwindigkeit gebracht, die Luft vom Wasserstrahl erfaßt und in einen Diffusor hineingerissen, der die Geschwindigkeit des mit Luft durchsetzten Wasserstrahls zum Teil wieder in Druck umsetzt. Bei den umlaufenden Pumpen reißt das aus dem Läufer mit hoher Geschwindigkeit herausgeschleuderte Wasser die Luft in die diffusorförmig ausgebildeten Zellen des Leitrades und verdichtet sie darin auf atmosphärischen Druck. Bei den ruhenden Wasserstrahlsaugern wird das vorher in einer besonderen Pumpe erzeugte Druckwasser in Düsen entspannt und sein Arbeitsvermögen dabei in Geschwindigkeitsenergie umgesetzt. Das aus der Düse austretende Wasser faßt die Luft im Mischraum und verdichtet sie in einem mit schlankem Konus anschließenden Diffusor. Der eigentliche Vorgang im Mischraum ist theoretisch noch wenig geklärt; man weiß nur aus Erfahrung, daß in diesem Teil des Strahlsaugers die größten Verluste zu suchen sind. Erfahrung und eine mehr gefühlsmäßige Anschauung lassen es auch vorteilhaft erscheinen, der angesaugten Luft zum Eindringen in den Wasserstrahl eine möglichst große Oberfläche zu bieten, ein Gedanke, der z. B. bei allen Wasserstrahlapparaten der AEG grundsätzlich verwirklicht wird. Während der größte Teil des Druckwassers durch eine Hauptdüse mit sternförmigem Querschnitt tritt, entspannt sich der Rest in kleineren kreisrunden Düsen, die konzentrisch um die Hauptdüse angeordnet sind (Abb. 220). Die Strahlachsen der einzelnen Düsen schneiden sich in der Hauptachse des Diffusors. Die Diffusormündung wird sorgfältig abgerundet; die mitgerissene Luft wird also allmählich auf die Wassergeschwindigkeit beschleunigt, und das Wasser-Luft-Gemisch tritt mit einheitlicher Geschwindigkeit in den eigentlichen Diffusor ein. Der engste Teil des Diffusors verläuft über eine gewisse Strecke zylindrisch, damit der mit Luft durchsetzte Wasserstrahl dem eigentlichen Diffusor möglichst wirbelfrei zugeführt wird. Der Kegelwinkel beträgt 6—8°, so daß sich die hohe Geschwindigkeit nur langsam in Druck umsetzt, Strahlablösungen von der Wand vermieden und die an sich schon großen Wirbelverluste in mäßigen Grenzen gehalten werden. Eine in der Ansaugeleitung vorgesehene Rückschlagklappe schließt beim Ausbleiben oder Abreißen des Betriebswassers den Strahlsauger gegenüber dem Kondensator ab und verhütet damit eine augenblickliche Gefährdung

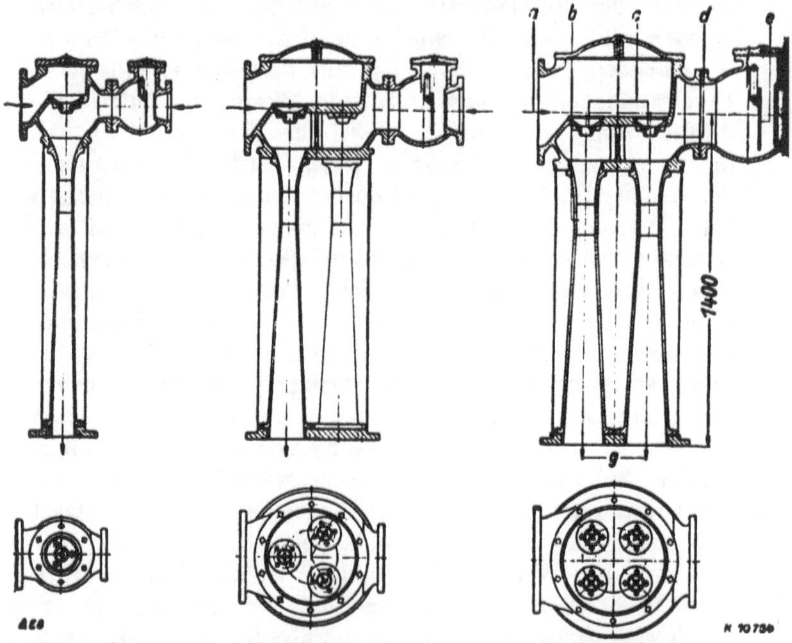

3 bis 8,5 kg/h 12,5 bis 17 kg/h 23 bis 33 kg/h

Angesaugte Luftmenge bei 98 vH der theoretisch erreichbaren Luftleere.

a = Strahlwasser-Eintritt, b = Diffusor, c = Düse, d = Mischraum, e = Rückschlagklappe, f = Lufteintritt, g = Wasser-Luftgemischaustritt.

Abb. 220. AEG-Wasserstrahl-Luftsauger.

der Luftleere. Der Aufbau eines Strahlsaugers ist einfach. Der Apparat besteht nur aus wenig Einzelteilen, die gegebenenfalls beim Auswechseln einer Düsenplatte in kurzer Zeit und mit einfachen Mitteln auseinandergenommen und wieder zusammengebaut werden können.

Abb. 221 zeigt eine AEG-Kondensationsanlage für 5000 kW mit einer Wasserstrahl-Luftpumpe. Kühl- und Strahlwasserkreislauf sind parallel geschaltet[1]). Die beiden zuge-

[1]) Näheres über die Schaltungsmöglichkeiten von Wasserstrahl-Luftpumpen s. »Kondensatwirtschaft« des Verf., S. 85—87.

hörigen Pumpen saugen aus einem gemeinsamen Einlaufkanal, und drücken ihr Arbeitswasser durch die entsprechend angeschlossenen Apparate der Oberflächenkondensation zurück in einen gemeinsamen Ablaufkanal. Überall, wo Frischwasser

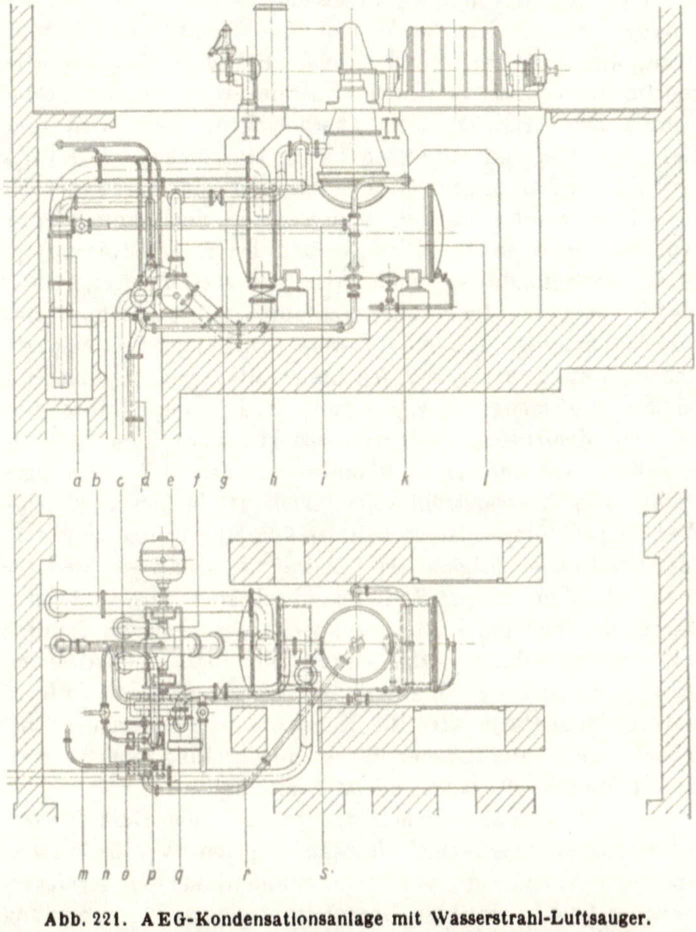

Abb. 221. AEG-Kondensationsanlage mit Wasserstrahl-Luftsauger.

a = Wasserstrahl-Luftsauger, *b* = Kühlwasser-Abflußleitung, *c* = Kühlwasser-Saugleitung, *d* = Strahlwasser-Saugleitung, *e* = Elektromotor, *f* = Kühlwasserpumpe, *g* = Hilfsturbinen-Abdampfleitung, *h* = Kondensat-Saugleitung, *i* = Luft-Saugleitung, *k* = Entwässerungsleitung, *l* = Kondensator, *m* = Kondensat-Druckleitung, *n* = Auffüll-Leitung für Kühl- und Aufschlagwasserpumpe, *o* = Aufschlagwasserpumpe, *p* = Kondensatpumpe, *q* = Hilfsturbine, *r* = Hilfsauspuffleitung, *s* = Hilfsauspuffventil.

nur in begrenzten Mengen zur Verfügung steht, sieht man im Strahlwasserkreislauf einen Wasserbehälter vor, in dem die Erwärmung des Strahlwassers durch Zuführung von Frischwasser ausgeglichen und die aufgenommene Luft ausgeschieden wird.

Es drängt sich nun die Frage auf, welche Pumpenart den Vorzug verdient. Um das Verhalten der Wasser- und Dampfstrahlpumpe zueinander bei gleichen Betriebsverhältnissen zu beurteilen, könnte man den Energieverbrauch der beiden Pumpenarten zum Vergleich heranziehen; doch wird man diesen Weg in den seltensten Fällen einschlagen. Ein Blick in die Literatur zeigt, wie unsicher und widersprechend die Urteile über die einzelnen Pumpenarten noch immer sind. Während der eine die Überlegenheit der Dampfstrahlpumpe zu erkennen glaubt, sprechen andere Untersuchungsergebnisse wieder zugunsten der Wasserstrahlpumpe. Oft begegnet man der Anschauung, daß die Wasserstrahl-Luftpumpe eine geringere Unterkühlung der feuchten Luft verlange und eine größere Luftmenge ansauge als eine Dampfstrahlpumpe gleichen Kraftbedarfs. Diese Ansicht stützt sich auf die Annahme, daß der stets zusammen mit der Luft abgesaugte Dampf vom Wasserstrahl sofort niedergeschlagen werde, die Wasserstrahlpumpe also verhältnismäßig unempfindlich gegenüber der Luftfeuchtigkeit sei. Es fragt sich nur, wie weit die außerordentlich kurze Zeit im Mischraum ausreicht, den Dampf der feuchten Luft zu kondensieren, wenn die dadurch entstandene Volumenverkleinerung sich auf die Ansaugeleistung auswirken soll. Wird der Dampf erst im Diffusor niedergeschlagen, so wird die Kondensierung des in der Luft enthaltenen Wasserdampfes die Ansaugeleistung einer Wasserstrahlpumpe kaum entscheidend beeinflussen.

Andere Versuche haben gezeigt, daß die Dampfstrahlpumpe sich ebensogut zur Luftabsaugung eignet wie die Wasserstrahlpumpe. Gerade von dem Standpunkt des Kraftverbrauches könnte man den Dampfstrahlsaugern in Verbindung mit Zwischenkondensatoren eine gewisse Überlegenheit zusprechen; denn bis auf die ganz geringe eigentliche Verdichtungsarbeit und geringe Verluste bleibt die Wärme des Betriebsdampfes dem Arbeitsvorgang erhalten; vorausgesetzt, daß nicht die Ausnutzung anderer Abwärmequellen hierdurch beeinträchtigt wird. Daß die Wasserstrahlpumpe einfacher gebaut ist als der Dampfstrahlsauger, kann man anderseits nicht bestreiten. Berücksichtigt man die verschiedene Natur der beiden Pumpengattungen und vor allem die betrieblichen Folgen, die aus der Wahl der einen oder andern Pumpenart entstehen, so kann ein vergleichendes Urteil zwischen Wasser- und Dampfstrahlsauger nur bedingt ausfallen. Nicht ein paar gesparte Wärmeeinheiten oder ein paar gesparte Kilowattstunden entscheiden die Wahl, sondern die Verhältnisse, unter denen die Kondensation oder, noch weiter gefaßt, die gesamte Kraftanlage arbeitet. So wird man z. B. aus Gründen der Übersicht und Betriebssicherheit in Kraftwerken, die bereits wärmetechnisch gut durchgebildet sind, von der Aufstellung von Dampfstrahlapparaten absehen, um eine weitere Verwicklung des Wärmekreislaufs zu vermeiden. Für solche Fälle eignet sich die Wasserstrahlpumpe, deren Arbeitsgang sich unabhängig vom gesamten Wärmekreislauf abwickelt.

Bei Schiffsmaschinenanlagen wird man dagegen meist die Dampf- der Wasserstrahlpumpe vorziehen und bei der Raumnot die Aufstellung einer besonderen Hilfsmaschine gern vermeiden; der Apparat kann im Maschinenraum an beliebiger Stelle und in beliebiger Lage aufgestellt werden. Zudem macht die Wärmeausnutzung des Strahldampfes im Zwischenkondensator keine Schwierigkeiten, da auf größeren Schiffen Abwärme für die verschiedensten Nebenzwecke gebraucht wird.

Alle weiteren Hilfsmaschinen für Kondensationsanlagen werden im allgemeinen als Kreiselradmaschinen ausgeführt, da Kolbenmaschinen für diesen Zweck zu schwer und daher zu teuer werden. Kreiselpumpen dagegen, die ihrer Natur nach wie die Hauptmaschinen selbst ausgesprochene Schnellläufer sind, beanspruchen im Verhältnis zu ihrer Leistung nur geringen Raum, bedürfen nur geringer Wartung bei stetiger Förderung. Sollen die Hilfsmaschinen durch Dampf angetrieben werden, so wird man Kreiselpumpen auch schon deshalb wählen, weil eine Dampfturbine als Antriebsmaschine ölfreien Abdampf liefert, dessen Kondensat ohne nochmalige Aufbereitung in die Kessel zurückgespeist werden kann.

Eine Oberflächenkondensation erfordert an Hilfsmaschinen eine Kühlwasserpumpe und eine Kondensatpumpe.

Die Förderhöhe einer Kreiselpumpe hängt hauptsächlich von der Umfangsgeschwindigkeit des Laufrades ab; Laufräder mit kleinem Durchmesser verlangen daher hohe Umdrehungszahlen. Diese Eigenschaft der Kreiselpumpe ist für ihre Verwendung in Kraftanlagen sehr wertvoll. Da hohe Drehzahlen zu kleinen Abmessungen führen, beanspruchen Kreiselpumpen bei niedrigen Herstellungskosten nur geringen Raum und können durch verhältnismäßig kleine Maschinen mit hoher Drehzahl angetrieben werden.

Die Wahl eines kleineren Raddurchmessers empfiehlt sich auch mit Rücksicht auf die Spaltwasserverluste, da sich der Spaltdurchmesser und seine Breite und damit der Undichtheitsquerschnitt bei ähnlichen Radformen mit dem Raddurchmesser ungefähr im gleichen Maße ändern. Das gleiche gilt für die hydraulischen Verluste, die aus der Kanalreibung im Laufrad herrühren. Man kann den Laufraddurchmesser natürlich nicht beliebig weit verkleinern, da bei zu kleinem Außendurchmesser die Wasserführung in den Schaufelkanälen ungenügend würde. Eine bessere Wasserführung läßt sich bei gleicher Förderleistung und Laufraddurchmesser durch Vergrößerung der Schaufelzahl erreichen. Hohe Schaufelzahlen verteuern aber die Herstellung und vergrößern gleichzeitig den Reibungsverlust in den Schaufelkanälen; demgegenüber beeinträchtigen kleine Schaufelzahlen und die damit verbundenen hohen Schaufeldrücke die Saugfähigkeit der Pumpe, erhöhen also die Gefahr der Hohlraumbildung, die mit erheblichen Verlusten verbunden und für die Lebensdauer der Pumpenkreisel außerordentlich schädlich ist. Dieser Umstand ist z. B. bei Kühlwasserpumpen, die große Mengen gegen niedrigen Druck zu fördern haben, zu beachten. Wie in vielen anderen Fällen muß man auch hier einer langjährigen Erfahrung vertrauen und die günstigste Schaufelzahl und den zulässigen Schaufeldruck der Saug- und Druckhöhe anpassen, die durch die örtlichen Verhältnisse bedingt werden.

Von den Hilfsmaschinen, die eine Kondensationsanlage verlangt, verbraucht die Kühlwasserpumpe den größten Teil der Leistung. Der Verbrauch der kleinen Kondensatpumpe spielt eine weniger wichtige Rolle. Für die Kühlwasserpumpe sind also mit besonderer Sorgfalt Herstellungs- und Betriebskosten gegeneinander abzuwägen, damit die Gesamtkosten möglichst klein werden.

Der Arbeitsbedarf der Kühlwasserpumpe richtet sich nach den örtlichen Kühlwasserverhältnissen, die für verschiedene Kondensationsanlagen verschieden sind. Bei Rückkühlanlagen wird die aufzuwendende Leistung natürlich am größten sein, da die Pumpen gegen eine erheblich größere statische Höhe fördern müssen. In allen anderen Fällen, wo Fluß-, See- oder Grundwasser in ausreichender Menge zur Verfügung steht, setzt sich die Förderhöhe vorwiegend aus dynamischen Widerständen zusammen. Liegen die Wasserspiegel im Zu- und Ablaufkanal auf gleicher Höhe, so hat die Pumpe nur eine dynamische Höhe zu überwinden, die als Druckverluste in den Rohrleitungen zur Pumpe und zum Kondensator und im Kondensator selbst auftritt. Die statische Höhe bewältigt man, indem man einfach die bekannte Heberwirkung ausnutzt und die abfließende Wassermenge kraftschlüssig eine entsprechende zufließende Menge ansaugen läßt. Für alle Verhältnisse bleibt jedoch die Forderung bestehen, die dynamischen Verluste innerhalb wie außerhalb der Pumpe auf ein Mindestmaß herabzusetzen. Soweit die Verluste außerhalb der Pumpe liegen, kann diese Forderung durch kurze und weite Rohrleitungen, geschickte Anordnung der ganzen Anlage sowie durch Zulauf- und Abflußkanäle von reichlichem Querschnitt erfüllt werden.

Die wichtigsten Grundsätze und Überlegungen, auf die bei den Kühlwasserpumpen hingewiesen worden ist, gelten auch für die Kondensatpumpe. Gegen Hohlraumbildung ist sie nicht so empfindlich wie die Kühlwasserpumpe. Abgesehen davon, daß der Kondensatpumpe das Wasser zuläuft, ist das Verhältnis zwischen Fördermenge und -höhe (oder mit andern Worten, das Verhältnis zwischen Innen- und Außendurchmesser des Laufrades) günstiger als bei den Kühlwasserpumpen. Man verzichtet daher auf besondere Saugkrümmer, legt die

Einführungskanäle in das Gehäuse hinein und gibt dadurch der Pumpe trotz ihrer doppelflutigen Bauart eine gedrängte Form. Die Pumpe erhält somit nur einen Saugflansch. Bei einem Ausbau der Pumpe vermeidet man es gern, die Saugleitung abzunehmen, wenn sie einmal dicht hält.

Die Kondensatpumpen werden im allgemeinen so reichlich ausgelegt, daß ein unverändertes Pumpenmodell die Anforderungen hinsichtlich Förderhöhe und -menge für die verschiedenen Drehzahlen, die durch die Antriebsart bedingt werden, erfüllen kann. Bei den Kondensatpumpen gilt die Hauptsorge den Stopfbuchsen. Das Sperrwasser wird aus dem Druckstutzen zugeführt. Zum Anfahren ist bei den Kondensatpumpen eine von Hand zu betätigende Umführungsleitung vorgesehen, die so lange Kondensat aus der Druckleitung bzw. aus dem Hochbehälter zurückfließen läßt, bis sich im Druckstutzen der nötige Druck eingestellt hat. Die Rückschlagklappe, die bei ausbleibender Förderung ein Zurückfließen des Druckwassers in den Kondensator verhüten soll, liegt zwischen den Anschlußstellen der Umführungsleitung. Eine oben am Gehäuse angeschlossene Entlüftungsleitung führt zum Strahlapparat, der das Pumpengehäuse beim Anfahren der Anlage bis zum Beginn der Kondensatförderung evakuiert und auch während des Betriebes luftleer hält.

Da das Kondensat infolge der hohen Unterdrücke im Kondensator nicht abgesaugt werden kann, ohne daß es verdampft, muß die Kondensatpumpe — bei Landanlagen also der ganze Hilfsmaschinensatz — so tief aufgestellt werden, daß das Kondensat mit natürlichem Gefälle zuläuft. Eine ausreichende Zulaufhöhe bis zum Laufradeintritt unterzubringen, die mit Rücksicht auf die dynamischen Widerstände nicht unter 0,5 m sinken sollte, kann bei beschränkten Raumverhältnissen Schwierigkeiten machen. In diesen Fällen geht man — z. B. im Schiffsbetrieb — zur stehenden Anordnung der Pumpe über, die eine größere Zulaufhöhe hat, aber auch einen gesonderten Antrieb verlangt.

Die Kondensationspumpen werden bei Landanlagen ohne Rücksicht auf die Antriebsart fast stets gemeinsam angetrieben. Abgesehen davon, daß die Verluste mehrerer kleiner Antriebsmaschinen größer sind als die einer Maschine mit größerer

Leistung, gewinnt eine Kondensationsanlage mit gemeinsamem Antrieb an Übersicht und Betriebssicherheit. Da die Pumpen nur nach der Drehzahl geregelt zu werden brauchen, lassen sich ihre einzelnen Betriebsbedingungen ohne Schwierigkeit in Einklang bringen. Welche Antriebsart man wählen wird — Antrieb durch Elektromotor oder Dampfturbine — entscheiden die örtlichen Verhältnisse. Rein elektrischen Antrieb wird man nur in Sonderfällen ausführen, wenn bei ausbleibendem Kraftstrom jederzeit noch andere Stromquellen zur Verfügung stehen. Sind elektrische Kraftreserven dieser Art vorhanden, so vollzieht sich bei ausbleibendem Hauptstrom die Umschaltung des Motors selbsttätig auf den Reservestrom. Kann man nicht mit einer zuverlässigen elektrischen Reserve rechnen, so wird heute meistens mit Rücksicht auf die Betriebssicherheit eine Dampfturbine als Hilfsantrieb vorgesehen. Besonders die großen Turbinen dürfen beim Versagen ihrer Hilfsmaschinen nicht einmal vorübergehend auf Auspuff fahren, da die unausbleiblichen Druck- und Temperatursteigerungen unzulässige Wärmedehnungen in der Turbine hervorrufen können.

Unbedingte Zuverlässigkeit verbürgt der Antrieb der Kondensations-Hilfsmaschinen durch Dampfturbinen (Abb. 222); dafür sind aber die Betriebsbedingungen nicht so günstig wie beim Antrieb durch einen Elektromotor, der meistens, trotz der doppelten Energieumsetzung, mit besserem Gesamtwirkungsgrad arbeitet. Bei reinem Turbinenantrieb arbeiten die Hilfsturbinen im allgemeinen mit Gegendruck. Ihr Abdampf wird für die Vorwärm- oder Aufbereitungsanlage des Kraftwerkes benutzt oder dient zu andern Zwecken, z. B. zur Raumheizung oder Kohlevortrocknung. Doch nur verhältnismäßig selten wird es möglich sein, den Abdampf der Turbine restlos auszunutzen und damit die wirtschaftlichen Vorteile des Gegendruckbetriebes wahrzunehmen. Ist dieser Weg der Wärmeausnutzung nicht gangbar, so schickt man den Abdampf der Hilfsturbine in eine spätere Stufe der Hauptturbine, in der er sich unter günstigen Verhältnissen bis auf den Kondensatordruck entspannen kann. Da Haupt- und Hilfsturbine dann dampfseitig gekuppelt sind, so muß für die Führung des Hilfsturbinenabdampfes ein Umschaltventil vorgesehen werden, das durch einen Geschwindigkeitsregler gesteuert und vom Schnellschlußregler der Hauptmaschinen überwacht wird. Entsprechend der Belastung der Hauptmaschine leitet

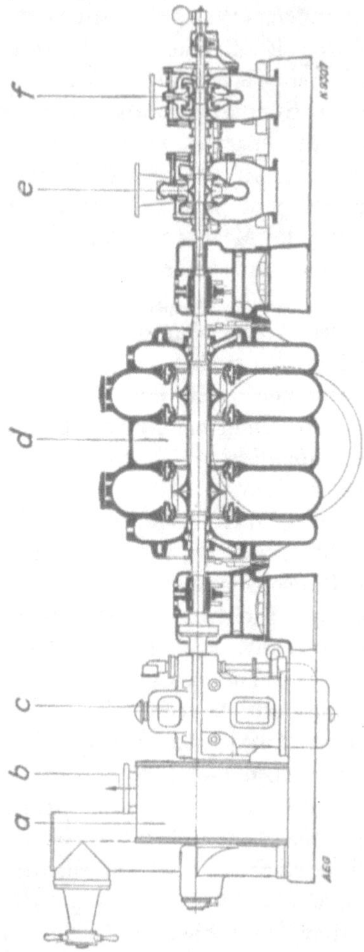

Abb. 222. AEG-Kondensationspumpengruppe, angetrieben durch eine Kleinturbine mit Zahnradvorgelege; n = 7500/1250 U/min.
a = Turbine, b = Abdampf, c = Zahnradvorgelege, d = Kühlwasserpumpe, e = Aufschlagwasserpumpe, f = Kondensatpumpe.

das Umschaltventil mehr oder weniger Abdampf in die ND-Stufe der Hauptturbine oder in den Kondensator. Bei Vollast fließt der gesamte Abdampf dem ND-Teil der Hauptturbine zu, bei geringen Teillasten drosselt der Schieber den

Abdampf zur ND-Stufe, während gleichzeitig ein Ventil den Weg zum Kondensator freigibt.

Wenn indessen nicht besondere Gründe für einen reinen Turbinenantrieb sprechen, so wird heute zur Vermeidung einer weiteren Verwicklung des Wärmekreislaufes überall der dampfelektrische Antrieb der Hilfsmaschinen vorgezogen, um auf diese Weise die Vorteile des einfachen und billigen elektri-

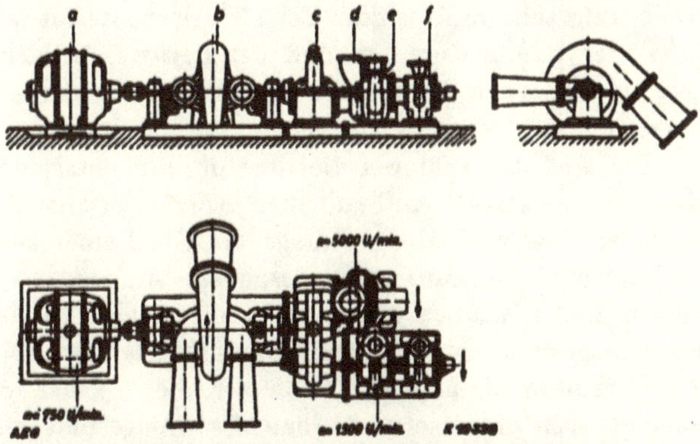

Abb. 223. AEG-Kondensationspumpengruppe mit Zahnradvorgelege, wahlweise durch eine Dampfturbine oder einen Elektromotor angetrieben; $n = 5000/750/1500$ U/min.
a = Elektromotor, b = Kühlwasserpumpe, c = Zahnradvorgelege, d = Turbine, e = Aufschlagwasserpumpe, f = Kondensatpumpe.

schen Antriebes mit der unbedingten Betriebssicherheit der Dampfturbine zu verbinden. Im normalen Betrieb übernimmt der Elektromotor den Antrieb, während sich bei Störungen am Motor oder im Stromnetz die Dampfturbine selbsttätig einschaltet und dadurch den Kondensationsbetrieb aufrechterhält. Abb. 223 zeigt einen AEG-Kondensationspumpensatz dieser Art. Der Elektromotor, der mit der Kühlwasserpumpe unmittelbar gekuppelt ist, treibt über das Vorgelege die auf einer Seite angeordneten Aufschlagwasser- und Kondensatpumpen an. Auf der den beiden Pumpen gegenüberliegenden Seite kann der Pumpensatz beim Anfahren oder bei ausbleibendem Kraftstrom über eine zweite Übersetzung durch die Dampfturbine angetrieben werden. Die Zwischenschaltung des Zahnradvorgeleges macht es also möglich, die einzelnen

Pumpen wie die Antriebsmaschinen mit den ihrer Eigenart entsprechenden günstigsten Drehzahlen laufen zu lassen.

Da die Hilfsturbinen nur als Reserve dienen, wird man sich auf Kosten des Maschinenwirkungsgrades mit billigen Maschinen begnügen und das Wärmegefälle nur in einer Geschwindigkeitsstufe verarbeiten. Die Antriebsturbinen haben daher meist zwei- oder dreikränzige Geschwindigkeitsräder, die auf einer mit dem Ritzel aus einem Stück hergestellten Welle aufgeschrumpft sind. Bei elektrischem Antrieb laufen die Räder in Luftleere, so daß der Leistungsbedarf für die Leerlaufarbeit der Turbine nur gering ist.

Die Art der späteren Betriebsführung entscheidet stets über den gesamten Aufbau einer Kondensationsanlage. So wie jeder einzelne Teil der Anlage als Glied eines zusammenhängenden Organismus eine besondere Aufgabe zu erfüllen hat, so muß sich auch jede Kondensation, als Teil einer Turbinenanlage und als Glied einer Dampfkraftanlage, individuell den Verhältnissen anpassen, von der die Art des Betriebes abhängt. Ein organischer Aufbau der Anlage und eine reichliche Bemessung der Hilfsmaschinen sichern zuverlässiges Arbeiten und oberstes Gesetz für jede Anlage ist eben eine absolute Betriebssicherheit!

2. Die Kaminkühler.

a) Allgemeines.

Die Wechselwirkung zwischen Kaminkühler und Kondensation war an Hand von Kühlkurven (Abb. 201) gekennzeichnet worden. Ein Rückkühler muß überall dort angewendet werden, wo die für die Kondensation erforderliche Kühlwassermenge nicht laufend frisch beschafft werden kann, so daß es notwendig ist, das aus dem Kondensator ablaufende Warmwasser durch Wärmeentziehung rückzukühlen. Die Rückkühlung beträgt bei Einhaltung wirtschaftlicher Grenzen in der Bemessung des Rückkühlers etwa 10°. Die Kaltwassertemperatur liegt normal bei 27°, sie erreicht jedenfalls niemals eine Temperaturstufe zwischen 8 und 12° wie sie bei der Verwendung von Frischwasser möglich ist. Großkraftwerke mit hochwertigen Turbinenkondensationen werden daher an das Ufer von Flußläufen oder Seen bzw. an das Meer verlegt.

In der Rückkühlanlage wird das warme Rücklaufwasser der Kondensation in fein verteiltem Zustande herabgerieselt und dabei mit einer im Quer- oder Gegenstrom durchstreichenden Luftmenge in Berührung gebracht. Das warme Wasser gibt alsdann an die nicht vollkommen gesättigte Luft durch Verdunstung eine gewisse Teilwassermenge ab unter Abkühlung des restlichen warmen Kühlwassers auf die Kondensatoreinlauftemperatur[1]).

Der entstehende Verdunstungsverlust beträgt im Winter etwa 60 vH der niedergeschlagenen Dampfmenge und im Sommer etwa 90 vH. Die zuerst gebauten Gradierwerke wurden später durch Kühltürme ersetzt, welche der Ing. Hans Balcke im Jahre 1894 erfand und welche heute über die ganze Erde verbreitet sind.

Wie auch im einzelnen die Konstruktion eines solchen Kaminkühlers durchgeführt sein mag, so besteht er doch grundsätzlich aus einem Berieselungsteil, welchem die Aufgabe zufällt, das warme rückzukühlende Wasser in genügend fein verteilter Form der kühlenden Luft im Quer- oder Gegenstrom entgegenzuführen und aus einem Kamin, welchem die Aufgabe zufällt, die zur wirksamen Kühlung des vom Kondensator kommenden Warmwassers erforderlichen Luftmengen mit der notwendigen Geschwindigkeit durch dieses Warmwasser hindurchzusaugen.

b) Kühlerbauarten.

Für die Rückkühlung kleinerer Wassermengen kommt heute fast ausschließlich der Balcke-Zellenkühler in Betracht. Für große Wassermengen eignet sich neben dieser Bauart besonders der Quer-Gegenstrom-Kaminkühler der gleichen Firma. Zur Herabminderung des für sehr große Leistungen benötigten erheblichen Grundflächenbedarfes und zur Begünstigung des Luftdurchtriebes bei natürlichem Luftzug ist der Konstruktionsfortschritt vom Quer-Gegenstrom-Kaminkühler zum Rieselkühler von Bedeutung.

---

[1]) Die Theorie des Rückkühlers entwickelt Verf. in der »Kondensatwirtschaft« 1927, Verlag R. Oldenbourg, München-Berlin, S. 105—112.

1. Der Zellenkühler.

Das warme Wasser wird nach seiner Einführung in den Turm durch Gerinne über die ganze Oberfläche der Berieselung verteilt und fällt durch eine große Anzahl Gasrohre, welche in die Rinnen eingesetzt sind, auf Spritzbecher. Es wird durch den Aufprall auf diese Spritzbecher in feine Tropfen zerstäubt, damit eine gleichmäßige Verteilung über die ganze Oberfläche der Berieselung erzielt wird. Die Berieselung besteht aus einer mehr oder weniger großen Anzahl von waagerecht liegenden Böden, welche aus besonders profilierten Riesellatten zusammengesetzt sind. Das Profil dieser Latten wird den besonderen Bedingungen angepaßt, unter welchen der Kühler zu arbeiten hat.

Die in einen Kaminkühler eingesaugte Kühlluft hat das Bestreben, auf dem Wege des geringsten Widerstandes in den Kamin zu gelangen. Wenn die Luft nicht durch besondere Maßnahmen gezwungen wird, bis tief in die inneren Teile der Berieselung einzudringen, bleibt besonders bei großen Kaminkühlern die Kühlwirkung ungenügend.

Bei dem Zellenkühler (s. Abb. 224) wird aus diesem Grunde die Berieselung in eine mehr oder minder große Zahl von Zellen aufgeteilt. Die äußeren Zellen erhalten ihre Kühlluft unmittelbar, während den im Innern gelegenen Zellen die Luft durch weite Kanäle, welche oben gegen das Eindringen des über ihnen herunterrieselnden Wassers abgedeckt sind, künstlich zugeführt wird. Auf diese Weise wird die Berieselung in eine Anzahl kleiner Einzelkühler zerlegt, von welchen jeder für sich seine Kühlluft zugeführt bekommt. Damit gelangt die Frischluft, ohne daß sie vorher durch Aufnahme von Wasserdampf aus bereits berieselten Räumen ihre Kühlfähigkeit eingebüßt hat, auch bis in den inneren Kern der Berieselung.

Nachteilig ist der große Platzbedarf bzw. die geringe Grundflächenbelastung. Der Zellenkühler wird deshalb vornehmlich für kleine Leistungen gewählt. Ist man in der Wahl des Platzes nicht beschränkt, so wird der Zellenkühler aus Preisrücksichten am besten auf quadratischer Grundfläche erbaut. Eine rechteckige Grundfläche erfordert in der Regel infolge der größeren Beanspruchung der Breitseiten durch den Winddruck eine stärkere Gerüstkonstruktion und ist deshalb weniger günstig. Kennzeichnend für den Zellenkühler ist die Umfassung der Berieselung durch die Turmkonstruktion. Die Fundamente für die Masten bilden die äußere Umgrenzung des Bauwerkes. Die Turmkonstruktion ist also an keiner Stelle dem zu kühlenden Wasser oder dem aufsteigenden Schwadendampf ausgesetzt.

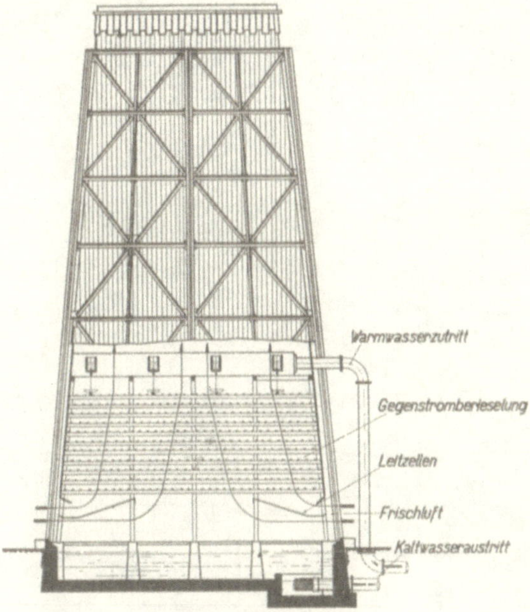

Abb. 224. Der Balcke-Zellenkühler.

2. Der Quer-Gegenstromkühler.

Bei dem Quer-Gegenstrom-Kaminkühler besteht die Berieselung aus einem Querstromteil und einem Gegenstromteil. Der Querstromteil zieht sich ringförmig um den unteren Turm. In ihm bewegen sich, wie Abb. 225 verdeutlicht, Luft und Wasser im Querstrom. Die Führung der einziehenden Luft in einem breiten Strom durch den Querstromteil bis in den Kamin hat den Vorzug, daß trotz der Zwangläufigkeit das Eindringen der Luft mit geringem Widerstande ermöglicht wird. Ein unmittelbares Hochsteigen der Luft nach dem

Eintritt in den Kühler wird durch eine obere Abdeckung der Berieselung des Querstromteils verhindert. Ein Mangel bleibt bei der reinen Querstrombauart, daß die Luft in der untersten Zone am Fuß der Berieselung wegen der dort bereits erfolgten Abkühlung des Wassers nur noch geringe Wirkung ausüben kann und zu kalt in den Kamin eintritt.

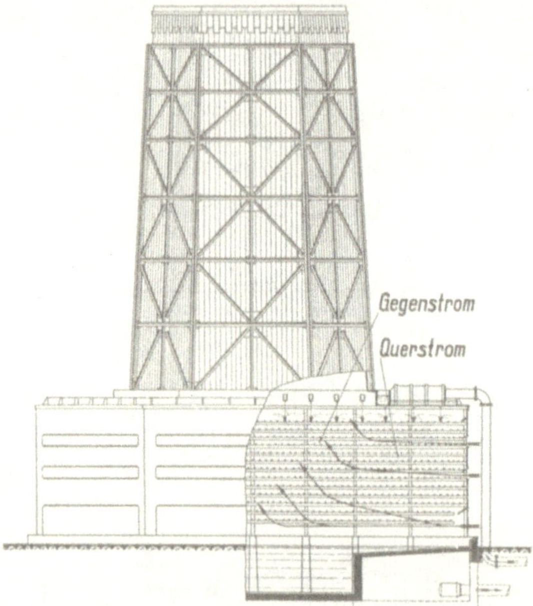

Abb. 225. Der Balcke-Quer-Gegenstromkühler.

Es wird deshalb bei dem Quer-Gegenstrom-Kaminkühler in den Raum unter dem Kamin gleichfalls eine Berieselung eingebaut, in der aber Wasser und Luft im Gegenstrom arbeiten. Die schon gut ausgenutzte Luft aus der oberen Zone des Querstromteiles hat im Gegenstromteil nur einen ganz kurzen Weg zurückzulegen, sie kann auch nur noch wenig Wärme aufnehmen. Die schlecht erwärmte Luft aus der unteren Zone durchzieht hingegen die ganze Gegenstromberieselung; sie besorgt die erforderliche Kühlarbeit und wird dadurch gleichfalls voll erwärmt und ausgenutzt. In der gleichmäßigen völligen Ausnutzung der Kühlluft liegt der wesentliche Vorteil des Quer-Gegenstromkühlers gegenüber dem einfachen Querstromkühler.

Die Wasserverteilung für den Querstromteil liegt außerhalb des Turmes. Die Beaufschlagung der einzelnen Felder, von denen jedes für sich abschaltbar ist, erfolgt durch ein-

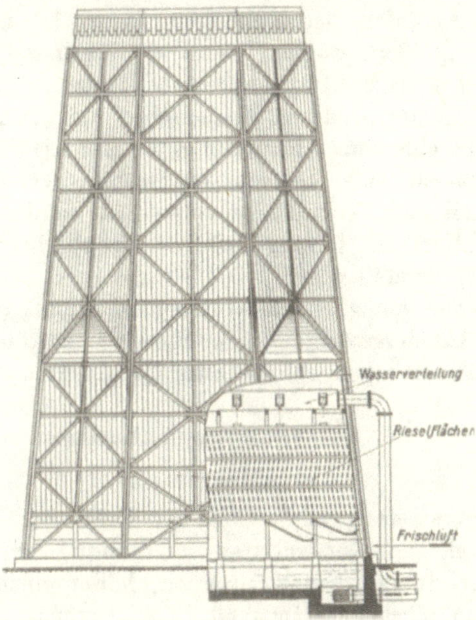

Abb. 226. Der Balcke-Rieselflächenkühler.

stellbare Schützen. Die Berieselung ist am äußeren Umfang jalousieartig verschalt. Durch eine besondere Ausbildung der Verschalung wird für eine zweckmäßige Verteilung der einziehenden Luft gesorgt und anderseits verhütet, daß das herabrieselnde Wasser nach außen verspritzt und zu unangenehmen Verwehungen bei starkem Wind sowie zu einer Vereisung des Kühlers im Winter führt.

3. Der Rieselflächenkühler.

Sollen sehr große Leistungen auf kleiner Grundfläche ermöglicht werden, soll also der Kühler mit möglichst hoher

Grundflächenbelastung arbeiten, so ist die übliche Aufteilung der Wassermenge in einzelne Tropfen wegen der beengten Raumverhältnisse nicht mehr gangbar. In der großen Raumenge würden sich die einzelnen Tropfen sofort zu Gerinnseln vereinigen, die in raschem Fall durch die Berieselung zum Bassin stürzen würden.

Die Fallzeit vom Eintritt des Wassers in die Berieselung bis zum Ablauf in das Kühlbassin kann aber um ein Mehrfaches vergrößert werden, wenn die Gerinnsel aufgefangen und über schräge bzw. senkrechte Flächen verteilt werden, an denen sie nun als dünne Wasserschleier mit möglichst großer Oberfläche ablaufen. Anderseits muß trotz des Gleitflusses der Wassermassen eine vielfach wiederholte Verteilung durch Tropfenfall und Verspritzung vorgesehen werden, wenn diese Konstruktion die Lösung hoher hydraulischer Belastungen (s. S. 374) darstellen soll[1]).

Auf der vorstehend beschriebenen Grundlage beruht der in Abb. 226 dargestellte Balcke-Rieselflächenkühler, der sehr hohe Kühlleistungen auf kleinster Grundfläche ermöglicht.

3. Kühlwasserreinigungsanlagen.

a) Allgemeines.

Die Wassermengen, welche im Kraftwerk zum Speisen der Kessel, zum Kondensieren von Dampf, zum Kühlen der Generatorluft usw. benötigt werden, bilden einen erheblichen Posten im jährlichen Haushalt. Z. B. werden zum Kondensieren des Dampfes einer 20000-kW-Turbine allein etwa 6000 m^3 Wasser in der Stunde benötigt. Es ist daher natürlich, daß man besonders die Großkraftwerke an Flußläufe, Teiche, Seen oder an das offene Meer verlegt, um die notwendigen großen Wassermengen so billig wie möglich zur Verfügung zu haben. Dieses Wasser ist jedoch fast immer durch Fische, Seetiere, Pflanzen, Laub, Zweige und andere Abfälle sehr stark verunreinigt.

[1]) Die hydraulische Belastung eines Kaminkühlers erhöht sich mit der möglichst weitgetriebenen Aufteilung des Wassers in Tropfenform bevor es auf den Rieseleinbau auftrifft. Hierfür eignen sich besonders die Schlick-Düsen (s. Anm. S. 292), weil sie mit wenig Energieaufwand große Flüssigkeitsoberflächen entwickeln. Bei kleinen Rückkühlanlagen genügt der alleinige Einbau von Schlick-Düsen.

Die Verschmutzung der wasserberührten Kühlfläche der Kondensatoren kann in den meisten Fällen dadurch vermieden werden, daß alle Unreinigkeiten des Kühlwassers durch geeignete Rechen, Siebe und Schlammbecken schon vom Zufluß zur Kühlwasserpumpe ferngehalten werden. Bei Verwendung von Kühlwasser, das auf diese Weise sachgemäß vorgereinigt ist, ist daher eine besondere Reinigungsvorrichtung am Kondensator überflüssig, es genügt vielmehr, den Kondensator gewöhnlicher Bauart je nach den Wasserverhältnissen in Zeiträumen von 1—2 Jahren zur Zeit der geringsten Belastung oder während mehrtägiger Betriebspausen einer gründlichen inneren Reinigung mit Bürste und Wasserstrahl zu unterziehen. Gelegenheit dazu besteht fast immer auch in solchen Fällen, wo keine Maschinenreserve vorhanden ist.

In Ausnahmefällen, wo stark verunreinigtes, schlammhaltiges Wasser zur Kühlung verwendet werden muß und eine genügende Gesamtvorreinigung nicht möglich oder zu umständlich ist, muß eine besondere Reinigungsvorrichtung für den Kondensator vorgesehen werden, um den ungünstigen Einfluß der Verschmutzung auf den Wärmedurchgang und damit auf die Luftleere und den Dampfverbrauch hintenanzuhalten.

Die Verschmutzung des Kühlrohrinnern entsteht beispielsweise durch Ablagerung feiner Schlamm- und Faserteilchen, die allmählich die ganze Fläche mit einer festen Kruste überziehen.

Die Entfernung der Schmutzteilchen ist naturgemäß um so leichter, je häufiger sie erfolgt, so daß sich keine zusammenhängende Schicht bilden kann. Die häufige Reinigung verhindert auch sehr oft die Zerstörung der Kühlrohre durch örtliche galvanische Ströme. Enthält nämlich das Kühlwasser kohlenstoffhaltige Beimengungen (teilweise verbrannte Kohle oder Asche), so bilden diese zusammen mit dem Rohrmetall ein galvanisches Element, wodurch das Metall langsam zersetzt wird. Sehr viele Rohrschäden beruhen auf diesem nicht genügend beachteten elektrischen Vorgang. Es ist also auch aus diesem Grunde wichtig, jede Ablagerung nach Möglichkeit zu verhindern.

Die Reinigungsvorrichtungen müssen einfach zu bedienen und jederzeit ohne zeitraubende Vorkehrungen in Betrieb zu setzen sein. Reinigungsverfahren, bei denen während des Betriebes viele Schrauben gelöst, Deckel abgenommen und nach der Reinigung schließlich Deckel und Schrauben wieder aufgebracht und angezogen werden müssen, sind zu verwerfen. Die mechanischen Vorreinigungen genügen zumeist bei mit Frischwasser betriebenen Oberflächenkondensatoren, weil die Erwärmung des Kühlwassers infolge Durchschusses großer Wassermengen zwecks Erzielung eines höchstmöglichen Vakuums hintangehalten werden kann. Anders liegen die Verhältnisse bei Kondensatoren, welche mit rückgekühltem Wasser betrieben werden. Aus wirtschaftlichen Gründen wird hier eine Wassererwärmung bis normal auf 37° zugelassen. Bei dieser Temperaturstufe fallen aber die im Wasser als vorübergehende Härte[1]) enthaltenen Karbonate teilweise mit Einschlüssen von Kieselsäure aus und setzen sich als Wasserstein vornehmlich auf die innere Wandung derjenigen Rohrbündel an, welche am stärksten erwärmt werden. Der Steinansatz nimmt also bei normal gebauten Oberflächenkondensatoren[2]) von oben nach unten ab.

Unter den verschiedenen Umständen, welche den Gegendruck eines Oberflächenkondensators beeinflussen, ist der Wassersteinansatz auf der Kühlrohrinnenfläche bei weitem der schädlichste. Der Wärmedurchgang, welcher bei metallisch reiner Oberfläche eine sehr hoher ist, nimmt mit dem Grade der Versteinung der Rohre ab.

Die Ursache der raschen Versteinung der Kühlfläche bei dem Betrieb von Kondensatoren mit rückgekühltem Wasser ist die infolge der Verdunstung von 1—2,5 vH der umlaufenden Wassermenge unvermeidliche Zunahme der Härte des umlaufenden Kühlwassers. Je nach dem Gehalt des Zusatzwassers an Härtebildnern nimmt die Stärke des Steinbelages auf den Rohren mehr oder weniger rasch zu. Das hat zur Folge, daß die Oberflächenkondensatoren von Dampfturbinen jeweils nach Verlauf von etwa 3—9 Monaten gereinigt werden müssen.

---

[1]) Die vorübergehende Härte wird durch solche Salze (Karbonate) gebildet, welche bei einer Erwärmung des Wassers bis zum Sieden ausfallen.

[2]) Näheres über normale Kondensatoren s. S. 381.

Es wird also bei mit Rückkühlwasser betriebenen Oberflächenkondensatoren neben der mechanischen noch eine chemische Reinigung notwendig, welche bei lediglicher Entfernung angesetzten Wassersteins periodisch, bei dauernder Verhütung von Wasserstein und Korrosionen kontinuierlich betrieben werden muß. Danach zerfallen die chemischen Reinigungsanlagen in periodische und kontinuierliche.

b) Die mechanischen Kühlwasserreinigungsanlagen.

1. Mechanische Vorreinigungsverfahren.

Die mechanischen Vorreinigungsanlagen werden möglichst in der Nähe der Wasserentnahmestelle errichtet. An ihre Konstruktion sind als Hauptbedingungen eine fortdauernde energische Reinigung bei großer Anspruchslosigkeit in der Überwachung zu stellen. Die ältesten üblichen Reinigungsanlagen bestanden im wesentlichen in zum Teil ziemlich umfangreichen Bauten für Wasserbassins. Es wurden ein oder mehrere Absatzbecken mit eingelassenen Sieben eingerichtet, die wechselweise in Benutzung genommen wurden, während die außer Betrieb befindlichen Siebe von Hand aus gereinigt werden mußten.

Eine wesentliche Verbesserung wurde im Laufe der Zeit zunächst durch die Verwendung von Sieben mit selbsttätigen Bürstenreinigern nach dem Geigerschen Verfahren erzielt. Durch dieses Verfahren wurde es möglich, ein Sieb dauernd in Betrieb zu halten und somit schon die Hälfte der kostspieligen Bassinbauten einzusparen. Die Firma Geiger in Karlsruhe baut Schlitzrechen mit einer maschinellen Abbürstvorrichtung, welche aus mehreren, in endlosen Kettenzügen eingeschalteten Bürsten bestehen, die ihrerseits in die Schlitze des Rechens eingreifen und in der Richtung von unten nach oben abbürsten. Die auf den Siebflächen sich absetzenden Schmutzstoffe werden hierbei von den langsam laufenden Bürsten nach oben geschoben und fallen über ein Abfallblech in eine Sammelrinne, aus welcher sie von Hand oder durch ein mechanisches Fördermittel oder durch Abspülen entfernt werden.

Die Schlitzrechenkonstruktion besteht aus einem schmiedeeisernen Gestell, in dessen unteren Teil Schlitzsiebe mit einer

Schlitzweite von 1 bis 3 mm in einzeln herausnehmbaren Tafeln eingesetzt sind.

Die Siebe sind aus konischen Lamellenstäben zusammengesetzt, die in rückwärtsliegende Querverbindungen eingeschweißt sind und der ganzen Länge nach durchlaufende, sich nach hinten erweiternde Schlitze bilden.

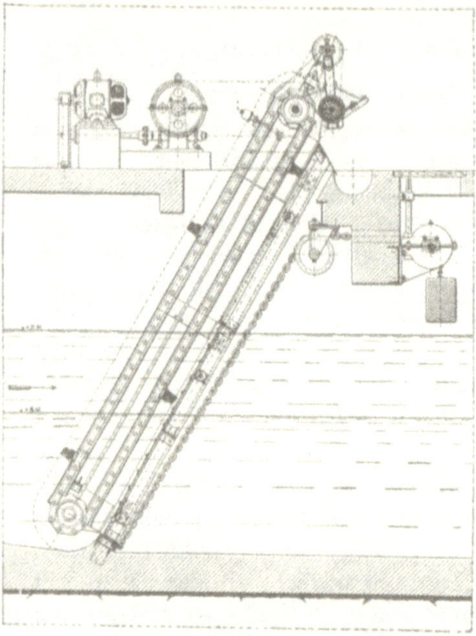

Abb. 227. Zum Hochziehen mittels Aufzuggetriebes eingerichteter Schlitzrechen.

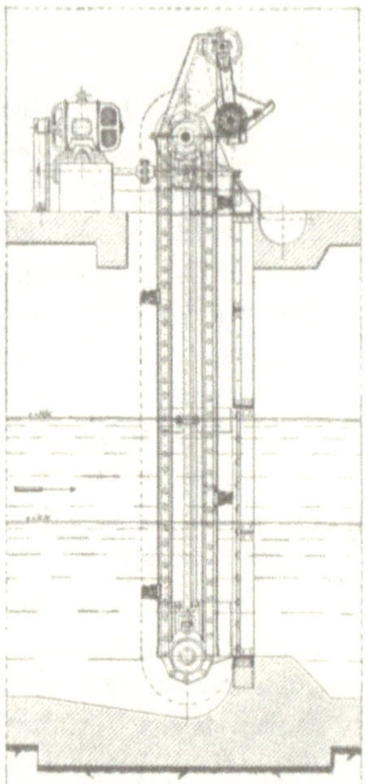

Abb. 228. Schlitzrechen in senkrecht stehender Anordnung.

Abb. 227 u. 228 zeigen zwei solche feststehende Schlitzrechen mit der besprochenen maschinellen Abbürstvorrichtung in schräger und in senkrecht stehender Anordnung.

Zumeist werden diese Schlitzrechen unter einem Neigungswinkel von 65° aufgestellt.

Die Siebe werden nur so weit hochgeführt, als es der höchste Wasserstand erforderlich macht. Der obere Teil der Rechenfläche ist mit einer Blechabdeckung versehen und läuft in ein schräg nach hinten stehendes Abfallblech aus, an das die schon erwähnte zur Abführung der Schmutzstoffe dienende Sammelrinne sich anschließt.

Der Rechenantrieb ist getrennt vom Rechen auf einem mit dem Maschinenhausboden verbundenen gußeisernen Fundamentkasten angeordnet, der außerdem mit einem Mehrganggetriebe zur Erhöhung der Umlaufgeschwindigkeit der Rechenabbürstvorrichtung bei zunehmender Belastung der Schlitzrechen mit Schmutzstoffen ausgerüstet wird.

Wenn die Rechenkammern nicht zum Absperren mittels Schiebern eingerichtet sind, oder wenn der Durchfluß durch die Kammern aus anderen Gründen freigegeben werden soll, werden die Schlitzrechen auch hochziehbar ausgeführt. In diesem Falle ist das oben mittels zweier Winkelstützen auf dem Schachtmauerwerk gelagerte Rechengestell seitlich mit einer Anzahl Laufrollen versehen, mit denen es in U-Eisenschienen geführt ist, die an den Schachtwänden angeschraubt und mit Dichtungsleisten gegen das Gestell versehen sind. Zum Hochziehen bedient man sich gewöhnlich eines im Schachte angebrachten Hebewerkes, bei Schlitzrechen größerer Abmessungen des im Rechengebäude vorhandenen Laufkranes.

Eine weitere Verbesserung bedeutet der von der gleichen Firma hergestellte Siebbandrechen, bei dem die Unreinigkeiten durch einen Wasserstrahl abgespritzt werden. Der Rechen besteht aus vielen gelenkartig verbundenen Einzelsieben von 450 bis 500 mm Teilung und 1000 bis 3500 mm Breite, die mit Phosphorbronzegewebe von 1,0—0,1 mm Maschenweite bespannt sind. Die Siebe werden mittels zwei verzahnter Rollenscheiben in dauernder Bewegung gehalten und laufen an einer in Abb. 229 dargestellten Abspritzvorrichtung vorbei, durch welche der abgelagerte Schmutz entfernt und in Rinnen abgeführt wird. Wie die Abb. 229 u. 230 zeigen, wird das Abspritzen mittels Druckwasser durch einen von innen nach außen oder von außen nach innen gerichteten Spritzstrahl vorgenommen. Das Spritzrohr erzeugt durch Düsen von 6 mm Dmr. mit Prallflächen einen ununterbrochenen Flachspritzstrahl, der die Siebfläche auf der ganzen Breite gleichmäßig reinigt. Das Spritzrohr und die Düsen sind durch leicht abnehmbare Verschlüsse zum Reinigen von außen eingerichtet.

Das Druckwasser wird mittels Pumpen der Reinwasserseite entnommen und unter einem Druck von 2 bis 3 at der Spritzrohrleitung zugeführt. Der Spritzwasserbedarf beträgt auf den laufenden Meter Siebbandbreite etwa 2 l.

Durch die Belegung des Siebbandes mit Schmutzstoffen wird ein Stau hervorgerufen. Da dieser von dem Grade der Verunreinigung des Wassers und von der Bandgeschwindigkeit abhängig ist, so muß, um den Stau in zulässigen Grenzen zu

Abb. 229. Abspritzvorrichtung in Tätigkeit.

halten, mit zunehmender Verschmutzung auch die Geschwindigkeit des Bandumlaufes gesteigert werden. Das zwischen dem Stirnradvorgelege des Elektromotors und dem Rollenscheibenantrieb eingeschaltete Schneckengetriebe wird deshalb mit einem Mehrganggetriebe mit drei Geschwindigkeitsstufen versehen, damit der Umlauf des Siebbandes dem Verschmutzungsgrad des Wassers entsprechend geregelt werden kann.

Zur Beobachtung des Staues ist ein Wasserstandsdifferenzanzeiger vorgesehen, der bei Überschreitung des zulässigen Staues ein Alarmsignal einschaltet. Als weitere Sicherheitsvorrichtung ist noch eine in der Siebkammer eingebaute, selbsttätig sich öffnende Pendelklappe mit Gewichtsbelastung vorgesehen, die sich bei abnormalem Stau öffnet und dem Kühlwasser den Durchtritt zum Pumpenkanal gestattet.

Abb. 230 bringt den Schnitt durch den oberen Teil des Siebbandrechens mit Antriebs- und Abspritzvorrichtung, während Abb. 231 einen Siebbandrechen mit allseitiger Beaufschlagung im Querschnitt darstellt. Diese Ausführungsart hat sich sehr gut bewährt. Die wirksame Siebfläche beträgt bei dieser Ausführung 75 vH der gesamten Rechenfläche.

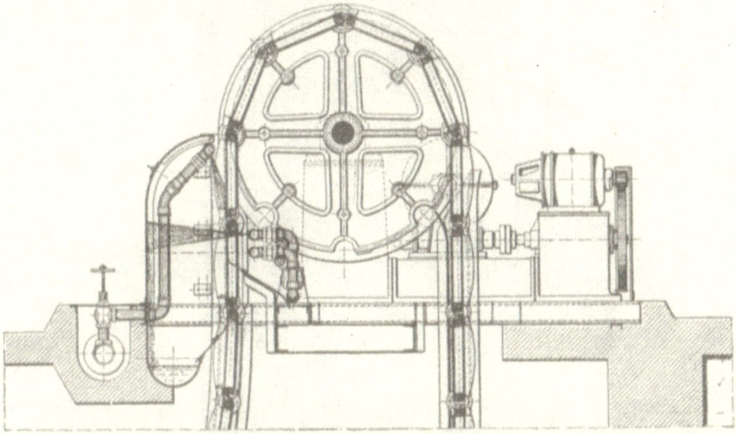

Abb. 230. Schnitt durch den oberen Teil des Siebbandrechens mit Antriebs- und Abspritzvorrichtung.

Bei Schlitzrechen beträgt die Maximalrechenbreite bis zu 4 m bei einfachen Rechen, bis 5 m bei Doppelrechen, bei Siebbandrechen bis zu 3,75 m.

Abb. 232 bringt einen Geigerschen Siebbandrechen mit Innenbeaufschlagung und Korbsieben.

Während bei dem Siebbandrechen Abb. 231 die Siebrahmen flach bespannt sind, ist bei den Siebbandrechen Abb. 232 das Siebgewebe zeltartig über ein am Siebrahmen befestigtes Gestell so gespannt, daß es einen nach der Zuflußrichtung offenen Siebkorb bildet, der eine größere Siebfläche als das flachbespannte Sieb besitzt. Der untere schräge Boden des Siebkorbes wirkt baggerartig und hält alle sich auf ihm absetzenden Schwimmkörper und Schwerstoffe zurück. Der Siebkorbeinsatz ist auswechsel- und umwendbar und kann deshalb auch für Siebbandrechen mit Außenbeaufschlagung Verwendung finden.

Zur Abhaltung grober Schwimmstoffe, wie Holzstücke, Baumwurzeln, belaubte Äste, Eisstücke, werden allen Anlagen

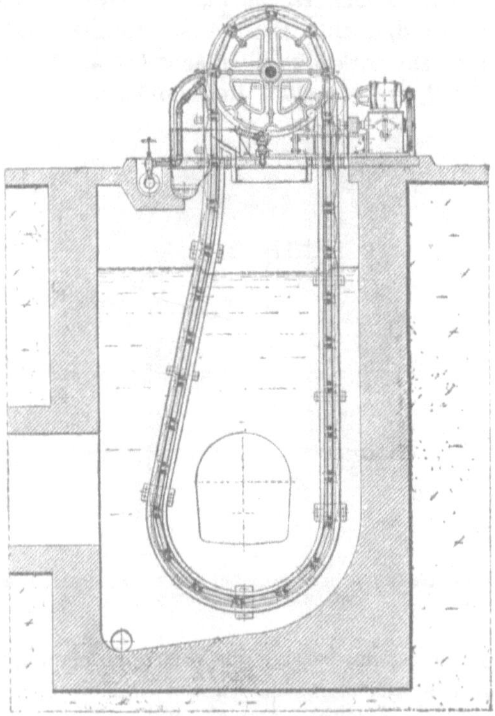

Abb. 231. Siebrandrechen mit allseitigem Durchfluß von außen nach innen.

Grobrechen mit hochziehbarer Schwelle, bei einer Verunreinigung des Kühlwassers durch grobe Sinkstoffe: Kies, Schotter usw. werden außerdem Sandfänger vorgeschaltet.

Die Kießelbach-Wärmespeicher-Gesellschaft in Essen hat auf Grund englischer Versuche und Ausführungen eine Siebvorrichtung auf den Markt gebracht, welche infolge ihrer vollständig geschlossenen Bauart die Möglichkeit gibt, die Reini-

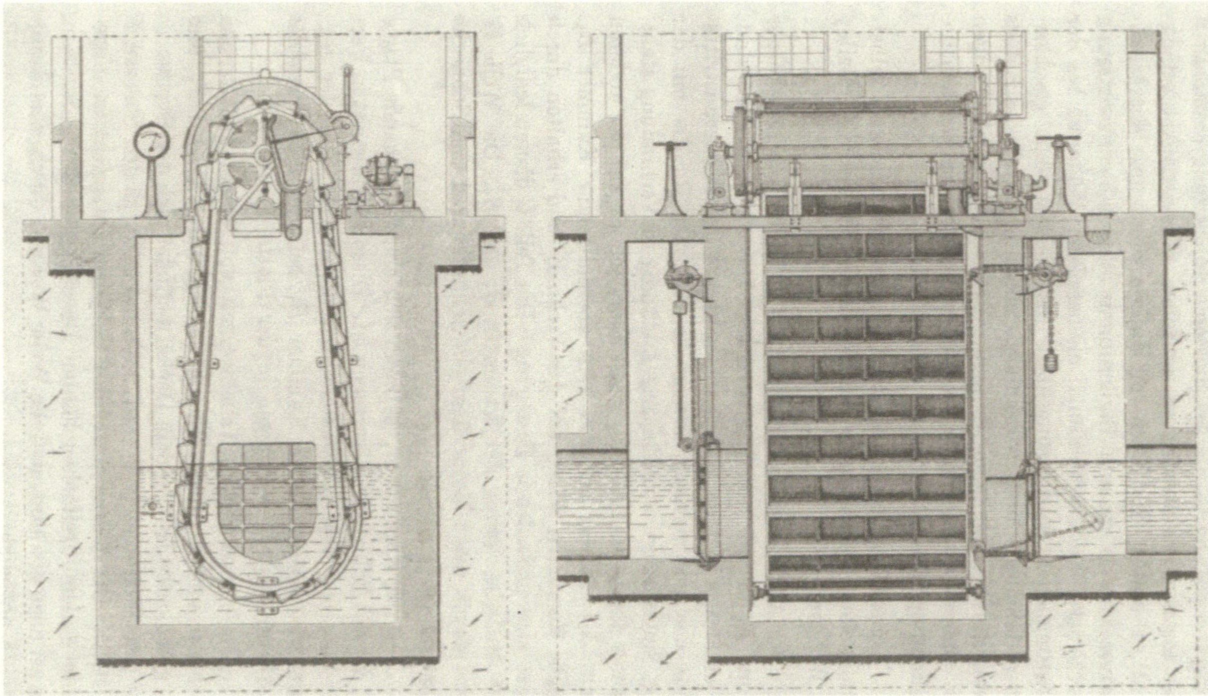

Abb. 232. Geigerscher Siebbandrechen mit Innenbeaufschlagung und Korbsieben.

gungsvorrichtung in die geschlossene Rohrleitung einzubauen und somit Bassinbauten zu umgehen. Diese Bauart ermöglicht es weiter, die Siebe im Untergeschoß des Maschinenraumes oder an anderen Stellen unmittelbarer Beaufsichtigung durch das Maschinenpersonal aufzustellen. Während bei der ursprünglichen Ausführungsform das Sieb in dem geschlossenen Gehäuse umlief, wobei die einzelnen Segmente des Rotors jeweilig eine feststehende Reinigungskammer durchliefen, zeigen die neueren Ausführungen feststehende Siebe, an welchen die Reinigungskammer langsam vorbeiläuft.

Abb. 233 zeigt die neueste Ausführungsform dieses selbstreinigenden Siebes nach der englischen Bauart von Bailey & Jackson.

Vor und hinter der Siebplatte A befinden sich Ringkörper S und K, die mit radial angeordneten Rippen R versehen sind. Über diesen Rippen R befindet sich auf der Wasseraustrittsseite eine geschlossene, bewegliche Kammer B_1, die mit der sog. Spülwassereintrittsleitung L ständig in Verbindung steht. Genau dieser Kammer B_1 gegenüber, jedoch auf der anderen Seite des Siebes, befindet sich ebenfalls eine Kammer B_2. Beide Kammern sitzen auf der Welle W und erhalten durch diese eine umlaufende Bewegung. Die Teile G dienen lediglich zur Ausbalancierung der Kammern B_1 und B_2. Die Welle W wird durch einen Motor über ein Schneckenrad und Schnecke angetrieben.

Vor der Kammer B_1 befindet sich eine feststehende Platte P, die mit Schlitzen M versehen ist. Diese Platte steht in Verbindung mit der Spülwassereintrittsleitung L. Auf der segmentartig ausgebildeten Kammer B_1 befinden sich ebenfalls Schlitze, ähnlich denjenigen in der Platte P.

Die vorerwähnten Teile werden von einem gußeisernen Gehäuse umfaßt, das vorn und hinten durch Deckel F_1 und F_2 geschlossen ist. In dem Deckel befindet sich der Stutzen D für das einströmende Wasser, während es durch den Stutzen E austritt. Der Durchmesser des Gehäuses entspricht im allgemeinen dem dreifachen lichten Durchmesser dieser Stutzen. Es sei noch erwähnt, daß die Welle W vorne durch eine Stopfbüchse abgedichtet wird.

Das zu reinigende Wasser tritt bei *D* ein, durchströmt die Siebplatte *A* und tritt bei *E* in gereinigtem Zustande aus.

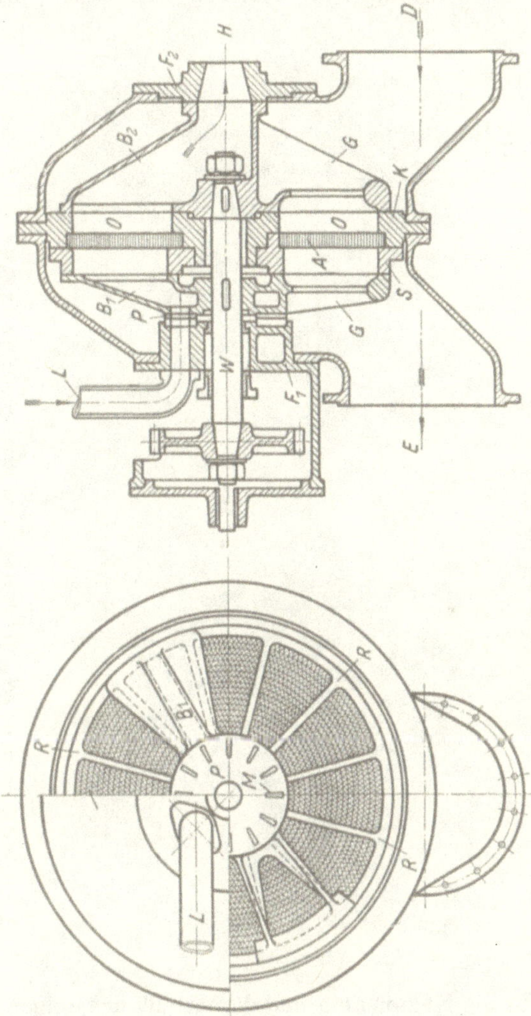

Abb. 233. Mechanischer Kiwa-Kühlwasserreiniger.

Die von dem Wasser mitgeführten Unreinigkeiten setzen sich in dem Raum *O*, der durch den ringförmigen Körper *K* gebildet wird, ab. Die Kammern B_1 und B_2 befinden sich in langsam umlaufender Bewegung. Sie überdecken nacheinander die ganze Siebplatte. Sobald nun die Schlitze der Kammer B_1 sich mit denjenigen der Platte P überdecken, tritt Spül-

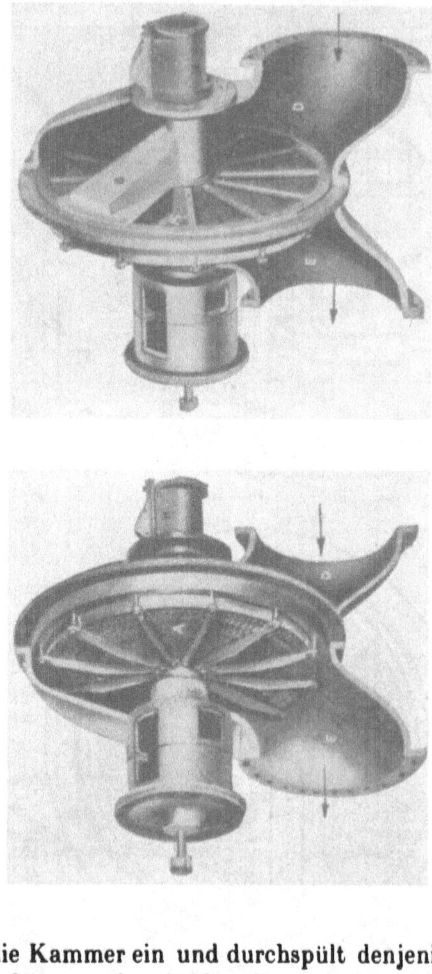

Abb. 234. Modell eines Kiwa-Reinigers (s. a. Abb. 233).

wasser in die Kammer ein und durchspült denjenigen Teil der Siebplatte, der von den beiden Kammern gerade überdeckt wird.

Das verbrauchte Spülwasser tritt mit den Unreinigkeiten aus der Öffnung H des Deckels F_2 aus und kann vermittels einer geschlossenen Leitung nach einer beliebigen Stelle (außerhalb des Wasserkreislaufs) fortgeführt werden. Die Geschwindigkeit der Kammern richtet sich nach der Art und Menge der Unreinigkeiten, die in dem Wasser enthalten sind. Im allgemeinen machen die Kammern eine Umdrehung in 2 min.

Das zum Durchspülen der Siebe benutzte Wasser wird der Pumpendruckleitung entnommen, so daß im allgemeinen ein Überdruck von etwa 0,8 at für das Durchspülen des Siebes zur Verfügung steht. Dieser Druck erscheint ausreichend, um eine sorgfältige Reinigung zu bewirken. Die für die Reinigung des Siebes benötigte Spülwassermenge beträgt ~ 2 bis 3 vH der das Sieb durchströmenden Wassermenge. Die Querschnitte im Sieb bzw. die Größe desselben werden so bemessen, daß der Widerstand auf etwa 200 bis 300 mm W.-S. herabgedrückt wird.

Der Leistungsbedarf des Antriebsmotors zur Erzeugung der umlaufenden Bewegung der Spülkammern beträgt 1 bis 3 PS.

Abb. 234 zeigt ein Modell des Kiwa-Reinigers und Abb. 235 einen größeren Reiniger der Firma Hick, Hargreaves & Co., Ltd., Bolton/England, für eine Leistung von 12500 m^3 Wasser je Stunde. Die Anschaffungskosten dieser Anlagen erscheinen wesentlich billiger zu sein wie die der vorbeschriebenen Geigerschen Rechen. Die Anlagen benötigen einen geringen Platzbedarf und zeigen eine leichte Einbaumöglichkeit. Kostspielige Sammelbecken, Behälter in Beton- und Mauerwerk entfallen ganz. Andererseits können nach Ansicht des Verf. aus konstruktiven Gründen kaum so feine Siebgewebe wie bei dem Siebbandrechen verwendet und folglich auch nicht feinste Verunreinigungen zurückgehalten werden.

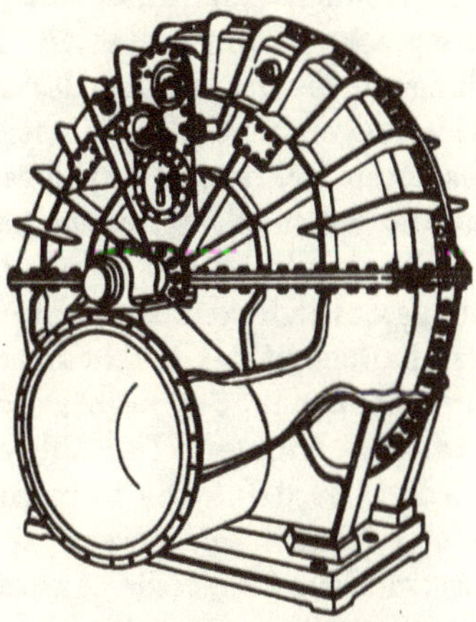

Abb. 235. Reiniger nach Bailey und Jackson für eine Leistung von 12500 m^3/h.

In England sind nach der Bauart von Bailey und Jackson bis heute über 50 Anlagen in Betrieb und hiervon allein 11 in Londoner Elektrizitätswerken. Die Ergebnisse sollen bedriedigend sein, zumal das Wasser der Themse stark verunreinigt ist.

2. Das Spülverfahren.

Mit dem Spülverfahren »System Hülsmeyer« soll eine jederzeitige Reinigung der Rohre während des Betriebes ermöglicht und damit eine schädliche Schlammablagerung und Krustenbildung verhütet werden. Die Anlage könnte dauernd mit gutem Vakuum arbeiten, sofern keine Wassersteinbildung eintritt. Die Spülung wird durch eine Erhöhung der Wassergeschwindigkeit in den Kühlrohren erzielt. Sie kann entweder durch Vergrößerung der Pumpendrehzahl oder durch zeitweises Ausschalten einer größeren Anzahl von Kühlrohren und Beschickung nur eines Teiles derselben mit dem gesamten Kühlwasser erreicht werden. Letzteres ist fast immer möglich und wird auch in den meisten Fällen angewendet. Zu diesem Zweck werden Kühlwasserzu- und -abfluß am Kondensator unterteilt und die Wasserkammern mit entsprechend angeordneten Trennwänden versehen. Durch sinngemäße Drosselung der Absperrorgane in den Zu- und Ableitungen wird der Wasserraum in einem großen Teil des gesamten Rohrsystems stillgesetzt, während die übrigen Rohre mit der vollen Wassermenge beschickt werden, in denen je nach der Konstruktion des Kondensators eine 1¾—2fache Durchflußgeschwindigkeit herrscht. Die Spülung wird je nach der Beschaffenheit des Kühlwassers in Zeiträumen von 2—4 Tagen vorgenommen. Sie beansprucht für jede Rohrgruppe immer nur einige Minuten. Der Spülvorgang kann von einem Arbeiter erledigt werden. Die Reinigung wird naturgemäß dann am erfolgreichsten sein, wenn sie oft vorgenommen wird. Aus diesem Grunde ist die Anwendung der Spülung dem Bedienungspersonal möglichst zu erleichtern. Das zeitraubende Öffnen und Schließen von Schiebern wird am besten dadurch vermieden, daß an deren Stelle Drosselklappen angeordnet werden, die mit Schneckenrad und Schnecke durch ein Handrad leicht bedient werden können.

Abb. 236 *I* zeigt die Wasserführung im Kondensator während des normalen Betriebes. Beide Absperrorgane am Kühlwasserein- und -austritt sind geöffnet, das Wasser fließt also durch alle acht Abteilungen des Rohrsystems. (Der Kondensator besitzt in diesem Falle vier Wasserwege, die durch senkrechte Trennwände in beiden Wasserkammern geteilt werden.)

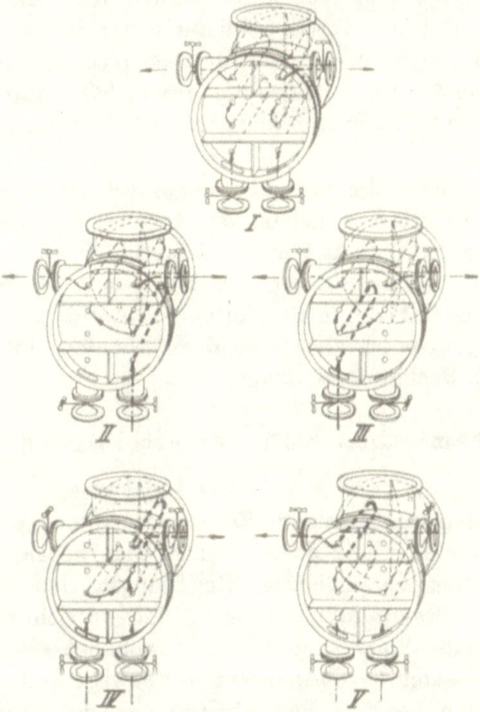

Abb. 236. Darstellung des Spülverfahrens nach Hülsmeyer.

In Abb. 236 *II* ist der Spülvorgang der rechten unteren zwei Wasserwege dargestellt, der durch Schließen des Absperrorganes am linken Kühlwassereintrittsstutzen erreicht wird. Die Abflußstutzen sind hierbei beide geöffnet.

In ähnlicher Weise erfolgt die Spülung der linken unteren zwei Wasserwege, indem, wie Abb. 236 *III* zeigt, die Drosselklappe am rechten Kühlwassereintrittsstutzen geschlossen wird, während auch in diesem Fall beide Austrittsstutzen geöffnet sind.

Die obere Kühlrohrhälfte (Abb. 236 *IV* u. *V*) wird ähnlich gespült, hierbei sind jedoch die beiden Kühlwassereintrittsstutzen zu öffnen. Durch Schließung der Drosselklappe am linken Abflußstutzen erhalten die zwei rechten oberen Rohrkammern und durch Schließung des rechten Abflußstutzens die zwei linken oberen Rohrkammern erhöhte Wassergeschwindigkeit.

Bei Anlagen, die unter besonders schlechten Wasserverhältnissen zu arbeiten haben, ist eine weitere Erhöhung der Durchflußgeschwindigkeit in den Kühlrohren bei der Spülung erforderlich. Sie kann durch eine Dreiteilung der Wasserwege bis auf eine fast dreifache Normalgeschwindigkeit gesteigert werden. Hierbei ist allerdings dem erhöhten Rohrreibungswiderstand Rechnung zu tragen.

c) Die chemischen Kühlwasserreinigungsanlagen.

1. Die periodischen Verfahren.

Der Steinansatz in den Kondensatorrohren wird in den meisten Betrieben, die darunter zu leiden haben, periodisch entfernt. Diese periodischen Reinigungen sind, vom wirtschaftlichen Standpunkt aus betrachtet, an sich recht unzulängliche Maßnahmen. Sie werden gewöhnlich erst dann vorgenommen, wenn der Steinansatz eine gewisse Stärke erreicht, sich also eine entsprechende Erhöhung des Gegendruckes eingestellt hat. Die Wirkung ist eine vorübergehende und eine regelmäßige Wiederholung unvermeidlich.

Sehr viel in Anwendung sind Reinigungsverfahren, nach welchen die verschmutzten Rohrflächen zeitweilig der Einwirkung verdünnter Salzsäure ausgesetzt werden. Diese Reinigungsmethode hat sich als besonders gefährlich erwiesen. Bei öfterer Anwendung wird das Zink der Messinglegierung ausgelaugt, bis die Rohre schließlich nur noch aus Kupfergefüge bestehen und brüchig werden. Die Fälle sind auch nicht selten, daß durch Unachtsamkeit hinsichtlich der Zeitdauer der Einwirkung der Säure große Teile der Berohrung nach der Reinigung so stark angegriffen sind, daß sie durch neues Material ersetzt werden müssen.

Es ist auch zu bedenken, daß sich der Wasserstein — wie bereits auf S. 416 erläutert — in den oberen Rohren stärker als in den unteren kälteren Rohrpartien absetzt. Die Salzsäure wird damit in den unteren Rohren nach einer gewissen Wirkungsdauer bereits das blanke Material angreifen, wenn der Wasserstein in den oberen Rohren noch nicht vollständig abgelöst ist. Die Angriffsdauer der Säure auf das Rohrmaterial beschränkt sich nicht auf einen Teil der Reinigungsdauer, sondern der Angriff setzt sich wie eine Krebskrankheit bis zum vollkommenen Bruch des Materials fort!

Die durch den Angriff der Salzsäure entstehenden Schäden können durch eine Nachreinigung der Kondensatoren nach dem Groeckverfahren vermieden werden. Die Reinigung besteht alsdann aus zwei Teilen: aus einer kalten Vorreinigung mittels Salzsäure, bis die unteren Rohrpartien steinfrei sind, und aus einer heißen Nachreinigung mit dem Groeck-Reagenz, welches die Rohre nicht angreift, sondern das etwa von der Salzsäure angegriffene Rohrmaterial durch Erstickung der Chlorionen immunisiert. Der restlich anhaftende Wasserstein wird gleichzeitig aufgelöst. Der Zeitpunkt des Überganges von der kalten Vorreinigung mit Salzsäure zur heißen Groeck-Nachreinigung braucht nur ungefähr aus der Wasseranalyse, der Bauart des Kondensators und der Länge der Betriebsdauer bestimmt zu werden.

Zur Durchführung dieser neuartigen Reinigung muß der Kondensator nach Abb. 237 kurzgeschlossen werden. Die Kühlwasser-Warm- und Kaltleitung wird durch Schieber vom Kondensator abgeschlossen. Zunächst wird der Kondensator kräftig ausgespült. Alsdann wird 8—12 prozentige Salzsäure mit Hilfe einer geeigneten Dosierpumpe langsam zugegeben, während gleichzeitig, nach Schließung des Ablasses, der Wasserinhalt des Kondensators durch eine kleine, in der Umführungsleitung eingebaute Pumpe umgewälzt wird. Nach Beendigung der Vorreinigung mit Salzsäure wird der Kondensatorinhalt abgelassen und kräftig gespült. Sodann wird er wieder mit Wasser aufgefüllt und mit Hilfe der Dosierpumpe das Groeck-Reagens allmählich zugeführt. Während der Nachreinigung ist auf den Kondensator so viel Dampf gegeben, daß das Umwälzwasser auf eine Temperatur von etwa 80⁰

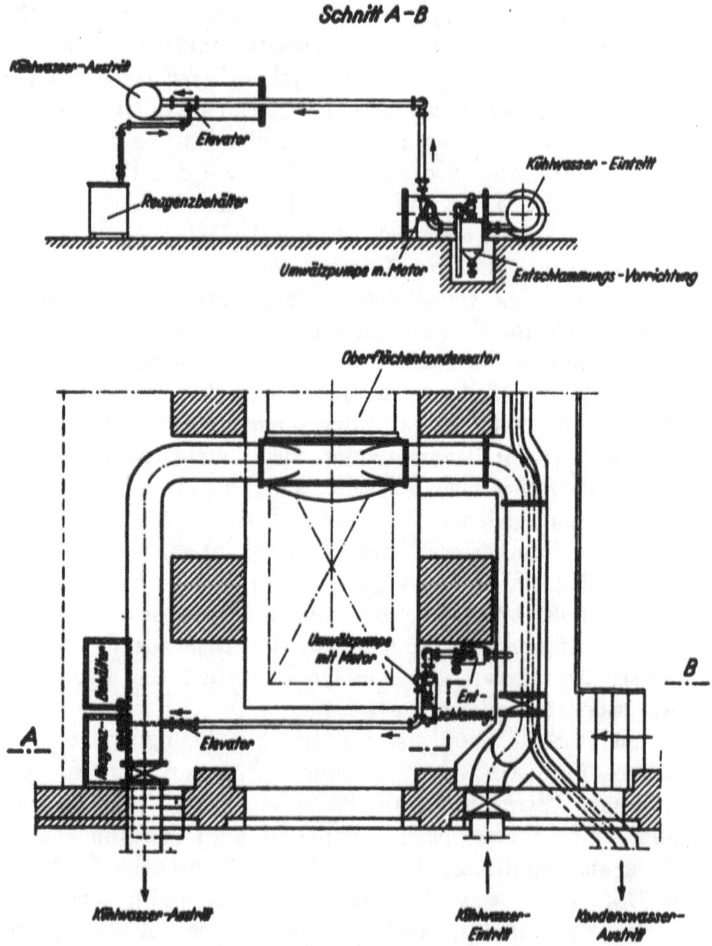

Abb. 237. Vorrichtung zur Schnellreinigung von Oberflächenkondensatoren nach dem Groeck-Verfahren.

erwärmt wird[1]). Der Kondensator wird also als Niederdruck-Dampfkessel betrieben. Der Zeitpunkt der Beendigung der

[1]) Diese Erwärmung kann als zulässig betrachtet werden.

Nachreinigung läßt sich leicht feststellen. Es werden mehrere Proben der Lösung aus dem Kreislauf an einem Probierhahn entnommen. Sobald die Lösung anfängt auf hineingeworfenen Kalkstein oder Kreide zu reagieren (es wird Kohlensäure ausgetrieben), ist die Reinigung beendet. Die Lösung wird mit dem Schlamm abgelassen, alsdann wird mit Preßwasser kräftig nachgespült und der gereinigte Kondensator an die Kühlwasserleitungen wieder angeschlossen.

Auch die Kaltreinigung kann mit der gleichen Versuchsanordnung durchgeführt werden. Ausdrücklich bemerkt sei, daß die Kaltreinigung mit Salzsäure nicht notwendig ist. Das Groeck-Verfahren führt allein zum Ziel. Bei stark versteinerten Kondensatoren ist aber der Reinigungsprozeß unter Zuhilfenahme der kalten Vorreinigung mit 12 vH Salzsäure wesentlich billiger durchführbar.

Zuletzt sei das in den Vereinigten Staaten übliche Schießen der Rohre erwähnt. Das Schießen geschieht mit Preßluft und Gummipfropfen. Ein Pfropfen wird in das Kondensatorrohr gesteckt und durch Ansetzen einer Preßluftpistole mit Luftüberdruck hindurchgetrieben. Die Reinigungszeit soll beim Schießen im Gegensatz zum Bürsten mit der Hälfte Personal in der halben Zeit möglich sein. Ob das Schießen bei klebrigem, schleimigem Schlamm den gleichen Reinigungserfolg bringt wie Bürsten, Spülen und Spritzen ist zweifelhaft, ganz abgesehen davon, daß das Schießen das vorherige Stillsetzen der Kondensation bzw. der Turbine bedingt.

2. Die Verfahren zur dauernden Steinfreihaltung von Oberflächen-Kondensatoren.

Das vorher beschriebene Groeck-Verfahren läßt sich auch zur dauernden Steinfreihaltung ausbauen. Der Parallelschluß ist dann nicht notwendig. Dem Zusatzwasser wird vor seinem Eintritt in den Kühlwasserstromkreis das Verhütungsmittel mit Hilfe einer genau arbeitenden Dosierpumpe zugegeben, welches eine etwas andere Zusammensetzung hat als das auf Seite 431 erwähnte Lösungsmittel. Es hat vor dem anschließend beschriebenen Impfverfahren den Vorteil, daß die bekannten Nachteile der Salzsäurebehandlung entfallen.

Es sind auch Fällungsverfahren zur Verhütung des Steinausfalles aus dem umlaufenden Kühlwasser bekannt und in Anwendung. Diese arbeiten ähnlich den Wasserreinigungsverfahren für Kesselspeisewasser, welche durch Zusatz von Chemikalien eine Ausfällung der Härtebildner, also eine Enthärtung des Wassers bewirken. Sie erfordern in Anbetracht der Tatsache, daß das Vielfache des Dampfgewichtes behandelt werden muß, große Mengen der betreffenden Fällungsmittel und kostspielige Vorrichtungen, die sorgfältig überwacht werden müssen.

Im Gegensatz zu diesem Verfahren werden bei der Kühlwasserimpfung mit Salzsäure[1]) die kohlensauren Salze nicht ausgefällt; die Gesamthärte des behandelten Wassers bleibt dieselbe wie vor der Impfung. Die dem Wasser zugesetzte Impfsäure verwandelt einen Teil der in Lösung befindlichen Karbonate in Chloride, indem sie die Kohlensäure daraus verdrängt. Durch die Impfung wird also dem Wasser durch Umsetzung einer gewissen Karbonatmenge in Chloride so viel freie Kohlensäure zugeführt, daß die restlichen Karbonate auch beim Erwärmen nicht ausfallen. Keineswegs werden die Bikarbonate restlos in Chloride umgewandelt, denn dann wäre mit einer Anreicherung des Wassers mit freier Kohlensäure zu rechnen. Die zuzusetzende Menge Impfsäure richtet sich demnach nach der jeweiligen Beschaffenheit des zu impfenden Zusatzwassers[2]).

Ein weiterer Steinbildner, und zwar der wegen seiner Härte unangenehmste, der Gips ($CaSO_4$), kann in der Regel ganz außer Betracht gelassen werden. Er ist im Wasser viel leichter löslich als die Karbonate und fällt deshalb erst bei größerer Konzentration aus. Seine Löslichkeit wird zudem durch die Impfung des Wassers noch erhöht. Der beim Kaminkühlerbetrieb immer erforderliche Laugenabfluß wird so eingestellt, daß eine schädliche Konzentration des umlaufenden Kühlwassers nicht eintreten kann.

---

[1]) Verfahren von Balcke-Bochum.

[2]) Patent Bomsel (DRP 294747.)

V. Der Kreislauf der Generator- und Transformator-Kühlluft.

1. Allgemeines.

In der Wickelung von Generatoren wird bei der elektrischen Energieerzeugung Wärme entwickelt, welche dauernd abgeführt werden muß. Die Kühlluftmenge beträgt etwa 1 m³/sec für 18—25 kW Verlust bei 20—25° Erwärmung.

Bei Trocken-Transformatoren muß ebenfalls für eine Wärmeabfuhr gesorgt werden, welche durch die Energieverluste im Eisen und Kupfer der Kerne und Wickelungen bedingt ist. Sobald gewisse Temperaturen dauernd oder vorübergehend überschritten werden, tritt eine Zerstörung der Wickelungsisolierung ein und der Transformator wird unbrauchbar. Die Zuleitung von Außenluft zur Kühlung dieser elektrischen Apparate ist wegen des Staubgehaltes der atmosphärischen Luft nicht ohne weiteres möglich. Ungereinigte Kühlluft, die so geringe Mengen Staub enthält, daß sie dauernd ohne eine Gefährdung der Maschinen verwendet werden kann, gibt es nicht.

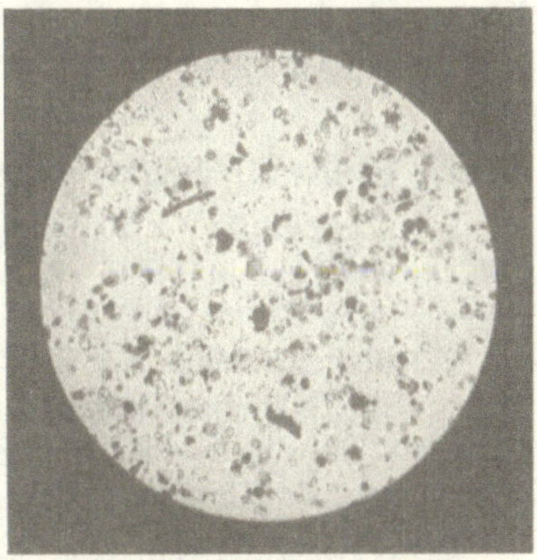

Abb. 238. Straßenstaub in 140facher Vergrößerung nach dem optischen Baer-Delbag-Verfahren.

Abb. 238 zeigt Straßenstaub in 140facher Vergrößerung, welcher bis zu 65 vH anorganische Bestandteile enthält, die zu mehr als zwei Dritteln aus Silikaten von grob kristallinischer Struktur bestehen. Enthält 1 m³ Kühlluft nur etwa 1 mg Staub, so wächst diese Menge in einem Jahre bei 200 Betriebstagen zu je 24 h auf 4,8 g Staub/m³ Kühlluft. Ein 16000-kW-Generator benötigt nun eine stündliche Kühlluftmenge von 120000 m³; die Maschine würde also in jedem Jahre unter Zugrundelegung der obigen Zahlen 576 kg Staub schlucken. Wenn auch etwa 90 vH dieser Schmutzmenge mit der Abluft wieder ins Freie gelangt, so würden sich doch noch mehr als 50 kg Staub hauptsächlich in den Wickelköpfen des Induktors ablagern und die Betriebssicherheit der Maschine vernichten.

Abb. 239. Verstaubter Induktor als Folge eines unwirksamen Filters.

Abb. 239 zeigt einen verstaubten Induktor als Folge eines unwirksamen Filters und verdeutlicht damit zugleich die Gefahren, welche der Wicklung drohen, wenn nicht für eine möglichst restlose Entfernung des atmosphärischen Staubes aus der Kühlluft gesorgt wird.

Die Instandsetzungskosten, die ein Generatorkurzschluß zur Folge hat, pflegen so außerordentlich hoch zu sein, daß die verhältnismäßig geringen Aufwendungen für die Anschaffung einer Filteranlage zur Ausschaltung dieser Gefahr nicht ins Gewicht fallen[1]).

2. Die Kühlluftstromkreise für Generatoren.

Soll Frischluft zur Kühlung von Generatoren verwandt werden, so muß ein Filter irgendwelcher Art dem Generator vorgeschaltet werden, welches befähigt ist, den Staub aus der der Maschine zuströmenden Kühlluft so gut wie restlos zu entfernen. Ein Teil der im Generator an die Kühlluft übergeführten Abwärme kann in den meisten Fällen zur Raumbeheizung im Winter bzw. dauernd zu Trockenzwecken verwendet werden.

Der Frischluftstromkreis läßt sich also kennzeichnen:

Atmosphäre — Filter — Generator — (Abwärmeverwerter) — Atmosphäre.

Beim Umlaufbetrieb wird stets dieselbe Luft verwendet, welche nach Erwärmung im Generator naturnotwendig in

[1]) Über Staubentfernung aus Verbrennungsgasen s. S. 107 u. f.

einem besonders ausgebildeten, mit Wasser betriebenen Luftkühler zurückgekühlt werden muß. Der Umlaufstromkreis läßt sich damit wie folgt kennzeichnen:

Generator — Wasserkühler — Generator.

Bei Frischluftbetrieb wird die bei der Umwandlung mechanischer Energie in Elektrizität unvermeidliche Verlustleistung des Generators durch die Luft unmittelbar abgeführt, bei den erst seit wenigen Jahren bekannteren Kreislaufkühlern findet dagegen die eigentliche Wärmeabfuhr durch Kühlwasser statt. Die Ventilationsluft des Generators ist bei diesem Prozeß nur ein Zwischenglied als Wärmeträger mit schlechter elektrischer Leitfähigkeit. Der Luftkühler dient also (abgesehen von baulichen und Sicherungsanforderungen) als reiner Wärmeaustauschapparat wie ein Lufterhitzer, Vorwärmer oder Zentralheizungskörper mit einem Wirkungsgrad von 100 vH.; denn die Wärmemenge, die dem Kühler mit der Luft zugeführt wird, muß praktisch restlos im Kühlwasser wiedergefunden werden. Maßgebend für die Beurteilung der Kühlerleistung[1]) ist nicht die abgeführte Wärmemenge, sondern wie weit die Lufttemperatur auf die Wassertemperatur heruntergezogen werden kann[1]).

Bei der technischen Ausbildung, die die Umluftkühlung im Laufe der letzten Jahre erfahren hat, kann man mit einer praktisch staubfreien Luft rechnen, anderseits ist aber auch mit neuzeitigen Filtern heute eine vollkommen ausreichende Entstaubung der Luft durchzuführen. Damit erscheint nach Ansicht des Verfassers der Frischluftstromkreis wieder die Oberhand über den Umlaufstromkreis zu gewinnen, zumal in den meisten Fällen der Frischluftstromkreis billiger durchzuführen ist wie die Kreislaufkühlung. Die Frischluftkühlung kommt ferner bei Wassermangel in Frage, oder wenn das Wasser eine sehr große Karbonathärte aufweist, welche zur raschen Minderung des Wärmedurchganges infolge Ansetzens von Wasserstein in Kreislaufkühlern führen kann[2]).

[1]) Über Kühlerleistungen s. Kleiner, »Rechnerische Erfassung des Ringlaufkühlerbetriebes bei Turbogeneratoren«. ETZ 1925, Heft 14.

[2]) Bei Weitergebrauch des Kühlwassers in einem geschlossenen System u. Umst. Verhinderung von Wassersteinausfall nach Groeck-

Luftfilter und Kühlsysteme für elektrische Maschinen haben seit ihrer Einführung die Rolle von Zubehörteilen gespielt, für deren Einbau keine wesentlichen Änderungen der Baupläne zugestanden werden konnten, und denen erfahrungsgemäß nur derjenige Gebäudeteil zur Verfügung stand, den die Hilfsmaschinen für Turbinen und Generator frei ließen. Ihr Hauptwert besteht nicht in einer Erhöhung des Generatorwirkungsgrades, sondern in der wesentlichen Mithilfe zur dauernden Aufrechterhaltung eines betriebssicheren Zustandes.

a) Der Frischluftstromkreis.

1. Allgemeines.

Zur Reinigung atmosphärischer Luft von Staub verschiedenster Herkunft wurden früher Filter aus Baumwollstoffen verwendet, die heute wegen Feuersgefahr, großen Platzbedarfs und schlechter Ausreinigungsmöglichkeit fast ausnahmslos durch Metallfilter mit Ölbenetzung ersetzt worden sind. Bei diesen Filtern durchstreicht die Luft eine Filterschicht, wobei die zu reinigende Luft durch Aufprall und Richtungswechsel in möglichst feine Teilströme zerteilt wird und der mitgerissene Staub an klebrig gemachten Prallflächen haften bleibt.

2. Filterbauarten.

Abb. 240 zeigt ein Bartel-Stufenfilter in liegender Anordnung und Abb. 241 eine Filtertasche.

Die einzelnen Taschen (s. Abb. 241) teilen zunächst den zu reinigenden Gesamtluftstrom in einige Teilströme auf. Die Taschen enthalten mehrere ölbenetzte, gestanzte Metallplatten in stufenweiser Anordnung, durch die der bereits grob unterteilte Luftstrom in feine Einzelströme zerlegt wird, die nun von Stufe zu Stufe stets neu aufgeteilt, gegen die ölbenetzten staubbildenden Flächen prallt und den Staub an den Ölschichten verliert. Zur Entfernung des abgeschiedenen Staubes wird die unterste stark verschmutzte Platte herausgezogen, die übrigen

---

Verfahren Nr. 103 empfehlenswert. Groeck erkannte, daß Wasserstein bei der Erwärmung von Wässern nicht ausfällt, wenn man den Luftsauerstoff im Wasser durch ein Oxydationsmittel z. B. Natrium-Sulfit bindet.

Andernfalls billigere periodische Reinigung nach Groeck-Verfahren Nr. 101 s. S. 431 u. f.

Stufenplatten sinken durch ihr Eigengewicht nach unten und bleiben zur weiteren Ausnutzung im Gehäuse. Sie sind mit einem sehr dünnen, mit Öl durchtränktem Staubhauch überzogen.

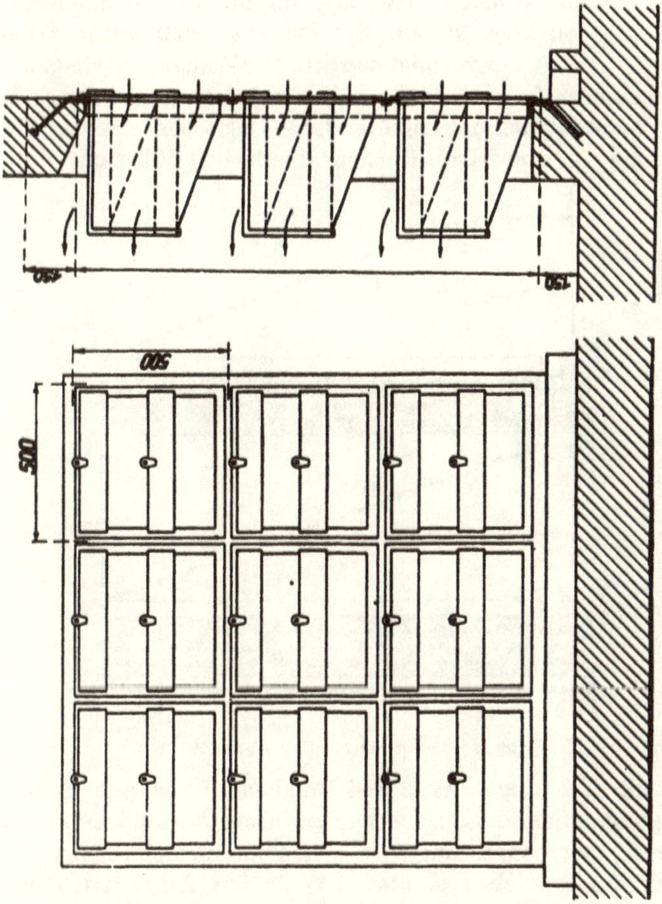

Abb. 240. Bartel-Stufen-Luftfilter mit liegenden Stufenplatten (s. a. Abb. 241).

Durch die stufenweise Anordnung der Prallfläche soll ein Mitreißen von Öl in den Reinluftstrom vermieden werden. Zunächst kommt die schmutzigste Prallfläche mit der unvorgereinigten Luft und zuletzt die reinste Platte mit der fast ausgereinigten Luft in Berührung.

Bei großen Entstaubungsleistungen wirkt sich die Ausreinigung des Filters von Hand sehr unangenehm aus und ist auch unter Umständen unwirtschaftlich. Dem Bedienungspersonal kann z. B. im Winter nicht zugemutet werden, in kalter Zugluft stunden- bzw. tagelang mit der Reinigung der Filter sich zu beschäftigen. Die Folge ist, daß solche Filter nur mangelhaft ausgereinigt werden. Der Widerstand steigt mit zunehmender Verschmutzung und die Leistung geht zurück. Die Weiterentwicklung mußte daher logischerweise zur Beseitigung der unwirtschaftlichen Handarbeit führen.

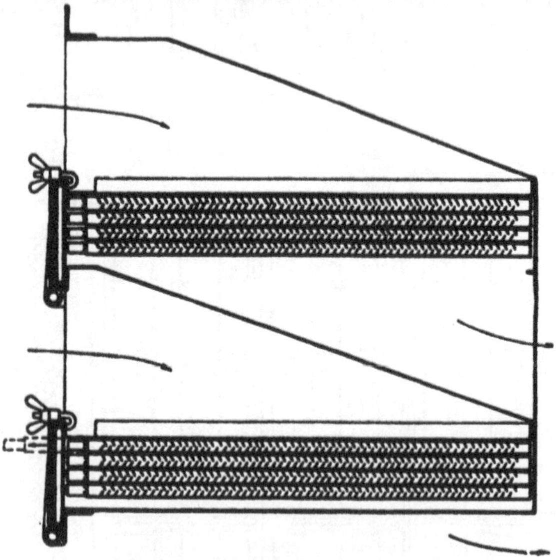

Abb. 241. Filtertaschen zu Abb. 240

Abb. 242 zeigt das Bartel-Drehband-Filter mit Selbstreinigung. Hier sind 3 Bänder in geringem Abstand senkrecht hintereinander angeordnet, sie laufen mit verschiedenen Geschwindigkeiten oben je über 1 Welle mit Zahnantrieb und unten über eine Spannrolle. Die der zu reinigenden Luft zunächstliegende Prallfläche läuft am schnellsten, die am weitesten zurückliegende Prallfläche mit niedrigster Tourenzahl. Die Prallflächen laufen durch einen Ölbehälter, benetzen sich hier, durchlaufen den Luftstrom, nehmen Staub auf und geben diesen Staub wieder bei ihrer Rückkehr an die Ölmasse ab.

Der Antrieb des Filters erfolgt bei großen Anlagen motorisch, bei kleineren von Hand. Der Ölverbrauch ist gering, da das verbrauchte Öl aus dem Trog abgelassen, gefiltert und wieder verwendet werden kann. Als Filterband verwendet Bartel gelenkartig gewebte Metallbänder. Als Vorteil dieses selbstreinigenden Filters kann gewertet werden, daß der Widerstand dauernd gleichbleibt und sich nicht mit wachsender Verschmutzung des Filters erhöht.

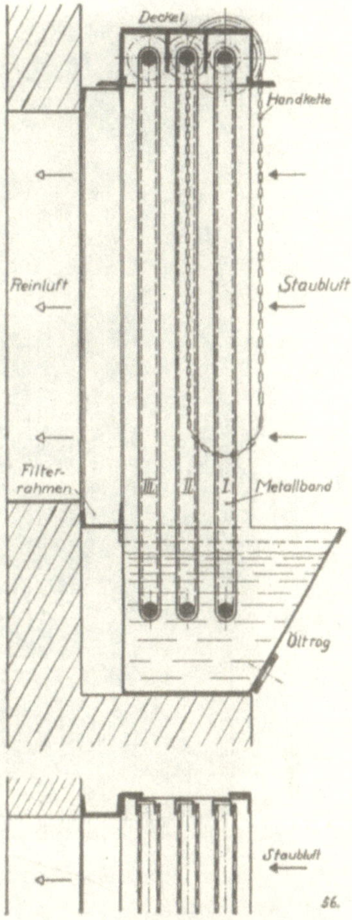

Abb. 242. Bartel Drehband-Filter zur Selbstreinigung der Filterflächen.

Abb. 243 zeigt ein Delbag-Viscin-Zellenfilter für einen 10 000-kW-Generator. Der Hauptbestandteil dieses Filters ist die Normalzelle (s. Abb. 244), die in einem quadratischen Rahmen von 500 mm Kantenlänge eingesetzt wird. Die miteinander durch Schrauben verbundenen Rahmen bilden das Traggerüst, in das die einzelnen Zellen eingesetzt werden.

Der eingeschlossene Hohlraum wird mit beiderseitig verkupferten Ringkörpern angefüllt, deren Durchmesser gleich ihrer Höhe ist; sie können sich infolge ihrer Abmessungen wahllos gegeneinander verlagern. Auf diese Weise kann die filternde Gesamtoberfläche auf das 35fache der Stirnfläche des Filters gesteigert werden. Die Filtermasse besitzt alsdann noch 88 vH freien Querschnitt für den Luftdurchgang. Der Widerstand des Filters bewegt sich unter Voraussetzung

Abb. 243. Delbag-Normalzellen-Filter für einen 10000 KW — Turbo-Generator.

Abb. 244. Delbag-Normalzelle mit Einsatzrahmen.

einer gleichmäßigen Beaufschlagung von etwa 4000 m³/h je 1 m² Filterfläche zwischen 8—10 mm WS. Die Filterfläche ist mit einer stark staubbindenden Netzflüssigkeit viskos benetzt, welche nicht verdunstet, säurefrei ist, sich nicht zersetzt, geruchlos und nicht entflammbar ist; anderseits fängt die so behandelte Filterfläche den Staubgehalt der

Abb. 245. Delbag-Viscin-Schrägstromfilter für 36000 m³/h. Vergl. auch Abb. 245a.

durchstreichenden Luft bis zu 96—97 vH auf. Die Staubspeicherfähigkeit einer Zelle beträgt 1,6 l, ehe die reinigende Wirkung beeinträchtigt wird.

Steht nicht genügend Raum zur stirnförmigen Anordnung der Normalzellen zur Verfügung, so werden die Zellen schräg gelegt. Durch diese Anordnung wird es möglich, in einem gegebenen Querschnitt 150 vH mehr wirksame Filterfläche einzubauen als bei senkrechter Anordnung. Abb. 245 (bezw. 245a) zeigt ein solches Schrägstromfilter für 36000 m³/h.

Eine weitere Minderung des Reststaubgehaltes kann z. B. durch Vorschalten von Labyrinthplatten (die von mehreren gegeneinander versetzt angeordneten, rhombisch ausgeschnittenen Blechen gebildet werden) vor die Normalzelle erreicht werden. Die versetzte Anordnung der Rhomben gewährleistet eine vielfache Unterteilung. Umlenkung und Durchwirbelung des Luftstromes. Dadurch kommen die zahlreichen Teilströme der Luft mit sämtlichen viskosbenetzten Filterflächen in innige Berührung, der anfallende Staub wird gebunden und aufgespeichert. Für die Staubaufspeicherung stehen nicht nur die dem Luftstrom entgegengestellten Metallstege und die Berührungsstellen der einzelnen Platten, sondern auch die zahllosen Strömungsschatten zur Verfügung.

Die für neuzeitliche Generatoren mitunter verlangten sehr hohen Filterwirkungsgrade werden durch die Delbag-»Absolutfilter« erreicht. Es handelt sich hier insofern um eine Abart des Normalfilters, als in einem Einsatzrahmen je eine Vor- und Fein-Filterzelle hintereinander eingesetzt werden. Die Vor-Filterzelle besitzt Abmessungen und Filtergut der Normalzelle, während die nachgeschaltete Fein-Filterzelle flacher und mit Ringen kleinerer Abmessungen gefüllt ist. Die Haupt-Filterzelle übernimmt die Vorreinigung, die Fein-Filterzelle die restliche Ausreinigung. Bei Raummangel kann auch dieses Filter als Schrägstromfilter ausgeführt werden.

3. Der Gütegrad von Luftfiltern.

Gerade auf dem Filtergebiet wird oft das Unmöglichste gewährleistet. Die üblichen Gewährleistungen lauten:

1. Es wird eine praktisch staubfreie Luft gewährleistet oder
2. der Reststaub in der Reinluft beträgt 0,2 mg/m³.
3. Der Gütegrad des Filters beträgt 85 vH bei einem Rohstaubgehalt von mehr als 1 mg/m³.

Die erste Gewähr »praktisch staubfreie Luft« kann nicht als Garantie angesprochen werden, sie stellt einen durchaus subjektiven Begriff dar.

Der an 2. Stelle gewährleistete Reststaubgehalt in der Reinluft von 0,2 mg/m³ als Festzahl entspricht nicht der Wirklichkeit. Das Metallfilter ist nach Versuchen von Ber-

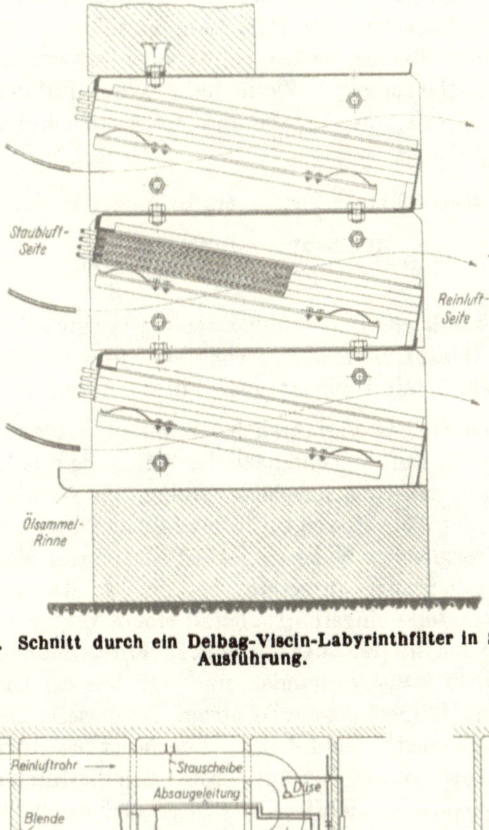

Abb. 245 a. Schnitt durch ein Delbag-Viscin-Labyrinthfilter in Schrägstrom-Ausführung.

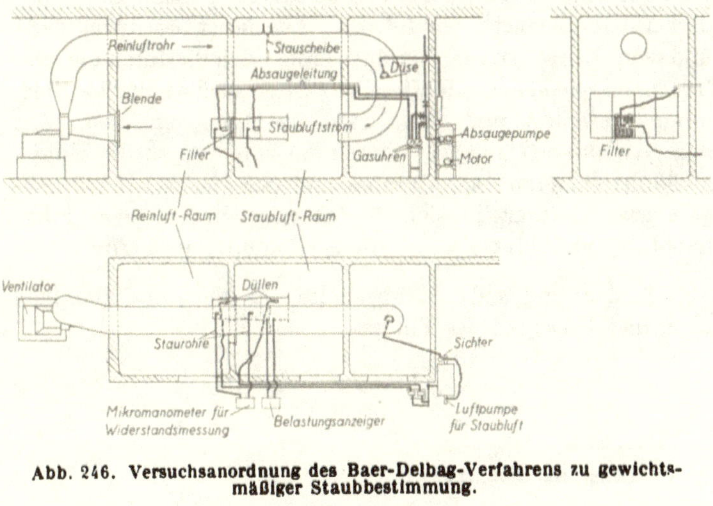

Abb. 246. Versuchsanordnung des Baer-Delbag-Verfahrens zu gewichtsmäßiger Staubbestimmung.

lowitz[1]) kein starrer, sondern ein höchst empfindlicher Apparat, der auf jede Änderung der Belastung und des Rohstaubgehaltes durch Änderung seines Gütegrades antwortet. Eine Gewähr in Lieferverträgen kann deshalb nur für den Gütegrad wie unter 3. mit Angabe des Rohstaubgehaltes übernommen werden.

Der Gütegrad eines Filters ergibt sich aus der Formel:

$$\varepsilon = \frac{\text{Rohstaub} - \text{Reststaub}}{\text{Rohstaub}} 100.$$

Es ist somit zur Bestimmung des Gü egrades der Staubgehalt der Rohluft nnmittelbar vor dem Filter und der Reststaub in der Reinluft hinter dem Filter zu ermitteln.

Das Baer-Delbag-Verfahren bestimmt gewichtsmäßig den Staubgehalt der Luft vor und nach der Reinigung mit Hilfe von zwei mit Wattebauschen versehenen Düllen, die — wie die Versuchsanordnung Abb. 246 zeigt — in den Luftkanal vor und hinter dem Filter in gleicher Höhe eingebaut und einem Ventilator-Luftstrom gleichzeitig ausgesetzt werden. In den Luftkanal sind zwei Staurohre eingeführt, die mit einem Mikromanometer zur Messung der Differenz der Luftdrucke (Filterwiderstand) vor und hinter dem Filter verbunden sind. Mittels der Glasdüllen wird aus dem Hauptstrom ein Teilstrom, der dieselbe Geschwindigkeit hat, abgeleitet und filtriert. Aus dieser Geschwindigkeit und dem Querschnitt der Glasdülle ergibt sich die durch die letztere abzusaugende Staubluftmenge. Diese wird durch eine Luftpumpe gefördert und durch zwei Gasuhren gemessen. Aus den Gewichten G und g des durch die vordere und die hintere Meßdülle aufgefangenen Staubes und der Menge l der durchgesaugten Luft ergibt sich der Staubgehalt vor dem Filter (Rohluft) und hinter dem Filter (Reinluft) in mg/m³.

Sind S und s die Staubgehalte der Roh- und Reinluft, so ist der Gütegrad des Filters

$$\varepsilon = \frac{S - s}{S} 100 = \frac{G - g}{G} 100.$$

[1]) Gesundheitsing. 1925.

Bedeudet t die Versuchsdauer in Stunden, so ist die vom Filter zurückgehaltene (gespeicherte) Staubmenge in Gramm gleich $S \cdot t \cdot \frac{\varepsilon}{100} = (S - s)\,t$.

Die Glasdüllen (Wägeröhrchen) haben die Form des Allnerschen Filtrierröhrchens und werden mit Watte beschickt. Die Röhren werden vor und nach dem Versuch bei 110° bis zum gleichbleibenden Gewicht getrocknet und dann gewogen.

Ergänzt kann das Verfahren durch eine optische Methode werden, welche vornehmlich die Zusammensetzung des untersuchten Staubes erkennen läßt. Es werden zwei mit Klebstoff bestrichene, im übrigen aber durch besondere Maßnahmen vor der Untersuchung staubfrei gehaltene Glasplättchen vor und hinter dem Filter genau gleichzeitig dem Luftstrom ausgesetzt, alsdann, nach Ablauf der Versuchsdauer, sofort mit Hilfe von Deckgläsern gegen weitere Staubaufnahme sorgfältig gesichert und vergrößert fotografiert. Abb. 238 ist auf diese Weise gewonnen worden[1]).

b) Der Umluftstromkreis.

1. Allgemeines.

Der Gedanke, die Frischluftkühlung durch einen dauernd rückgekühlten Kreisluftstrom zu ersetzen, wurde noch vor wenigen Jahren als ein unlösbares Problem angesehen, weil es mit Rücksicht auf die abzuführenden erheblichen Wärmemengen und die geringe Wärmeleitfähigkeit trockener atmosphärischer Luft für fraglich gehalten wurde, die warme Luft durch Kühlvorrichtungen von wirtschaftlicher Größe in dem Maße rückzukühlen, daß sie zum Kühlen elektrischer Maschinen wiederverwendet werden konnte.

Wenn eine Rückkühlanlage ihren Zweck erfüllen soll, darf die gekühlte Luft keine höhere Temperatur haben als die Außenluft. Für letztere kann in Deutschland eine Höchsttemperatur von 35° C angenommen werden. Wird mit einer Kühlwasser-

---

[1]) S. auch Froitzheim, »Luftfilter und Filterwirkung«. Z. d. V. d. I. Bd. 73, Nr. 40/1929, S. 1447. — Weitere Literatur s. Zeitschrift des V. d. I. Bd. 67 S. 970, Meldau der Industriestaub S. 266.

temperatur von 25° C gerechnet, so muß der Kühler imstande sein, den umlaufenden Luftstrom dauernd auf einen Abstand von 10° C über der Temperatur des Kühlwassers zurückzukühlen.

Da die Kühlwassertemperaturen bei unseren normalen Flußläufen im Hochsommer jedoch weit unter 25° liegen können, und die bisherige Betriebspraxis gezeigt hat, daß man die Temperaturdifferenz zwischen Kaltwasser- und Kaltluft weit geringer als 10° bemessen kann, so bietet der Luftkühlerbetrieb die Möglichkeit, die Maschinen im Sommer weit kühler zu halten, als es mit Frischluft möglich ist. Da weiterhin die Wassertemperaturen an kalten Wintertagen wesentlich höher als die Lufttemperaturen liegen, so wird die Temperaturspanne der Kühlluft zwischen Sommer und Winter wesentlich geringer, als wenn mit Außenluft gefahren wird. Hierdurch erhält der Generator eine weit größere Lebensdauer und kann im Sommer höher belastet werden, als wenn Außenluft mit hoher Temperatur das Kühlmittel darstellt.

Allen bisher bekanntgewordenen amerikanischen und englischen Entwürfen und Ausführungen von Luftkühlern liegt der Leitgedanke zugrunde, möglichst kurze Luftwege und kleine Lufträume zu schaffen, um das umlaufende Luftgewicht so klein als möglich zu halten, außerdem aber auch die Bewegungswiderstände außerhalb der Maschine auf das Mindestmaß zu bringen. Die hierdurch bedingte Anordnung der Kühlelemente in nächster Nähe des Generators birgt aber bei Leckwerden von Kühlrohren die große Gefahr in sich, daß austretendes Wasser von der mit erheblicher Geschwindigkeit strömenden Luft in die Maschine mitgerissen und diese in kürzester Zeit zerstört wird.

Die ersten deutschen Entwürfe der GEA-Luftkühler-Gesellschaft Bochum sahen schlankelliptische Rippenrohre an Stelle von runden Rohren vor, um möglichst hohe Wärmedurchgangszahlen bei möglichst geringem Luftwiderstand und kleinstem Raumbedarf zu erhalten. Die Rohrelemente waren senkrecht mit weiten Rohrkammern angeordnet, um bei unreinem Kühlwasser einen den Wärmefluß störenden Schlammansatz nach Möglichkeit zu verhindern. Der Luftkühler sollte in den Fundamentraum des Turbogenerators eingebaut werden, um unter Mitbenutzung des Luftraumes vor dem Kondensator, mitgerissenes Schwitz- oder Leckwasser sicher abzuscheiden und Änderungen in der Bauform der gesamten Turbinenanlage zu vermeiden.

Es ist zu beachten, daß beim Luftkühler der wärmeabgebende Stoff »Luft« ein sehr schlechter Wärmeleiter gegenüber Wasser ist und daß damit zusammenhängend auch sein Wärmeübergang an das Metall sehr viel schlechter ist als der von Wand an Wasser. Es muß also von vornherein das Bestreben darauf gerichtet werden, die physikalischen Wärmeleistungen auf der luft- und wasserberührten Metallfläche weitmöglichst einander zu nähern. Zu diesem Zwecke wird meist die luftberührte Oberfläche gegenüber der wasserberührten künstlich durch Aufsetzen von Rippen auf der Außenseite der Rohre vergrößert.

Für den Wärmeaustausch zwischen Kühlwasser und Warmluft spielt die Luftgeschwindigkeit zwischen den Rippenrohren eine bedeutsame Rolle. Dem Gesamtwiderstand des Kühlers ist luftseitig in den weitaus meisten Fällen durch den im Generator eingebauten Ventilator eine Grenze gesetzt. Der für die Luftbewegung erforderliche Geschwindigkeitsdruck kann deshalb nur auf Kosten der Verringerung des statischen Druckverlustes erhöht werden; denn beide zusammen ergeben die Gesamtpressung. Für die Konstruktion eines Luftkühlers müssen deshalb im allgemeinen die Fälle ausgeschaltet werden, bei denen ein besonderer außerhalb des Generatorgehäuses vorhandener Ventilator die Luftbewegung vermittelt.

Bei der Beurteilung der Möglichkeiten zur Herabsetzung des statischen Druckverlustes eines Luftkühlers darf nicht unbeachtet bleiben, daß der Hauptanteil des Druckverlustes auf die Rippen bzw. Lamellen selbst entfällt, und zwar schätzungsweise zu 80 vH. Maßnahmen, den Reibungsverlust an den Rippen zu vermindern, bestünden nur in Glättung oder Polierung, worauf mit Rücksicht auf die dadurch verminderte Wärmeübertragung sowie aus fabrikatorischen Gründen Verzicht geleistet werden muß. Für den geringen Rest an Ursachen des Kühlerdruckverlustes kommen nur konstruktive

Fragen bei den Kühlrohren selbst in Betracht, denen meist eine übertrieben große Bedeutung beigemessen wird.

Unter den zwei Möglichkeiten der Rohranordnung, nämlich der Hintereinanderschaltung oder der versetzten Anordnung, scheiden runde Rohre in versetzter Anordnung aus, denn hier bieten langgestreckte elliptische Rippenrohre so günstige Strömungsverhältnisse, daß der Bau eines Kühlers mit runden Rohren versetzter Anordnung unwirtschaftlich wäre. Der geringere Luftwiderstand elliptischer Rohre bietet einen Gewinn zur Steigerung der Luftgeschwindigkeit und somit zur Vermehrung der Wärmeübertragung.

Bei dem GEA-Kühler werden deshalb langgestreckte elliptische Rippenrohre mit versetzter Anordnung benutzt, welche günstige Strömungsverhältnisse schaffen. Beim Eintritt in den Apparat findet bei dieser Rohranordnung nur eine einmalige erheblichere Zusammenziehung des Luftstromes statt, dessen Geschwindigkeit beim Durchgang durch das ganze Rohrsystem ziemlich unverändert bleibt[1]).

Nach der Grenzschichttheorie ist die Stärke der Grenzschicht von wesentlichem Einfluß auf den Wärmeaustausch. Die Bewegung der Luft erzeugt ein Strömungsfeld. Durch dieses Strömungsfeld wird die Grenzschicht, welche bei ruhender Luft eine bedeutende Stärke erreichen kann, insofern stark beeinflußt, als der Temperaturabfall zwischen Wand und Luft hierbei auf eine sehr dünne Luftschicht konzentriert werden kann, wodurch der Wärmeübergang begünstigt wird. Nach Prof. Prandtl, Göttingen, ist die Grenzschicht auf der vom heißen Luftstrom getroffenen Vorderseite runder Rohre dünn ausgebildet, während sich auf der Rückseite ein Wirbelfeld ausgebildet hat, welches das Herantreten des heißen Luftstromes an die Rückseite des Rohres verhindert. Versuche haben ergeben, daß das Rohr auf der Vorderseite heißer ist wie auf der Rückseite.

Bei langgestreckten elliptischen Rohren sind die Wirbelbildungen auf der Rückseite in einer Weise eingeschränkt, daß mit einiger Ungenauigkeit die Grenzschicht auf der Vorder-

---

[1]) S. Strombilder, »Abwärmetechnik«, Bd. I des Verf. Verlag R. Oldenbourg, München und Berlin 1928. Abb. 73 u. 74, S. 137.

und Rückseite als gleich stark angenommen werden kann, jedenfalls wird praktisch die Rückseite der Rohre wesentlich stärker für den Rückkühlprozeß herangezogen als bei runden Rohren.

Bei der Hintereinanderschaltung der Kühlrohre findet ebenfalls nur eine einmalige erheblichere Zusammenziehung des Luftstromes statt. Eine solche Rohranordnung hat der Delbag-Ringlaufkühler, der praktisch mit den gleichen Luftgeschwindigkeiten und Wärmeleistungen arbeitet wie der GEA-Kühler. Das Verhältnis zwischen Geschwindigkeitsdruck und statischem Druckverlust ist bei hintereinandergeschalteten runden Rohren fast dasselbe wie bei elliptischen Rohren versetzter Anordnung, wobei mit Rücksicht auf die Strömungsverhältnisse die Hauptwärmeübertragung von den Rippen selbst begünstigt wird. Die Nachteile runder Rohre versetzter Anordnung sind bei Hintereinanderschaltung wesentlich eingeschränkt.

Auf die richtige Ausbildung der Rippen und ihrer Verbindung mit den Rohren muß großer Wert gelegt werden. Die GEA-Luftkühler-Gesellschaft Bochum und die Delbag Berlin keilen die Rippen auf und verzinnen alsdann das gesamte Aggregat, wodurch eine vollständig homogene Kühlfläche und damit eine gleichmäßige Wärmefortleitung von den Rippen auf die Wand erzielt wird. Es ist anzustreben, daß die Rippen bei elliptischen Rohren in rechteckiger Form derart ausgeführt werden, daß die Rippen gegenüberliegender Rohre aneinander stoßen, um auf diese Weise den eintretenden Luftstrom in einzelne Bänder aufzuteilen, deren Breite gegenüber der Stärke möglichst groß zu halten ist. Diese Einzelluftströme durchfließen Kanäle gleichen Widerstandes.

2. Luftkühlerbauarten.

Abb. 247 zeigt den Luftkühler der GEA-Luftkühler-Gesellschaft Bochum.

Genannte Gesellschaft führt ihre Kühler in stehender Bauart mit vertikalen Rohrreihen aus.

Die Reinigung vertikaler Rohrreihen ist schnell durchführbar, weil der durch Spülung oder geeignete Rohrbürsten abgelöste Schlamm nicht liegen bleiben kann. Er läuft vielmehr vermöge der Schwerkraft durch die unteren Rohre ab. In mehrjähriger Betriebserfahrung hat es sich gezeigt, daß der Schlammansatz in Vertikalrohren auch bei unreinem Kühlwasser gering ist. Auch setzt sich in den Kühlrohren selten

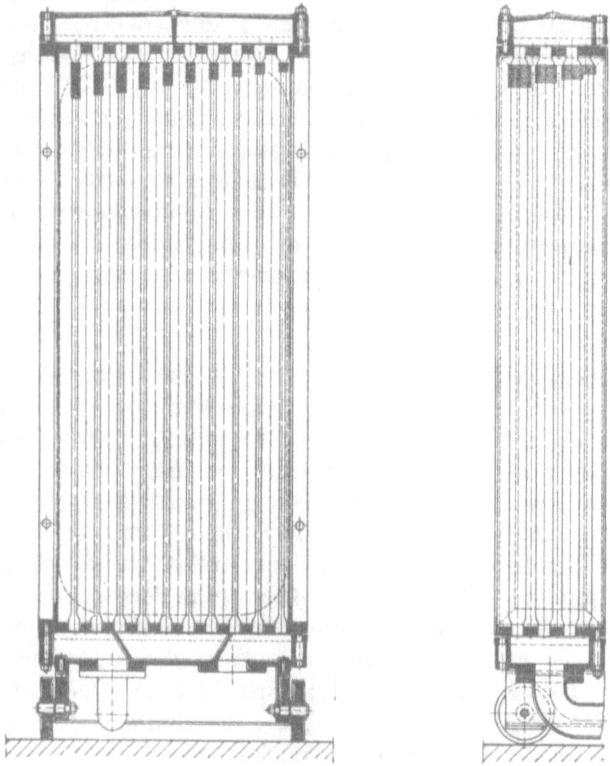

Abb. 247. Schnitt durch ein Kühlelement des GEA-Luftkühlers.

Wasserstein an, da die hierfür erforderlichen Wassertemperaturen nicht auftreten, es sei denn, daß es sich um Kühlwasser mit hoher Karbonathärte handelt. Andernfalls kann man sich mit dem Groeck-Verfahren Nr. 101 helfen (s. a. Anm. S. 437), das die Schnellentfernung bereits vorhandenen Steinansatzes unter Korrosionsschutz ermöglicht. Schlammablage-

Abb. 248. AEG-Luftkühler für einen 10000-kW-Generator.

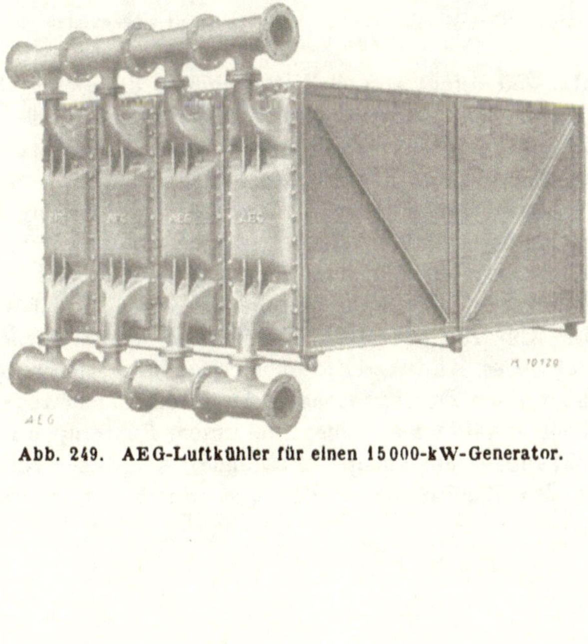

Abb. 249. AEG-Luftkühler für einen 15000-kW-Generator.

rungen lassen sich durch einmaliges Durchstoßen mit einer Rohrbürste oder durch Ausblasen entfernen.

Ein anderes Kühlersystem zeigen Abb. 248 und 249, und zwar einen AEG-Luftkühler für einen 10000- und 15000-kW-Generator. Hier hat die AEG eine horizontale Rohranordnung verwendet, die auch von der General Elektric Co. bevorzugt wird.

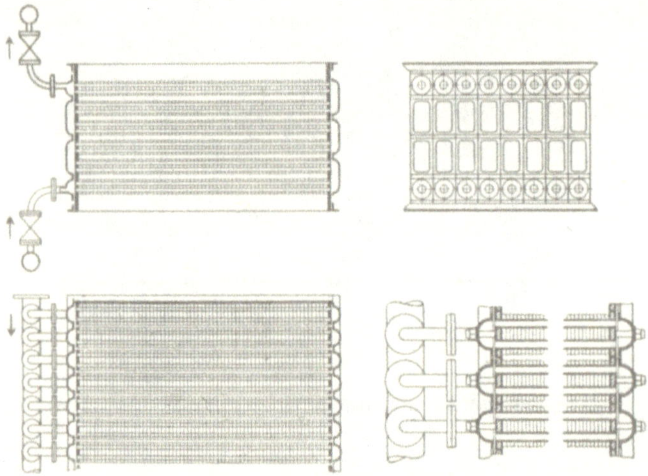

Abb. 250. Delbag-Ringlaufkühler (Ausführung mit eingewalzten Rohren).

Abb. 250 bringt eine Schnittzeichnung des Delbag-Ringlaufkühlers. Die Elemente des Kühlers bestehen aus einer Anzahl Rohre mit darübergestreiften Rippen. In Richtung der Luftströmung, die in den meisten Fällen senkrecht von oben nach unten erfolgt, sind diese Elemente oder Rohrgruppen in Reihen zusammengefaßt. Jede Reihe ist durch Durchgangshähne mit den Verteilungsrohren für Wasserzu- und -ablauf verbunden, um jede Reihe einzeln abschalten zu können.

In Abb. 250 ist der Wasserzufluß durch Pfeile angedeutet. Das Kaltwasser durchströmt das Verteilungsrohr, wird über einen Durchgangshahn der Randkammer zugeführt und fließt von dieser aus durch die untere Rohrgruppe in eine Umlenkkammer am anderen Rohrende. Aus dieser Kammer strömt das Kühlwasser wieder quer durch den Luftstrom zurück nach der anderen Seite usw. in Schlangenlinien dem Luftstrome entgegen. Durch einen zweiten Hahn gelangt es in das Wasserabflußrohr. Bei diesem Wasser- und Luftverlauf ist das Gegenstromprinzip gewahrt. Bei der normalen Ausführungsform werden die Kühlrohre in schmale, streifenartige Elemente eingewalzt. Die Deckel der Wasserkammer werden mittels zwei Überwurfmuttern auf die Rohrböden gedrückt. Für chemisch neutrales Wasser und bei gewöhnlichen Strömungsverhältnissen genügt die Ausbildungsform, insbesondere auch der leichten Auswechselbarkeit, Reinigung, Ausbesserung und dem Ersatz. Muß aber mit aggressiven Wassern, z. B. Seewasser, stark verunreinigtem Flußwasser oder geimpftem, rückgekühltem Wasser gearbeitet werden, so ist eine Ausführungsform mit Stopfbüchsen zu empfehlen. Hierbei ist die Möglichkeit gegeben, daß jede Rohrgruppe für sich ausgewechselt werden kann. Die Delbag-Kühler werden einem Probedruck von 6 at unterworfen.

Der Kühler wird aus 10—30 und mehr nebeneinander angeordneten Reihen zusammengebaut. Die Abschaltung einer Reihe zu irgendwelchem Zweck verursacht nur eine in Kauf zu nehmende Schwächung der Kühlerleistung, die sich selbst bei längerer Dauer der Unterbrechung kaum auswirkt, weil die Wassermenge mit erhöhter Geschwindigkeit durch den restlichen Kühler fließt.

Die Delbag-Kühler werden fast durchgängig liegend eingebaut. Abb. 251 zeigt den normalen Einbau bei einem Turbodynamo. Die Führung des Warmluftstromes weist hierbei nur zwei Umlenkungen auf, die Brechung des Luftstromes ist geringfügig, so daß der Widerstand des Warmluftkanales klein ist. Bei der stehenden Anordnung eines Kühlers ist die Brechung des Warmluftstromes eine Dreifache. Bei dem verhältnismäßig geringen Raum, der bei einer solchen Anlage zur Verfügung steht, ist daher die Umlenkung bedeutend schärfer, dadurch wird der Widerstand in dem Warmluftkanal höher als bei liegender Anordnung. Die scharfe Umlenkung ist bei Kühlern mit liegender Anordnung an der Stelle eingefügt, wo sie unbedingt erforderlich ist, also dort, wo die kalte Luft aus dem Kühler heraustritt und die Möglichkeit besteht, daß der Luftstrom Wasser in tropfbar flüssiger Form, möglicherweise durch irgendwelche Undichtigkeiten, mitgerissen hat. Durch die scharfe Umlenkung unmittelbar nach dem Verlassen des Kühlers wird ein Herausschleudern der tropfbar mitgerissenen Wasserteilchen erreicht, weil die Geschwindigkeit des Luftstromes hier durch die Verengung des Kanals etwas erhöht ist. Außerdem erfährt der Luftstrom eine Drehung von fast 180°. Die schwereren Wasserteilchen haben das Bestreben, ihre Richtung beizubehalten, und gelangen so in die Abflußrinne.

Bei den angeführten Kühlern vorstehender Firmen ist die Unterteilung der ganzen Kühlfläche in einzelne Abteilungen bemerkenswert. Eine weitgehende Unterteilung ist dann vorzunehmen, wenn im Betrieb Teile der Kühlfläche ausgeschaltet, gereinigt oder instand gesetzt werden sollen. Die Unterteilung ist so zu wählen, daß bei Ausfall eines Teil-

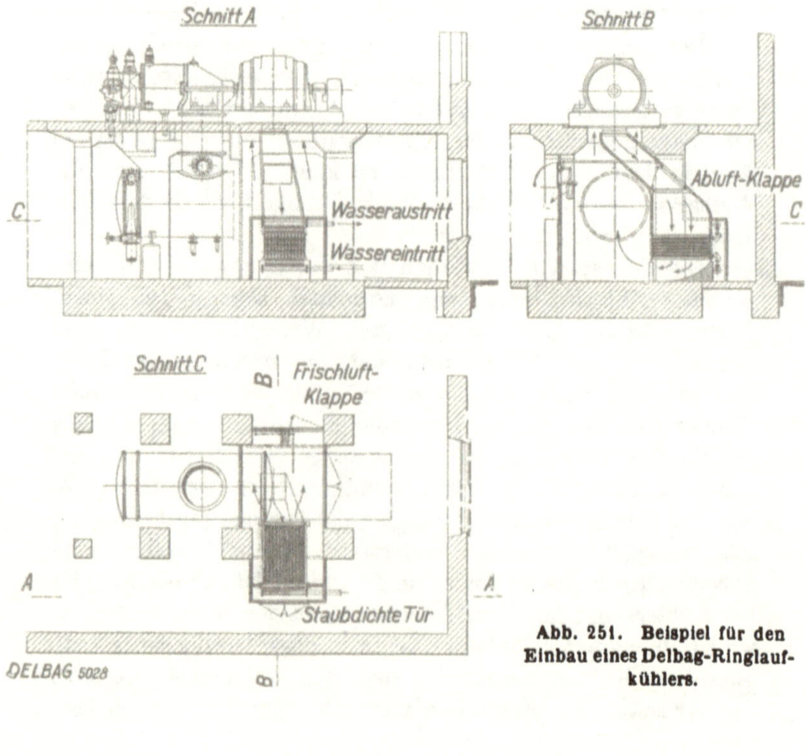

Abb. 251. Beispiel für den Einbau eines Delbag-Ringlaufkühlers.

kühlers ein größeres Maschinenaggregat noch mit jeder Sicherheit durchgefahren werden kann. Zu General-Reinigungsarbeiten muß natürlich das Aggregat stets stillgesetzt werden, was im allgemeinen tragbar ist, da Luftkühler auch bei schmutzigem Kühlwasser eine ununterbrochene Betriebsdauer bis zu einem Jahre und mehr haben können, bis sich eine nennenswerte Verschlechterung der Wärmeleistung bemerkbar macht.

3. Die Überwachung von Luftkühleranlagen.

Der betriebsmäßigen Überwachung von Luftkühleranlagen muß besondere Aufmerksamkeit geschenkt werden, um bei Ausbleiben des Kühlwassers eine übermäßige Erwärmung des Generators zu verhindern. Die Eisen- und Kupfermassen des Kühlers und Generators speichern zwar die entstehende Wärme eine Zeitlang auf, jedoch muß damit gerechnet werden, daß die Temperatur der Maschine nach 20 bis 30 min eine gefahrdrohende Höhe erreicht. Es sind selbsttätig wirkende Umstellklappen ausgeführt worden, die vom Wasserdruck der Kühlwasserleitung abhängig sind und den Generator bei der Unterbrechung der Kühlwasserzufuhr mit der Außenluft in Verbindung bringen. Auf derartige selbsttätige Umstellklappen kann man sich im Ernstfalle nicht unbedingt verlassen; außerdem ist jede Sicherheitsvorrichtung, die vom Wasserdruck abhängig ist, zu verwerfen, da nur die durchströmende Wassermenge ein zuverlässiger Maßstab für die richtige Arbeitsweise des Kühlers ist. Es kann leicht der Fall eintreten, daß der Wasserdruck im Kühler bei Verstopfungen oder ungünstiger Anordnung der Abwasserleitungen trotz gestörter Wasserströmung unverändert ist. Die vom Wasserdruck abhängigen Sicherheitsvorrichtungen würden die Störungen in solchen Fällen nicht anzeigen.

Bei den geringen Lufträumen, die bei dem Luftkühlsystem Verwendung finden, hat man die Möglichkeit, ein Kohlensäurelöschsystem anzuschalten, da die geringen umlaufenden Luftmengen schon durch einen geringen Prozentsatz Kohlensäure jeden Brand in der Entwicklung ersticken. Bei größeren Kraftwerken kann man mehrere Maschinen an eine gemeinsame Kohlensäurelöschvorrichtung anschließen. Zweckmäßig erscheint auch eine elektrische Temperatur- und Gefahrmeldeanlage. Die Vorrichtung besteht aus elektrischen Widerstandsfernthermometern zur Messung der Temperatur der Frischluft, der Abluft, des Frischwassers, des Abwassers und einer Gefahrmeldeanlage, die von den Temperaturen der Frischluft und Abluft sowie von der Wasserströmung abhängig ist. (Die Temperaturen sollen in regelmäßigen Abständen abgelesen und im Betriebsbuch vermerkt werden.) Die Gefahrmeldeanlage betätigt, sobald die Wasserströmung unterbrochen ist oder die Lufttemperaturen über die zulässige Grenze steigen, ein elektrisches Hörsignal. Die Überwachung der Wasserströmung erfolgt durch den Leistungsanzeiger eines Venturiwassermessers, der mit Signalkontakten versehen ist. Sobald die Wasserströmung aufhört oder die einstellbare Mindestmenge unterschritten wird, so wird ein Stromkreis geschlossen und das Hörsignal betätigt. Diese Vorrichtung hat keine beweglichen Teile (wie Rückschlagklappen od. dgl.) und gestattet eine einfache und zuverlässige Überwachung der Kühlwasserströmung. Je nach der Ursache der Störung hat man es in der Hand, entweder die Störung zu beseitigen oder die im Kalt- und Warmluftraum angeordneten Türen zu öffnen; hierfür ist Zeit genug vorhanden, da die Warmluft der Maschine erst nach längerer Zeit die Gefahrhöhe erreicht.

Es ist vielfach die Befürchtung ausgesprochen worden, daß die umlaufende Luft bei Maschinen mit hoher Betriebsspannung ozonisiert wird und daß der zunehmende Ozongehalt eine schädliche Einwirkung auf blanke Maschinenteile und auf die Isolation der Wicklungen ausübt. Um hierüber Klarheit zu schaffen, haben die Siemens-Schuckert-Werke an einem von ihnen nach Nijmegen (Holland) gelieferten mit einer GEA-Rückkühlanlage versehenen 3000tourigen Turbogenerator von 15750 kVA mit 11000 V Betriebsspannung Untersuchungen ausgeführt mit dem Ergebnis, daß sich bei dieser Anlage während der Versuchstage kein Ozon nachweisen ließ.

4. Die Ausbildung der Kühlwasserstromkreise.

Für die Versorgung des Kühlers mit ausreichenden Kühlwassermengen bestehen je nach der Art der Dampfkraft- bzw.

Kondensationsanlage drei verschiedene Möglichkeiten, welche hier an Hand der Abb. 252—254 kurz besprochen werden sollen.

Steht für die Turbinenkondensation Frischwasser in ausreichender Menge nicht zur Verfügung, so ist es notwendig, das Kühlwasser dauernd umlaufen zu lassen und auf einem Rückkühlwerk (Kaminkühler) durch Wärmeaustauschwirkung mit der atmosphärischen Luft zurückzukühlen. Die Kühlung erfolgt zum größten Teil durch Verdunstung des Kühlwassers im durchziehenden Luftstrom. Die erforderliche Verdampfungswärme wird dem Kühlwasser entzogen. Der gesamte Wärmeentzug entfällt zu etwa 80 vH auf die Verdunstung und der Rest auf die Temperaturerhöhung der durchziehenden Luft.[1])

Durch den Verdampfungsvorgang gehen bis zu 2,5 vH des Kühlwassers verloren, die durch Zusatz von Frischwasser ersetzt werden müssen. Das Zusatzwasser kann zunächst durch den Luftkühler geschickt und dann dem umlaufenden Kondensationskühlwasser zugeführt werden (s. Abb. 252). Es erwärmt sich im Luftkühler um etwa 10° C, so daß seine Endtemperatur noch niedriger ist als die des rückgekühlten Kühlwassers.

In vielen Fällen wird das Zusatzwasser der Kondensationsanlage noch für Lagerölkühler, Transformatoren usw. gebraucht. Es ist dann zweckmäßig — wenn möglich — Luftkühler, Ölkühler und Transformator hintereinanderzuschalten. Das Wasser geht mit seiner niedrigsten Temperatur erst in den Luftkühler, dann in den Ölkühler, der höhere Temperaturen verträgt, und zuletzt in den Transformator. Unter Umständen kann das Wasser nach dem Verlassen des Transformators nochmals (z. B. zum Kühlen von Kesselfeuerbrücken) ausgenutzt werden.

Liegt das Kraftwerk in unmittelbarer Nähe eines Flußlaufes oder Meeres, so steht für den Kondensationsbetrieb genügend Frischwasser zur Verfügung.

In derartigen Fällen wird nach Abb. 253 der Luftkühler mit dem Kondensator parallel geschaltet und an die Hauptkühlwasserpumpe der Kondensationsanlage angeschlossen.

---

[1]) Näheres s. S. 408 u. f.

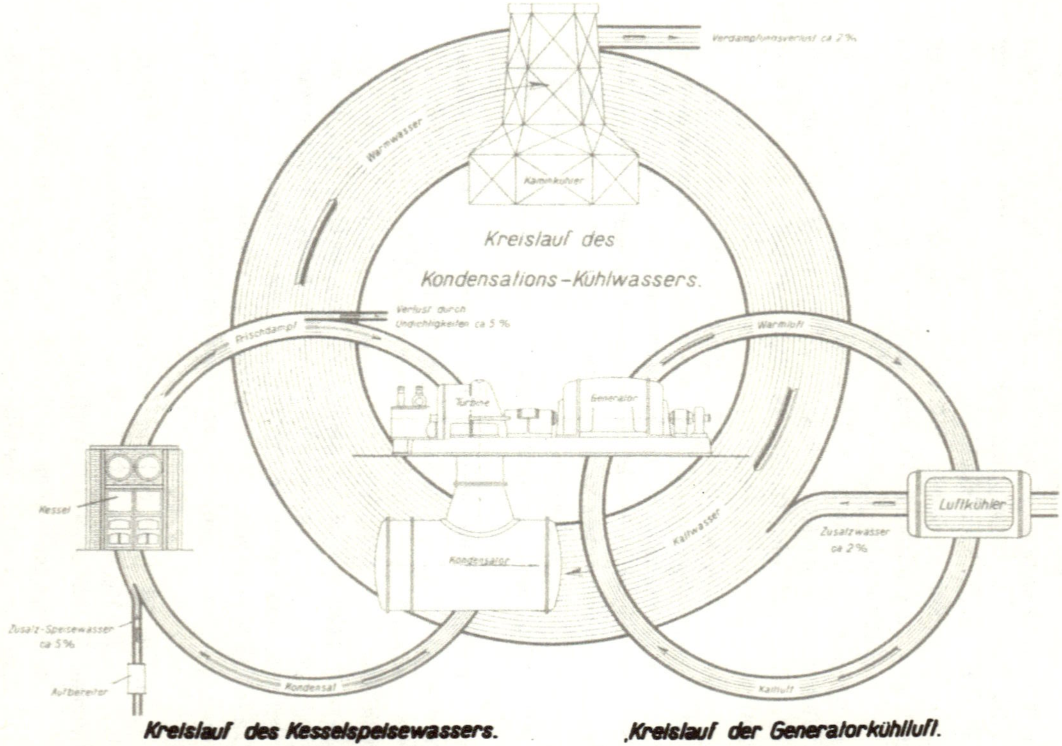

Abb. 252. Kühlwasser- und Speisewasserkreislauf eines Turbogenerators mit umlaufendem Kondensations-Kühlwasser.

Die Kühlwassermenge kann alsdann zugunsten der Kühlfläche oder der Kaltlufttemperatur reichlicher genommen werden, da die Förderkosten für die Wassermenge eine untergeordnete Rolle spielen.

Bei vorhandenen Anlagen hat die Pumpe im allgemeinen eine genügend große Leistungsreserve, so daß sie fast immer imstande ist, nachträglich noch den Luftkühler mit Wasser zu versorgen. Bei Neuanlagen wird man von vornherein auf die angegebene Mehrleistung Rücksicht nehmen.

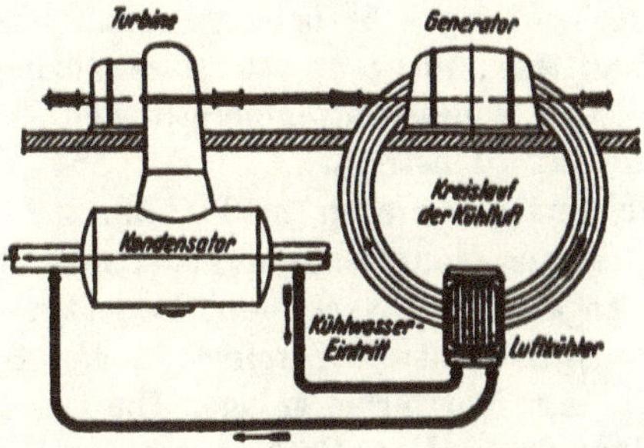

Abb. 253. Schema eines Luftkühlers für reinen Frischwasserbetrieb.

Da das in Frischwasserkondensatoren gewonnene Kondensat in den meisten Fällen niedrige Temperaturen hat, so kann es ebenfalls als Kühlmittel für den Betrieb des Luftkühlers mit Vorteil verwendet werden. Die Verlustwärme des Generators wird durch die Überführung in das Kesselspeisewasser fast vollständig zurückgewonnen. Außerdem braucht bei Kondensatbetrieb mit einer Verschmutzung der Kühlrohre und infolgedessen mit einer Reinigung und Überwachung des Kühlers nicht gerechnet zu werden.

Während der Winter- und Übergangsmonate reicht das Turbinenkondensat hinsichtlich der Menge und der Temperatur für die Kühlung des umlaufenden Luftstromes allein aus. In den heißen Sommermonaten kann durch Steigerung der Kondensattemperatur bis auf etwa 35^0 eine ausreichende Kühlung der Luft auf diese Weise nicht mehr erzielt werden. Es ist deshalb notwendig, die Luftkühlanlage in zwei Stufen arbeiten zu lassen, von denen die eine mit Kondensat und die andere mit Frischwasser betrieben wird (kombinierte Anlagen s. Abb. 254). Da die Kondensatstufe die größere Kühlfläche hat, so kann auch im Sommer der größte Teil der Verlustwärme des Generators in das Kondensat übergeführt werden; der kleinere Teil geht mit dem Frischwasser verloren. Bei einer zweckmäßig gebauten Anlage verhalten sich die Kühlflächen der Kondensat- und Frischwasserstufen wie 3 : 1 oder 2 : 1. Die mit Kondensat betriebene Hauptstufe kann so groß bemessen werden, daß bei ausschließlicher Verwendung des Kondensates der Temperaturabstand zwischen Kondensateintritt und Kaltluft etwa 5° beträgt. Nimmt man 30° als höchste Frischlufttemperatur an, so ist es möglich, die Kühlanlage bis zu einer Kondensattemperatur von 25° ausschließlich mit Kondensat zu betreiben.

Bei kombinierten Anlagen nach Abb. 253 ist die mit Kondensat betriebene Hauptstufe unmittelbar hinter der Kondensatpumpe angeordnet. Nach dem Verlassen des Kühlers fließt das Kondensat entweder sofort in den Speisewasserbehälter oder in eine Vorwärmeranlage. Die Frischwasserstufe wird unmittelbar an die Hauptkühlwasserpumpe der Kondensationsanlage angeschlossen und mit dem Kondensator parallel geschaltet. Sie steht in den Winter- und Übergangsmonaten leer. Erst wenn die Kühllufttemperaturen über das zulässige Maß steigen, wird die Frischwasserstufe angestellt. Falls damit zu rechnen ist, daß die Belastung des Turbogenerators längere Zeit unter $^1/_3$ Last sinkt, oder daß aus anderen Gründen die Kondensationstemperatur starken Schwankungen unterworfen ist, so empfiehlt es sich, in die Anschlußleitung der Frischwasserstufe einen Thermostaten einzubauen, der in Abhängigkeit von der zulässigen Lufttemperatur die Frischwassermenge selbsttätig regelt. Auf diese Weise kann dauernd das Höchstmaß von Verlustwärme selbsttätig an das Kesselspeisewasser abgegeben werden.

Ein besonderer Vorteil der kombinierten Anlage nach Abb. 254 besteht darin, daß die Kondensatstufe dauernd reine Kühlflächen hat und somit keine Wartung erfordert. Die Frischwasserstufe ist bei genügender Bemessung der Hauptstufe nur etwa drei Monate im Hochsommer in Betrieb. Sie kann während der übrigen Monate als selbständige Stufe jederzeit ausgebaut und gereinigt werden, so daß sie bei notwendig werdender Inbetriebnahme mit voller Kühlleistung zur Verfügung steht.

Die Kosten einer kombinierten Kreislaufkühlanlage für Kondensat und Frischwasserverwendung sind etwa 30 – 40 vH höher als die eines einfachen Frischwasserkühlers, machen sich jedoch

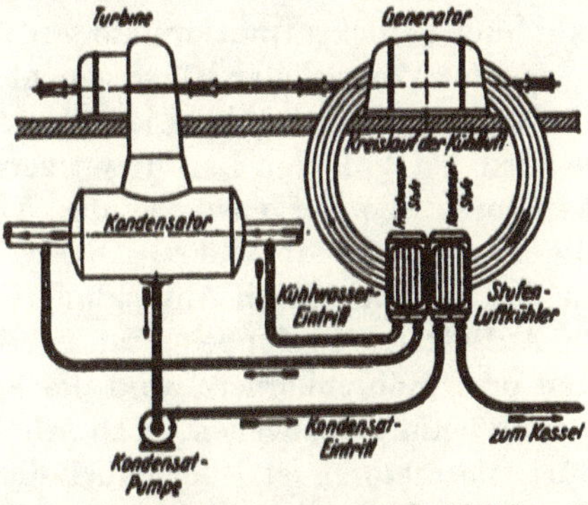

Abb. 254. Schema eines kombinierten GEA-Luftkühlers für Kondensat- und Frischwasserbetrieb.

in den Fällen, wo die Erhöhung der Kondensattemperatur einen vollen Wärmegewinn darstellt, in kurzer Zeit bezahlt. Die Gesamtkosten einer kombinierten Anlage werden bei guter Belastung der Maschine in etwa zwei Jahren durch die Dampfersparnis amortisiert[1]).

3. Die Kühlluftstromkreise für Transformatoren.

a) Allgemeines.

Aufbau, Leistungsfähigkeit und Lebensdauer eines Transformators werden durch die Art der Wärmeabfuhr maßgebend

[1]) Da es auf Grund der großen Erfahrungen gelungen ist, die Wärmeübertragung in Luftkühlern so zu steigern, daß man bereits mit sehr geringem Raumbedarf auskommt, geht man heute dazu über, größere Motoren in staubigen Betrieben (Walzwerken, chemischen Fabriken usw.) mit Kreislaufkühlern auszustatten. Auch wird die Kreislaufkühlung bei Langsamläufern (Wasserkraftanlagen) zum Schutz gegen Verunreinigungen und Feuchtigkeit angewendet. Sie bringt eine Verringerung der Fundamentkosten infolge Fortfalls ausgedehnter Luftkanäle mit sich.

beeinflußt, die ihrerseits durch die Energieverluste im Eisen und Kupfer der Kerne und Wicklungen bedingt ist. Sobald gewisse Temperaturen dauernd oder vorübergehend überschritten werden, tritt eine Zerstörung der Wicklungsisolierung ein und der Transformator wird unbrauchbar.

Die Abführung dieser Verlustwärme kann auf verschiedene Weise erfolgen. Bei kleinen Transformatoren genügt die natürliche Luftabkühlung (Trockentransformatoren). Da die Luft ein äußerst schlechter Wärmeleiter ist, so genügt mit dem Anwachsen der Leistungen diese Kühlung jedoch nicht mehr. Die Verlustwärme wird bei größeren Leistungen vermittels besser leitenden Öles durch die Außenwände des Transformatorkastens an die Atmosphäre abgeführt. Durch Vergrößerung der Oberfläche des Kastens, durch Anwendung wellenförmiger Bleche, durch Aufsetzen von Rippen oder durch den Anbau von Radiatoren oder Röhrenkörpern wird die Fähigkeit, die Wärme an die Außenluft abzugeben, noch erhöht.

Bei Großtransformatoren ist jedoch auch diese Ölkühlung nicht mehr ausreichend, da sich auch bei geschicktester Anwendung obiger Bauweisen keine genügend große Flächen zur Übertragung der Wärme vom Öl an die Außenluft schaffen lassen. Es wird hier zu der Maßnahme gegriffen, das Öl durch Wasser zu kühlen, weil Wasser ein bedeutend besseres Wärmeaufnahmevermögen als Luft hat.

Es wird zwischen innerer und äußerer Wasserkühlung unterschieden. Bei der inneren Kühlweise wird das Wasser durch Kühlschlangen geleitet, welche innerhalb des Transformatorkastens in Öl liegen (s. Abb. 255), bei der zweiten Art wird das abzukühlende Öl durch Schlangen geleitet, welche ihrerseits in einem Wasserbehälter untergebracht sind (Abb. 256). In vielen Fällen kommen Ölkühler zur Verwendung, die nach Art der Vorwärmer gebaut sind. Das Öl umspült dabei das Rohrbündel von außen, während das Wasser dasselbe durchfließt.

Die Wasserkühlung bringt aber mancherlei Gefahren mit sich. Bei der Innenkühlung steht das Wasser unter Druck und kann durch Undichtigkeiten in das Öl übertreten. Eine Vermischung von Wasser und Öl ist aber nicht zulässig, da durch die geringsten Wasserbeimengungen Durchschläge oder Explosionen eintreten können. Bei unreinem Wasser setzt sich leicht eine Schmutzkruste im Innern der Kühlrohre ab, wodurch der Wärmeübergang wesentlich verschlechtert wird und somit die Kühlwirkung je nach dem Grad der Verschmutzung erheblich zurückgeht. Oft verstopfen sich auch derartige Schlangen vollständig, so daß die Wasserumwälzung und damit die Kühlwirkung gänzlich aufhört. Eine Reinigung ist wegen der schlechten Zugänglichkeit wohl nur nach dem Groeck-Verfahren möglich. Über das betr. Groeck-Verfahren Nr. 101 zur Schnellreinigung versteinter Wasserräume s. Näheres S. 431 u. f. Es muß natürlich auf die Betriebsbedingungen für Transformatoren sinngemäß übertragen werden.

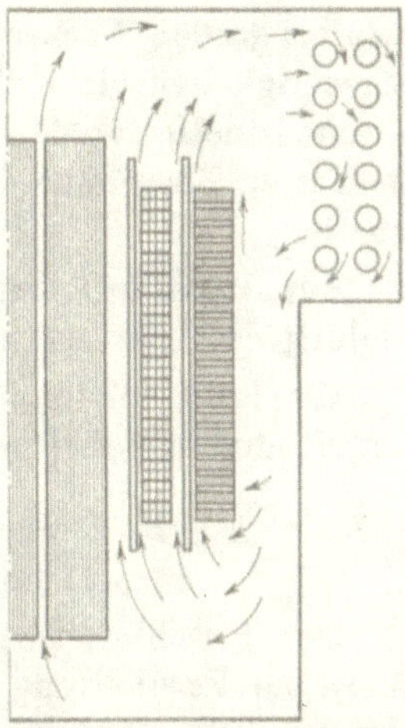

Abb. 255. Schnitt durch einen Transformator mit innerer Wasserkühlung.

Auch bei der äußeren Kühlung kann bei den häufig vorkommenden Korrosionen infolge aggressiven Wassers ein Übertreten von Wasser in das Öl beim Nachlassen des Öldruckes stattfinden, es sei denn, daß man das Groeck-Verfahren Nr. 102 zur dauernden Verhütung von Steinansatz und Korrosionen anwendet. Fortwährende Instand-

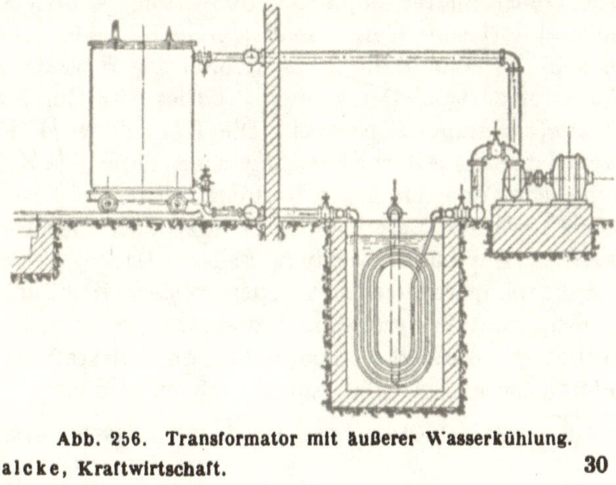

Abb. 256. Transformator mit äußerer Wasserkühlung.

setzungsarbeiten erschweren einen reibungslosen Betrieb. Für Aufstellung im Freien sind Wasserkühler der Gefahr des Einfrierens ausgesetzt und daher unbrauchbar. Vor allem macht auch bei großen Werken die Wasserbeschaffung in vielen Fällen Schwierigkeiten, da Kühlwasser in großen Mengen für sonstige Zwecke benötigt wird. In ungünstig gelegenen Umschaltwerken ist Wasser überhaupt in der benötigten Menge nicht zu beschaffen.

Zur Abstellung dieser Mängel mußte man doch zur Luftkühlung des Öles zurückkehren.

Die Luftkühlung kann hier mit Frischluftstrom wie mit Umluft durchgeführt werden.

b) Die Kühlluftstromkreise.

1. Der Frischluftstromkreis.

Der Frischluftstromkreis unter Einschaltung von Luftfiltern zur Fernhaltung des Staubes von Tranformatoren wird dort zuweilen angewendet, wo ein Teil der erwärmten Luft zur Raumbeheizung dienen soll.

Abb. 257 zeigt eine solche kombinierte Lüftungsanlage für eine 30-kV-Schaltanlage. Die Anlage wurde von der Firma W. Bartel, Luftfilterbau, Berlin, erstellt[1]).

Den allgemeinen Aufbau einer GEA-Ölkühlanlage mit »Fremdbelüftung« zeigt Abb. 258. Das erwärmte Öl fließt aus dem Transformator durch die Rohrleitung *A* dem Kühler *K* zu, gibt dort seine Wärme an die durchströmende Kühlluft ab und kehrt abgekühlt durch die Rohrleitung *B* wieder zum Transformator zurück. Der Umlauf des Öles wird durch eine eingeschaltete Pumpe *P* bewirkt. Die Kühlluft wird durch einen Ventilator *V* aus dem Freien angesaugt, durch den Kühler hindurchgeleitet und durch den Kamin *C* wieder ins Freie geführt. Die erwärmte Luft kann im Winter auch zum Heizen naheliegender Räume Verwendung finden. Da bei verschiedenen Außentemperaturen mehr oder weniger Kühlluft benötigt wird, kann bei größeren Aggregaten die Luftleistung des Ventilators verändert werden, um an Antriebskraft für die Ventilatoren zu sparen. Der Antrieb erfolgt in diesem Falle

---

[1]) Näheres über Luftfilter findet sich auf S. 438 bis 444.

durch zwei Elektromotoren, von denen der eine normale Bauart besitzt, während der andere als polumschaltbarer Motor gebaut ist (Abb. 259). Die Kraftübertragung auf den Ventilator erfolgt unter Zwischenschaltung eines Zahnradgetriebes. Durch diese Anordnung wird eine erhöhte Wirtschaftlichkeit erreicht.

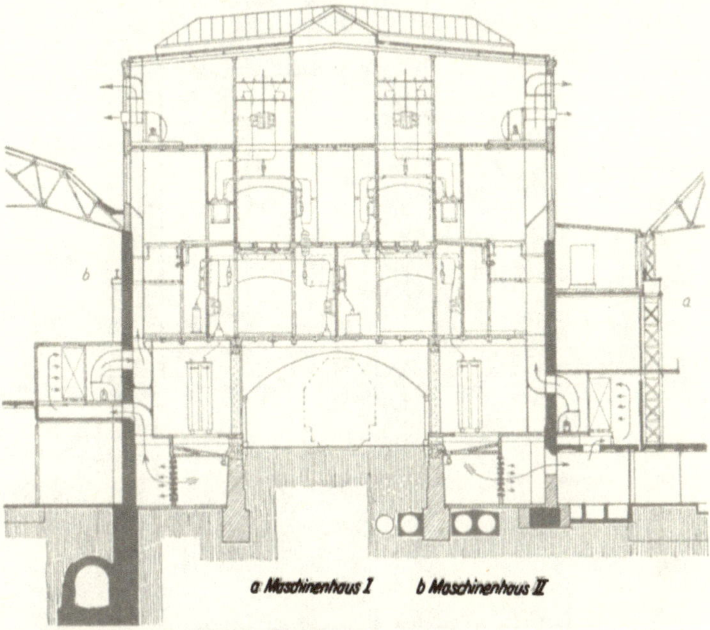

Abb. 257. Kombinierte Lüftungsanlage für eine 30-kV-Schaltanlage.

Der normale Motor dient zum Betriebe bei mittleren Jahrestemperaturen, während der polumschaltbare Motor für maximale und minimale Umdrehungszahlen, also für Hochsommer und Winter bestimmt ist. Ferner hat die Anordnung zweier Motoren den Vorteil, daß jeweils ein Motor in Reserve steht. Wenn weniger Nachdruck auf die Wirtschaftlichkeit des Antriebes gelegt wird, genügt ein regulierbarer Motor. Diese Anordnung wird auch bei kleineren Anlagen gewählt.

Die Ölleitungen, wie auch die Abführungskanäle für die erwärmte Luft können über Flur angeordnet werden. Soll aber der Kühlerraum freigehalten werden, so können diese

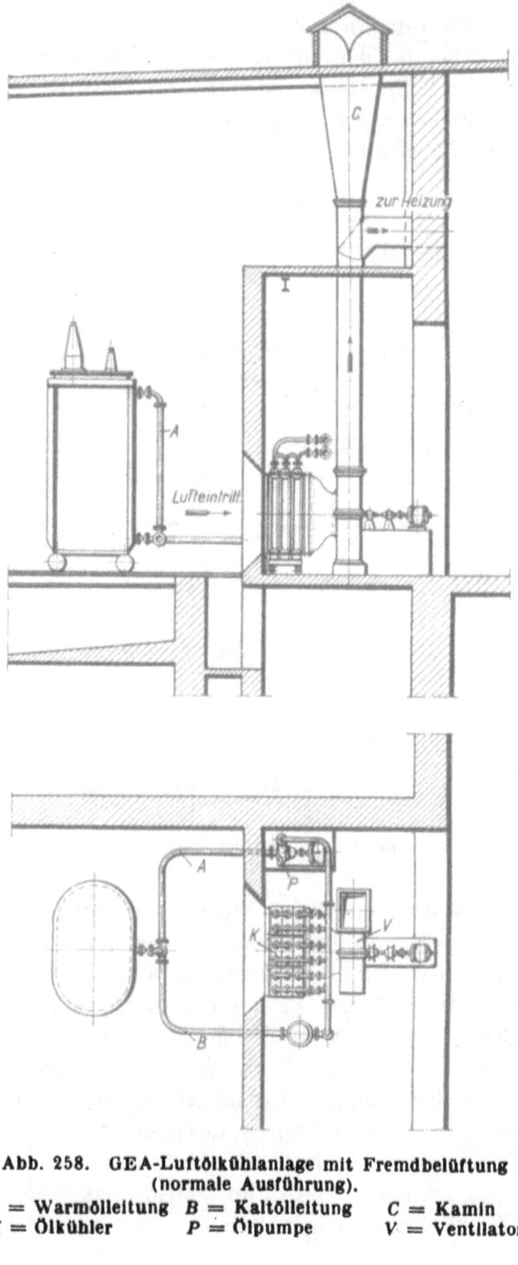

Abb. 258. GEA-Luftölkühlanlage mit Fremdbelüftung (normale Ausführung).
A = Warmölleitung B = Kaltölleitung C = Kamin
K = Ölkühler P = Ölpumpe V = Ventilator

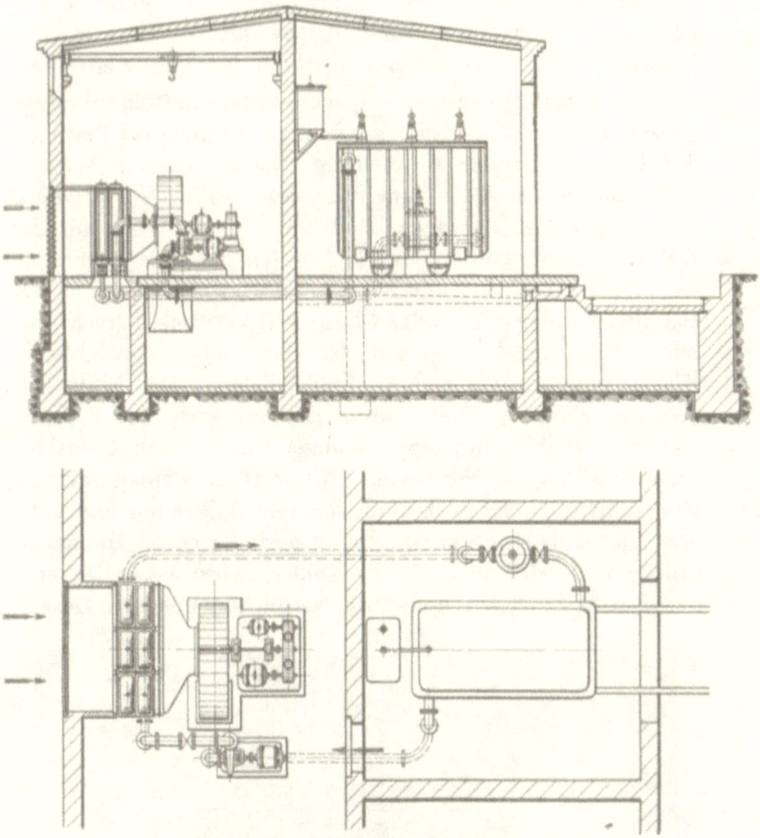

Abb. 259. Luftölkühlanlage mit Fremdbelüftung (Ausführung für größere Anlagen).

Leitungen und Kanäle auch im Keller verlegt werden. Abb. 260 zeigt eine derartige GEA-Ölkühlanlage für das Umspannwerk Karlshorst des Großkraftwerkes »Klingenberg«. Hier wurden außerdem vor dem Kühler am Eintritt der Kühlluft ölbenetzte Prallflächenluftfilter angeordnet, um ein Verschmutzen der Kühlelemente durch mitgerissene Staubteilchen zu verhindern. Filter sind dann erwünscht, wenn mit hohem Staubgehalt der Rohluft gerechnet werden muß[1]).

[1]) S. a. Ausführungen S. 435 u. f.

Steht nur eine geringe Grundfläche zur Verfügung, so kann eine Aufstellung nach Abb. 261 gewählt werden. Hier ist Ventilator und Antriebsmotor oberhalb der Kühler eingebaut.

Ein Nachteil der bisher beschriebenen Luftölkühlanlagen besteht darin, daß sowohl zum Ölumlauf als auch zur Bewegung der Luft Maschinen Anwendung finden, die der Wartung bedürfen und der Abnutzung unterliegen. Eine Vervollkommnung der Luftkühlanlagen ist daher von der GEA mit dem Ziel angestrebt worden, durch Zuhilfenahme des natürlichen Auftriebes den Einbau von Pumpe und Ventilator zu vermeiden. Bei diesen Anlagen wird das Öl durch Höherstellen des Kühlers und durch den Unterschied der spezifischen Gewichte des Warm- und Kaltöles zum Umlauf gebracht. Der Einbau des Kühlers erfolgt in einen Kamin zur Bewegung der Kühlluft. Derartige Kühler müssen allerdings eine größere Oberfläche erhalten als solche, bei denen Luft und Öl maschinell umgetrieben werden, da die Luft- und Ölgeschwindigkeiten und damit der Wärmeübergang entsprechend geringer sind. Infolge der größeren Oberfläche sind die Kühler daher etwas teurer in der Beschaffung, sie sind aber, verglichen mit den Gesamt-

Abb. 260. GEA-Luftkühlanlage für das Umspannwerk Karlshorst des Großkraftwerkes »Klingenberg«.

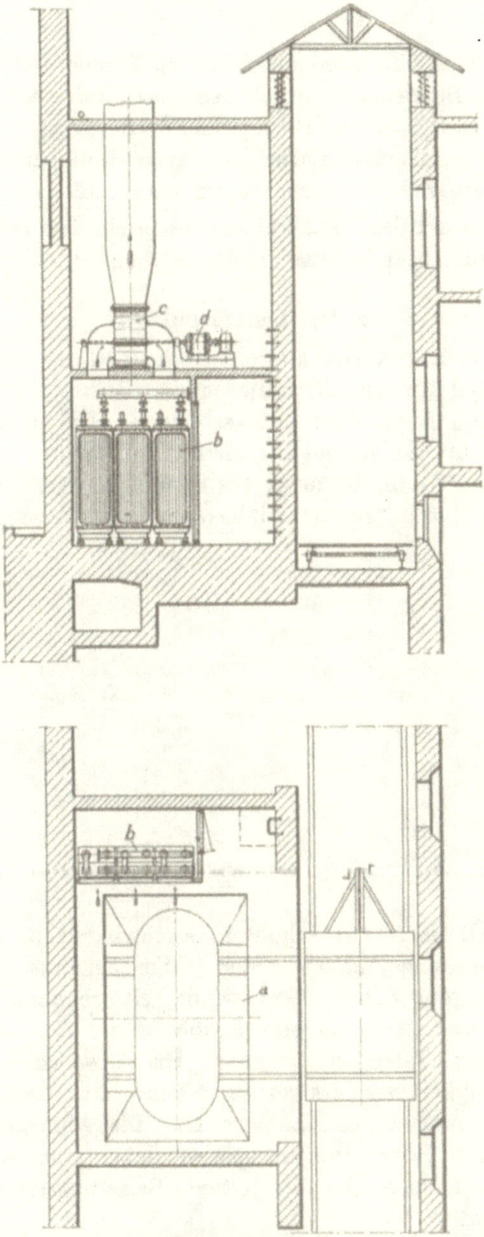

Abb. 261. GEA-Luftkühlanlage mit oberhalb des Kühlers angeordnetem Ventilator.
a = Öltransformator, b = Luftölkühler, c = Ventilator, d = Antriebsmotor zum Ventilator.

kosten einer Kühlanlage einschließlich Pumpe und Ventilator, billiger im Betriebe, da durch den Fortfall des Antriebes und des Bedienungspersonals keinerlei Betriebskosten entstehen. Die Betriebssicherheit hierbei ist sehr groß, da bei natürlichem Umlauf keinerlei Störungen zu erwarten sind.

Die Bauart des Luftölkühlers entspricht dem bei der Generatorkühlung besprochenen GEA-Luftkühler[1]).

2. Der Umluftstromkreis.

Abb. 262 zeigt eine ältere Ausführungsform der Kreislauf-Luftkühlung für Transformatoren der Delbag. Der Ölkühler ist mit dem Luftkühler fest verbunden. Die erwärmte Luft tritt aus dem Ölkühler in einen kleinen vollständig abgegrenzten Raum. Ein Ventilator saugt aus diesem die Warmluft an und drückt sie durch den Luftkühler zum Ölkühler zurück.

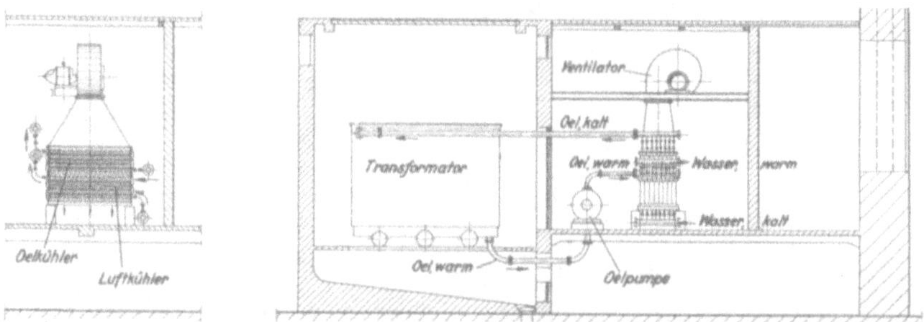

Abb. 262. Ältere Ausbildungsform der Kreislauf-Luftkühlung bei Transformatoren.

Das Öl kann mit erhöhter Geschwindigkeit durch den Transformator gepumpt werden. Wie bekannt, steigt der Wärmeübergang mit der Geschwindigkeitserhöhung des Kühlmediums, und damit ist eine Erhöhung der Belastungsfähigkeit des Transformators gegeben. Bis zu welcher Höhe die Geschwindigkeit des Öles gesteigert wird, hängt von der Wirtschaftlichkeit der Gesamtanlage ab. Die Abmessungen der Pumpe und Rohrleitungen spielen dabei eine wesentliche Rolle, desgleichen die endgültige Belastungsfähigkeit des Transformators.

[1]) S. S. 452.

c) Andere Verwendungsgebiete für Luftölkühler.

Die Verwendungsmöglichkeit von Luftölkühlern beschränkt sich nicht nur auf die Kühlung von Transformatoröl, sondern man kann sie überall dort zur Anwendung bringen, wo Öl zu industriellen Zwecken gekühlt werden muß, z. B. Lageröl von Turbinen, Getriebeöl, Härteöl usw. Besonders vorteilhaft erscheint eine derartige Luftölkühlung dort, wo Wassermangel besteht oder wo warme Luft zum Heizen oder Trocknen benötigt wird. Beispielsweise könnte bei Verwendung von Luftölkühlern mit der Wärme, welche durch die Lagerreibung von Turbinenlagern erzeugt wird, das Maschinenhaus, Werkstätten und sonstige Betriebsräume beheizt werden. Eine Dampfturbine von 12000 kW Leistung ergibt eine Verlustwärme durch Lagerreibung, die an Luft übertragen genügt, um einen umbauten Raum von 25000 m^3 im Winter zu beheizen. Der Einbau teurer Heizanlagen kann auf diese Weise vermieden werden.

VI. Der elektrische Kreislauf.

Fortleitung und Verteilung der elektrischen Energie innerhalb eines Kraftwerkes.

(Streng genommen kann man von einem elektrischen Kreislauf nur dann reden, wenn man den gesamten Stromverlauf vom Erzeuger bis zum Verbraucher betrachtet. Im folgenden wird jedoch lediglich ein Teil der Verteilungsanlage beschrieben, für den ein geschlossener Stromkreis nicht besteht. Daher ist es vielleicht richtiger zu sagen: Fortleitung und Verteilung der elektrischen Energie innerhalb des Kraftwerkes.)

a) Allgemeines.

Bei der Betrachtung des elektrischen Teiles eines Dampfkraftwerkes kann man unterscheiden zwischen der eigentlichen Verteilung (d. i. die Schaltanlage des Werkes) und den Verbindungsgliedern zwischen Maschinen und Sammelschienen. Hierzu kommt noch als wichtiger Faktor die Anlage zur Eigenversorgung des Kraftwerkes mit ihren Antrieben und Verbindungsleitungen. Die Schaltanlage selbst ist ein vom eigentlichen Kraftwerk, auch bezüglich der rein örtlichen Anordnung, völlig getrenntes Glied. Die Planung des Kraftwerkes selbst wird hierdurch, abgesehen von der Aufteilung des Baugrundstückes und der richtigen Lage, kaum berührt. Die Verbindungsglieder jedoch zwischen Schaltanlage und Maschinen sind als Teile des Kraftwerkes zu betrachten und müssen bei der Planung ihrer Bedeutung entsprechend gewürdigt werden. Neben einer einfachen Linienführung ist hier eine unbedingte Betriebssicherheit von größter Bedeutung, weil eine Unterbrechung der Energieübertragung von den Maschinen zur Verteilungsanlage einer Stillegung des Kraftwerkes gleichkommt. Aus diesem Grunde sind auch möglichst kurze Wege anzustreben, wobei die in der örtlichen Reihenfolge Kohle-Kesselanlage-Maschinenanlage-Schaltanlage abgehenden Leitungen in durchlaufendem Zuge als die beste Lösung anzusehen ist. Die Geländeverhältnisse werden dies zwar nicht immer ermöglichen. Man ist dann mit der Schaltanlage am wenigsten gebunden und kann diese unter Umständen sogar auf einem durch eine Straße oder einen Fluß od. dgl. vom Hauptkraftwerk getrennten Grundstück anordnen (s. Klingenbergwerk). Wichtig ist, daß auf gute Führungsmöglichkeit der abgehenden Leitungen Rücksicht genommen wird. Hierfür kann in den meisten Fällen auch eine etwas längere Verbindung zwischen dem Hauptwerk und der Schaltanlage, die fast immer als Kabelleitung ausgeführt wird, in Kauf genommen werden.

b) Die Wahl der Maschinenspannung.

Die Höhe der Spannung, mit der die erzeugte Energie von der Schaltanlage aus verteilt werden soll, ist in der Regel gegeben. Sie wird bestimmt von Gesichtspunkten, die außerhalb der Planung des Kraftwerkes liegen, z. B. von der Entfernung der Übertragungen, von der Lage des Verbrauchsschwerpunktes, dem zulässigen Spannungsabfall und anderem. Geht man von dieser festliegenden Verteilungsspannung aus, so muß zunächst die Generatorenspannung bestimmt werden. Es gibt zwei grundsätzliche Möglichkeiten: Entweder kann die Generatorenspannung der Verteilungsspannung angepaßt werden oder sie wird, unabhängig hiervon, unter Zwischenschaltung einer Umspannung gewählt. Aus diesen beiden Möglichkeiten ergeben sich auch für die Verbindungsglieder zwischen den Maschinen und der Verteilungsanlage grundsätzlich verschiedene Lösungen.

Aus konstruktiven und aus Sicherheitsgründen muß die Generatorenspannung nach oben begrenzt werden. Während die Verteilungsspannung in Deutschland heute bis zu 220000 V gewählt wird, liegt die heute zu empfehlende Maschinenspannung für Turbogeneratoren bei 12000 bis 15000 V [1]). Nur dann besteht die Möglichkeit, die Verteilung mit der Maschinenspannung vorzunehmen, wenn die geforderte Verteilungsspannung innerhalb der vorstehenden Grenzen liegt. Im anderen Falle sind Umspanner unvermeidlich.

Welche Folgerungen ergeben sich hieraus für die Planung des Kraftwerkes? Wird zunächst einmal von der Frage der Überströme und Überspannungen, die das Ergebnis bestimmend beeinflussen können, abgesehen, so ergäbe sich im einen Falle eine unmittelbare Verbindung zwischen den Generatoren und den Sammelschienen der Verteilungsanlage. Diese Verbindung kann als Kabelleitung ausgelegt werden oder aber, sofern die örtliche Anordnung dies gestattet, mit blanken Schienen erfolgen. Im anderen Falle sind Umspanner erforderlich, die entweder beim Kraftwerk selbst oder aber in der Schaltanlage aufgestellt werden. Stehen die Umspanner beim Kraftwerk, so läßt sich die Verbindung zwischen Generatoren und Umspannern durchweg als Schienenverbindung ausführen, während zwischen den Sammelschienen und Umspannern Kabel verlegt werden. Stehen die Umspanner in der Schaltanlage, so kommen zwischen den Maschinen und Umspannern Kabel in Frage, während von den Umspannern zu den Sammelschienen dann häufig blanke Schienen verwendet werden können. Ein Ausführungsbeispiel für diese verschiedenen Formen der Übertragung zeigen das Klingenbergwerk mit Aufstellung der Umspanner beim Kraftwerk (Abb. 263) und das Kraftwerk Schulau (Abb. 264), wo die Umspanner im Schalthaus untergebracht sind. Bei beiden Anlagen sind auf der Niederspannungsseite der Umspanner Sammelschienen nicht vorgesehen. Hierin ist man, ebenso wie in der Wahl der Aufstellung der Umspanner, nicht immer frei. Die bestimmenden Überlegungen sollen an

[1]) Man erwägt jedoch eine Erhöhung der Maschinenspannung bis zu etwa 30000 V.

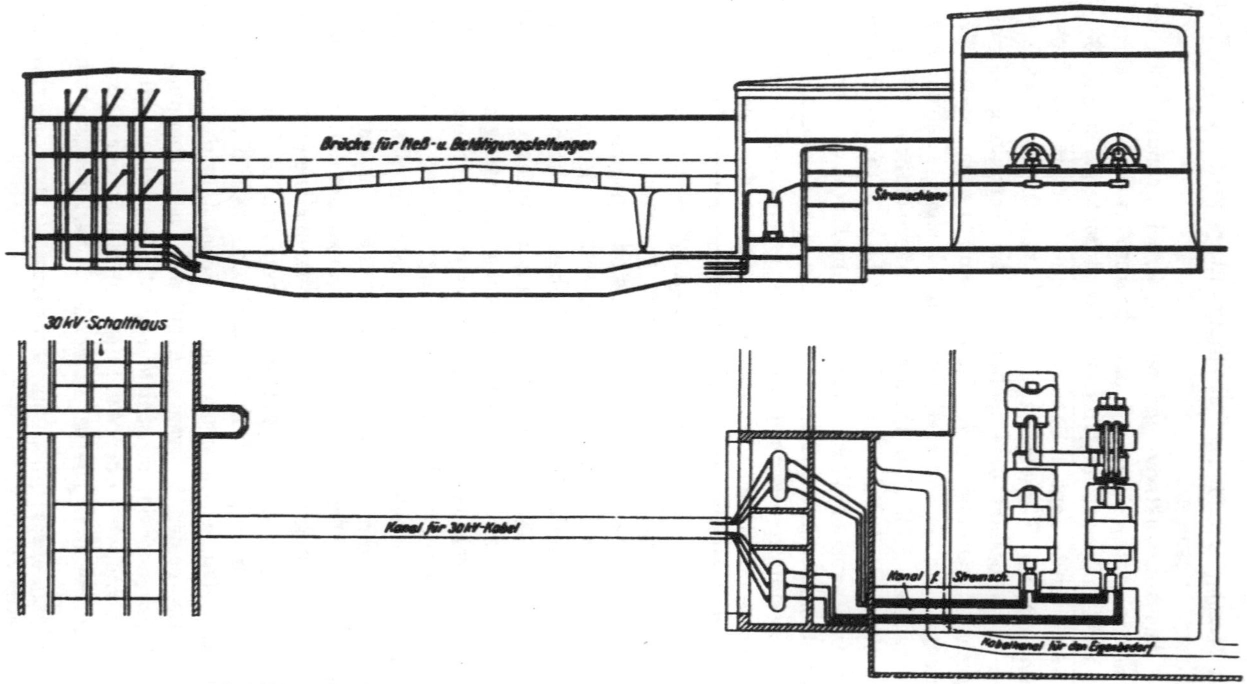

Abb. 263. Aufstellung der Umspannung in der Nähe des Kraftwerkes (vgl. auch Abb. 264).

Hand der verschiedenen Möglichkeiten der Aufstellung und Ausbildung des Schaltplanes betrachtet werden.

Nach vorstehendem muß zwischen folgenden Ausführungsarten unterschieden werden:

1. Unmittelbare Verbindung zwischen Generatoren und Sammelschienen, ohne Zwischenschaltung von Umspannern.
2. Zwischenschaltung von Umspannern.
   a) Hoch- und Niedervoltsammelschienen,
   b) nur Hochvoltsammelschienen,
   c) Aufstellung der Umspanner beim Schalthaus oder beim Kraftwerk.

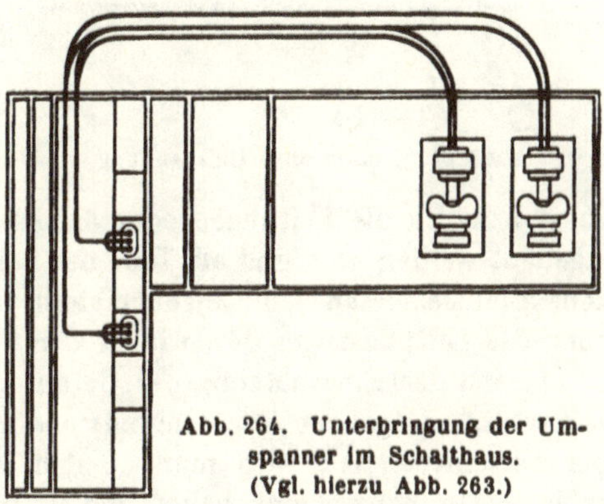

Abb. 264. Unterbringung der Umspanner im Schalthaus. (Vgl. hierzu Abb. 263.)

a) Verteilung ohne Umspannung.

Liegt die Verteilungsspannung innerhalb der zulässigen Grenzen der Maschinenspannung, so ist eine Umspannung an sich nicht erforderlich (Abb. 265). Es ist Sache der Planung, zu entscheiden, welche Grenzspannung für die Generatoren angenommen werden soll. Aber auch dann, wenn aus konstruktiven Gründen keine Bedenken bestehen, Erzeugungs- und Verteilungsspannung in Einklang zu bringen, sind noch andere Faktoren für die Sicherheit des Werkes zu berücksichtigen, die unter Umständen dazu zwingen, Umspanner als Schutzapparate oder andere Schutzmittel zwischenzuschalten. Dies können entweder Überspannungen sein, die vom Netz her bis zu den

Generatoren gelangen, oder Überströme, die zu einer unzulässig hohen Beanspruchung der Schaltapparate, Kabel usw. führen. Erfolgt die Verteilung von den Sammelschienen aus mittels Freileitungen, so sind es vor allem atmosphärische Erscheinungen, die Überspannungen beträchtlicher Höhe in Form von Wanderwellen erzeugen können, die der Schaltanlage und den Generatoren gefährlich werden. Hiergegen gibt es eine Reihe von Schutzmitteln, die, wie z. B. Überspannungsableiter,

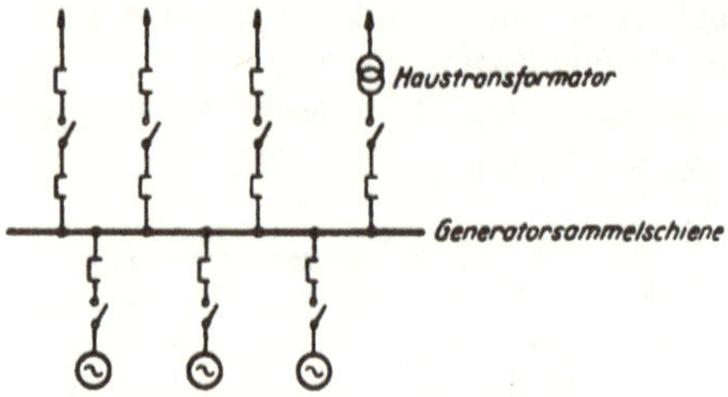

Abb. 265. Anlage ohne Umspannung.

Campos-Spulen usw., in die Leitungen oder an den Sammelschienen eingebaut werden. Sie sind als Teile der Schaltanlage zu betrachten. Den sichersten Schutz jedoch stellt eine völlige Unterbrechung des Leitungszuges dar, wie sie der Umspanner ermöglicht. Je nach der Einschätzung der Gefahrenhöhe, die auch für die einzelnen Gegenden Deutschlands und außerdeutscher Länder verschieden ist, wird man zu dem Entschluß kommen, auch da Umspanner einzubauen, wo sie nicht mehr für eine Spannungsänderung erforderlich sind, sondern lediglich zur Abriegelung eines gefährdeten Netzes dienen. Man wird dann natürlich auch die Maschinenspannung frei von der Verteilungsspannung so wählen, wie sie aus konstruktiven Gründen am günstigsten für die Generatoren erscheint.

Die in einer Schaltanlage möglichen Kurzschlußströme sind abhängig von der Gesamtleistung der auf die Anlage arbeitenden Maschinen. Je größer die installierte Leistung ist, um so größer sind die Kurzschlußströme, sofern man das gleiche Schaltschema zugrunde legt. Die Beanspruchung der Leitungen und Apparate, vor allem der Ölschalter, wächst mit der Höhe der Kurzschlußströme. Sie kann Größen annehmen, die zu einer Zerstörung und schweren Beschädigung führen. Zur Begrenzung der Kurzschlußströme gibt es zwei Möglichkeiten, entweder die zusammengeschalteten Leistungen zu verringern (z. B. durch Aufteilung der Sammelschienen in mehrere Abschnitte) oder aber strombegrenzende Reaktanzen einzubauen. Als Reaktanz in diesem Sinne gilt jede Induktivität, z. B. auch die des Umspanners. Werden mehrere Generatoren, ohne Zwischenschaltung von Reaktanzen, auf eine Sammelschiene vereinigt, so können wesentlich höhere Kurzschlußströme auftreten als bei Zwischenschaltung von Umspannern, auch wenn die gleiche Sammelschienenspannung bestehen bleibt. Es ist nun eine Frage der Gesamtleistung eines Kraftwerkes bzw. der auf eine Anlage vereinigten Kraftwerke, ob eine Begrenzung der Kurzschlußleistung durch Reaktanzen erforderlich ist. Als Reaktanz können dann auch Umspanner unter Umständen im Übersetzungsverhältnis 1:1 gewählt werden, die gleichzeitig dem vorstehend erwähnten Überspannungsschutz dienen.

Der Einfluß von Überspannungen und Kurzschlußströmen ist also zu prüfen, bevor man sich zu einer unmittelbaren Verbindung zwischen Generatoren und Sammelschienen und einer Verteilung mit der Maschinenspannung entschließt. Wie schon erwähnt, kann dann die Verbindung als Kabelverbindung oder als Schienenleitung ausgeführt werden. Bei einer Kabelverbindung ist die räumliche Entwicklung der Schaltanlage am wenigsten gehemmt. Man wird sie dann getrennt vom Kraftwerk als eigenes Gebäude ausführen, womit gewisse Vorteile verbunden sind. Bei Anlagen, bei denen die Verteilung mit der Maschinenspannung erfolgt, wird die Einzelleistung der Maschinen kaum so groß sein, daß eine Kabelverbindung Schwierigkeiten macht. Ist die Schaltanlage mit dem Kraftwerk vereinigt, so läßt sich die Verbindung auch als Schienenverbindung ausführen. Übersichtlichkeit und Sicherheit werden dadurch etwas erhöht, doch ist dieser Gesichtspunkt nicht von ausschlaggebender Bedeutung für die Planung der Anordnung.

2. Zwischenschaltung von Umspannern.

Ist die Zwischenschaltung von Umspannern aus den vorstehend angegebenen Überlegungen oder aber zur Umspan-

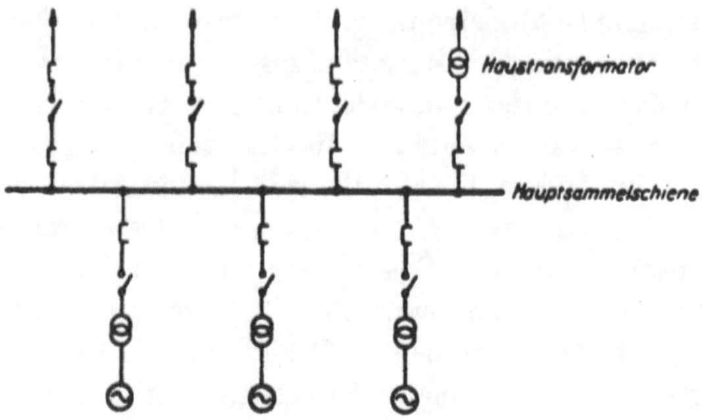

Abb. 266. Umspannung als Teil der Generatorenanlage. (S. a. Abb. 267.)

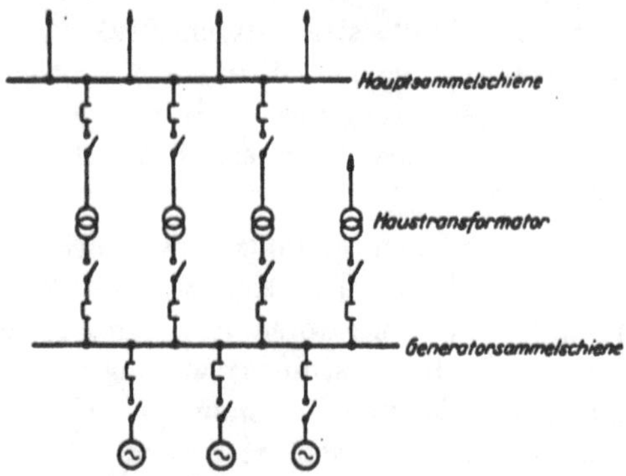

Abb. 267. Umspanner als Teil der Schaltanlage. (Vgl. a. Abb. 266.)

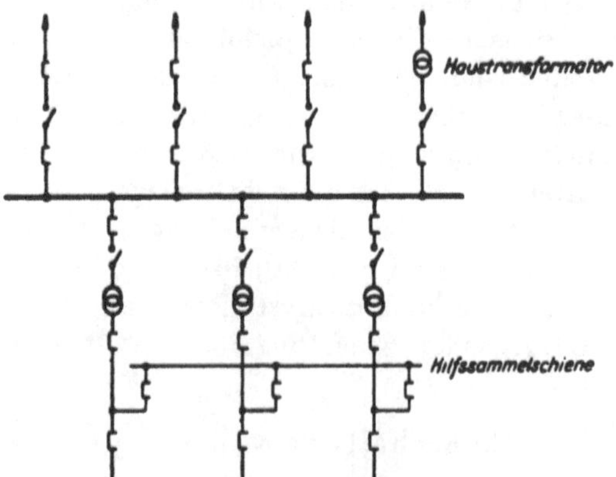

Abb. 268. Hilfsschiene als Ersatz für Niedervoltschienen.

nung auf eine höhere Verteilungsspannung erforderlich, so kommen zwei Schaltungsarten zur Anwendung. Nach der einen lassen sich die Umspanner als zu den Generatoren gehörig betrachten (Abb. 266), im anderen Falle bilden sie einen Teil der Schaltanlage (Abb. 267). Dies hängt davon ab, ob neben den Hochvoltsammelschienen Niedervoltsammelschienen vorhanden sind. Die Anordnung von Niedervoltsammelschienen bietet die Möglichkeit, während des Betriebes eine beliebige Umschaltung von Generatoren und Umspannern vorzunehmen. Ein Nachteil dagegen sind die schon vorher erwähnten hohen Kurzschlußströme, die bei großer Gesamtleistung des Kraftwerkes unter Umständen so hoch werden, daß sie von etwa niedervoltseitig einzubauenden Schaltapparaten nicht mehr bewältigt werden können. Aus diesem Grunde muß man in vielen Fällen auf die Niedervoltsammelschienen verzichten und Generatoren und Umspanner unmittelbar miteinander verbinden. Sie stellen hier eine betriebliche Einheit dar und stimmen auch in ihren Leistungen überein; Ölschalter sind dann auf der Niederspannungsseite entbehrlich. Als Ersatz für die Niedervoltsammelschienen wird in den meisten Fällen eine Hilfsschiene angeordnet (Abb. 268), die über Trennschalter die Verbindung eines Generators mit einem nicht zugehörigen Umspanner ermöglicht. Die Umschaltung kann jedoch nur in betriebslosem Zustand vorgenommen werden. Auch die auf der Hochvoltseite auftretenden Kurzschlußströme sind bei manchen Anlagen so groß, daß eine Begrenzung durch Reaktanzen erforderlich wird. Es gibt hier verschiedene Schaltungsarten, nach denen die Reaktanzen als Gruppenreaktanzen in den

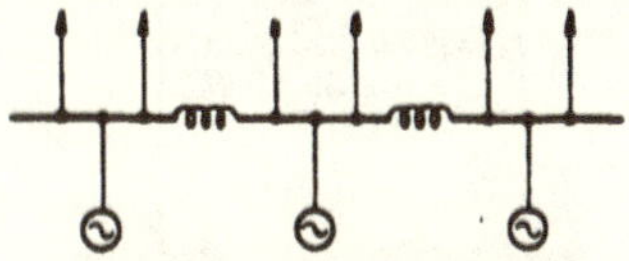

Abb. 269. Gruppenreaktanzen in den Sammelschienen. (Vgl. Abb. 270 u. 271.)

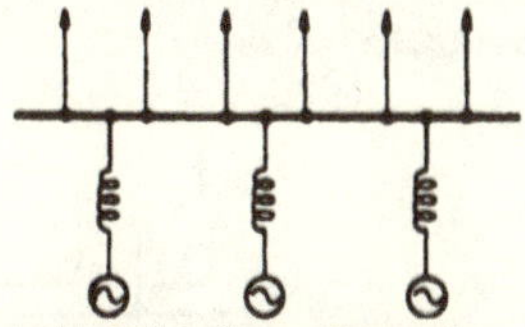

Abb. 270. Den Generatoren vorgeschaltete Reaktanzen. (Vgl. a. Abb. 269.)

Sammelschienen liegen (Abb. 269) oder den einzelnen Abzweigen vorgeschaltet werden (Abb. 270 u. 271). Auch eine Vereinigung beider Möglichkeiten kommt in Frage. Ein

Beispiel hierfür zeigt die Anlage des Großkraftwerkes Klingenberg (Abb. 272).

Für die Aufstellung der Umspanner beim Kraftwerk oder in der Schaltanlage ist die Verbindung zwischen Maschinen und Umspannern von Einfluß. Stehen die Umspanner in der Schaltanlage, so kommt fast ausschließlich eine Kabelverbindung in Frage. Diese ist jedoch nicht in allen Fällen ausführbar bzw. für die Sicherheit der Anlage unbedenklich. So müßten z. B. für die Verbindung zu den Umspannern im Großkraftwerk Klingenberg je Turbosatz etwa 100 Einleiter von je 500 mm² Kabel angeordnet werden. Die Anhäufung dieser Kabelmengen in einem Kanal läßt eine gute und sichere Lösung kaum zu. Wird eines dieser Kabel defekt, so fällt damit die Leistung des ganzen Satzes

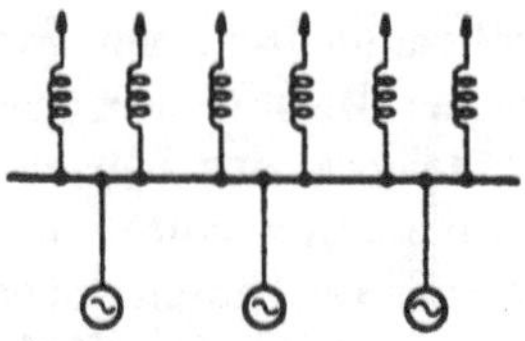

Abb. 271. Den einzelnen Abzweigen vorgeschaltete Reaktanzen. (Vgl. a. Abb. 269 u. 270.)

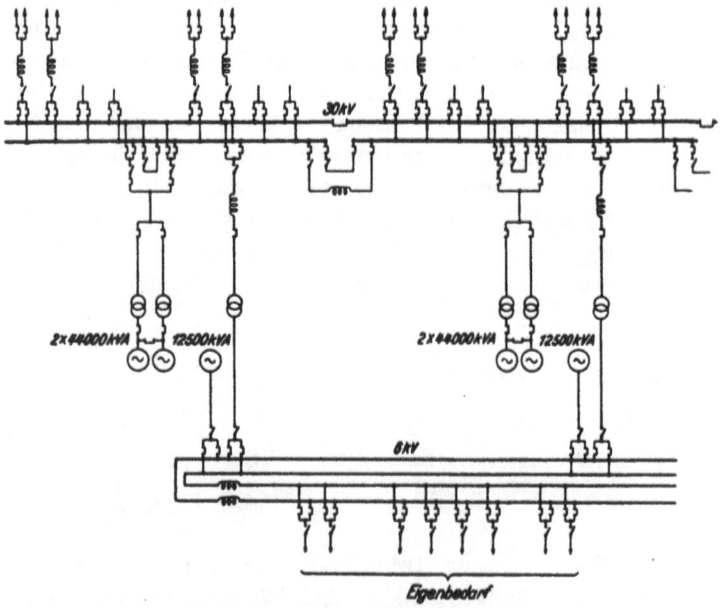

Abb. 272. Vereinigte Schaltung nach Abb. 269 u. 270 bzw. 271 für das Großkraftwerk »Klingenberg«.

von 80000 kW aus. Dazu kommt, daß je nach Lage der Fehlerstelle jedes der vielen Kabel mit dem gesamten Kurzschlußstrom des Aggregates belastet werden könnte, ein Umstand, der zu einer augenblicklichen Zerstörung, womöglich mit nachfolgender Brandentwicklung und damit Gefährdung der ganzen Verbindung, führen müßte. Bei derartig hohen Leistungen ist die Verbindung mit blanken Schienen unbedingt vorzuziehen. Dadurch ergibt sich aber die Notwendigkeit, die Umspanner möglichst in der Nähe der Maschinen aufzustellen, damit die Kanäle für die Schienenverbindungen kurz werden und in ihrer Führung übersichtlich bleiben. Dies ist bei der Anordnung des Großkraftwerkes Klingenberg in besonders glücklicher Form gelöst (Abb. 263). Auch die Kühlwasserbeschaffung ist bei Aufstellung von Umspannern hoher Leistungen zu berücksichtigen. In den meisten Fällen wird das Kühlwasser für die Umspanner dem Einlaufkanal für die Maschinenkondensation entnommen. Als Folge hieraus ergibt sich ihre Aufstellung in der Nähe der Kühlwasserkanäle.

c) Die Eigenversorgung des Kraftwerkes.

Die Sicherstellung des Kraftwerkes ist für den Betrieb von außerordentlicher Bedeutung und muß deshalb bei der Planung entsprechende Würdigung erfahren. Grundsätzlich kommen für die Deckung des Eigenbedarfes eines Werkes folgende Arten in Frage:

1. Elektrischer Antrieb.
   a) Stromlieferung durch die Hauptgeneratoren,
   b) Stromlieferung durch besondere Hausmaschinen.
2. Einzelantrieb der Hilfsmaschinen durch Dampf.

Hierzu kommt noch die Möglichkeit eines gemischten Betriebes, derartig, daß die Hilfsmaschinen für den normalen Betrieb elektrischen Antrieb erhalten, deren Strombedarf durch die Hauptgeneratoren geliefert wird, daneben die wichtigsten Pumpen (Kesselspeise- und Kühlwasserpumpen) mit Dampfantrieb vorgesehen werden, der bei Ausfall des elektrischen Antriebes einsetzt.

Im einzelnen ist zu den verschiedenen Antriebsarten folgendes zu sagen:

Bei elektrischem Antrieb und Deckung des Energiebedarfes von der Hauptanlage aus macht die Verteilung Schwierigkeiten, sofern die Gesamtleistung des Werkes eine bestimmte Größe übersteigt. Wird die Eigenbedarfsanlage nicht durch Reaktanzen oder Umspanner von der Hauptschaltanlage abgeriegelt, so ist im Netz der Eigenversorgung mit den gleichen Kurzschlußströmen zu rechnen, die in der Hauptanlage auftreten können. Es ist bei größeren Werken praktisch unmöglich, die gesamte Eigenversorgung mit all ihren Schaltern, Motoren, Anlassern u. dgl. für die Kurzschlußleistung der Hauptanlage auszulegen. Man muß also die Verteilung zur Eigenversorgung von der Hauptverteilung durch Reaktanzen oder Umspanner abgrenzen (Abb. 273), die so zu bemessen sind, daß die Kurzschlußleistungen in der Hausverteilung in beherrschbaren Grenzen liegen. Ein Beispiel hierfür zeigt die Schaltanlage des Kraftwerkes Schulau (Abb. 274). Sind auch die Kurzschlußleistungen durch diese Hilfsmittel auf zulässige Grenzen herabgedrückt, so bleibt trotzdem der Übelstand bestehen, daß Störungen im Netz der Hauptverteilung, die zu einer Spannungsabsenkung führen, sich auch auf die Eigenversorgung auswirken und zu einem Herausfallen der Einzelantriebe führen können. Es ist deshalb bei dieser Art der Eigenversorgung erforderlich, die für das Anfahren oder die Aufrechterhaltung des Notbetriebes erforderlichen Hilfsmaschinen mit einer zweiten Antriebsart zu versehen. Man rüstet einen Teil dieser Hilfsmaschinen, insbesondere Kesselspeise- und Kühlwasserpumpen, mit Dampfantrieb aus. Da auch eine nur kurzzeitige Unterbrechung der Kondensationspumpen zu einem Abfallen der Maschinen führen würde, hat man hierfür eine besondere Sicherung geschaffen, indem man die Pumpen über ein Vorgelege mit einem doppelten Antrieb versieht, und für den nor-

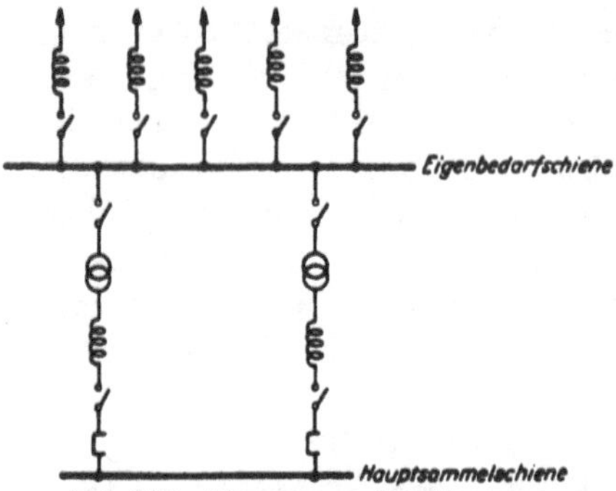

Abb. 273. Abgrenzung der Eigenversorgung vom Hauptverteiler durch Reaktanzen oder Umspanner.

malen Betrieb einen Motor, für den Notbetrieb eine Turbine anordnet. Die Hilfsturbine läuft ständig im Vakuum mit und springt bei Abfall der Spannung oder der Tourenzahl selbsttätig an[1]).

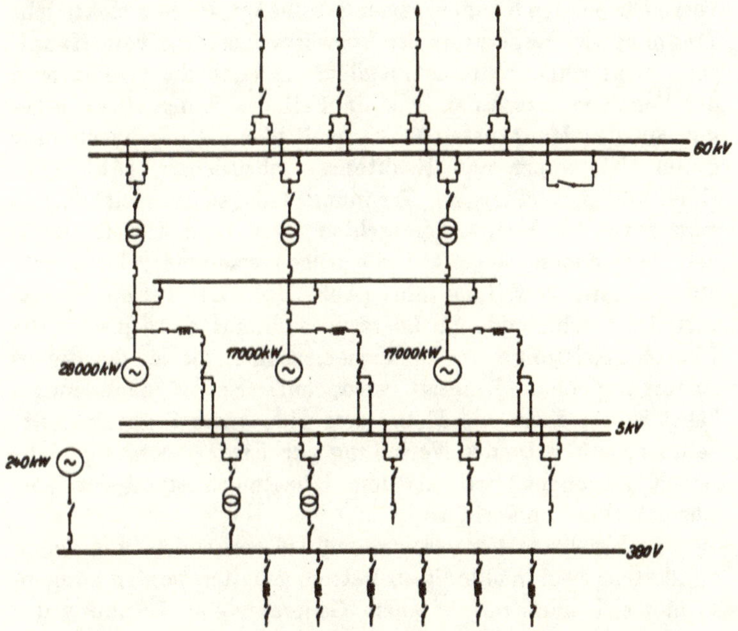

Abb. 274. Schaltanlage des Kraftwerkes »Schulau« als Ausführungsform der Grundschaltung Abb. 273.

Die Aufstellung einer besonderen Hausmaschine für die Stromlieferung des Eigenbedarfes bildete in alten Kraftwerken die Regel, wobei der Antrieb der Hausmaschine mit Dampf oder durch ein Diesel-Aggregat erfolgte. Diese Art der Deckung der Eigenversorgung scheidet zwar die gegenseitige Beeinflussung der Hauptverteilung und der Hausverteilung aus, sie könnte aber trotzdem zu einer Unterbrechung der Eigenlieferung führen, sofern Störungen (Kurzschlüsse, Erdschlüsse od. dgl.) im Netz der Eigenversorgung auftreten. Es wird also auch hier erforderlich sein, die wichtigsten Hilfsmaschinen mit Dampfantrieb zu versehen.

---

[1]) Näheres s. S. 407 u. f. sowie Abb. 223.

Eine in neuerer Zeit vorgeschlagene Art der Eigendeckung ist die Verwendung der Gegendruckvorwärmemaschine als Hausmaschine. Da die Leistung der Vorwärmemaschine nicht beliebig geregelt werden kann, sondern von der anfallenden vorzuwärmenden Kondensatmenge abhängt, ist eine elektrische Trennung des Generators der Vorwärmemaschine vom Hauptnetz nicht ohne weiteres möglich. Arbeiten die Generatoren der Vorwärmemaschinen wie im Fall des Klingenbergwerkes mit auf das Hauptnetz, so ist auch hier die Eigenverteilung durch Umspanner und Reaktanzen abzusichern (Abb. 272). Eine völlige elektrische Trennung läßt sich erreichen, in dem man der Vorwärmemaschine zwei Generatoren zuordnet, von denen einer auf die Eigenverteilung, der zweite auf die Hauptverteilung fährt (Abb. 275). Der auf die Hauptverteilung arbeitende Stromerzeuger nimmt dann jeweils die Überschußleistung der Vorwärmemaschine, die für die Eigenversorgung nicht benötigt wird, auf. Er ist auch umgekehrt in der Lage, als Motor dem Hauptnetz Strom zu entnehmen, sofern in der Verteilung zur Eigenversorgung mehr Arbeit gebraucht wird, als dem Belastungszustand der Vorwärmeturbine entspricht.

Sind mehrere Vorwärmemaschinen vorhanden, von denen mindestens zwei in ständigem Betrieb gehalten werden können, so läßt sich auch mit je einem Generator eine Trennung der Stromlieferung für den Hausbedarf und der Restlieferung an die Hauptsammelschienen durchführen. Zu diesem Zweck wird die auf das Hausnetz geschaltete Vorwärmemaschine mit normaler Tourenregelung betrieben und den zugehörigen Vorwärmern soviel Kondensat zugeleitet, als der im Hausnetz erforderlichen elektrischen Leistung entspricht. Die zweite Maschine arbeitet auf das Hauptnetz und übernimmt die Vorwärmung des restlichen Kondensatflusses.

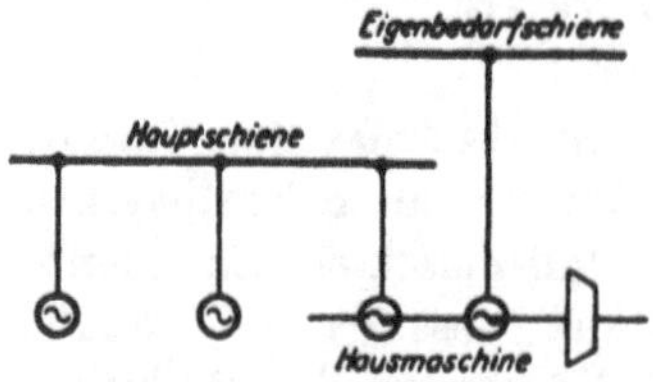

Abb. 275. Vorwärmemaschine mit 2 Generatoren.

Eine Verbindung der Deckung des Eigenbedarfes vom Hauptnetz aus und Aufstellung einer besonderen Hausmaschine findet man bei einzelnen Anlagen, bei denen dann die Hausmaschine als Reserve und für das Anfahren gedacht ist. In diesem Fall wird man die Hausmaschine nicht für die volle Eigenversorgung auslegen, sondern ihre Leistung lediglich nach den lebenswichtigen Hilfsbetrieben bemessen.

Der Gleichstrombedarf der Kraftwerke ist in den meisten Fällen gering und beschränkt sich auf die Anforderung für einen Teil der Beleuchtung, für die Betätigung und die Signalanlage. Die Deckung erfolgt über einen Umformer, dem eine Batterie als Pufferung und zur Reserve vorgeschaltet ist. Da Betätigung und Signalanlage von besonderer Wichtigkeit für den Betrieb sind, wird man hierfür, wenn möglich, eine besondere Batterie aufstellen, um Störungseinflüsse aus anderen Anlagen auszuschalten. Die neuerdings vielfach angestrebte weitgehende Reglung einzelner Anlageteile, z. B. der Kessel, erfordert in manchen Fällen eine Vergrößerung der Gleichstromerzeugung. Hierfür werden entweder Motorgeneratoren, wie z. B. beim Klingenbergwerk, oder Gleichrichter aufgestellt. Auch diese Anlagen sollte man von der Gleichstrombeleuchtung und dem Netz der Betätigung und Signaleinrichtungen grundsätzlich trennen, um die Übertragung von Störungen auszuschalten.

Der Bedeutung der Eigenversorgung entspricht es, daß der Verlegung der zahlreichen Verbindungen, Kabel und Betätigungsleitungen innerhalb des Kraftwerkes gebührende Sorgfalt zugewandt wird. Es empfiehlt sich, besondere Kabelkanäle vorzusehen, in denen die Leitungen übersichtlich und derartig voneinander getrennt angeordnet werden können, daß Störungen möglichst begrenzt bleiben. Abb. 276 zeigt einen solchen Kabelgang mit Meß- und Betätigungsleitungen im Großkraftwerk Klingenberg. Diese Anordnung gestattet, ohne große Mehrkosten, gute Übersichtlichkeit aller Verbindungen, die auch ein schnelles und leichtes Beseitigen etwa auftretender Fehler ermöglicht. Ein planloses Durcheinander von Kabeln, wie man es bei manchen älteren Werken in Kellern der Maschinen- und Kesselhäuser antrifft, macht eine geordnete Beobachtung und Verfolgung der verschiedenen Leitungen fast unmöglich.

Die Überwachung des elektrischen Teiles der Anlage erfolgt von der Warte aus, von wo auch die wichtigsten Schaltungen vorgenommen werden können. Hier werden alle für die Verteilung und die Erzeugung wichtigen elektrischen Meßgrößen vereinigt. Es erscheint selbstverständlich, daß die Schalthäuser selbst ohne Bedienung bleiben und lediglich zu gelegentlichen Kontrollgängen betreten werden. In letzter Zeit zeigen sich vielfach Bestrebungen, diesen Idealzustand eines Be-

Abb. 276 Zweckmäßig angelegter Kabelgang.

triebes auch auf die maschinentechnischen Einrichtungen des Kraftwerkes auszudehnen. Der Hauptwiderstand hiergegen findet sich bei den Betriebsleuten, die glauben, eine sichtbare Überwachung der einzelnen Schaltvorgänge nicht entbehren zu können. Es besteht aber grundsätzlich kein Unterschied zwischen dem Öffnen und Schließen eines Ölschalters und dem eines Dampfschiebers. Schließlich gewährleisten bei richtiger Ausbildung der Antriebe selbsttätige Vorrichtungen eine gleichmäßigere Bedienung als Handbetrieb. Es wird also auch hier darauf ankommen, Vorurteile und Anfangsschwierigkeiten zu überwinden. Ansätze hierzu finden sich z. B. im Klingenbergwerk, wo die gesamte Betätigung der Kessel als Fernsteuerung auf Tafeln vereinigt und wo auch ein Teil der Frischdampfschieber und der Schieber der Kesselspeiseleitung Fernbetätigung erhalten haben. Einen wesentlichen Fortschritt in diesen Bestrebungen zeigt auch das Kraftwerk Schulau in der Zusammenfassung der Betätigungs- und Meßeinrichtungen der

Vorwärmeanlage. Hier ist eine regelrechte Schaltwand entstanden (Abb. 277), von wo aus über 60 Schieber betätigt werden und alle für den Betrieb notwendigen Ablesungen gemacht werden können. Die über vier Stockwerke sich erstreckenden Apparate und Behälter der Vorwärmer- und Verdampferanlage sind ohne ständige Bedienung[1]).

Abb. 277. Schaltwand für die Vorwärmeanlage im Kraftwerk »Schulau«.

2. Rohrleitungen und Armaturen zu den Kreisläufen I—IV.

1. Die Rohrleitungen.

Der Speisewasser-Dampfkreislauf setzt sich bei Groß- und Industriekraftwerken aus einer Dampfleitung und aus einer Flüssigkeitsleitung zusammen. Die Rohrleitungen und Armaturen für diese beiden Teile des Gesamtkreislaufes unterliegen verschiedenen Betriebsbedingungen und erfordern somit die Verwendung verschiedener Werkstoffe und die Anwendung besonderer Konstruktionsrichtlinien.

[1]) Näheres über die meßtechn. Überwachung bzw. selbsttätige Reglung s. S. 531 u. f. bzw. 579 u. f.; ferner s. Verf. »Die Organisation der Wärmeüberwachung in techn. Betrieben«. 1929. Verlag R. Oldenbourg, München-Berlin.

Die Überschreitung der bisher für diese beiden Kreisläufe üblichen Betriebsdrücke bedingt eine genaue Nachprüfung der zur Verwendung gelangenden Werkstoffe, damit die Rohrleitungseinzelteile so hergestellt werden, daß die Betriebssicherheit gewährleistet ist.

Der Deutsche Normenausschuß (DNA) hat daher bei dem Normblatt »Druckstufen DIN 2401« die Dreiteilung der Betriebsdrücke für notwendig erachtet. Die den Nenndrücken zugeordneten Betriebsdrücke sind in der Weise abgestuft, daß der Betriebsdruck für Wasser unterhalb 100° = 100 gesetzt wurde und der Betriebsdruck für Gas und Dampf unter 300° um rund 20 vH niedriger liegt, während der Betriebsdruck für Heißdampf 300 bis 400° um weitere 20 vH herabgesetzt wurde. Bei dem Heißdampfbetriebsdruck ist außerdem eine Unterteilung vorgenommen derart, daß ein Betriebsdruck für Flansche, der auch für Absperrvorrichtungen Gültigkeit hat, und ein Betriebsdruck für Rohre festgelegt wurde.

Damit die Angaben DIN 2401 auch für die Temperaturen 400 bis 450 und 450 bis 500° Gültigkeit haben und mindestens die gleiche Sicherheit vorhanden ist wie bei 400°, soll in den erwähnten Temperaturbereichen eine um je 25 vH höhere Druckstufe gewählt werden.

Nach dem Vorhergesagten ist also die Ausführung von Rohrleitungen für hohen Druck und hohe Temperatur im wesentlichen als eine reine Werkstoffrage anzusehen.

Gußeisen scheidet, weil es keine Dehnung besitzt, als Werkstoff für alle die Teile aus, die mit überhitztem Dampf über 300° in Berührung kommen. Stahlguß dagegen genügt den Anforderungen, die bei hoher Temperatur an diesen Werkstoff gestellt werden, doch müssen die hierfür gültigen Herstellungsbedingungen beachtet werden.

Für die Ermittlung der Wanddicken der geraden Rohre aus Gußeisen oder Stahlguß gelten die Normblätter 2411 und 2412. Die Schaulinien Abb. 278 bis 281 sind diesen Blättern entnommen.

Die Berechnung der Wanddicken der geraden Flußstahlrohre — soweit sie nicht von der Herstellung abhängig sind — erfolgt nach dem Normblatt DIN 2413 nach der Formel

$$s = s_0 + c = \frac{p \cdot d}{200 \cdot \sigma_{zul} \cdot v} + c^{1)}.$$

In dieser Formel bedeutet:

s die wirkliche Wanddicke in mm,
s_0 die theoretische Wanddicke in mm,
p der Betriebsdruck in kg/cm²,
d den lichten Durchmesser (Nennweite) in mm,
σ_{zul} die zulässige Beanspruchung in kg/mm²,
v das Verhältnis der Festigkeit der Rohrnaht zur Festigkeit der vollen Rohrwand,
1 für nahtlose Rohre,
0,8 für geschweißte Rohre und zwar unabhängig von der Art der Schweißung,
0,57 bis 0,63 für genietete Rohre mit einreihiger Längsnaht nach DIN 2516,
c einen Zuschlag zum Ausgleich von Herstellungsungenauigkeiten, Rostangriff u. dgl., der einheitlich mit 1 mm vorgesehen wurde.

Die Mindestsicherheit gegen Bruch ist unter Beachtung einer Temperatur bis 400° festgelegt

für Wasser	4,5fach
für Gas und Dampf	5,6fach
für Heißdampf	7,1fach

so daß sich hieraus für den jeweils in Frage kommenden Werkstoff die zulässige Höchstbeanspruchung in kg/cm² ermitteln läßt.

Nach dem Normblatt DIN 1629 »Technische Lieferbedingungen für nahtlose Flußstahlrohre« sollen Rohre nach DIN 2449 nicht für Heißdampf verwendet werden. Hierfür kommen vielmehr nur Rohre mit Gütevorschriften in Abmessungen in Betracht, wie diese z. B. in Din 2450 festgelegt sind.

Die in den Normblättern festgelegten Wanddicken gelten nur für gerade Rohre. Für Bogenrohre, bei denen der Krümmungsradius kleiner ist als 5mal Nennweite sind je nach der Nennweite und Wanddicke angemessene Zuschläge zu der er-

---

[1]) S. Kaschny, »Rohrleitungen für Dampfkraftwerke«. Die Wärme 1930, Heft Nr. 16.

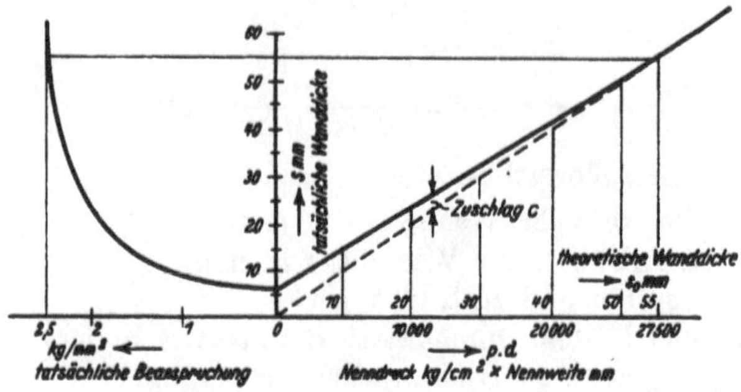

Abb. 278.

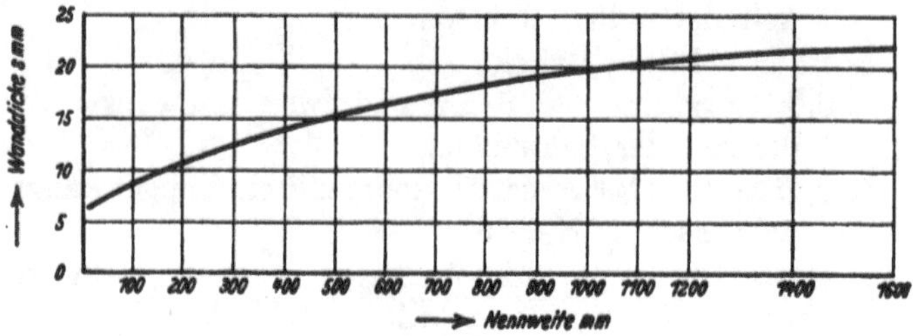

Abb. 279.

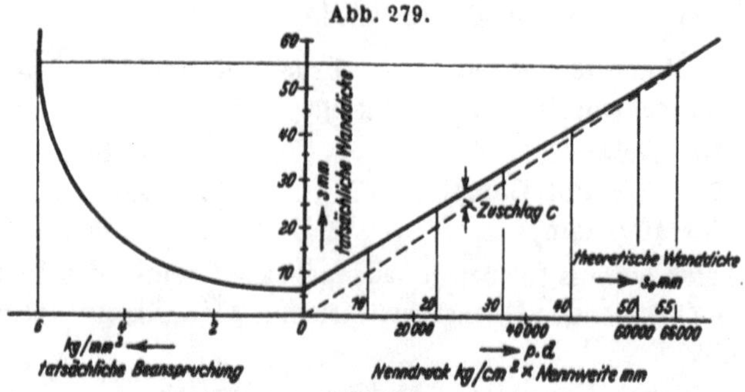

Abb. 280.

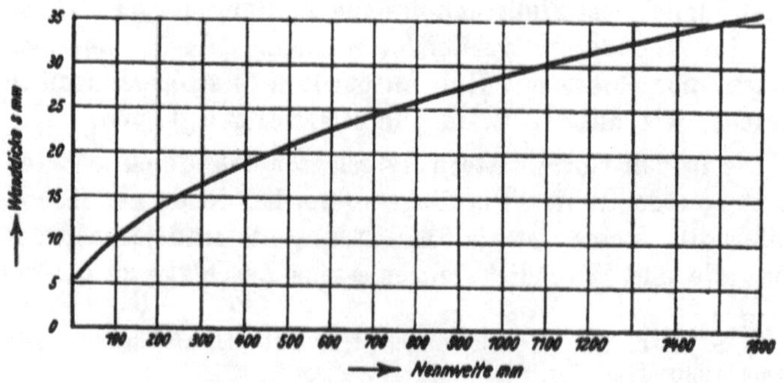

Abb. 281.

Abb. 278—281. Schaulinien zur Ermittlung der Wanddicke gerader Rohre. Abb. 278 u. 279 für Gußeisen, Abb. 280 u. 281 für Stahlguß.

rechneten Wanddicke vorzusehen. Für Well- und Faltenrohre ist es jedoch nicht erforderlich, diese Bedingung einzuhalten, weil durch Versuche einwandfrei festgestellt wurde, daß bei diesen eine Wandverschwächung nicht eintritt.

Die Herstellung von Rohrbogen ist ohne stellenweise Wasserkühlung nicht möglich. Es sollten daher alle gebogenen, gefalteten, gewellten oder sonst verformten Rohre über Nennweite 200, auch solche mit angestauchten Bunden und alle Ausdehnungsstücke nach der Formgebung ausgeglüht werden. Ein einwandfreies Ausglühen ist aber nur in einem gut regulierbaren, mit Temperaturmesser ausgerüsteten Ofen gewährleistet, wobei weiter dafür Gewähr gegeben sein muß, daß alle im Ofen untergebrachten Rohrteile die notwendige Glühtemperatur haben.

Für höheren Druck und höhere Temperatur wird heute dazu übergegangen, harte Kohlenstoffstähle zu verwenden. In solchen Fällen wird dann die Berechnung der Wanddicken nahtloser Flußstahlrohre bei Temperaturen über 400° unter Beachtung einer 2,5fachen Sicherheit gegen die für die Betriebstemperatur gültigen Streckgrenzen durchgeführt.

Für die Verbindung der Rohrteile (Rohre, Formstücke, Armaturen) für die Rohrleitungen des Speisewasser-Dampfkreislaufes werden die Flansche nach den DIN-Normen ausgeführt. Die Befestigung der Rohrflansche ist nach den Betriebsbedingungen zu wählen.

Sofern Walzflansche mit Ansatz (Abb. 282) als für den betreffenden Betriebszustand geeignete Rohrverbindung zugelassen werden können, sollte die Ausführung in der Weise erfolgen, daß der Walzflansch konisch ausgebohrt und mit Abfasung versehen wird. Diese Befestigungsart liefert die Firma Franz Seiffert & Co., Berlin, weil sie eine größere Sicherheit gegen das Abziehen der Flansche bietet als die zylindrische Bohrung mit Abfasung oder die konische Flanschbohrung ohne Abfasung.

Der DNA empfiehlt für Heißdampfleitungen Walzflansche mit Ansatz und Sicherheitsnietung nach Abb. 283. Um das Durchbohren der Rohrwand und des Flanschansatzes zu vermeiden, verwendet die vorgenannte Firma an Stelle der Flanschausführung Abb. 283 eine Flanschbefestigung nach Abb. 284, die den weiteren Vorteil hat, daß durch das Fortfallen der inneren Nietköpfe eine Querschnittsverengung und demzufolge Strömungswirbelungen vermieden werden.

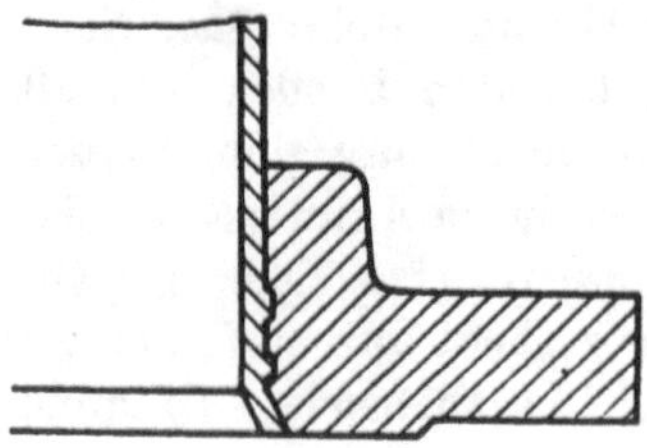

Abb. 282.
Walzflansch mit Ansatz.

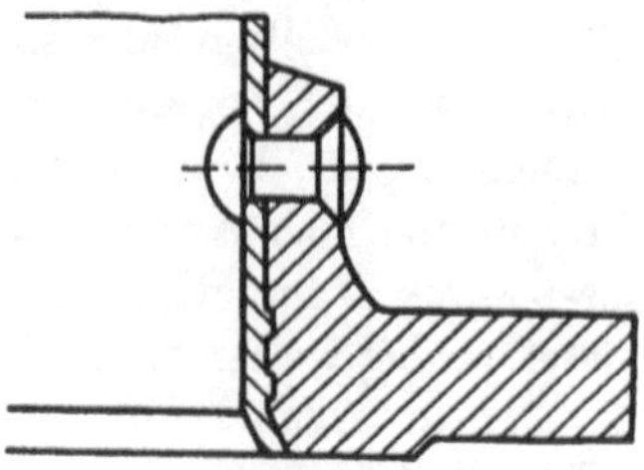

Abb. 283.
Walzflansch mit Ansatz und Sicherheitsnietung.

Die Flanschbefestigungen Abb. 282 und 283 sind jedoch nur bis ND 40 genormt. Für den Nenndruck 64 und 100 ist vom DNA die Rohrflanschbefestigung nur für die runden Gewindeflansche und die Nennweiten 10 bis 150 festgelegt. Die Verwendung von Gewindeflanschen wird aber nicht in

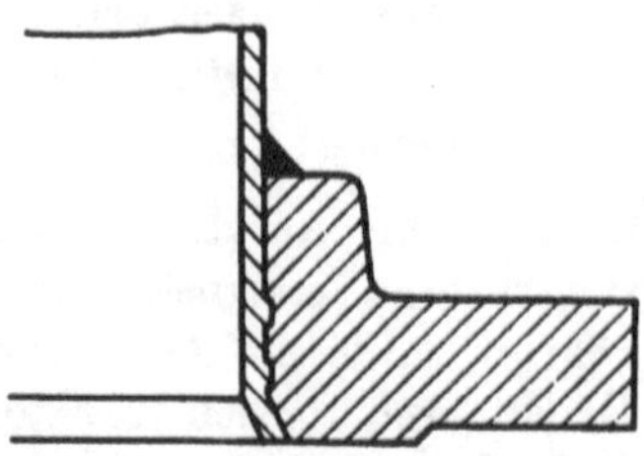

Abb. 284.
Flanschbefestigung, Bauart »Seiffert«.

allen Fällen möglich sein und da für Nennweiten 100 bis 400 und die Nenndrücke 64 und 100 nur die Anschlußabmessungen vom DNA festgelegt sind, so bleibt ein Spielraum die Flanschbefestigung so auszuführen, daß sie den in Frage kommenden Betriebsbedingungen genügt.

Von der Firma Franz Seiffert & Co. wurden mit verschiedenen Flanschbefestigungen Versuche angestellt, die zu dem in Abb. 285 dargestellten »Bördelschweißflansch« (patentamtlich geschützt) führten. Dieser hat sich als Rohrflansch für unter hohem Druck und hoher Temperatur arbeitende Leitun-

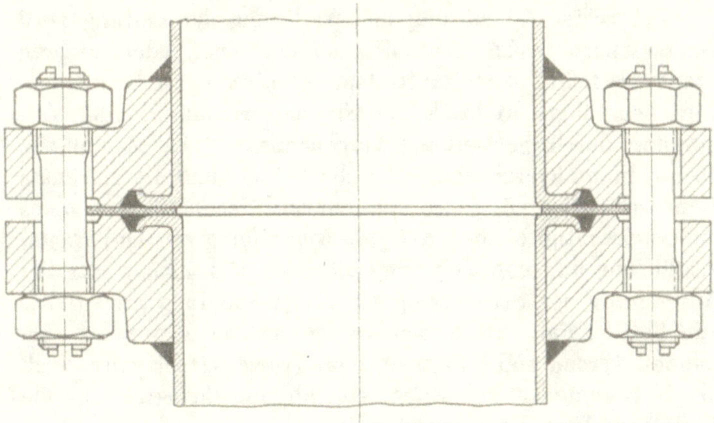

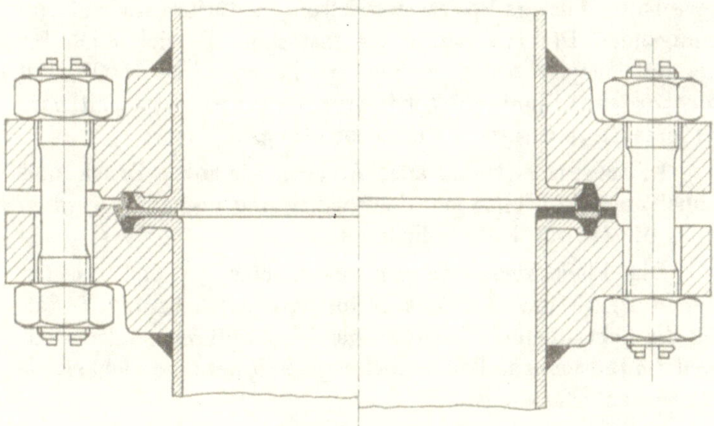

Abb. 285 a.

Abb. 285 u. 285 a. Bördelschweißflanche.

gen bewährt. Die Befestigung erfolgt ohne Kaltverformung durch Umbördelung des überstehenden Rohres in eine entsprechende Flanschvertiefung und elektrische Verschweißung am Kragenhals und an der Dichtfläche. In der Abb. 285a ist der Flansch mit Vor- und Rücksprung, linke Seite, bzw. mit Nut und Feder, rechte Seite, dargestellt.

Bei bester Ausführung und Verlegung der Leitung wird es doch noch vorkommen, daß an der einen oder anderen Stelle Undichtigkeiten auftreten. Um diese zu vermeiden, wird neuerdings an Stelle der Flanschverbindungen die Verbindung durch Schweißung vorgenommen. Die Meinungen, ob die Flanschverbindung oder die Schweißung die geeignete Rohrverbindung ist, gehen auseinander. Jedenfalls darf nicht unberücksichtigt bleiben, daß jede Schweißung von der Arbeitsausführung und von dem Schweißwerkstoff abhängig ist. Bei Anwendung der Schweißung als Rohrverbindung muß daher von Fall zu Fall entschieden werden, welche Schweißart verwendet werden soll. Je nach dem Betriebsdruck wird auch die Notwendigkeit zu prüfen sein, ob eine Sicherung für die Schweißverbindung vorzusehen ist.

Der für die Abdichtung der Flansche zu verwendende Werkstoff muß dem die Rohre durchströmenden Stoff entsprechen. Für die Speisewasserleitungen dürften die auf »it« endigenden Dichtungsstoffe geeignet sein, die sich auch für Dampfleitungen bis 400° bewährt haben. Über 400° sind nichtrostende Stahlwellblechdichtungen mit reiner graphitierter Asbestauflage geeignete Flanschdichtungen.

In neuerer Zeit sind auch Anlagen für hohen Druck und hohe Temperatur ohne jede Flanschdichtung ausgeführt worden, d. h. Metall auf Metall dichtend.

Die Flanschverbindungen im allgemeinen und die für hohen Druck und Temperatur im besonderen bedingen, daß für die Schrauben ein hochwertiger Werkstoff verwendet wird, weil die tatsächliche Beanspruchung der Schrauben rechnerisch schwer zu erfassen ist.

Die Berechnung der Schrauben kann nach dem Normblatt DIN 2507 erfolgen, doch wird empfohlen, nachzuprüfen, ob entsprechend dem gewählten Werkstoff bei Heißdampftemperaturen eine Sicherheit von mindestens 2,5 gegen die Streckgrenze bei der Betriebstemperatur vorhanden ist.

Die Ausführung der Schrauben selbst hat, soweit es sich um Mutterschrauben handelt, nach DIN 418 zu erfolgen, während für Heißdampf sogenannte Bolzenschrauben, Abb. 286, vorzusehen sind. Die Erfahrung zeigt, daß es zweckmäßig ist, die Bolzenschrauben zwischen den Gewinden auf den Kerndurchmesser abzudrehen und außerdem beiderseits Halteschlitze vorzusehen.

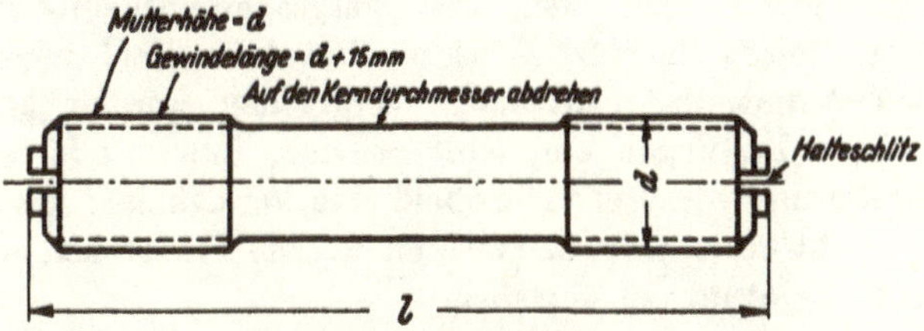

Abb. 286. Bolzenschrauben.

Die Abzweigstutzen der Hauptleitung werden je nach der Nennweite verschieden auszuführen sein. Bei kleineren Nennweiten, die in erster Linie für Entwässerungsanschlüsse in Betracht kommen, lassen sich die Abzweige durch aufgeschweißte oder eingeschraubte und verschweißte Stutzen herstellen. Bei größeren Nennweiten empfiehlt es sich, besondere Formstücke in die Rohrleitungen einzubauen, wenn nicht aufgeschweißte Stutzen in nach jeder Richtung hin geeigneter Ausführung verwendet werden können.

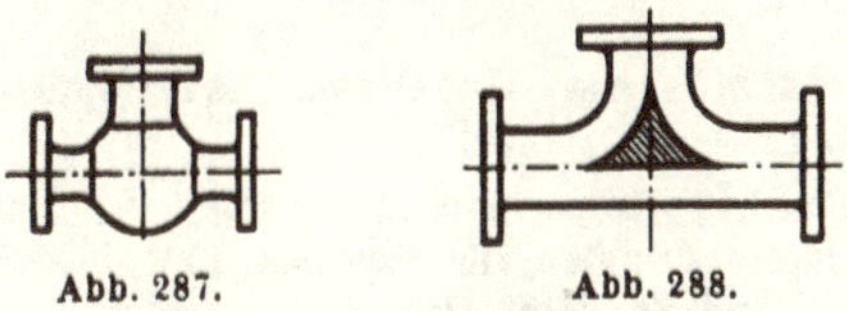
Abb. 287. Abb. 288.
Abb. 287 u. 288. Abzweigformstücke.

Das Kugelformstück, Abb. 287, wird wegen der einfachen Herstellung und der stabilen Ausführung gern benutzt.

Das gerade Formstück mit geschweiftem Abzweigstutzen, Abb. 288, wird heute wegen seiner Vorteile mit Bezug auf den

Strömungswiderstand verwendet. Wenn hoher Druck zu berücksichtigen ist, so wird bei dieser Ausführungsart der Nennweite entsprechend nachzuprüfen sein, ob die ebene schraffierte Fläche verstärkt werden muß.

Für die weiteren Rohrleitungen eines Kraftwerkes werden die Werkstoffe dem jeweiligen Betriebszustand entsprechend zu wählen sein, wobei außerdem die Anordnung der Leitungen maßgebend ist[1]).

Für die Kühlwassersaugleitung werden gußeiserne Rohre, autogen geschweißte oder wassergasgeschweißte Rohre verwendet, sofern hierfür nahtlose Flußstahlrohre wegen der großen Nennweite nicht mehr vorgesehen werden können. Für diese Leitungen empfiehlt es sich, innere und äußere Asphaltierung vorzusehen. Sobald eine Verlegung im Erdreich in Betracht kommt, ist es zweckmäßig, die Flußstahlrohre mit äußerer Bejutung zu versehen.

Für die Abdampfleitungen genügen autogen geschweißte Rohre, dagegen wird von Fall zu Fall zu prüfen sein, welche Rohrausführung für die Anzapf- und Gegendruckleitungen zu verwenden ist.

Bei allen Leitungen ist sachgemäße Unterstützung Bedingung, um Rohrbrüche zu vermeiden. Mit ganz besonderer Sorgfalt werden aber die Unterstützungen für die Heißdampfleitungen ausgeführt werden müssen, weil hier die freie Bewegung der Rohrleitung in axialer Richtung notwendig ist, damit seitliche Ausbiegungen, also Knickbeanspruchungen, vermieden werden.

---

[1]) Näheres s. Mescher, »Die Organe des Dampfes«. Die Wärme 1930, Heft Nr. 12. — S. ferner:

1. De Grahl, »Ersparnisse in der Fortleitung des Dampfes«. — Glasers Annalen für Gewerbe und Bauwesen, Jahrg. 1920, Band 86, Heft 10.
2. O. Denecke, »Der billigste Rohrdurchmesser für Dampfkraftleitungen«. — Zeitschrift für Dampfkessel- und Maschinenbetrieb, Jahrg. 1921, S. 394 bis 431.
3. O. Denecke, »Der billigste Rohrdurchmesser für Heißdampf-Kraftleitungen. — Zeitschrift »Die Wärme«, Jahrg. 1922, Heft 8—11, S. 104 bis 139.

Die Ausführungsart der Rohrunterstützungen ist so verschieden, daß es hier zu weit führen würde, diese näher zu erläutern.

2. Die Absperrvorrichtungen.

Ebenso wichtig wie die bisher erwähnten Einzelteile einer Rohrleitung sind für den sicheren Abschluß innerhalb der Rohrleitung die Absperrvorrichtungen. Diese werden als Ventile und Schieber in den verschiedensten Ausführungen in die Rohrleitung eingebaut.

Die Frage, ob Absperrventile oder Absperrschieber als Absperrorgane für Hochdruck-Dampfleitungen zu wählen sind, ist in den letzten Jahren endgültig zugunsten der letzteren entschieden worden.

a) Absperrventile[1]).

Für die Absperrventile sind die Abmessungen bis Nenndruck 40 vom DNA festgelegt. Abb. 289 zeigt die Ausführung eines DIN-Ventiles.

Um bei dem Ventil trotz des *Z*förmigen Dampfdurchganges einen geringen Druckverlust zu erhalten, war es notwendig, die Stege anders auszubilden als dies bei der bisherigen Ventilbauart der Fall war. Außerdem wurde auf Grund vorgenommener Versuche der engste Durchgangsquerschnitt = dem Querschnitt der Nennweite + 10 vH vorgesehen. Unter Be-

---

[1]) Weitere Literatur:

1. Schmidt, »Ersparnisse durch Verwendung von Absperrvorrichtungen mit geringem Einzelwiderstand«. — Zeitschrift: Hauptstelle für Wärmewirtschaft, Jahrg. 1921, Heft 2, S. 39—49.
2. Gasterstädt, »Versuche mit neuen Ventilen«. — Haustechnische Rundschau, Halle a. S., Jahrg. 1922, Heft 4, S. 275—276.
3. Denecke, »Der Einfluß der Absperrorgane auf die wirtschaftliche Dampfgeschwindigkeit der Heißdampfturbinen«. — Zeitschrift Maschinenbau, Abt. Gestaltung, Jahrg. 1922, Heft 1, S. 1—8.
4. Edler, »Neuzeitliche widerstandsgeringe Absperrorgane in Hochdruck-Dampfleitungen«. — Zeitschrift Maschinenbau, Abt. Gestaltung, Jahrg. 1922, Heft 11, S. 227.
5. Wetgen, »Die Durchflußwiderstände neuerer Dampfabsperrorgane«. — Zeitschrift »Die Wärme« vom 9. April 1926.

achtung dieser Abänderungen ist es möglich, für die einzelnen Nennweiten und für die Nenndrücke 10 bis 40 die DIN-Ventile in gleichen Baulängen auszuführen.

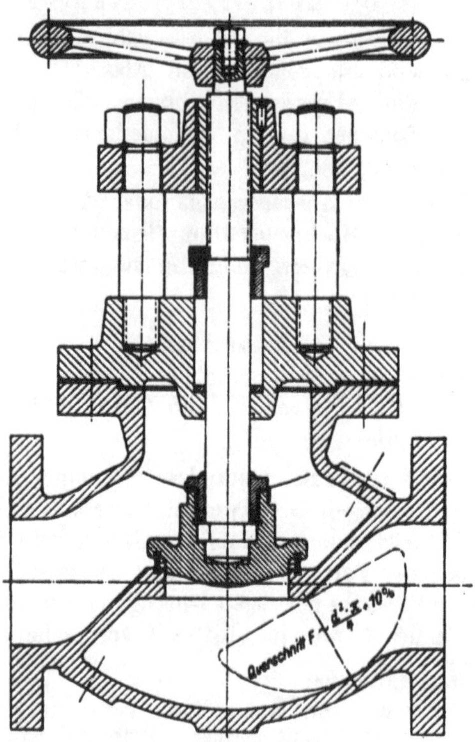

Abb. 289. DIN-Absperrventil.

Für die Nenndrücke 64, 100, 160 und 250 sind die Normungsarbeiten noch nicht abgeschlossen. Es ist aber anzunehmen, daß für die Ventile dieser Nenndrücke nur die Baulängen und Flanschanschlußabmessungen genormt werden.

Der Druckverlust ist aber bei den DIN-Ventilen noch zu hoch, sodaß es mit Rücksicht auf die Wirtschaftlichkeit notwendig wird, für die Nennweiten ≥ 100 als Absperrvorrichtung Absperrschieber in die Rohrleitungen dieser Kreisläufe einzubauen, oder gegebenenfalls Koswa-Ventile zu nehmen.

Den Gedanken, die bei einem Richtungswechsel eines Gas- oder Flüssigkeitsstromes auftretende Einschnürung nutzbar zu machen, indem man die Absperrung an der Stelle der größten Einschnürung anordnet, überhaupt das Innere des Gehäuses der natürlichen Konstruktion eines Flüssigkeitsstromes weitgehendst anpaßt, hat zur Konstruktion des Koswa-Ventils mit widerstandsgeringem Durchgang geführt.

Abb. 290a und b lassen die Normalbauart des Koswa-Absperrventils in Durchgangs- und Eckform erkennen. Die Ventile sind in geöffneter Stellung gezeichnet, die angegebene Pfeilrichtung gibt die normale Strömungsrichtung an.

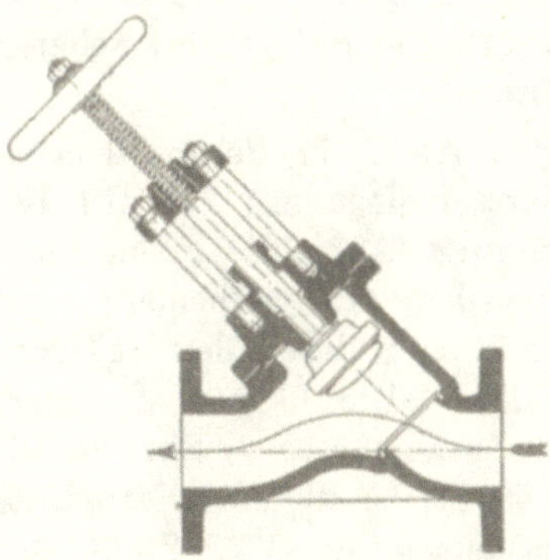

Abb. 290 a.

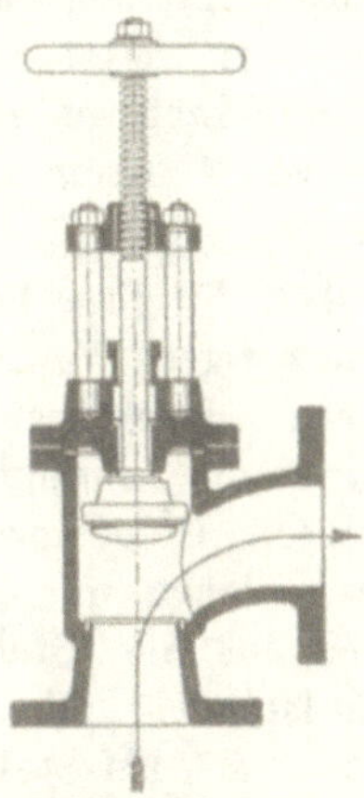

Abb. 290 b.

Abb. 290 a u. b. Koswa-Ventil in Durchgangs- und Eckform.

Der Ventilsitz im Koswa-Ventil ist gegenüber der Anschlußlichtweite eingeschnürt und fällt mit der natürlichen Einschnürung des Flüssigkeitsstromes räumlich zusammen. Die Kegelabdichtung und damit der ganze Ventiloberbau ist kleiner, als bei einem gewöhnlichen Ventil dem Rohrdurchmesser entsprechen würde. Das Ventil ist daher leichter, die Abdichtung infolge kleinerer Dichtungsflächen zuverlässig. Die Instandhaltung verursacht geringe Kosten[1]).

---

[1]) De Grahl, »Ersparnisse in der Fortleitung des Dampfes«. Glasers Annalen für Gewerbe und Bauwesen 1920, Band 86, Heft 10.

Bei größeren Ventillichtweiten, zumal für höheren Betriebsdruck, empfiehlt sich die Ausrüstung mit besonderen Umführungsventilen. Der sich aus Betriebsdruck und Ventilquerschnitt ergebende und auf dem Ventilkegel lastende Gesamtdruck ist so groß, daß ein Öffnen und Schließen durch Handräder ohne eine einen Druckausgleich auf beiden Ventilseiten herstellende Verbindung nur mit erheblichem Kraftaufwand möglich ist. Außerdem gestattet das Umführungsventil ein langsames und gleichmäßiges Anwärmen der Hauptdampfleitung bei der Inbetriebsetzung.

Die Anwendung von Umführungsventilen ist im allgemeinen dann vorzusehen, wenn die Kegelbelastung die Grenze von 4000 kg überschreitet, was bei einem Druck von 12 bis 15 at von 200 mm Lichtweite ab aufwärts der Fall ist, bei höheren Drücken von 150 mm Lichtweite ab.

Die Siemens-Schuckertwerke, A.-G., in Berlin-Siemensstadt haben für ihre Benson-Kesselanlage mit 224 atü Betriebsdruck eigene Ventile geschaffen, Abb. 291[1]). Um einen besonderen, eingeschraubten Ventilsitz zu vermeiden, wird dieser über die Linsendichtung hinweg durch den dagegengeschraubten Rohrflansch gehalten. Die kleinen Zylinderschrauben dienen nur für den Zusammenbau. Der Ventilkörper ist aus S.M.-Stahl von 40 bis 50 kg/mm² Festigkeit, die Ventilspindel und der Ventilkegel aus V2A-Stahl, der Ventilsitz aus V1M-Stahl, die Metallpackung von Huhn hergestellt. Die Dichtung der Flanschen erfolgt durch Linsendichtung aus Nickel, die des Ventilsitzes gegen das Gehäuse durch Schneiden. Die Ventile haben bis zu 250 atü Dampfdruck und 450° Dampftemperatur anstandslos gearbeitet, die gewählten Werkstoffe haben sich den Beanspruchungen voll gewachsen gezeigt.

b) Absperrschieber.

Die Meinungen über den geeigneten Dampfschieber für hohen Druck und hohe Temperatur gehen noch sehr weit auseinander. Es kann aber wohl als Grundregel für die Ausführung von Dampfschiebern aufgestellt werden, daß die

[1]) S. Kollbohm, »Armaturen für Hochdruckdampf«. Arch. f. Wärmewirtschaft und Dampfkesselwesen. 1929. Heft 3.

selbsttätige Anpressung der Abschlußplatte durch den Dampfdruck auch für Höchstdruck erfolgen kann. Wird ein solcher Schieber verwendet, so muß für eine vollwertige Entlastung Sorge getragen werden. Die Sitzringe sind aus dem hierfür geeigneten Werkstoff auszuführen.

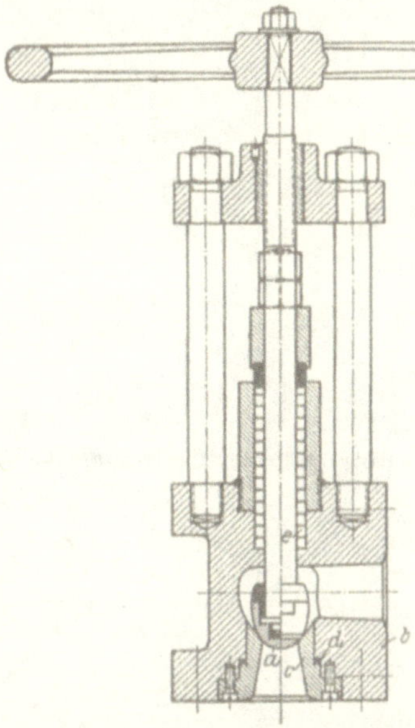

Abb. 291. Siemens-Hochdruck-Ventil für 224 atü.
a Ventilkegel; *b* Ventilkörper; *c* Ventilsitz; *d* Gehäuseschneidendichtung; *e* Metallpackung.

Bei Verwendung von Schiebern mit selbsttätiger Abdichtung ist es daher notwendig, daß der Druck bei der Bedienung beiderseits möglichst gleich ist, damit beim Öffnen und Schließen des Schiebers unbedingt die Bewegung des Abschlußkörpers in einem geschlossenen Dampfraum ohne jede Anpressung der Dichtflächen gegeneinander stattfindet. Wird hierauf geachtet, dann ist der selbsttätig durch den Dampfdruck abdichtende Schieber eine für jeden Druck geeignete Absperrvorrichtung.

Die Firma Seiffert & Co. liefert Dampfschieber dieser Bauart mit und ohne Hohlspindel in Gußeisen und Stahlguß. Der

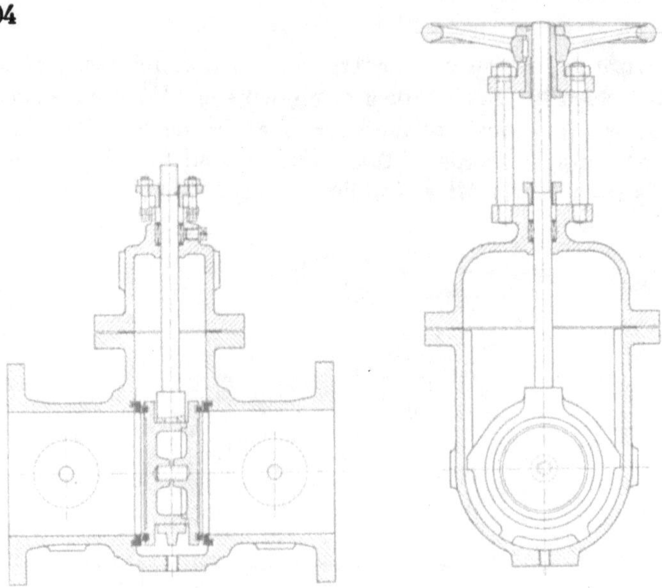

Abb. 292. Seiffert-Absperrschieber für Nenndrücke ≤ 25.

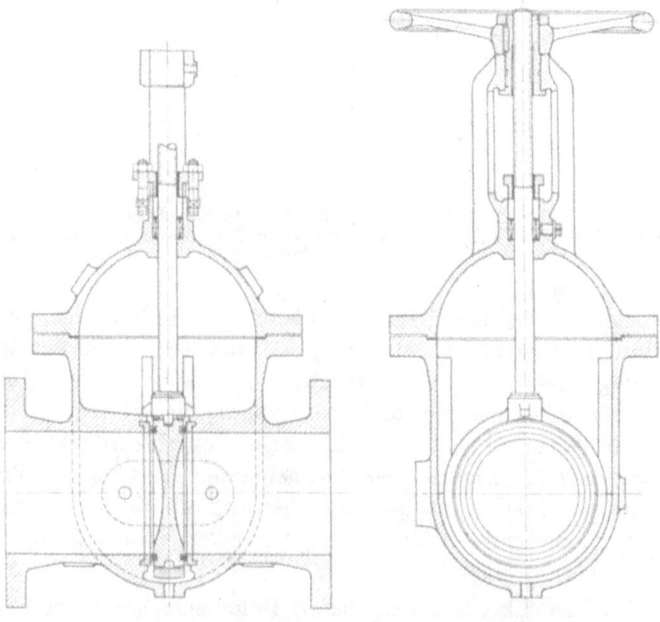

Abb. 293. Seiffert-Absperrschieber für Nenndrücke > 25.

Dampfschieber Bauart S 1 wird bis Nenndruck 25 mit flachem Gehäuse und Säulenaufsatz (Abb. 292), für höhere Nenndrücke mit rundem Gehäuse und Bockaufsatz (Abb. 293), beide Ausführungen mit außenliegender Umführung, steigender Spindel und unveränderter Höhenlage des Handrades geliefert.

Der Dampfschieber Bauart S 2 wird in derselben Ausführung angefertigt, jedoch mit Hohlspindel, so daß in der Stopfbüchse nur eine ziehende Bewegung auftritt.

Die Anwendung der letzten Bauart ist jedoch wegen des auf die Hohlspindel wirkenden Gegendruckes begrenzt. Infolgedessen empfiehlt es sich, die Anwendung eines Absperrschiebers mit Hohlspindel über ND 40 zu vermeiden.

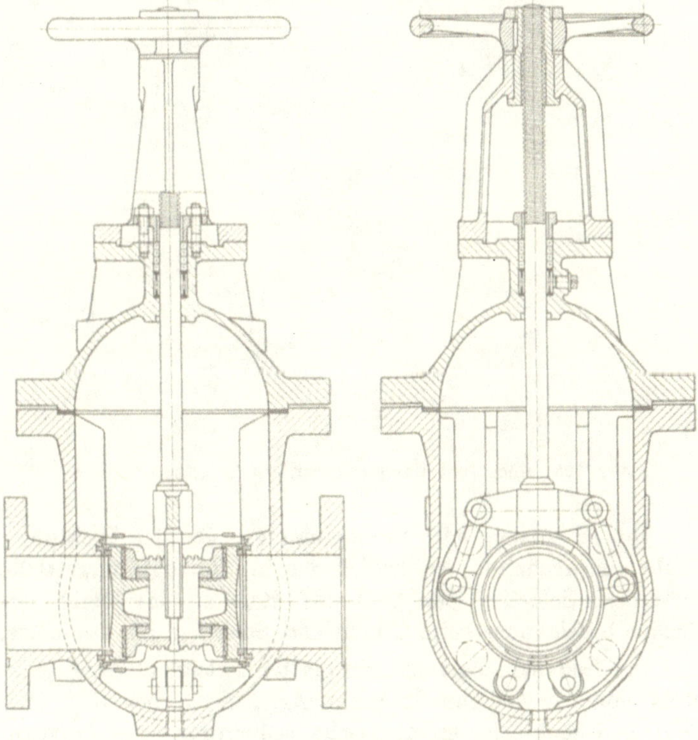

Abb. 294. Absperrschieber für Nenndrücke $\geq$ 40.

Die Absperrschieber mit selbsttätiger Abdichtung durch den Dampfdruck werden dagegen an solchen Stellen nicht geeignet sein, wo die Abdichtung nach beiden Seiten gleichzeitig erfolgen muß. In solchem Fall ist der Einbau des Schiebers Bauart S3 (DRP.), Abb. 294, erforderlich, der als Rundmodell mit Bockaufsatz, innerer Entlastung, steigender Spindel und unveränderter Höhenlage des Handrades für ND40 und darüber angefertigt wird.

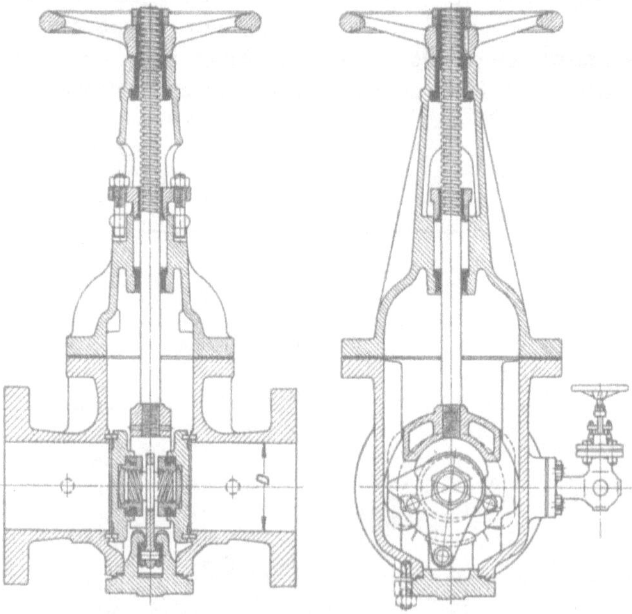

Abb. 295. Hochdruck-Dampfschieber von Schumann, Leipzig.

Um Abnützung oder Beschädigungen von den Dichtungsflächen fernzuhalten, vermeidet der in Abb. 295 dargestellte Schumann-Schieber jede gleitende Reibung der Dichtungsflächen aufeinander beim Öffnen und Schließen des Schiebers.

Der Gedanke, die Dichtungsplatten zwangläufig und senkrecht von den Gehäusedichtungsringen abzuziehen und beim Schließen senkrecht an die Gehäusedichtungsringe heranzuführen und auf diese aufzupressen, um jede gleitende Reibung durch Anordnung von sich gegenläufig drehenden Gewindestücken mit auf diesen lose drehbar befestigten Dichtungsplatten von den Dichtungsflächen fernzuhalten, ist bei dem Hochdruck-Dampfabsperrschieber, Abb. 295, erstmalig zur Anwendung gekommen. Der Schieber hat sich im Dauerbetrieb auch unter schwierigen Betriebsverhältnissen gut bewährt.

Von ganz besonderer Wichtigkeit für eine dauernde und zuverlässige Abdichtung der Dampfabsperrschieber ist das Verhalten der Dichtungsplatten im Heißdampf. Es ist eine bekannte Erscheinung, daß plattenförmige Körper bei hoher Temperatur ihre Form verändern, und zwar um so mehr, je unsymmetrischer die Formgebung und je ungleichmäßiger die Materialverteilung ist. Bei den Schieberdichtungsplatten äußert sich diese Formveränderung darin, daß die Dichtungsflächen im Heißdampf nicht mehr genau eben bleiben und dadurch die Abdichtung in Frage stellen.

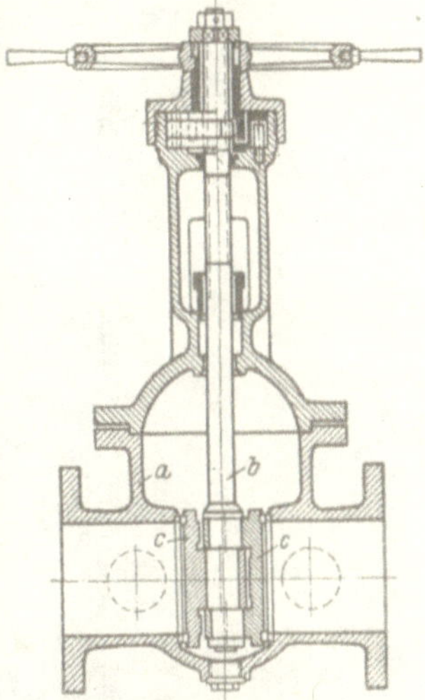

Abb. 296. Parallelschieber von Polte, Magdeburg.

Beim Parallelschieber der Firma Polte-Magdeburg, Abb. 296, wird das Anpressen und Abheben der Dichtungsplatten durch Exzenterbüchsen bewirkt, die um 180° versetzt auf der verlängerten Schieberspindel sitzen. Kurz vor der Endstellung ermöglicht eine Kupplung das Drehen der Spindel und hierdurch die Exzenterbewegung. Die Inneneinrichtung ist einfach, Ein- und Ausbau sind leicht zu bewerkstelligen.

Abb. 297 zeigt das von der Firma Schäffer & Budenberg gebaute Absperrschieberventil, Bauart Fischbach, für 100 atü Betriebsdruck. Hier erfolgt das Anpressen und Abheben der Dichtungsplatten mittels Links- und Rechtsgewinde, betätigt durch Hebelübertragung von der Spindel. Der Schieber ist mit einer Blende, d. i. einem Rohrstück ausgerüstet, das sich bei geöffnetem Schieber so einstellt, daß der Dampf geschlossen durch das Schiebergehäuse strömt. Er hat elastische

Dichtungsringe aus Nickel, die in die Dichtungsplatten eingelegt sind und den Vorzug haben, Fremdkörper, die sich auf die Dichtungsringe setzen, einzukapseln.

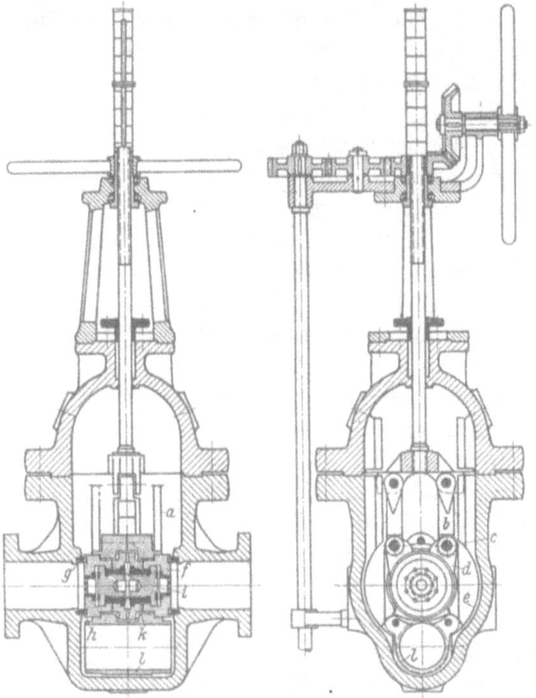

Abb. 297. Fischbach-Hochdruck-Absperrschieberventil.

Die direkte Betätigung der Absperrvorrichtungen von Hand wird nicht in jedem Falle möglich sein, sodaß die Anwendung von besonderen Antriebsvorrichtungen je nach Lage der Dampfleitung notwendig ist. Die Ausführung derartiger Bedienungsvorrichtungen wird außerdem aber auch von dem Einbau der Absperrvorrichtung abhängen (stehender oder liegender Einbau), so daß es nicht möglich ist, alle hierfür in Betracht kommenden Einzelfälle besonders zu behandeln. Einige Ausführungsbeispiele zeigen die Abb. 298 bis 301, die jedoch keine sofortige Ausschaltung des beschädigten Rohrteils gestatten.

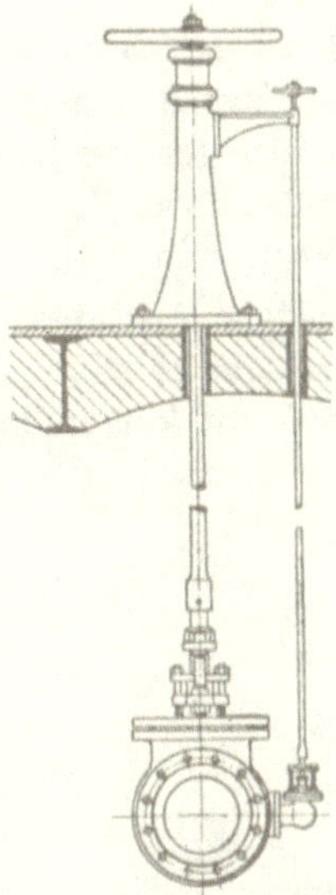

Abb. 298.

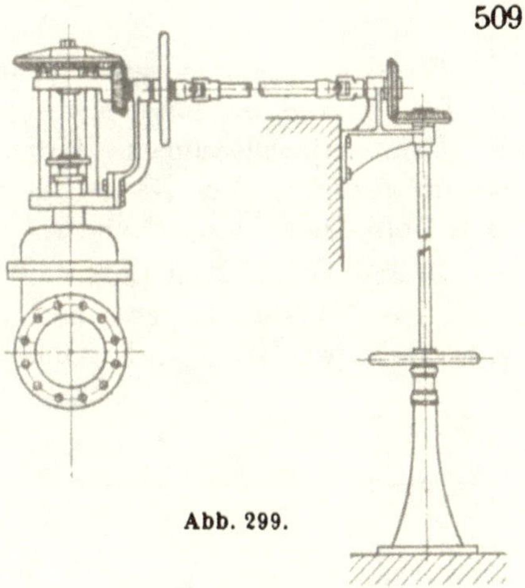

Abb. 299.

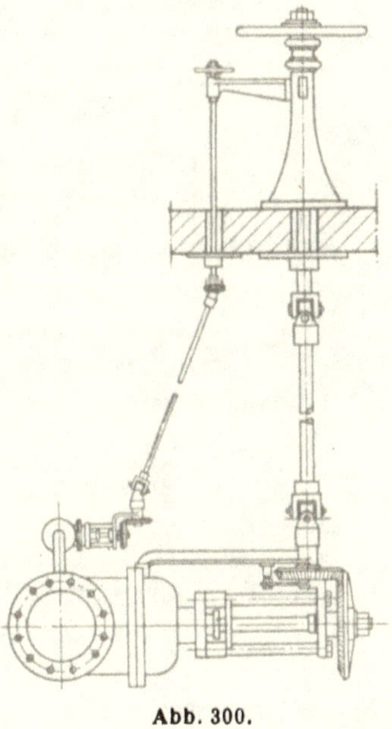

Abb. 300.

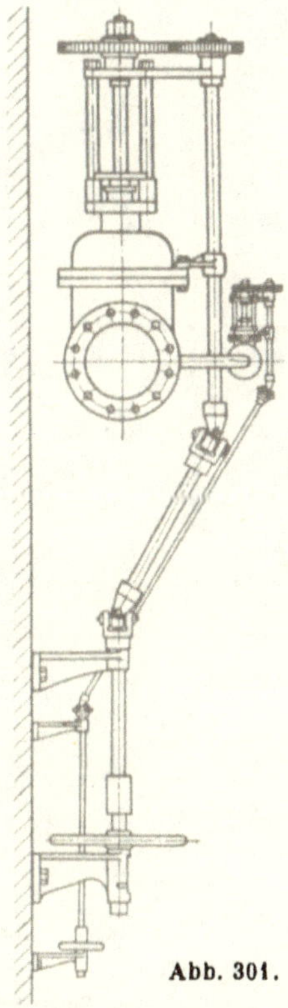

Abb. 301.

Abb. 298—301. Ausführungsbeispiele für Bedienungsvorrichtungen von Absperrorganen.

Bei dem Speisewasserkreislauf wird zu beachten sein, daß für den Teil, der unter niedrigem Druck arbeitet, also für die Pumpensaugeleitungen, Absperrvorrichtungen leichterer Bauart genügen. Der Nennweite entsprechend werden Absperrventile oder Absperrschieber vorzusehen sein.

In den Abb. 302 und 303 sind verschiedene Ausführungsarten von Wasserschiebern nach Seiffert dargestellt. Der Wasserschieber Bauart G 1, Abb. 302, wird mit kurzen Bau-

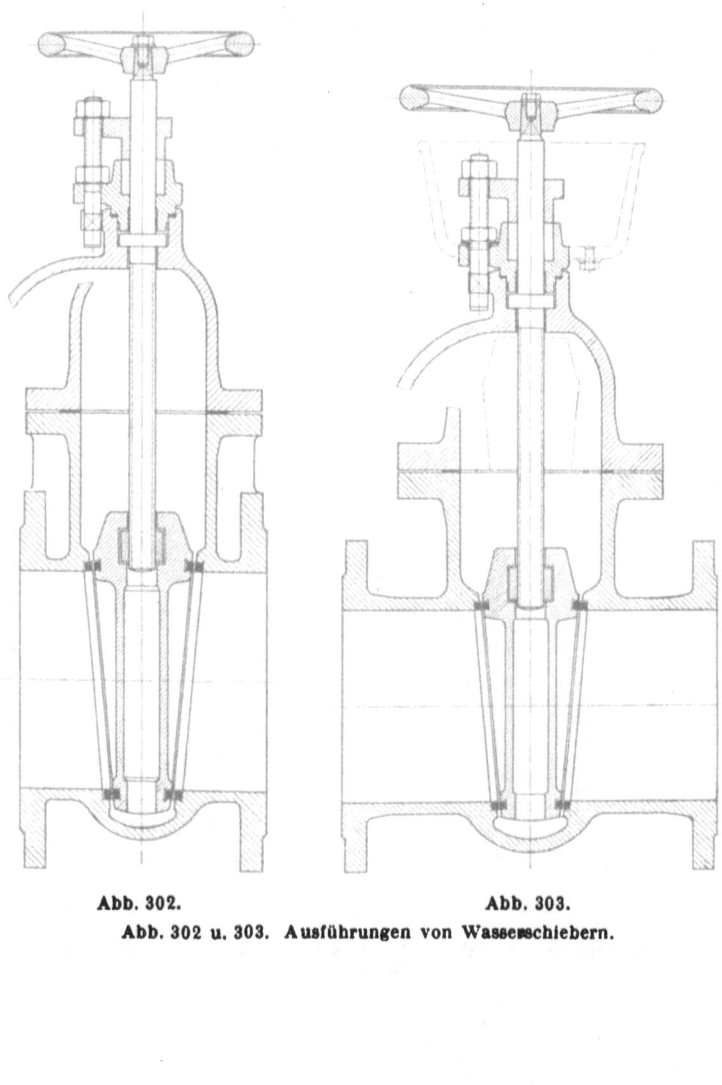

Abb. 302. Abb. 303.

Abb. 302 u. 303. Ausführungen von Wasserschiebern.

längen nach den DIN-Normen in Gußeisen mit Metallspindel und Rotgußdichtungen in folgenden Größen hergestellt:

NW	Betriebsdruck
40 bis 300	4 atü
325 » 600	2,5 »
650 » 1000	1 »

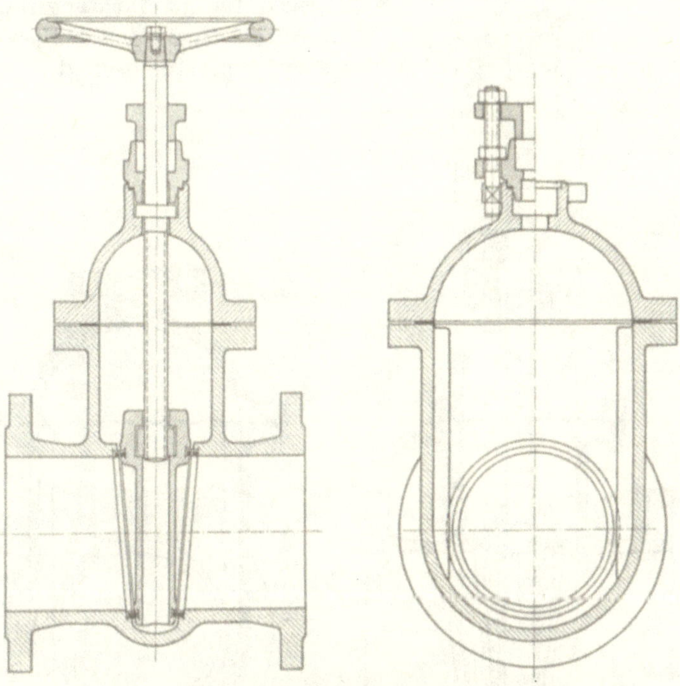

Abb. 304. Absperrschieber für Speisewasserdruckleitungen, Bauart »Seiffert-Berlin«.

Der Wasserschieber nach Abb. 303 wird mit normalen Baulängen NW + 200, sonst wie bei der Bauart nach Abb. 302 angegeben, wie folgt angefertigt:

NW	Betriebsdruck
40 bis 300	12 atü
325 » 600	10 »
650 » 1000	6 »

Die Bauarten Abb. 304 bis 306 finden bei allen für die bei den Speisewasserdruckleitungen vorkommenden Betriebsdrücken Verwendung.

Sie werden dem jeweiligen Betriebsdruck entsprechend mit ovalem oder zylindrischem Gehäuse in Gußeisen und Stahlguß hergestellt. Für die Spindeln wird Flußstahl verwendet, dagegen für die Dichtungsringe ein Werkstoff, wie dies die Speisewassertemperatur bedingt.

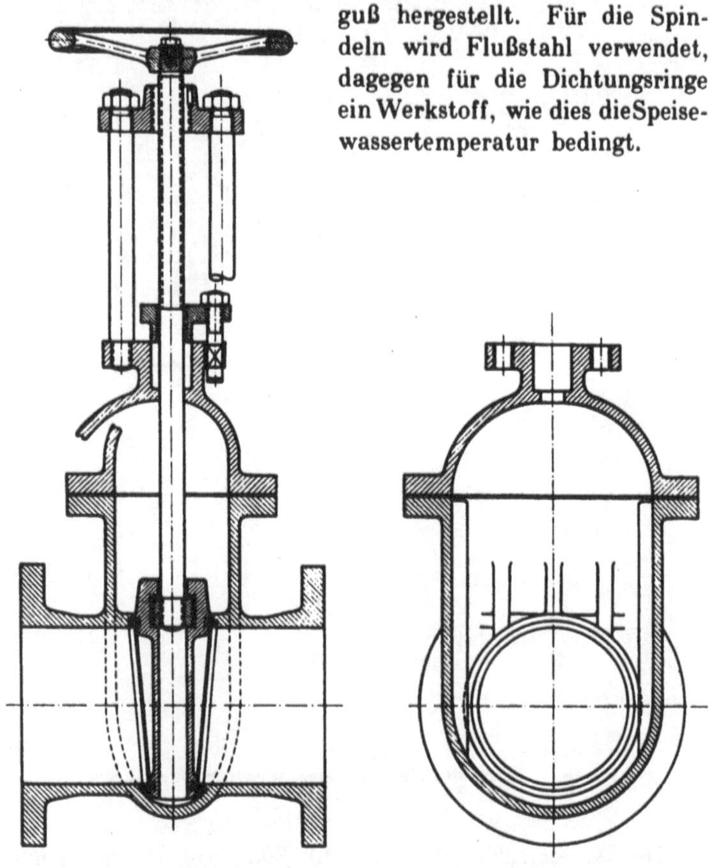

Abb. 305. Absperrschieber für Speisewasserdruckleitungen, Bauart »Seiffert-Berlin«.

Die für die Absperrvorrichtungen der Speisewasserleitungen erforderlichen Bedienungsvorrichtungen werden ähnlich denjenigen wie bereits bei den Dampfarmaturen angegeben ausgeführt (s. Abb. 298—301).

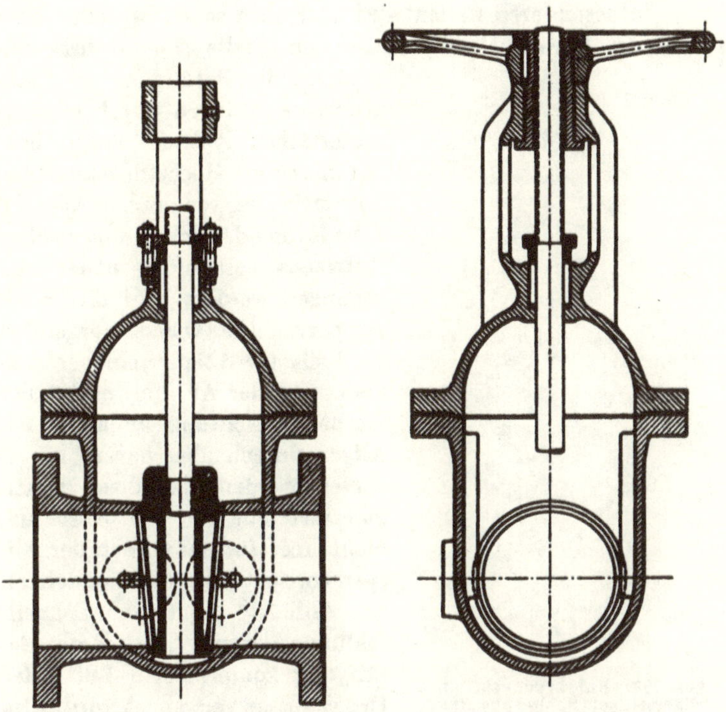

Abb. 306. Seiffert-Absperrschieber für Speisewasserdruckleitungen.

3. Schnellschlußorgane.

Um bei einem Rohrbruch die Zuströmung des Dampfes nach der Bruchstelle sofort zu verhindern, sind schnellschließende Absperrvorrichtungen in die Dampfleitung einzubauen. Bei Dampfdrücke bis ND 40 hat sich das Rohrbruchventil bewährt.

Rohrbruchventile werden mit einseitigem und doppelseitigem Schluß, mit einseitigem Schluß und Handabsperrung sowie beiderseitigem Schluß und Handabsperrung geliefert. Ein Ventil der letzten Bauart zeigt Abb. 307.

Die Anwendung von Rohrbruchventilen ist aber durch den Dampfdruck begrenzt, weil bei Höchstdruckanlagen der plötzliche, schlagartige Abschluß ungünstige Beeinflussungen der Rohrleitungen hervorrufen kann.

In besonderen Fällen wird aber auch schon bei den bisher üblichen Dampfbetriebsdrücken an Stelle von Rohrbruchventilen die Betätigung von Absperrvorrichtungen durch elektromotorischen Antrieb vorgesehen. Sie finden bei Höchstdruckanlagen allgemein Verwendung. Auf die Ausführung des elektromotorischen Antriebes soll nicht näher eingegangen werden, weil dieser für Absperrventile anders ausgeführt wird als für Absperrschieber und auch von der Ausführungsart der Absperrvorrichtung abhängig ist. Allgemein soll aber darauf hingewiesen werden, daß diese Betätigungsart nur für den Abschluß, nicht aber für das Öffnen der Absperrvorrichtung zu verwenden ist.

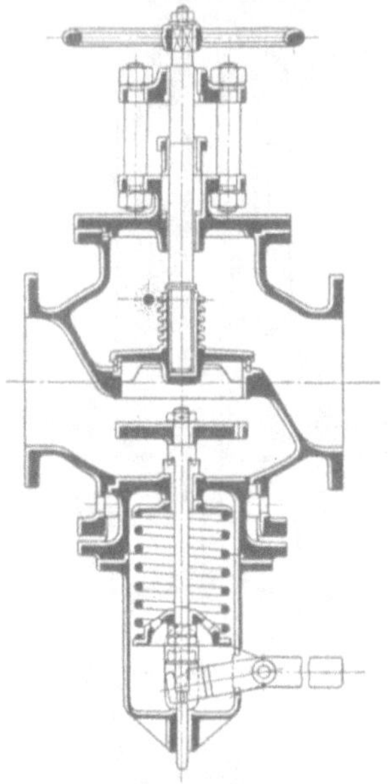

Abb. 307. Rohrbruchventil mit beiderseitigem Schluß und Handabsperrung.

Abb. 308 zeigt eine Schnellschlußvorrichtung, zu deren Betätigung komprimierte Luft oder Druckwasser verwendet wird. Um sie von beliebiger Stelle des Kraftwerkes aus in Tätigkeit setzen zu können, ist elektrischer Antrieb vorgesehen. Diese Schnellschlußvorrichtung befindet sich im betriebsfähigen Zustande, wenn der Kolben *1* und der Hebel *2* die gestrichelte Lage einnehmen.

Zur Betätigung des Schnellschlusses ist von beliebiger Stelle die elektrische Auslösung *5* in Tätigkeit zu setzen, wodurch dem Hebel *2* der Stützpunkt entzogen wird. Die Hebelvorrichtungen der Ventile *3* und *4* sind miteinander verbunden, sodaß durch das vorhandene Gegengewicht die Öffnung des Druckventiles *3* und gleichzeitig der Schluß des Ablaßventiles *4* erfolgt. Das zur Betätigung der Schnellschlußvorrichtung verwendete Medium wirkt jetzt auf den Kolben *1* und durch die Verbindungsstange *6* auf den Abschluß der Absperrvorrichtung. Zur Entweichung des etwa unter dem Kolben *1* befindlichen Druckes ist eine Öffnung *7* vorgesehen.

Die Wiederöffnung der Absperrvorrichtung erfolgt in der Weise, daß zunächst der ausgelöste Hebel *2* eingehängt wird, wodurch das Ventil *3* geschlossen und das Ventil *4* geöffnet

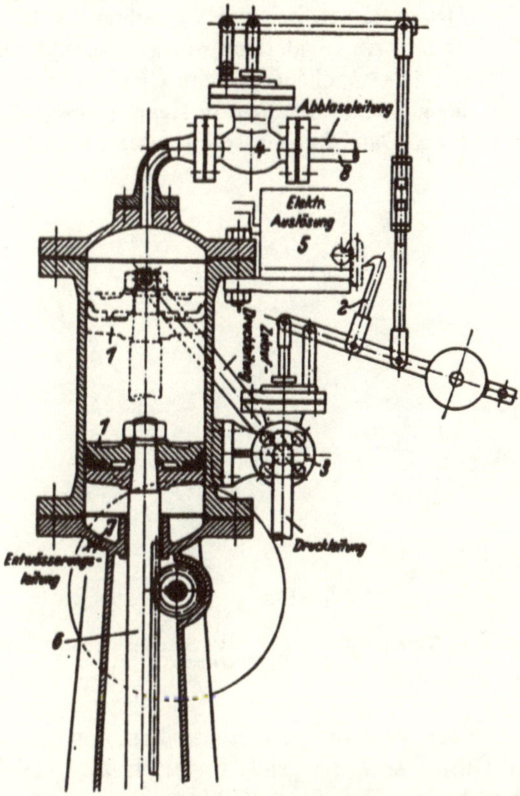

Abb. 308. Mit Preßluft oder Druckwasser betriebene Schnellschlußvorrichtung, Bauart »Seiffert«.

wird. Jetzt kann von Hand aus der in Abschlußstellung befindliche Kolben *1* in die gestrichelte Öffnungsstellung gebracht werden, weil das Druckmedium durch das geöffnete Ventil *4* und Leitung *8* abströmen kann.

Abb. 309[1]) zeigt das Koswa-Schnellschlußventil der Firma Schumann & Co., Leipzig.

[1]) S. a. Ausführungen S. 501 u. 502.

Die Form des Gehäuses *A* ist genau wie bei den Koswa-Absperrventilen dem natürlichen Flüssigkeitsstrom angepaßt, daher der Durchflußwiderstand und der Spannungsverlust gering. Der Eintritt erfolgt in der angegebenen Pfeilrichtung. Der Druck lastet bei geschlossenem Ventil auf dem Kegel *C*. Der letztere ist als Doppelkegel ausgebildet, um ein leichtes Öffnen zu ermöglichen. Beim Öffnen des Ventils hebt sich zuerst der kleine, in den großen Kegel eingebaute Kegel *B* und läßt so lange Dampf durchströmen, bis ein Druckausgleich

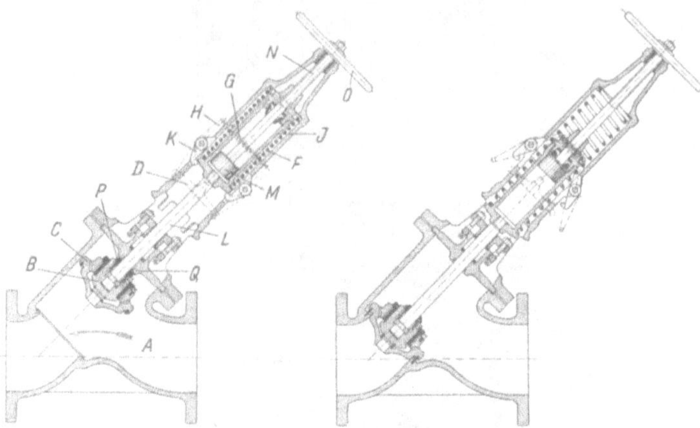

Abb. 309. Koswa-Schnellschlußventil, Bauart »Schumann & Co., Leipzig-Plagwitz«.

zwischen beiden Ventilseiten besteht. Erst dann hebt sich bei weiterem Öffnen auch der große Kegel bis zum vollen Durchgangsquerschnitt. Der Schnellschluß wird durch Schließen eines Stromkreises und durch Erregung eines Elektrohubmagneten ausgelöst. Die Auslösung kann auch durch Unterbrechen eines Stromkreises erfolgen.

Werden aus Sicherheitsgründen oder anderen zwei verschiedene Stromarten zur Auslösung des Schnellschlusses benutzt, so wird das Koswa-Schnellschlußventil mit zwei Elektrohubmagneten für verschiedene Spannungen und Stromarten, etwa für Gleichstrom und Drehstrom, ausgerüstet. Hier wirkt je nach der augenblicklich zur Verfügung stehenden

Stromart der eine oder andere Hubmagnet auf den Auslösehebel des Schnellschlusses.

Die Auslösung des Schnellschlusses kann außer auf elektrischem Wege je nach dem vorliegenden Verwendungszweck auf verschiedene Weise erfolgen, z. B. selbsttätig bei einem bestimmten, eine Höchstgrenze überschreitenden Betriebszustande, wie Druck, Temperatur, Geschwindigkeit usw.

Abb. 310 zeigt das Schnellschlußventil der Firma A. Borsig. Bei geöffnetem Ventil durchströmt der Dampf einen rohr-

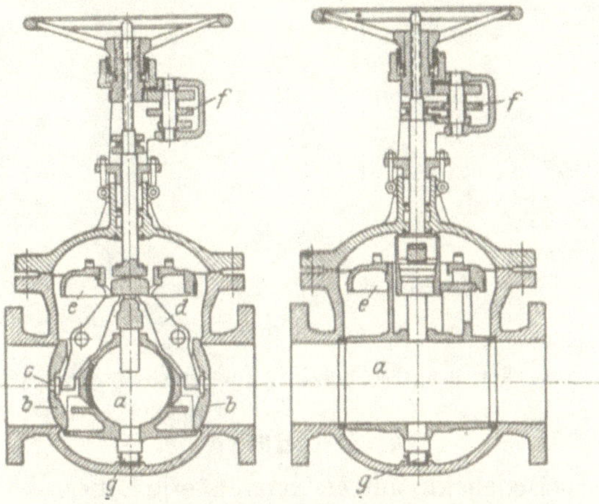

Abb. 310. Schnellschlußventil, Bauart »Borsig«.

förmigen Querschnitt. Der Druckverlust ist also ebenso groß wie das Rohr. Soll das Ventil geschlossen werden, so wird der rohrförmige Einsatz um 90° gedreht und die Dichtungsplatten in die Schließlage gebracht. Durch Hebelübertragung von der Ventilspindel aus werden die Dichtungsplatten angepreßt und das Ventil geschlossen. Beim Öffnen werden zunächst ein Entlastungskegel, dann die Dichtungsplatten abgehoben und schließlich die Schwenkung um 90° ausgeführt.

Auch die Dinglersche Maschinenfabrik A.-G. in Zweibrücken (Pfalz) baut ein Schnellschlußventil mit geringem Durchgangswiderstand, Abb. 311. Hierbei wird eine unversteifte (also elastische) große Abdichtungsplatte verwendet, die vom Dampfdruck angepreßt wird. Die Abdichtungsplatte wird mittels Nocken und Kurbelschleifen durch eine einzige Handraddrehung abgehoben. Das Ventil ist also ebenfalls als Schnellschlußventil gut zu benutzen und durch elektrischen Antrieb für Fernbetätigung einzurichten.

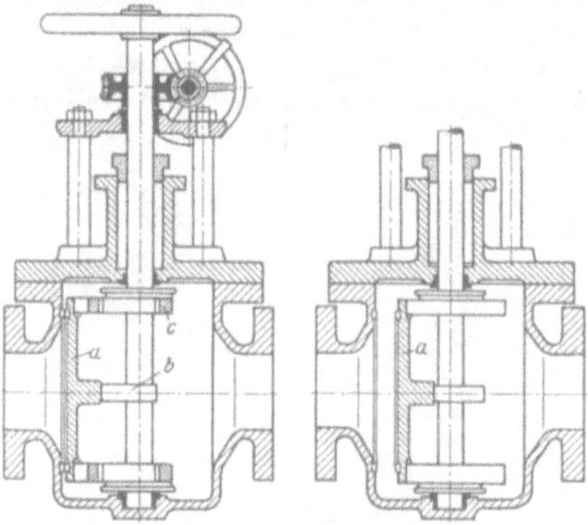

Abb. 311. Schnellschlußventil von Dingler-Zweibrücken.

4. Stoßdämpfer.

In Speisedruckleitungen treten häufig Druckschwankungen auf, die den Betriebsdruck weit übersteigen können. Die Speisepumpen liefern eine festgelegte Wassermenge, dagegen ist der Wasserbedarf der Kessel abhängig von dem Kraftbedarf. Zur Verhütung einer Unterspeisung der Kessel muß der Wasserzustrom selbsttätig geregelt werden. In der Speiseleitung kann eine derart starke Drucksteigerung eintreten, daß die Konstruktion der Economiser dieser nicht mehr gewachsen ist. Die eingeschalteten Sicherheitsventile müssen in solchen Fällen zur Vermeidung von Wasserverlusten für höhere Drücke eingestellt werden, womit wieder der Kraftbedarf der Speisepumpe erhöht wird.

Zur Behebung dieser Nachteile dient z. B. der in Abb. 312 dargestellte Stoßdämpfer. Durch die Anordnung eines Zuschaltraumes steht dieser in ständiger Verbindung mit der Speiseleitung.

Der durch plötzliche Drucksteigerung veranlaßte Stoß wird durch den federbelasteten als Puffer wirkenden Kolben abgefangen, auf den gleichzeitig zur Unterstützung des Federdruckes der Dampfdruck wirkt.

Da die Ventilspindel des entlasteten Sicherheitsventiles toten Gang hat, wird bei leichteren Stößen eine Vergrößerung des Zuschaltraumes stattfinden, Wasserverluste aber nicht eintreten. Steigt der unter dem Kolben wirkende Druck des Speisewassers über den zulässigen Betriebsdruck, so öffnet nach Überwindung des toten Ganges der Kolben durch die Ventilstange das im Ventilgehäuse angeordnete entlastete Sicherheitsventil, wodurch eine weitere Drucksteigerung verhindert wird. Erst jetzt tritt ein Speisewasserverlust ein, weil das Mehr des Speisewassers durch die Abflußleitung nach dem Speisewasserbehälter zurückgeleitet wird. Die in Abb. 313 gezeigten Diagramme lassen erkennen, welche Stoßdrücke in Speiseleitungen auftreten können, sie zeigen die Notwendigkeit des Einbaues eines Stoßdämpfers für Rohrleitungen und Economiser.

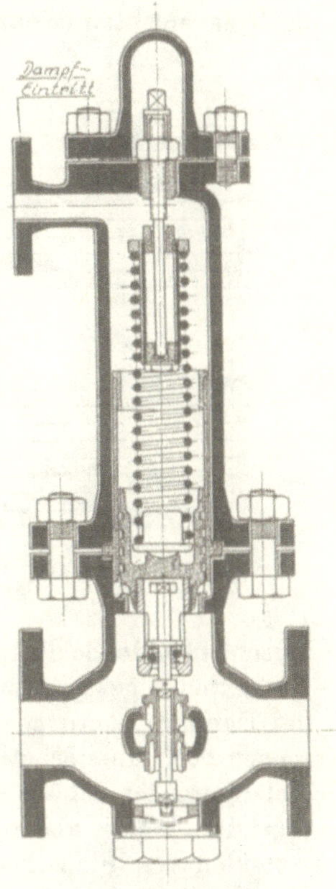

Abb. 312. Stoßdämpfer der Firma Seiffert & Co., Berlin.

5. Kompensatoren.

Für den Entwurf der Lage einer Rohrleitung sind die günstigsten Verbindungslinien zu wählen, also der günstigste Leitungskreis herauszubilden. Es müssen scharfe, kurze Winkel- und Kniestücke im Leitungszuge vermieden und durch Bogen mit möglichst großem Radius ersetzt werden, um die Rohrleitungswiderstände, soweit angängig, herabzudrücken.

Infolge der Dehnung treten ganz besonders bei Hochdruckdampf als Wärmeträger Schübe auf. Zur Abfangung der Schübe darf der Leitung nur eine Dehnungsmöglichkeit in der Waagerechten erlaubt werden. Außerdem muß die Leitung

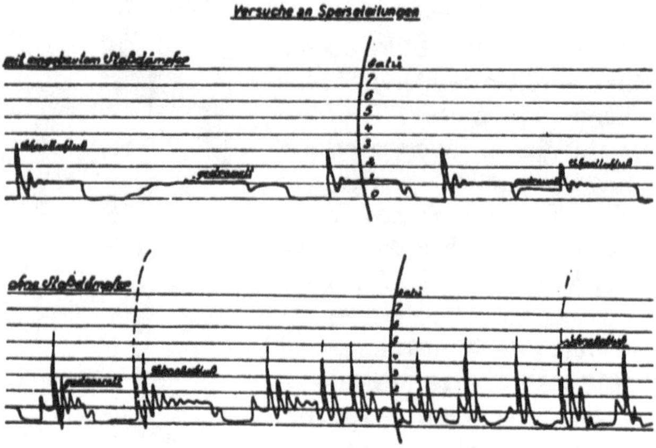

Abb. 313. Stoßdrücke in Speiseleitungen.

verschiebbar in Schlingen, Rollen, beweglichen Schlitten oder Radgestellen gelagert werden. Gerade die Wärmeausdehnung der Dampfrohrleitungen wird selbst bei großen Kesselanlagen immer noch unterschätzt, trotzdem gerade von der richtigen Abfangung der Schübe die Sicherheit des Betriebes in hervorragender Weise abhängt. Auch das Undichtwerden oder Abreißen von Flanschen und Stutzen sowie der Bruch von Ventilen ist zumeist eine Folge schlechter oder sogar vollkommen fehlender Ausgleichsvorrichtungen neben unsachgemäßer Anordnung der Festpunkte und Lagerung der Dampfleitungen. Der Schaden, der den Betrieben durch solche Vorkommnisse entstehen kann, steht in keinem Verhältnis zu den Kosten einer nach den oben dargelegten Gesichtspunkten richtig verlegten Rohrleitung.

Die Ausdehnung der Rohrleitung wurde in früheren Zeiten durch Einschaltung einer gewöhnlichen Stopfbüchse aufgehoben. Bei dem jetzt üblichen hoch überhitzten Dampf, der wesentlich größere Längenveränderungen der Rohrleitungen verursacht, sind geeignetere Vorrichtungen zur Behebung dieser Längenänderungen notwendig geworden.

Soweit angängig, wendet man aus glattem Rohr hergestellte Lyrabogen an. Die Aufnahmefähigkeit solcher Bogen ist bei großen Abweichungen von der geradlinig verlaufenden Leitung jedoch nur gering. Ferner müssen selbstverständlich Bogen innerhalb der Rohrleitungen zur Aufnahme der Längenänderungen ausgenutzt werden.

Es ist nicht immer der genügende Raum vorhanden, um eine Ausbiegung der Rohrachse zu gestatten. In solchen Fällen kann der entlastete Gleitrohrkompensator der Franz Seiffert & Co. Verwendung finden (Abb. 314). Ist dagegen genügender Raum für die Einschaltung von Bogen in Lyraform vorhanden, so kommen die durch größere Aufnahmefähigkeit gekennzeichneten Wellrohre oder Faltenrohre in Betracht. Für Abdampfleitungen, welche unter geringem Druck stehen, kommen Linsenkompensatoren in Frage.

Die bekannte einfache Stopfbuchse sollte jedenfalls vermieden werden, weil das Degenrohr gegenüber seiner Ummantelung ungleiche Temperatur erleidet. Die hierdurch bedingte ungleiche Ausdehnung der Durchmesser verursacht oftmals ein Festbrennen des Degenrohres.

Demgegenüber hat der Gleitrohrkompensator eine große Aufnahmefähigkeit. Er ist vollständig entlastet. Die Dampftemperaturen innerhalb des Kompensators sind in allen Teilen gleich, so daß eine ungleiche Ausdehnung der Gleitrohre und der Stopfbüchsen vermieden wird. Jeder Gleitrohrkompensator bildet zudem einen Festpunkt der Rohrleitung. Die Festpunkte müssen stark konstruiert werden, um den vollen Dampfdruck — berechnet auf die lichte Weite der Rohrleitung — aufnehmen zu können.

In Abb. 314 ist das Degenrohr *a* mit einem Ausgleichkolben *b* verbunden. Der Ringquerschnitt des Ausgleichkolbens entspricht dem Querschnitt des Degenrohres. Der durchströmende Dampf hat das Bestreben, das Degenrohr in der Richtung nach *A* aus seiner Büchse zu ziehen, während der auf den Ringquerschnitt wirkende Dampf in entgegengesetzter Richtung nach *B* den gleichen Druck ausübt. Es findet also hierdurch ein vollständiger Druckausgleich statt, so daß lediglich die Reibung in den Stopfbüchsen zu überwinden ist.

Das Degenrohr weist an seiner Rundung an mehreren Stellen Durchbohrungen *c* auf, durch welche der Dampf in den zwischen Degenrohr und Ringkolben befindlichen Raum eintritt. Da bei *d* und *e* Entwässerungen vorgesehen sind,

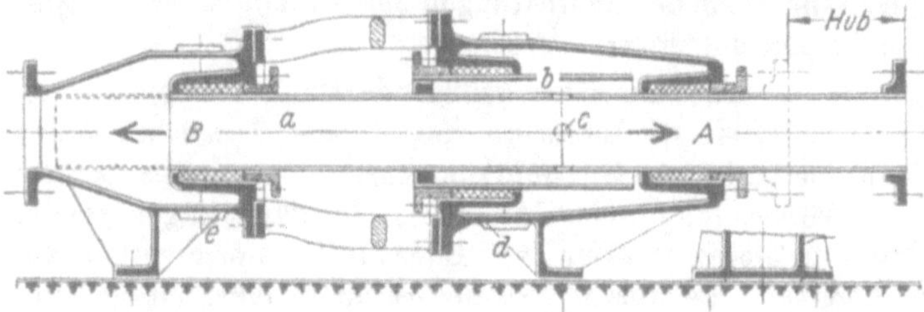

Abb. 314. Gleitrohrkompensator der Firma Seiffert & Co., Berlin.

findet eine dauernde Dampfströmung um die Stopfbüchsenmäntel statt, so daß die Stopfbüchsen die gleiche Temperaturausdehnung wie das Degenrohr erleiden. Die Stopfbüchsen können von außen verpackt und nachgestellt werden. Die vorhandenen Füße dienen nicht nur als Stützpunkte für den Ausgleicher, sondern werden gleichzeitig als Festpunkte für die Rohrleitung verwendet.

Die Well- oder Faltenrohre werden aus nahtlosen Stahlrohren bis NW 500 und bei größeren Abmessungen aus überlappt geschweißten und nachgewalzten schmiedeeisernen Rohren hergestellt. Die Nennweiten und Wanddicken entsprechen den DIN-Normen.

Im Abschnitt 1 [1]) wurde schon bei der Berechnung der Flußstahlrohre darauf hingewiesen, daß die Wanddicke bei Bogenrohren zu verstärken ist. Diese Bedingung gilt auch für gebogene, glatte Ausdehnungsstücke, weil bei diesen durch das Biegen ebenfalls eine Schwächung der außenliegenden Wand hervorgerufen wird. Für Well- und Faltenrohrausdehnungsstücke ist jedoch eine Verstärkung der Wanddicke nicht notwendig.

Die unter Abschnitt 1 [2]) angegebene Bedingung in bezug auf das Ausglühen ist auch sinngemäß hier anzuwenden.

---

[1]) S. S. 491 u. f. — [2]) S. S. 493.

6. Wasserabscheider[1]).

Die Betriebssicherheit erfordert, daß bei der Leitungsführung eine entsprechende Anordnung der Entwässerungsstellen beachtet wird. Die Größe dieser Entwässerungsstellen wird nach dem Dampfzustand zu wählen sein, d. h. ob Sattdampf oder Heißdampf durch die Leitung strömt.

Unbedingt notwendig wird stets die Anordnung einer Entwässerungsstelle am unteren Ende eines aufsteigenden Rohrstranges sein. Ob der Einbau eines T-Stückes, Wasserabscheiders oder nur ein Entwässerungsstutzen notwendig ist, muß von Fall zu Fall entschieden werden.

Wenn auch bei den jetzt allgemein verwendeten Heißdampftemperaturen nicht mit den Niederschlagsmengen zu rechnen ist wie bei Sattdampfbetrieb, so wird sich doch der Einbau der Wasserabscheider nicht immer vermeiden lassen.

Bei der Berechnung des Wasserabscheiders wird zunächst zu beachten sein, für welche Dampfmenge er bestimmt ist und dementsprechend wird auch die Nennweite für den Entwässerungsstutzen zu wählen sein. Bei Festlegung der Wanddicke muß besonders beachtet werden, daß bei den hohen Temperaturen, mit dem der Wasserabscheider zu arbeiten hat, die Festigkeitseigenschaften der Werkstoffe abnehmen. — Wenn auch für diese Apparate keine Abnahmebedingungen zu beachten sind, so empfiehlt es sich doch, die Wanddicken nach den Werkstoff- und Bauvorschriften für Landdampfkessel zu berechnen.

Für die Ableitung des Niederschlagswassers aus den Entwässerungsstellen oder Wasserabscheidern werden Kondenstöpfe benutzt, die für den jeweiligen Betriebszustand besonders ausgebildet sein müssen[2]).

Die älteren Bauarten stoßen das Niederschlagswasser erst aus, wenn die offenen Schwimmer ihre Auftriebskraft verloren haben. Diese Beseitigung des Niederschlagswassers wird in manchen Fällen nicht gewünscht, sondern es wird Wert

---

[1]) Weiteres s. V. »Abwärmetechnik«, Bd. I, S. 277—279. Verlag R. Oldenbourg, München und Berlin. 1928.

[2]) Näheres über Kondenstöpfe s. V. »Abwärmetechnik« Bd. I, S. 264—271; ferner Kaschny, »Entwässerung von Frischdampfleitungen«, Die Wärme 1930, Heft Nr. 11.

darauf gelegt, daß der Kondenstopf dauernd arbeitet. In Abb. 315 ist ein solcher Topf[1]), der Firma Franz Seiffert & Co. dargestellt, bei dem die Bewegung eines geschlossenen Schwimmers auf einen Drehschieber übertragen wird.

Zweckmäßig ist es, die Kondenstöpfe mit besonderen Umführungsleitungen zu versehen, um einmal bei Inbetriebnahme der Leitung die größeren sich bildenden Niederschlagswassermengen ablassen und das andere Mal die Möglichkeit zu haben, einen Ausbau des Kondenstopfes ohne Abstellung des Betriebes vornehmen zu können.

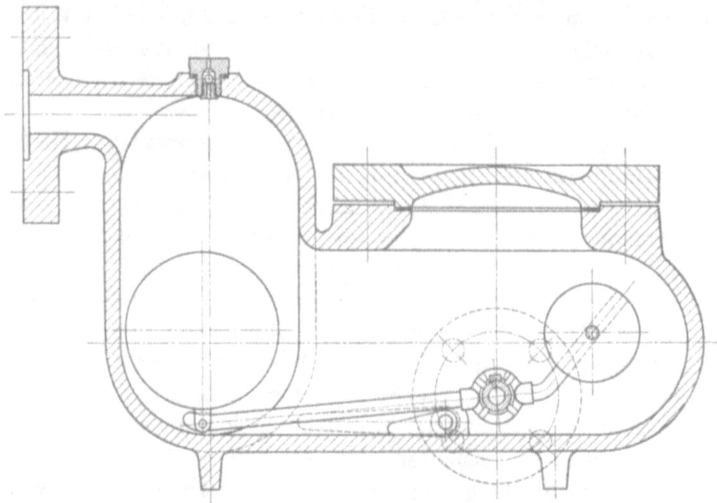

Abb. 315. Kondenstopf der Firma Seiffert & Co., Berlin.

Die Anwendung von Kondenstöpfen ist aber nicht unbedingt erforderlich (oder kann wesentlich verringert werden), wenn die Entwässerungsvorrichtung Abb. 316 u. 317 verwendet wird. Bei dieser wird parallel zum Rohrstrang *a* eine Druckentwässerungsleitung *b* so verlegt, daß dieselbe mit allen in Betracht kommenden Wassersäcken unter Zwischenschaltung von Rückschlagventil *c* verbunden und in den Wasserraum des tiefer als Rohrstrang *a* liegenden Wasserabscheiders *d* ausgießt.

[1]) DRP. ang., s. f. KSB-Kondenstöpfe: Verf., »Abwärmetechnik«, Bd. I, S. 266.

Um bei Stillegung eines Teiles des Rohrstranges *a* z. B. das Absperrteil *e* frei entwässern zu können, ist das Formstück *f*

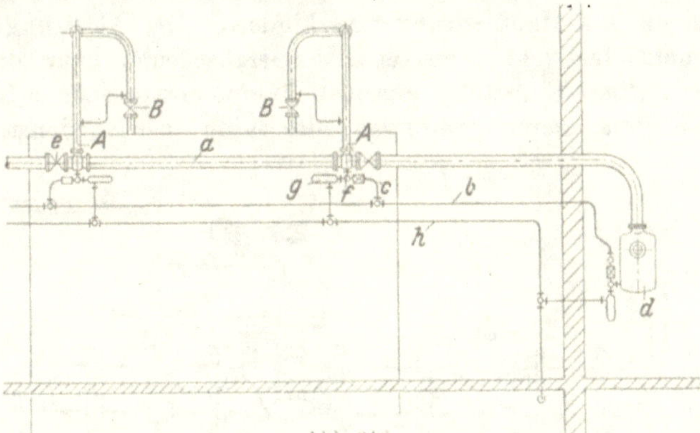

Abb. 316.

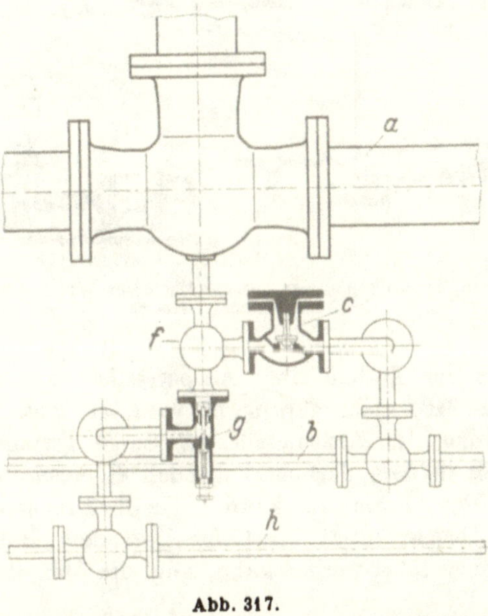

Abb. 317.

Abb. 316 u. 317. Entwässerungsvorrichtung, Bauart »Seiffert & Co., Berlin«.

durch das selbsttätige Entwässerungsventil *g*, das gleichzeitig als Entlüftungsventil dient, mit der drucklosen Entwässerungsleitung *h* (freie Entwässerung) verbunden, während gleichzeitig das Rückschlagventil *c* den Rücktritt von Niederschlagswasser oder Dampf aus der Druckentwässerung *b* nach *g* und *h* oder in die Hauptleitung *a* verhindert. Die Ableitung des Niederschlagswassers aus dem Wasserabscheider kann durch unmittelbare Einleitung desselben in eine entsprechende Stufe der Kesselspeisepumpe erfolgen (oder durch einen Kondenstopf).

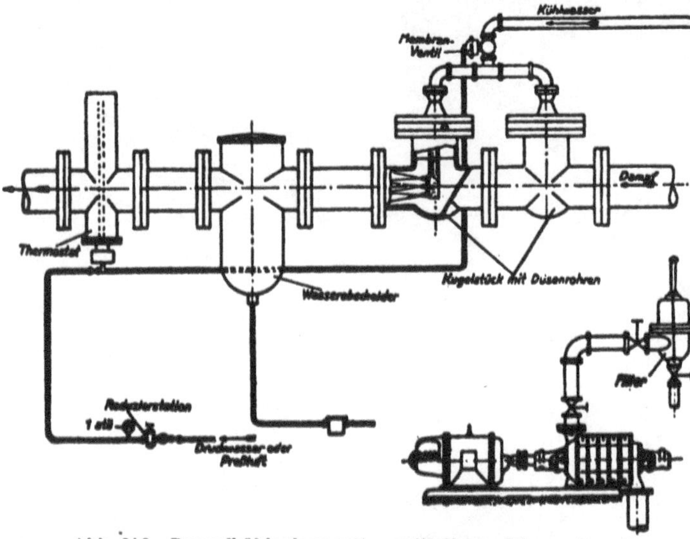

Abb. 318. Dampfkühlanlage mit unmittelbarer Wassereinspritzung nach Schlick, Dresden.

Wenn der Einbau eines Absperrteiles an der Stelle *A*, siehe Abb. 316, nicht gewünscht wird, so muß für Druckentwässerung des Absperrteiles *B* Sorge getragen werden, damit sich in dem darüber liegenden Rohrteil kein Niederschlagswasser ansammeln kann. Wie die Druckentwässerung für das Absperrteil *B* bei tiefer liegendem Hauptsammelstrang *a* ausgeführt werden kann, zeigt die Abb. 316.

7. Heißdampfkühler.

Die Verwendung von Heißdampf ist nicht in allen Fällen möglich. Er muß sehr oft zur weiteren Verwendung heruntergekühlt werden. Hierzu dienen Heißdampfkühler.

Abb. 318 zeigt eine Dampfkühlanlage durch Einspritzung fein zerstäubten Wassers in den Heißdampf nach Schlick-Dresden. Die einzuspritzende Wassermenge wird durch einen Thermostaten selbsttätig geregelt. Abb. 319 stellt den Seiffert-Einspritzkühler dar. Das Kühlwasser fließt aus einer Brause mit dem Dampf über Siebteller und verdampft hierbei zum Teil. Der Dampf kehrt alsdann um und scheidet das mitgerissene, nicht verdampfte Wasser an den Sieben wieder aus.

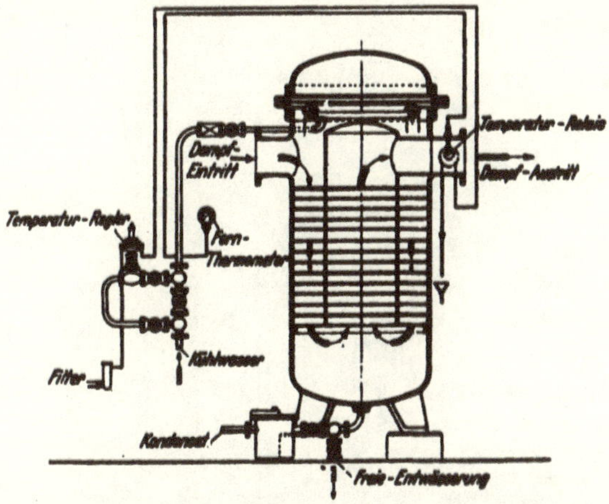

Abb. 319. Einspritz-Dampfkühler, Bauart »Franz Seiffert & Co., Berlin«.

Für die Reglung der Kühlwassermenge zur Einhaltung der gewünschten Dampftemperatur wird auch hier ein selbsttätiger Temperaturregler vorgesehen. Die Betätigung erfolgt durch ein in den Dampfaustrittsstutzen eingebautes Temperaturrelais. Dieses öffnet oder schließt bei jeder Temperaturschwankung ein Membranventil derart, daß nur etwa so viel Kühlwasser in den Kühler eintritt, als für die Herabsetzung der Dampftemperatur auf das gewünschte Maß notwendig ist. Die Reglung ist bis auf wenige Grade genau. Der aus dem Kühler austretende Dampf ist infolgedessen gleichmäßig trocken, also kein Dampfwassergemisch, das erst in den anschließenden Rohrleitungen verdampfen würde.

Das Kühlwasser ist zweckmäßig der Kesselspeisedruckleitung zu entnehmen. Es genügen wenige Atmosphären über der Dampfspannung, um die Kühlwassermenge zuzuführen. Die Temperatur des Wassers hat auf die Kühlwirkung keinen Einfluß.

Neben den Einspritzkühlern mit unmittelbarer Dampf-Wassermischung sind die Oberflächen-Dampfkühler zu nennen. Sie setzen sich nicht in so kurzer Zeit mit Wasserstein zu wie diese und erfordern damit keinen baldigen Ersatz des

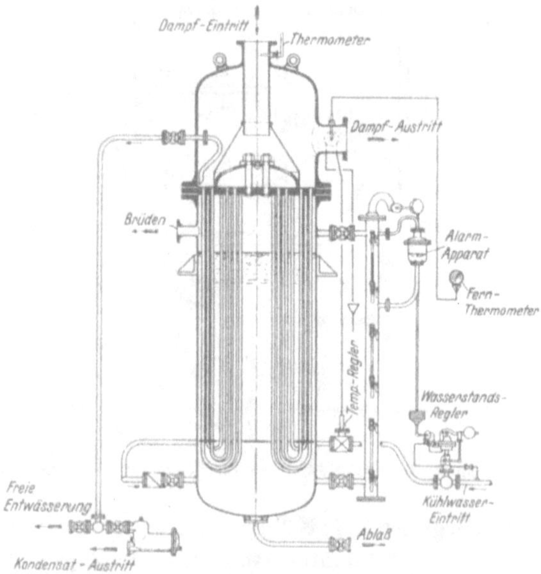

Abb. 320. Seiffert-Oberflächen-Dampfkühler.

inneren Einbaues, wenn die Kühlung nicht durch Kondensat erfolgt. Die Wärmewirtschaftlichkeit ist bei den Oberflächenkühlern besser, jedoch erfordern sie auch höhere Anlagekosten. Das Kühlwasser kann verdampft oder auch nur erwärmt werden.

Abb. 320 zeigt einen Seiffert-Oberflächenkühler. Er hat einen vollständig voneinander getrennten Dampf- und Kühlwasserraum, so daß bei der Verdampfung des Kühlwassers Dampf von beliebiger Spannung bis zur Heißdampfspannung erzeugt werden kann. Der Kühler kann ohne besondere Schutzmaßnahmen gegen Kühlwasserüberschuß vor Dampfturbinen eingebaut werden. Er ist mit einem Rohrboden versehen, in dem eine Anzahl U-förmig gebogene Kühlrohre eingewalzt sind, durch die der überhitzte Dampf strömt und seine überschüssige Wärme an das Kühlwasser abgibt. Je nach der Wasserstandshöhe im Kühlwasserraum ist eine mehr oder weniger große Kühlfläche wirksam. Von der Wasserstandshöhe ist die Abkühlung des Heißdampfes abhängig.

Die Menge des zugesetzten Kühlwassers wird selbsttätig so geregelt, daß die benötigte Wasserstandshöhe dauernd eingehalten wird. Zur Betätigung des selbsttätigen Kühlwasserreglers ist neben dem Kühler ein besonderes Standrohr mit eingebautem langen Schwimmerkörper vorgesehen. Das Standrohr steht mit dem Wasserraum des Kühlers in kommunizierender Verbindung, sodaß der Wasserstand im Standrohr und im Kühler übereinstimmt. Das Reglerventil läßt nun so viel Kühlwasser zulaufen, wie im Dampfkühler verdampft wird. Neben diesem auf konstanten Wasserspiegel arbeitenden Regler wird noch ein zweites Zusatzregelorgan in Abhängigkeit von der Temperatur vorgesehen, welches die Kühlwassermenge so beeinflußt, daß bei schwankendem Dampfverbrauch oder bei schwankender Dampftemperatur die Höhe des einzuhaltenden Wasserspiegels selbsttätig geändert wird.

8. Entwicklungen auf dem Hochdruckgebiet.

Mit den steigenden Dampftemperaturen mußte natürlich die Armaturenindustrie Schritt halten. Abb. 321 gibt zwei Eckventile und ein Rückschlagventil für eine Hochdruck-Speiseleitung von 120 at wieder. Die Ventile sind aus dem geschmiedeten Block gefräst und werden mit nichtrostendem Material gedichtet. Die Schrauben und Muttern bestehen aus Chromnickelstahl. Der Wasserstandsanzeiger Abb. 322 ist ebenfalls aus dem vollen Block heraus gearbeitet. Die Innendichtungen sind auswechselbar und aus Krupp-V2A-Stahl hergestellt. Auch die Babcock-Werke in Oberhausen (Rhld.) stellen die Hochdruckventile aus im Gesenk geschmiedete Siemens-Martin-Stahlblöcken mit oder ohne Chromnickelzusatz

Abb. 321. Schumann-Hochdruckventile.

her. Das geschmiedete Material hat vor den gegossenen Armaturen den für den Hochdruckbetrieb so wichtigen Vorzug, daß man mit Poren und Lunkerstellen nicht zu rechnen hat.

Abb. 322. Hochdruck-Wasserstandsanzeiger von Schumann, Leipzig.

Unter den zahlreichen Neuerungen auf dem Gebiete der Armaturen können mit Rücksicht auf den beschränkten Raum nur noch einige wenige genannt werden. Unter diesen zunächst der selbsttätige Kondenswasserrückleiter der Herweg A.-G. für Armaturen und Apparatebau in Düsseldorf, der die Rückleitung des Kondensates zum Kessel in der Anfangstemperatur dadurch ermöglicht, daß der Rückleiter bei jedem Abstoß größere Wassermengen auf einmal in den Kessel und dabei das Kesselwasser stark in Bewegung bringt. Die Allgemeine Rohrleitung A.-G. in Düsseldorf hat einen Wasserabscheider mit Wassersack entwickelt, der gegen Wasserschläge dadurch sichert, daß der angeordnete Wassersack sofort etwaige größere Wassermengen aufnimmt. Eine Schutzhaube mit erweitertem Durchmesser bringt das Wasser zur Ruhe und verhindert ein Wiederhochschleudern. Die Dichtungsfabrik Hugo Reinz in Berlin-Spandau ist mit einem neuen Dichtungsmaterial für sehr hohe Drucke und hohe Temperaturen herausgekommen, dem, gegenüber den bisherigen Kupfer-Asbestdichtungen, große Vorzüge zugeschrieben werden[1]).

3. Die meßtechnische Überwachung von Dampfkraftwerken[2]).

1. Die meßtechnische Überwachung der 6 Energiekreisläufe.

Eine wirtschaftliche Betriebsführung muß alle wichtigen Betriebsvorgänge in möglichst einfacher Weise zahlenmäßig unter völliger Ausschaltung irgendwelcher individueller Aufzeichnungen durch das Personal erfassen. Aber nicht nur sollen die selbsttätigen Schreibgeräte die Aufzeichnungen von Hand ersetzen, sondern das Personal soll anderseits auch wissen, daß es von höherer Stelle aus dauernd überwacht wird und daß unterlaufene Betriebsfehler unweigerlich auf dem laufenden Band der selbsttätig aufzeichnenden Meßapparate festgehalten und somit der Betriebsleitung offenbar gemacht werden. Die Aufzeichnungen der Meßgeräte müssen jederzeit einen Überblick über das »Soll und Haben« eines Betriebes gewähren; denn die objektive Gegenüberstellung von Leistung und Aufwand im Kesselbetriebe sind ebenso notwendig wie z. B. eine solche zwischen der Fabrikationsleistung und dem Zahlungseingange in der kaufmännischen Leitung des Unternehmens. Eine wirtschaftliche Betriebsüberwachung des Kesselhauses erfordert außerdem eine möglichst einfache Ausgestaltung der notwendigen Meßanlage, es dürfen weder an die Aufmerksamkeit noch an das Auffassungsvermögen des Personals erhebliche Anforderungen gestellt werden, besonders

[1]) Brennstoff- und Wärmewirtschaft, Januarheft 1 u. 2, 1930.

[2]) Die hier nur kurz gestreiften Fragen erörtert Verfasser eingehend in seinem im Verlag R. Oldenbourg, München und Berlin, 1929 erschienenen Werke: »Die Organisation der Wärmeüberwachung in technischen Betrieben.«

angesichts der psychologisch naturnotwendigen Ermüdungserscheinungen im Dauerbetrieb.

Bei der wärmetechnischen Überwachung von Dampfkraftanlagen muß im allgemeinen von 6 Energiekreisläufen ausgegangen werden[1]). Jeder von diesen Kreisläufen ist mit dem nächstfolgenden so verbunden, daß sie zusammen eine geschlossene Energiekette eines Kraftwerkes bilden. Es hängt natürlich von der Größe des Kraftwerkes und von den gestellten Zielen ab, ob eine Kette von 6, 7 oder nur von 3 oder 4 Gliedern in Frage kommt. Dementsprechend wird auch die meßtechnische Überwachung in jedem Glied der Kette für sich alleine und in der Zusammenfassung des Ganzen im zentralen Überwachungsraum ausgebildet. Die meßtechnische Überwachung eines Kraftwerkes verfolgt:

1. Die Regulierung des gesamten Energieprozesses und seine Anpassung an den Verbrauch,
2. die rechtzeitige Erkennung auftretender Fehler und Störungen in den einzelnen Teilen der Energiekette,
3. die Wirtschaftlichkeit des Energieprozesses, d. h. die Erzielung eines möglichst hohen Wirkungsgrades des Kraftwerkes.

Wie muß die meßtechnische Überwachung ausgeführt sein? Man soll nicht an einem Meßinstrument sparen, weil seine Kosten nur ein kleiner Bruchteil dessen sind, was es einbringen kann — andererseits aber soll das bedienende Personal nicht durch unnötige Beobachtungen überlastet werden und die wichtigsten Meßergebnisse immer von den weniger wichtigen unterscheiden können[2]).

Die Überwachung beginnt beim Brennstoff. Bei Ankunft muß er gewogen werden und über den Eingang und Ausgang zum Lagerplatz muß Buch geführt werden. In größeren Kraftwerken werden selbsttätige Waagen eingebaut, die auch summierende Zähler besitzen. Solche Waagen werden am zweck-

---

[1]) S. Abb. 2, S. 13.

[2]) Näheres s. 2. Apparate und Verfahren zur meßtechnischen Überwachung von Kraftwerken. S. 539 u. f.

mäßigsten an jedem Kohlenbunker angebracht. Ferner muß die Temperatur der Kohle[1]) dauernd überwacht werden.

Beim Trocknen der Kohle muß die Temperatur des Trocknungsprozesses, besonders bei Staubkohle überwacht werden. Am besten werden elektrische Widerstandsthermometer verwendet und die Anzeigen auf besonderen Überwachungstafeln angebracht, wobei es von der Wichtigkeit der Meßwerte abhängt, ob sie von einzelnen Anzeigegeräten aufgezeichnet oder ob einige Meßwerte (bis 18—24) von einem einzigen Gerät mittels Umschaltung angezeigt werden.

Abb. 323 zeigt einige Überwachungstafeln von Siemens & Halske in einem großen deutschen Kraftwerk. Auf den vier mittleren Tafeln sind 16 Profilinstrumente für 48 Temperaturmeßstellen an den Kesselbunkern angebracht. Links und rechts befindet sich je ein Anzeigegerät mit Grenzkontakten, das auf je 5 Meßstellen in den beiden Bunkern selbsttätig umgeschaltet wird. Die Grenzkontakte werden in Bewegung gesetzt, sobald die Temperaturen der Kohle in den Kohlenbunkern zu hoch steigt. Die Höhe der Kohlenschicht in den Bunkern kann auch mittels elektrischer Kontakte auf besonderen Anzeigegeräten ersichtlich gemacht werden.

Abb. 324 zeigt eine Meßanlage zur Betriebsüberwachung eines Kohlentrockners mit Kohlenstaubbunker.

In Punkt *1* wird der Druck des Heizdampfes, in Punkt *7* der Druck des Windes hinter dem Zyklon und in Punkt *10* der Druck im Windkessel abgenommen. In Punkt *5* wird der Zug von dem Elektrofilter, in Punkt *2* die Menge des Heizdampfes mittels Meßflansch, in Punkt *3* die Kondensatmenge mittels Scheibenzähler und in Punkt *9* die Menge des Kühlwassers (Kompressor) mittels Voltmann-Zähler gemessen. In Punkt *4* wird die Temperatur der Brüden, in Punkt *8* die Temperatur im Kohlenstaubbunker mittels Widerstandsthermometer und in Punkt *6* die Feuchtigkeit der Brüden mittels elektrischem Feuchtigkeitsmesser festgehalten.

Die Überwachung der Feuerung hängt selbstverständlich auch von der Bemessung des Kessels, von der Art der Feuerung, vom Brennstoff, von der Feuerungsluft und Ausnutzung

[1]) Besonders bei leichtentzündlichen Brennstoffen.

der Brenngase ab. Z. B. wird ein Kessel unter 400 m² Heizfläche weniger Apparate brauchen als ein solcher von 1200 oder 2000 m². Faßt man Kreislauf I (Kohle-Asche) und Kreislauf II (Verbrennungsluft) zusammen, so wird bei Großkesseln mit

Abb. 323. Überwachungstafeln für die Kohlenstaubbunker in einem Kraftwerk.

Kohlenstaubfeuerung außer dem schon früher beschriebenen Ausmessen der Kohle und der Überwachung der Kohlenstaubbunker, noch der Druck der Förderluft, der Druck der Düsenmantelluft, der Druck in der Warmluftkammer, ferner der Zug vor und hinter dem Kessel und der Zug vor der Rauchgasklappe, wie auch die Rauchdichte im Kamin zu messen sein. Außerdem müssen die Temperaturen der Förderluft, der Heißluft über dem Granulierrost an der Brennkammerhängedecke, die Temperatur der Rauchgase, der CO_2- und $CO + H_2$-Gehalt der Rauchgase und die Einstellung der Kaltluftklappen, Förderluftmischklappen, Rauchgasklappen an-

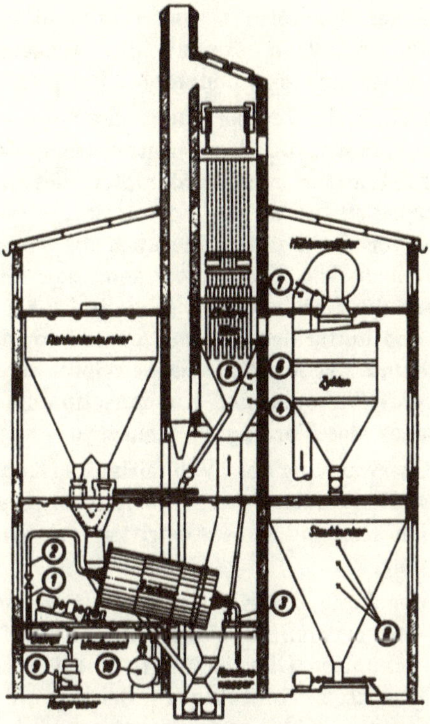

Abb. 324. Meßstellen zur wärmetechnischen Betriebsüberwachung eines Kohlentrockners mit Kohlenstaubbunker.

gezeigt werden. Zuletzt muß auch die Drehzahl der Zubringermotoren beobachtet werden.

Bei einem Kessel mit Wanderrostfeuerung muß eine Anzeige vom Zug in den Unterwindkanälen und über dem Rost, der Lufterhitzertemperatur, der Verbrennungsluft in den Windkanälen, der Rauchgase hinter dem Kessel und hinter dem Lufterhitzer, der CO_2- und $CO + H_2$-Gehalt der Rauchgase, die Drehzahl des Unterwindgebläses und der Rostmotoren sowie auch die Einstellung der Rauchgasklappen gemessen werden.

Der Speisewasser-Dampfkreislauf wird die Überwachung der Kondensatmenge der verschiedenen Dampfdruckstufen des Brüdenkondensates, der Speisewassermenge, der Zusatzwasser-, Rohwasser- und Heizdampfmenge in den verschiedenen Stufen des Vorwärmer- und Verdampfungsprozesses notwendig machen; dazu kommt die Mengemessung des erzeugten Dampfes und des Zudampfes für jede Turbine.

Weiter müssen die Temperaturen des Speisewassers, der verschiedenen Kondensate, des Zusatzwassers, des Rohwassers, des Frischdampfes zum Verdampfer, des Heißdampfes in den verschiedenen Stufen des Vorwärmerprozesses und des Frischdampfes vor der Turbine wie auch die Temperatur des Speisewassers nach dem Economiser gemessen werden. Desgleichen müssen die Drücke des Frischdampfes am Kessel, des Dampfes vor und hinter dem Überhitzer und vor der Turbine, des Turbinen- und Brüdenkondensates erfaßt werden. Hinzu kommt noch das Vakuum der Kondensation und die Leitfähigkeitsmessung des Turbinenkondensates.

Für die Überwachung des IV. Kreislaufes (Kühlwasser) ist die Menge des Kühlwassers, seine Eintrittstemperatur in den Turbinenkondensator und seine Austrittstemperatur aus demselben notwendig.

Zur Überwachung des Kreislaufes V (Generatorkühlluft) werden die Temperaturen im Warm- und Kaltluftkanal, des warmen und gekühlten Öles benötigt, wobei auch eine Gefahrenmeldung mittels Kontakte in der Warmluftkammer, Kaltluftkammer und Kühlwasseraustritt anzubringen ist[1]).

Abb. 325 gibt das Überwachungsschema für ein mittleres Kraftwerk nach Bopp und Reuther.

Es ist im vorstehenden nur kurz angedeutet worden, welche Meßergebnisse benötigt werden. Selbstverständlich hängt es von der Größe der Kraftanlage und von der Wich-

[1]) Die meßtechnische Überwachung des elektrischen Kreislaufes fällt außerhalb des Betrachtungskreises dieses Buches. Sie ist auch zu umfangreich, um diese hier auch nur übersichtlich zu besprechen.

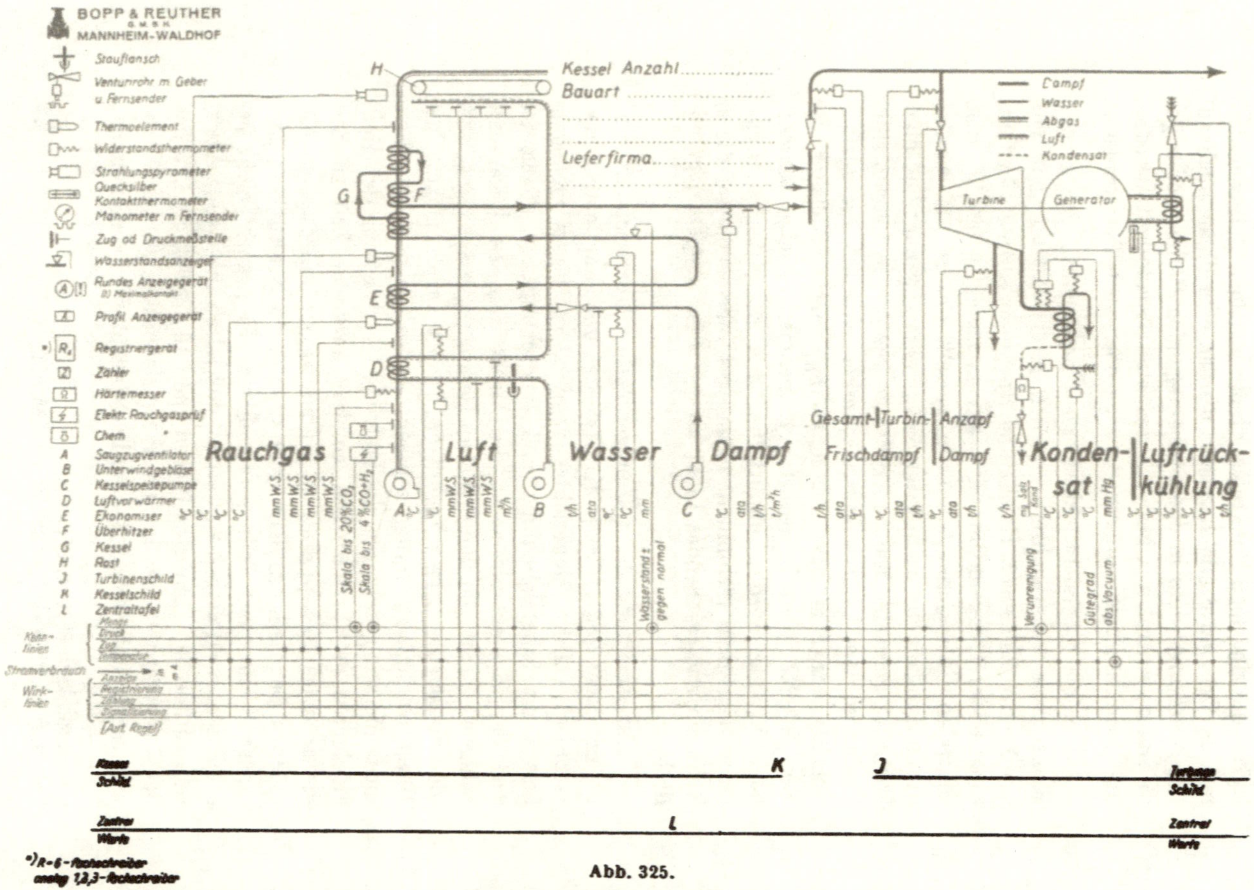

Abb. 325.

Gesamtschema der meßtechnischen Überwachungsanlage für ein mittleres Kraftwerk.

tigkeit der einzelnen Punkte ab, ob die einzelnen Meßergebnisse nun an Ort und Stelle angezeigt werden oder ob sie auch auf Überwachungstafeln in den nächstliegenden Räumen oder gar in einem zentralen Überwachungsraum wiederholt werden, und zwar in Form von nur Anzeige oder auch Registrierung.

Um die Übersichtlichkeit der Überwachung der ganzen Kraftanlage zu erleichtern, werden in der letzten Zeit von den Firmen Siemens & Halske und Hartmann & Braun, Leuchtschaltbilder[1]) angefertigt, die am zweckmäßigsten in dem zentralen Überwachungsraum aufgestellt werden. Es werden durch Symbole die wichtigsten Meßpunkte angezeigt und auch kenntlich gemacht, welche Aggregate zur Zeit in Betrieb sind, so daß es dem Überwachungstechniker leicht ist, die nötigen Schritte zur Ein- bzw. Ausschaltung einzelner Glieder der Energiekette je nach Bedarf vorzunehmen. Einige Schieber oder Ventile werden unmittelbar mit der Überwachungsleuchtschalttafel verbunden, so daß bei Inbetriebnahme dieser Teile ein entsprechendes Licht an der Tafel aufgeht oder erlischt.

Zur Ausübung der wärmetechnischen Überwachung muß bei mittleren und größeren Kraftwerken unbedingt ein wärmetechnisches Büro eingerichtet werden, zu dessen Obliegenheiten die Inbetriebnahme und Bewachung der Meßgeräte und der Meßzentrale sowie die Auswertung der Ergebnisse gehören. Es ist von den örtlichen Bedingungen abhängig, wieviel Ingenieure bzw. Techniker in den wärmetechnischen Büros beschäftigt werden müssen. Jedenfalls muß das Büro imstande sein, nicht nur die laufende Überwachung der Meßergebnisse zu überschreiben, sondern auch von Zeit zu Zeit die einzelnen Meßapparate zu prüfen, wie auch in längeren Abständen Generalkontrollversuche des ganzen Kraftwerkes oder innerhalb einzelner Teile vorzunehmen. Es braucht nicht besonders hervorgehoben zu werden, daß falsch anzeigende Apparate zu falschen Schlüssen führen und daß deshalb die Prüfung der Instrumente mit den im Wärmelaboratorium des Kraftwerkes befindlichen Standardinstrumenten[2]) vorgenommen

---

[1]) S. Abb. 337, S. 558.

[2]) S. z. B. Rauchgasprüfer, S. 565 u. f.

werden muß. Bis jetzt gibt es leider noch keine einheitlichen Formulare, in welche die Ergebnisse der Überwachung der Kraftwerke eingetragen werden. Man kann feststellen, daß auf einzelnen Kraftwerken die entsprechenden Formulare zu weitgehend sind, während auf den anderen umgekehrt so wenig Ergebnisse eingetragen werden, daß sich vollständige Schlüsse über den richtigen Lauf des Werkes nicht ziehen lassen.

In dieser Beziehung hat die 5. russische wärmetechnische Konferenz in Moskau Schritte unternommen, die auch für Deutschland wertvoll sind. Die Formulare S. 540—545 bringen einige Formulare zur Überwachung des Kessel- und Maschinenhauses, die von der obengenannten Konferenz vorgeschlagen worden sind[1]).

2. Apparate und Verfahren zur meßtechnischen Überwachung von Kraftwerken.

Für eine zweckentsprechende Durchführung der Organisation der Wärmeüberwachung ist es von ausschlaggebender Bedeutung, daß zuerst Klarheit darüber geschaffen wird, in welcher Weise die Auswertung der Messungen auf das in Betracht kommende Personal (Kesselwärter, Oberheizer und Betriebsleiter) verteilt werden soll. Es hat sich allgemein eingebürgert, dem Heizer die für seine Obliegenheiten wichtigen Ablesungen an einem Kesselschild vor Augen zu führen, während die selbsttätigen Aufzeichnungen der Meßgrößen aus dem Kesselhaus herausgenommen und im Betriebsbureau oder in einer besonderen Meßzentrale vorgenommen werden.

Für die Art der Durchbildung des Kesselschildes und der Meßzentrale sind folgende drei Betriebsarten grundlegend:

1. Einzelkessel oder kleinere Kesselhäuser mit gleichmäßiger Belastung durch nur eine oder wenige Verbraucherstellen, wobei die Kessel mit einfacher Kohlenfeuerung ausgestattet sind.
2. Mittlere Kesselhäuser mit schwankendem Verbrauch.
3. Großkesselanlagen mit Kohlenstaub, Gas- oder Ölfeuerung.

---

[1]) Näheres s. 5. russische wärmetechn. Konferenz in Moskau, Mai 1928. — Nachrichten des wärmetechn. Forschungsinstituts in Moskau, Jahrg. 1929, Nr. 5.

Kraftwerk . . . .
Kesselhaus Nr. . . . . , den . . . . 19 . .
Kessel Nr. . .

Gesamt-Dampfleistung (Wasser)	Mittelwerte			
1. Schicht 2. Schicht 3. Schicht				
Mittel für den Tag				
Schicht Nr. / Stunden	Anzeige des Wassermessers	°C des überhitzten Dampfes	°C Abgase hinter dem Kessel	Zug hinter d. Kessel mm WS.
	Kessel Nr.	Kessel Nr.	Kessel Nr.	Kessel Nr.

Mittelwerte CO_2 und CO in den Abgasen hinter den Kesseln nach Diagrammen in %							
Kessel Nr.							
1. Schicht	CO_2						
	CO						
2. Schicht	CO_2						
	CO						
3. Schicht	CO_2						
	CO						
für den Tag	CO_2						
	CO						
Platz für Bemerkungen über Betriebsstörungen im Kesselhaus							

Unterschriften der Oberheizer
1. Schicht: . . . .
2. Schicht: . . . .
3. Schicht: . . . .

Kesselhaus-Ingenieur
. . . .

Tagesformular für einzelne Kessel.

Kesselhaus Nr. . . .., den .... 19 . .

Kesselgruppe . . . .

Mittelwerte

Stunden	Wassermesseranzeige	Dampf – Temperatur: Druck in der Gesamt-Dampfleitung	Dampf – Temperatur: überhitzter Dampf i. d. Ges.-Dampfleitg.	Wasser – Temperatur: vor Dampfvorwärmer	Wasser – Temperatur: hinter Dampfvorwärmer	Wasser – Temperatur: hinter dem Economiser	Luft – Temperatur: vor dem Vorwärmer	Luft – Temperatur: hinter dem Vorwärmer	Abgase – Temperatur: vor dem Economiser	Abgase – Temperatur: hinter dem Economiser	Abgase – Temperatur: hinter dem Luftvorwärmer	Abgase – Inhalt am Kesselhausende: Rauchgastemperatur	Abgase – Inhalt am Kesselhausende: CO_2	Abgase – Inhalt am Kesselhausende: $CO + H_2$
Meßeinheit.														
1	2	3	4	5	6	7	8	9	10	11	12	13	14	15
für den Tag														
für die Arbeitszeit														

Brennstoff und Rückstände

Nr.		Meßeinheiten			
16	Brennstoffart und Marke				
17	Stammort des Brennstoffes				
		m³ oder Tonnen			
18	Rückstand vom vorigen Tag				
19	Eingang von dem heutigen Tag				
20	Rückstand zum Schluß d. Tages				
21	Ausgabe für d. Tag (18 + 19 — 20)				
22	Gewicht von 1 m³ [1])				
23	Gewicht der Schlacken u. Rückstände [2])				

[1]) Spez. Gewicht bei flüssigem Brennstoff

[2]) Anzahl der Wagen, Kisten usw.

Arbeitsweise der Kessel und Economiser

Nr. d. Arbeitskessel u. Econ.	Zeit-Angaben: Anheizung	Zeit-Angaben: Einschaltung	Zeit-Angaben: Ausschaltung	Zeit-Angaben	Zeit-Angaben	Zeit-Angaben: Rostreinigung 1. Schicht	Zeit-Angaben: Rostreinigung 2. Schicht	Zeit-Angaben: Rostreinigung 3. Schicht	Arbeitsstunden: für die Arbeitszeit	Arbeitsstunden: für den Tag
24	25	26	27	28	29	30			31	32

Unterschriften der Oberheizer { 1. Schicht: . . . . / 2. Schicht: . . . . / 3. Schicht: . . . .

Kesselhaus-Ingenieur

. . . .

Kesselhaus-Tagesformular.

(40 × 16 cm)

Kraftwerk . . . .

Kesselhaus Nr. . .   Vom 1. Jan. 19 . . bis 1. Jan. 19 . .

Kesselgruppe . . . .

Monate	Mittelwerte der Arbeitscharakteristik des Kesselhauses													Bemerkungen
	Gesamtdampfmenge	Dampfabgabe	Dampfmenge (Normaldampf)	Gesamte Dampfabgabe für eigenen Verbrauch (Normaldampf)	Kesselbeanspruchung für die Arbeitszeit (Normaldampf)	Brennstoff-verbrauch			Gesamt-brennstoffverbrauch bez. auf 7000 cal	Wirkungsgrad brutto η_{br}	Wirkungsgrad netto (minus Eigenwert)	Ausnutzungsquotient der Kesselheizfläche	Gesamte Wasserhärte hinter der Speisepumpe	
	t	t	t	t	kg/m²	Tonnen			t	vH	vH	vH	Deutsche Grade	
	1	2	3	4	5	6	7	8	9	10	11	12	13	
Januar														
Februar . . .														
. . . .														
. . . .														
Dezember . .														

Kesselhaus-Jahresjournal (s. a. S. 543).

(38 × 13 cm)

Beschreibung der Kesselanlage	Bezeichnungen	Einheiten	Nr. der Kessel		
			1	2	3
1. Kesselsystem	—	—			
2. Heizfläche der Kessel . .	H_k	m²			
3. Heizfläche der Überhitzer	H_{ab}	m²			
4. Art der Feuerung	—	—			
5. Rostfläche	R_f	m²			
6. Feuerungsraum	V_f	m³			
7. Art der Economiser . . .	—	—			
8. Heizfläche der Economiser	H_{ec}	m²			
9. Art der Luftvorwärmer .	—	—			
10. Heizfläche der Vorwärmer	H_v	m²			
11. Art des Zuges					
12. Art des Unterwindes . .					
. . . .					

Leiter des Kesselhauses . . . .

Leiter des Wärmetechnischen Büros . . . .

Kesselhaus-Jahresjournal.

Im ersten Betriebsfalle ruht das Schwergewicht auf dem sog. Kesselschild (Abb. 326 u. 327), welches die für die Obliegenheiten des Heizers notwendigen Messungen am Kessel selbst anzeigt, während die im Betriebsbüro untergebrachten Registriergeräte und Zähler (Abb. 328) die statistischen Unterlagen für die Zwecke der Betriebsbuchführung und zur Nachprüfung des Personals liefern. Abb. 329 bringt einen Einfachschreiber der Askania-Werke und Abb. 330 einen Mehrfarbenschreiber der Firma Klinkhoff-Wien[1]).

Eine wünschenswerte Ergänzung des Kesselschildes ist der sog. heruntergezogene Flüssigkeitsstandanzeiger, ein Instrument, das es dem Heizer ermöglicht, die Höhe des Wasserspiegels eines Oberkessels leicht und mit ausreichender Genauigkeit in Augenhöhe abzulesen. Ein solches Gerät ist z. B. der

[1]) Bei der Auswahl der Abbildungen hat Verfasser vornehmlich solche Firmen berücksichtigt, die in seinem Werke »Die Organisation der Wärmeüberwachung«, Verlag R. Oldenbourg, München-Berlin 1929, keine Erwähnung gefunden hatten.

(40 × 30 cm)

Kraftwerk . . . .

Nennleistung . . . . . . kW Maschinenhaus (oder Station) . . . . . .

Arbeitsleistung . . . . . kW Turbogenerator Nr. . . . ., den . . . . 19 . .

Stunden	Mittelwerte																			Bemerkung
	Umdrehungszahl	Dampf											Öl							
		vor Turbine			Druck hinter d. Regulierschieber	Dampfdruck hinter d. 1. Stufe	Dampfzwischenentnahme (Zufuhr)			hinter Turbine			Druck		Temperatur					
		Dampf-meßanzeige	Druck	Temperatur			Dampf-meßanzeige	Druck	Temperatur	Vakuum am Kondensatorstutzen	Gegendruck	Temperatur	Regler	Lager	vor dem Lager	hinter Stützlager	hinter dem 1. Lager	hinter dem 2. Lager	hinter dem 3. Lager	
	U/min		atü	°C	atü	atü		atü	°C	mm HgS	atü	°C	atü	atü	°C	°C	°C	°C	°C	
	1	2	2	4	5	6	7	8	9	10	11	12	13	14	15	16	17	18	19	20

	Barometerstand mm HgS	Temp. der Außenluft		Einschaltung und Ausschaltung des Turbogenerators		Unterschriften der Maschinisten	
		trocken. Therm. °C	feuchtes Therm. °C				
1. Schicht 2. Schicht 3. Schicht				Anlaß der Turbine Erreichung der norm. Umdrehungszahl Abstellung des Dampfes für die Turbine Stillstand des Motors			Leiter des Kraftwerkes . . . .

Anmerkung. Der diensttuende Maschinist muß alle Unregelmäßigkeiten in der Arbeit des Turbogenerators unter 20. vermerken.

Turbinen-Tagesformular.

Kraftwerk . . . .

Maschinenhaus Nr. . . . . , den . . . . 19 . .

Turbogenerator Nr. . . . . .

Stunden	Mittelwerte															Bemerkungen
	Pumpenantrieb							Kühlwasser			Kondensat		Entlüftung		Temperatur der abgeführten Luft	
	Elektrisch		Dampf					Druck der Umwälzpumpe	Temperatur		Temperatur	Wassermesser-anzeige	Arbeitswasser			
	Umdrehungs-zahl	Strom-stärke	Dampf-messer-anzeige	Dampf vor der Turbine		Dampf hinter d. Turbine			vor dem Kondensator	hinter dem Kondensator			Tem-peratur	Druck		
				Druck	Tem-peratur	Druck	Tem-peratur									
	U/min	A		atü	°C	atü	°C	m/WS.	°C	°C	°C		°C	m/WS.	°C	
	1	2	3	4	5	6	7	8	9	10	11	12	13	14	15	16

Anmerkung. Der Diensttuende ist verpflichtet, alle Unregelmäßigkeiten in der Arbeit des Turbogenerators unter 16. zu vermerken.

Unterschriften
- 1. Schicht: . . . .
- 2. Schicht: . . . .
- 3. Schicht: . . . .

Leiter des Kraftwerkes

. . . .

Tagesformular für den Kondensationsteil des Turbogenerators.

Abb. 326. Kesselschild, Bauart »Askania«.

Abb. 327. Kesselschild von Dr. M. Böhme.

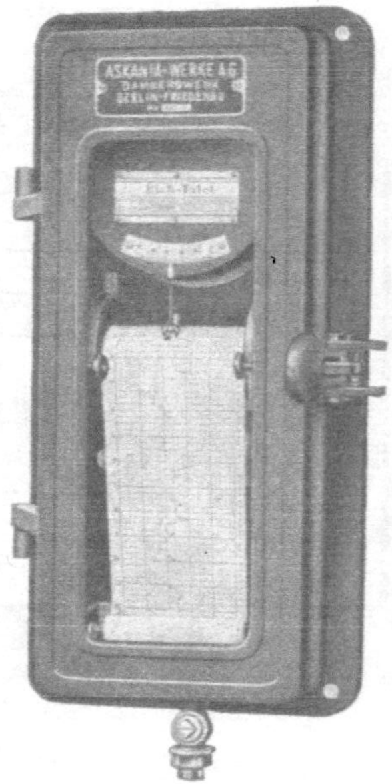

Abb. 329. Einfachschreiber, Bauart »Askaniawerke«.

herabgezogene Wasserstand der Klinkhoff-Apparatebau, Berlin, mit einem Zifferblatt von 300 mm Durchmesser und einer Skala über 300 Winkelgrade.

Abb. 328. Selbstschreiber in einem Betriebsbüro.

Die Bedienungshebel und Steuerorgane sind möglichst räumlich vereinigt in Sicht des Kesselschildes anzubringen. Das Einhalten dieser Forderungen ist allerdings mehr oder weniger von der Bauweise der jeweiligen Kesselanlage abhängig.

Im zweiten Falle werden wieder die für den Heizer notwendigen Ablesungen am Kessel selbst auf dem Kesselschild vorgenommen. Die Meßzentrale nimmt gleichfalls wieder die Registriergeräte auf; sie dienen aber jetzt nicht nur zur Nachprüfung und zur Aufstellung von Statistiken, sondern zur ständigen Überwachung und zur Gesamtleitung des Dampf-

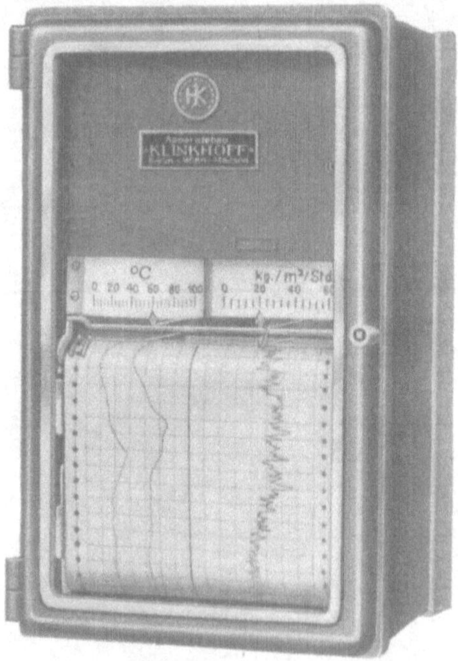

Abb. 330. Mehrfarbenschreiber für 2—16 Meßstellen, Bauart Klinkhoff-Berlin-Wien.

betriebes durch einen Oberheizer oder Betriebsführer. Diese Art der Meßanlage kommt besonders dann in Frage, wenn es sich um die Versorgung eines weitverzweigten Dampfnetzes handelt, bei welchem von der Zentrale aus sofort die jeweilige Dampflieferung der Nachfrage angepaßt werden muß. Die Meßzentrale ist also in diesem Betriebsfalle im Gegensatz zum ersten zugleich zur zentralen Befehls- und Verteilungsstelle entwickelt worden. Sie erhält deshalb neben den zur ordnungsgemäßen Kesselüberwachung notwendigen selbsttätigen Schreibgeräten noch häufig Übersichtstafeln mit

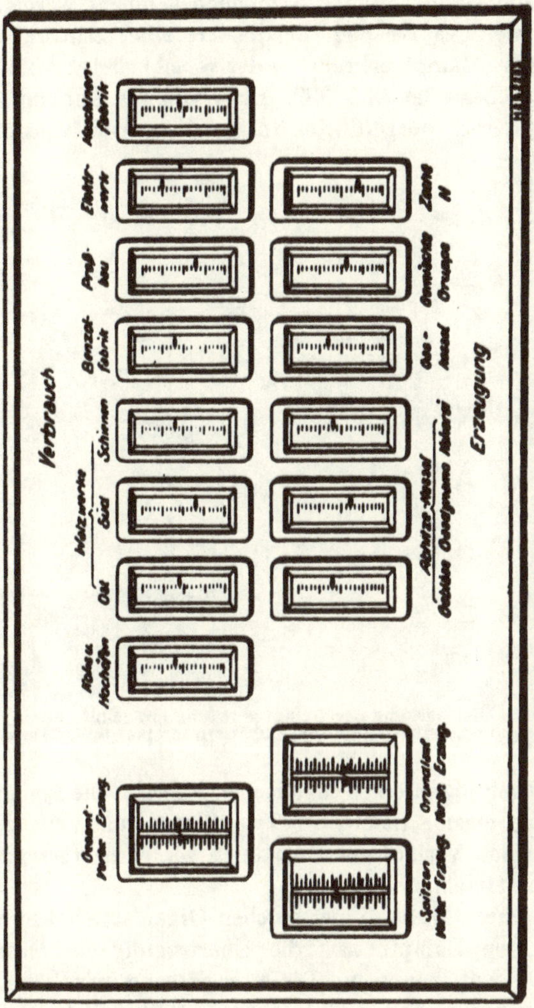

Abb. 331. Überwachungstafel für die Dampfverteilung eines Hüttenwerkes.

Anzeigeinstrumenten zur unmittelbaren Kenntlichmachung des Standes der Dampfverteilung. Eine derartige Tafel zeigt Abb. 331. Auf dieser wird die Erzeugung der einzelnen Kessel oder Kraftwerke den Entnahmemengen der einzelnen Verbraucher gegenübergestellt. Durch eine besondere Schaltung der elektrischen Übertragungen kann auch die Summenanzeige einer Gruppe von Messungen möglich gemacht werden.

Ein weiteres Beispiel für die Art einer zentralen Überwachung des Dampfverbrauches der verschiedenen Abteilungen eines Betriebes zeigt Abb. 332. Diese von der Klinkhoff-Apparatebau, Berlin, ausgeführte Anlage dient zur Kontrolle der

Abb. 332. Überwachung der Dampfverteilung mit selbstschreibenden Klinkhoff-Zelenka-Dampfmengenmessern in einer Sulfatfabrik.

Dampfverteilung in einer chemischen Fabrik. Die registrierenden Dampfmesser liefern in Tagesdiagrammen ein genaues Bild über den Verlauf der Entnahme von sechs verschiedenen Verbrauchsstellen.

Die Durchführung einer solchen Organisation bedingt bei ausgedehnten Dampfnetzen die Übertragung der Messungen auf große Entfernungen. Diese Forderung wird heute mit Hilfe elektrischer Fernmeßverfahren erfüllt. Sodann ist, wie es z. B. von der elektrischen Fernübertragung von Temperaturwerten her bekannt ist (Abb. 333 zeigt eine Ablesestation für Anschluß bis zu 24 Meßstellen in wasserdichtem Gehäuse), eine zweckentsprechende Ausbildung der Nachrichtenvermittlung erforderlich, mit deren Hilfe dem Betriebe von der Meß- und Befehlsstelle aus die auf Grund der jeweiligen Angaben der Meßgeräte notwendig werdenden Maßnahmen dem Betriebe rückläufig mitgeteilt werden. Hierzu dienen Schalter zur Fernauslösung von Leucht- und Hörsignalen, welche zweckmäßigerweise mit Bestätigungssignalen zur Rückmeldung empfangener Befehle ausgestattet werden und die unmittelbar neben oder unter denjenigen Meßgeräten einzubauen sind, deren Meßgröße durch die Befehlsgabe eine Änderung zu erfahren hat. Die übliche Bauform einer solchen Überwachungsstation ist die einer Schaltbühne oder eines Schaltpultes, dessen Mittelplatz gleichzeitig den Schreibtisch des Überwachungsingenieurs bildet. Daneben benutzt man aus Gründen der Betriebssicherheit das selbsttätige Meldeverfahren, bei dem die gleichen Signale durch Grenzkontakte der Meßgeräte beim Überschreiten des zulässigen Höchst- oder Niedrigstwertes selbsttätig ausgelöst werden. Das Betriebstelephon zur Ergänzung des beschriebenen Meldesystems ist eine Selbstverständlichkeit.

Abb. 333. Wasserdichte Ablesestation zum Anschluß an elektrische Widerstandsthermometer von —200° bis +600° C, thermoelektrische Pyrometer bis 1600° C, Strahlungspyrometer von 600° bis 2000° C, ferner für Druck-, Zug- und Mengenmesser.

In dem dritten Betriebsfall könnte das letzte Ziel einer sparsamen Wärmeüberwachung des Kesselhauses durch Fernsteuerung der Kessel erreicht werden und somit die Obliegenheiten des Heizers in Fall 1 und 2 auf den Überwachungsbeamten in der Befehlszentrale übergehen.

Bei der Kohlenstaubfeuerung — wie übrigens auch bei den Gas- und Ölfeuerungen — beschränkt sich nämlich die eigentliche Bedienung der Kessel auf die Betätigung von Regelorganen. Steigt beispielsweise die Belastung der Anlage, so wird mittels Fernschalter zunächst die Drehzahl der tourenregelbaren Saugzugventilatoren und danach die der Kohlenstaubförderschnecken erhöht. Schließlich kann durch Fernbetätigung der Vorwärmerklappen noch dafür gesorgt werden, daß die Temperaturhöhe der vorgewärmten Verbrennungsluft erhalten bleibt. Abb. 334 zeigt eine derartige, von der

Abb. 334. Fernsteueranlage von Hartmann & Braun, Frankfurt a. M., für das Großkraftwerk »Böhlen«.

Firma Hartmann & Braun, Frankfurt a. M., gebaute Fernsteueranlage für die mit Kohlenstaub gefeuerte Großkesselanlage des Großkraftwerkes Böhlen.

Damit aber ist eine Anordnung gegeben, von welcher es bis zur völligen Selbstbetätigung des Betriebes nur noch ein Schritt ist. Solche Anlagen kommen für Großbetriebe in Frage, in denen allein schon die Ausmaße der Kesseleinheiten eine restlos durchgeführte Zentralisierung und damit naturnotwendig eine möglichst weit getriebene Mechanisierung der gesamten Kesselführung erforderlich machen.

Diese Mechanisierung wird aber heute noch aus Sicherheitsgründen zweckmäßig nicht bis zur vollkommenen Selbstreglung des Kesselbetriebes getrieben.

Die drei wichtigsten Meßorgane der vorbeschriebenen Organisation der Wärmeüberwachung sind:

1. das Kesselschild,
2. das Hallenschild,
3. die Meßzentrale.

Hinzu kommt für den nachgeschalteten Maschinenbetrieb:

4. das Maschinen-(Turbinen-)Schild.

Für die Ausbildung der Meßgeräte auf dem Kesselschild sind folgende drei Gesichtspunkte maßgebend:

Die zahlenmäßige Erfassung der auf das Verhalten von Dampfkessel und Feuerung einwirkenden Einflüsse erfordert einerseits eine größere Anzahl von Meßgeräten. Der Heizer kann aber anderseits nur eine beschränkte Anzahl Instrumente überblicken. Der hier zutage tretende Widerspruch kann durch die Verwendung sog. Doppelprofilgeräte überbrückt werden, weil auf diese Weise die Zahl der abzulesenden Skalen auf die Hälfte vermindert und damit die Übersichtlichkeit des Kesselschildes entsprechend erhöht wird. Diese Doppelprofilgeräte gelangen überall dort zur Verwendung, wo für zwei wesensgleiche Messungen (z. B. die Abgastemperaturen vor und hinter dem Economiser) die gleiche Skala verwendet werden kann.

Man begnügte sich jedoch nicht mit dieser Vereinfachung, sondern man machte die zahlenmäßige Ablesung durch die Einführung des Folgezeigergerätes überhaupt entbehrlich. Es handelt sich hierbei um Doppelinstrumente mit derart aufeinander abgestimmten Meßwerken, daß ein bestimmtes Verhältnis der beiden Meßgrößen durch übereinstimmende Stellung der beiden Zeiger angezeigt wird. Ein derartiges Gerät zeigt also nur eine Übereinstimmung zweier Marken, der beiden sog. Folgezeiger an. Dies ist wohl die anschaulichste Form, in der überhaupt eine Messung dargetan werden kann. Man macht von der Folgezeigeranordnung besonders dann Gebrauch, wenn die gleiche Meßgröße an beiden Seiten eines

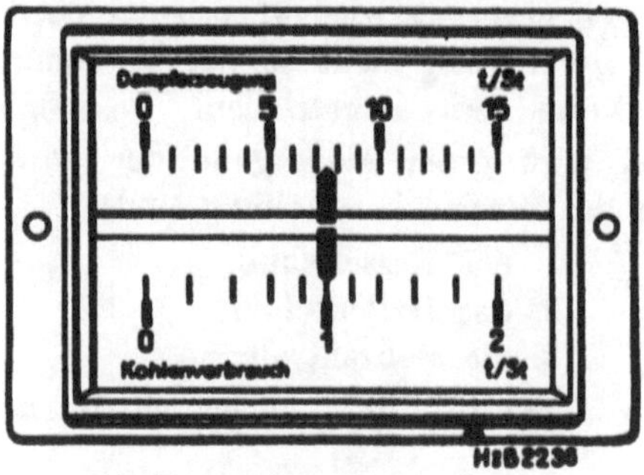

Abb. 335a. Doppelprofilinstrument (Folgezeigergerät).

Großkessels beobachtet werden soll und der Zweck der Messung vorwiegend in der gleichartigen Führung beider Kesselhälften liegt. Abb. 335a zeigt ein solches Doppelprofilinstrument, während Abb. 335b als Beispiel dafür dienen soll, daß sich für

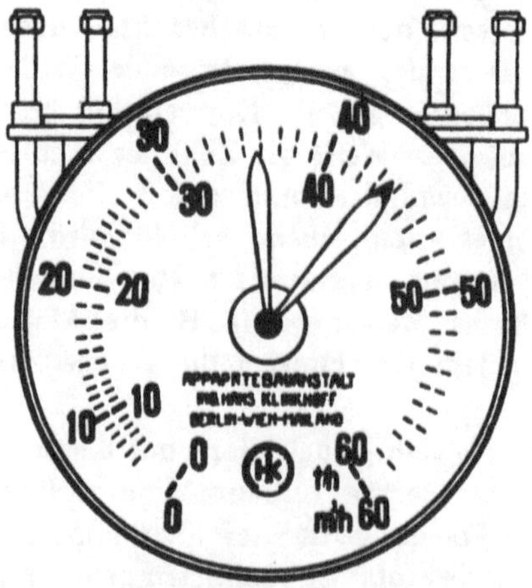

Abb. 335b. Doppelgerät Bauart »Klinkhoff« für Speisewasser- und Dampfmenge.

derartige Doppelinstrumente auch auf rein mechanischem Wege einwandfreie Ausführungen finden lassen. Die Abbildung stellt ein Doppelgerät der Klinkhoff Apparatebau-G. m. b. H. Berlin dar, bei dem das Folgezeigerprinzip für die gespeiste Wasser- und die daraus erzeugte Dampfmenge eines Kessels durchgeführt ist. Gleichzeitig können die Absolutwerte beider Mengen auf großen und daher deutlichen Skalen leicht abgelesen werden.

Abb. 336. Warte von Siemens & Halske mit Schildern für 6 Kessel.
Alle Meßwerte werden auf Profilinstrumenten angezeigt, außer dem Druck, für welchen ein rundes Anzeigeinstrument verwendet wird. Es werden angezeigt die einzelnen Druck- und Zugmeßwerte, die Temperaturmessungen, CO_2, $CO + H_2$-Messungen, die Drehzahl der Hauptschneckenwelle, der Druck der Düsenmantelluft im Luftmischkasten, die Temperatur der Förder-Heißluft, des Dampfes und der Brennkammer. Die Dampfmenge wird in einer Summenschaltung angezeigt. Außerdem sind die Steuerschalter für Gebläse und Zuteilmotoren des Kessels so angeordnet, daß deren Arbeitsweise mit Hilfe von Stromumspannungsmessern sowie Signallampen überwacht wird. Die Drucknäpfe vorn am Rande des Pultes dienen zur Fernsteuerung des Klappengetriebes für die Einstellung der Kaltluftklappen zwischen Kaltluftgebläse und Lufterhitzer, der Förderluftklappen, der Zuteil- und der Rauchgasklappen im Leerfuchs. Die Klappenstellung wird an den einzelnen Profilinstrumenten der Kesseltafel angezeigt.

Aber man ist auf Grund der folgenden Überlegung mit der Vereinfachung des Kesselschildes noch weiter gegangen:

Die erforderlichen Messungen lassen sich in solche aufteilen, auf welche der Heizer Einfluß nehmen kann und in solche, welche nicht seiner Einwirkung unterliegen, da sie vom baulichen oder vom Verschmutzungszustand des Kessels abhängen. Er benötigt also allein die erste Gruppe von Messungen im laufenden Kesselbetrieb. Um die Aufmerksamkeit des Heizers demzufolge nicht durch unnötige Beobachtungen abzulenken, werden die Meßapparate auf dem Kesselschild in zwei Gruppen getrennt. Diese Maßnahme kann nun so durchgeführt werden, daß die erste Gruppe durch eine farbige Umrahmung auf dem Kesselschild der erhöhten Aufmerksamkeit des Heizers nahegebracht wird; es können aber auch beide Gruppen räumlich vollständig voneinander getrennt auf zwei selbständigen Kesselschildern oder auf zwei getrennten Feldern einer gemeinsamen Tafel angeordnet werden. Das erste Schild wird somit zur Wärmeschalttafel für die Kesselbedienung, das zweite Schild zur Tafel für die Kesselprüfung. Das Schild für die Kesselbedienung erhält das Hauptgerät und mehrere Nebengeräte zur Fehlerkontrolle des Hauptgerätes (Abb. 326). Das Kesselhauptgerät setzt durch Folgezeigeranordnung den Brennstoffverbrauch zur Dampferzeugung in Beziehung (Abb. 335a) und kennzeichnet somit die wichtigste Betriebszahl, nämlich die Verdampfungsziffer. Die Erfassung des Brennstoffes geschieht dabei durch Messung der Luft- oder Abgasmenge. Das Hauptgerät kennzeichnet also nicht nur den thermischen und wirtschaftlichen Wirkungsgrad des Dampfkessels, sondern ermöglicht auch die sofortige Ermittlung des jeweiligen Dampfpreises. Ist die Verdampfungsziffer gut, so sind auch der Zustand und die Führung des Kessels und die Verbrennung in Ordnung. Das Gerät gibt daher von allen am Dampfkessel zu beobachtenden Meßgrößen über die wichtigste eindeutige Auskunft und führt aus diesem Grunde auch den Namen »Dampfkessel-Hauptgerät«.

Solange das Hauptgerät einen richtigen Wirkungsgrad nachweist, braucht sich der Heizer um die anderen Instrumente seines Schildes nicht zu kümmern. Erst wenn das Hauptgerät fehlerhaft anzeigt oder andere Mängel in Erscheinung treten, ist für den Heizer oder Betriebsführer der Anlaß gegeben, die anderen Instrumente zur Auffindung der Fehlerquelle heranzuziehen.

Das zweite Kesselschild, welches als die Wärmeschalttafel für die Kesselprüfung bezeichnet wurde, bedarf nur bei besonderen Störungen der Beachtung durch den Vorgesetzten.

Die dritte Maßnahme besteht darin, sämtliche Meßgrößen in einheitlicher und gleichartiger Gestalt in reihenweise angeordneten Profilinstrumenten zur Darstellung zu bringen (siehe Abb. 336). Das psychotechnisch Bedeutsame der vereinheitlichten Gestalt liegt in der Erreichung einer raschen Vergleichbarkeit der Messungen.

Das zweite Meßorgan, »das Hallenschild«, dient zur weithin sichtbaren Verdeutlichung gewisser wichtiger und für die gesamte Kesselanlage gemeinsamer Meßgrößen in größeren Kraftzentralen und stellt somit einen weiteren Ausbau des Kesselschildes dar. Demgemäß ist die Deutlichkeit der Zeiger und Skalen erste Hauptbedingung. Ihr dienen Großanzeigeinstrumente mit Lichtzeiger und etwa mannhohen Leuchtskalen. Neben der eigentlichen Messung kann gleichzeitig der von der Befehlszentrale aus eingestellte Sollwert angezeigt werden. Dies geschieht mit Hilfe eines roten Lichtzeigerfleckes, welcher vor der gleichen Skala wie der Meßzeiger spielt (Abb. 337).

Das Hallenschild wird zweckmäßig an der Stirnwand des Kesselhauses angeordnet und ermöglicht infolge seiner Größe auch in den längsten Kesselhäusern eine deutliche Ablesbarkeit von dem entferntesten Punkt des Mittelganges aus. Auf solchen Hallenschildern können mit Hilfe elektrischer Fernübertragung alle beliebigen Meßgrößen dargestellt werden. Unter ihnen spielen der Dampfdruck in der Sammelleitung und die Belastung der einzelnen Kessel die wichtigste Rolle, und zwar letztere, um eine möglichst gleichmäßige Belastung der einzelnen Kesseleinheiten durchzuführen. Wird jedoch deren ungleiche Aufnahme durch Grundlast- und Spitzenkessel ausdrücklich gewünscht, so werden die erwähnten roten Befehlsanzeiger, welche von Hand aus eingestellt werden und die Sollverteilung angeben, unentbehrlich. Abb. 337 zeigt ein solches Hallenschild des Großkraftwerkes Klingenberg, welches von der Firma Hartmann & Braun, Frankfurt a. M., geliefert wurde.

Ein sehr wichtiges Organ ist das Maschinenschild, das am zweckmäßigsten im Maschinenraum aufgestellt wird. Auf dem Schild müssen die Apparate zur wärmetechnischen Überwachung der Turbine des Kondensators und des Generators angebracht werden. Im wesentlichen müssen also die Mengen, Druck und Temperaturanzeige des Dampfes, das Vakuum beim Eintritt in den Kondensator, die Temperaturen des umlaufenden Kühlwassers, die Kondensatmenge, die Leitfähigkeit des Kondensates, die Temperatur des Kühlwassers beim Eintritt und Austritt aus dem Luftkühler, die Temperatur im Warmluftkanal und in der Kaltluftkammer und diejenige

Abb. 337. Hallenschild des Großkraftwerkes Rummelsburg.

des warmen und gekühlten Öles am Eintritt und Austritt aus dem Ölkühler angezeigt werden. Hinzu kommt die Gefahrmeldung aus der Warm- und Kaltluftkammer.

Abb. 338 zeigt eine Turbinenüberwachungstafel von Siemens & Halske in einem Heizkraftwerk, welche die Profil- und Rundinstrumente enthält. Für die Druckmessung besitzen die Temperaturmeßgeräte an mehreren Meßstellen Umschalter.

Der Ausbau und die Ausrüstung der als drittes Meßorgan bezeichneten Meßzentrale hängt von dem Obwalten der eingangs erörterten Gesichtspunkte ab[1]). Auf jeden Fall aber sind alle Registrierinstrumente in die Meßzentrale — wenn diese vorhanden — zu verlegen.

Die Auswahl der Registriergeräte und der von ihnen aufzuzeichnenden Meßgrößen soll so getroffen werden, daß die

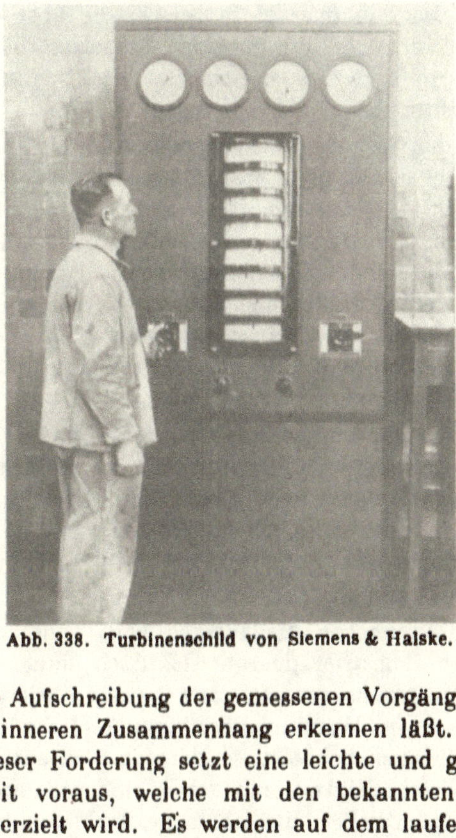

Abb. 338. Turbinenschild von Siemens & Halske.

selbsttätige Aufschreibung der gemessenen Vorgänge nachträglich deren inneren Zusammenhang erkennen läßt. Die Innehaltung dieser Forderung setzt eine leichte und genaue Vergleichbarkeit voraus, welche mit den bekannten Mehrfachschreibern erzielt wird. Es werden auf dem laufenden Band solcher selbsttätiger Schreibgeräte jeweils diejenigen Meßgrößen zusammengefaßt, welche in einem ursächlichen oder belangreichen Zusammenhang miteinander stehen. Abb. 339

[1]) S. Ausführungen S. 538.

zeigt das beschriebene Papierstreifenmuster eines Sechsfach-Temperaturschreibers, und Abb. 330 ein solches Gerät selbst in der Ausführung von Klinkhoff-Berlin[1]).

Auf diese Weise bildet sich eine Hauptgruppe von Registriergeräten heraus, von denen jeweils eines oder mehrere nur je einem Kessel zugeordnet sind und somit im wesentlichen dem Anzeigeschild am Kessel selbst entsprechen. Dementsprechend werden auch die schriftlichen Aufzeichnungen dieser Kesselschreibapparate in solche, die über die Kesselführung und in solche, die über den Kesselzustand Aufschluß geben, unterteilt zwecks erleichterter nachträglicher Durchsicht der zahlreichen Aufzeichnungen.

Außer den kesselweise zusammengefaßten und sich nur auf die Kessel beziehenden Meßgrößen sind zumeist noch eine Anzahl weiterer Betriebsvorgänge durch Registrierung festzuhalten, wie z. B. die Speisewasserversorgung oder das Verhalten von Maschinen, Kondensatoren und Speichern oder die Verteilung des Dampfes in verzweigten Netzen oder das Zusammenarbeiten parallel geschalteter Kraftwerke. Auch sie werden, den einzelnen Betriebseinrichtungen entsprechend, auf selbsttätigen Schreibgeräten vereinigt.

Auch die Summenanzeige verschiedener gleichartiger Messungen, beispielsweise die Addition der Mengenmessungen von Teildampfströmen zur Ermittlung der Gesamtdampfmenge, ist oft notwendig. Dieser Zweck kann mit Hilfe besonderer Schaltungen, z. B. mit der Additionsschaltung von Hartmann & Braun erreicht werden[2]).

Bei umfangreichen Meßanlagen wird heute das Papier der einzelnen Registrierapparate elektrisch durch Klinkwerke von einer Mutteruhr aus vorwärts bewegt. Hierdurch wird nicht nur jegliche Wartung überflüssig und die Gefahr von Uhrwerksstörungen behoben, sondern es wird auch eine vollkommene Gleichzeitigkeit und damit eine vollkommene Vergleichbarkeit sämtlicher Aufzeichnungen der Meßzentrale erzielt.

---

[1]) Näheres über Fernschreiber s. Verf.: »Die Organisation der Wärmeüberwachung«, Verlag R. Oldenbourg, München-Berlin 1929, S. 154—175.

[2]) S. Verf. »Organisation der Wärmeüberwachung«, S. 164 u. f.

Sehr wichtig ist zuletzt die zweckmäßige Auswahl der zu messenden Vorgänge. Infolge des grundsätzlich verschieden

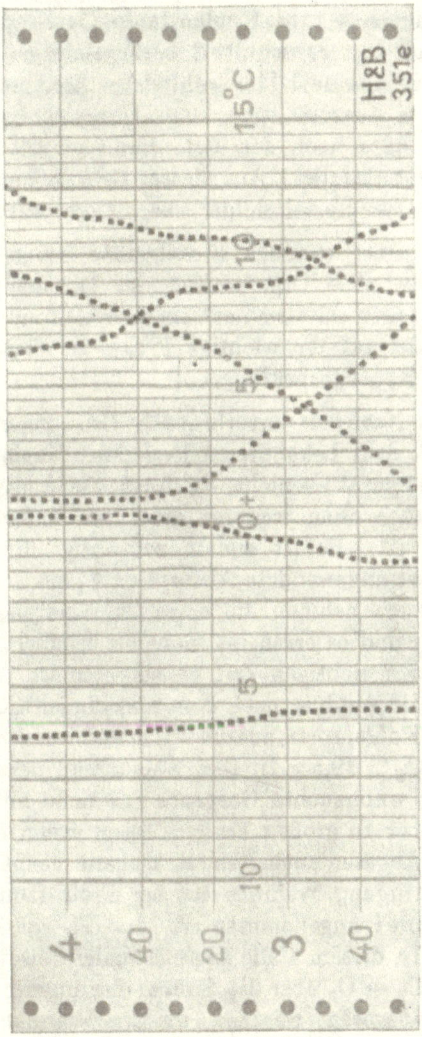

Abb. 339. Ablaufstreifen eines Sechsfach-Fernschreibers.

gearteten Verbrennungsvorganges bei Kohlenfeuerungen einerseits und Kohlenstaub- und der ihr ähnlichen Gas- und Ölfeuerungen anderseits erfordern beide Gruppen von Feuerungen auch eine verschiedene meßtechnische Überwachung.

Die Zusammenstellungen der Meßvorgänge an Kohlenfeuerungen einerseits sowie Kohlenstaub-, Gas- und Ölfeuerungen anderseits im Unterabschnitt 3 berücksichtigen zwecks Aufstellung eines Gesamtbildes zahlreiche Sondereinrichtungen. Die wirkliche Ausgestaltung einer Überwachungseinrichtung richtet sich stets nach den Erfordernissen des jeweilig vorliegenden Betriebsfalles. Aus diesem Grunde kann auch keine Einheitstype für Kesselschilder ausgebildet werden.

Näheres über wichtige Einzelgeräte bringt Verfasser in seinem Werke »Die Organisation der Wärmeüberwachung«. Kurz eingegangen sei aber noch im Anschluß an den nächsten Unterabschnitt auf die wichtige Frage der elektrischen oder chemischen Rauchgasprüfung.

Für den Nachweis unverbrannter Gase genügt die Untersuchung mit dem bekannten chemischen Rauchgasprüfer — dem Orsat-Apparat — nicht, da durch die Analyse höchstens CO, nicht aber ohne weiteres etwa vorhandener freier H_2 nachweisbar ist. Es ist zudem schwierig, durch die beim Orsat-Apparat angewendete Absorption ½ bis 1 vH CO nachzuweisen. Auch nehmen die einzelnen Analysen zuviel Zeit in Anspruch, und es erscheint mehr als fraglich, ob die Gasprobe auch zur richtigen Zeit entnommen ist. Man begnügt sich damit, die Analyse nach dem maximalen CO_2-Gehalt der verfeuerten Kohlensorte auszuwerten und bei einem Ergebnis von $CO_2 + O_2 \cong 19{,}5$ v.H. (bei Steinkohle) darauf zu schließen, daß die untersuchte Gasprobe CO nicht enthält. Dieser Weg führt aber zu großen Trugschlüssen, wenn freier Wasserstoff in den Abgasen enthalten ist, alsdann bleibt freier Sauerstoff zur Verfügung, während bei der Festsetzung der »Maximalkohlensäure« angenommen ist, daß H_2 vollkommen verbrannt ist. In diesem Falle kann lediglich durch die Bestimmung von $CO_2 + O_2$ über die Summe der unverbrannten Gase gar nichts ausgesagt werden. In der Wärmebilanz scheint bei Auftreten von unverbrannten Gasen ein um einige Prozent höherer Restverlust, der meistens nicht genauer überprüft wird, besonders dann nicht, wenn sich bei Verdampfungsversuchen noch ein annehmbarer Wirkungsgrad des Kessels ergibt[1]).

Es ist nicht zu bestreiten, daß bei unvollkommener Verbrennung die entstehenden Rauchgase Wasserstoff enthalten. Schon das klassische Werk von F. Haier: »Dampfkessel-Feuerungen«, 2. Auflage, Verlag Julius Springer 1910, stellt beispielsweise in Zahlentafel 1 und Zahlentafel 17 das Vorhandensein von Wasserstoff in erheblichem Maße fest. Nach dem Erscheinen der elektrischen und physikalischen Instrumente wurde diese Feststellung von Haier durch das Verhalten dieser Rauchgasprüfer selbst bestätigt.

Bei gewissen elektrischen Rauchgasprüfern werden die physikalischen Erkenntnisse nutzbar gemacht, daß Kohlensäure eine geringere Wärmeleitzahl als Luft hat und daß ferner der Ohmsche Widerstand eines Leiters von der Temperatur abhängt. Ein von Rauchgasen umspülter und von Gleichstrom durchflossener Platindraht wird mit einem gleichen, aber von Luft umspülten Draht durch Brückenmessung verglichen. Je höher der CO_2-Gehalt der Rauchgase ist, desto geringer ist ihre Wärmeleitzahl, um so mehr erwärmt sich der Draht und um so höher wird sein elektrischer Widerstand. Die $CO + H_2$-Messung erfolgt in einem zweiten Apparat dadurch, daß ein mit Gleichstrom beheizter Platindraht die in den Rauchgasen vorhandenen unverbrannten Gase, Kohlenoxyd und Wasserstoff, verbrennt. Je höher der Gehalt an $CO + H_2$ ist, desto mehr Verbrennungswärme wird frei und um so höher steigt die Temperatur des Drahtes und damit sein Ohmscher Widerstand. Die Messung erfolgt wiederum mit Hilfe einer Brückenschaltung.

Beim Verheizen von Braunkohle liefert nun das Meßgerät zuweilen folgende widersinnige Angabe[2]). Der CO_2-Messer zeigt nur wenig oder gar kein CO_2 an, der $CO + H_2$-Messer dagegen mehrere Hundertteile unverbrannte Gase; d. h. trotz

[1]) S. a. Guserlich, »Die Verluste durch unvollkommene Verbrennung bei Kesselfeuerungen«. Zeitschrift »Die Wärme«, Jahrg. 1925, Heft 35.

[2]) Fickert, »Fehlanzeigen bei Rauchgasprüfern«, Zeitschrift Archiv für Wärmewirtschaft und Dampfkesselwesen, Jahrg. 1928, Heft 4.

eines sehr hohen Luftüberschusses müßte in den Rauchgasen noch sehr viel Unverbranntes enthalten sein. Dies ist vollkommen unmöglich; daher müssen die Anzeigen falsch sein.

Der Fehler hat folgende Ursache:

Nimmt man die Wärmeleitzahl der Luft mit 1 an, so ist die von Kohlensäure 0,58, von Kohlenoxyd 0,96 und von Wasserstoff 7,10[1]). Wird mit sehr geringem Luftüberschuß gefahren, so ist in den Rauchgasen neben Kohlenoxyd oft auch Wasserstoff enthalten. 1 vH H_2 in den Rauchgasen genügt aber, um die Wirkung von 12 vH CO_2 auf die Wärmeleitzahl vollkommen aufzuheben.

Andere elektrische Rauchgasprüfer bringen bei Auftreten von Wasserstoff ähnliche Falschanzeigen. Es erscheint daher gegeben, nur chemische Rauchgasprüfer zu verwenden, von denen hier in Ergänzung des Buches über die Organisation der Wärmeüberwachung der Ados- und Mono-Prüfer kurz beschrieben werden sollen, weil sie infolge ihrer großen Genauigkeit u. a. als Nachkontrollapparate der physikalisch-elektrischen Geräte in Großkraftwerken benützt werden.

Der Ados-Apparat Modell M zeigt nahezu unmittelbar die jeweilige Abgasbeschaffenheit dem Feuerbedienungspersonal von einem elektrisch gesteuerten, an der Stirnwand des Kessels befindlichen Anzeigegerätes, mit weithin sichtbarer Skala an und erleichtert diesem, die Feuerungen wirtschaftlich zu betreiben.

Ein großes Wartungsbedürfnis wird vermieden. Die durch einen geringen Verbrauch wesentlich gesteigerte Lebensdauer der Absorptionsflüssigkeit sowie die Einführung eines ablaufenden Diagrammstreifens für eine zweimonatige Betriebszeit und eines wahlweisen elektrisch oder von Hand betriebenen Uhrwerkes mit langer Laufzeit, setzen die notwendige Bedienung auf das geringstmögliche Maß herab.

Das Untersuchungsprinzip macht das Gerät von Druck- oder Temperaturschwankungen unabhängig, so daß stets die wichtigste Grundbedingung zu einer zweifelsfreien Gasuntersuchung gegeben ist.

---

[1]) Vgl. auch Zeitschrift Archiv für Wärmewirtschaft und Dampfkesselwesen Jahrg. 1927, S. 304.

Die in neuerer Zeit besonders bei größeren Werken geforderte Ausdehnung der Abgasuntersuchung auf das Vorhandensein brennbarer Bestandteile, wie $CO + H_2$ in den Abgasen, wird von dem Ados-Duplexschreiber ausgeführt. Ebenfalls auf chemischem Prinzip arbeitend, erfolgt die CO_2-Bestimmung wie bei dem oben geschilderten Einfachschreiber, während die Ermittlung der brennbaren Bestandteile im Abgas durch Überleiten durch den elektrischen Verbrennungsofen des Duplexapparates geschieht, in welchem $CO + H_2$ in Kohlensäure verwandelt, bei der Nachabsorption angezeigt und registriert werden. Abb. 340 bringt die Innenansicht dieses Gerätes. Wie die Abbildung erkennen läßt, ist auf Einfachheit und geringes Wartungsbedürfnis Sorgfalt gelegt.

Die Apparatur befindet sich in einem stabilen staubdichten Silumingußgehäuse. Auch wird dieser Apparat mit zwei elektrischen Fernanzeigegeräten, für CO_2 und $CO + H_2$ voneinander getrennt, geliefert, wobei die Aufstellung des eigentlichen Gasuntersuchungsapparates unmittelbar an der Gasentnahmestelle, unter Vermeidung von langen Gaszuführungsleitungen erfolgt, während die Anzeigegeräte sich an der Stirnwand des Kessels auf einem Kesselschild befinden.

Wird die Verwendung elektrischer Schreibgeräte zur Aufnahme mehrerer Kurven gewünscht, so kann beliebig die Registrierung aus den Gasuntersuchungsapparaten entfernt und der Gasprüfer als Gebergerät umgestaltet werden, an den Anzeigegeräte und Registrierinstrumente angeschlossen werden können. Hervorzuheben ist, daß besondere Festhalteeinrichtungen der Gasuntersuchungsapparate das Zurückfallen der Zeiger oder Schreibfedern von Analyse zu Analyse auch bei ferngesteuerten Apparaten unmöglich macht.

Der ebenfalls nach dem Absorptionsprinzip arbeitende Apparat »Duplex-Mono« der Firma Mono G. m. b. H., Hamburg, stellt ein weiteres einfaches unmittelbares Hilfsmittel zur einwandfreien Dauerkontrolle der Verbrennungsgüte dar, die sich gleichfalls sowohl auf den Kohlensäuregehalt als auch auf die Vollkommenheit der Verbrennung erstreckt. Er führt die Analysen auf den Gehalt an CO_2 und auf unverbrannte Gasbestandteile abwechselnd aus. Sind unverbrannte

Gasbestandteile nicht vorhanden, so wird der CO_2-Gehalt fortlaufend festgestellt.

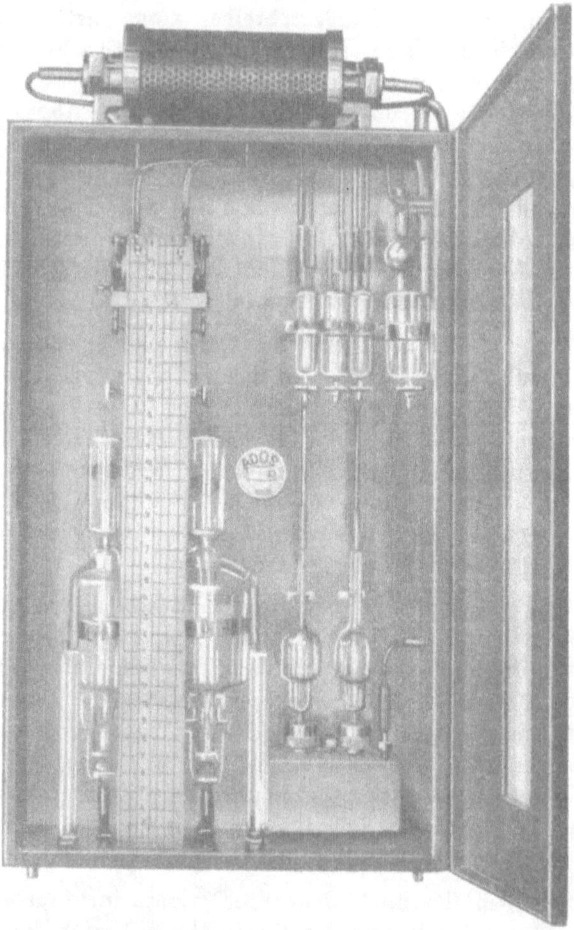

Abb. 340. Ados-Duplex-Schreiber (Innenansicht) zur selbsttätigen Bestimmung von Kohlensäure und brennbaren Gasen (CO_2 und $CO + H_2$).

Mit Hilfe des Ados- und Duplex-Mono ist es leicht, die Verbrennung mit dem praktisch geringsten Luftüberschuß durchzuführen; er erleichtert also das Bestreben, einen möglichst hohen CO_2-Gehalt ohne Auftreten von unverbrannten Gasen zu erzielen.

Bemerkenswert ist, daß auch bei Vorhandensein von beliebigen Mengen unverbrannter Gasbestandteile der CO_2-Gehalt richtig dargestellt wird. Es ist nicht unwichtig, auf diese Eigenschaft im Hinblick auf alle physikalischen und elektrischen

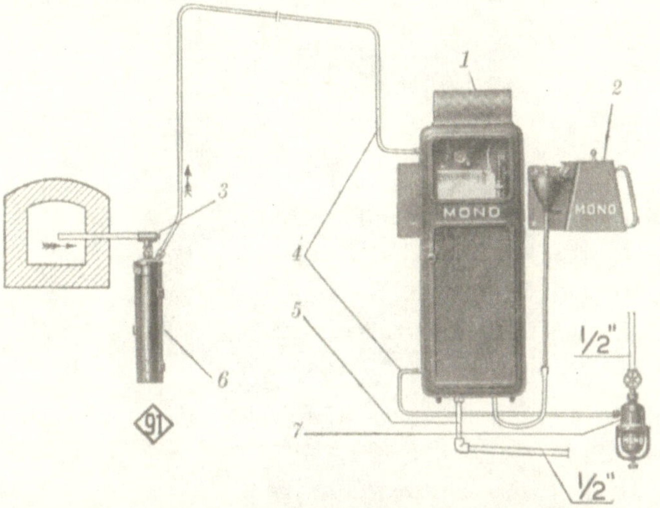

Abb. 341a. Duplex-Mono-Anlage mit einer Gasentnahme.
Erklärung: *1* Duplex-Mono; *2* Laugenfüllvorrichtung; *3* Gasentnahmerohr, eventuell mit Carborundumfilter; *4* Gas- und Wasserzuleitung; *5* Wasserabflußrohr; *6* Gasfilter; *7* Druckwasserfilter und Luftabscheider.

Rauchgasprüfer hinzuweisen. Aus diesem Grunde führen auch fast alle Großkraftwerke Großversuche an ihren Kesseln mit den oben beschriebenen Apparaten durch, schon um — wie erwähnt — die vorhandenen physikalischen und elektrischen Geräte zu überprüfen.

Abb. 341a zeigt die schematische Darstellung einer Duplex-Mono-Anlage mit Entnahmestelle. Wesentlich ist, daß die zu untersuchenden Prüfgase zweckmäßig gereinigt und vorbereitet werden, damit ein Dauerbetrieb der Apparate gewährleistet ist. Die zur fortlaufenden Untersuchung benötigte Prüfgasmenge beträgt bei der Anwendung des Mono-

Apparates ~ 5000 cm^3 je Stunde. Diese geringe Menge läßt sich mittels eines Gasfilters einwandfrei trocknen und reinigen. Der Antrieb der Apparate geschieht durch Druckwasser.

Das Ergebnis, welches der Duplex-Mono auf einem Diagrammstreifen aufschreibt, kann ebenfalls auf einen Fernanzeiger, Abb. 341 b, übertragen werden. Dieser besitzt

Abb. 341 b. Duplex-Mono-Fernanzeiger.

zwei Zeiger, wovon der schwarze den CO_2-Gehalt anzeigt. Sind unverbrannte Gase vorhanden, so tritt hinter dem schwarzen Zeiger ein roter Zeiger hervor, welcher die Summe von CO_2 und unverbrannten Gasen anzeigt. Das Skalenstück zwischen den beiden Zeigern kennzeichnet die Menge der unverbrannten Gasbestandteile, also die Größe der unvollkommenen Verbrennung. Die Entfernung zwischen dem Prüfer (Geber) und dem Fernanzeiger kann beliebig groß sein. Die Länge der Verbindungskabel braucht nicht mit in die Instrumente eingeeicht zu werden, da die Übertragung magnetelektrisch erfolgt. — Es ist auch möglich, zwei oder mehrere Fernanzeiger anzuschließen, um gegebenenfalls einen weiteren Fernanzeiger in der zentralen Überwachungsstelle (z. B. Warte) unterzubringen.

3. Die Meßvorgänge im Kesselhaus.

a) Übersicht über die zu messenden Vorgänge bei Kohlenfeuerungen.

1. Das Kesselschild.

A. Das Schild für die Kesselbedienung.

a) Das Hauptgerät.

b) Die Nebenmeßgeräte.

1. Wasserstand.

2. Unterwind: Die Messung kommt nur bei Unterwindfeuerungen mit doppelseitiger Luftzuführung in Frage.

3. Dampfdruck.

4. Heißdampftemperatur.

5. Abgasanalyse, an sich bei Anwendung des Hauptgerätes entbehrlich, dient gegebenenfalls zur Überwachung der Anzeigen des Hauptgerätes.

6. Lufttemperatur: Diese Messung kommt nur bei Feuerungen mit Luftvorwärmung in Frage. Sofern der Erhitzungsgrad vom Heizer durch verstellbare Klappen beeinflußt werden kann, ist das Meßgerät auf dem Schild für die Kesselbedienung unterzubringen. Im andern Falle gehört es auf das Schild für die Kesselprüfung. Bei doppelseitiger Luftvorwärmung in zwei getrennten Lufterhitzern sollte die Temperaturmessung der rechten und linken Kesselseite in einem Folgezeigerinstrument vereinigt werden.

7. Zug über dem Rost: Bei Unterwindfeuerungen wird oft in der Feuerkammer ein sog. ausgeglichener Zug (d. h. atmosphärischer Druck) zu halten sein, um einerseits das Ausflammen, anderseits das Einsaugen von falscher Luft durch Undichtigkeiten zu verhüten. Für diesen Fall ist ein Zugmesser vorzusehen.

B. Das Schild für die Kesselprüfung.

1. Zug im Feuerraum, im Fuchs und vor dem Rost. Der Zug soll die für die Verbrennung erforderliche Luftmenge zubringen. Solange diese Luftmenge ausreicht (was an dem Hauptgerät sichtbar ist), ist seine Größe nebensächlich. Treten aber an dem Hauptgerät Besonderheiten auf, so ermöglicht die Zugmessung festzustellen, ob die Ursache an einer unzulänglichen Kaminwirkung oder an einer außergewöhnlichen Zunahme des Widerstandes der Abgase infolge von Verschmutzung oder ähnlichen Ursachen liegt.

Bei Unterwindfeuerungen läßt — wie erwähnt — die Wichtigkeit der Innehaltung »ausgeglichenen Zuges« über dem Rost es zweckmäßiger erscheinen, die Messung desselben allein auf dem Bedienungsschild vorzunehmen.

2. Abgastemperaturen hinter Kessel und Vorwärmer zur Feststellung des Verschmutzungszustandes des Kessels. Haben beide Kesselseiten getrennte Rauchgasabführung, so sind die beiderseitigen Temperaturen zweckmäßig mit einem Folgezeigerinstrument zu messen.

3. Speisewassermenge: Zur Kontrolle des einwandfreien Arbeitens des Speisereglers.

4. Speisewasserdruck: Zur Feststellung des Verschmutzungszustandes von Rohren und Vorwärmern. (In reinem Zustande ist der Wasserdruck ≌ dem Kesseldruck.)

5. Speisewassertemperaturen vor und hinter dem Economiser.

6. Unterwinddruck nur bei Unterwindfeuerungen.

2. Das Hallenschild.

1. Dampfdruck in der Sammelleitung bei Kraftwerken wegen ihres Einflusses auf den Turbinenwirkungsgrad.

2. Kesselbelastung: Sind keine besonderen Spitzenkessel vorhanden, so ist eine gleichmäßige Belastung der Kessel durchzuführen. Zu diesem Zwecke werden entsprechende Meßwerke des Hallenschildes an die Elektro-Ferngeber der Dampfmesser angeschlossen. Handelt es sich um gleich große Kesseleinheiten, so können die Skalen nach der absoluten Dampfmenge, also in t/h aufgeteilt werden. Handelt es sich um verschieden große Kessel, so geben die Skalen statt dessen die

Heizflächenbelastung in t/m²/h an. Eine richtige Verteilung ist dann vorhanden, wenn sämtliche weißen Lichtzeiger gleich hoch stehen. Sucht ein Heizer seinen Kessel auf Kosten seiner Nachbarn zu schonen, so wird dies sofort im ganzen Kesselhaus sichtbar, so daß für Abstellung des Zustandes schon von seiten seiner Kollegen gesorgt werden wird.

Zur rechtzeitigen Vorbereitung eines Belastungswechsels dienen die schon erwähnten roten Kommandozeiger, wobei natürlich vorausgesetzt ist, daß grundlegende Belastungsschwankungen vorher bekannt sind. In diesem Falle stellt der Oberheizer oder Betriebsführer die roten Befehlszeiger auf die zu erwartende Dampfkesselbelastung ein, worauf das Personal sofort die Feuerungen auf veränderte Leistung zu bringen hat. Im Augenblick des wirklichen Auftretens der neuen Belastung sind dann die Kessel zu deren Aufnahme vorbereitet.

Sind die Einheiten des Kraftwerkes nach Grundlast- und Spitzenkesseln aufgeteilt, so wird die Befehlsanzeige vollends unentbehrlich.

3. Der General-Wattmeter zur Anzeige der Maschinenbelastung bei Elektrizitätszentralen. Ersatz desselben durch die Dampfleistung des gesamten Kesselhauses bei Heizungskraftwerken (Industriekraftwerke).

4. Heißdampftemperatur in der Sammelleitung wegen ihres Einflusses auf den Turbinenwirkungsgrad.

3. Die Meßzentrale.

1. Hauptgeräteaufzeichnung: Sie bildet wie auf dem Kesselschild so auch hier die wichtigste Meßgröße. Auch auf dem Schreibgerät sind Dampfmenge und Brennluft oder Abgasmenge so aufeinander abgestimmt, daß der günstigste Kesselwirkungsgrad bei Zusammenfallen der beiden Schreibkurven erreicht wird. Gleichzeitig läßt die Kurve der Dampferzeugung die Belastung des Kessels erkennen und kann gegebenenfalls planimetrisch ausgewertet werden. Bei lebhaft schwankender Belastung wird aber die Dampfmenge zweckmäßiger von einem besonderen Tintenregistriergerät aufgeschrieben.

2. Dampfdruck.

3. Heißdampftemperaturen und Rauchgasanalyse, gegebenenfalls noch die Überhitzertemperatur- und Abgasanalyse.

4. Unterwindmenge nur bei doppelseitiger Unterwindzuführung.

5. Lufttemperatur bei Kesseln mit Luftvorwärmung.

6. Zug im Feuerraum.

7. Registrierung des Kesselzustandes.

Auf dem Diagramm dieses Schreibgerätes werden im wesentlichen diejenigen Meßgrößen zusammengefaßt, welche auf dem Schild für Kesselprüfung angezeigt werden.

Die Aufzeichnung der Speisewassermenge mittels Punktschreiber auf gemeinsamen Diagrammen mit andern Meßgrößen sei erwähnt. Manche selbsttätigen Regler (z. B. der Hannemann-Regler) arbeiten absatzweise, so daß eine mittels Punktaufzeichnung geschriebene Kurve unleserlich werden würde. In diesem Falle ist für die Wassermenge ein besonderes Registriergerät zu benutzen. Bei anderen Reglersystemen bestehen gegen die Punktaufzeichnung keinerlei Bedenken.

Den Wassermesser pflegt man außerdem stets mit einem Zähler auszustatten.

8. Schreibapparate für allgemeine Messungen.

Während jeder der vorbeschriebenen Selbstschreiber einem einzelnen Kessel zugeordnet ist, sind daneben noch eine Anzahl von Meßgrößen von allgemeiner Bedeutung aufzuzeichnen. Für diese sind ein oder mehrere besondere Schreibgeräte vorzusehen. Fast stets wird auf einem dieser Geräte der Druck und die Temperatur des Dampfes in der Sammelleitung und die Temperatur des Speisewassers aufgezeichnet.

9. Summenmessungen: Mengenmäßige Meßgrößen, wie insbesondere die Dampf- und Wassermengen, können zur Einsparung der Planimetrierarbeit auch summierend angezeigt werden.

b) Übersicht über die zu messenden Vorgänge bei Kohlenstaub- bzw. Gas- und Ölfeuerungen.

Kesselschild.

A. Das Schild für die Kesselbedienung:

a) Das Hauptgerät: Die Gesamtluftmenge kann fast stets durch summierende Meßschaltung der Einzelluftmengen angezeigt werden. In der Regel kommen hierfür vier Summanden in Frage, nämlich die Transport- oder Primärluft rechts und links und die Sekundärluft rechts und links.

b) Nebengeräte:

1. Einzelluftmengen: Die gegebenenfalls in Folgezeige verwandte Messung der Gesamtluftmenge dient dazu, die Feuerleistung quantitativ der Dampfentnahme anzupassen. Die getrennte Messung der Einzelluftmengen wird aber dadurch nicht entbehrlich; denn sie dient dazu, die Kohlenstaubflamme qualitativ zu beeinflussen. Für die Zündung ist das Verhältnis von Primär- zu Sekundärluftmenge von Bedeutung. Daneben ist auch die absolute Menge der Transportluft wichtig, weil von ihr die Austrittsgeschwindigkeit des Staubes abhängt. Diese ist ihrerseits wiederum maßgebend für den räumlichen Abstand des Zündpunktes von der Brennerdüse und dem Mauerwerk. Außerdem beeinflußt sie denjenigen Raumpunkt, in welchem die Verbrennung so weit vorgeschritten ist, um durch die Entwicklung des nötigen Auftriebes die Flamme zur Umkehr zu veranlassen. Seine Innehaltung macht die gesonderte Messung der Primärluftmenge notwendig.

2. Luftverhältnis: In manchen Fällen macht die Eigenart der Feuerung oder des Brennstoffes die besondere Überwachung des Zündungsvorganges notwendig. Erfahrungsgemäß ist dem Staube so viel Primärluft beizumischen, wie zur Verbrennung seiner flüchtigen Bestandteile erforderlich ist. Diese leiten die Zündung ein, während die Zweitluft den Ausbrand des Kohlenstoffes besorgt. Eine derartige Feuerführung verlangt die Gleichhaltung der Anteile von Erst- und Zweitluft bei allen Belastungen mit Hilfe eines Luftverhältnisanzeigers.

3. Heißdampftemperatur.

4. Temperatur im Feuerraum: Ihre ständige Beobachtung ist bei Verwendung hochwertigen Staubes notwendig, weil die Möglichkeit vorliegt, daß bei zu geringem Luftüberschuß die Feuertemperaturen die Festigkeit des Mauerwerkes gefährden. Um der Gefahr zu hoher Temperatur vorzubeugen, wird das Meßinstrument mit einem Maximalkontakt ausgerüstet, welcher bei Überschreitung der höchst zulässigen Temperaturen (etwa 1500° C) ein Leucht- oder Lärmsignal auslöst.

5. Staubförderung: Ist eine Schneckenförderung vorhanden, so empfiehlt es sich, die Drehgeschwindigkeit der Förderschnecken mittels Tachometerdynamos auf entsprechenden Anzeigegeräten des Kesselschildes zu übertragen, weil deren Angabe die gleichmäßige Verteilung der Belastung auf die einzelnen Brenner bzw. Brennergruppen sehr erleichtert.

B. Das Schild für die Kesselprüfung.	Sinngemäß nach Angaben unter I.
1. Das Hallenschild.	
2. Die Meßzentrale.	

4. Die Meßvorgänge im Maschinenhaus.

(Das Turbinenschild.)

Wie schon auf S. 536 erwähnt, muß zur Beurteilung der Arbeitsweise der Turbine die Menge des Dampfes bekannt sein, z. B. um die Wirtschaftlichkeit der Turbine bei verschiedenen Belastungen zu ermitteln. Die Dampfmenge wird am zweckmäßigsten durch ein Stauorgan (Venturirohr oder Meßflansch) gemessen und die Ergebnisse werden mechanisch oder elektrisch weitergegeben. Der Dampfdruck wird durch ein Manometer und die Temperatur entweder mit einem Widerstands- oder mit einem Quecksilber-Kontakt-Thermometer gemessen. Das Vakuum im Kondensator wird am zweckmäßigsten mit einem Quecksilber-Vakuummeter beobachtet. Die Temperatur des Kondensates und des Kühlwassers gibt Aufschlüsse über Undichtigkeit oder Verschmutzung der Kühlrohre und des Kondensators; sie kann mittels Widerstandsthermometer gemessen werden. Die Kondensatmenge wird entweder, wenn es sich um große Mengen handelt, durch Venturirohre, durch Meßflanschen oder bei kleineren Mengen mittels Volumenmessern und Geschwindigkeitsmessern gemessen (Siemens & Halske, Bopp & Reuther, Meinecke A.G.). Um festzustellen, ob in das Kondensat Kühlwasser durch Undichtigkeit von Kühlräumen eintritt, ist es zweckmäßig, einen Leitfähigkeitswasserprüfer, wie er z. B. von Siemens & Halske gebaut wird, aufzustellen. Die Kühlwassermenge wird durch ein Venturirohr oder durch einen Meßflansch und die Temperatur durch ein Widerstandsthermometer festgestellt. Sehr wichtig ist die Überwachung der Öltemperatur beim Generator mittels Widerstandsthermometers wie auch der Temperaturen der Kühlluft. Abb. 342 zeigt schematisch eine Klinkhoff-Überwachungsanlage für einen Turbogenerator.

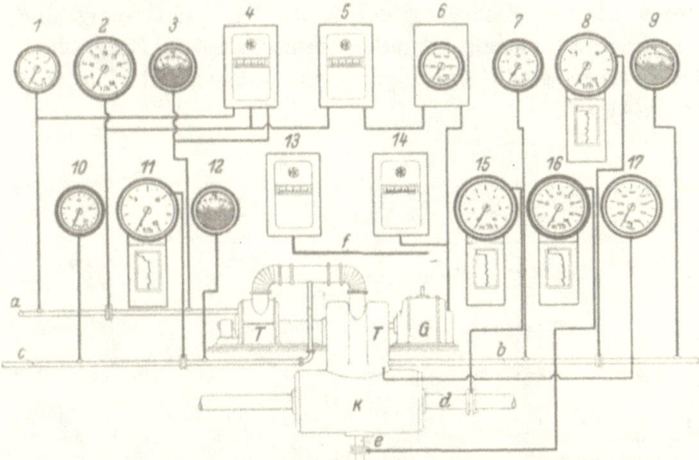

Abb. 342. Kontrolleinrichtung für eine Turbinenanlage.
a Frischdampfleitung; *b* Anzapfdampf I; *c* Anzapfdampf II; *d* Kühlwasserleitung; *e* Kondenswasserleitung; *f* Fremdstromleitung; *1* Manometer der Frischdampfleitung; *2* Dampfmesser der Frischdampfleitung; *3* Temperaturmesser der Frischdampfleitung; *4* Registrierinstrument für Menge, Druck und Temperatur des Frischdampfes; *5* Schreibgerät für Dampfmengen KW; *6* Leistungsmesser (KW); *7* Manometer für Anzapfdampf I; *8* Dampfmesser für Anzapfdampf I (regist. anz.); *9* Temperaturmesser für Anzapfdampf I; *10* Manometer für Anzapfdampf II; *11* Dampfmesser für Anzapfdampf II (regist. anz.); *12* Temperaturmesser für Anzapfdampf II; *13* Leistungsmesser (Fremdstrom KW regist.); *14* Leistungsmesser (Eigenstrom KW regist.); *15* Mengenmesser für Kühlwasser; *16* Mengenmesser für Kondenswasser; *17* Vakuummesser; *T* Turbine; *G* Generator; *K* Kondensator.

5. Die Meßvorgänge in der Warte.

Außer der Wiederholung und Aufschrift der wesentlichsten Meßwerte des Kesselhauses in der Zentralwarte müssen die wichtigsten Meßergebnisse vom ganzen Kraftwerk auf die Zentralwarte übertragen werden. So muß z. B. vom Turbinenhaus die Kondensatmenge aufgezeichnet werden. Genau so ist erforderlich, die Kondensator- und Luftkühler-Temperaturen zu wiederholen. Von den Turbinen, Vorwärmern und Turbopumpen müssen die Abdampfmengen aufgezeichnet werden. Außerdem ist die Temperatur des Speisewassers und des überhitzten Dampfes aufzuschreiben. Bei der Ausbildung der Meßzentrale muß in der Hauptsache darauf Wert gelegt werden, daß die Zentrale nur die wichtigsten Meßwerte anzeigt und wiederholt. Zur Überwachung des Personals mittels Registrierung und Zählung müssen auch diejenigen Werte, die zur Steuerung des Kraftwerkes notwendig sind, unbedingt im Zentralraum untergebracht werden. Bei größeren Kraftwerken ist die Anbringung von Leuchtschalttafeln empfehlenswert.

Abb. 343. Teilansicht einer Kraftwerkswarte.

Abb. 343 zeigt einen Teil einer Kraftwerkswarte. In den ersten Tafelfeldern sind eine Reihe von Doppelprofilinstrumenten zusammengestellt, mit denen die Sollast der einzelnen Kessel der Istlast gegenübergestellt wird. Die Sollast wird mit den Drehwiderständen neben den Instrumenten eingestellt, die Istlast wird vom Kessel her mit Hilfe einer beliebigen Fernübertragung ferngeleitet. Beide Meßwerte werden gleichzeitig im Kesselhaus angezeigt. Die Schreibgeräte auf dem ersten und dritten Feld über den Profilinstrumenten dienen zur

Aufzeichnung des Dampfdruckes in der Ringleitung der beiden Kesselhäuser.

Abb. 344. Wärmewarte mit Leuchtschaltbild im Pumpenhaus eines Kraftwerkes.

Abb. 344 zeigt die Wärmewarte für ein Pumpenhaus des Kraftwerkes mit einem oben aufgebrachten Leuchtschaltbild.

Abb. 345 bringt zuletzt ein Schaltschema einer Betriebs-Kontrollmeßanlage, wie sie zur Zeit von der Firma Bopp & Reuther empfohlen wird. Auf diesem Schema sind die

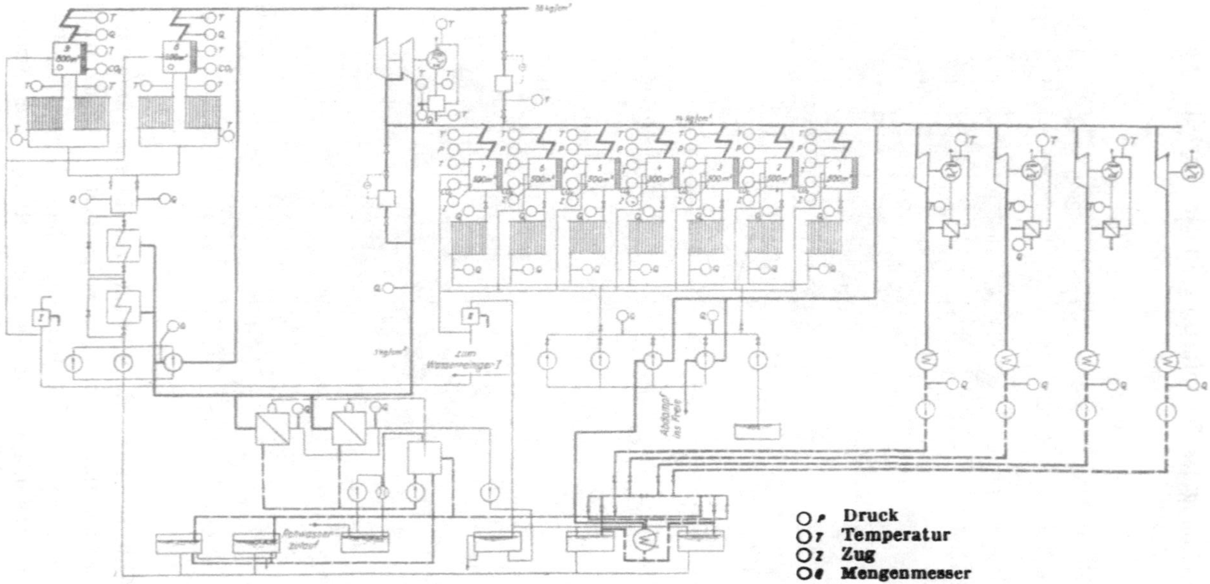

Abb. 645. Das meßtechnische Überwachungsschema für ein mittleres Kraftwerk.

einzelnen in Frage kommenden Meßstellen im Rahmen der Gesamt-Meßanlage eines Kraftwerkes eingetragen.

4. Die selbsttätige Reglung in Dampfkraftwerken.

1. Die Speisewasserreglung.

Schon bei den früher üblichen Normaldruckkesseln, welche noch einen verhältnismäßig großen Speisewasserraum besaßen, war eine ordnungsgemäße Reglung der Speisewasserzufuhr eine sehr wichtige Betriebsbedingung. Durch eine unzweckmäßige und stoßweise Wasserzuführung wurde die Dampfentwicklung behindert und ein Abfallen des Kesseldruckes herbeigeführt. Die verminderte Dampfmenge und der verminderte Dampfdruck mußten durch erhöhte Feuerführung wieder eingeholt werden. Durch die hiermit verbundenen Temperaturschwankungen und durch teilweise Zuspeisung kalten Wassers traten Materialbeanspruchungen auf, die sich nicht sofort bemerkbar machten und daher auch oft zu spät beachtet wurden. Die Lebensdauer der Kessel wurde durch solche unzulässigen Beanspruchungen des Werkstoffes stark herabgesetzt. Die Vermeidung dieser Fehler erforderte eine möglichst gleichmäßige, zum mindesten aber stetige Wasserzuspeisung zum Kessel, zumal auf diese Weise eine gleichmäßige Dampfentwicklung unter Vermeidung von Druckabfällen bei geringerer Feuerleistung ermöglicht wurde.

Die neuzeitliche Steigerung des Betriebsdruckes machte eine ordnungsgemäße Kesselspeisung zur unbedingten Notwendigkeit. Wie im Abschnitt Dampfkessel S. 126 u. f. dargelegt, ist es notwendig, bei Hochdruckkesseln den Trommeln geringstmögliche Abmessungen zu geben.

Mit dem Inhalt der Trommel wird auch die Nutzwassermenge bei äußerst gesteigerter Verdampfungsleistung auf das geringste zulässige Maß herabgesetzt. Heute geht die Konstruktionsrichtung sogar dahin, Hochdruckdampfkessel nur noch mit zwei und einer Trommel auszustatten. Hierdurch wird der an sich schon äußerst knappe Wasserinhalt noch weiter verringert.

Wenn man sich rechnerisch überschlägt, eine wie geringe Wassermenge neuzeitliche Hochdruckkessel enthalten und wie schnell bei hoher Belastung ein einmaliger Kesselinhalt verdampft, so ist leicht einzusehen, daß das Herz eines einwandfrei arbeitenden Hochdruckdampforganismus, der Speisewasserregler ist. Ohne einen guten Speisewasserregler ist es auf die Dauer nicht möglich, der schwankenden Dampfbelastung schnellstens nachzukommen, vor allen Dingen aber ist dadurch einen schlecht arbeitenden Speisewasserregler die ganze Kesselanlage gefährdet.

Ein guter Speisewasserregler soll das Wasser stetig und — bei gleichmäßiger Last — gleichmäßig dem Kessel zuführen. Bei Laständerungen müssen die Übergänge weich erfolgen, so daß in jedem Falle ein gutes Speisediagramm und somit auch eine gleichmäßige Dampfleistung erhalten werden.

Im Gegensatz hierzu steht die nachteilige und den Kesselwirkungsgrad herabsetzende periodische Speisung. Durch ein abschnittweises Zuführen von Wasser zum Kessel sinkt bei jedem Speisen die Dampfleistung, es ergeben sich bei kaltem Speisewasser Temperaturschwankungen, die nicht nur für die Dampfentwicklung, sondern auch für die Materialbeanspruchung schädlich sind. Die Gründe hierfür sind mannigfach und ihre Vermeidung kennzeichnet die gute Reglerkonstruktion.

Periodisches Speisen kann durch zu empfindlich eingestellte Regler verursacht werden, d. h. durch Apparate, bei denen schon geringste Wasserspiegelschwankungen große Verstellungen des Drosselorganes bedingen. Diese Gefahr liegt bei indirekt, also mit Zwischenmittel arbeitenden Reglern besonders nahe. Direkt gesteuerte Schwimmerregler müssen schon zur Kraftaufbringung meist größere Übersetzungen zwischen Schwimmer und Kegel (oder Schieber) im Regelventil einschalten.

Zu unempfindlich eingestellte Regler haben wohl den Vorteil, daß kleine Wasserspiegelschwankungen sich nicht gleich merkbar auf die zugeführte Wassermenge auswirken, sie bringen aber bei zu großer Unempfindlichkeit oder Trägheit die Gefahr des Unter- oder Überspeisens mit sich.

Apparate mit beschränkten Kraftgebern (Schwimmer- oder Thermostatregler) müssen darauf bedacht sein, reibungsfrei zu arbeiten, um die durch den Schwimmer oder den Thermostaten aufgebrachte Kraft möglichst restlos auf den Kegel zu übertragen. Reibungen bedingen stets ein periodisches Arbeiten, weil zunächst eine gewisse (verlorene) Kraft aufgewendet werden muß, um die Gegenkräfte der Reibung zu überwinden. Dies bedingt sowohl beim Abschluß wie bei der Öffnung eine Verzögerung der Kegelverstellung gegenüber der bereits eingetretenen Änderung des Wasserspiegels.

Hauptursache für Reibungen sind Stopfbuchsen und Gelenke. Stopfbuchsen dienen zur Abdichtung von Wellen oder Spindeln beim Übergang von einem Druckgebiet in ein anderes, also bei der Bewegungsübertragung vom Kesseldruck nach außen (Schwimmerbewegung) und von außen nach dem Speiseleitungsdruck (alle Apparate). Konstruktionen, die zur Vermeidung von Stopfbuchsen od. dgl. überhaupt keine beweglichen äußeren Teile haben, sind deshalb zu verwerfen, weil man einmal ihre Arbeit nicht beobachten und zum zweiten bei irgendwelchen Störungsfällen sie nicht von Hand zwangsweise außer Betrieb setzen kann.

Auch Klemmungen im Regler, insbesondere bei Kolbenschieberkonstruktionen, können ein periodisches Arbeiten mit sich bringen, sofern nicht der Regler überhaupt zu arbeiten aufhört.

Weiterhin ist eine zweckmäßige Querschnittsbemessung zur Erlangung der gleichmäßigen Speisung äußerst wichtig. Es gehört schon eine große Erfahrung im Reglerbau dazu, um bei den hohen und äußerst vielseitigen Ansprüchen an den Regler die richtigen Querschnitte festzulegen. Wechselnder Überdruck in der Speiseleitung, schwankender Kesseldruck, stark veränderliche Leistung, alles muß berücksichtigt werden. Der Apparat muß bei geringstem Überdruck zwischen Leitung und Kessel und bei größter Leistung ebenso gut und sicher speisen wie bei geringster Leistung und höchstem Überdruck. Fehler in der Sitzbemessung sind vielfach Grund für periodisches Speisen.

Solche Regler, welche die Beeinflussung des Schwimmers, einer Membrane od. dgl. durch in die Kessel eingehängte, in Höhe des normalen Wasserstandes mündende Standrohre vornehmen (meist veraltete Konstruktionen), arbeiten mit mehr oder minder großen Perioden, weil das Rohrsystem abwechselnd mit Dampf oder Wasser gefüllt werden muß und somit der Schwimmer oder die Membrane od. dgl. bzw. der mit diesen Apparateteilen verbundene Kegel im Regelventil nur abschnittweise arbeiten können.

Regler, welche mit einem im Wasserraum des Kessels befindlichen Schwimmer arbeiten, müssen bei Hochdruckkesselanlagen und alkalisch gefahrenen Kesseln vermieden werden. Bei den neuzeitlichen Hochdruckanlagen werden die Steigerohre des Umlaufsystems so in die Obertrommel eingeführt, daß der Dampf nicht mehr durch die Wassermasse geht, sondern direkt zentrifugalartig gegen die obere vom Wasser nicht bedeckte Trommelwand geschleudert wird. Auf diese Weise soll eine mechanische Vortrocknung des Dampfes erreicht werden. Die im Dampfwassergemisch enthaltenen Wassertropfen fallen regenartig nach unten auf die Wasseroberfläche. Befindet sich nun ein Schwimmer in diesem Regen, so wird er von oben mit Wasser belastet, und zwar ungleichmäßig je nach der Dampfbelastung. Auf diese Weise entsteht — aber nur bei neuzeitlichen Hochdruckkesseln — ein Fehler in der Arbeitsweise durch ungleichmäßige Wasserbelastung des oberen aus dem Wasserspiegel herausragenden Teiles der Schwimmerkörper.

Eine weitere ungünstige Wirkung tritt bei Reglern mit in der Kesseltrommel eingebautem Schwimmer durch die auf der Wasseroberfläche schwimmenden Schaumblasen bei alkalisch gefahrenen Kesseln ein. Der Schwimmer erhält im Schaum, der oberhalb des Wassers schwimmt, keinen Auftrieb[1]). Auch diese Regler müssen periodisch arbeiten.

Bei solchem Speisewasser und solchen Reglern ist also auch die Forderung nach außerhalb der Trommel liegenden Schwimmertöpfen berechtigt. Ein Nachteil der Topfanordnung bei direkt gesteuerten Schwimmerreglern ist darin zu erblicken, daß der äußere Topf unter Kesseldruck steht und für den Schwimmer sehr groß ausgeführt werden muß. Er muß infolgedessen auch sehr kräftig ausgebildet sein und wird dadurch verhältnismäßig teuer. Immerhin bildet diese Art der Ausbildung eine betriebssichere Vorstufe für weitere Ausbildungsmöglichkeiten, die dahin zielen, durch schwimmer-

[1]) S. Vortrag von Dr.-Ing. Guilleaume auf der Hochdrucktagung Januar 1924.

gesteuerte (also sicher vom Wasserspiegel zwangsweise abhängig wirkende) einfach und billig gebaute, gegebenenfalls indirekt gesteuerte Regler (daher kleine Schwimmertöpfe) den »idealen Regler« für Hochdruckkessel zu schaffen.

Als Erweiterung der vorstehenden allgemeinen Darlegungen sollen die Hannemann-Regler kurz besprochen werden:

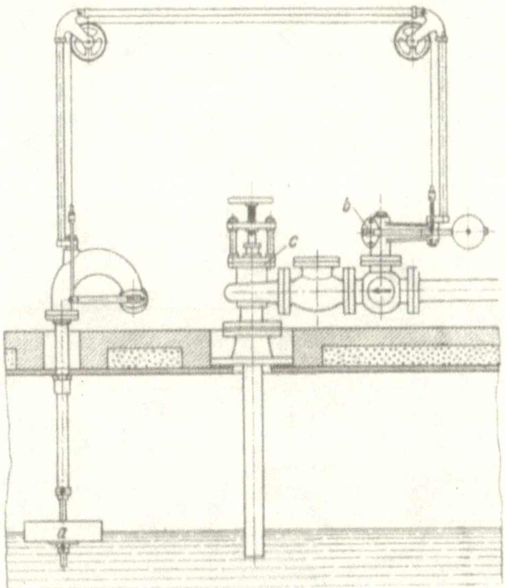

Abb. 346. Konstruktiver Aufbau des Hannemann-Reglers »Direkt«.

Den konstruktiven Aufbau des von der Hannemann-Regler-G. m. b. H. gebauten Speisewasserreglers »Direkt« zeigt Abb. 346, — Abb. 347 stellt die Anordnung dieses Hannemann-Reglers in einer Kesselobertrommel dar. Gleichzeitig sind in Abb. 347 als wichtige Zusatzapparate der Hannemann-Alarm-Apparat und -Fernanzeiger mit eingezeichnet.

Der Hannemann-Regler »Direkt« besteht im wesentlichen aus einem Regelventil *b* (Abb. 346), aus einem Schwimmer *a*, welcher unmittelbar vom Wasserstand betätigt wird und aus einem über Rollen geführtem Stahlband, welches die Bewegungen des Schwimmers *a* auf das Regelventil *b* in zwangläufiger

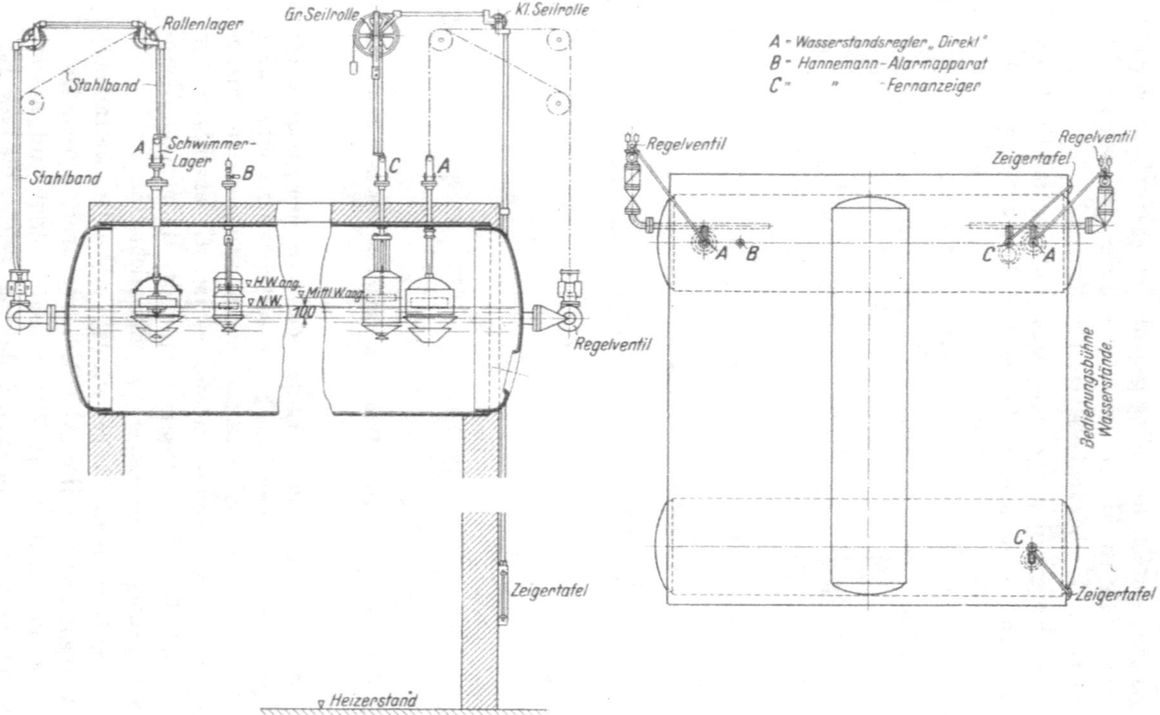

Abb. 347. Anordnung der Hannemann-Apparate in der Obertrommel eines Kessels.

Weise übertragen soll. Der Schwimmer besteht aus einer gußeisernen, mit Beton gefüllten Schale. Er hängt an einem im Schwimmerlager befindlichen langen Hebel. Dieser Hebel sitzt auf einer in zwei Gummimanschetten gelagerten, abgedichteten Welle, die beiderseits aus dem Schwimmerlager herausragt und die beiden äußeren Schwimmerhebel trägt. Diese hängen ihrerseits mittels Einstellschrauben an dem Stahlband. Das Stahlband wird über Rollen geführt und greift mit seinem anderen Ende ebenfalls mittels Einstellschrauben an die beiden äußeren Hebel des Regelventils *b* an. Die äußeren Ventilhebel sitzen auf einer aus dem Ventil zu beiden Seiten herausragenden, ebenfalls in zwei Gummimanschetten gelagerten und abgedichteten Welle, welche im Innern des Ventils den kurzen Ventilhebel trägt. Der massive Schwimmer ist schwerer als Wasser. Zum Ausgleich seines ganzen Gewichtes sind auf den äußeren Hebeln des Ventils *b* Gegengewichte angebracht. Taucht der Schwimmer in das Kesselwasser ein, so wird seine Zugwirkung auf das Stahlband um das Gewicht des von ihm verdrängten Wassers geringer, dadurch bekommen die Gewichte an den Ventilhebeln Übergewicht und drücken den Ventilkegel zu. Sinkt danach der Wasserspiegel im Kessel wieder, so gleichen sich Schwimmergewicht und Ventilbelastung aus und der Speiseleitungsüberdruck öffnet den Ventilkegel. Die Stahlbandrollen sind an einem aus Gasrohren gebildeten, an Schwimmerlager und Regelventil befestigten Rahmen aufgehängt. Die Angriffe der Schwimmerstange und der Einstellschrauben an die Hebel sind so ausgebildet, daß die Bolzen auf geraden Flächen wälzen.

Der Schwimmer soll an einer Stelle des Kessels angebracht werden, an der das Wasser auch während des Kesselbetriebes in gleicher Höhe wie im Wasserstandsglase steht, damit der Regler in Übereinstimmung mit dem im Glase gezeigten Wasserstand arbeitet. Ist der Wasserspiegel dort sehr unruhig, so muß der Schwimmer einen Schutzkorb erhalten. In besonderen Fällen, wo Schwimmerlager und Regelventil nahe beieinander angeordnet sind, können die äußeren Schwimmerhebel auch statt durch das Stahlband durch eine Zugstange mit den Gewichtshebeln des Regelventils verbunden werden, wodurch die Rollen mit ihren Aufhängerahmen fortfallen.

Für kleine Leistungen wird das Regelventil einsitzig und für größere Leistungen doppelsitzig ausgeführt. Das Ventil soll auch noch dicht abschließen, wenn der Speiseleitungsdruck den Kesseldruck bis zu 10 at übersteigt. Dazu ist je nach der Ventilgröße eine Kraft von 20 bis 80 kg erforderlich, die vom Schwimmerauftrieb ausgeübt werden muß. Der Schwimmer hat bei normaler Ausführung einen Rauminhalt von ca. 6 l und im kochenden Kesselwasser einen Auftrieb von $\sim$ 5 kg; er muß also, um den nötigen Druck auf den Kegel auszuüben, mit einer mehrfachen Übersetzung auf diesen einwirken. Diese Übersetzung wird durch die verschiedenen Längen der inneren und äußeren Hebel beim Schwimmerlager und Regelventil erreicht; sie ist bei normaler Ausführung eine siebenfache. Wie weit sich der Kegel des Regelventils öffnen muß, um die jeweils nötige Speisewassermenge durchzulassen, hängt von dem Überdruck in der Speiseleitung ab. Beträgt dieser 1 at, so ist bei höchster Kesselbeanspruchung ein Kegelhub von 5 bis 6 mm erforderlich. Je höher der Druckunterschied zwischen Kessel und Speiseleitung ist, desto größer ist auch der Leistungsbedarf der Pumpen und der Verschleiß des Ventilkegels. Es ist deshalb sowohl zur Erzielung ganz einwandfreien Arbeitens des Reglers wie auch aus wirtschaftlichen Gründen wichtig, daß der Überdruck einerseits gleichmäßig und anderseits aber nicht zu hoch gehalten wird.

Für Anlagen mit geringer Kesselzahl und kurzen Speiseleitungen hat sich ein Überdruck von 1 bis 1,5 atü und für ausgedehntere Anlagen ein solcher von 4 bis 5 atü als zweckmäßig ergeben. Zur Einstellung und Reglung des gewünschten Überdruckes muß die Pumpe oder die Speiseleitung mit einem besonderen Druckregler versehen werden. Solche Druckregler liefert Hannemann sowohl für Dampf- wie auch für elektrisch angetriebene Speisepumpen.

Abb. 348 bringt die Versuchsergebnisse mit einem Hannemann-Regler »Direkt« an einem Petry-Dereux-Steilrohrkessel [1]).

Eine neuere Hannemann-Bauart (Abb. 349) arbeitet nicht mehr durch Übertragung der vom Schwimmer aufgebrachten

---

[1]) Der Abschnitt »Die Speisewasserreglung« ist vom Verf. gemeinschaftlich mit Herrn Dipl.-Ing. K. Hannemann bearbeitet worden.

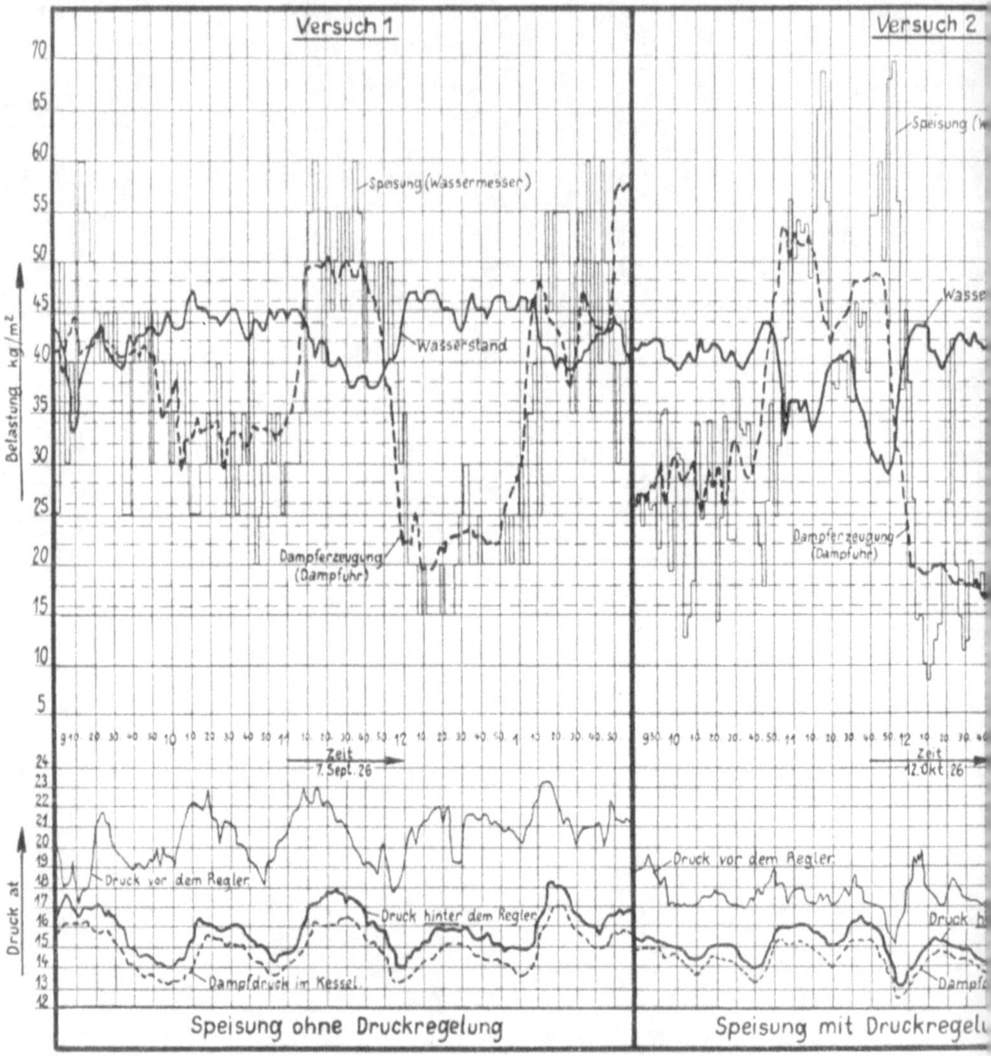

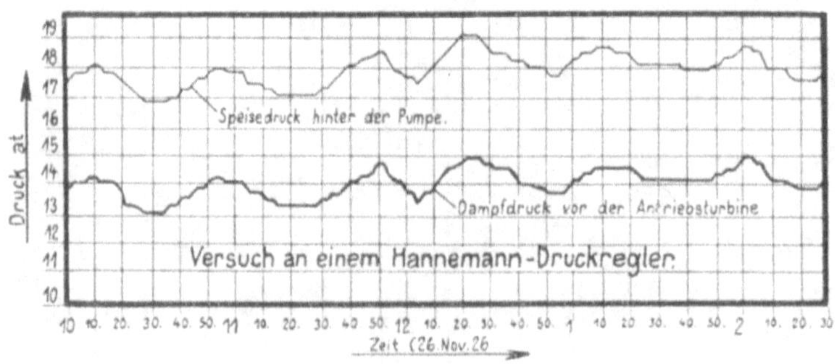

Versuc

Balcke, Kraftwirtscha

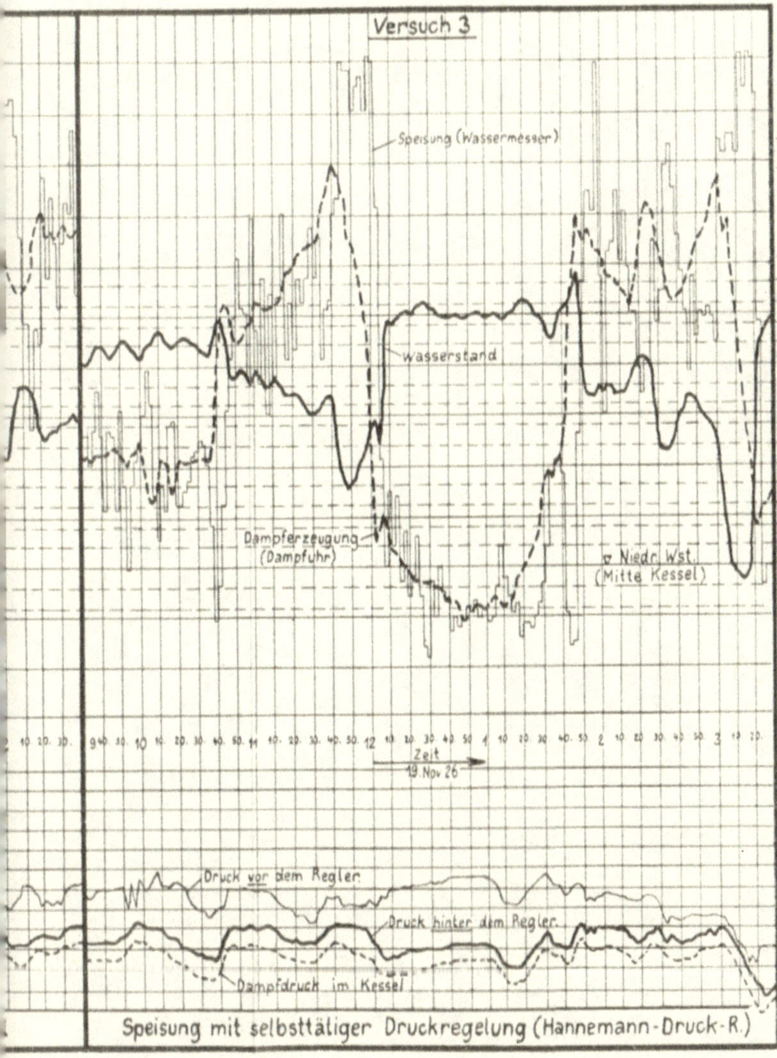

Abb. 348.

einem Hannemann-Regler »Direkt« an einem Petry-Dereux-Steilrohrkessel.

R. Oldenbourg, München u. Berlin.

Kraft auf den Kegel, sondern durch Einschaltung eines Zwischenmittels (Druckwasser).

Auf dem in der Speiseleitung sitzenden Regelventil ist eine Membrane angebracht, die starr mit dem Ventilkegel des Regelventiles verbunden ist. Das Steuerwasser tritt oberhalb der Membrane ein, fließt durch eine Düsenöffnung zum Raum

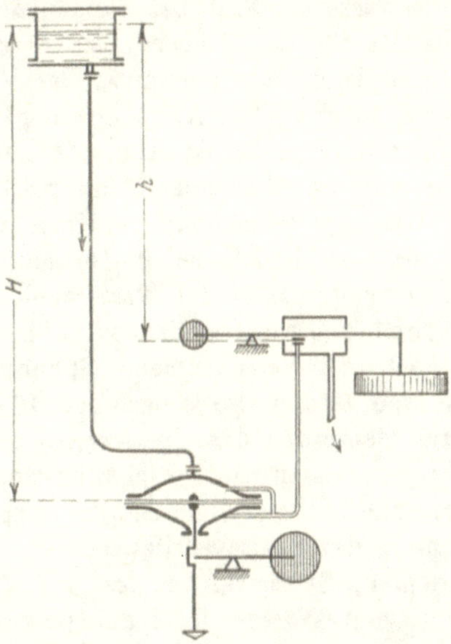

Abb. 349. Mit Zwischenmittel arbeitender Hannemann-Regler.

unterhalb der Membrane, um von dort durch eine halbzöllige Leitung zum Steuerventil zu gelangen. Das Steuerventil wird durch einen kleinen massiven Schwimmer betätigt und ist an dem Schwimmergehäuse befestigt. Das Schwimmergehäuse ist durch zwei absperrbare Leitungen in bekannter Weise entweder an dem Wasserstand oder an dem Kessel angeschlossen. Der Schwimmer ruht auf dem Innenhebel im Schwimmerlager, der die Schwimmerbewegungen nach außen über eine elastische Wellenlagerung reibungsfrei überträgt. Der entsprechende Außenhebel betätigt die Druckwasser-Austrittklappe derart, daß bei sinkendem Wasserstand die Klappe geschlossen wird und umgekehrt. Eine Abflußleitung läßt das verbrauchte Steuerwasser abfließen.

Die Wirkungsweise des Apparates ist folgende:

Wird bei fallendem Wasserstand die Austrittsklappe für das Steuerwasser geschlossen, dann findet über und unter der Membrane durch die vorgesehene Düsenöffnung Druckausgleich statt. Die am Regelventil angebrachte Feder öffnet den Regler gemeinsam mit dem unter dem Kegel wirkenden Druck des Speisewassers. Wird bei Steigen des Wassers im Kessel der Austritt für das Steuerwasser freigegeben, dann wird der Druckausgleich über und unter der Membrane aufgehoben, da der Querschnitt der Abflußöffnung für das Wasser unterhalb der Membrane größer ist als der Querschnitt der Zulaufdüse für diesen Raum. Zur vollen Öffnung des Steuerventils bedarf es einer Wasserspiegelerhöhung im Kessel von etwa 5 cm. Danach erfolgt auch der Druckanstieg oberhalb der Membrane erst allmählich zur vollen Höhe der Wassersäule von 3 m. Der Druck auf die Membrane wirkt schließend auf das Speiseventil. Hierbei muß jedoch auch die zunehmende Spannung der Federn überwunden werden, so daß also je nach der Höhe des Wasserdruckes auf die Membrane das Speiseventil erst allmählich mehr und mehr geschlossen wird. Einem bestimmten Wasserstand im Kessel innerhalb der 5 cm entspricht somit auch eine bestimmte Öffnung des Speiseventiles.

Der Hannemann-Speisewasserregler mit Zwischenmittel hat eine genaue vom Wasserspiegel abhängige Arbeitsweise, eine große Anzugs- und Verstellkraft und paßt sich großen Überdrücken und schwankenden Leistungen an. Alle Teile liegen außerhalb der Kesseltrommel und sind somit zugänglich. Er erscheint an Hand der einleitenden Darlegungen für Kessel mit hoher Leistung, hohem Druck und geringem Wasserinhalt besonders geeignet.

2. Die Feuerungsreglung[1]).

a) Die Handreglung.

Jeder Betriebsleiter weiß, daß die Garantiewirkungsgrade von Dampfkesseln bisher nur bei Abnahmeversuchen

[1]) Verfasser hat die selbsttätige Feuerungsreglung eingehend in seiner »Organisation der Wärmeüberwachung« 1929, Verlag R. Oldenbourg, München und Berlin, besprochen. Hier wie dort wurde von der Beschreibung des in Rußland und in der Tschechoslowakei ver-

erreicht wurden. Der tatsächliche Brennstoffverbrauch des Dauerbetriebes ist oft um mehr als 20 vH höher als der Verbrauch, der sich aus dem Paradewirkungsgrad errechnet, besonders bei Betrieben mit stark schwankender Belastung.

Diese Zusatzverluste sind auf die Unvollkommenheit der Handreglung zurückzuführen, da der Heizer auch beim Vorhandensein von Meßgeräten und dem Zwang zu ihrer Anwendung grundsätzlich die Steuerorgane der Kesselanlage nicht schnell und stetig genug verstellen kann.

Der Heizer muß je nach der Anzeige des Kesseldruckes die Luft- und Kohlenzufuhr der Belastung anpassen. Sinkt z. B. der Kesseldruck, so erkennt er daraus weder genau das Maß der eingetretenen Belastungsänderung, noch die Mengenänderung, welche z. B. eine vorgenommene Handverstellung des Rauchgasschiebers in der Luftzufuhr verursacht hat. Zudem senkt sich der Kesseldruck auch erst dann, wenn die Wärmezufuhr und der Wärmebedarf bereits aus dem Gleichgewicht gekommen sind. Durch die Verstellung der Kesselorgane muß dann nicht nur eine Anpassung an die Belastung erfolgen, sondern außerdem noch die Wärme zur Herstellung des ursprünglichen Kesseldruckes geliefert werden. Nach vorgenommener gefühlsmäßiger Verstellung der Steuerorgane muß der Heizer erst abwarten, wie weit er obige Bedingungen erfüllt hat, wobei inzwischen eintretende neue Belastungsänderungen das Bild fortdauernd verschieben können. Äußerlich ist diese Betriebsweise an den dauernden Schwankungen des Kesseldruckes erkennbar.

Besteht die Dampferzeugungsanlage aus mehreren Kesseln, so treten bei der Handreglung weitere Verluste hinzu, weil noch die Gesamtbelastung auf die einzelnen Kessel richtig verteilt werden muß. Entspricht z. B. der Gesamtdampfverbrauch der Anlage einer Beanspruchung von 20 kg/m² Heizfläche, bei welcher die Kessel ihren besten Wirkungsgrad haben, so ist es am wirtschaftlichsten, alle Kessel mit dieser Last zu betreiben. Werden aber von vornherein von zwei Kesseln der eine mit 15, der andere mit 25 kg/m² belastet,

---

breiteten Roucka-Reglers Abstand genommen, weil er sich vornehmlich wegen seiner hohen Kosten in Deutschland nicht einführen konnte.

dann arbeiten beide Kessel mit verschlechtertem Wirkungsgrad. Zudem ist die günstigste Beanspruchung aber selbst bei Kesseln gleicher Bauart und Größe für jeden Kessel verschieden, je nach dem augenblicklichen Grade seiner Verschmutzung. Der Heizer und Betriebsleiter, der mehrere Kessel zu bedienen bzw. zu überwachen hat, kann außer der Aufrechterhaltung des Dampfdruckes, selbst wenn ihm Dampfmesser und Leuchttafel an jedem Kessel zur Verfügung stehen, nicht für eine zuverlässige und wirtschaftliche Lastverteilung unter Berücksichtigung des Verschmutzungsgrades jedes einzelnen Kessels sorgen. Auch wird bei Handreglung das Betreiben der Kessel mit Teillast möglichst vermieden, weil die Einstellungsfehler besonders ins Gewicht fallen. Es ist deshalb üblich, während der Zeiten geringen Gesamtverbrauches Kessel stillzusetzen und die übrigen Kessel mit hoher Last weiter zu betreiben. Die Stillstandsverluste der Kessel sind aber viel größer als allgemein angenommen wird. Es ist nachgewiesen worden, daß es bei Kesseln neuerer Bauart wirtschaftlicher ist, alle Kessel gleichmäßig mit geringer Last zu betreiben, als einzelne Kessel stillzusetzen, unter der Voraussetzung, daß nicht durch fehlerhafte oder verspätete Einstellung Zusatzverluste entstehen.

Somit verursacht die Handreglung von Feuerungsanlagen hohe Verluste, durch welche die Vorteile guter Bauart gegenstandslos werden können. Nur die große Speicherfähigkeit des Wasserraumes bei Normaldruck-Dampfkesseln, welche mehrere Minuten betragen kann und des Kohlenvorrates bei Rostfeuerungen ermöglicht überhaupt die Handreglung ohne Gefährdung der Betriebssicherheit.

b) Die selbsttätige Reglung.

Alle diese durch die Handreglung verursachten Bedienungsschwierigkeiten und Verluste haben dazu geführt, Verfahren herauszufinden, welche eine selbsttätige Reglung des Kesselbetriebes gewährleisten. Aber gerade der träge Verlauf der Vorgänge bildet für die selbsttätige Handreglung die größte Schwierigkeit. Hierin liegt auch hauptsächlich der Grund, warum mit unvollkommenen Lösungsversuchen schlechte Ergebnisse erzielt worden sind, denn sofern keine besonderen Maßnahmen ergriffen werden, um den verschleppenden Einfluß der Kessel-Speicherfähigkeit auszuschalten, bleibt es unmöglich, Luft- und Brennstoffmenge stetig und genau mit dem Dampfbedarf in Übereinstimmung zu bringen.

Es genügt auch nicht, die Wärmezufuhr der Belastung anzupassen, sondern die Reglung muß auch so wirken, daß bei jeder Kesselbeanspruchung und für jeden einzelnen Kessel das richtige Mengenverhältnis von Luft und Brennstoff eingehalten wird, da hierdurch der für den Kesselwirkungsgrad maßgebende Luftüberschuß bestimmt ist. Man hat vergeblich versucht, durch gemeinsame Zugreglung mehrerer Kessel die Gesamtluftmenge zwangläufig richtig zu verteilen. Erfolge sind aber nur mit Bauarten erreicht worden, bei denen jeder einzelne Kessel geregelt wird.

Bei der selbsttätigen Kesselführung sind immer die gleichen Regleraufgaben zu lösen:

1. muß die Zuführung des Brennstoffes proportional der Dampfmenge erfolgen, wodurch die Wärmeerzeugung gleich der Wärmeabgabe wird, so daß der Dampfdruck konstant bleibt, und
2. muß die Steuerung der einzelnen Komponenten des Brennstoffes, d. h. von Kohle und Luft, im richtigen Mengenverhältnis derart erfolgen, daß bei der Verbrennung das Optimum an Wirtschaftlichkeit erreicht wird.

Dazu kommt dann noch für die Mehrzahl der Anlagen die Steuerung des Unterwindes und des Saugzuges, des Druckes im Feuerraum und der Kesselspeisung.

Es könnte nun der Eindruck erweckt werden, als ob die Reglerverfahren typisiert werden könnten. Das ist nicht der Fall! Vielmehr ist in jedem Einzelfall nachzuprüfen, wie weit sich die Tätigkeit des Heizers durch Regelvorrichtungen ersetzen läßt. Dabei ist nicht nur die Art der Feuerung, sondern auch die verwendete Sorte des Brennstoffes, ihre wechselnde oder unveränderliche Beschaffenheit und ihre Eignung für die betreffende Feuerung, zu berücksichtigen. Man wird dabei immer zu dem Ergebnis kommen, daß gerade diejenigen Maßnahmen sich am leichtesten selbsttätig durchführen lassen, die der Heizer am unvollkommensten erfüllt. Dagegen kann es dem Heizer überlassen bleiben, sichtbare Feuerungsfehler, z. B. das Entstehen von Löchern im Feuerbett, zu beseitigen.

Bei Höchstdruckkesseln, wo eine Speicherfähigkeit des Kessels nicht mehr zur Verfügung steht, wird die selbsttätige Reglung überhaupt zur Selbstverständlichkeit.[1]) Die Bedeutung der Reglung kann wie folgt zusammengefaßt werden: Bei den heute vorhandenen Normaldruckkesseln ist es notwendig, den Kessel zu regeln — nicht aus Gründen der Betriebssicherheit — sondern weil andernfalls niemals die Dauerwirkungsgrade den Paradewirkungsgraden angepaßt werden können. Bei Höchstdruckkesseln wird dagegen die Reglung schon aus Gründen der Betriebssicherheit zur Notwendigkeit, weil eine Speicherfähigkeit vollkommen fehlt, so daß der Betrieb nicht anders durchgeführt werden kann.

c) Arbeitsverfahren der selbsttätigen Feuerungsreglung.

In erster Linie ist die Luft- und Kohlenzufuhr der Belastung anzupassen, wobei die verschleppende Speicherwirkung des Kesselwasserraumes entweder planmäßig ausgenutzt oder ausgeschaltet wird. Die Reglung muß von einer Meßgröße aus erfolgen, die den Belastungswechsel anzeigt, und zwar ehe sich der Kesseldruck zu ändern beginnt. Die Steuerung muß augenblicklich nach dieser Anzeige die Organe aller Kessel so verstellen, daß Abweichungen in der Wärmezufuhr und Belastung, die den Kesseldruck verändern, nicht entstehen.

Bei gleichbleibendem Kesseldruck ist der Dampfdruck der Sammelleitung ein augenblicklicher Belastungsanzeiger. Dieser Druck ist um den Strömungsdruckabfall zwischen Kessel und Meßstelle in der Sammelleitung tiefer als der Kesseldruck und ändert sich augenblicklich mit dem Dampfverbrauch. Läßt man auf den Regler nicht den Druck der Sammelleitung selbst, sondern den Druckunterschied gegenüber dem „Sollwert" des Kesseldruckes einwirken, so beeinflußt die Belastung unmittelbar die Steuerung. Der wirksam gemachte

[1]) Näheres über die Reglung von Hochdruckkesseln s. Verf.: »Die Organisation der Wärmeüberwachung«, S. 301—304, 1928. Verlag R. Oldenbourg, München und Berlin.

Druckunterschied wächst wie bei einem Dampfmengenmesser quadratisch mit der Belastung.

Es genügt nun aber nicht, die Steuerung durch die Belastung genau zu beeinflussen. Der Hub des Kraftgetriebes einer Steuerung ändert sich mit dem Reglerhub proportional, sodaß durch die Druckkraft, welche quadratisch mit der Belastung wächst, eine falsche Verstellung des Kraftgetriebes erfolgt. Außerdem entspricht einer bestimmten eingeregelten Stellung, z. B. der eines Rauchgasschiebers, nicht eine ganz bestimmte Strömungsmenge, vielmehr ist diese von den wechselnden Zugverhältnissen in Fuchs und Schornstein abhängig. Ebensowenig ist eine einfache festliegende Beziehung zwischen der eingestellten Stufe eines Regelwiderstandes und der Drehzahl des Antriebsmotors vorhanden. Um alle diese Fehler auszuschalten und die gesteuerten Mengen genau der Belastung entsprechend einzustellen, wird ein zweiter Regler eingebaut, auf den man eine Druckkraft wirken läßt, die quadratisch mit der gesteuerten Menge wächst. Die Steuerung kommt dann sofort zur Ruhe, sobald Belastung und gesteuerte Menge übereinstimmen.

Wird für die Reglung die Speicherfähigkeit des Kessels planmäßig ausgenutzt, so muß der Belastungsregler auf geringere Mengenänderungen eingestellt werden als notwendig sind, um die Verbrennung durch veränderte Luftzufuhr der Belastung anzupassen. Der übrigbleibende Wärmeunterschied wird unter Änderung des Kesseldruckes ausgeglichen.

d) Die Feuerungsregler Bauart AEG-Askania.

1. Allgemeines.

Zur Steuerung der Kesselorgane muß man eine Hilfskraft verwenden, weil die Reglerverstellkräfte für einen unmittelbaren Antrieb zu klein sind.

Man hat anfangs die geringen Druckkräfte auf Regler mit großen Oberflächen wirken lassen, um auf diese Weise ausreichende Kräfte zum Antrieb von Steuerschiebern bekannter Bauart zu gewinnen. Durch große Reglerabmessungen und Gestänge für die starre Übertragung starker Reglerkräfte nehmen aber die bewegten Reglermassen und die Reibungskräfte derart zu, daß ihr schädlicher Einfluß eine weitere

Verstärkung der Reglerkraft und die Anwendung besonderer Dämpfungseinrichtungen erfordert.

Die Askania-Werke haben in Gemeinschaft mit der AEG einen Regler ausgebildet, bei dem die Umsetzung der Meßwerte in Arbeit unter Verwendung von Drucköl mit Hilfe eines Strahlrohres auf einen Kraftzylinder erfolgt, der seinerseits die Verstellung der Klappen, Schieber usw. betätigt. Abb. 350 zeigt den Aufbau eines AEG-Askania-Strahlrohrreglers. Der Regler ist von der Steueröffnung durch einen freien Zwischenraum getrennt. Das Drucköl fließt dem Strahlrohr *1* von oben durch die hohle Achse zu und strömt als Strahl mit hoher Geschwindigkeit aus. In einiger Entfernung von der Mündung *2* des Strahles liegen zwei Steueröffnungen eines Verteilerstückes *3*. Diese Steueröffnungen sind mit je einer Seite des Kraftzylinders *4* verbunden. Beim Auftreffen auf einen Widerstand setzt sich die Geschwindigkeitsenergie des Ölstrahles wieder vollkommen in den ursprünglichen Druck um. Liegt also das Strahlrohr genau vor einer der Steueröffnungen, so steht der volle Öldruck zur Bewegung des Kraftgetriebes in einer Richtung zur Verfügung. Durch Verschiebung um den geringen Ausschlag, der genügt, um das Strahlrohr vor die andere Steueröffnung zu bringen, verursacht man den vollen Antrieb des Kraftgetriebes in umgekehrter Richtung. In der Mittelstellung des Strahlrohres ist das Kraftgetriebe in Ruhe, und zwischen diesen Grenzfällen steigt die Geschwindigkeit desselben annähernd proportional mit dem Ausschlag von Null auf den Höchstwert. Die Ausschläge entstehen unter dem Einfluß der regelnden Druckkräfte, die auf das Strahlrohr wirken.

Das Öl, welches aus den Kraftzylindern durch die Steueröffnung zurückfließt, wird durch den verengten Abfluß der Rücklaufleitung derart aufgestaut, daß ein Mitreißen von Luft in die Steueröffnung verhindert wird.

Beim Strahlrohrregler sind die bewegten Massen verschwindend klein. Eine Reibung an der Steuerstelle ist mangels einer Berührung überhaupt nicht vorhanden, ebensowenig ein Rückdruck, und die Reibungskräfte, die das geringe Gewicht noch verursacht, sinken praktisch auf Null, weil die Lagerstellen dauernd in Öl laufen. Der Regler hat somit eine hohe Empfindlichkeit.

Der Bewegungsgeschwindigkeit des Kraftgetriebes ist durch die geförderte Ölmenge eine Grenze gesetzt. Man würde die schädlichen Massen des Reglers vergrößern, wollte man zur Bewegung größerer Kraftkolben einen dickeren Ölstrahl verwenden. Statt dessen wirkt in solchen Fällen das Strahlrohr zunächst auf den in Abb. 351 schematisch dargestellten

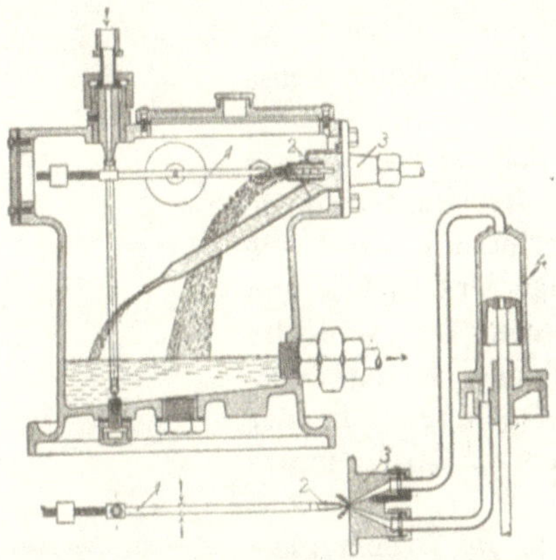

Abb. 350. Steuerwerk des Askania-Strahlrohrreglers.
Erklärung: *1* Strahlrohr, *2* Mündung, *3* Verteilerstück, *4* Kraftzylinder.

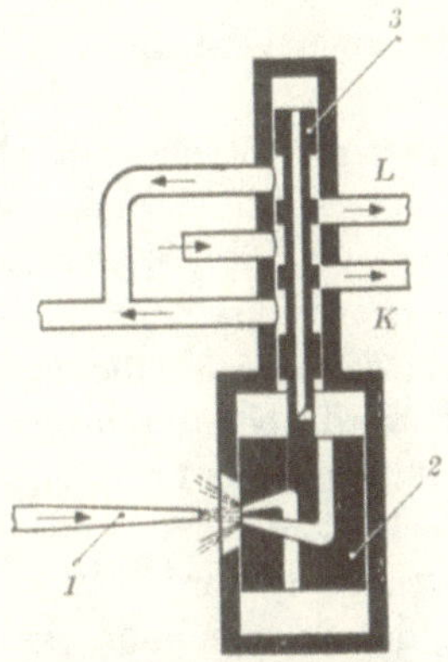

Abb. 351. Folgeschieber.
Erklärung: *1* Strahlrohr, *2* Kolben, *3* Doppelschieber.

Folgeschieber, der seinerseits die Steuerung des Kraftgetriebes übernimmt. Bewegt sich das Strahlrohr *1* z. B. nach links, so folgt der von rechts beaufschlagte Kolben *2* der Stellung des Strahlrohres als wäre es fest mit ihm verbunden. Der Folgekolben *2* steuert seinerseits mit Hilfe eines Doppelschiebers *3* die durch die Zuleitungen »*L*« und »*K*« zum Steuerzylinder übertretenden Ölmengen.

Die Regler, die auf das Strahlrohr wirken, müssen nun zu beiden Seiten des Einheitssteuerwerkes angeschlossen werden. Abb. 352 bis Abb. 354 zeigen schematisch den Aufbau der drei für die selbsttätige Feuerungsreglung in Betracht kommenden Steuerwerke, nämlich Abb. 352 das Steuerwerk des Belastungsreglers, Abb. 353 des Verhältnisreglers und Abb. 354 des Druckreglers. Bei dem Steuerwerk des Belastungsreglers Abb. 352 wirkt der Dampfdruck auf die Stufenmembran *1*.

Der Solldruck des Kessels wird durch das Gewicht *2* ausgewogen, und der Unterschied der Druckkräfte wird auf das Strahlrohr übertragen, das von der andern Seite durch den Rückführdruck des Reglers *4* belastet ist. Der Hebel *5* und der Schieber *6* dienen dazu, das Kräfteverhältnis des Dampfdruckreglers und der Rückführung zu verändern, indem durch Veränderung des Angriffspunktes beider Kräfte die wirksamen Hebellängen verstellt werden. Um den Solldruck des Kessels zu beeinflussen, wird das Gewicht *2* auf seiner Achse verschoben.

Das Verhältnisregler-Steuerwerk Abb. 353 hat zwei gleiche Membranregler, auf welche Drücke oder Druckunterschiede übertragen werden, wie sie bei der Beeinflussung durch die Luftmenge, Rauchgasmenge oder durch den Unterdruck von Rückführ-Meßgebläsen zur Verfügung stehen. Das geregelte Mengenverhältnis wird aber durch den Schieber *6* eingestellt, an seinem Ende läßt sich zur Luftüberschußreglung ein kleiner Kraftkolben anschließen, der von einem AEG-Ranarex-Rauchgasprüfer gesteuert wird.

Zur Reglung des Feuerraumdruckes wird das Druckregler-Steuerwerk der Abb. 354 angewendet. Dem Unterdruck oder Überdruck, welcher die Membran *4* belastet, wirkt die einstellbare Feder *7* entgegen. Im Beharrungszustand — also bei

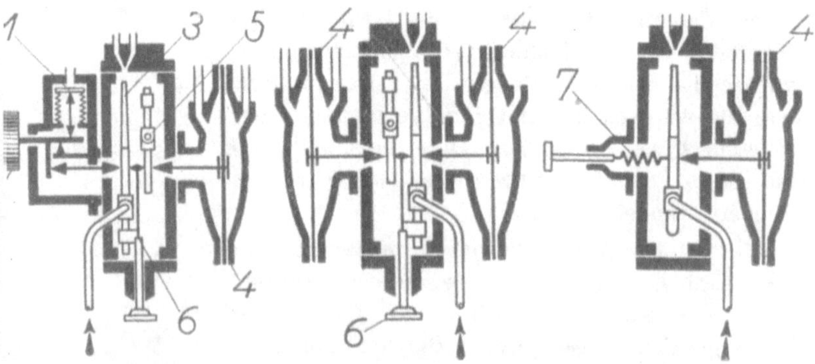

Abb. 352. Belastungsregler-Steuerwerk.

Abb. 353. Verhältnisregler-Steuerwerk.

Abb. 354. Druckregler-Steuerwerk.

Abb. 352—354. Schematische Darstellung der Steuerwerke.

Erklärung: *1* Stufenmembran vom Dampfdruck beeinflußt, *2* Gewicht, *3* Strahlrohr, *4* Membranregler, *5* Übertragungshebel, *6* Stellschieber, *7* Gegenfeder.

Stillstand des Kraftgetriebes — ist das Strahlrohr immer in der Mittellage. Die Steuerung regelt daher immer auf den Unterdruck oder Überdruck, der erforderlich ist, um in dieser Stellung die Federkraft im Gleichgewicht zu halten. Soll der geregelte Feuerraumdruck je nach der Belastung verändert werden, so kann man eine zweite Membran auf die Steuerung wirken lassen, welche eine sich mit der Rauchgasmenge verändernde Gegenkraft ausübt. Zur Reglung von sehr geringen Unter- oder Überdrücken werden besondere Druckentnahmevorrichtungen verwendet, in welchen der Druckunterschied gegen die Atmosphäre vervielfacht wird.

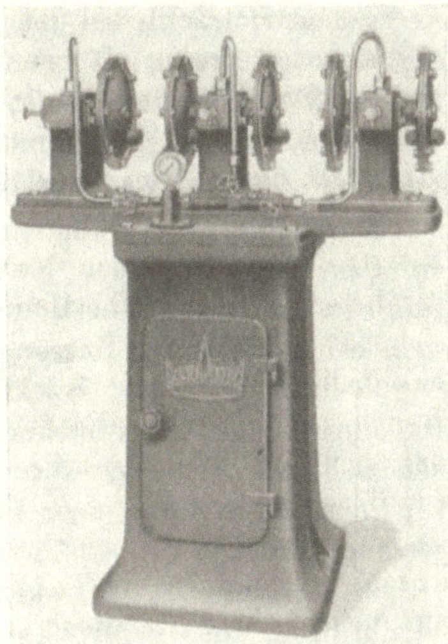

Abb. 355. Sockel mit den 3 Steuerwerken eines Kessels. S. a. Abb. 352—354.

Die Steuerwerke werden betriebsfertig auf einen schweren gußeisernen Sockel aufgebaut, in dem Ölbehälter, Ölpumpe und Elektromotor untergebracht sind. Die Zahnradölpumpe fördert auf einen Druck von etwa 4 atü; die Stromaufnahme des direkt gekuppelten Motors beträgt etwa 0,2 kW. In Abb. 355 trägt der Sockel die drei Steuerwerke eines Kessels, und zwar rechts den Regler der Kohlenzufuhr, dessen Membranen an das Hauptsteuerwerk und an das Meßgebläse des Rostes oder des Brenners angeschlossen sind, in der Mitte den Regler für die Luftzufuhr nach dem Mengenverhältnis von Kohle und Luft und links mit nur einer Membrane den Feuerraum Druckregler. Im einzelnen ist über die Anwendung der besprochenen AEG-Askania-Regler noch folgendes zu sagen:

2. Die Reglung der Luftzufuhr nach der Belastung[1]).

Die Reglung der Luftzufuhr nach der Belastung kommt für alle Arten von Rostfeuerungen in Betracht, bei denen sich

[1]) Schaltbilder zu d 2—4 s. Verf.: »Organisation der Wärmeüberwachung«, Abb. 192, 193, 194 und 196.

die Geschwindigkeit der Kohlenzufuhr nicht beeinflussen läßt. Man beschränkt sich auch dann auf diese erste Stufe des selbsttätigen Betriebes, wenn die Brennstoffzufuhr zwar geregelt werden könnte, es aber nicht zweckmäßig wäre, dem Heizer diese Arbeit abzunehmen. Dieser Fall kommt für Anlagen in Betracht, bei denen ein für den betreffenden Rost ungeeigneter Brennstoff benutzt wird oder bei welchen sehr verschiedenartige Brennstoffe verfeuert werden. Ferner läßt sich diese Reglung als Vorstufe für einen späteren weitergehenden Ausbau des selbsttätigen Betriebes anwenden.

Durch die Luftzufuhr wird die Brenngeschwindigkeit des auf dem Rost liegenden Kohlenvorrats beeinflußt. Die zugeführte Luftmenge bestimmt die Wärmeentwicklung, die sich, bei selbsttätiger Reglung, nach dem Dampfdruck in der Sammelleitung unter Rückführung durch die gesteuerte Rauchgasmenge augenblicklich der Belastung anpaßt. Um den richtigen Feuerraumdruck einzuhalten, wird bei Unterwindfeuerungen durch einen Feuerraumdruckregler die Klappe gesteuert, welche den Luftzutritt zum Rost beeinflußt. Derartige Luftklappen sind auch bei Kesseln ohne Unterwind anzubringen, um Überdruck im Feuerraum zu vermeiden, falls eine Reglung auf geringe Last erforderlich ist.

Bei einzelnen Kesseln besteht die Regelanlage aus:

1 Belastungsregler-Steuerwerk mit Kraftzylinder zur Betätigung der Rauchgasklappe im Fuchs in Abhängigkeit vom Dampfdruck in der Sammelleitung und von der Rauchgasmenge und

1 Druckregler-Steuerwerk mit Kraftzylinder zur Betätigung einer Drosselklappe für die Luftzufuhr zum Rost in Abhängigkeit vom Feuerraumdruck.

Bei der Reglung mehrerer Kessel kommt als weiteres Organ zumeist das besprochene Hauptsteuerwerk hinzu, um die zwangsläufige Belastungsverteilung auf mehrere Kessel zuverlässig durchzuführen und damit eine der wichtigsten Wirkungen der selbsttätigen Feuerungsreglung zu sichern. Dieses Hauptsteuerwerk überträgt in Abhängigkeit vom Dampfdruck der Sammelleitung eine gemeinsame Meßgröße auf die Regler der einzelnen Kessel.

3. Die Reglung der Brennstoffzufuhr[1]).

Läßt sich bei Rostfeuerungen die Geschwindigkeit der Brennstoffzufuhr willkürlich einstellen, so können Luftmenge und Kohlenmenge selbsttätig geregelt werden.

Zur Reglung der Luftmenge muß in erster Linie die Rauchgasströmung im Kessel durch einen Schieber oder eine Klappe im Fuchs beeinflußt werden. Um den richtigen Feuerraumdruck einzuhalten, wird bei Unterwindfeuerungen die Klappe durch einen Feuerraumdruckregler gesteuert, welche den Luftzutritt zum Rost beeinflußt. Derartig gesteuerte Klappen sind auch bei Kesseln ohne Unterwind anzubringen, um einen Überdruck im Kesselraum zu vermeiden, falls eine Reglung auf geringe Last erforderlich ist.

Die Geschwindigkeit der Brennstoffzufuhr muß sich durch den Regler möglichst feinstufig einstellen lassen. Dazu sind die wenigen Getriebegänge, mit denen bei Handreglung die Kohlenzufuhr eingestellt wird, nicht ausreichend. Reibradgetriebe mit stetiger Verstellung der Geschwindigkeit durch das Übersetzungsverhältnis eignen sich nicht für den Kesselhausbetrieb. Statt dessen wird ein Steuer-Maschinensatz aufgestellt, von dem aus alle Rostmotoren gemeinsam mit Gleichstrom gespeist werden. Die Drehzahl sämtlicher Rostmotoren wird von der Speisespannung der Steuerdynamo bestimmt, welche durch ein Hauptsteuerwerk geregelt wird. Die parallele und stetige Reglung sämtlicher Rostmotoren besorgt also ein einziger Regler. Andere Organe, welche die zugeführte Brennstoffmenge beeinflussen, läßt man ungeregelt; so arbeitet man z. B. bei der Reglung von Wanderrosten mit unveränderlicher Schütthöhe bei allen Belastungen.

Bei Kohlenstaubfeuerungen ändern sich die Verbrennungsverhältnisse augenblicklich mit jeder Verstellung der Kohlen- oder der Luftmenge. Durch das Fehlen jeder Verzögerung bei der Änderung der Verbrennungsverhältnisse entsteht die Schwierigkeit, daß unter allen Umständen Luftmangel und Rauchentwicklung selbst während der wenigen Sekunden, die zur Durchführung der Regelvorgänge erforderlich sind, verhindert werden müssen.

---

[1]) S. Anm. S. 597.

Diese Bedingung läßt sich bei der Parallelschaltung der Steuerung für Kohle und Luft nur durch verwickelte Sicherheitsmaßnahmen erfüllen. Setzt der Regler bei einer Belastungsänderung die Kraftzylinder von Kohle und Rauchgas mit gleicher Geschwindigkeit in Bewegung, so ändert sich die Kohlenmenge mit der Verstellung des Kraftzylinders angenähert proportional, die Rauchgasmenge dagegen mit der Stellung des Kraftzylinders je nach dem veränderlichen Unterdruck im Fuchs bei verschiedenen Belastungen in verschiedenem Maß. Gleichen Verstellgeschwindigkeiten der Steuerungen von Luft und Kohle entsprechen also bei verschiedenen Belastungen ungleiche Mengenänderungen. Es muß deshalb mit großem Luftüberschuß während der Regelvorgänge gefahren werden, d. h. man muß bei steigender Last die Luft viel schneller zunehmen lassen als die Kohle und bei sinkender Last die Kohle viel schneller abnehmen lassen als die Luft. Da aber hierdurch bei häufigen Belastungsänderungen die Reglung dauernd mit hohem unwirtschaftlichen Luftüberschuß arbeiten würde, wäre eine umständliche Anpassung der Verstellgeschwindigkeit an die Belastung erforderlich, um diese Fehler zu mildern.

Unzulässige Abweichungen des Luftüberschusses sind aber leicht zu vermeiden, wenn der Belastungsregler nur die Kohlenmenge beeinflußt, die durch die Zuteiler (Brenner) gefördert wird, während die Luftzufuhr ihrerseits in Abhängigkeit von der Brennerdrehzahl gesteuert wird. Die Vorgänge der Steuerung von Kohle und Luft sind dann hintereinander in Reihen geschaltet. Arbeitet die nachgeschaltete Luftsteuerung im Verhältnis zur Steuerung der Kohle durch den Belastungsregler schnell, so folgt die Luft den trägen Änderungen der Kohlenmenge, ohne daß schädliche Abweichungen im Luftüberschuß entstehen.

Im allgemeinen werden die Antriebsmotoren der Brenner sämtlicher Kessel gemeinsam von einem Steuergenerator gespeist. Ein Hauptsteuerwerk beeinflußt den Regelwiderstand des Steuergenerators, ändert dadurch die Spannung des erzeugten Gleichstroms und die Drehzahl der angeschlossenen Brennermotoren.

4. Die Luftüberschuß-Reglung[1]).

Um jede Änderung der gesteuerten Brennstoffmenge ohne Verzögerung auf die Feuerungsregler wirken zu lassen, wird die Antriebsdrehzahl der Fördervorrichtungen als Maß für die zugeführte Brennstoffmenge benutzt. Die Brennstoffzufuhr ist erfahrungsgemäß der Antriebsdrehzahl mit hinreichender Genauigkeit proportional, solange keine Änderung in der Brennstoffbeschaffenheit, der Schütthöhe von Rostfeuerungen und der Bunkerfüllung von Kohlenstaubfeuerungen entsteht. In längeren Zeitabschnitten ändern sich aber diese Bedingungen und besonders wechselt die Beschaffenheit des verfeuerten Brennstoffes. Bei der gleichen Drehzahl kann also der Antrieb abweichende Brennstoffmengen fördern, und bei einem Wechsel in der Brennstoffbeschaffenheit ist eine andere Luftmenge erforderlich, um mit günstigstem Luftüberschuß zu arbeiten. Die Fehler, die durch die Steuerung der Luftzufuhr nach der Antriebsdrehzahl entstehen, lassen sich durch einen Regler beseitigen, der unter dem Einfluß des Luftüberschusses in den Regelvorgang eingreift.

Das Verhältnis der erzeugten Dampfmenge zur zugeführten Luft- oder zur Rauchgasmenge ist ein Anhaltspunkt für den Luftüberschuß, und zwar wird die Steuerung unmittelbar durch einen entsprechend gebauten (Ranarex-) Rauchgasprüfer beeinflußt[2]).

Bei Kesseln, die mit veränderlicher Belastung arbeiten, greift der Rauchgasprüfer nachstellend in die vorgeschaltete Steuerung ein, die ihrerseits augenblicklich annähernd den richtigen Luftüberschuß nach der Antriebsdrehzahl herstellt. Durch diese Maßnahme ist es gelungen, auch bei plötzlichen Belastungsänderungen und wechselnden Brennstoffverhältnissen dauernd mit günstigem Luftüberschuß zu arbeiten.

e) Die selbsttätige Feuerführungsreglung mit Arca-Reglern.

Die Abb. 356 zeigt das Schema einer selbsttätigen, hydraulischen Arca-Feuerführungsreglung. Der Reglung liegt

---

[1]) S. Anm. S. 597.

[2]) Über Ranarex-Rauchgasprüfer s. Verf. »Die Organisation der Wärmeüberwachung« 1929. Verlag R. Oldenbourg, München und Berlin, S. 149 u. f.

das Prinzip zugrunde, daß für jede dem Kessel entnommene Dampfmenge eine bestimmte Brennstoffmenge sowie gleichfalls eine bestimmte Menge Verbrennungsluft aufgewendet werden muß. Dementsprechend ist die Reglung so durchgebildet, daß sie die für jede Belastung erforderliche Brennstoff- und Luftmenge selbsttätig einstellt. Zur Durchführung dieses grundsätzlichen Gedankenganges sind folgende Apparate notwendig:

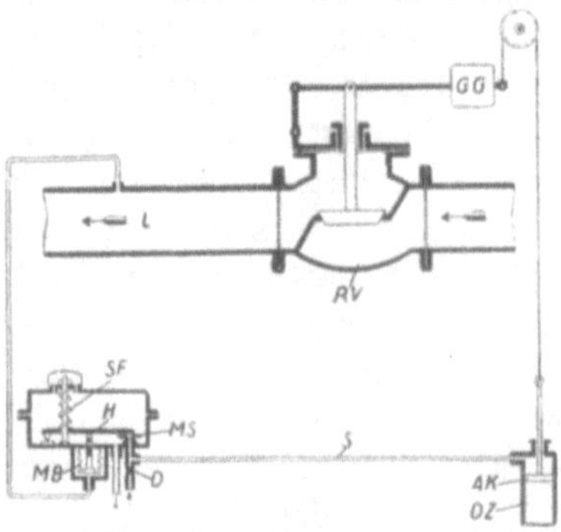

Abb. 356. Schematische Darstellung des Arca-Reglers.

1. Ein Generalrelais für alle zu regelnden Kessel gemeinsam,
2. ein Brennstoffregler,
3. ein Zugregler,
4. ein Druckregler für den Druck in der Heizkammer,

} für jeden Kessel (2.–4.)

schließlich ein Pumpenaggregat zum Betriebe der Regler und ein Flüssigkeitshochbehälter für das Generalrelais.

Die Wirkungsweise des Arca-Reglers ist aus der schematischen Abb. 356 ersichtlich.

Ein an einem Ende in Schneiden gelagerter Hebel *H* wird einerseits durch das Fühlorgan, z. B. einen Membranbalg *MB*, anderseits durch eine Feder *SF* belastet. Der Membranbalg *MB* steht unter dem Druck des in der Leitung *L* zu regelnden Dampfes; die Feder *SF* ist so eingestellt, daß sie dem auf den Membranbalg *MB* ausgeübten Druck (der konstant gehalten werden soll) das Gleichgewicht hält. Die geringste Veränderung des auf den Membranbalg *MB* wirkenden Dampfdruckes veranlaßt eine Veränderung der Lage des Hebels *H*. Steigt der Dampfdruck, so wird der Hebel *H* und mit ihm die an seinem freien Ende angebrachte Prallplatte gehoben und die Düse *MS* geöffnet. Sinkt der Dampfdruck, so wird die Düse *MS* entsprechend geschlossen.

Je mehr sich die Düse *MS* bei sinkendem Dampfdruck schließt, um so weniger Betriebsflüssigkeit kann aus ihr ausfließen; um so stärker wirkt der Druck der über die Verengung *D* zufließenden Betriebsflüssigkeit durch das Rohr *S* auf den Kolben *AK* des Kraftgetriebes *DZ*, drückt ihn nach unten und öffnet das Regelorgan *RV* so lange, bis der Solldruck in der Leitung *L* wieder erreicht ist und umgekehrt.

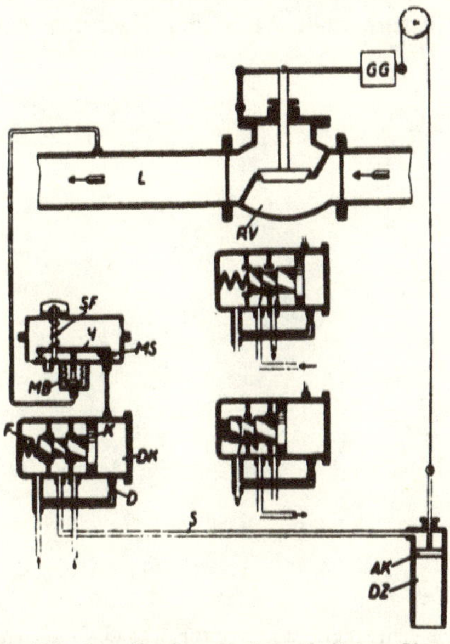

Abb. 357. Arca-Regler mit eingeschaltetem Steuerschieber zwischen Relais und Arbeitsmotor.

Ist der Solldruck erreicht, so steht der Hebel *H* wieder in der diesem Zustand entsprechenden Ruhestellung. Das Regelorgan verharrt alsdann in seiner Lage, bis ein neuer Impuls Anlaß zu einer neuen Regelbewegung gibt.

An Stelle des Arbeitszylinders kann auch bei kleinen Stellwegen eine Membran treten und an Stelle des Gegengewichtes eine Feder.

Abb. 357 zeigt die Einschaltung eines Steuerschiebers zwischen Relais und Arbeitsmotor. Das durch die Impulse veranlaßte Schließen und Öffnen der Düse *MS* wirkt hier auf den Steuerschieber *K*, indem es ein Ansteigen oder Sinken des Druckes in der Kammer *DK* verursacht. Steigt der Druck in der Kammer *DK*, so verschiebt sich der Steuerschieber *K* nach links, sinkt der Druck, so drückt dagegen die Feder *F* den Steuerschieber nach rechts. Durch diese Verschiebungen werden die Zu- oder Abflußleitungen der Betriebsflüssigkeit mit dem Kraftgetriebe *DZ* verbunden und dessen Kolben *AK* hierdurch so bewegt, wie es das Regelorgan *RV* erfordert. Feder und Flüssigkeitsdruck in der Kammer *DK* halten den

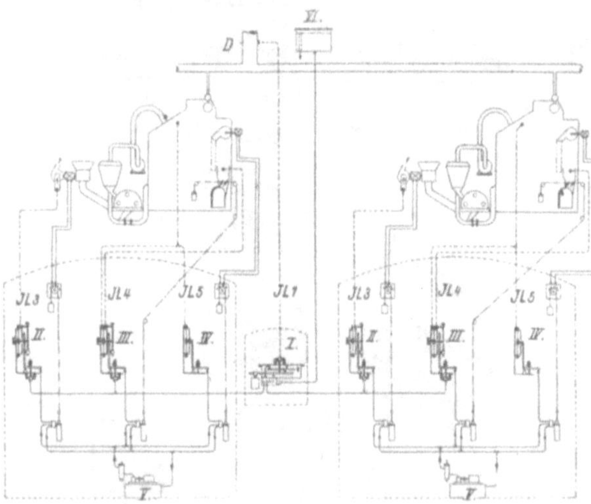

Abb. 358. Arca-Feuerungsregelanlage für 2 kohlenstaubgefeuerte Kessel.

Steuerschieber in der Mittellage, solange das zu regelnde Medium — z. B. der Dampfdruck in der Rohrleitung *L* — sich in seinem Sollzustande befindet.

Als Betriebsflüssigkeit wird Öl oder Wasser verwendet, je nach den obwaltenden Betriebsverhältnissen.

Die Anwendung von Öl hat den Vorteil, daß Frostgefahr ausgeschlossen ist, erfordert aber eine besondere Pumpenanlage.

Der Betrieb mit Wasser ist dort, wo Frostgefahr ausgeschlossen ist, meist am einfachsten, weil das Wasser einer vorhandenen Wasserleitung entnommen werden kann. Enthält das vorhandene Leitungswasser chemische oder durch Filterung nicht entfernbare Beimischungen oder ist ein Verbrauch an Wasser unerwünscht, so muß, falls Öl nicht angewendet werden soll, eine Wasserumlaufpumpe mit einem Behälter für reines Wasser aufgestellt werden.

Der Betriebsdruck der Arbeitsflüssigkeit kann im allgemeinen für die normale Reglerkonstruktion zwischen 1 und 6 at betragen. Druckschwankungen sind bis zu einem beträchtlichen Grade ohne Einfluß auf die Genauigkeit der Reglung. Der Grad, bis zu welchem Druckschwankungen zulässig sind, hängt von der Art des Reglers bzw. des zu regelnden Betriebes ab.

Der Verbrauch an Betriebsflüssigkeit ist abhängig von den Verhältnissen des zu regelnden Betriebes. Schwankt der Betrieb stark, so muß sich das Kraftgetriebe häufig bewegen und es wird infolgedessen der Flüssigkeitsverbrauch größer sein als bei einem ruhigen Betriebe. Auch von der mit Rücksicht auf die erforderliche Stellkraft notwendigen Bemessung des Kraftgetriebes hängt der Bedarf an Arbeitsflüssigkeit ab.

In dem Schaltungsschema Abb. 358 zur selbsttätigen Feuerungsreglung für eine mit Kohlenstaub gefeuerte Kesselanlage leitet bei sich ändernder Dampfentnahme aus dem Kessel das Generalrelais *I* jeden Regelvorgang ein, indem es den mit wachsender Dampfentnahme sich ändernden Druck in der Hauptdampfrohrleitung in Öldruckimpulse umsetzt. Diese werden auf den Brennstoffregler *II* und den Zugregler *III* weitergeleitet und geben diesen Reglern die der jeweiligen Dampfentnahme entsprechende Einstellung. Mit veränderlicher Dampfentnahme aus der Hauptdampfrohrleitung wird also die aufgegebene Kohlenmenge sowie die Verbrennungsluftmenge der Kessel verändert.

Unabhängig von dieser Reglung arbeitet der Regler *IV*, welcher den Druck im Feuerungsraum des Kessels stets auf konstanter Höhe zu halten hat. Der Antrieb der Reglung erfolgt durch das Ölpumpenaggregat *V*. Dasselbe versorgt die einzelnen Regler mit der erforderlichen Betriebsflüssigkeit und speist gleichzeitig den für das Generalrelais vorgesehenen kleinen Hochbehälter *VI*.

Die einzelnen für einen oder mehrere Kessel vorgesehenen Ölpumpenaggregate werden im allgemeinen miteinander verbunden, um als gegenseitige Reserve zu dienen.

Der in der Hauptdampfrohrleitung *D* mit wechselnder Dampfentnahme sich ändernde Dampfdruck wirkt durch eine Impulsleitung *IL 1*, welche zwischen Kessel und Dampfverbraucher an die Hauptdampfrohrleitung angeschlossen ist, auf das Generalrelais *I*, dessen Impulsempfänger wie bei jedem normalen Arca-Regler ein Membranbalg ist. Durch die mit der Dampfentnahme auf diesen Membranbalg wechselnden Impulsdrücke wird die Düse des Generalrelais mehr oder weniger geöffnet und hierdurch der Öldruck im zugehörigen Verteiler entsprechend der Dampfentnahme geändert. Der Ölzulauf zum Generalrelais erfolgt aus einem kleinen Hochbehälter *VI*. Die durch das Generalrelais erzeugten wechselnden Öldrücke werden den Brennstoff- und den Zugreglern der einzelnen Kessel zugeleitet.

Die Brennstoffregler erhalten den vom Generalrelais in einen Öldruckimpuls verwandelten Dampfdruckimpuls über die Impulsleitung *IL 2* und verstellen dementsprechend die Anlasser für die Kohlenstaubaufgabemotoren. Sie sind mit einer Rückführung versehen, weil jeder Kohlenstaubaufgabemotor mit einem Gebläse (oder einer Pumpe) versehen wird, dessen Druck sich mit der wechselnden Umdrehungszahl der Kohlenaufgabemotoren und damit mit der Kohlenstaubaufgabe, und zwar im quadratischen Verhältnis ändert. Der veränderliche Gebläsedruck oder -unterdruck wirkt durch die Impulsleitung *IL 3* auf den Brennstoffregler. Jeder durch die Ölimpulse eingeleitete Regelvorgang ist beendet, wenn der Rückimpuls von den Gebläsen dem Ölimpuls das Gleichgewicht hält. Die aufgegebene Kohlenmenge entspricht dann der jeweils entnommenen Dampfmenge.

Die Zugregler *III* werden genau so durchgebildet wie die Brennstoffregler *II*. Sie erhalten ihren Impulsdruck ebenfalls vom Generalrelais durch eine Impulsleitung von *I* aus. Die Zugregler steuern entweder die Rauchfangklappen oder den Motor bei Anlagen mit Saugzuggebläse. Auch die Zugregler erhalten durch die Impulsleitungen *IL 4* eine Rückführung aus den Kesseln bzw. Rauchfängen.

Der Heizkammerdruckregler hält den Druck im Feuerungsraum auf der gewünschten Höhe. Er erhält seinen Impuls durch die Impulsleitung *IL 5* und regelt den Frischluftventilator.

Bei stark wechselnder Zusammensetzung des Brennstoffes kann für jeden Kessel noch ein weiterer Apparat vorgesehen werden, der die Reglung nach der Zusammensetzung der Rauchgase beeinflußt.

Sämtliche Regler sind in weiten Grenzen einstellbar, so daß die Anlage den Betriebsverhältnissen angepaßt werden kann.

Sämtliche für einen Kessel benötigten Regler werden im allgemeinen mit den zugehörigen sonstigen Apparaturen sowie dem Ölpumpenaggregat in einem gemeinsamen Schrank untergebracht, so daß zwischen Kessel und Schrank nur die Impulsleitungen zu verlegen sind.

f) Die selbsttätige Siemens-Reglung.

Abb. 359 bringt die Gesamtanordnung der Reglung für einen Wanderrostkessel. Der in der Mitte des Bildes gezeigte Hauptregler bewegt links ein in der Brennstoffbrücke und rechts ein in der Luftbrücke liegendes Ringrohr; hierdurch ändert sich je ein Zweig der beiden Brücken in Abhängigkeit von der Belastung. Vom Brückenrelais der Brennstoffbrücke aus wird ein kleiner Steuermotor verstellt, durch den bei Gleichstrom der Nebenschluß des Wanderrost-Antriebmotors und damit die Geschwindigkeit des Rostes verändert wird. An Stelle dieser Anordnung muß man bei Drehstrom-Kollektormotoren durch den Steuermotor die Bürstenverstellung vornehmen. Falls mechanische Getriebe mit stufenloser Geschwindigkeitsreglung vorhanden sind, werden diese unmittelbar von dem Steuermotor verstellt.

Mit der Antriebswelle des Rostes ist ein Tachometer gekuppelt, von dem aus das zweite Ringrohr der Brennstoffluft-

[1]) S. a. Moeller „Einbau und Betriebsergebnisse der Siemens-Kesselregelung". Siemens-Zeitschrift 1929, Heft 8.

Ferner ebenda Kaspar „Die motorischen Antriebe in Kesselanlagen mit besonderer Berücksichtigung der selbsttätigen Kesselregelung".

brücke verändert wird. Hierdurch ist die Rückmeldung für die Brennstoffreglung gegeben. Die Schichtdicke der Kohle auf dem Rost ist je nach Beschaffenheit und Stückgröße des Brennstoffes von Hand einzustellen.

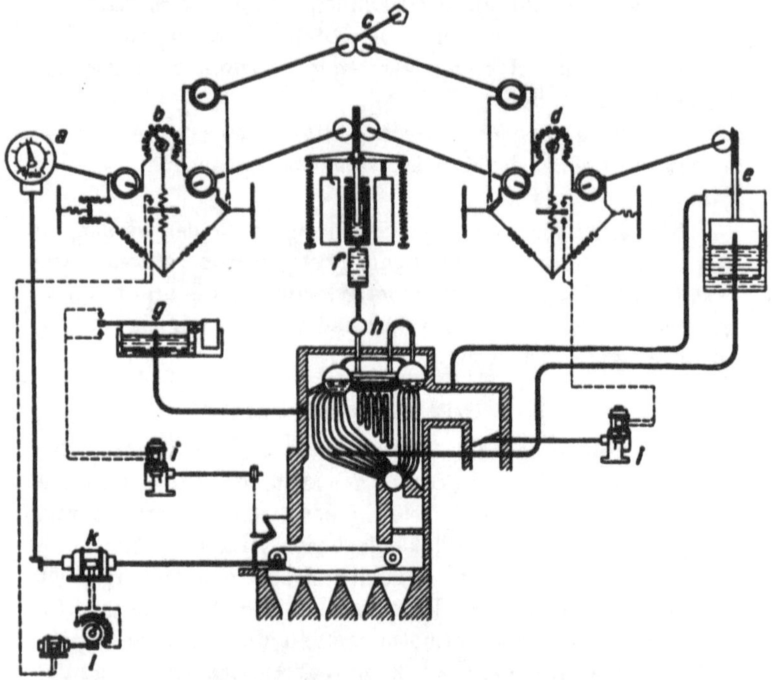

Abb. 359. Schematische Darstellung der selbsttätigen Siemens-Kesselreglung für einen Kessel mit Wanderrostfeuerung.

a Tachometer, *b* Brennstoffbrücke, *c* feste Lasteinstellung von Hand, *d* Luftbrücke, *e* Differenzzugmesser, *f* Hauptregler, *g* Unterdruckregler, *h* Dampfsammelleitung, *i* Steuergetriebe, *k* Wanderrostantrieb, *l* Steuermotor.

In Abb. 359 ist gleichzeitig angedeutet, daß an Stelle des vom Hauptregler aus einzustellenden Ringrohres wahlweise ein zweites eingeschaltet werden kann, wenn mit fester Lasteinstellung gefahren werden soll. Außerdem erkennt man den für die Einstellung des Lastanteiles vorgesehenen Widerstand für die Lastverschiebung.

Vom Brückenrelais der Luftbrücke aus wird das Klappengetriebe verstellt. Die Rückmeldung geschieht an dieser Brücke durch ein vom Differenzzugmesser aus verändertes Ringrohr, wobei der Differenzzug hinte: der ersten Rohrreihe und am Kesselende abgenommen wird. In der Brennstoffbrücke liegt außer dem Widerstand für die Lastverschiebung noch der von Hand einzustellende Schieber für das Kohle-Luft-Verhältnis.

Der Unterdruckregler steuert ein Getriebe, durch das die Lufteintrittsklappe der Rostabdeckung so eingestellt wird, daß ein konstanter Unterdruck im oberen Teil des Feuerraumes

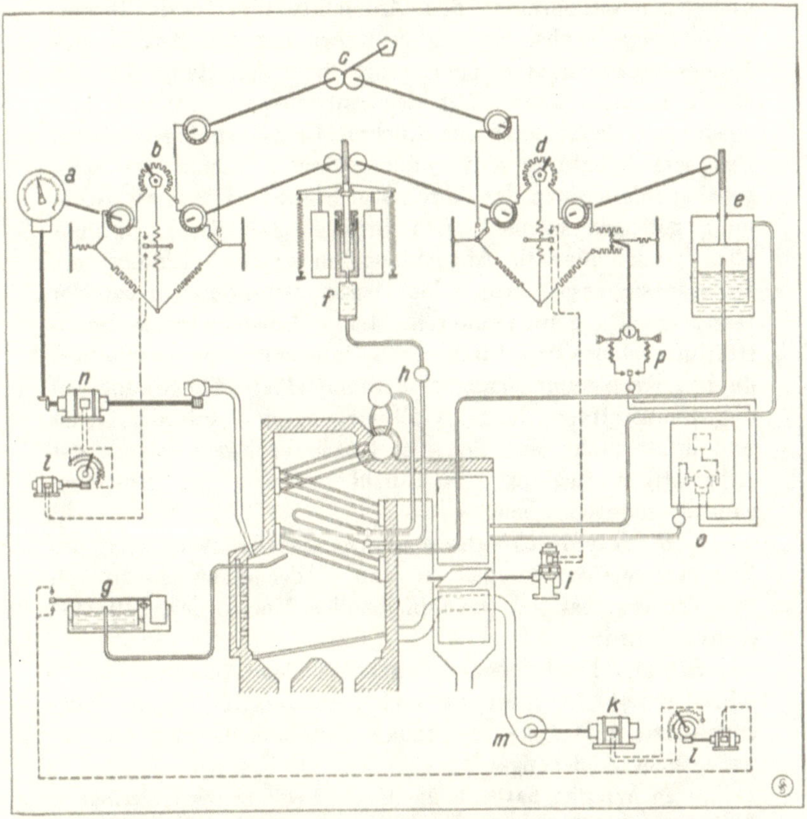

bb. 360. Schematische Darstellung der selbsttätigen Siemens-Kesselreglung für einen Kessel mit Kohlenstaubfeuerung.

Tachometer, *b* Brennstoffbrücke, *c* feste Lasteinstellung von Hand, *d* Luftbrücke, Differenzzugmesser, *f* Hauptregler, *g* Unterdruckregler, *h* Dampfsammelleitung, *i* Steuer-triebe, *k* Gebläseantrieb, *l* Steuermotor, *m* Frischluftgebläse, *n* Brennstoffabgabe, *o* Rauchgasprüfer, *p* Rauchgaskorrektur.

beibehalten wird. Dieser Teil der Reglung erfolgt, wie Abb. 359 zeigt, unabhängig vom Hauptregler, also auch unabhängig von der Belastung.

Abb. 360 erläutert den Einbau einer Kesselreglung an einer Kohlenstaubfeuerung. Auch hier erkennt man links die Brennstoff- und rechts die Luftbrücke mit den vom Hauptregler aus gesteuerten Ringrohren, der festen Lasteinstellung und den Lastverschiebungswiderständen. Das Brückenrelais der Brennstoffbrücke regelt in diesem Fall über Steuermotor- und Nebenschlußregler den Antriebsmotor für die Brennstoffaufgabe, wobei es sich entweder um den Antrieb der Kohlenstaubschnecken oder um den Aufgabeteller für die Mühle handeln kann. Mit der Antriebswelle ist auch hier wieder ein Tachometer zur Rückmeldung verbunden. Durch geeignete Schaltung eines oder mehrerer Tachometer kann gegebenenfalls auch der Abschaltung einzelner Brenner Rechnung getragen werden. Das Brückenrelais der Luftbrücke steuert auch hier die Abgasklappe unter Rückmeldung vom Differenzzugmesser aus, jedoch ist in diesem Fall neben der Handverstellung auch eine selbständige Einstellung des Brennstoffluftverhältnisses durch einen Rauchgasprüfer vorgesehen, da bei der Staubfeuerung eine unmittelbare Einwirkung auf die Brennstoffverteilung im Feuerraum nicht erforderlich ist und daher nicht jene Schwierigkeiten vorliegen, welche der selbsttätigen Reglung des Luftüberschusses bei Rostfeuerungen entgegenstehen.

Vom Unterdruckregler aus wird die Geschwindigkeit des Frischluftgebläses geregelt, so daß wiederum im oberen Teil des Feuerraumes ein gleichbleibender Unterdruck aufrechterhalten wird.

Die hier beschriebenen grundsätzlichen Anordnungen erfahren sowohl für diese als auch besonders für andere Feuerungsarten, z. B. Gas- oder Stoker-Feuerungen, einige nur unwesentliche Änderungen[1]).

[1]) In Amerika hat sich die Hagan-Reglung wegen geringerer Anlagekosten vornehmlich für kleine und mittlere Kesselanlagen eingeführt. Sie kann sich bereits bei richtiger Anpassung an die örtlichen Betriebsverhältnisse bei einer Dampferzeugung von ca. 5000 kg/h lohnen. Näheres über die Hagan-Reglung s. Kaufmann, »Hagan-Kesselregelung«, Die Wärme 1930, Nr. 19.

5. Lokomobilkraftwerke.

Mit der fortschreitenden Entwicklung der Kraft- und Wärmewirtschaft in Elektrizitätswerken und Fabriken wurde der Blick immer mehr auf die Gesamtwirtschaftlichkeit gerichtet. Einzelteile wie Steuerungskonstruktionen, die ehemals im Dampfmaschinenbau eine einschneidende Rolle gespielt haben, treten völlig in den Hintergrund. Bei dieser Entwicklung treten die Vorteile der unmittelbaren Vereinigung von Kessel und Maschine unter Fortfall langer Rohrleitungen sowie besonderer Maschinenfundamente durch die Lokomobile namentlich bei Industriekraftwerken stark in den Vordergrund. Der Raumbedarf der Lokomobile ist gering, die Bedienung kann bei selbsttätiger Feuerung selbst bei großen Einheiten durch einen Mann erfolgen, der Kapitaldienst, welcher unter den veränderten Wirtschaftsverhältnissen eine große Rolle spielt, wird durch den Fortfall großer Unterbauten und Kesseleinmauerungen herabgemindert. Besondere Beachtung verdient dabei die Tatsache, daß der unmittelbare Zusammenbau von Kessel und Maschine selbst bei kleinen Einheiten eine Gesamtwirtschaftlichkeit ermöglicht, wie sie sonst nur bei großen Dampfzentralen erreicht werden kann.

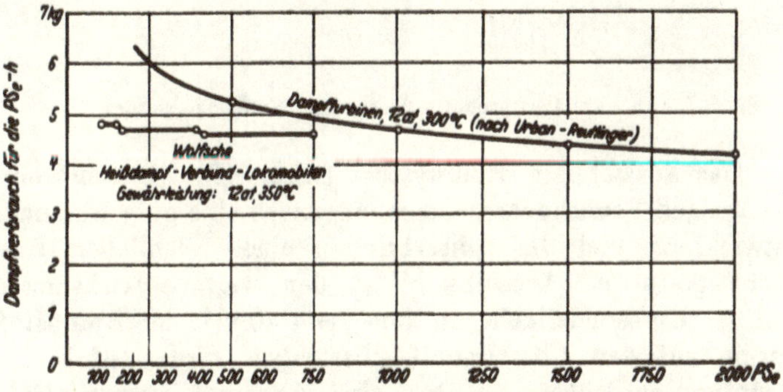

Abb. 361. Abnahme des Dampfverbrauches mit zunehmender Maschinengröße bei Turbinen und Heißdampf-Lokomobilen.

Abb. 361 zeigt den Einfluß der Maschinengröße auf den Dampfverbrauch bei 12 atü Kesselspannung.

Die neuere Entwicklung der Lokomobile wird gekennzeichnet durch:

1. die Ausbildung des Kessels, die wesentlich größere Heizflächenbeanspruchungen ermöglicht,
2. die von der Kesselwärme unabhängige Anordnung der Maschine,
3. die Ausbildung der Zylinder und Verkleinerung der vom ein- und ausströmenden Dampf bespülten schädlichen Flächen,
4. Anpassung der Lokomobile an die Erfordernisse der Abdampfverwertung.

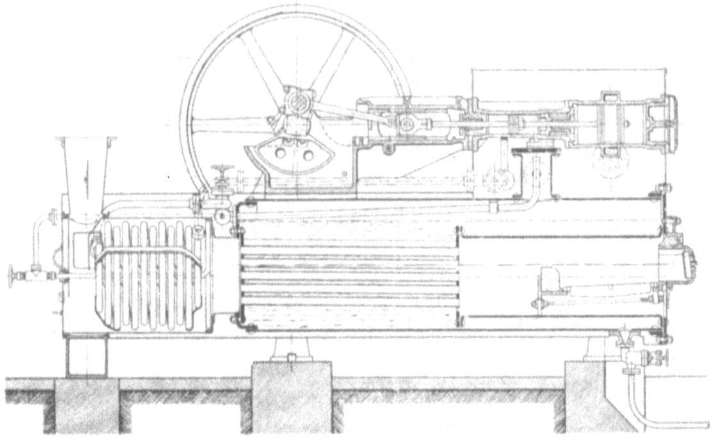

Abb. 362. Längsschnitt durch eine Wolf-Lokomobile.

Das ausziehbare Rohrsystem (Abb. 362) wird mit einer geräumigen Feuerbuchse versehen, welche eine gute Flammenentwicklung und das Unterbringen einer reichlichen Rostfläche gestattet. Dieselbe bildet den weitaus wirksamsten Teil der Kesselheizfläche, in dem etwa 40 vH. der Brennstoffwärme auf den Kesselinhalt übertragen wird. Infolge der Strahlung wird über dem Rost eine Verdampfung von 110 bis 150 kg Wasser auf je 1 m^2 Heizfläche in der Stunde erreicht. Dieser Wert verringert sich beim Eintritt in die Feuerrohre auf etwa 25 kg und sinkt beim Austritt aus den Feuerrohren auf etwa 7 kg für jedes m^2 Heizfläche in der Stunde. Eine weitere Ausnutzung der Heizgase durch eine vergrößerte Kesselheizfläche wäre unzweckmäßig, da dann die Wärmeaufnahme durch den Überhitzer zu gering und eine genügende Temperatur des Heißdampfes nicht erzielt werden würde.

Unmittelbar hinter den Feuerrohren ist der Überhitzer angeordnet, welcher von den abziehenden Heizgasen im Gegenstrom bestrichen wird. Die Heizflächen von Kessel und Überhitzer sind im allgemeinen so bemessen, daß bei normaler Belastung eine Temperatur des der Maschine zugeführten Heißdampfes von etwa 325° und bei der größten Dauerbelastung von 350° erreicht wird.

Die über dem Kessel aufgebaute Maschine bildet, wie Abb. 363 zeigt, ein in sich geschlossenes Ganzes; der Lagerbock ist entweder mit der Geradführung aus einem Stück gegossen oder beide Teile sind durch kräftige Flanschen miteinander verbunden. Am anderen Ende der Geradführung sind die Zylinder angeschraubt. Der Lagerbock wird auf den Kessel oder bei Großlokomobilen auf die Kesselfüße durch Stehbleche abgestützt, während die Zylinder auf einem, dem Kessel angenieteten Führungsblock ruhen und auf diesem bei der unter dem Einfluß der Erwärmung des Kessels eintretenden Längsdehnung gleiten. Da die durch den Dampfdruck (auf die Zylinder und Kurbelwelle) hervorgerufenen Kräfte durch den geschlossenen Maschinenrahmen zentral in sich aufgenommen werden, so bleiben Kessel und Nietverbindungen von ihren Einwirkungen entlastet. Nur die von den bewegten Massen hervorgerufenen Kräfte, soweit sie nicht ausgeglichen sind, werden auf den Kessel übertragen.

Anderseits ist der durch die Stehbleche abgestützte Lagerbock von den durch die veränderliche Kesselwärme hervorgerufenen Kesseldehnungen unabhängig. Bei den Großlokomobilen werden die Stehbleche bis auf die Tragfüße heruntergeführt und auf diesen abgestützt. Diese Anordnung des Lagerbockes gestattet die unmittelbare Kupplung der Kurbelwelle mit Generatoren, Dynamos, Arbeitsmaschinen oder Transmissionen, so daß der Riemenantrieb und die damit verbundenen Übertragungsverluste vermieden werden. Die Maschine ist bei kaltem und angeheiztem Kessel in gleicher Weise betriebsfähig und kann, wenn es erforderlich sein sollte, ohne Veränderung an der Steuerung oder an den Kurbelwellenlagern mit Dampf aus fremden Kesseln betrieben werden.

Die Großlokomobilen erhalten eine Preßölschmierung. Durch diese wird ein tragender Ölfilm innerhalb der Lager erreicht, so daß alle Tragstellen in Öl schwimmen. Hierdurch wird ein ruhiger Gang des Gestänges und weiterhin werden kühle Lager erzielt. Das Öl wird mit $\sim$ 1,5 atü den beiden

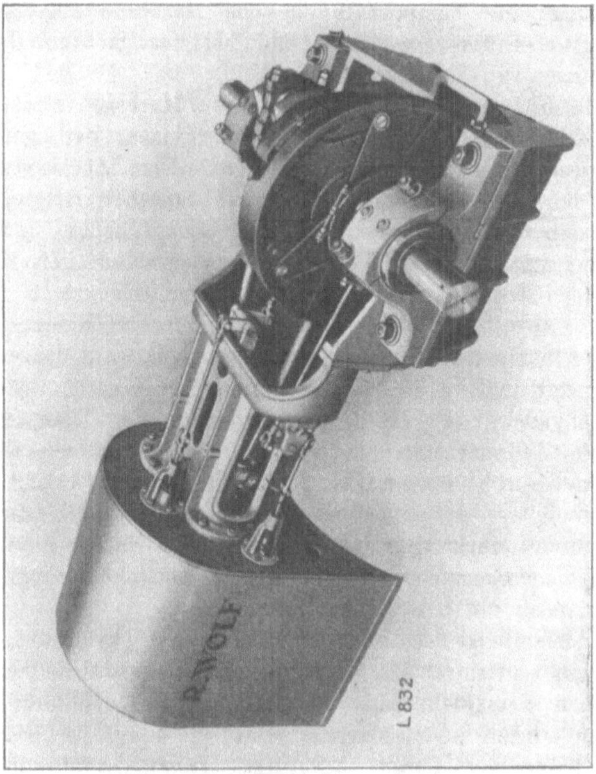

Abb. 363. Der Maschinenteil einer Wolf-Lokomobile.

Kurbelwellenlagern zugeführt, es verteilt sich auf die Lager, gelangt dann durch Nuten und Bohrungen der Welle in die Kurbelzapfen und verteilt sich hier auf die Kurbellager. Durch entsprechende Bohrungen fließt das Öl durch ein an den Pleuelstangen befestigtes Rohr den Kreuzkopfzapfen zu, verteilt sich hier auf die Kreuzkopfbolzenlager und kann gleichzeitig durch die oberen und unteren Kreuzkopfschuhe auf die Gleitbahnen der Kreuzköpfe gelangen, welche somit auch reichlich mit Öl versorgt werden.

Das erwärmte Öl wird aufgefangen und durch Ableitungen einem Ölreiniger zugeführt, wo das Öl von Schmutz gereinigt und in einem Reinölbehälter gesammelt wird. Durch eine mittels Kegelräder und stehender Welle von der Kurbelwelle angetriebene Zahnradpumpe wird das Öl aus dem Reinbehälter abgesaugt und in einen Ölkühler gedrückt, wo es seine Wärme an durch Rohre fließendes Kühlwasser abgibt. Von hier aus gelangt das gekühlte Öl durch ein verstellbares Öldruckregulierventil wieder zu den einzelnen Schmierstellen.

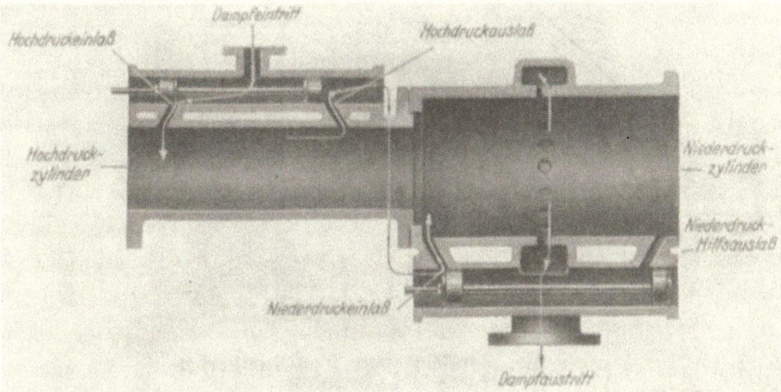

Abb. 364. Zylinderquerschnitt einer Wolf-Tandem-Lokomobile.

Da die Ölpumpe ein Vielfaches der benötigten Ölmenge liefert, wird das nicht zur Schmierung erforderliche Öl durch ein Regelventil in den Reinölbehälter zurückgeführt.

In Abb. 364 sind die Zylinder einer Tandem- und in Abb. 365 einer Zweikurbel-Verbund-Lokomobile veranschaulicht. Bei beiden Zylindern sind die Dampfkanäle so kurz wie möglich gehalten, so daß die schädlichen Flächen, welche den Wärmeaustausch zwischen Dampf- und Wandungen herbeiführen, auf das äußerste beschränkt werden.

Nach Abb. 364 u. 365 verläßt der Hauptstrom des Dampfes den Niederdruckzylinder durch Schlitze, während der kleine, nach Abschluß dieser Auslaßschlitze noch im Zylinder verbleibende Dampfrest durch den vom Niederdruckschieber gesteuerten Hilfsauslaß entweichen kann. Diese Zweistrom-Dampfführung schließt bei veränderlicher Luftleere bzw. Versagen der Kondensation unerwünscht hohe Verdichtungsdrücke aus und bietet dadurch Gewähr für ruhigen Gang und Betriebssicherheit der Maschine, auch ermöglicht sie eine leichte Anpassung an wechselnden Betrieb mit Kondensation und Auspuff bzw. Gegendruck.

Ist ein öfterer Wechsel von Kondensations- auf Auspuff- bzw. Gegendruckbetrieb (z. B. im Winter, wenn der Abdampf für Heizungszwecke ausgenutzt werden soll) erforderlich, so wird der Niederdruckschieber zweckmäßig mit einer im Be-

Abb. 365. Zylinder einer Wolf-Zweikurbel-Verbund-Lokomobile.

triebe bedienbaren Verstelleinrichtung für die Verdichtung versehen. Die Verstellvorrichtung ermöglicht den beliebigen Übergang vom Kondensations- auf Auspuff- bzw. Gegendruckbetrieb und umgekehrt, sowie die Einstellung der vorteilhaftesten Verdichtung bei Veränderung der Luftleere.

Abb. 366 zeigt die Indikatordiagramme einer Verbund-Lokomobile mit verstellbarem Schieber bei Kondensations-, Auspuff- und Gegendruckbetrieb.

In den meisten Betrieben können durch Vereinigung der Kraft- und Wärmeversorgung große Ersparnisse erzielt und die im Abdampf enthaltene große Wärmemenge für Heizungs-, Trocknungs- und Dämpfungszwecke oder zur Warmwasserbereitung nutzbar gemacht werden. Das obere Druckgefälle wird durch die Expansion des Dampfes in den Zylindern einer Lokomobile in sehr vorteilhafter Weise ausgenützt, da der thermisch beste Teil des Kolbendampfmaschinenprozesses im Hochdruckgebiet liegt, während umgekehrt die Dampf-

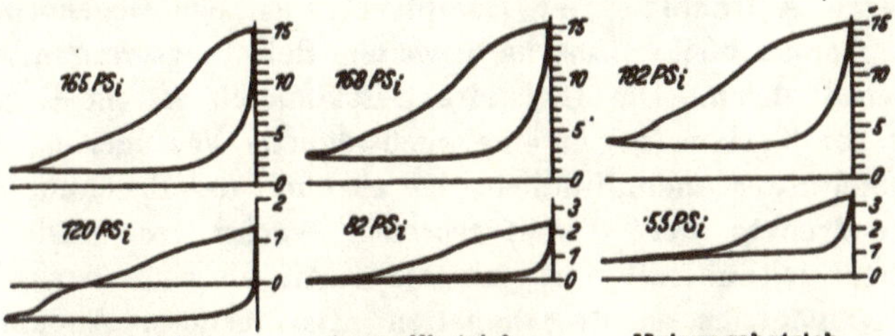

Kondensationsbetrieb. Auspuffbetrieb. Gegendruck 1 ata. Heizungsbetrieb. Gegendruck 2 ata.

Abb. 366. Indikatordiagramme einer Heiz-Kraft-Lokomobile für Kondensation- oder Gegendruckbetrieb bis 2 ata.

turbine, welche die Strömungsenergie des Dampfes ausnutzt, bei größtem Dampfvolumen, also im Niederdruckgebiet, ihren besten Wirkungsgrad besitzt.

Die weitgehende Abwärmeausnutzung erfordert zuweilen eine Dezentralisation der Elektrizitätswerke und eine Teilung in kleinere Werke (deren Größe durch den Verwendungszweck der Abwärme und den Umfang des zu versorgenden Gebietes gegeben ist) oder die Aufstellung mehrerer Maschineneinheiten in der gleichen Zentrale.

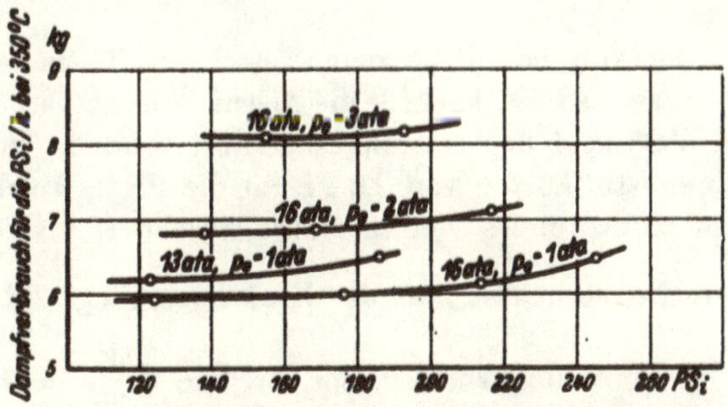

Abb. 367. Abhängigkeit des Dampfverbrauches je PSih einer Lokomobile vom Gegendruck.

Kann der gesamte Abdampf der Lokomobile für die Wärmeversorgung Verwendung finden, so ist die Heißdampf-Einzylinder-Auspuff- oder Gegendruck-Lokomobile die billigste und einfachste Betriebskraft.

Über die Abhängigkeit des Dampfverbrauches für 1 PS_i vom Gegendruck bei 13 und 16 ata gibt Abb. 367, die sich auf Versuche an einer 175-PS-Gegendruck-Lokomobile stützt, näheren Aufschluß. Der Dampfverbrauch der Gegendruck-Lokomobile bleibt innerhalb weiter Belastungsgrenzen annähernd gleich. Die Gegendruck-Lokomobile ist im Gegensatz zur Turbine gegen eine nachträgliche Veränderung des Gegendruckes unempfindlich. Da aber mit der Erhöhung des Gegendruckes der Dampfverbrauch wächst, so wird der Gegendruck überall dort, wo die Kraft ausgenutzt werden kann, möglichst niedrig gehalten. Bei restloser Abdampfausnutzung ergibt sich für eine Einzylinder-Auspuff-Lokomobile mit 0,84 kg Verbrauch an Steinkohle für 1 PS_eh folgende Wärmebilanz:

Dem Kessel zugeführte Wärmemenge für 1 PS_eh:

0,84 · 7500 =	6300 kcal		100 vH
Verluste im Kessel durch Strahlung .	630 kcal		10 vH
Verluste durch Abgase	945 »		15 »
In Arbeit umgesetzte Wärme . . .	632 »		10 »
Maschinenreibung	58 »	4725	0,92 vH
Der Heizung zugeführte Wärmemenge	4035 »		64,08 »
	6300 kcal		100 vH

Von der für jede PS_eh dem Kessel zugeführte Wärmemenge werden also 690 kcal für die Arbeitsleistung verbraucht, während 4035 kcal der Heizung zugeführt werden. Von den Gesamtbrennstoffkosten von 2,6 Pf. für die PS_eh, welche sich bei einem Kohlenpreise von 28 RM./t einschl. 10 vH für Anheizen ergeben, entfällt auf die Kraftversorgung $2{,}6\,\frac{690}{4725}$ $= 0{,}38$ Pf., auf die Wärmeversorgung $2{,}6\,\frac{4035}{4725} = 2{,}22$ Pf. Ebenso sind ein Teil der Kapitalkosten, etwa ¼ derselben und etwa die Hälfte des Heizerlohnes der Wärmeversorgung anzurechnen. Auf dieser Grundlage ergibt sich für eine 300-PS-Lokomobile folgende Wirtschaftlichkeitsberechnung[1]):

[1]) Nach Angaben von R. Wolf, Magdeburg-Buckau.

	Betriebskosten Gesamt-	der Kraft-versorgung	der Wärme-versorgung
	RM.	RM.	RM.
Verzinsung, Amortisation und Einmauerung, 15% v. RM. 57600,—[1])	8640,—	6480,—	2160,—
Bedienung 2400 · 0,80	1920,—	960,—	960,—
Putz- und Schmiermaterial	650,—	650,—	—
Brennstoff 2400 · 300 · 0,026	18720,—	2736,—	15984,—
Betriebskosten im Jahr	29930,—	10826,—	19104,—
Betriebskosten für 1 PS_eh . . Pf.	4,15	1,5	2,65

Die auf die Kraftversorgung entfallenden Betriebskosten von nur 1,5 Pf. für die PS_eh sind so gering, daß der Wettbewerb jeder anderen Antriebskraft ausscheidet, wenn der Abdampf ausgenutzt werden kann.

Die Betriebskosten für 1000 kcal betragen $\frac{2,65}{4,035} = 0,66$ Pf.

Auch dieses Ergebnis kann als recht günstig angesehen werden. Es wird z. B. bei Niederdruck-Heizkesseln kaum erreicht.

Genügt für die Heizung eine niedrige Temperatur, so kann die Ausnutzung des Abdampfes vorteilhaft durch eine Vakuum-Luftheizung erfolgen. Durch die Vakuum-Luftheizung wird die Kraftleistung und die Dampfausnutzung für die Krafterzeugung kaum beeinflußt, da sich der Dampfverbrauch der Kolbendampfmaschine bei Verschlechterung der Luftleere um 10 vH um nur 4,5 vH erhöht. Bei der Vakuum-Luftheizung wird durch einen Ventilator Luft mit verhältnismäßig großer Geschwindigkeit an Rippenrohren, die durch Abdampf geheizt werden, vorbeigeführt und hierbei bei 60° Abdampftemperatur, entsprechend 80 vH Luftleere, auf etwa 40° C erhitzt. Die warme Luft wird durch dünnwandige Blechrohre oder gemauerte Kanäle den zu beheizenden Arbeits- oder Trockenräumen zugeführt[2]).

Ist im Betriebe ein unregelmäßiger Wärmebedarf vorhanden oder kann nur ein Teil des Abdampfes für Heiz-, Koch- oder Trockenzwecke Verwendung finden, so ist die Konden-

[1]) Preis der Lok. einschl. Fundament und Montage.

[2]) Näheres über Vakuumheizungen s. Verf. »Die Abwärmetechnik«, Band II, S. 45 u. f. Verlag R. Oldenbourg, München und Berlin, 1928.

sations-Lokomobile mit Zwischendampfentnahme als zweckmäßige Betriebsmaschine zu betrachten.

Um bei Zwischendampfentnahme den Druck im Aufnehmer und damit die Temperatur in der Heizleitung konstant zu halten, wird entweder die Füllung des Niederdruck-Zylinders von Hand oder mittels Servomotor verändert oder es wird in der Dampf-Übertrittsleitung vom Hoch- zum Niederdruck-

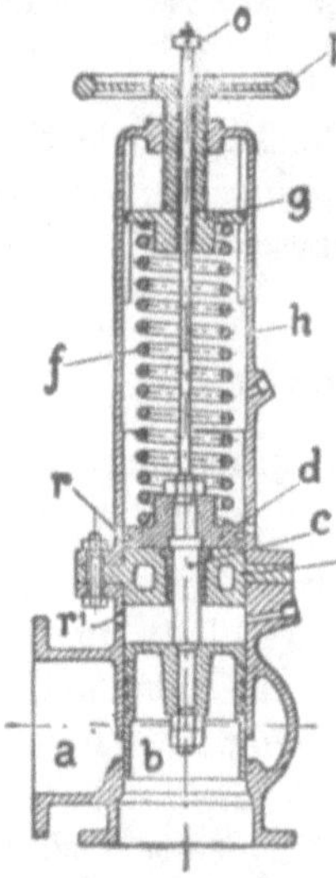

Abb. 368. Zwischendampf-Regulierschieber.

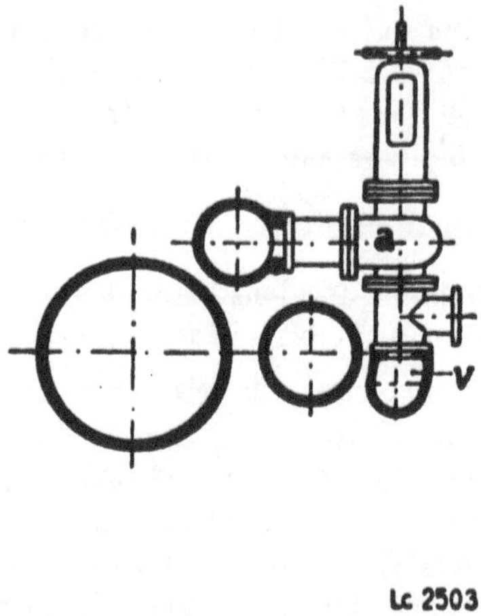

Abb. 369. Anordnung des Zwischendampf-Regulierschiebers.

zylinder ein Zwischendampf-Regulierschieber eingeschaltet. Dem Aufnehmer kann bis zu 80 vH des dem Hochdruckzylinder zugeführten Dampfes entnommen werden.

Abb. 368 zeigt einen Zwischendampf-Regulierschieber der Maschinenfabrik Buckau R. Wolf A.-G. und Abb. 369 die schematische Anordnung desselben bei einer einfachen Zweikurbel-Verbund-Lokomobile.

Der Aufnehmerdruck wird durch einen regelbaren Federdruck ausgeglichen und bei steigendem Aufnehmerdruck dem Niederdruckzylinder eine größere, bei sinkendem Druck eine kleinere Dampfmenge zugeführt. Die durch die Druckschwankungen hervorgerufenen Bewegungen des Schiebers werden durch Luftpolster begrenzt. Nach Ausschaltung des Zwischendampf-Regulierschiebers kann der Betrieb ohne Änderung der Steuerung wie bei einer Verbund-Kondensations-Lokomobile erfolgen.

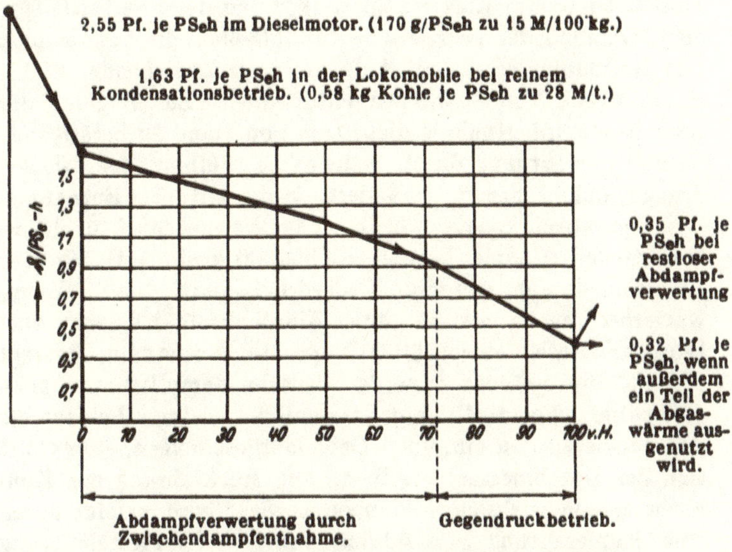

Abb. 370. Brennstoffkosten der Krafterzeugung für 1 PSeh in Abhängigkeit von der Abdampfverwertung.

In Abb. 370 sind die Brennstoffkosten der Krafterzeugung für 1 PS_eh bei Zwischen- und Abdampfverwertung und einem Aufnehmer- bzw. Gegendruck von 1,8 ata in Abhängigkeit von der Abdampfverwertung aufgetragen. Bei geringer Abdampfverwertung ist die Zwischendampfentnahme die vorteilhafteste Betriebsweise, und zwar theoretisch bis zu einer Abdampfverwertung von $\sim$ 72 vH. Bei einer höheren Abdampfverwertung erzielt man mit einer Heißdampf-Auspuff- bzw. Gegendruck-Lokomobile günstigere Ergebnisse. Infolge der höheren Anlagekosten und der weniger einfachen Betriebsweise einer Kondensations-Lokomobile ist schon bei einer Abdampfverwertung von 55 bis 60 vH der Frischdampfmenge eine Gegendruck-Lokomobile vorzuziehen.

Im Elektrizitätswerk Soldin ist eine Wolf-Lokomobile von 400 PS aufgestellt. Dieses Kraftwerk ist besonders dadurch bemerkenswert, daß es als Fernheizwerk eine benachbarte Kettenfabrik mit Kraft und Wärme, ferner zwei benachbarte Schulen (eine Mittel- und eine Volksschule), ein Museum sowie ein Gemeindehaus mit Heizwärme versorgt. Zum Betriebe des Elektrizitätswerkes und der Fernheizanlage dient während der Heizperiode ausschließlich die Lokomobile. Der Heizdampf wird dem Aufnehmer als Zwischendampf bei einem Druck von $\sim$ 0,5 atü entnommen. Zur Reglung der Zwischendampfentnahme dient eine von Hand zu betätigende Verstellvorrichtung, durch welche die Füllung des Niederdruckzylinders derart verändert wird, daß der Entnahmedruck praktisch konstant bleibt. Der Wärmebedarf für die zu beheizenden Räume beträgt $\sim$ 850000 kcal/h. Durch den Entnahmedampf werden Niederdruckdampf- und Warmwasserheizungen, letztere unter Einschaltung kleinerer Austauschappafate, versorgt. Die größte Entfernung beträgt 270 m. Die ersten 150 m der Zwischendampfleitung haben einen Dmr. von 113/121 mm. Da von der weiteren Leitung die Anschlüsse zu den einzelnen Gebäuden abzweigen, so ergänzt sich der Durchmesser derselben. Die Rückführung der Kondensate, welche durch 2 Pumpen bewirkt wird, erfolgt durch eine Kupferleitung von 40 mm Dmr. Die Wärmelieferung wird auf Grund der Angaben von Kondensatmessern berechnet. Während der Heizperiode ist die Lokomobile durchschnittlich mit 600 bis 700 A bei 220 V belastet. Zum Ausgleich ist eine Batterie von 1080 Ah vorhanden. Die größte Zwischendampfentnahme beträgt 1500 kg/h.

Abb. 371 zeigt den durch eine Zwischendecke vom Kesselraum getrennten Maschinenraum einer Einzylinder-Gegendruck-Lokomobile von 250 PS_e Dauerleistung auf einem größeren Kessel der Pianofortefabrik Gebr. Zimmermann, Eilenburg. Der gesamte Abdampf der Lokomobile wird für Fabrikationszwecke ausgenutzt. Außer dem Abdampf dient noch ein Teil des Frischdampfes, der dem Kessel unmittelbar entnommen wird, zur Wärmeversorgung.

Die in Abb. 372 dargestellte, für die Papierfabrik Muskau gebaute Lokomobil-Kraftanlage, welche bei einem Gegendruck von 2 ata bis zu 850 PS_e leistet, ist durch die beiderseitige starre Kupplung der Kurbelwelle mit 2 Haupttransmissionen beachtenswert, sowie durch die Anordnung zweier Kessel, die noch die Entnahme größerer Mengen Frischdampf zu Fabri-

Abb. 371. Durch Zwischendecke vom Kesselraum getrennte Einzylinder-Gegendruck-Maschine von 250 PS Dauerleistung.

Abb. 372. Heißdampf-Gegendruck-Lokomobile von 850 PS Dauerleistung mit 2 Heizkesseln, direkt gekuppelt mit 2 Haupttransmissionen. Papierfabrik »Graf Arnim«, Muskau O/L.

kationszwecken gestatten. Der Gegendruck-Abdampf dient zur Heizung der Trockenzylinder, im Winter außerdem zur Heizung des etwa 500 m entfernten Schlosses und Kavalierhauses sowie sonstiger Anlagen. Der Maschinenraum ist durch eine Wand vom Heizerraum getrennt. Die Aschenabfuhr erfolgt durch seitlich der Kessel angeordnete Schlämmkanäle. Bei den am Aufstellungsort vorgenommenen Abnahmeversuchen wurde ein Wirkungsgrad der Gesamtanlage von 80,63 vH und ein Dampfverbrauch von 6,86 kg/PS_eh bei 14 atü Betriebsdruck und bei einem Gegendruck von 2,41 ata erreicht.

Eine besonders bemerkenswerte Groß-Heißdampf-Lokomobile für Zwischendampfentnahme ist von der Firma Henschel & Sohn, Kassel, für die Kraftzentrale der Papierfabrik Zerkall bei Düren i. Rhld. geliefert worden. Die Dampfmaschine besitzt 2 nebeneinander angeordnete Hochdruckzylinder und einen kleinen, mit dem einen Hochdruckzylinder in Tandemanordnung verbundenen Niederdruckzylinder, wobei das Verhältnis von Hochdruckvolumen zum Niederdruckvolumen = 1 : 1,2 gewählt worden ist. Der Kesseldruck beträgt 14 atü. Bei der Dauerleistung von 450 PS_e sollen stündlich 3000 kg Zwischendampf mit einem Druck von 2,5 bis 3 atü entnommen werden. Bei geringerer Belastung bis zu etwa der Hälfte der Dauerleistung sollte eine Zwischendampfentnahme bis ∼ 80 vH des Frischdampfes möglich sein.

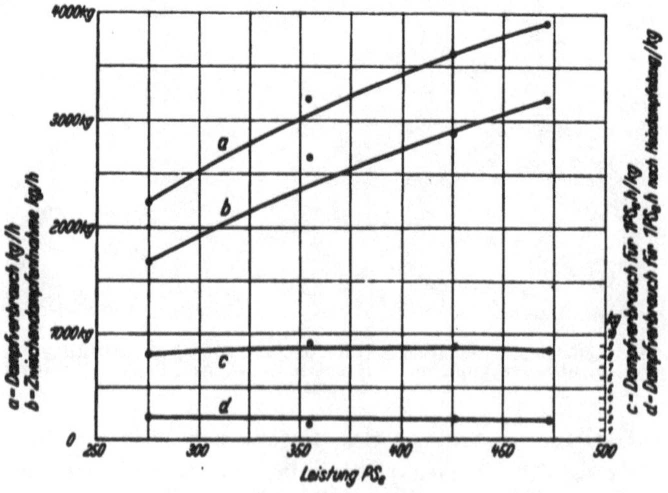

Abb. 373. Darstellung des Dampfverbrauches einer Groß-Heißdampf-Lokomobile bei ∼ 80 vH Zwischendampfentnahme in Abhängigkeit von der Leistung.

In Abb. 373 sind die Ergebnisse der vom Aachener Dampfkessel-Überwachungsverein vorgenommenen Abnahmeversuche dargestellt. Die Kurve *a* veranschaulicht den stündlichen Dampfverbrauch bei der durch Kurve *b* angegebenen Zwischendampfentnahme mit einem mittleren Aufnehmerdruck von 2,75 atü in Abhängigkeit von der Leistung. Der Abstand zwischen den Kurven *a* und *b* kennzeichnet die dem Niederdruckzylinder zugeführte Dampfmenge. Die Kurve *c* zeigt den Gesamt-Dampfverbrauch für die $PS_e h$ und die Kurve *d* den Dampfverbrauch nach Abzug des Heizdampfes für die $PS_e h$.

Abb. 374. Großlokomobile mit besonderem Maschinenfundament der R. Wolf A.-G., Magdeburg-Buckau.

Während im allgemeinen bei Lokomobilen die Dampfmaschine oberhalb des Kessels angeordnet ist, zeigt Abb. 374 eine von R. Wolf gebaute Großlokomobile mit auf dem Fundament ruhender Maschine und über derselben montierten Kessel, welche bei 14 atü Kesselspannung und 250 U/min normal 550, maximal dauernd 680 und vorübergehend 760 PS_e leistet. Die Bedienung der Maschine erfolgt vom Flur des Maschinenhauses aus, so daß besondere Laufstege und Treppen entbehrlich sind. Die Kurbelwelle ist unmittelbar mit einem Generator gekuppelt. Der Lagerbock ist mit der Geradführung aus einem Stück gegossen. Mit der Geradführung ist der Hochdruckzylinder und mit diesem der Niederdruckzylinder in Tandemanordnung verbunden. Zur Feuerung dienen böhmische Braunkohlen, welche mittels eines Becherwerkes in einen höher gelegenen Bunker gefördert und von diesem durch 2 Schnecken der Unterflurfeuerung zugeführt werden. Auch die Firma Henschel & Sohn, Kassel, hat eine Anzahl Lokomobilen dieser Bauart geliefert.

Besondere Beachtung verdient die in dem Säge- und Elektrizitätswerk P. & O. von Waldthausen, Gewerbliche Betriebe in Gersfeld, aufgestellte Lokomobile. Die Versorgung der Stadt Gersfeld mit elektrischem Strom erfolgte bereits seit längerer Zeit durch ein mit einem Sägewerk verbundenes Elektrizitätswerk mit 2 kleineren Lokomobilen, in denen die Abfälle des Sägewerkes auf Planrostfeuerungen verheizt wurden. In neuerer Zeit wird auch ein Basaltwerk vom Elektrizitätswerk mit etwa 200 PS beliefert, so daß eine wesentliche Erweiterung des Elektrizitätswerkes notwendig wurde. Hierfür wurde eine Heißdampf-Lokomobile von 350 PS_e Dauerleistung gewählt, die durch Riemen und Spannrolle einen Drehstromgenerator antreibt. Zur Verheizung der Späne und Holzabfälle dient eine Lambion-Treppenrost-Feuerung mit selbsttätiger Spänezufuhr. Das Sägewerk besitzt eine Späneabsaugungsanlage. Durch ein Fallrohr werden die Späne der Feuerung zugeführt. Die unterhalb des Kessels liegende Dampfmaschine besitzt 2 hintereinander angeordnete Zylinder und ist mit einer Einrichtung für Zwischendampfentnahme ausgerüstet. Der Zwischendampf dient zur Beheizung von 2 Kanal-Trockenanlagen, in denen vorwiegend Faßdauben getrocknet werden.

Es liegt hier eine interessante Verkupplung eines Sägewerkes und eines Elektrizitätswerkes vor unter Ausnutzung der Abfälle des Sägewerkes für die Gewinnung von Abfallkraft und Zwischendampf zum Betriebe einer Trockenanlage.

Die vorstehenden Ausführungen lassen erkennen, daß die Lokomobile für mittlere Zentralen wegen ihrer leichten Bedienung, ihres geringen Raumbedarfes und ihrer leichten Anpassung an vorhandene Betriebsbedingungen, insbesondere für vereinigte Kraft- und Wärmeversorgung, eine hochwirtschaftliche Kraftquelle bildet, die den Wettbewerb mit Großkraftwerken aushält.

II. Verbrennungs-Kraftwerke.

1. Allgemeines.

In der Entwicklung der Kraftwerke gab es bereits eine Periode, in der die Verbrennungs-Kraftmaschinen, und zwar in erster Linie die mit Sauggas betriebenen, eine größere Bedeutung hatten. Die Entwicklung des Kraftwerkbaues führte dann zur Anwendung immer größerer Maschineneinheiten. Damit ging die Bedeutung der Sauggasanlagen zurück, während die Anwendung der Dampfkraftanlagen sich immer mehr steigerte. Gleichzeitig wurden zahlreiche kleinere Elektrizitätswerke stillgelegt und ihre Versorgungsgebiete an die Groß-Kraftwerke angeschlossen.

Bei Dampfanlagen wird außer den eigentlichen Kraftmaschinen die Aufstellung einer Anzahl von Dampfkesseln mit den erforderlichen Hilfseinrichtungen notwendig, wobei erschwerende gesetzliche Vorschriften beachtet werden müssen. Außerdem werden Einrichtungen zur Lagerung und zum Transport der Kohlen, zur Verfeuerung und Aschebeseitigung, ferner Anlagen zur Beschaffung des Kesselspeise- und Kühlwassers benötigt, so daß sich für Dampfkraftwerke recht beträchtliche Anforderungen an verfügbarem Raum und an Anlagekapital ergeben. Für kleinere Verhältnisse kann man zwar Dampfkessel und Dampfmaschine zu einer Einheit vereinigen (Lokomobilkraftwerke)[1], wodurch man beachtliche Vorteile bezüglich der Vermeidung von Wärmeverlusten und damit nicht unerhebliche Kohlenersparnisse und Einschränkungen des Raumbedarfes erzielt hat. Aber trotzdem ist bei Lokomobilanlagen der Raumbedarf noch ziemlich groß bzw. die Leistung der Zentrale je m² bebauter Grundfläche verhältnismäßig niedrig.

[1]) Näheres s. Teil I, Abschnitt 5, S. 611 u. f.

Die Wärmewirtschaftlichkeit der Dampfanlage beträgt bei Maschinen bis etwa 1000 PS Leistung 6 bis 10 vH ohne Abdampfverwertung[1]), sie steigt bei ganz großen Anlagen unter Verwendung aller technischen Möglichkeiten, wie Hochdruckdampf-Überhitzung usw. bis auf etwa 18 bis 20 vH. Es ist nicht ausgeschlossen, daß die Verwendung weiterer technischer Neuerungen, z. B. das Benson-Verfahren[2]), die Wärmewirtschaftlichkeit noch um einige Hundertteile steigert. Es ist aber fraglich, ob es gelingen wird, ohne Abdampfverwertung die Wärmewirtschaftlichkeit von Gas-Kraftanlagen, die bei $\sim$ 27 vH liegt, zu erreichen. Die Wärmewirtschaftlichkeit von Dieselmotoren beträgt dagegen 35 vH. Der schlechte thermische Wirkungsgrad bei Dampf-Großkraftwerken hat seinen Grund in den Wärmeverlusten, die dadurch entstehen, daß der Wärmeinhalt des Abdampfes im Kondensator vernichtet wird. Es ist hier im allgemeinen nicht möglich, Verwendungsmöglichkeiten für die Wärme des Abdampfes zu finden. Man hat in einigen Fällen versucht, die Abwärme von günstig gelegenen städtischen Kraftwerken der Stadtheizung dienstbar zu machen. Es ist auf diese Weise gelungen, im Winter die Abwärme nutzbringend zu verwenden, jedoch erfordern die dafür notwendigen Anlagen sehr erhebliche Kapitalaufwendungen, sodaß zur Zeit noch nicht sicher gesagt werden kann, ob auch das wirtschaftliche Ergebnis sich entsprechend günstig gestaltet[3]). Außerdem ist während des Sommers der größte Teil der Wärme nicht unterzubringen. Voraussetzung für solche Anlagen ist aber in erster Linie eine günstige Lage des Kraftwerkes. Diese ist für Groß-Kraftwerke, wenn sie, wie die Braunkohlen-Kraftwerke, am Gewinnungsort der Kohle errichtet werden, häufig nicht gegeben, falls nicht etwa ein Zusammenarbeiten mit Brikettfabriken u. dgl. möglich ist, wodurch sich aber Grenzen für die Leistungsfähigkeit in bezug auf die Abwärmeverwertung ergeben. Zurzeit wird

---

[1]) Bei günstiger Abdampfverwertung kann die Wirtschaftlichkeit auf 80 vH und mehr steigen, s. Verf. »Die Abwärmetechnik«, Band II, 1928. Verlag R. Oldenbourg, München und Berlin.

[2]) Über Bensonkessel s. S. 165.

[3]) Näheres s. Verf. »Die Kondensatwirtschaft«, Anhang. 1927. S. 192 u. f. Verlag R. Oldenbourg, München und Berlin.

daher noch der größte Teil der Abwärme in den deutschen Kraftwerken in Kondensatoren vernichtet.

Ein weiterer Umstand spricht ebenfalls gegen die Dampfkraftwerke. Bekanntlich werden in Dampfkraftanlagen die Kohlen verbrannt. Man strebt aber immer mehr danach, vor der Verbrennung der Kohle die in ihr enthaltenen wertvollen Stoffe durch Destillation usw. zu entziehen und nur die Abfallerzeugnisse, wie Koks, Gas usw., zur Wärmeerzeugung zu verwenden.

Die für die Energieübertragung von Großkraftwerken notwendig werdenden großen Leitungsanlagen verteuern durch den erheblichen Kapitaldienst das Erzeugnis der Kraftwerke recht beträchtlich. Die in den Leitungen auftretenden Verluste (im Durchschnitt etwa 20 vH) wirken in der gleichen Richtung.

Aus allen diesen Gründen verwendet man neuerdings wieder in steigendem Umfange Verbrennungsmotoren als Antriebsmotoren in Elektrizitätswerken. Neben der besseren Wärmewirtschaftlichkeit ist der Raumbedarf von Dieselzentralen verhältnismäßig gering, die Leistung je m^2 bebaute Fläche also hoch. Bei Sauggasanlagen kommt allerdings der Raumbedarf für die Gaserzeuger noch zu dem für die Kraftmaschinen hinzu.

Die Verbrennungskraftwerke sind in ihrem Aufbau verhältnismäßig einfach. Der Betrieb ist übersichtlich, die Bedienung gering. Die Motoren sind sofort betriebsbereit ohne lange Vorbereitung für das Anheizen von Kesseln usw., so daß es vor allem mit Dieselmotoren sehr leicht ist, sich den schwankenden Belastungsverhältnissen anzupassen und Spitzen zu decken.

In der allerneuesten Zeit sind sogar Stimmen lautgeworden, daß man in den Belastungs-Schwerpunkten großstädtischer und anderer größerer Netze besondere Unterwerke zur Spitzendeckung errichten soll, um zunächst die Deckung der Spitzen selbst zu vereinfachen und dann auch die Spitzenströme aus den Netzen fernzuhalten, um so deren Wirtschaftlichkeit zu steigern.

In diesem Zusammenhang ist auch gleich darauf hinzuweisen, daß es sich beim Anschluß vorhandener kleiner Kraftwerke an die Netze der Großkraftwerke sehr häufig empfiehlt, die kleineren Werke betriebsfähig zu halten. Diese Werke sind vielfach veraltet, jedoch auch vollkommen abgeschrieben. sodaß sich trotz ihres höheren Betriebsmittelverbrauches noch sehr gute wirtschaftliche Ergebnisse erzielen lassen, wenn sie zur Spitzendeckung nutzbar gemacht werden. Bekanntlich liegt das Problem der Spitzendeckung überhaupt in der verhältnismäßig geringen Benutzungsdauer der der Spitzendeckung dienenden Zentralenteile. Daraus ergibt sich, daß der Kapitaldienst für diese ausschlaggebende Bedeutung hat. während die Betriebsmittelkosten demgegenüber bedeutungslos sind. Man verwendet daher billige Anlagen, unter Zulassung eines höheren Betriebsmittelverbrauches.

Alte Kraftwerke können daher noch gut für diesen Zweck geeignet sein und gewinnen in diesem Falle noch eine weitgehende Daseinsberechtigung. Diese ist aber auch in vielen Fällen für die Errichtung neuer Verbrennungskraftwerke nachzuweisen.

2. Dieselmotore.

Der Dieselmotor, benannt nach seinem Erfinder, dem Ingenieur Diesel, unterscheidet sich von den sonstigen Verbrennungsmotoren, z. B. Gas- und Benzinmotoren, dadurch, daß er keinen Vergaser und keine Zündeinrichtung besitzt. Nach dem klassischen Dieselverfahren wird vielmehr beim Arbeitshub die Luft im Zylinder oberhalb des Kolbens sehr stark zusammengepreßt (ca. 28 bis 30 at), wodurch sich ihre Temperatur bis auf ~ 500 bis 600° C erhöht. In diese heiße Luft wird, kurz bevor der Kolben den oberen Totpunkt erreicht hat, der Brennstoff eingespritzt, der sofort entflammt. Verwendet werden Schweröle wie: Gasöl, Rohöl und Braunkohlenteeröl, Paraffinöl, Solaröl, Petroleum usw. (s. Zahlentafel 10).

Zahlentafel 10.

Schweröle für Dieselmotore.

Ölsorte	Spez. Gewicht	Siedegrenzen °C	Heizwert kcal/kg	Flammpunkt °C
1. Rohes Erdöl . .	0,80—0,97	—	8500—9500	—
2. Gasöl	0,82—0,83	250—300°	9000—10000	über 65°
3. Paraffinöl	0,85—0,92	220—350°	9700—9990	45—125°
4. Steinkohlenteeröl	1,01—1,1	250—350°	8850—8900	über 65°

Den Betrachtungen dieses Abschnittes sind Viertaktmotoren zugrundegelegt. Zweitaktmotoren sind zwar in der Herstellung etwas billiger, werden aber hauptsächlich nur für ganz kleine und ganz große Leistungen gebraucht. Sie besitzen jedoch einen größeren Verbrauch an Brennstoff, so daß die Viertaktmotoren, für die hier in erster Linie in Betracht kommenden mittleren Leistungen wirtschaftlicher arbeiten.

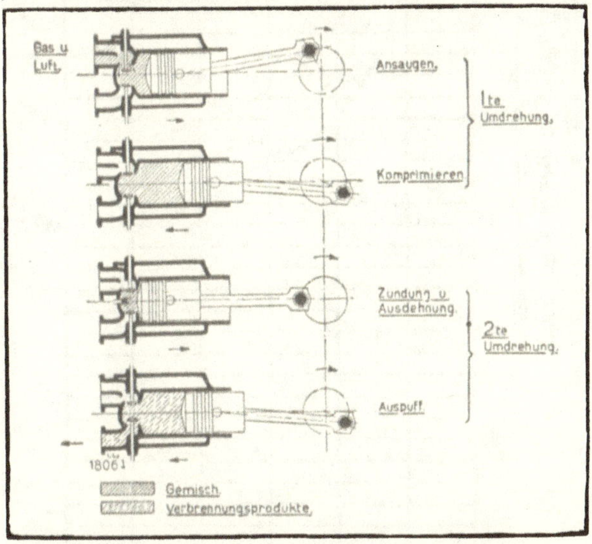

Abb. 375. Viertaktverfahren bei Explosionsmotoren. Dieselverfahren zeigt die im Text beschriebenen Abweichungen.

Beim Viertaktverfahren (Abb. 375), angegeben von Otto, dem Gründer der Motorenfabrik Deutz, kommt auf zwei Umdrehungen ein Arbeitshub. Läuft z. B. bei einer stehenden Maschine der Kolben aus seiner höchsten Stellung nach unten, so wird durch das geöffnete Einlaßventil Außenluft in den freiwerdenden Zylinderraum angesaugt (Takt 1). Bei der zweiten halben Umdrehung bewegt sich der Kolben wieder nach oben, nachdem die Steuerung das Einlaßventil geschlossen hat. Die im Zylinder enthaltene Luft wird daher zusammengepreßt und kurz vor Erreichung des höchsten Punktes der Brennstoff eingespritzt. Gleichzeitig beginnt die Verbrennung (Takt 2). Der Kolben wird nach unten gedrückt und leistet

Arbeit (Takt 3). Im 4. Takt bewegt sich der Kolben wieder nach oben und drückt die Verbrennungsgase durch das Auspuffventil in die Außenluft. Dann beginnt das Spiel von neuem.

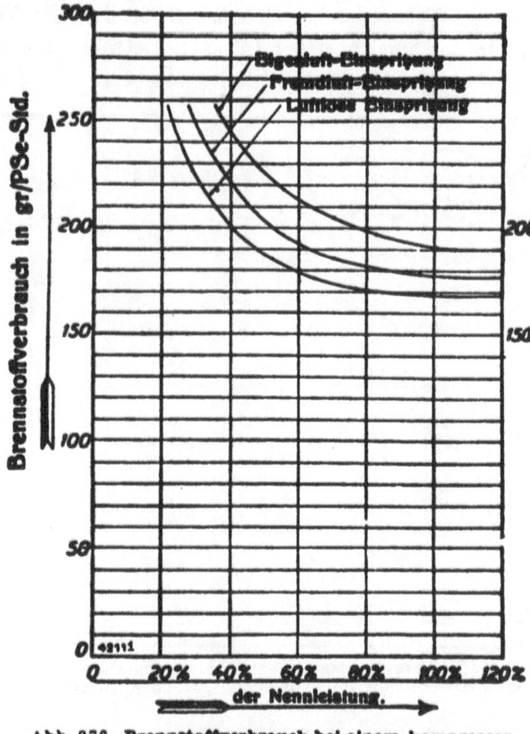

Abb. 376. Brennstoffverbrauch bei einem kompressorlosen Deutz-Dieselmotor mit Lufteinblasung.

Das Einführen des Brennstoffes erfolgte ursprünglich durch hochverdichtete Luft, die den Brennstoff mit in den Zylinder hineindrückte und dort zerstäubte. Diese Preßluft wurde durch einen an den Motor angebauten Kompressor während des Betriebes fortlaufend erzeugt. Neben dem zu seinem Betriebe notwendigen Leistungsbedarf bedeutete jedoch dieser Kompressor mit seinen Rohrleitungen usw. eine Komplizierung des Motors und eine Gefährdung des Betriebes, sodaß es nicht an Versuchen gefehlt hat, den Brennstoff auf andere Weise unter Fortfall des Verdichters in den Zylinder zu befördern. Als erster gelang es der Motorenfabrik Deutz im Jahre 1912 einen kompressorlosen Dieselmotor herzustellen. Das Einspritzen des Brennstoffes in den Zylinder erfolgt bei diesem durch die Brennstoffpumpe, die an den Motor angebaut und mit den notwendigen Einrichtungen zur Reglung der Leistung und Drehzahl des Motors verbunden ist. Das Einspritzen des Brennstoffes erfolgt immer im gleichen Zeitpunkt, die Reglung des Motors meist durch Änderung der Menge des zugeführten Brennstoffes. Neben der Vereinfachung des Motors ergab sich auch eine Herabsetzung des Brennstoffverbrauchs (Abb. 376). Beim kompressorlosen Dieselmotor ist die Verbrennung besser, die Kompressorarbeit fällt fort[1]). Eingehende Versuche haben ergeben, daß die Dieselmotoren um $\sim$ 20 bis 30 vH überlastbar sind, nimmt man rauchenden Auspuff in Kauf, so kann man die Überlastung noch weiter steigern, allerdings wird dann die Verbrennung und der Brennstoffverbrauch ungünstiger. Durch lang andauernde Prüfungen im praktischen Betrieb ist festgestellt worden, daß der Brennstoffverbrauch auch nach längeren Betriebszeiten unverändert bleibt sofern die Wasserräume von Wasserstein und Rost freigehalten werden[2]).

Abb. 377 u. 378 geben noch einen Einblick in die Konstruktion verschiedener Dieselmotore.

Neben dem Strahleinspritzverfahren haben sich auch die Vorkammermaschinen eingeführt. Bei diesen Maschinen wird der Brennstoff nicht unmittelbar in den Brennraum des Zylinders gedrückt, sondern gelangt zunächst in eine Vorkammer. Diese steht mit dem Hauptbrennraum durch einige Kanäle in Verbindung. Bei der Verbrennung entzündet sich in der Vorkammer ein kleiner Teil des Brennstoffes. Die dadurch erzeugte Spannung drückt den Hauptteil durch die Kanäle in den Zylinder, wo er mit der komprimierten Luft

---

[1]) S. a. Sass, »Versuche zur Entwicklung kompressorloser Großdieselmotoren«. AEG-Mitt. Januar 1930.

[2]) S. a. Verf. »Wege zur Brennstoffersparnis bei Explosionsmotoren durch Wasserstein- und Rostverhütung in den Kühlwasserräumen«. Z. f. Brennstoff- und Wärmewirtschaft. Maiheft 1930. Verlag W. Knapp, Halle.

gemischt wird und verbrennt. Das Vorkammerverfahren erfordert erheblich niedrigere Einspritzdrücke für den Brennstoff, da die

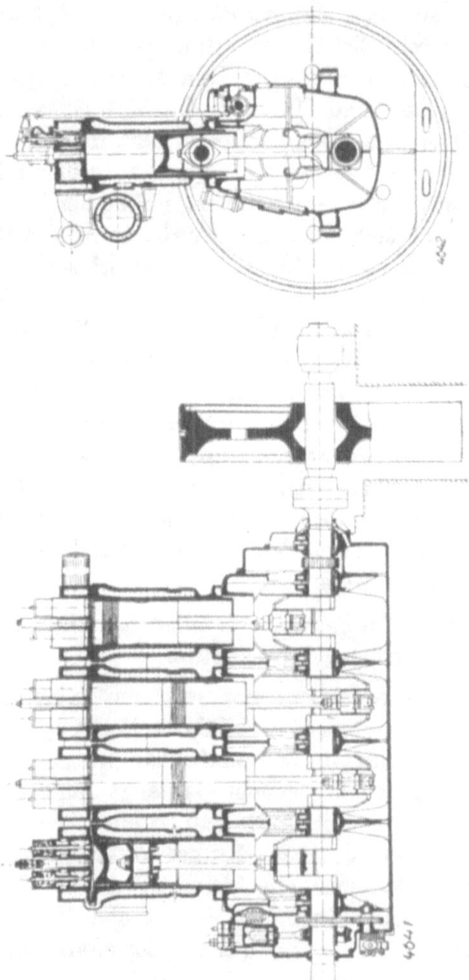

Abb. 377. Nach dem Hochdruck-Strahleinspritzverfahren arbeitender kompressorloser Dieselmotor Bauart »Deutz«.

hohe Verdichtung zur Zerstäubung desselben wegfällt. Außerdem besitzen die Kanäle zwischen Vorkammer und Hauptbrennraum größere Durchmesser (0,7 bis 0,8 mm) als die Düsen der

Motoren (0,15 bis 0,2 mm). Abb. 379 u. 380 veranschaulichen das Verfahren an einem Deutzer Zweitakt-Kleindieselmotor.

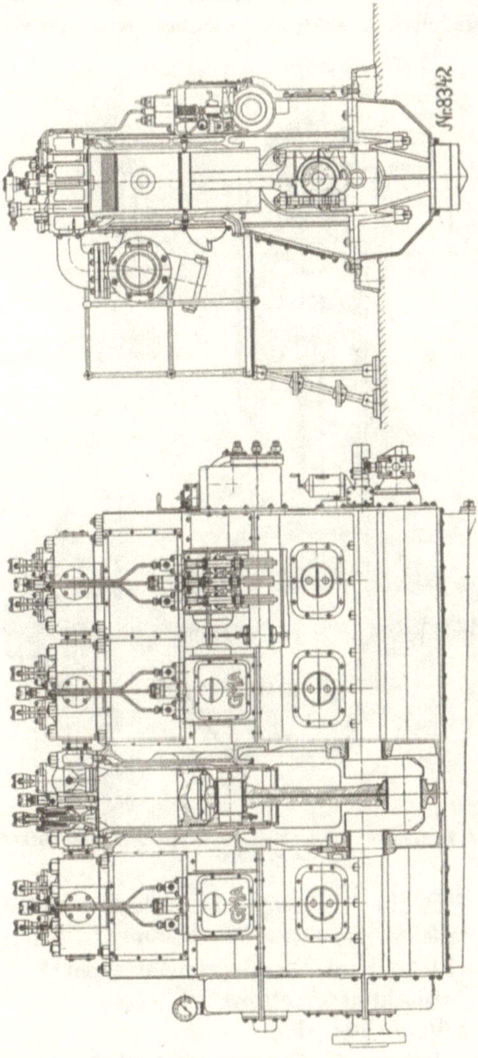

Abb. 378. Kompressorloser Vierzylinder-Viertakt-Dieselmotor Bauart »Wumag«.

Beim Viertaktmotor erfolgt immer auf zwei Umdrehungen ein Arbeitshub. Dadurch sind die Triebwerksteile verhältnismäßig schlecht ausgenutzt. Um diese Mängel zu beseitigen, hat man den Zweitaktmotor geschaffen. Bei diesem erfolgt bei jeder Umdrehung ein Arbeitshub. Die Leistung ist daher bei sonst gleichen Verhältnissen höher, wodurch sich das Ge-

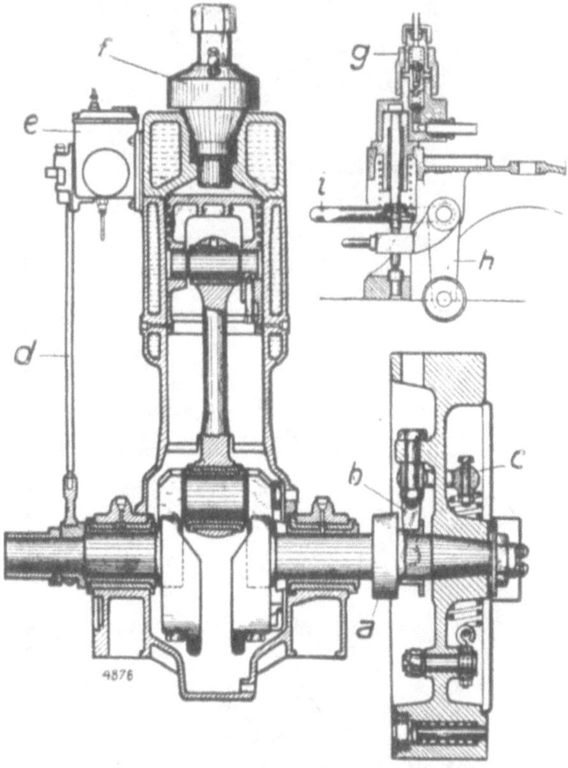

Abb. 379. Deutzer Zweitakt-Kleindieselmotor mit Vorkammer (s. a. Abb. 380).

wicht der Maschine ermäßigt und sich die Ausnutzung der Triebwerksteile verbessert. Die theoretisch zu erwartende doppelte Leistung wird allerdings nicht erreicht.

Beim Zweitaktmotor erfolgt im

1. Takt Verdichten, im

2. Takt Brennstoff einspritzen, Verbrennen, ausdehnen.

Die Ein- und Auslaßventile kommen in Wegfall. Der Eintritt der Frischluft und der Austritt der Verbrennungsgase erfolgt vielmehr durch Schlitze, die sich am unteren Ende des Zylinders befinden und beim Herabgehen des Kolbens freigelegt werden.

Allerdings werden neue Hilfseinrichtungen insofern nötig, als die Frischluft in den Zylinder hineingedrückt werden muß.

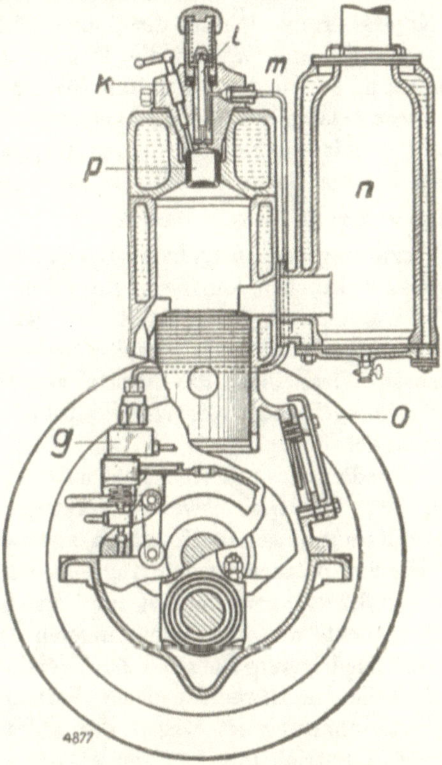

Abb. 380. Deutzer Zweitakt-Kleindieselmotor mit Vorkammer (s. a. Abb. 379).

Bei größeren Maschinen muß man deshalb sog. Spül- und Ladepumpen vorsehen, während man bisher bei den kleineren das Kurbelgehäuse abgedichtet hat und dann den Druck, den der herabgehende Kolben auf die Luft im Kurbelgehäuse ausübt, benutzte, um diese Luft in den Zylinder zu drücken. Beim Aufwärtsgehen des Kolbens wurde dann durch ein Ventil neue Frischluft in den Kurbelraum gesaugt. Das Verfahren der Kurbelkastenspülung gilt heute als veraltet. Man geht immer mehr dazu über, alle Zweitaktmotoren mit getrennten Spül- und Ladepumpen auszuführen.

3. Dieselkraftwerke.

Das für die Errichtung eines Dieselkraftwerkes zu investierende Kapital ergibt sich aus der Zahlentafel 11.

Die Gestehungskosten k_s für die Einheit der Arbeitsleistung, die kWh, bilden das Kriterium für die Wirtschaftlichkeit der Stromerzeugung. Die Kostenelemente setzen sich zusammen aus den festen Kosten für den Kapitaldienst und den Ausgaben für die Betriebsstoffe, die Bedienung usw.

a) **Die festen Kosten** $= k_f$ umfassen:

1. Die Verzinsung des Anlagekapitals. Unter Berücksichtigung der voraussichtlichen Annäherung des Zinssatzes an die Vorkriegshöhe während der Betriebszeit und des Umstandes, daß die Zinsen immer vom Anfangskapital gerechnet werden (während sich in Wirklichkeit das Kapital von Jahr zu Jahr um die Abschreibungsbeträge verringert), wird mit einem Satz von 8 vH gerechnet.

2. Die Lebensdauer ist mit Rücksicht auf sachverständige Wartung und die in Elektrizitätswerken praktisch in Betracht kommende Benutzungsdauer zu 15 Jahren angenommen. Da die abgeschriebenen Beträge zinsbar angelegt werden, ergibt sich ein Satz von 3,2 vH; gerechnet ist zur Vorsicht mit 6 vH. Für Gebäude rechnet man mit einer längeren Lebensdauer, demzufolge mit niedrigeren Sätzen. Zur Vereinfachung ist jedoch für alle Teile der Anlage der gleiche Satz angenommen.

3. Die Instandhaltung ist wegen der sachverständigen Aufsicht über den Betrieb mit 1 vH angesetzt.

Demnach betragen die festen Kosten insgesamt:

15 vH des Anlagekapitals

$$k_f = \frac{A \cdot 15}{100}$$

b) **Die Betriebsmittelkosten** $= b_t$ umfassen:

1. Die Kosten für den Brennstoff lt. VDI-Nachrichten zurzeit RM. 8.—/100 kg, einschließlich Fracht und Zoll = RM. 11.—/100 kg.

Zahlentafel 11[1]).

Ermittlung der Anlagekosten für ein Dieselkraftwerk.

Motorleistung	150 PS	350 PS	525 PS	950 PS	1450 PS
	RM.	RM.	RM.	RM.	RM.
1 Dieselmotor einschl. allen Zubehörs, Fracht, Verpackung, Fundamente usw.	32 600,—	61 000,—	89 500,—	149 300,—	210 000,—
Generator mit Zubehör	11 500,—	17 000,—	23 000,—	33 000,—	55 000,—
Summe für 1 Aggregat	44 100,—	78 000,—	112 500,—	182 300,—	265 000,—
Summe für 3 Aggregate	132 300,—	234 000,—	337 500,—	546 900,—	795 000,—
Batterie	41 000,—	51 000,—	75 000,—	113 000,—	140 000,—
Schaltanlage	11 000,—	12 000,—	15 000,—	22 000,—	30 000,—
Gebäude	25 000,—	50 000,—	60 000,—	100 000,—	120 000,—
Brennstofftank	3 000,—	6 000,—	9 000,—	12 000,—	18 000,—
Ladeaggregat, Anschlußgleis, Verbindungsleitung, Rohrleitungen, Verschiedenes	17 700,—	17 000,—	23 500,—	36 100,—	47 000,—
	230 000,—	370 000,—	520 000,—	830 000,—	1 150 000,—
Anlagekosten/kW = A =	620,—	435,—	415,—	364,—	300,—

[1]) Nach Angaben der Deutzer Motorenfabrik Köln-Deutz.

Der Verbrauch = b_r beträgt bei ¾ Last 185 g/PSh. Demnach errechnen sich für die von der Dynamo abgegebene Leistung folgende Verbrauchszahlen und Brennstoffkosten:

Leistung PS:	150	350	525	950	1450
Wirkungsgrad:	0,90	0,92	0,94	0,96	0,97
g/kWh:	280	274	268	262	260
Pf./kWh:	3,08	3,02	2,95	2,88	2,76

Der Brennstoffverbrauch bei den verschiedenen Belastungen des Motors ergibt sich aus der Kurve Abb. 376.

Der Verlauf dieser Verbrauchskurven ist überaus flach. In der Zone des hauptsächlichsten Belastungsbereiches liegen sie nahezu horizontal. Die höchsten Schwankungen des spezifischen Brennstoffverbrauches zwischen $^1/_2$ und $^5/_4$ Last betragen ~ 6 vH. (s. a. Abb. 381).

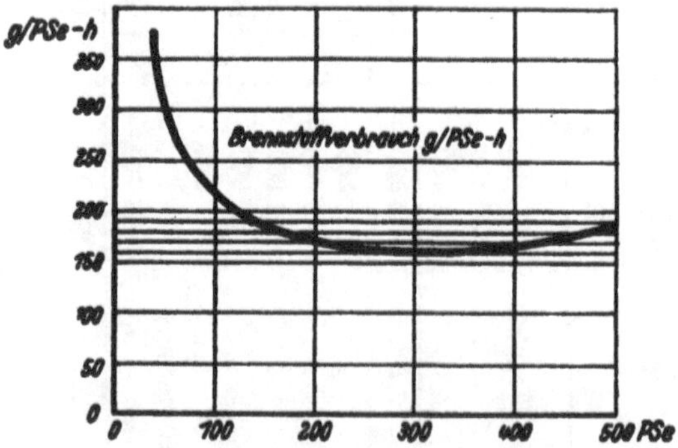

Abb. 381. Brennstoffverbrauch eines kompressorlosen Vierzylinder-Dieselmotors »Deutz VM«. (Entnommen dem Versuchsbericht von Prof. W. Maier, Technische Hochschule Stuttgart.)

2. Die Kosten für das Schmieröl „o" einschl. 20 vH Zuschlag für Putzmaterial sind mit RM. 80/100 kg angesetzt.

Der Verbrauch beträgt 2 g/PSh oder 3 g/kWh = 0,24 Pf./kWh.

3. Das Kühlwasser w mit 0,10 RM./m³. Bei 12 l/PSh betragen die Kosten 0,12 Pf./kWh.

Die gesamten Betriebsmittelkosten betragen somit:

$$b_t = b_r + o + w$$

oder

Leistung des Motors PS	150	350	525	950	1450
Pf./kWh	3,50	3,44	3,37	3,30	3,12

c) **Bedienungskosten** $= b_d$. Vorgesehen sind zwei Bedienungsleute, die an festen Ausgaben unabhängig von der Betriebsdauer des Werkes 6000 RM./Jahr verursachen; dar-

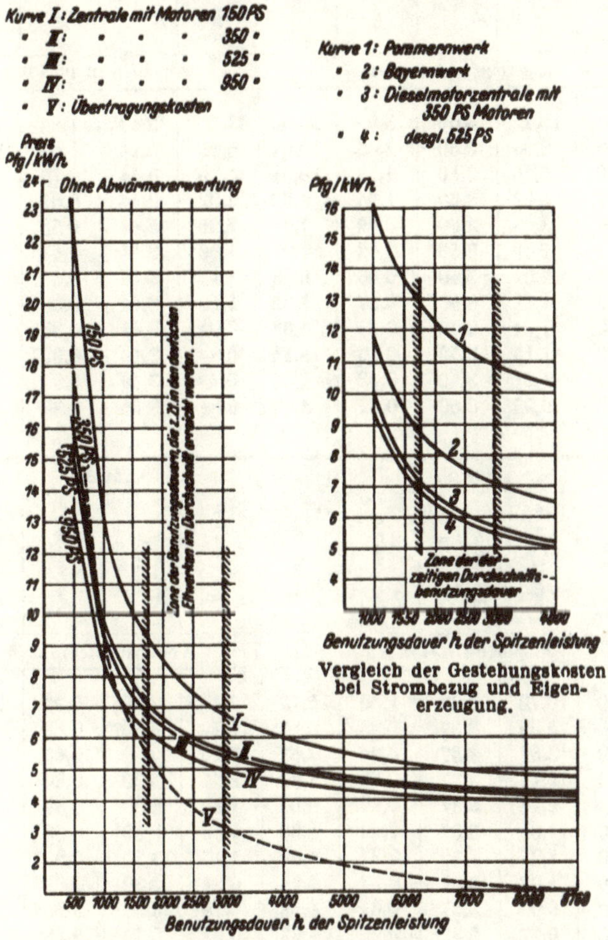

Abb. 382 (s. a. Zahlentafel 12). Erzeugungskosten für elektrische Arbeit in einem Dieselmotorenkraftwerk für verschiedene Motorengrößen und Benutzungsdauern.

Zahlentafel 12.

Spezifische Kosten für die erzeugte kWh für verschiedene Benutzungsdauern beim Dieselbetrieb.

Benutzungs-dauer	150 PS Feste Kosten	150 PS Betriebs-mittel-kosten	150 PS Bedienung	150 PS Summe	350 PS Feste Kosten	350 PS Betriebs-mittel-kosten	350 PS Bedienung	350 PS Summe
	Angaben in Pf./kWh				Angaben in Pf./kWh			
500	16,1	3,50	3,9	23,50	11,3	3,44	1,84	16,58
1000	8,06	3,50	2,05	13,61	5,65	3,44	1,02	10,11
1500	5,38	3,50	1,43	10,31	3,76	3,44	0,75	7,97
2000	4,04	3,50	1,35	8,89	2,82	3,44	0,61	6,87
2500	3,23	3,50	0,94	7,67	2,26	3,44	0,52	6,22
3000	2,69	3,50	0,82	7,01	1,88	3,44	0,47	5,79
4000	2,02	3,50	0,66	6,18	1,41	3,44	0,4	5,25
5000	1,61	3,50	0,57	5,68	1,13	3,44	0,36	4,93
6000	1,34	3,50	0,51	5,35	0,94	3,44	0,33	4,71
7000	1,15	3,50	0,46	5,11	0,8	3,44	0,327	4,567
8000	1,01	3,50	0,43	4,94	0,7	3,44	0,3	4,44
8760	0,92	3,50	0,41	4,83	0,65	3,44	0,29	4,38

Benutzungs-dauer	525 PS Feste Kosten	525 PS Betriebs-mittel-kosten	525 PS Bedienung	525 PS Summe	950 PS Feste Kosten	950 PS Betriebs-mittel-kosten	950 PS Bedienung	950 PS Summe
	Angaben in Pf./kWh				Angaben in Pf./kWh			
500	10,79	3,37	1,56	15,73	9,4	3,30	0,97	13,67
1000	5,39	3,37	0,88	9,65	4,7	3,30	0,58	8,58
1500	3,6	3,37	0,66	7,63	3,16	3,30	0,45	6,91
2000	2,7	3,37	0,53	6,60	2,35	3,30	0,39	6,04
2500	2,16	3,37	0,47	6,00	1,89	3,30	0,35	5,54
3000	1,8	3,37	0,43	5,60	1,58	3,30	0,33	5,21
4000	1,35	3,37	0,37	5,09	1,17	3,30	0,297	4,767
5000	1,08	3,37	0,33	4,78	0,94	3,30	0,277	4,517
6000	0,9	3,37	0,31	4,58	0,78	3,30	0,264	4,344
7000	0,77	3,37	0,29	4,43	0,67	3,30	0,225	4,225
8000	0,67	3,37	0,28	4,32	0,58	3,30	0,248	4,128
8760	0,61	3,37	0,27	4,25	0,54	3,30	0,244	4,084

1450 PS				
Benutzungsdauer	Feste Kosten	Betriebsmittelkosten	Bedienung	Summe
Angaben in Pf./kWh				
500	9	3,12	0,516	12,636
1000	4,5	3,12	0,358	7,978
1500	3	3,12	0,305	6,425
2000	2,25	3,12	0,279	5,649
2500	1,8	3,12	0,264	5,184
3000	1,5	3,12	0,253	4,873
4000	1,125	3,12	0,239	4,484
5000	0,9	3,12	0,23	4,25
6000	0,75	3,12	0,226	4,096
7000	0,643	3,12	0,223	3,986
8000	0,5625	3,12	0,22	3,90
8760	0,514	3,12	0,218	3,85

über hinaus sind noch 0,2 Pf. je erzeugte kWh an Sonderkosten für Bedienung eingesetzt. Die gesamten Bedienungskosten errechnen sich also zu

$$b_d = 600000 + 0{,}2 \text{ kWh/Pf.}$$

Die spezifischen Gestehungskosten hängen weiter von der jährlichen Benutzungsdauer h ab. Je länger diese ist, um so geringer werden die Gesamtkosten für die Kilowattstunde, da die festen Kosten für die Arbeitseinheit um so kleiner werden, je größer die Zahl der Benutzungsstunden der Maschinenleistung ist. Mit der Zahl der Jahresbenutzungsstunden steigt auch die im Jahr erzeugte elektrische Arbeit in kWh. Nach der Formel:

$$k_g \frac{k_f}{a} + b_t + \frac{600000}{a} + 0{,}2 \text{ a Pfg.}$$

worin a die geleistete Arbeit in kWh bedeutet, ergeben sich für die verschiedenen Benutzungsdauern die in Zahlentafel 12 zusammengestellten spezifischen Kosten für die erzeugte kWh.

Die Ergebnisse der 12. Zahlentafel sind in den Kurven Abb. 382 graphisch dargestellt.

Die eingegrenzten Teile der entsprechenden Kurven (Abb. 382) kennzeichnen die Werte für die in Deutschland im praktischen Betrieb im Durchschnitt vorkommenden Betriebsstundenzahlen.

4. Sauggasmotore.

Neben dem Dieselmotor findet man vielfach auch den Sauggasmotor als Antriebsmaschine in den Elektrizitätswerken, weil der Sauggasmotor die gegebene Maschine für die Zusammenarbeit zwischen Elektrizitätswerk und Gaswerk ist.

Der Sauggasmotor findet schon seit Jahrzehnten Anwendung. Er verdankt seine Einführung den Arbeiten Ottos. Meistens werden heute die Motoren für die hier in Frage kommenden Zwecke so eingerichtet, daß sie nach Bedarf mit Leuchtgas oder Sauggas arbeiten können. Diese Umstellung ist mit wenigen Handgriffen vorzunehmen.

Unter Sauggas versteht man Generatorgas, welches vom Motor aus dem Gaserzeuger angesaugt wird. Der Gaserzeuger, der sog. Generator, ist grundsätzlich ein schachtartiger Ofen, in den die Verbrennungsluft unten ein- und das Gas oben austritt. Zur Gaserzeugung benutzt man Koksabfälle und schlecht verkäuflichen Kleinkoks, Feinanthrazit, Braunkohlen, Briketts, zuweilen auch Torf (s. Zahlentafel 13). Das Brennmaterial verbrennt in der unteren Zone mehr oder weniger vollständig zu Kohlendioxyd (Kohlensäure) und Kohlenoxyd. Die dadurch erzeugte Hitze bringt die über der Brennzone liegende Brennstoffschicht zum Glühen, welche dadurch reduzierend auf die Verbrennungsgase wirkt und das Kohlendioxyd in Kohlenoxyd umwandelt, während das zweite Sauerstoffatom des Kohlendioxyds sich mit einem Teil des glühenden Kohlenstoffes ebenfalls zu Kohlenoxyd verbindet. Gleichzeitig mit der Verbrennungsluft läßt man Wasserdampf in die Brennzone einströmen, der ebenfalls durch die glühende Kohlenschicht in seine Bestandteile zerlegt wird. Der Sauerstoff verbindet sich mit dem Kohlenstoff zu Kohlenoxyd, während der Wasserstoff sich mit diesem vermischt und im Generatorgas enthalten ist. dessen Heizwert dadurch steigt. Weiter findet man im Generatorgas die im Brennstoff enthaltenen Kohlenwasserstoffe, und bei nicht vorher verkokten Kohlen auch die sonstigen in der Kohle enthaltenen Stoffe, wie Ammoniak usw. Bei stark backenden Kohlen, bei der Holzvergasung usw. macht die Zusammensetzung der Kohle allerdings eine vorherige Reinigung des Gases von unerwünschten Beimengungen wie Teer usw. notwendig, wenn man nicht zu Kunstgriffen, z. B. dem Doppelfeuer-Generator greift, um ihn im Generator durch Verbrennung zu beseitigen. Bei großen Anlagen kann auch die Gewinnung der Nebenprodukte, wie Teer, Ammoniak usw. lohnend sein. Außer den bereits angegebenen Gasen findet sich im Generatorgas noch der Rest der Verbrennungsluft, der Stickstoff vor, der unverbrennlich ist und den Wert des Gases herabdrückt. Andererseits ist seine Beimengung insofern erwünscht, als dadurch die Verbrennung verlangsamt wird. Der Heizwert des Generatorgases beträgt ungefähr 1200 kcal/m³.

Zahlentafel 13.

Brennstoffgase für Sauggasmotore.

Brennstoffgasart	Unterer Heizwert kcal/m³ kcal/kg	Wärmeverbrauch kcal/PSh	Brennstoffverbrauch b. 6—30 PS m³/PSh kg/PSh	Brennstoffverbrauch üb. 30 PS m³/PSh kg/PSh
Leuchtgas oder Zechengas	4500—3000	2000—2200	0,7—0,6	0,6—0,4
Generatorgas	1100—1300	2100—2800	2,5—2,0	2,0—1,5
Anthrazit[1])	7800—8000	2750—3800	0,51—0,49	0,49—0,35
Koks[1])	6500—6800	2750—3800	0,62—0,57	0,57—0,42
Braunkohlenbriketts[1])	4700—5200	3000—4000	0,86—0,78	0,78—0,60
Holzabfälle[1])	3200—4000	3000—4000	1,3—1,1	1,1—0,75

Der Vollständigkeit halber sei darauf hingewiesen, daß vom Gesichtspunkte der Gaserzeugung aus auch ein Hochofen dem Prinzip eines Generators entspricht. Das bei ihm entstehende Gas, das sog. Gichtgas dient in den Hüttenwerken ebenfalls in großem Umfange als wertvoller Motorenbetriebsstoff. Sein Heizwert ist allerdings mit ~ 800 kcal/m³ geringer als der des Generatorgases.

Das Gas wird beim Ansaugen des Motors mit Luft gemischt, im Zylinder verdichtet und dann entzündet, wodurch die gewünschte Arbeit geliefert wird. Sauggasmotoren sind

[1]) Unter Berücksichtigung des Gaserzeuger-Wirkungsgrades.

meistens liegende Maschinen, die sich nicht von einem gewöhnlichen Gasmotor unterscheiden. Die Maschinen arbeiten im Viertakt, die Zündung erfolgt neuerdings fast ausschließlich durch elektrische Zündapparate. Der Sauggasmotor verbraucht einschließlich Gaserzeugungsanlagen je PSh 2700 kcal und erzielt einen Wärmewirkungsgrad von 24 vH.

Durch die Verarbeitung von verhältnismäßig billigem, minderwertigem Brennstoff arbeitet der Betrieb mit Sauggasanlagen mit geringen Betriebsmittelkosten.

5. Sauggaskraftanlagen.

Um auch bezüglich der Kostenfrage von Sauggasanlagen einen Anhalt zu gewinnen, folgen nachstehend die Wirtschaftlichkeitsberechnungen für einige Sauggasanlagen. Die Rechnungen sind auf derselben Grundlage aufgebaut wie die für den Dieselmotor.

Zahlentafel 14[1]).

Anlagekosten für Sauggasmotore.

Leistung des Motors	150 PS	300 PS	700 PS
	RM.	RM.	RM.
Sauggasmotor einschl. Zubehör, Fracht, Verpackung, Fundamente usw.	37 000,—	56 000,—	100 000,—
Generator und Zubehör	10 000,—	19 000,—	40 000,—
Summe für 1 Aggregat	47 000,—	75 000,—	140 000,—
Summe für 3 Aggregate	141 000,—	225 000,—	420 000,—
Batterie	41 000,—	51 000,—	80 000,—
Schaltanlage	11 000,—	12 000,—	20 000,—
Gebäude	30 000,—	60 000,—	80 000,—
Ladeaggregat, Anschlußgleis, Verbindungsleitungen, Verschiedenes, Rohrleitungen	17 000,—	22 000,—	30 000,—
Summe	240 000,—	370 000,—	630 000,—
Anlagekosten/kW = A	650,—	435,—	380,—
Feste Kosten jährlich/kW	97,50	65,25	57,—

Verbrauch an Anthrazit Nuß 4 bei 3/4 belasteter Maschine 600 g/kWh.

Kohlenpreis 28 RM./t.

[1]) Angaben stammen von den Deutzer-Motorenwerken.

Demnach entstehen nachstehende Betriebsmittelkosten:

Kohle	1,68	Pf./kWh
Schmier- und Putzmittel 2 g . .	0,16	»
Kühlwasser 27 l/kWh	0,27	»
zusammen	2,11	Pf./kWh

Die Bedienungskosten sind in der gleichen Höhe angesetzt wie beim Dieselbetrieb[1]). Die gesamten Erzeugungskosten für die verschiedenen Betriebszeiten für Sauggasbetrieb sind in Zahlentafel 15 zusammengestellt.

6. Die Kohlenveredlung.

Die Kohlenveredlung bezweckt, der Kohle vor der Verbrennung wertvolle Stoffe wie Teer, Benzol, Ammoniak, Schwefel, Cyan usw. zu entziehen und nur die Abfallerzeugnisse dieses Prozesses zur Wärmeerzeugung zu benutzen. Für die Elektrizitätserzeugung ergeben sich daraus eine große Anzahl von Vorteilen, wenn diese mit der Kohlenveredlung verbunden werden kann (für städtische Versorgungsbetriebe z. B. eine Verbindung zwischen Gas- und Elektrizitätswerk). Die beiden Betriebe können sich gegenseitig unterstützen und ihre Abfallenergie wechselseitig ausnutzen. Man kann z. B. das E.-Werk mit Gasmotoren ausrüsten, die bei schlechtem Gasabsatz mit Leuchtgas arbeiten, zur Zeit guten Gasverbrauches mit Generatorgas betrieben werden. Dieses wird aus Koks, Grus und schwerverkäuflichem Kleinkoks hergestellt und dient gleichzeitig auch zur Beheizung der Gaserzeugungsöfen. Das Elektrizitätswerk liefert dem Gaswerk die notwendige Kraft. Die anfallende Abwärme der Motoren kann ebenfalls bei der Gaserzeugung in den meisten Fällen nutzbar gemacht werden. Außerdem kann man dem Gas- und Elektrizitätswerk noch Schlachthäuser oder Badeanstalten angliedern, um auch die vielleicht nicht verwendbare Abwärme nutzbar zu machen[2]).

Bei größeren Anlagen erzielt man auch sehr gute wirtschaftliche Ergebnisse, wenn man dem Gaswerk noch eine Schwelanlage vorschaltet. Der dabei entstehende Schwelteer

---

[1]) S. S. 641 u. f.

[2]) S. Verf. »Abwärmetechnik« Band 2 S. 74—84 u. S. 116—122. Verlag R. Oldenbourg, München und Berlin 1928.

Zahlentafel 15.

Spez. Kosten für die erzeugte kWh für verschiedene Benutzungsdauern beim Sauggasbetrieb.

	150 PS				350 PS			
Benutzungsdauer	Feste Kosten	Betriebsmittelkosten	Bedienung	Summe	Feste Kosten	Betriebsmittelkosten	Bedienung	Summe
	Angaben in Pf./kWh				Angaben in Pf./kWh			
500	19,5	2,11	3,9	25,51	13,00	2,11	1,84	16,95
1000	9,75	2,11	2,05	13,91	6,5	2,11	1,02	9,63
1500	6,5	2,11	1,43	9,96	4,35	2,11	0,75	7,21
2000	4,87	2,11	1,35	8,33	3,25	2,11	0,61	5,97
2500	3,9	2,11	0,94	6,95	2,6	2,11	0,52	5,23
3000	3,2	2,11	0,82	6,13	2,17	2,11	0,47	4,75
4000	2,4	2,11	0,66	5,17	1,62	2,11	0,4	4,13
5000	1,93	2,11	0,57	4,61	1,3	2,11	0,36	3,77
6000	1,6	2,11	0,51	4,22	1,09	2,11	0,33	3,53
7000	1,38	2,11	0,46	3,95	0,93	2,11	0,32	3,36
8000	1,2	2,11	0,43	3,74	0,81	2,11	0,3	3,22
8760	1,1	2,11	0,41	3,62	0,75	2,11	0,29	3,15

	700 PS			
Benutzungsdauer	Feste Kosten	Betriebsmittelkosten	Bedienung	Summe
	Angaben in Pf./kWh			
500	7,6	2,11	1,26	10,97
1000	3,8	2,11	0,63	6,54
1500	2,54	2,11	0,42	5,07
2000	1,9	2,11	0,32	4,33
2500	1,52	2,11	0,25	3,88
3000	1,27	2,11	0,21	3,59
4000	0,95	2,11	0,16	3,22
5000	0,76	2,11	0,125	2,995
6000	0,63	2,11	0,105	2,845
7000	0,54	2,11	0,09	2,74
8000	0,47	2,11	0,08	2,66
8760	0,43	2,11	0,07	2,61

ist beträchtlich wertvoller als der Hochtemperaturteer. Das Schwelgas kann dem Leuchtgas zugesetzt werden. Der Schwelkoks ist zu vermahlen und dann unter den Kesseln zu verfeuern. Man kann auch die Gasgeneratoren mit Hochdruckmänteln versehen und so die bei der Vergasung entstehende Wärme zur Dampferzeugung ausnutzen. Es ergibt sich jedenfalls aus der Kupplung der Versorgungsbetriebe eine Reihe von sehr beachtlichen Vorteilen, die bisher nur in außerordentlich geringem Umfange ausgenutzt werden[1]).

[1]) Über Abwärmeverwertung bei Dieselmaschinen und Sauggasmotoren s. Verf. »Abwärmetechnik«, Band I—III, 1928. Verlag R. Oldenbourg, München und Berlin.

III. Wasserkraftwerke.

1. Allgemeines.

Der zunehmende Bedarf an elektrischer Energie und die veränderten Wirtschaftsverhältnisse in der Nachkriegszeit förderten in den letzten Jahren in Deutschland den Bau von Wasserkraftanlagen. Neukonstruktionen auf dem Gebiete des Turbinenbaues brachten gleichzeitig eine wesentliche Erhöhung der Leistung und Schnelläufigkeit der einzelnen Aggregate mit sich.

Die frühere Ausbaugröße in der Ausnutzung der Rohwasserkräfte wurde erweitert, weil eine Steigerung der Leistungsfähigkeit der Wasserkraftwerke infolge Zusammenschluß großer Überlandzentralen wirtschaftlich wurde. Hierbei war als Grundgedanke maßgebend, daß die Grundbelastung in der Hauptsache von Niederdruckwasserkräften zu übernehmen sei, während die Wasserkraftwerke mit Speicherung und die Wärmekraftwerke die Spitzendeckung liefern sollen.

Für Elektrizitätswerke sind nach Möglichkeit hohe Drehzahlen anzustreben, um den Einbau von Übersetzungen zu vermeiden und die Anschaffungskosten der Turbine mit direkt gekuppeltem Generator niedrig zu halten. Typische Vertreter von Turbinen vertikaler Einbauart sind die Anlagen der Städtischen Elektrizitätswerke Ulm, die Anlage »Oepfingen«, der Städtischen Elektrizitätswerke Breslau, die Anlage »Süderoder«, der Oberschwäbischen Elektrizitätswerke Biberach, die Anlagen »Tannheim« und »Unteropfingen« sowie die großen Turbinen der Isarwerke München, Anlage »Mühltal«, die bei 17,4 m Gefälle je 6200 PS leisten[1]). Von diesen Turbinen wurden auch im Jahre 1925 drei Stück für das Saar-Kraftwerk Mettlach geliefert. Jedes Aggregat verarbeitet bei einem Gefälle von 10,3 m eine Wassermenge von 26,6 m^3/s und leistet bei 125 U/min

---

[1]) S. a. Hermann, Ravensburg, »Neuzeitliche Wasserkraftanlagen«. S. w. Wasserkraft-Kleinzentralen AEG-Mitt. März 1930.

3000 PS. Zur Erzielung günstiger hydraulischer Verhältnisse erfolgt die Wasserzuführung durch eine Betonspirale. Zur Wasserabführung ist ein Betonsaugrohr eingebaut, durch das die im Wasser enthaltene Energie nach dem Austritt aus dem Laufrad nahezu vollständig zurückgewonnen wird.

Zur Freihaltung des Rechens von Fremdkörpern arbeitet in dieser Anlage eine von der Firma Escher Wyß & Cie. gelieferte vollkommen selbsttätig arbeitende und ferngesteuerte Rechenreinigungsanlage. Ein auf Rollen ruhender Schlitten wird bis zum untersten Teil des Rechens abgesenkt und eine Rechenharke zum Eingriff gebracht. Bei Wiederhochziehen wird durch diese Harke eine Reinigung des Rechens auch zwischen den Stäben vorgenommen, da beim Vorbeigang an den Verbindungsstücken die Harke selbständig hochklappt.

Sobald die Gefällehöhe den Einbau horizontaler Turbinen erlaubt, treten diese mit den Vertikalturbinen in Wettbewerb.

Um die Kosten für den maschinellen Teil der Wasserkraftanlagen möglichst niedrig zu halten, wurden immer höhere Umdrehungszahlen angestrebt. Es zeigte sich jedoch, daß mit den bisher üblichen Reaktionsturbinen eine Steigerung der spezifischen Drehzahl über $n_s = 500$[1]) mit guten Wirkungsgraden nicht mehr möglich war. Professor Kaplan wies alsdann die ersten brauchbaren Wege, wie bei hoher Schnelläufigkeit günstige Ergebnisse zu erzielen sind. Sie führten zu eingehenden Untersuchungen mit Kaplan-Laufrädern in den Versuchsanstalten der Firmen, welche sich mit der Herstellung von Wasserturbinen befassen. Die Firma Escher Wyß & Cie. hat z. B. auf Grund dieser Versuche Laufräder herausgebracht, die bei sehr hohen spezifischen Drehzahlen Wirkungsgrade von 90 vH und darüber erreichen. Infolge der großen Geschwindigkeit, mit der das Wasser durch diese Räder hindurchströmt, ist das Anwendungsgebiet durch das zulässige Gefälle beschränkt. Die Grenze wird im Wesentlichen durch die spezifischen Drehzahlen und durch das Sauggefälle bestimmt, wobei letzteres so klein wie möglich gehalten werden muß, um das Auftreten von Korrosionen (die zur Zer-

[1]) n_s = spez. Drehzahl = Umlaufszahl einer Turbine von 1 PS Leistung bei 1 m Gefälle.

störung des Laufrades und zur Verminderung des Wirkungsgrades führen können) zu verhindern.

Die vorgeschilderte ungeahnte Entwicklung, im Ausbau der Wasserkräfte, hauptsächlich in den letzten Jahren, brachte es mit sich, daß der Turbinenkonstrukteur vor immer neue Aufgaben gestellt wurde. Er hat beim Entwurf seiner Konstruktionen hauptsächlich diejenigen Faktoren zu berücksichtigen und gegenseitig abzustimmen, die für die Wirtschaftlichkeit einer Anlage maßgebend sind, wie: Wirkungsgrad, Schnelläufigkeit, Verwendung zweckmäßiger Baustoffe für die der Abnutzung unterworfenen Teile und eine leichte Ausbaumöglichkeit derselben, Vereinfachung und Zentralisation der Bedienung, richtige Wahl der Größe und der Anordnung der Turbineneinheiten unter Berücksichtigung des kleinsten Raumbedarfes u. a. m.[1]).

2. Turbinenbauarten.

Die Berücksichtigung dieser Konstruktionslinien in Abhängigkeit von dem zur Verfügung stehenden Gefälle und der Wassermenge, hatte die Herausbildung einiger charakteristischer Turbinenbauarten zur Folge, welche hier kurz gekennzeichnet werden sollen:

Geschlossene Spiral-Francisturbinen werden überall dort angewendet, wo bei mittleren bis hohen Gefällen verhältnismäßig große Wassermengen in einer Turbine ausgenutzt werden sollen.

Turbinen mit spiralförmigen Gehäusen stellen die beste Konstruktion der Francis-Turbinen dar, weil die Wasserzuführung zum Laufrad in theoretisch richtiger und nahezu verlustfreier Weise erfolgt. Je nach den örtlichen Verhältnissen wird diese Turbinenart mit einem oder zwei Rädern und sowohl mit horizontaler wie vertikaler Welle ausgeführt.

Escher Wyß & Cie. liefert diese Turbinen nur mit Außenregulierung, bei welcher mit Ausnahme der eigentlichen Leitschaufeln alle beweglichen Teile außer Wasser und leicht zugänglich angeordnet sind. Diese Ausführungsart bewährt sich besonders bei sandhaltigem Wasser, da nur die dem Wasser ausgesetzten Teile, also Schaufeln und Leitradwände, ab-

[1]) S. a. Moser, »Neue Wasserturbinenanlagen«. Schweizerische Techn. Zeitschrift 1926, Nr. 34/35.

geschliffen werden können. Bei ungünstigen Betriebsverhältnissen werden sowohl Leit- wie Laufräder mit auswechselbaren Schutzringen ausgerüstet.

Die mit dieser Turbine erzielten Wirkungsgrade sind in dem Diagramm Abb. 383 eingetragen.

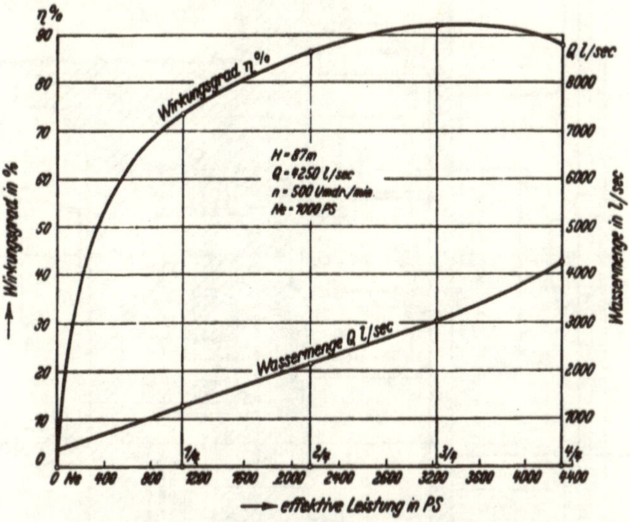

Abb. 383. Wirkungsgrade einer Spiral-Francis-Turbine. Bauart »Escher Wyß & Cie.« mit Außenregulierung.

Falls auf die Erreichung besonders gesteigerter Wirkungsgrade weniger Wert gelegt wird, vielmehr die Billigkeit der Turbine ausschlaggebend ist, so werden an Stelle der Spiralturbinen sog. Frontal- oder Zentralkesselturbinen gebaut.

Der zweckmäßige und hydraulisch gute Einbau von vertikalen Francis-Spiralturbinen in einer Großkraftanlage soll mit den Schnittzeichnungen Abb. 384 und 385 gezeigt werden. Dargestellt ist der Aufriß und Grundriß der im Jahre 1922 gelieferten japanischen Anlage »Momoyama«. Diese Anlage ist für ein Gefälle von 81 m gebaut. Jede der beiden Turbinen hat ein Schluckvermögen von 21,3 m³/s und eine Leistung von 19800 PS, am Kupplungsflansch gemessen. Die Drehzahl beträgt 300 U/min. Wie die Abbildungen zeigen, ist das Spiralgehäuse vollkommen einbetoniert; der obere und mittlere Teil

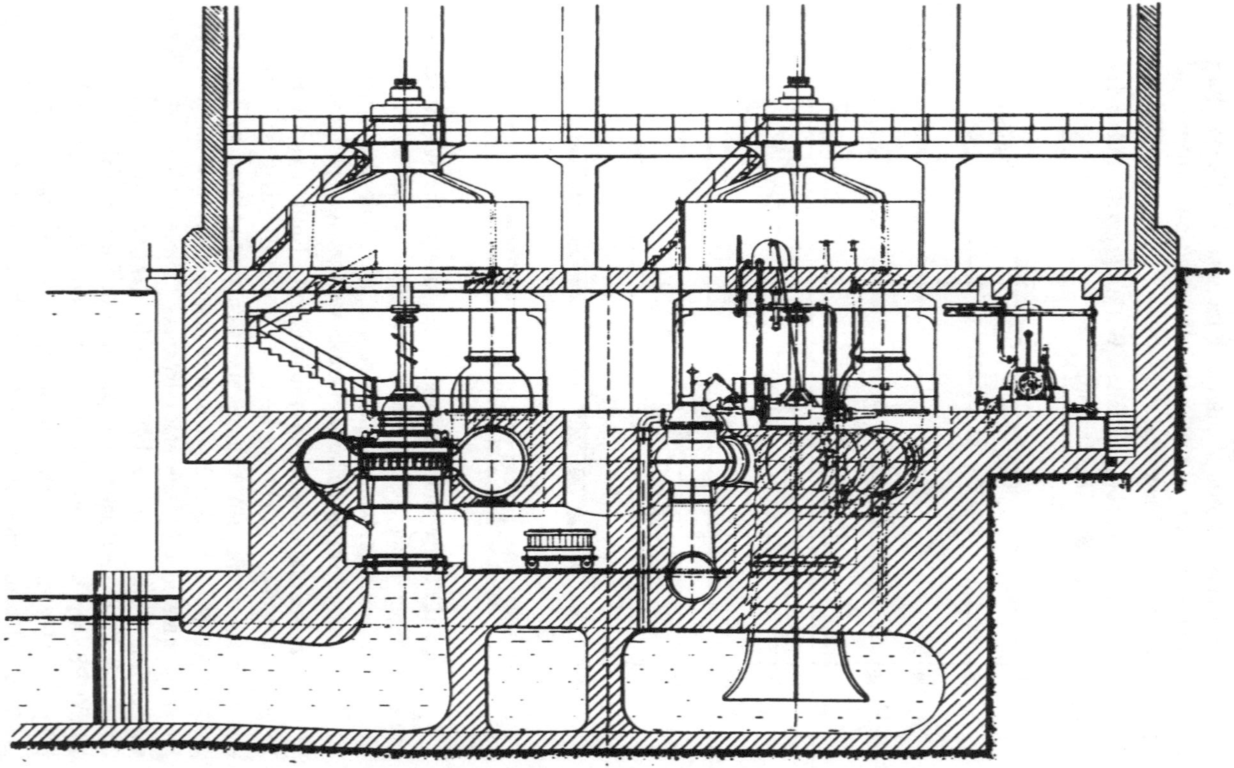

Abb. 384. Aufriß der Turbinenanlage »Momoyama«, erbaut von Escher Wyß & Cie.

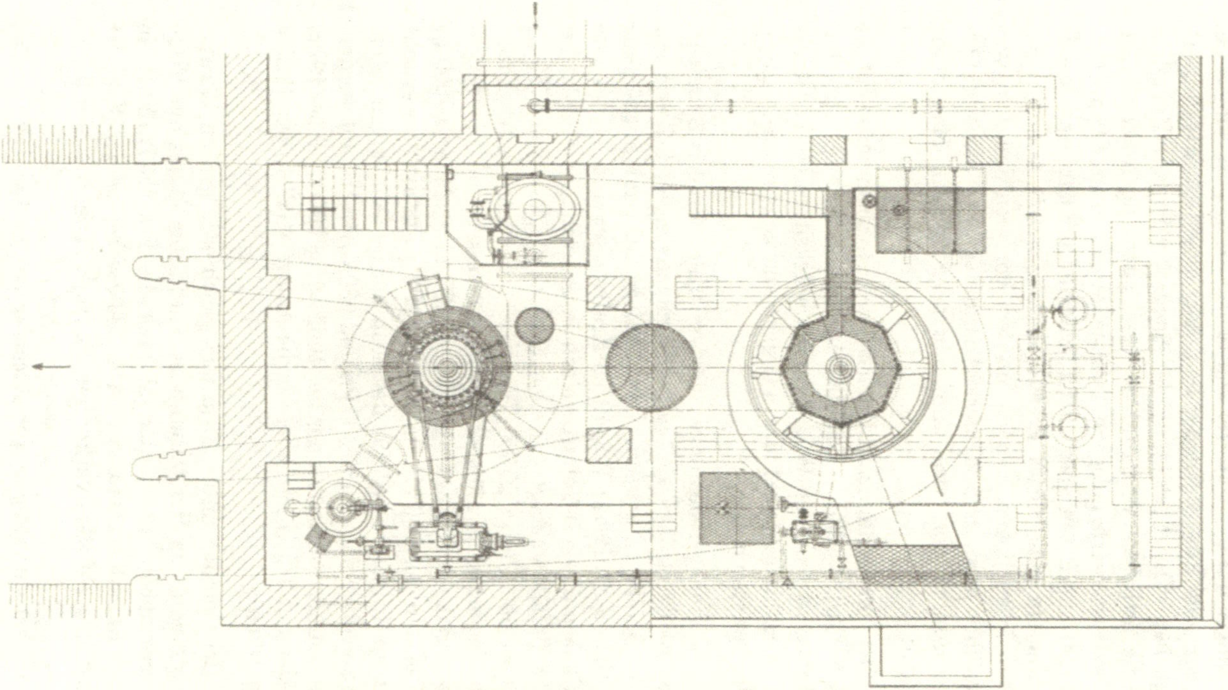

Abb. 385. Grundriß der Turbinenanlage »Momoyama«, erbaut von Escher Wyß & Cie.

des Saugrohres dagegen frei und teleskopartig ausgebildet, um das Ein- und Ausbringen der Laufräder ohne Demontage zu ermöglichen. Die Ausbildung der Saugrohre ist mit Rücksicht auf die örtlichen Verhältnisse verschiedenartig durchgeführt. Die wasserabwärts gelegene Turbine ist mit einem Ellenbogensaugrohr aus Beton ausgerüstet, während die dahinterliegende Turbine ein gußeisernes Prášil-Saugrohr erhielt, von dem das Wasser in seitlichen Kanälen an dem vorderen Saugrohr vorbeigeführt wird. Durch diese Anordnung wird ein störungsfreier Abfluß von zwei hintereinanderliegenden Saugrohren erreicht.

Der Verwendung von Francis-Turbinen ist in bezug auf die Ausnützung von hohen Gefällen eine Grenze nach oben gesetzt, da infolge der großen Wassergeschwindigkeit an die konstruktive Durchbildung der inneren Organe sehr hohe Anforderungen gestellt werden müssen.

Als Hochgefälleanlage mit vertikalen Francis-Spiralturbinen ist die Anlage »Wäggithal-Rempen« in der Schweiz mit 260 m Gefälle zu nennen. Diese Anlage dient zur Ausnützung der oberen Stufe des Wäggithal-Kraftwerkes und ist mit vier vertikalen Francis-Spiralturbinen ausgerüstet, die jede bei einem Gefälle von 260 m, einer Schluckfähigkeit von 7750 l/s und bei 500 U/min 22500 PS leistet. In dem weiter unterhalb liegenden Kraftwerk »Siebnen« verarbeiten die gleichfalls vertikalen Spiralturbinen bei 185 m Gefälle je 7600 l/s und leisten bei 500 U/min je 16000 PS. Für die norwegische Anlage »Rjukanfos« ist für das noch höhere Gefälle von 280 m eine Spiralturbine von 17500 PS und 600 U/min gebaut worden. Zwei Spiralturbinen mit der Leistungvon je 50000 PS bei 197 m Gefälle und 375 U/min sind für die Anlage »Galleto« in Italien vorgesehen[1]).

Bei Gefällen unter 20 m und gleichzeitig großen Wassermengen wird die Herstellung des Turbinengehäuses aus Eisen unzweckmäßig. Es werden alsdann die Francis-Turbinen in offener Bauart ausgeführt (s. Abb. 386), wobei bei der Wahl der Anordnung auf etwa vorkommende Hochwasser insofern Rück-

[1]) Nach zur Verfügung gestellten Angaben von Escher Wyß & Cie.

sicht genommen werden muß, als bei Antrieb von elektrischen Generatoren diese unter allen Umständen hochwasserfrei aufgestellt werden müssen. Für Anlagen kleinerer Leistungen genügen zumeist offene rechteckige, als Verlängerung des Zulaufkanales ausgebildete Wasserkammern. Bei Anlagen mit großen Wassermengen werden die Turbinen in Betonspiralen eingebaut, um eine gute Zuführung des Aufschlagwassers zu dem Leitrade zu erhalten. Die Turbine wird meistens vertikal aufgestellt.

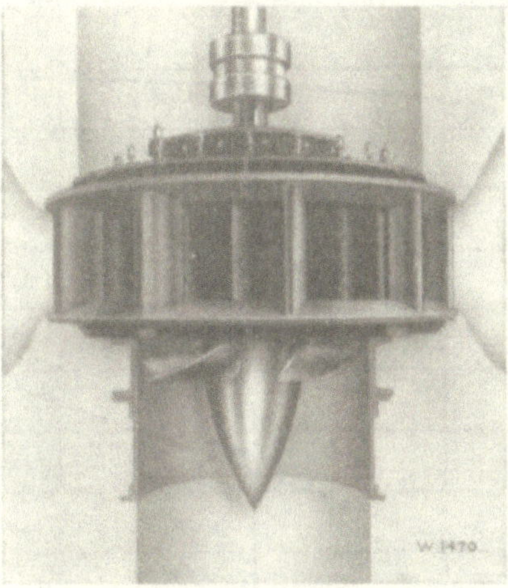

Abb. 386. Offene Francis-Turbine.

Kleinere Turbinen horizontaler oder vertikaler Anordnung erhalten normalerweise zur Verminderung der Beschaffungskosten eine Innenregulierung für die Leiträder, während große vertikale Einheiten besser mit einer Außenregulierung versehen werden, besonders dort, wo mit stark sandhaltigem Betriebswasser gerechnet werden muß.

Zur Erzielung höherer Umdrehungszahlen zwecks direkter Kupplung mit elektrischen Generatoren kann die Gesamtwassermenge auf zwei bis sechs Räder verteilt werden, die auf derselben Welle sitzen. Zum gleichen Zwecke können bei kleineren Werken vertikale Turbinen mittels konischer Räder direkt oder unter Zwischenschaltung einer Vorgelegewelle und

Riementrieb auf horizontale Generatoren oder aber mittels in Öl laufenden Präzisionsstirngetrieben auf vertikale, rasch laufende Generatoren treiben.

Für die Ausnutzung kleinerer Wassermengen bei mittleren bis großen Wassergefällen kommen die Freistrahlturbinen in Betracht.

Diese Turbinenart besitzt die Eigenschaft, daß bei sinkender Leistungsabgabe der Wirkungsgrad nur sehr langsam abnimmt. Es ist dies bei Anlagen mit stark wechselnder Wasserführung von großer Wichtigkeit (s. Diagramm Abb. 387).

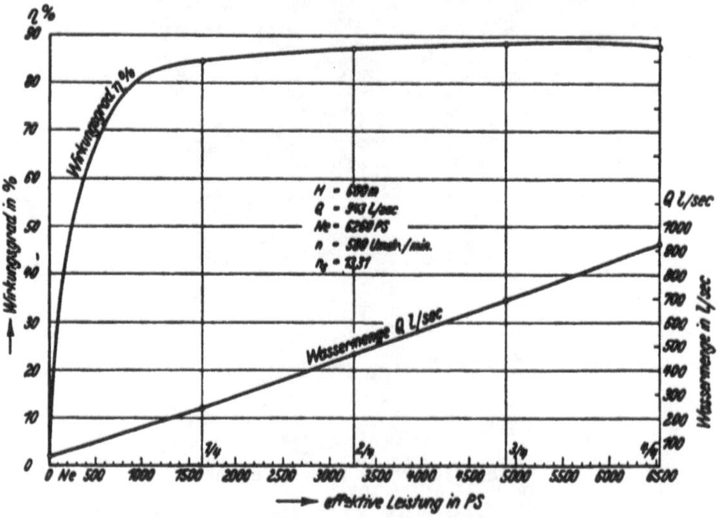

Abb. 387. Charakteristik von Freistrahl-Turbinen, Bauart »Escher Wyß & Cie.«

Normalerweise werden die Freistrahlturbinen mit horizontaler Welle ausgeführt. Die Wasserzuleitung zu den Laufrädern erfolgt durch sog. Nadeldüsen.

Da das Gefälle, gemessen von Mitte Düsenmündung bis Unterwasserspiegel, bei dieser Turbinenart nicht oder doch nur unvollkommen ausgenützt werden kann, muß bei der Aufstellung von Freistrahlturbinen darauf geachtet werden, daß der obengenannte Abstand möglichst klein gehalten wird. Anderseits ist die Höhenlage so zu wählen, daß auch bei höchstem Unterwasserstand ein Eintauchen der Düse oder des

Laufrades ausgeschlossen ist, sodaß eine Bremsung des Laufrades durch Spritzwasser unmöglich wird. Größere Wassermengen werden auf zwei oder mehr Düsen verteilt, von denen jedoch, bei Turbinen mit horizontaler Welle, nicht mehr als zwei auf ein Laufrad arbeiten sollen. Bei mehr als zwei Düsen müssen infolgedessen zwei oder mehr Laufräder vorgesehen werden.

Bei Turbinen mit vertikaler Welle können jedoch vier Düsen auf ein Laufrad bei großen Leistungen arbeiten.

Da alle Freistrahlturbinen an eine mehr oder weniger lange Rohrleitung angeschlossen sind und infolge der selbsttätigen Geschwindigkeitsreglung rasch schließen, spielt bei denselben die sog. Druckregulierung eine wichtige Rolle.

Normalerweise werden diese Turbinen mit einer Ablenkerdoppelregulierung ausgerüstet, bei welcher die qualitative Reglung durch ein nahezu plötzliches Ablenken des Wasserstrahles, die quantitative Regulierung durch langsames Verstellen der Nadeldüse bewirkt wird. Nur bei besonders günstigen Rohrleitungsverhältnissen und namentlich bei Turbinen mit mehreren Düsen kommen Druckregler und bei kleinen Anlagen mit Vorteil auch schwere Schwungräder zur Anwendung.

Wird die Wassermenge so groß, daß mehr als vier Düsen erforderlich werden, so tritt gewöhnlich an Stelle der Freistrahlturbine die Francis-Turbine.

Allgemein ist für die Freistrahlturbine die horizontalachsige Anordnung eingeführt, die praktisch jedoch — wie eingangs schon angedeutet — nur die Beaufschlagung des Laufrades durch zwei Strahlen zuläßt und in extremen Fällen den Einbau von zwei und mehr Rädern erfordert. Die vertikalachsige Aufstellung bietet dagegen die Möglichkeit, das Laufrad durch vier Strahlen beaufschlagen und wie bei den Francis-Turbinen die Maschinenhausmaße einengen zu können.

Eine neuzeitliche Ausführung einer solchen Anlage ist die in Chile, Südamerika, errichtete Kraftstation »Maipo«, wo drei Freistrahlturbinen zur Aufstellung gelangten. Jedes Aggregat gibt bei einem Nettogefälle von 204 m eine Leistung von 17500 PS bei 250 U/min ab. Die Turbinenlieferung wurde von der Whitehall Securities Corporation Ltd. in London der Firma Escher Wyß & Cie. übertragen[1]).

Die von dieser Firma bisher angewandte Aufstellungsart, die Ebene der Zuführungsrohrleitung höher oder tiefer als die Radebene zu legen, um die Demontage der Nadeln zu ermöglichen, ist durch Zusammenlegen der beiden Ebenen vereinfacht worden. Die Nadelstangen werden durch die Zuflußrohre hindurchgeführt. Die Verwendung der spiralförmigen Zuflußleitung als Basis der Generatorabstützung gestattet die Anordnung eines einzigen Maschinenhausbodens, die neben leichter Zugänglichkeit und Betriebsüberwachung die Bauhöhe derart herabsetzt, daß mit zwei Lagern auszukommen ist, ohne das zulässige Maß der Lagerentfernung zu überschreiten. Die Abstützung des Stators auf die Spirale geschieht durch ein kräftiges gußeisernes Joch, durch dessen Fenster das untere Führungslager, der Regulatorantrieb und der Reguliermechanismus derStrahlablenker zugänglich sind. Das Lager ist möglichst nahe an das Laufrad herangerückt. Eine in dem Ölsammler eingebaute, nach oben leicht ausbaufähige Umwälzpumpe sorgt für die Schmierung der beiden Lager. Innerhalb der Spirale befinden sich gußeiserne Ablenkwände, deren Meridianform derart gewählt ist, daß das aus der oberen Radhälfte austretende Wasser in jeder Auftreffstellung nach unten abgelenkt wird. Eine sichere und störungsfreie Wasserabführung ist für die Erzielung eines hohen Nutzeffektes unbedingtes Erfordernis und in vorliegendem Falle, wo es sich um ein äußerst sandhaltiges Wasser der südamerikanischen Anden handelt, mußten besondere Vorrichtungen getroffen werden, um die Ablenkwände rasch auswechseln und jede Stoßfuge genau zusammenpassen zu können.

Die vier Nadeln werden von einem mit Drucköl gesteuerten und in der gleichen horizontalen Ebene befindlichen Servomotor betätigt, während sich derjenige für die Ablenkerregulierung auf einem erhöhten Podium befindet, wo auch die Steuerapparate für den Regulator und für den Kugelschieber sowie die Ölpumpe und der Windkessel untergebracht sind (s.

---

[1]) Moser, »Neue Wasserturbinenanlagen«, Schweizerische Techn. Zeitschrift 1926, Nr. 34/35.

Abb. 388). Diese Anordnung ist durch den Ölpumpen- und Pendelantrieb bedingt, der über dem Turbinenlager untergebracht werden muß, sie hat aber den Vorteil, daß die Bedienung von

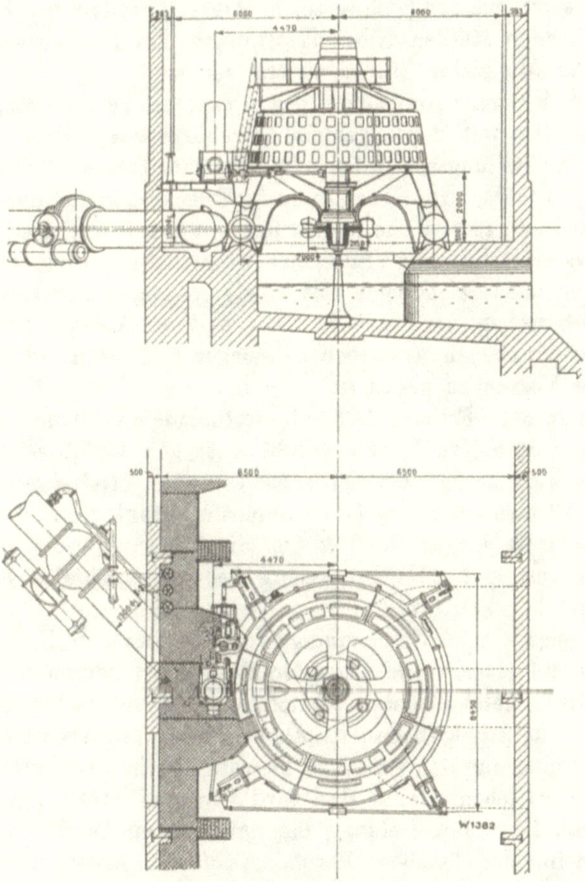

Abb. 388. Vertikalachsige Freistrahlturbine von 17 000 PS, Bauart »Escher Wyß & Cie.«.

einer übersichtlichen Stelle aus erfolgen kann. Das nach dem Unterwasserkanal und durch eine Öffnung im Maschinenhausboden ausbaufähige Laufrad besitzt 20 Schaufeln aus Stahlguß, die mittels starken, in die Radscheibe konisch eingepaßten

Stahlbolzen befestigt werden. Ein im Laufradschacht untergebrachter Stützbock stützt das gesamte umlaufende Gewicht nach unten ab.

Ablenker, Nadeln und Düsen besitzen leicht auswechselbare Einsatzstücke aus hochwertigem Baustoff, sodaß bei den zu erwartenden starken Erosionswirkungen des Betriebswassers nur relativ kleine Stücke zu ersetzen sind.

Die gedrungene Anordnung der vorbeschriebenen Anlage wird zweifellos mit der allgemein eingebürgerten horizontalachsigen Aufstellungsart stark in Wettbewerb treten. Selbstverständlich müssen zur Beurteilung der Zweckmäßigkeit dieser oder jener Bauart sämtliche Bedingungen, wie z. B. Baukosten, Betriebsvereinfachung und Sicherheit untersucht werden. Obwohl schon mehrere Anlagen mit vertikalachsigen Freistrahlturbinen bestehen, wird erst der Bau weiterer Anlagen nach der vorbeschriebenen Art ergeben, welcher Anordnung in Zukunft der Vorzug zu geben ist.

Eine extreme Freistrahlschnelläuferturbine mit einem Verhältnis von Strahl zu Laufraddurchmesser von 1 : 7,5 sei im folgenden kurz beschrieben: Die Société pour l'Industrie de Produits Electro Chimique Bozel-Lamotte, Frankreich, übertrug der Firma Escher Wyß & Cie. die Lieferung von drei Turbinen von je 5400 PS Leistung bei einem Gefälle von 174 m und bei 500 U/min.

Die relativ hohe Geschwindigkeit erforderte den Einbau von zwei auf einer Welle sitzenden Laufrädern, deren jedes 20 auf die angeschmiedeten Wellenflanschen aufgeschraubte Schaufeln aus Stahlguß besitzt. Diese Befestigungsart ist die einzige Lösung, um den praktisch kleinstmöglichen Raddurchmesser zu erreichen. Jedes Rad wird von zwei Strahlen von je 132 mm Dmr. beaufschlagt, die unter einem Winkel von 60° gegeneinander abstehen. Besonders geformte Ablenkwände sorgen für ungehemmte Abführung des aus den Schaufeln austretenden Wassers. An jeder Strahldüse ist ein Ablenker zur Ergänzung der Doppelregulierung angebaut. Der Aufbau dieser Turbine ist aus den beiden Abb. 389 und 390 ersichtlich. Die Reglung erfolgt derart, daß der Geschwindigkeitsregulator unmittelbar auf die Ablenker einwirkt, während ein besonders aufgestellter Servomotor durch ein starres Gestänge gleichzeitig die vier Düsennadeln betätigt, die allerdings auch durch eine Handregulierung bewegt werden können. Zur Vereinfachung des Auswechselns sind die Nadeln nach hinten herausziehbar, während die Düsen abschraubbare Mundstücke aus zähem Baustoff besitzen. Eine am äußeren Lagerende angebaute und von der Turbinenwelle unmittelbar angetriebene Zahnradpumpe drückt das Öl durch eine im Turbinenschacht untergebrachte Kühlschlange nach den Lagern. Als Abschlußorgan dient ein hydraulisch gesteuerter Kugelschieber. Eine kleine Gegendüse sorgt für rasches Abbremsen der Gruppe.

Es besteht kein Zweifel, daß die Freistrahlturbinen gegen die Erosionen sandhaltigen Wassers unempfindlicher sind als Francis-Turbinen. Doch behaupten die letzteren infolge ihrer höheren Geschwindigkeit das Feld überall da, wo die Beschaffenheit des Wassers deren Verwendung ohne Gefahr zuläßt. Es steht dem Turbinenkonstrukteur für die Vervollkommnungen seiner Konstruktion noch ein weites Feld offen; haben doch die letzten Jahre Fortschritte gebracht, die vor 15 Jahren noch als Utopie gegolten haben würden!

Für Gefälle unter 10 m und bei verhältnismäßig großen Wassermengen hat sich seit einigen Jahren die Propeller- und Kaplan-Turbine in offenen und geschlossenen Betonkammern als der in den meisten Fällen günstigste Turbinentyp erwiesen, weil die Schnelläufigkeit gegenüber den bisher fast durchweg in Gebrauch befindlichen Francis-Turbinen durch ihre Anwendung um mehr als den doppelten Betrag gesteigert werden konnte. Die höheren Umdrehungszahlen vermindern die Kosten des elektrischen Teiles der Anlage und ermöglichen in den meisten Fällen eine direkte Kupplung mit den Generatoren. Ein weiterer Vorteil liegt in den Wirkungsgraden dieser Turbinen, die bei großen Ausführungen Werte von über 90 vH erreichen können.

Für Propellerturbinen ist eine langsam steigende Wirkungsgradkurve kennzeichnend, deren Maximum bei günstigen Verhältnissen ebenso hoch liegt wie bei den Kaplan-Turbinen, die jedoch dann bei kleinen Belastungen verhältnismäßig schnell herabsinkt. Aus diesem Grunde muß volle Belastung oder hohe Teilbelastung angestrebt werden. Propellerturbinen werden für spez. Drehzahlen von 300 bis 800 U/min gebaut.

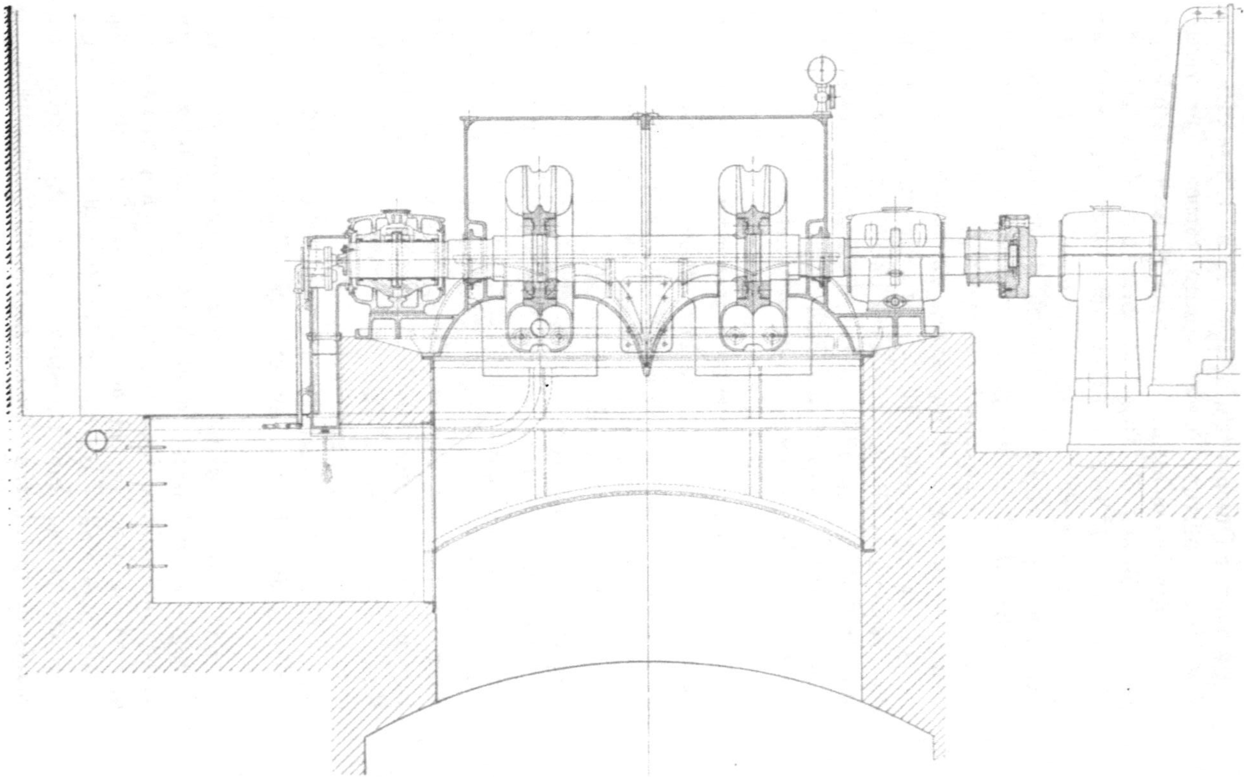

Abb. 389. Querschnitt durch eine 5400 PS Freistrahlturbine. (S. a. Abb. 390.)

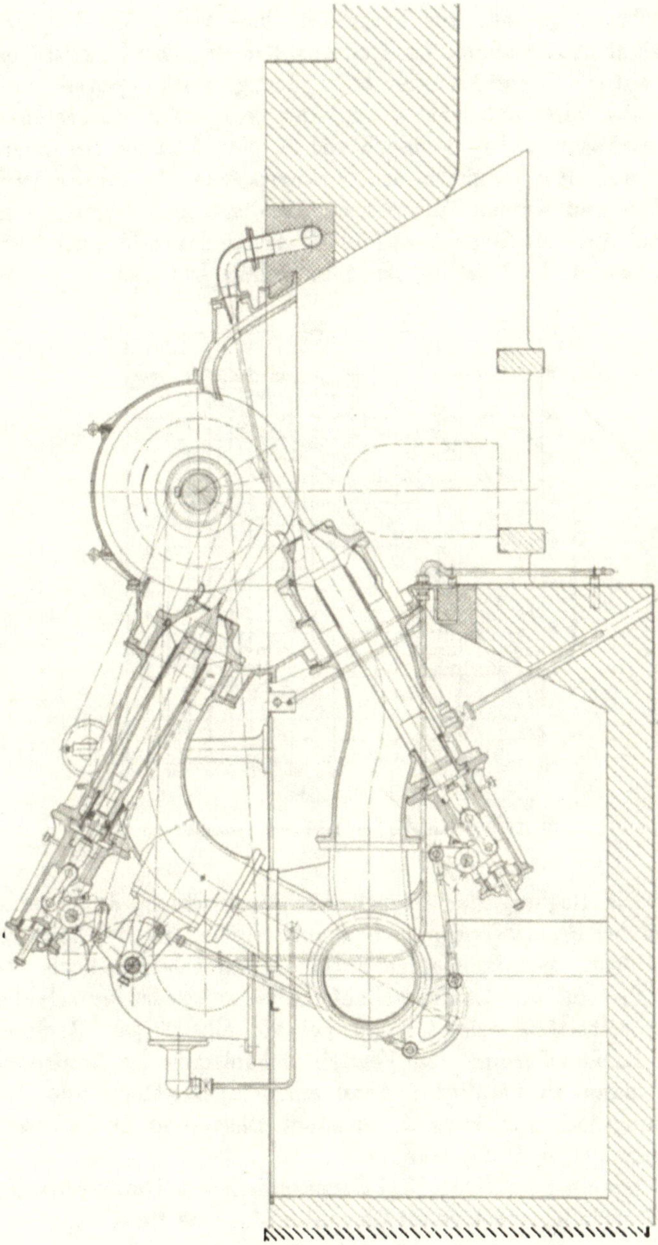

Abb. 390. Aufriß einer 5400 PS Freistrahlturbine. (S. a. Abb. 389.)

Im Gegensatz zur Propellerturbine weist die Kaplan-Turbine mit drehbaren Laufradschaufeln noch bei Belastungen bis auf ein Viertel herunter sehr günstige Wirkungsgrade auf. Für die wirtschaftliche Ausnutzung von stark wechselnden Wassermengen ist demnach die Kaplan-Turbine besonders geeignet. Ein Vergleich der Wirkungsgrade für Francis-Propeller- und Kaplan-Turbinen ist aus der Abb. 391 ersichtlich, wobei die spezifische Drehzahl n_s die Umlaufzahl einer Turbine von 1 PS Leistung bei 1 m Gefälle bedeutet.

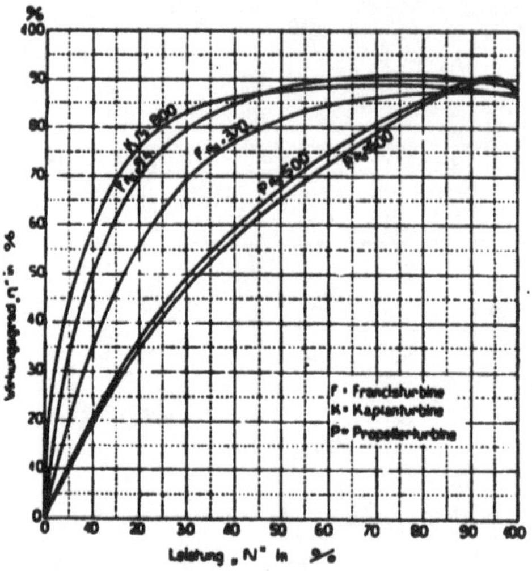

Abb. 391. Schaubild für Turbinen verschied. spez. Drehzahlen.

Die Reglung der Propellerturbine geschieht durch eine auch bei Francis-Turbinen bekannte Verstellung der Leitradschaufeln. Bei der Kaplan-Turbine kommt hierzu noch die Regulierung der Laufradschaufeln, die entweder von Hand oder selbsttätig erfolgt. Um bei vollselbsttätiger Reglung der Kaplan-Turbine den Verstellmechanismus des Laufrades nur dann zu betätigen, wenn eine länger andauernde Belastungsänderung eintritt, erhalten Lauf- und Leitradregulierung getrennte Servomotoren.

Bei einer im Jahre 1924 ausgeschriebenen Konkurrenz der in Kanada liegenden Stadt Chicoutimi für eine die »Chute Garneau« ausnützende Wasserkraftanlage, an der sowohl europäische wie amerikanische Turbinenfirmen sich beteiligten, wurde die Lieferung der Turbinenanlage der Firma Escher Wyß & Cie. in Zürich übertragen[1]). Es war dies um so bemerkenswerter, als bekanntermaßen die amerikanischen Firmen längere Zeit vor den europäischen sich mit dem Bau von Propellerturbinen befaßt und hierbei sehr gute Ergebnisse erzielt hatten. Die technischen Instanzen der Stadt entschlossen sich, nur eine Turbine ohne Reserve aufzustellen, die bei einem Gefälle von 9,15 m und der gesamten zur Verfügung stehenden Wassermenge von 36000 l/s eine Leistung von 3500 PS abgeben sollte. Die Drehzahl wurde zu 180 U/min festgelegt entsprechend einer spezifischen Drehzahl von $n_s = 670$. Sie bedingte die Aufstellung einer mit einem Drehstromgenerator direkt gekuppelten Propellerturbine vertikalachsiger Anordnung (Abb. 392). Die Erfüllung der Bedingung einer möglichst gedrängten Bauart des Maschinenhauses erforderte den Verzicht auf die Ausführung der heute allgemein üblichen Betonspirale und des langen Saugkrümmers, indem erstere durch eine rechteckige, oben durch einen Zwischenboden abgeschlossene Wasserkammer und letzterer durch ein Prášilsches Saugrohr ersetzt wurde. Abb. 393 zeigt einen Schnitt durch die Turbine, um die Einfachheit der Konstruktion zu veranschaulichen. Der untere Leitradring und der an demselben befestigte Laufradmantel ist auf einem Mauerring aufgeschraubt, um die Auswechselbarkeit der möglicherweise Korrosionen unterworfenen Teile zu ermöglichen. Das Laufrad von 2650 mm äußerem Durchmesser besitzt vier aufgeschraubte Schaufeln aus Stahlguß. Als weiteres Merkmal ist die einfache Befestigung des Leitraddeckels durch die Drehbolzen der Leitschaufeln zu erwähnen und dessen Abstützung gegen die Kammermauern durch horizontale Streben zur Aufnahme der auf das Lager einwirkenden Seitenkräfte. Der Regulierring für Innenregulierung ist sehr stark und für eine möglichst gute Wasserführung ausgebildet. Im Zwischenboden befindet sich das Vorgelege zum Antrieb der Zahnradölpumpe und des Pendels für den Geschwindigkeitsregulator. Der letztere, wie die Pumpe und der Windkessel sind mit möglichst

---

[1]) Moser, »Neue Wasserturbinen«. Schweizerische Techn. Zeitschrift 1926, Nr. 34/35.

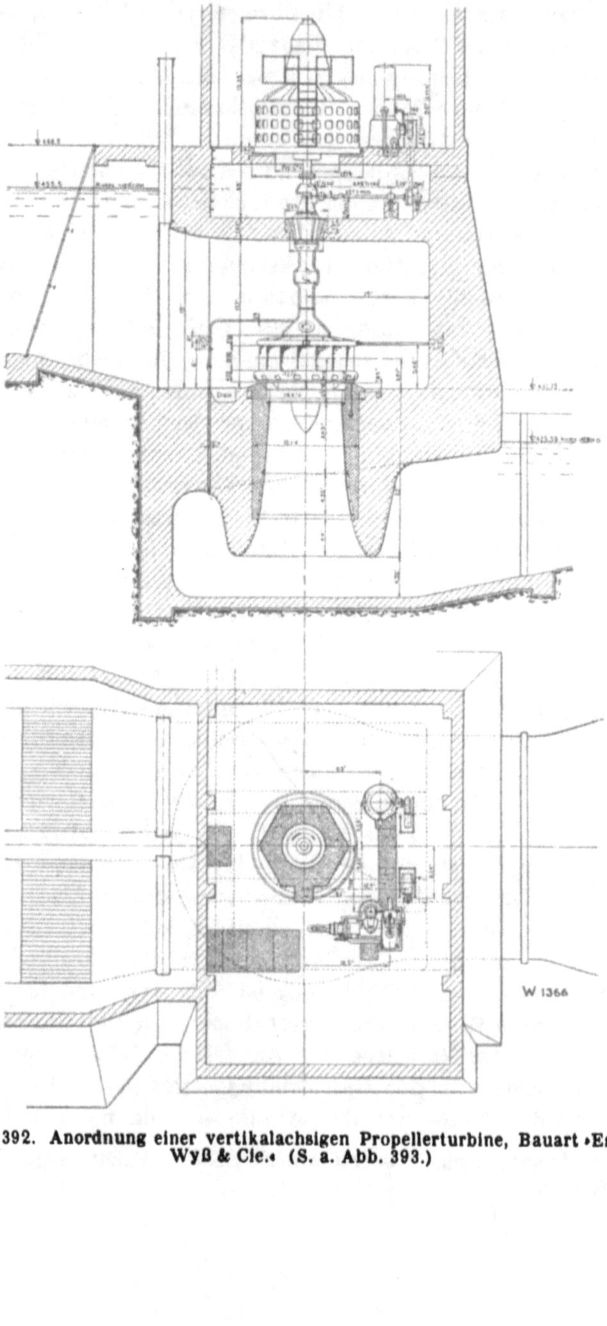

Abb. 392. Anordnung einer vertikalachsigen Propellerturbine, Bauart »Escher Wyß & Cie.« (S. a. Abb. 393.)

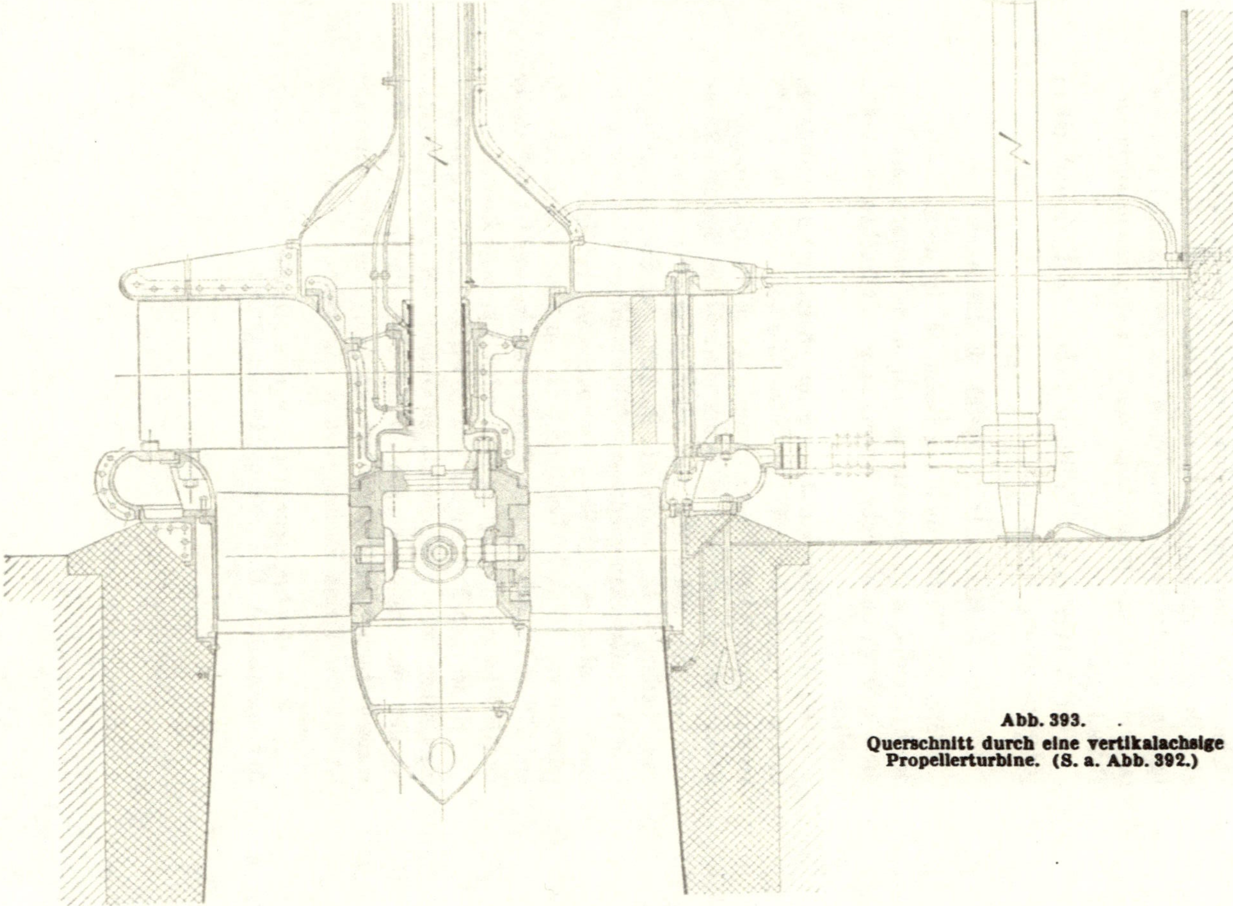

Abb. 393.
Querschnitt durch eine vertikalachsige Propellerturbine. (S. a. Abb. 392.)

kleinem Platzaufwand um den Generator gruppiert und zeigen die allgemein übliche Anordnung. Erwähnt sei noch die Ausführungsart des Prášil-Saugrohres mit Schutzmantel und verlängertem, in die ringförmige Auslaufkammer eintauchenden Betonkegel.

Die Anlage ist seit Frühjahr 1925 im Betrieb und hat in jeder Beziehung befriedigt.

3. Hydraulische Speicherkraftanlagen.

Mit dem Turbinenbau eng verbunden ist die Entwicklung der hydraulischen Speicherkraftanlagen, da vielfach erst durch diese eine wirtschaftliche Ausnützung der Nachtwasserkräfte möglich wird[1]).

Das Wesen einer künstlichen Speicheranlage besteht darin, daß aus einem Fluß- oder Seegebiet die dort nicht für Kraftzwecke verwandten Wassermengen durch Pumpenanlagen in hochgelegene, natürliche oder auch künstliche Speicherbecken gehoben und sodann die dort gesammelten Wassermengen je nach Bedarf — besonders zur Deckung der Spitzenleistungen — den Kraftwerken wieder zugeführt werden. Eine sehr große Speicheranlage ist das Schwarzenbachwerk, bei dem Speicherpumpen von 10000 PS Leistung Wassermengen von rd. 2,5 m^3/s auf 250 m fördern. Dieser Pumpensatz verwendet selbsttätig den jeweils zur Verfügung stehenden Überschußstrom.

Es wurden Nutzeffekte von 85 vH einwandfrei gemessen, die bisher mit Pumpenanlagen dieser Art kaum erreicht wurden und deshalb gerade für Speicheranlagen von größter wirtschaftlicher Bedeutung sein können. Die Pumpenanlage ist von der Firma Escher Wyß & Cie. gebaut worden.

[1]) S. a. »Hydraulische Hochspeicherkraftwerke«. Von Obering. A. Maas, Z. d. V. D. I. Nr. 45, 46 und 52/1924.

Sachregister.

E

F

G

T

U

Quellenverzeichnis.

Es wurden neben den in Fußnoten angegebenen Quellen noch folgende weiters benutzt:

AEG-, Bergmann-, Hanomag- und Siemens-Mitteilungen.

Babcock-Wilcox, Werbeschriften.

Balcke, Bochum, Werbeschriften.

BBC-»Oberflächen-Kondensatoren«.

Belani-Villach, »Kohlenstaubzusatzfeuerungen«. Kohle und Erz 1927, Heft 20.

Bericht des Maschinentechn. Ausschusses der Vereinigung der Elektrizitätswerke, »Ringlaufkühler«. Sonderdruck aus der »Elektrizitätswirtschaft«. Mitteil. der VDEW Nr. 491/492, Sept. 1929.

Deutsche Hochdruck-Economiser, Ges. m. b. H. Mannheim. Monographie des Verf., »Das Kriterium des Stierle-Hochdruck-Economisers«. Druck von R. Oldenbourg, München und Berlin 1930.

Deutzer-Motorenwerke, Werbeschriften.

Eckelmann, »Speisung von Hochdruckkesseln«. Papier-Fabrikant 1927, Heft 39.

Escher, Wyss & Cie., Werbeschriften.

F. Finckh, »Die Flugaschegefahr in Turbogeneratoren-Kraftwerken«. Sonderdruck aus den Mitteilungen der Vereinigung der Elektrizitätswerke, Nr. 379, Febr. 1925.

GEA-Luftkühler-Ges. m. b. H., Bochum, »Neuzeitliche Gesichtspunkte beim Bau von Kreislaufkühlanlagen«. GEA-Mitteilungen, Mai 1927, Heft 7.

O. Happel, Bochum, »Luftkühler für Turbogeneratoren«. Sonderdruck aus den Mitteilungen der Vereinigung der Elektrizitätswerke, Nr. 307, Febr. 1922.

—, »Neuere Betriebsergebnisse mit Luftkühlern für Turbogeneratoren«. Sonderdruck aus den Mitteilungen der Vereinigung der Elektrizitätswerke, Nr. 379, Febr. 1925.

Nino Hilgers, »Bestimmung der günstigsten Drücke und Maschinen in neuzeitlichen Dampfkraftwerken«. Archiv für Wärmewirtschaft und Dampfkesselwesen, 8. Jahrg., Heft 2, Febr. 1927.

—, »Speisewasservorwärmung und Aufbereitung in neuzeitlichen Industrieanlagen«. AEG-Mitteilungen, Febr. 1928.

—, »Hochdruck in Industrieanlagen«. Die Wärme, Nr. 25, 18. Juni 1926.

—, »Richtlinien für Industriekraftwerke«. Die Wärme, Nr. 13, 31. März 1928.

—, »Bedeutung der Anlage- und Brennstoffkosten bei öffentlichen und mit industriellen Betrieben verbundenen Kraftwerken«. »Die Wärme«, Nr. 48, 30. Nov. 1929.

Kießelbach - Wärmespeicher Ges., Essen. Monographie des Verf.. »Der Kießelbach-Wärmespeicher in der Praxis« und »Kiwa«-Werbeschriften.

J. Koch und C. Günther, Heidelberg, »Zur Frage des Belastungsausgleichs in Elektrizitätswerken«. »Elektrizitätswirtschaft.« Mitteil. der VDEW. Nr. 404, 1926.

J. Koch, Heidelberg, »Spitzendeckung in Kraftwerken durch Wärmespeicher«. »Elektrizitätswirtschaft.« Mitteilungen der VDEW. Nr. 444, 1927.

—, »Ausgleich durch Speisewasserspeicherung«. Archiv für Wärmewirtschaft, Heft 12, 1927.

—, »Wärme- und Belastungsausgleich in Kraftwerken durch Gleichdruckspeicherung«. Kraftanlagen AG., Heidelberg aus BBC-Mitteilungen 1927, Heft 4.

—, »Der moderne Gleichdruckspeicher«. Vortrag, gehalten am 11. Okt. 1928 im Emscher Bezirksverein Deutscher Ingenieure, aus: Techn. Mitteilungen und Nachrichten, 22. Jahrg., Heft 3/4.

—, »Einfluß der Betriebsverhältnisse auf die Ausgestaltung und die Ausbaukosten von Dampfkraftanlagen«. Die Wärme 1929, Heft 50.

H. Kühne, Bochum, »Vorschläge zur genauen Festlegung und Prüfung der Leistungsgarantien von Kreislaufkühlern für Turbogeneratoren«. Sonderdruck aus der Elektrotechn. Zeitschrift, 50. Jahrg., 1929, Heft 43.

Dr.-Ing. F. Marguerre und J. Koch, Heidelberg, »Gleichdruckspeicher als Ausgleich in Vorschalt- und Heizkraftanlagen«. Die Wärme 1929, Heft 17.

Mattersdorf, Ruths-Wärmespeicher im elektr. Schnellbahnbetrieb. Archiv f. Wärmewirtschaft und Dampfkesselwesen 1927, Heft 12.

Pauer, »Aufgaben und Anwendungsgebiete von Energiespeichern«. Archiv f. Wärmewirtschaft und Dampfkesselwesen 1927, Heft 12.

Rißmann, Bochum, »Anlagen zur Verhütung von Wassersteinbildung in Oberflächen-Kondensationen«. Vortrag des Herrn Rißmann am 29. April 1920, gehalten in der Bezirksgruppe Bochum des VDI.

—, »Kritische Untersuchungen über das Verhalten des Kondensator-Rohrmaterials gegenüber geimpftem Kühlwasser«. Balcke-Mitteilungen, Heft 2, 1922.

E. Stach (Bergschule Bochum), »Ein Beitrag zur Geschichte und Entwicklung des Kreislauf-Kühlverfahrens für Turbogeneratoren«. Sonderabdruck aus der Elektrotechn. Zeitschr. 1926, Heft 5.

Weyland, »Hochdruck-Kesselspeise-Zentrifugal-Pumpen« u. Z. d. V. d. I. 1927, S. 1591.

Wumag, Werbeschriften.

Zeitschriften. Z. d. V. d. I. Archiv für Wärmewirtschaft und Dampfkesselwesen. Die Wärme. Brennstoff und Wärmewirtschaft.

Um die Jahreswende 1930/31 erscheint

Band II

dieses Werkes mit ungefähr folgendem Inhalt:

Einleitung. Die Kriterien für die Wirtschaftlichkeit von Kraftanlagen.

Teil I: Grundlagen der Brennstoffwirtschaft. 1. Die Brennstoffvorkommen in Deutschland. 2. Der wirtschaftliche Wärmepreis in bezug auf Brennstoffbasis, Fracht, Heizwert und Gestaltung der Kraftanlage.

Teil II: Die wirtschaftliche Planung von öffentlichen und industriellen Kraftwerken. 1. Theoretische Grundlagen. 2. Preisliche Grundlagen. 3. Grundlast-Kondensations-Kraftwerke. 4. Spitzenkraftwerke. 5. Mit industriellen Betrieben gekuppelte Kraftwerke. — Schluß: Die Energiewirtschaft im Lichte der Statistik. Sachregister.

Früher erschien:

Die Abwärmetechnik

Von Dr.-Ing. **Hans Balcke**

Band I: **Grundlagen.** 301 Seiten, 147 Abbildungen, 49 Zahlentafeln, 1 *i-s*-Diagramm. 8°. 1928. Broschiert M. 13.50; in Leinen gebunden M. 15.—.

Band II: **Der Zusammenbau von Abwärmeverwertungsanlagen für gekuppelten Heiz- u. Kraftbetrieb.** 206 Seiten, 125 Abbildungen. 8°. 1928. Broschiert M. 10.—; in Leinen gebunden M. 11.50.

Band III: **Sondergebiete der Abwärmeverwertung.** 248 S., 169 Abbildungen. 8°. 1929. Broschiert M. 12.—; in Leinen gebunden M. 13.50.

Inhalt des ersten Bandes: Vorwort. / Zusammenstellung der wichtigsten Bezeichnungen. / I. Die Abwärmequellen. Abdampf und Anzapfdampf, Die Abgase. Nutzbare Abwässer. Die elektrische Abfallenergie. / II. Die Grundelemente der Abwärmeverwertungsanlagen. Die Wärmeaustauscher. Die Wärmespeicher. Das Wärmefortleitungsnetz. Die Armaturen. Anhang. Verzeichnis der Zahlentafeln. / Sachregister.

Inhalt des zweiten Bandes: Vorwort. / I. Allgemeine wirtschaftliche Gesichtspunkte. / II. Verfahren zur Feststellung des Abwärmeanfalles und der zweckmäßigsten Verwertung desselben im jeweiligen Betriebe. / III. Grundschaltungen für Abwärmeverwertungsanlagen ohne Speicher. / IV. Grundschaltungen für Abwärmeverwertungsanlagen mit Speicher. / V. Die neuzeitlichen Heizungs-Kraftmaschinen für hohe und höchste Drücke. / VI. Die Verheizung hochwertiger Anfallgase. / VII. Die Rationalisierung der Abwärme. Schluß. Die Aufstellung von Wirtschaftlichkeitsberechnungen von Abwärmeverwertungsanlagen. / Sachregister.

Inhalt des dritten Bandes: I. Abwärmeverwertung zur Speisewassererzeugung. / II. Abwärmeverwertung zur Eindickung von Flüssigkeiten und Laugen. / III. Abwärmeverwertung zur Trocknung von Gütern. / IV. Abwärmeverwertung zur Entnebelung von Werksräumen. / V. Abwärmeverwertung zur Kälteerzeugung. VI. Abwärmeverwertung auf Handelsdampfern. / VII. Abwärmeverwertung bei Lokomobilen. / VIII. Die Verwertung elektrischer Überschußenergie. / IX. Für die Abwärmetechnik wichtige neuzeitliche Meßgeräte und Fernmeßverfahren.

Die Organisation der Wärmeüberwachung

in technischen Betrieben

Von Dr.-Ing. **Hans Balcke**

322 Seiten, 213 Abbildungen. 8°. 1929. Broschiert M. 16.—; in Leinen gebunden M. 17.50.

Inhalt:

Einleitung: **Grundsätzliches über die neuzeitliche Wärmeüberwachung in technischen Betrieben.**

Teil I: **Die Meßgeräte und Meßverfahren.** 1. Die Mengenmessung von Flüssigkeiten, Gasen und Dämpfen. / 2. Die Druck- und Zugmessung. / 3. Die Temperaturmessung. / 4. Die Feuchtigkeitsmessung. / 5. Die Rauchgasprüfung. / 6. Die Fernmesser und Fernmeßverfahren.

Teil II: **Die Wärmeüberwachung in technischen Betrieben.** 1. Das Dampfkessel-Hauptgerät. / 2. Die Wärmeüberwachung im Dampfkesselbetrieb. / 3. Die Wärmeüberwachung im Ofenbetrieb. / 4. Die Wärmeüberwachung bei Gasgeneratoren. 5. Die Wärmeüberwachung im Maschinenbetrieb.

Teil III: **Die selbsttätige Reglung im Dampfkesselbetrieb.** 1. Handbetrieb und selbsttätige Feuerungsreglung. / 2. Arbeitsverfahren der selbsttätigen Feuerungsreglung. / Die selbsttätige Feuerungsreglung Bauart „AEG-Askania". / 4. Die Anwendung der Feuerungsregler Bauart „AEG-Askania": a) Die Reglung der Luftzufuhr nach der Belastung; b) Die Reglung der Brennstoffzufuhr bei Feuerungen mit einstellbarer Fördergeschwindigkeit; c) Die Luftüberschuß-Reglung. / 5. Die selbsttätige Feuerungsreglung Bauart „Arca": a) Ausführung und Wirkungsweise des Arca-Relais mit Kraftgetriebe; b) Die Arca Feuerungsreglung für Kesselanlagen mit einstellbarer Brennstoffaufgabe; c) Die Arca-Feuerungsreglung für Kesselanlagen ohne verstellbare Brennstoffaufgabe. / 6. Die Reglung bei Hochdruckanlagen.

Teil IV: **Die Selbstreglung bei Dampfanlagen.** 1. Die Selbstreglung im Turbinenbetriebe. / 2. Beispiele der Selbstreglung in technischen Betrieben.

Die Kondensat-Wirtschaft

bei Dampfkraft-Landanlagen als Grenzgebiet der Wärmetechnik

Von Dr.-Ing. **Hans Balcke**

230 Seiten, 135 Abbildungen, 1 Tafel. 8°. 1927. Brosch. M. 10.—; in Leinen gebunden M. 11.50.

Inhalt:

I. Die Mischkondensation. / II. Die Oberflächenkondensation. / III. Die dauernde Reinhaltung der Kühlfläche von Oberflächenkondensatoren. / IV. Die Erzeugung des Zusatzspeisewassers für Hoch- und Höchstdruckkessel aus der Abwärme von Oberflächenkondensationsanlagen. / V. Wege zur Karnotisierung des Dampfkraftprozesses. / VI. Der günstigste Speisewasserkreislauf. / Anhang: Verschiedene Möglichkeiten der Abwärmeverwertung bei Kondensationsanlagen.

www.ingramcontent.com/pod-product-compliance
Lightning Source LLC
LaVergne TN
LVHW092121300926
849161LV00002B/193
9783486763157